Jetzt helfe ich mir selbst

Motor
buch
Verlag

Umschlagentwurf: Anita Ament.
Buchgestaltung: Siegfried Horn.
Umschlagfoto: Detlef Jung.

ISBN 3-613-01155-7

Auflage Nr. 1034908

Dieser Band entspricht dem Kenntnisstand zum Zeitpunkt der Drucklegung. Abweichungen durch Weiterentwicklung der beschriebenen Fahrzeuge, geänderte Anweisungen des Fahrzeug-Herstellers bzw. neuere gesetzliche Bestimmungen sind möglich. Bei einer Neuauflage wird das Buch wieder auf den aktuellen Stand gebracht.
Manuskriptbearbeitung: Redaktion »Jetzt helfe ich mir selbst«.
Fotos: Axmann 226, Daimler-Benz 16, Haeberle 1, Lautenschlager 3.
Zeichnungen: Axmann 2, Bosch 2, Daimler-Benz 104, Goetze 1, Haeberle 1, Lautenschlager 3, Oris 1, Pirelli 1, ZDK 1.
Schaltpläne: Daimler-Benz.
Satz: Dr. Cantz'sche Druckerei, 73760 Ostfildern.
Druck und Bindung: KN Digital Printforce GmbH, Schockenriedstr.37, 70565 Stuttgart.
Printed in Germany.

Dieter Korp
Gerhard Axmann

Mercedes-Benz
200 D/250 D/300 D

Dezember '84 bis Juni '93

E 200/250/300 Diesel

ab Juli '93

Motorbuch Verlag Stuttgart

Inhaltsverzeichnis

Sie finden in diesem Buch

Seite

Vorwort

Mehr Information und Praxis

Mit dem Mercedes-Benz-Diesel der Baureihe 200 D bis 300 TD besitzen Sie ein Fahrzeug, welches, gemessen an Größe, Fahrleistungen und Zuverlässigkeit, mit sehr niedrigen Betriebs- und Wartungskosten auskommt. Diese erfreuliche Bilanz soll unser Buch noch verbessern.
Nachdem unsere Buchreihe »Jetzt helfe ich mir selbst« nun in ihr drittes Jahrzehnt geht – wohl ein Zeichen der Bewährung –, wurde sie vollständig überarbeitet und erweitert. Damit wollen wir der Tatsache Rechnung tragen, daß der technische Sinn und die praktischen Fähigkeiten vieler Autofahrer mit den Jahren stark zugenommen haben. Auf zweierlei Weise soll unser Handbuch den höheren Anforderungen genügen:

- □ Mehr Beschreibungen von Wartungs- und Reparaturarbeiten. Bei manchen Austausch- oder Prüfarbeiten werden selbst geübte bzw. fachkundig gewordene Selbstpfleger die Unterstützung durch die vielen Tips und Ratschläge schätzen.
- □ Mehr Information für diejenigen, die nicht selber Hand anlegen wollen. Aber durch die vielen Funktionsbeschreibungen stellen wir Ihnen eine Art Wissensgerüst zur Seite, das bei Verhandlungen mit der Werkstatt, bei der Fehlersuche oder ganz einfach bei der persönlichen Weiterbildung in Sachen Mercedes-Diesel weiterhilft.

Hier nun einige Hinweise, wie Sie sich schnell im Buch zurechtfinden können:

- □ Im Inhaltsverzeichnis auf den vorangegangenen Seiten ist bereits eine kleine Auswahl der Stichworte herausgegriffen, die in den einzelnen Kapiteln zur Sprache kommen. ●
- □ Innen auf den hinteren Umschlagseite finden Sie den Wartungsplan. Die darin aufgeführten »Ständigen Kontrollen« müssen von allen Autofahrern durchgeführt werden. Wer sein Fahrzeug selbst wartet, muß auch die anderen Punkte im Auge haben. ●
- □ Auf den Seiten 10 und 257 finden Sie eine Auflistung der Störungsbeistände. Diese sollen Sie schnell zu den Fehlerquellen hinführen. ●
- □ Das Stichwortverzeichnis finden Sie auf den Seiten 285/286. ●
- □ Eine Übersicht im Motorraum vermitteln die Abbildungen der Motorräume auf Seite 26 und 264.
- □ Auch die Aufmachung des Textes im Buch soll Ihnen zu schneller Orientierung verhelfen: Bauteil- und Funktionsbeschreibungen sind grundsätzlich einspaltig, während sämtliche Arbeiten zweispaltig erscheinen. Sie können diesen Band also ganz nach Wunsch als Lese- oder als Arbeitsbuch (oder beides) verwenden. ●

An dieser Stelle noch ein herzliches Dankeschön an all die hilfsbereiten Mitmenschen aus der Automobilbranche, die mit Rat zum Gelingen dieses Buches beigetragen haben.

Die Verfasser

Kurztest

Wer sich über den Zustand eines Fahrzeuges schnell ein Bild machen möchte, muß nach einer Checkliste vorgehen. Das konsequente Überprüfen der unten stehenden Punkte zeigt klar, wie es um Ihren fahrbaren Untersatz bestellt ist, oder es erspart Ihnen eine herbe Enttäuschung beim Gebrauchtwagenkauf. Nur eine Probefahrt kann auf manche Mängel hinweisen.

Vorbereitungen

Sie brauchen mindestens Papier und Schreibzeug, um festgestellte Mängel zu notieren. Für die Kontrollen in dunklen Ecken und am Wagenboden empfiehlt sich eine Taschen- oder Handlampe. Zum Ausfindigmachen von Karosserie-Durchrostungen dient ein Schraubenzieher, notfalls auch der Autoschlüssel. Wenn keine Aufbockmöglichkeit besteht, nützt eine alte Decke zum Drauflegen bei der Überprüfung der Mercedes-Unterseite.

Prüfen im Stand

Rund um den Wagen

Beleuchtungseinrichtungen: Scheinwerferreflektoren trübe oder angerostet, Lampengläser gesprungen oder beschlagen, Rücklichtgläser gesprungen, Feuchtigkeit im Rücklicht? Funktionieren alle Lampen am Wagen einschließlich der Bremsleuchten?

Türschlösser: Funktionieren alle Schlösser? Wird beim Schlüsseldreh ordnungsgemäß verriegelt oder geöffnet? Läßt sich der Schlüssel nur noch »zäh« bewegen, weil die Schließzylinder festkorrodiert sind? Arbeitet die Zentralverriegelung (Seite 249)?

Motor: Ölverluste, vor allem an der Unterseite? Ölverbrauch erfragen (Hinweise Seite 28). Auf die möglichen »wilden Ölquellen« sind wir auf Seite 62 eingegangen. Ist die richtige Motorvariante eingebaut? Wie sich das klären läßt, steht auf Seite 36. Ist der Flachriemen ausgefranst, oder hat er Bruchstellen?

Bereifung: Profiltiefe ausreichend? Kontrollieren am gesamten Reifenumfang an der Innen- und Außenkante; die abgefahrenste Stelle mit der geringsten Profiltiefe ist ausschlaggebend. Richtige Reifengröße montiert? Die erlaubten Reifengrößen finden Sie auf Seite 170. Diagonalreifen sind für den Mercedes nicht erlaubt. Sind Gürtelreifen verschiedener Hersteller auf einer Achse montiert? Dies ist zwar zulässig, doch kann es das Fahrverhalten negativ beeinflussen, und es wird auch vom TÜV nicht gern gesehen. Reifenflanken beschädigt, Ventilkappen vorhanden? Felgenrand verbogen? Stimmt der Reifenluftdruck (Seite 172)?

Unter dem Wagen

Fahrwerk: Jedes Rad oben fassen und quer zur Fahrtrichtung hin und her wackeln. Wenn Spiel spürbar wird, kann dies an den Radlagern liegen. Vorne könnte auch das Kugelgelenk außen am Querlenker schuld sein. Ist das Dämpferbein lose? Haben die Schutzkappen an den Gelenken Risse? Führen Sie eine Rustikal-Stoßdämpferprüfung durch: Schaukeln Sie an jedem Fahrzeugeck die Karosserie auf – nach dem Loslassen müssen die Bewegungen nach höchstens zwei weiteren Schwingungen abgeklungen sein. Sind die hinteren Stoßdämpfer oder das Dämpferbein ölfeucht? Staubmanschette oben am Dämpferbein in Ordnung? Sind die Bremsscheiben stark riefig oder eingelaufen? Bremsleitungen rostfrei?

Im Wagen

Lenkung: In Geradeausstellung das Lenkrad etwa handbreit hin und her drehen. Der Felgenrand des linken Vorderrades muß sich spielfrei mitbewegen. Knackgeräusche in der Lenkung? Dann ist vielleicht eine Lenkhebellagerung oder ein Spurstangengelenk ausgeschlagen.

Bremsen: Spätestens nach einem Drittel Leerweg muß am Bremspedal Gegendruck spürbar werden. Wenn Sie länger stark auf das Pedal drücken, darf der Widerstand nicht nachgeben. Ist genügend Bremsflüssigkeit eingefüllt (wie das im Motorraum geprüft wird, steht auf Seite

151)? Arbeitet der Bremskraftverstärker (Seite 159) und ggf. das Antiblockiersystem (Seite 164)? Die Feststellbremse soll schon in der ersten Raste wirken.
Sicherheitsgurte: Sie dürfen nicht ausgefranst sein und sollten einwandfrei aufrollen. Gurtstraffer bereits einmal ausgelöst (Seite 225)?

Die Probefahrt

Motor

Startwilligkeit: Nach dem Vorglühen muß auch der kalte Motor nach einigen Anlasserumdrehungen anspringen. Mangelnde Startfreudigkeit kann durch die Vorglühanlage (ab Seite 107), durch die Einspritzanlage (ab Seite 91) oder durch allgemeinen Motorverschleiß (Seite 54) verursacht werden.
Leerlauf: Nach dem Anspringen darf der Motor nicht wieder ausgehen. Die Leerlaufdrehzahl soll nicht schwanken. Der warme Motor darf im Leerlauf nicht »nageln« und dabei Rauchwolken ausstoßen.
Motorlauf: Dreht der Motor willig, geschmeidig und ohne Verzögerung hoch? Defekte Einspritzdüsen, ungenügender Einspritzdruck oder ein falsch eingestellter Förderbeginn der Einspritzpumpe könnten dies verhindern. Geräusche, die auf einen Lagerschaden hinweisen, finden Sie auf Seite 53 beschrieben. Übermäßiges Dröhnen im Innenraum läßt auf ein defektes Motorlager oder auf einen verspannt eingebauten Antriebsblock (Motor und Getriebe) schließen.
Öldruck: Wenn leicht Gas gegeben wird, muß der Zeiger der Öldruckkontrolle an den oberen Endschlag wandern.
Heizung (ab Seite 228): Bei voll aufgedrehten Reglern muß nach kurzer Fahrzeit Warmluft in den Fahrgastraum geblasen werden können. Läßt sich die Heizung wieder völlig abschalten? Läuft das Gebläse?

Kupplung

Das Pedal muß sich leicht und ruckfrei niedertreten lassen. Lästige Quietschgeräusche können von der Pedallagerung stammen. Mahlende Geräusche bei getretenem Pedal deuten auf ein verschlissenes Ausrücklager hin.
Den Kupplungsverschleiß kann man mit folgender Methode einigermaßen feststellen: Feststellbremse anziehen, 3. Gang einlegen, etwas Gas geben und das Kupplungspedal langsam kommen lassen. Kann der Motor leicht »abgewürgt« werden, ist die Kupplung in Ordnung. Diese Gewaltprüfung nur selten vornehmen (Gebrauchtwagenkauf).

Getriebe

Bei korrekt eingestelltem Schalthebel müssen sich die Gänge einwandfrei durchschalten lassen. Bei einwandfreier Synchronisation lassen sich die Vorwärtsgänge während der Fahrt ohne Kratzgeräusche einlegen. Kontrollieren Sie speziell die 2.-Gang-Synchronisation beim Zurückschalten vom 3. Gang. Mahlende oder singende bis heulende Geräusche in einzelnen Gängen lassen abgenutzte Zahnräder erkennen. Treten die Geräusche in allen Gangstufen auf, liegt evtl. Ölmangel vor.
Geräusche aus dem Bereich der Hinterachse können vom Differential oder von den Radlagern stammen. Harte »Klack-Klack«-Geräusche könnten von defekten Antriebswellengelenken kommen. Wie das automatische Getriebe geprüft wird, können Sie ab Seite 120 nachlesen.

Links: Wenn's hier wackelt ist das immer ein Alarmzeichen. Vielleicht hat nur das Radlager Spiel? Ändert sich die »Wackelei« nicht, während ein Helfer auf die Fußbremse tritt, kommt die gesamte Radaufhängung in Verdacht.

Rechts: Nach höchstens 1 – 2 cm Leerweg am Lenkrad muß sich der Felgenrand (Pfeil) mitbewegen.

Lenkung

Läuft der Wagen auf ebener Fahrbahn bei losgelassenem Lenkrad sauber geradeaus? Wenn die Vorderreifen ungleichmäßig abgenutzt sind, liegt der Fehler vielleicht an der Vorderachseinstellung. Hier besteht der Verdacht auf einen vorausgegangenen Unfallschaden oder zumindest eine harte Bordsteinberührung. Geht die Lenkung nach Kurven wieder selbsttätig in Geradeausstellung zurück? Sind die Öldruckschläuche von der Servopumpe zum Lenkgetriebe dicht? Vibriert das Lenkrad während der Fahrt? Ab etwa 80 km/h sind meist schlecht ausgewuchtete Räder schuld. Vielleicht ist eine Felge verbogen oder der Lenkungsdämpfer defekt?

Bremsen

Bremsprobe: Zuerst eine Vollbremsung bei Schrittgeschwindigkeit. Am Gummiabrieb auf ebener Straße sehen Sie an gleich langen Spuren, daß die Bremsen gleichmäßig ziehen. Die gleiche Prüfung wird mit der Feststellbremse durchgeführt. Für die Bremsenprüfung bei höherer Geschwindigkeit brauchen Sie eine trockene, ebene Strecke. Nun aus etwa 50 km/h bei losgelassenem Lenkrad, aber mit griffbereiten Händen, zuerst sanft und dann scharf bis zum Stillstand abbremsen. Zieht der Wagen nach links, ist eine der rechten Radbremsen nicht in Ordnung. Das Auto zieht in Richtung des stärker gebremsten Rades. Abgenutzte Bremsklötze könnten die Ursache sein. Bei ungleichem Wirken der Feststellbremse müssen die Beläge nachgestellt werden.
Lösen der Bremsen: Lassen Sie den Wagen ein schwaches Gefälle im Leerlauf hinunterrollen, um festzustellen, ob die Räder freigängig sind. Nach der Probefahrt machen Sie die Handprobe: Ist eine Felge auf der einen Wagenseite wärmer als auf der anderen Seite? Ursachen können sein ein verklemmter Bremssattel, schwergängige hintere Bremsen oder zu stramm eingestellte bzw. schadhafte Radlager.

Elektrik

Instrumente: Funktionieren Tachometer, Anzeigeinstrumente, Kontrolleuchten (Seite 215), das Radio und die Zeituhr?
Scheibenwischer: Läuft der Wischer in allen Stufen, funktioniert die Endabschaltung und die Waschanlage?
Hupe: Ist sie verstimmt oder völlig stumm?
Schalter: Nochmals bewußt die Kontrolle, ob mit dem entsprechenden Schalter auch der betreffende Stromverbraucher in Funktion tritt. Funktioniert die Umschaltung von Abblend- auf Fernlicht und umgekehrt. Rastet der Blinkerschalter und geht er nach einer Kurve wieder in seine Ausgangsstellung zurück?

Störungshilfe

In den vielen Prüfpunkten dieses Kapitels haben wir eine ganze Reihe von Fehlern angesprochen. Wie Sie die beheben können, ist im laufenden Text unseres Handbuchs beschrieben. Damit Sie die betreffende Stelle im Buch leichter finden, haben wir nachstehend die Störungshilfen zusammengestellt.

Der Anfang

Wer seinem Mercedes montierend zu Leibe rücken will, sollte beim Werkzeugkauf den Wahlspruch »Qualität vor Quantität« beherzigen. Denn nichts verdirbt die Arbeitslust mehr als schlechtes Werkzeug. Kaufen Sie sich Ihre Austattung also lieber etwas langsamer oder noch besser: Lassen Sie sich manches schenken.

Die Grundausstattung

Mit den nachfolgend aufgelisteten Werkzeugen können Sie alle Wartungsarbeiten und viele Reparaturen durchführen:
- □ Gabelschlüssel 6 × 7, 8 × 10, 10 × 13, 14 × 17, 17 × 19;
- □ Ringschlüssel 8 × 9, 10 × 13, 11 × 13, 14 × 17;
- □ Rohrsteckschlüssel 10 × 11, 12 × 13, 24 × 27;
- □ Satz Innensechskantschlüssel;
- □ Radmutternschlüssel;
- □ Kreuzschlitz-Schraubenzieher, groß und klein;
- □ Querschlitz-Schraubenzieher, 3 Größen;
- □ Kombizange;
- □ Rohrzange, 400 mm lang;
- □ Seitenschneider;
- □ Flachmeißel;
- □ Hammer, 500 g;
- □ Durchschlag, 2,5 mm;
- □ Elektrik-Prüflampe.

Schraubenmaße und Schlüsselweiten

Werkzeuge und Maschinenteile werden in den meisten Ländern nach dem metrischen Maßsystem (in Millimeter oder Zentimeter) gemessen. Eine Schraube kann beispielsweise mit M 8 × 30 oder M 8 × 1 × 30 gekennzeichnet sein. Hierbei bedeuten:

M – Kennzeichen für metrisches Gewinde;
8 – Gewinde-Außendurchmesser in mm;
1 – Gewindesteigung, nur bei Fein- oder Sondergewinden angegeben
30 – Schraubenschaftlänge (ohne Kopf) in mm.

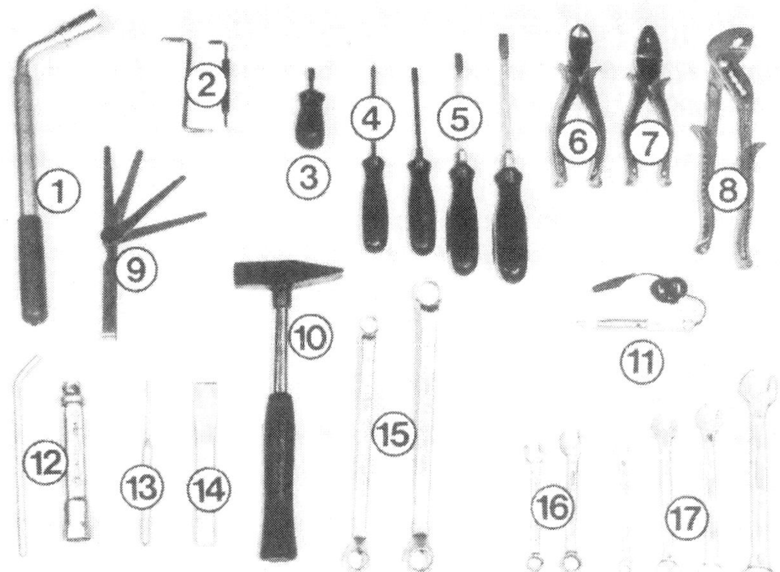

Werkzeuge der Grundausstattung: 1 – Radschraubenschlüssel; 2 – Winkelschraubenzieher; 3, 4, 5 – Schraubenzieher; 6 – Seitenschneider; 7 – Kombizange; 8 – Rohrzange; 9 – Fühlerblattlehren; 10 – Hammer; 11 – Elektrik-Prüflampe; 12 – Rohrsteckschlüssel; 13 – Durchschlag; 14 – Flachmeißel; 15 – Ringschlüssel, hoch gekröpft; 16 – Gabel-/Ringschlüssel; 17 – Gabelschlüssel.

Jedem Gewindedurchmesser ist eine bestimmte Schraubenkopfabmessung zugeordnet. So müssen beispielsweise Sechskantschrauben mit dem Gewinde M 8 mit einem Werkzeug der Schlüsselweite 13 mm gedreht werden. Bei Schrauben und Muttern mißt man den Abstand gegenüberliegender Seiten. Den Abstand nennt man Schlüsselweite (SW).

Weitere Werkzeuge

Zum eigentlichen Werkzeug der Grundausstattung kann sich der Selbsthelfer je nach Bedarf noch zusätzliches Handwerkszeug anschaffen.

Stecknüsse mit den dazugehörigen Verlängerungsstücken sowie den Betätigungswerkzeugen (Rätsche, Hebel) ermöglichen wesentlich schnelleres und bequemeres Arbeiten. Bei der Anschaffung können Sie zwei Wege gehen: Entweder Sie kaufen sich nur die am häufigsten benötigten Schlüsselweiten und Betätigungswerkzeuge in erstklassiger Qualität oder Sie erwerben einen preisgünstigen kompletten Rätschenkasten und ergänzen die verschleißenden Teile nach und nach mit Werkzeugen von guter Qualität. In jedem Fall sollten Sie sich aber Sechskantnüsse kaufen! Die ebenfalls im Handel befindlichen Zwölfkantnüsse rutschen auf beschädigten oder verrosteten Schrauben schneller durch.

Zum Einstecken der Betätigungswerkzeuge haben die Steckeinsätze ein Vierkantloch mit 1/2″ (Zoll) oder 3/8″ Kantenlänge. Die 3/8″-Ausführung ist dabei weniger verbreitet, jedoch in vielen Fällen handlicher beim Autobasteln. Für Stecknüsse ab SW 24, die es nur mit 1/2″-Vierkant gibt, kann man ein Adapterstück kaufen, das den 3/8″-Vierkant auf 1/2″ vergrößert.

Innenvielzahn-Schlüssel werden am besten als Stecknüsse gekauft. Die Schrauben lassen sich dann mit dem Betätigungshebel oder der Rätsche leicht und schnell drehen. Kaufen Sie nur die Stecknüsse mit dem langen Werkzeugschaft. Mit Innenvielzahnschrauben sind z. B. der Zylinderkopf und die Hinterachswellen befestigt.

Kleiner Rätschenkasten mit 1/4″-Antrieb: ein praktisches Werkzeug, wenn mit kleinen Schrauben gearbeitet wird. Manche Kästen haben noch zusätzlich Einsätze für Schlitz- und Kreuzschlitzschrauben. Die allerbeste Qualität braucht dabei nicht gekauft zu werden, denn die kleinen Schrauben zieht man ja nicht mit aller Kraft an. Was dennoch kaputtgeht – etwa die oft empfindliche Rätsche oder einzelne Einsätze – kann dann in besserer Qualität nachgerüstet werden.

Drehmomentschlüssel gibt es heute schon sehr preiswert zu kaufen. Unerläßlich ist der Drehmomentschlüssel beispielsweise zur Zylinderkopfmontage, aber auch bei anderen Schrauben, die mit dem richtigen Drehmoment angezogen werden sollen, ist er wichtig. Die wichtigsten Drehmomente finden Sie, wo nötig, in den Arbeitsbeschreibungen. Weiteres über Drehmomente finden Sie noch auf Seite 18.

Schlagschrauber: Er hilft, Quer- und Kreuzschlitz- sowie Inbusschrauben zu lösen, wenn alle anderen Mittel versagen. Wie er eingesetzt wird, steht auf Seite 16.

Spezialquetschzange zum Anklemmen von Steckern an Elektrokabel: Ein praktisches Werkzeug für diejenigen, die sich hauptsächlich der Elektrik oder dem Einbau von Zusatzgeräten widmen. Für den Bastler reicht die einfachere und preisgünstigere Ausführung.

Bremsleitungsschlüssel: Mit ihm lassen sich die Muttern der Bremsleitungen leicht lösen, ohne daß die Flanken rundgedreht werden. Er sieht wie ein aufgesägter Ringschlüssel aus und ist beispielsweise bei der Fa. Hazet oder Gedore erhältlich. Lohnend ist die Anschaffung natürlich nur, wenn öfters an der Bremshydraulik gearbeitet wird.

Rohrzange: Eine große, kräftige Rohrzange ist oftmals ein schneller Helfer, wenn Schraubenköpfe oder Muttern rundgedreht sind. Beachten Sie beim Einkauf, daß die Zange aus gutem Werkzeugstahl ist und daß ihre Teile möglichst wenig Seitenspiel haben.

Flaschenzug: Wer beispielsweise den Motor ausbauen will, braucht neben einer stabilen und ausreichend hohen Aufhängemöglichkeit noch einen stabilen Flaschenzug. Einen Rollenflaschenzug mit mehrfach umlaufendem Kunststoffseil würden wir hier nicht verwenden, denn oft kann das Seil nicht gegen Zurücklaufen gesichert werden. Weiterhin sind Kunststoffseile leicht zu beschädigen. Flaschenzüge mit Kette oder Drahtseil sind wesentlich unempfindlicher und erwecken eher Vertrauen. Langfristig gesehen ist unserer Meinung nach ein sogenannter Ketten-Flaschenzug mit 500 kg Tragfähigkeit die beste Empfehlung.

Sinnvolle Hilfsmittel

Stab-Handlampe: Sie gibt helles Licht, blendet auf der Rückseite nicht und kann vor allem auch auf den Boden fallen, ohne Schaden zu nehmen.

Drahtbürste: Sie ist unentbehrlich zum Reinigen von verrosteten Schraubengewinden und Fahrwerksteilen. Ein sehr nützliches Allround-Hilfsmittel.

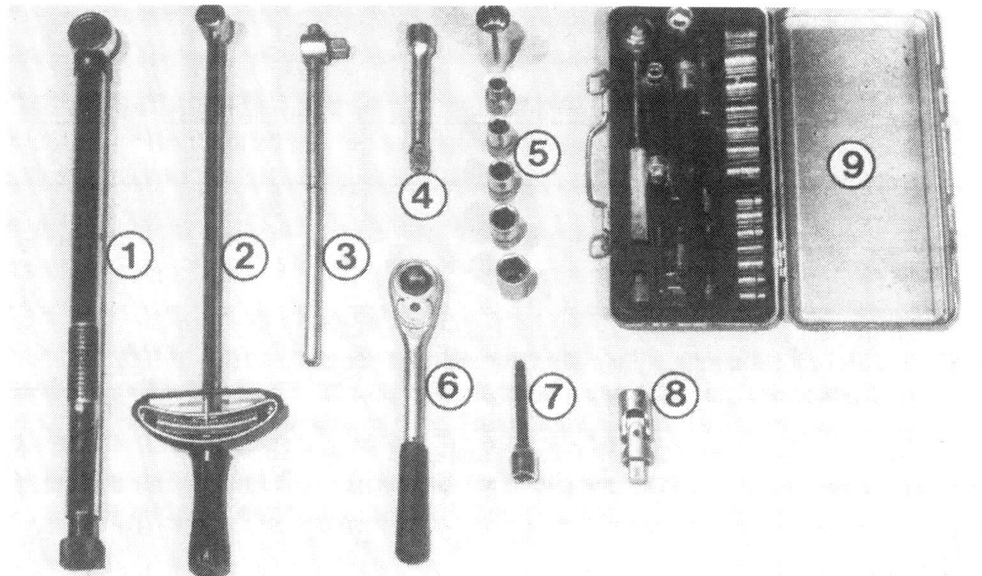

Stecknüsse und Zubehör: Drehmomentschlüssel, einstellbar (1) oder in Skalenausführung (2), Betätigungshebel (3), Verlängerung (4), alle benötigten Größen an Steckeinsatz für Innenvielzahnschrauben (7), Kardangelenk (8). Alle diese Werkzeuge gibt es in 1/2″ – und 3/8″ – Ausführung. Als Ergänzung: Rätschenkasten in 1/4″ für kleine Schlüsselweiten (9).

Handwaschmittel: Ölverschmierte Hände sind mit Seife allein nur schwer wieder zu säubern, das geht besser mit Handwaschpaste. Achten Sie beim Kauf darauf, daß diese hautschonend ist, also ohne Sandzusatz.

Gut geeignet sind auch Handwaschgelees, wie etwa »Terogel« von Teroson. Im Notfall können Sie ebenso unverdünntes Geschirrspülmittel nehmen.

Kabelbinder: Wenn ein Kabel oder ein Bowdenzug an der Karosserie befestigt werden soll, ist ein Kunststoff-Kabelbinder die ideale Verbindung. Das eine Ende des Kabelbinders wird durch die Öse an seinem anderen Ende gezogen. Eine Sperrklinke verhindert das Herausrutschen, so daß die einmal gebildete Schlaufe erhalten bleibt. Kabelbinder sind in jedem Elektronik-Laden erhältlich.

Elektrik-Kabelverbinder: Wenn Sie sich die oben genannte Quetschzange anschaffen, sollten Sie gleich ein Sortiment der gängigen Verbinder kaufen: Flachstecker, Doppelflachstekker und Rundstecker.

Lüsterklemmen: In der Autoelektrik sind sie ein unschöner Notbehelf, aber unterwegs können sie zum Flicken eines gerissenen Gaszuges dienen.

Karosserie- oder Silikon-Dichtmasse: Sie wird gebraucht, um etwa ein Bohrloch in der Karosserie abzudichten oder um ein Kabel zu entklappern. Vor allem aber eignet sie sich für allerhand Improvisationslösungen.

Arbeitskleidung

Ein Overall, möglichst groß, damit man ihn leicht überziehen kann. Achten Sie darauf, daß die Armbünde eng zuknöpfbar sind, damit nicht ständig die Hemdsärmel vorrutschen können.

Eine Latzhose, dazu ein strapazierfähiges, kochfestes Hemd und ggf. noch einen Arbeitskittel darüber sind wohl am besten zur Autopflege geeignet. Jetzt noch eine Schildmütze mit möglichst exotischer Aufschrift und Sie werden sich den bewundernden Blick Ihrer Nachbarn kaum noch entziehen können.

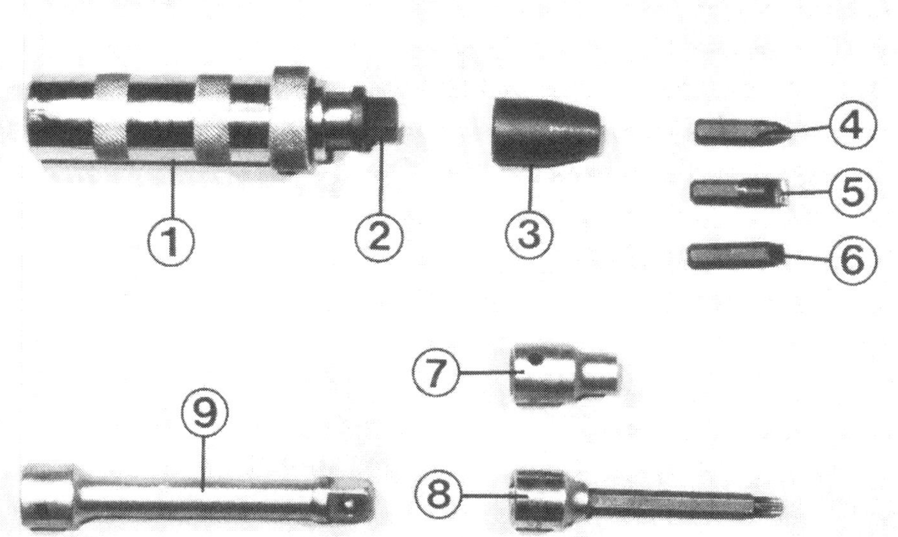

Einsatzmöglichkeiten des Schlagschraubers (1) mit Halbzollantrieb (2): Direkt aufgesteckt werden Verlängerungen (9), Stecknüsse (7) und Inbus/Innenvielzahnschraubenschlüssel für Halbzollantrieb (8). Mit Adapter (3) können eingesteckt werden: Kreuzschlitz- (4), Querschlitz- (5), und Inbussteckeinsätze (6).

Ein Arbeitsmantel eignet sich sehr gut für unterwegs und für Kontrollarbeiten. Mit diesem Kleidungsstück sind Sie am schnellsten einsatzbereit.
Arbeitshandschuhe schützen die Hände vor den häufigen kleinen Handverletzungen, die man sich beim Schrauben gerne zuzieht. Einfache, billige Textil-/Leder-Handschuhe sind sehr gut geeignet für Arbeiten, die keine gelenkigen Finger erfordern. Kaufen Sie am besten gleich 2 Paar.

Prüf- und Meßgeräte

Reifendruckprüfer zur Kontrolle des Luftdrucks bei kalten Reifen (Seite 172).
Batteriesäureprüfer gibt Aufschluß über den Ladezustand der Batterie (Seite 190).
Kompressionsdruckprüfer gibt es in einfacherer Ausführung mit Skala und einem Meßbereich bis ca. 30 bar. Druckprüfer zum Einschrauben haben allerdings meist nur Zündkerzengewinde, so daß sie für den Mercedes-Diesel unbrauchbar sind. Als Abhilfe kann man sich ein Gewindezwischenstück anfertigen lassen (Außengewinde M 24 × 2, Innengewinde M 14 × 1,25, welches statt der Einspritzdüsenhalter in den Zylinderkopf eingeschraubt wird.
Werkstattgeräte mit Schreiber, Meßkärtchen und passenden Gewindeteilen sind für den Privatgebrauch wohl zu teuer.
Mit dem Kompressionstest kann man den Motorzustand recht brauchbar beurteilen (Seite 55).
Einzelgeräte und Kombinationstester: Die nachfolgend beschriebenen Geräte gibt es meist in unterschiedlichen Kombinationen zusammengefaßt. Günstig sind z. B. Volt-/Ampere-/Ohmmeter. Diese können Sie auch in Elektronikhobby-Geschäften erwerben. Testgeräte mit einer Trockenbatterie als eigene Stromquelle (für Ohmmeter unerläßlich) zeigen genauer und stabiler an als solche, die von der Auto-Bordelektrik versorgt werden; dafür sind sie aber wesentlich teurer. Achten Sie beim Kauf unbedingt auf eine ausführliche Bedienungsanleitung.
Voltmeter: Es gibt Auskunft, ob überhaupt Spannung anliegt (Seite 178).
Amperemeter: Dient zum Prüfen eines Stromkreises, wenn der Verdacht besteht, daß ein Stromverbraucher heimlich von der Batterie zehrt. Näheres auf Seite 178.
Ohmmeter: Wird nicht nur zur reinen Widerstandsmessung gebraucht, sondern man kann auch ein unterbrochenes Kabel aufspüren.

Fingerzeig: *Manches Spezialwerkzeug ist zu teuer, um die Anschaffung für einen einzelnen Bastler rentabel zu machen. Wenn sich jedoch zwei oder drei ambitionierte »Schrauber« im Rahmen einer Nachbarschaftshilfe-Gemeinschaft zusammentun, kann sich diese oder jene Anschaffung durchaus lohnen.*

Flüssige Hilfen

Rostlöser für festgerostete Verschraubungen gibt es genügend im Angebot. Besonders gut fanden wir den sofort wirkenden Schnellrostlöster »Caramba Rasant«. Herkömmliche Lösemittel brauchen eine gewisse Einwirkungszeit.

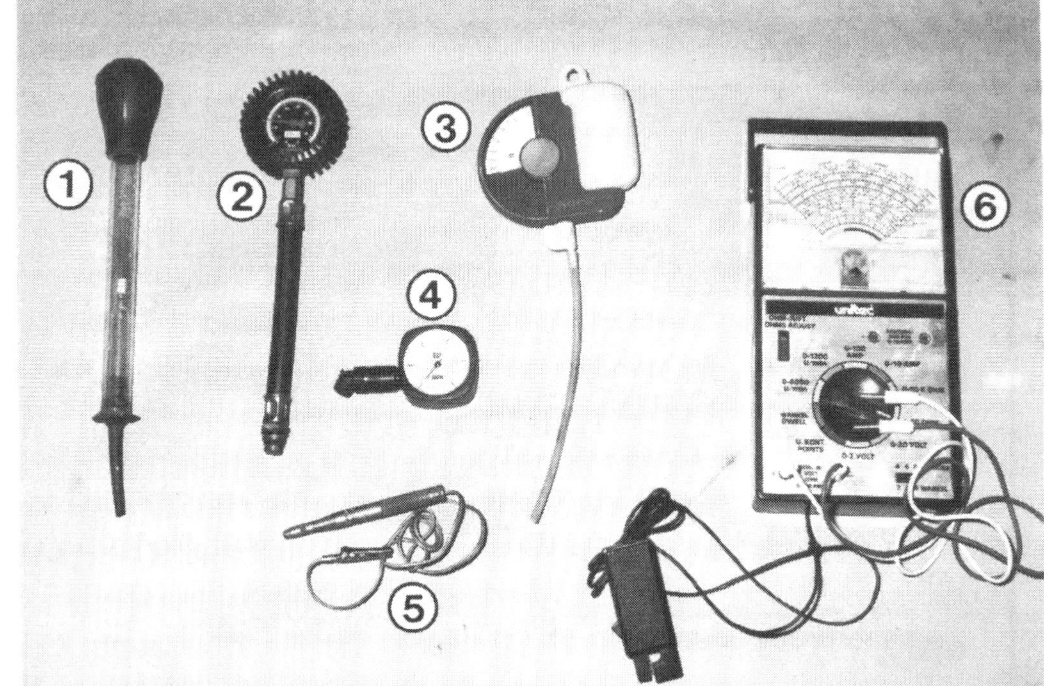

Für manche Arbeiten werden Meß- und Prüfgeräte gebraucht: 1 – Säureprüfer; 2 – Kompressionsdruckprüfer; 3 – Frostschutzprüfer; 4 – Reifendruckprüfer; 5 – Prüflampe; 6 – Vielfachmeßgerät.

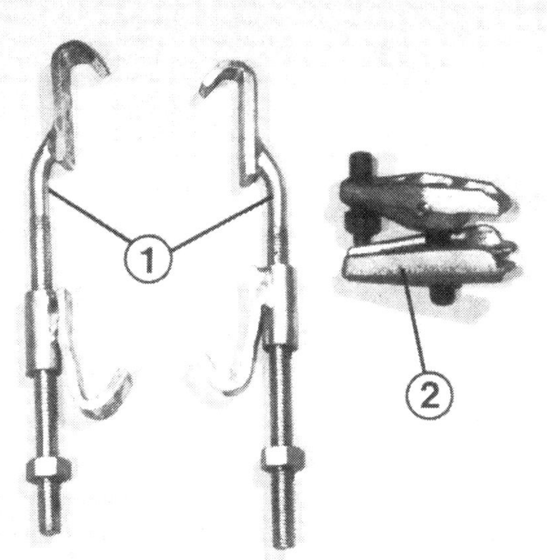

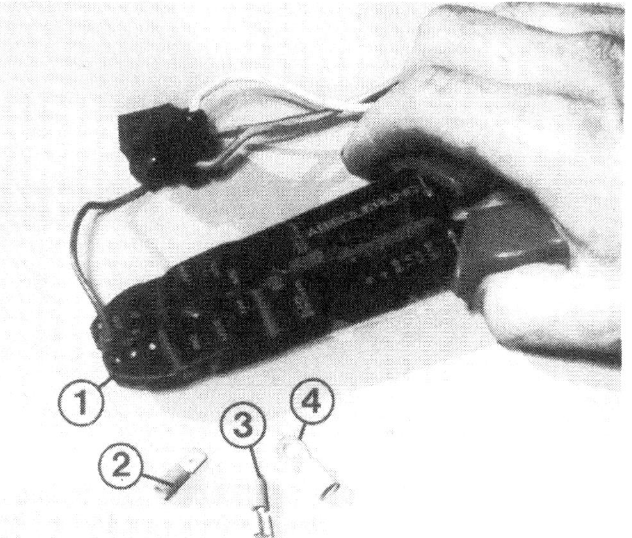

Links: Zum Ausbau einer Radaufhängung werden Federspanner (1) und Konusabdrükker (2) gebraucht. **Rechts:** Anbringen von Kabel-Quetschverbindungen mit Spezial-Quetschzange (1). An quetschverbindern stehen zur Auswahl: Steckerzungen (2), Stekker (3) und Ösen (4).

Kaltreiniger dient zum Säubern des ölverschmierten Motors und sonstiger fettiger Fahrzeugteile. Die Reinigungsflüssigkeit gibt es in Sprühdosen oder – billiger – in Kanistern oder Dosen. Ein Waschpinsel ist in jedem Fall unerläßlich, um die Schmutzkrusten zu lösen. Anschließend wird mit einem scharfen Wasserstrahl abgespritzt. Diese Säuberungsaktion sollte aus Gründen des Gewässerschutzes nur über einem Benzin- oder Ölabscheider, wie ihn jede Tankstelle oder Werkstatt hat, stattfinden. Zu größeren Reinigungsaktionen fahren Sie am besten in eine Tankstelle, die ein Münz-Dampfstrahlgerät hat. Dort können Sie den zuvor mit Kaltreiniger eingeweichten Schmutz in aller Ruhe abdampfen.
Motorschutzwachs verhindert im Motorraum Korrosionserscheinungen und wirkt zusätzlich schmutzabstoßend. Unbedingt nötig ist eine Behandlung mit Motorschutzwachs nicht, kann aber beim TÜV oder Gebrauchtwagenverkauf Vorteile bringen, wenn sich Ihr Mercedes von der schönsten Seite zeigen soll.
Gummipflegespray verhindert, daß im Winter die Tür- und Fenstergummis festfrieren. Außerdem kann man sich den Fenstereinbau erleichtern, wenn man die Scheibendichtung vorher damit einsprüht.

Spezial-Schmierstoffe

Graphitöl enthält den »Festschmierstoff« Graphit, der die Schmierkraft des Öls erhöht. Besonders gut sind Sprühdosen, die einen feinen Strahl versprühen.
Kupferfett, auch Heißschrauben-Compound genannt, verhindert das Festrosten von Verschraubungen, die extrem hohen Temperaturen ausgesetzt sind. Am Auto sind dies die Auspuffschrauben. Aber auch andere Schrauben und Muttern, etwa an den Stoßdämpfern, bleiben immer gängig, wenn sie mit diesem Schmierstoff behandelt wurden.
Silikonpaste eignet sich für viele Schmierstellen. Sie schmutzt nicht, ist hitzefest und stößt Feuchtigkeit vollkommen ab. Allerdings ist sie ziemlich teuer.
Säureschutzfett, auch Polfett genannt, ist ein gegen elektrische Ströme, Säure und Feuchtigkeit isolierender Spezialschmierstoff, der vor allem die Batteriepole sauber hält. Konkurrenzlos ist hierbei das Säureschutzfett »Ft 40 v 1« von Bosch.

Ausrüstung für unterwegs

Sie sind für eventuelle Pannen auf der Strecke gut gewappnet, wenn Sie die auf Seite 11 zusammengestellte Werkzeug-Grundausstattung und die nachstehend genannten Hilfsmittel dabei haben:

- ☐ Abschleppseil oder -stange
- ☐ Alleskleber (z. B. Sekundenkleber)
- ☐ 2 m Autoelektrikkabel 1,5 mm^2
- ☐ 1 m kräftigen Draht
- ☐ Einspritzdüse (Seite 96)
- ☐ Ersatzglühlampen (Seite 203)
- ☐ Glühkerzen (Seite 108)
- ☐ Klebeband
- ☐ Lappen
- ☐ Reservekanister
- ☐ Sicherungen
- ☐ Starthilfespray (z. B. »Startpilot«)
- ☐ Starthilfekabel (mindestens 16 mm^2)
- ☐ Taschenlampe

Was jetzt?

Eine unlösbare Verschraubung, eine abgerissene Schraube oder das Beschädigen eines Neuteils bringen manchen Selbstpfleger schnell an den Rand seiner Nervenkraft. Doch »alte Hasen« wissen so manchen Trick, wie Probleme zu meistern sind. Im folgenden Kapitel finden Sie Tips aus unserer täglichen Praxis.

Muttern, Schrauben und Gewinde

Verrostete Verschraubungen lösen

Bevor der Schraubenschlüssel angesetzt wird, sollten Sie erreichbare Gewindegänge mit einer Drahtbürste reinigen und dann mit Rostlöser besprühen. Nun die Verschraubung losdrehen. Tut sich nichts, keinesfalls den Sechskant runddrehen, sondern erst versuchen, ein besseres Werkzeug anzusetzen. Eine Stecknuß, ein engerer Gabelschlüssel, ein Ringschlüssel oder ein Rohrsteckschlüssel helfen vielleicht weiter. Konnten Sie die Verschraubung nur mit Mühe ein Stück lösen, sprühen Sie nochmals mit Rostlöser und drehen die Verschraubung wieder zu. Dann erneut versuchen, sie zu lösen. Durch dieses Hin- und Herdrehen gelangt immer mehr Rostlöser an das Gewinde.

Schlitz- und Kreuzschlitzschrauben lösen

Wenn sich eine Schraube nicht gleich losdrehen läßt, sollten Sie einen passenden, stabilen Schraubenzieher ansetzen und dem Griffende einen trockenen Hammerschlag versetzen. Das bricht die mit ihrem Kopf festkorrodierte Schraube los, sie läßt sich nun vielleicht herausdrehen.

Hilft das nichts, brauchen Sie einen Schlagschrauber. Bei jedem Hammerschlag auf das Griffende des Schlagschraubers dreht dieser den Schraubeneinsatz unter Druck ein klein wenig weiter. Das löst praktisch jede Schraube.

Schrauben ausbohren

Kann an einen Schraubenkopf kein Werkzeug mehr angesetzt werden, hilft nur noch Ausbohren. Mit einem Körnerschlag die Mitte zentrieren und mit einem dünnen Bohrer vorbohren. Dann mit passenden, größeren Bohrern nachbohren und den Schraubenkopf entfernen. Das Gewindeteil läßt sich später vielleicht mit einer Zange herausdrehen. Andernfalls hilft wieder Ausbohren.

Hierbei gilt das Hauptaugenmerk dem Gegengewinde, in welchem der abgerissene Schraubenteil noch steckt, denn dieses darf beim Ausbohren nicht beschädigt werden. Zuerst erhält der Schraubenrest genau in der Mitte einen Körnerschlag. Nun wird mit einem Bohrer bester Qualität möglichst mittig und senkrecht gebohrt. Gute Erfahrungen haben wir gemacht, wenn zunächst mit einem 3–3,5-mm-Bohrer vorgebohrt wurde. Anschließend wird mit einem größeren Bohrer maximal bis auf den sogenannten Kernlochdurchmesser aufgebohrt. Der Kernlochdurchmesser errechnet sich aus: Gewindedurchmesser multipliziert mit 0,8. Dies ergibt beispielsweise für eine M-8-Schraube 6,4 mm Kernlochdurchmesser. In der Praxis empfiehlt es sich aber, zunächst etwas kleiner, bei M 8 nur mit 5 mm zu bohren, denn wenn die Bohrung außermittig verläuft, kann man sie nun stufenweise vorsichtig vergrößern, bis die Gewindereste leicht entfernt werden können. Die in den Gewindegängen verbliebenen Metallreste können bisweilen mit einer Reißnadel »herausoperiert« werden. Meist muß das Gewinde jedoch nachgeschnitten werden.

Abgerissene Gewindestücke können auch mit einem Linksgewindebohrer (auch Schraubenausdreher genannt) herausgedreht werden. Dazu wird in den abgerissenen Schraubenrest ein Loch gebohrt, in das der konisch zugespitzte Schraubenausdreher gedreht wird. Beim Linksdrehen frißt sich der Bohrer fest und dreht das Gewindestück mit heraus. Das klappt allerdings nur, wenn das Gewinde nicht zu sehr festgerostet ist.

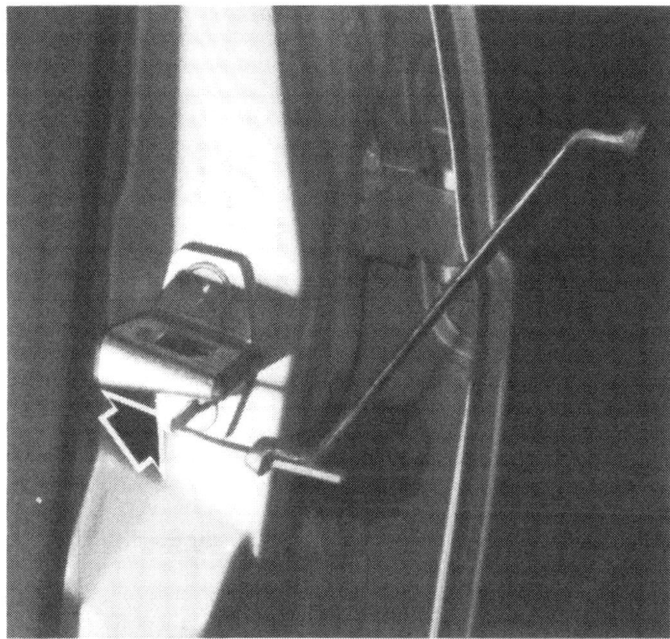

So kann auch eine schwergängige Inbusschraube (Pfeil) geöffnet werden: Am abgewinkelten Inbusschlüssel wird ein kleiner Ringschlüssel als Hebel angesetzt. Vorsicht: Inbusschlüssel schlechter Qualität können brechen!

Gewinde schneiden

Das Nach- oder Neuschneiden von Gewinden geht in drei Stufen vor sich, die entsprechenden Gewindeschneider werden daher unterschieden in Vorschneider (1 Ring am Schaft), Mittelschneider (2 Ringe am Schaft) und Fertigschneider (ohne bzw. 3 Ringe am Schaft). Diese drei Schneider werden nacheinander und unter ständigem Ölen in das vorgebohrte Kernloch (siehe vorangegangener Abschnitt) hinein- und wieder herausgedreht. Um ein Abbrechen des Gewindeschneiders zu verhindern, muß beim Hineindrehen immer wieder abgesetzt und ein Stück zurückgedreht werden. Sonst werden die Metallspäne zu lang und klemmen.

Ausgerissene Gewinde

Auch wenn man ein Gewinde beim Ausbohren beschädigt hat oder es beim Festdrehen mit der Schraube beschädigte, gibt es noch Reparaturmöglichkeiten. Hat man noch genügend Material um das ausgerissene Gewinde, wird einfach ein größeres Gewinde geschnitten (letzter Absatz) und eine entsprechende Schraube verwendet. Ist dies nicht möglich (z. B. Zylinderkopfschraube), setzt man eine Gewindebuchse bzw. einen sogenannten Helicoil-Einsatz ein und verkleinert damit das größere Gewinde wieder auf das ursprüngliche Maß. Die meisten werden wohl kaum die hierzu erforderlichen Werkzeuge haben, deshalb ist man zum Gewindeinstandsetzen in der Werkstatt gut aufgehoben.

Beschädigte Muttern lösen

Wenn die Kanten einer Mutter oder eines Schraubenkopfes erst einmal »rund« sind, hilft zum Lösen der Verschraubung meist nur noch rohe Gewalt. Eine gute Möglichkeit ist es, dies mit einer Rohrzange zu versuchen. Man kann die vermurkste Mutter oder Schraube äußerst fest greifen und dann mit dem langen Hebel auch losdrehen. Die Rohrzange muß richtig herum angesetzt werden, damit sie beim Ziehen in Drehrichtung ihre Backen noch fester schließt. Hilft dies nicht weiter, wird ein scharfer Meißel angesetzt und die Mutter aufgemeißelt. Bei einer gut zugänglichen Mutter kann man eine Fläche mit einer Schleifmaschine abschleifen. Werkstätten benutzen zum Lösen festgerosteter Muttern bisweilen einen sogenannten Mutternsprenger, mit welchem die Muttern an einer Stelle aufgesprengt werden.

Muttern erhitzen zum Lösen

Widerspenstige Muttern werden in der Werkstatt oft mit einem Schweißbrenner rotglühend erhitzt. Für den Heimwerker kann behelfsmäßig auch eine kräftige Lötlampe ausreichen, die dann länger gegen die Mutter gehalten werden muß (Brandgefahr beachten!). Derart behandelte Muttern nicht mehr verwenden.

Selbstsichernde Verschraubungen

Hier wurde im Mercedes eine besondere Technik angewendet – die Schrauben sind mikroverkapselt. Dies bedeutet, daß sich in den Gewindegängen ein Schraubensicherungsmittel befindet. Dieses härtet aber nicht aus, weil auf der Oberfläche ein schützender Film gebildet wurde. Erst wenn die Schraube festgezogen wird, zerreißt dieser Film, und das Sicherungsmittel wirkt. Solche Schrauben dürfen nur einmal verwendet werden. In den Arbeitsbeschrei-

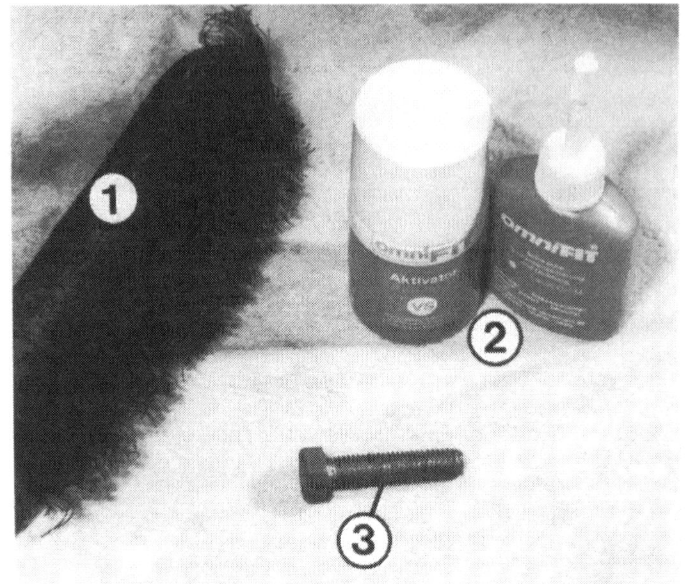

Will man eine selbstsichernde Schraube (3) nochmals verwenden, reinigt man ihre Gewindegänge mit der Drahtbürste (1) und trägt vor dem Einschrauben ein Schrauben-Sicherungsmittel (2) aus dem Zubehörhandel auf.

bungen wird darauf hingewiesen. Beispielsweise beim Austausch der vorderen Bremsklötze oder zum Lenkradeinbau braucht man neue Schrauben.
Doch kann man auch das Schraubengewinde mit einer Drahtbürste reinigen und dann neu Sicherungsmittel (z. B. von Loctite) vor dem Einschrauben auf das Gewinde auftragen. Bei derartigen Schraubverbindungen darf das Drehmoment später nicht mehr überprüft werden, denn durch ein nachträgliches Verdrehen wird die »Verklebung« aufgebrochen.
Wird eine Schraube öfters hintereinander mit Sicherungsmittel eingedreht, muß man bisweilen das Gegengewinde mit einem Gewindebohrer reinigen.
Es gibt auch selbstsichernde Muttern. Diese besitzen entweder eine Einlage aus Kunststoff oder ein enger geschnittenes Gewinde. Auf diese Weise klemmt die Mutter auf der Schraube und kann sich nicht durch Vibrationen lösen. Derartige Muttern dürfen nur einmal verwendet werden, sonst ist die sichernde Wirkung dahin.

Stehbolzen lösen und festdrehen

Mit Stehbolzen sind beispielsweise der Ansaug- oder der Auspuffkrümmer am Motor angeflanscht. Da diese Stehbolzen keine Anlagefläche für einen Schraubenschlüssel besitzen, dreht man 2 Muttern auf den Stehbolzen und kontert diese dann gegeneinander. An die nun festgeklemmten Muttern setzt man das Werkzeug an. Hat ein Stehbolzen nicht auf seiner ganzen Länge Gewinde, kann man ihn auch mit der Rohrzange packen und drehen.

Schraubengröße und Drehmoment

Mit einem Drehmomentschlüssel könnten Sie am Schraubstock einmal eine Art »Trockenkurs« durchführen. Die Tabelle gibt an, mit welchen Werten die Schrauben ungefähr angezogen werden müssen:

Gewinde	M 6	M 8	M 10	M 12	M 14
Drehmoment in Nm	10	20	35	70	100

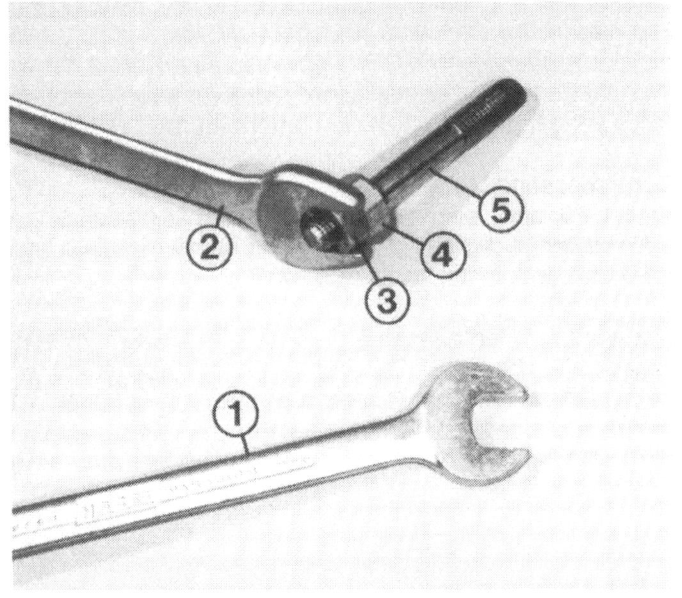

Lösen eines Stehbolzens (5): Mit zwei Schraubenschlüsseln (1 und 2) werden zwei gleich große Muttern (3 und 4) auf dem freien Stehbolzengewinde fest gegeneinander verdreht (gekontert). Die Muttern klemmen sich dadurch auf dem Gewinde fest, und der Bolzen kann an einer der Muttern gedreht werden.

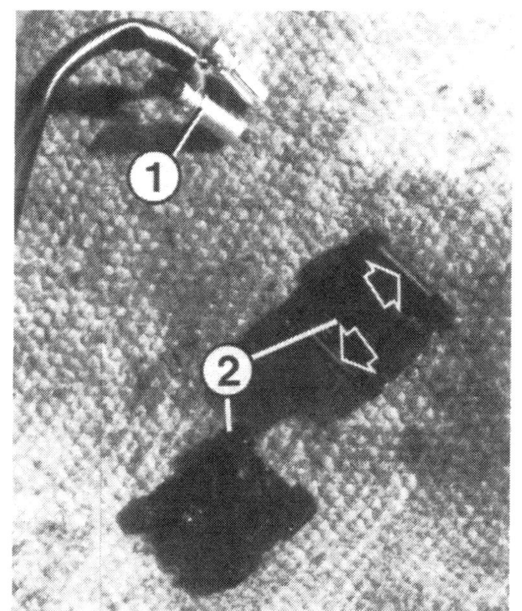

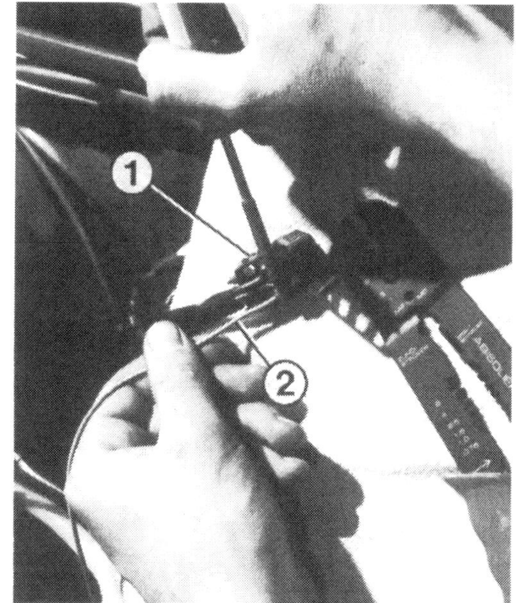

Zusatzkabel können in Steckverbindungen angelötet werden.
Links: Haltekrallen (Pfeile) zurückdrücken und Steckergehäuse (2) auseinandernehmen. Rundstecker (1) herausziehen.
Rechts: Abisoliertes Zusatzkabel (2) an den Rundstecker anlöten.

Diese Werte gelten jedoch nur, wenn nichts anderes angegeben ist. Für Schrauben, die beispielsweise in Kunststoffteile eingeschraubt werden oder für solche, die ein Feingewinde haben oder aus besonders hochwertigen Stahlsorten hergestellt sind, gelten andere Werte. Im Buch werden Sie die Drehmomente, die beim Zusammenbau beachtet werden sollen, hinter der beschriebenen Schraube in Klammern finden. Die Angaben erfolgen immer in Nm (= Newtonmeter). Diese neuere Maßeinheit für das Drehmoment ist noch nicht jedem geläufig. Manche ältere Drehmomentschlüssel haben noch Skalen mit der alten Einheit mkg (= Meterkilogramm), hier ist es wichtig zu wissen, daß 1 mkg gleich 10 Nm ist.

Fingerzeige: *Wer es mit den Drehmomenten genau nehmen will, braucht zwei verschiedene Schlüssel; denn bei den billigen Drehmomentschlüsseln mit Biegestab und Skala können Werte unter 50 Nm kaum brauchbar abgelesen werden. Für kleinere Drehmomente empfiehlt es sich, einen rohrförmigen »Abknicker« bis ca. 50 Nm anzuschaffen.*
Die Drehmomentangaben beziehen sich meist auf eingeölte Gewinde und Anlageflächen. Die Radschrauben müssen ohne Schmiermittel angezogen werden.

Auto-Elektrik Zusätzliche Kabel anschließen

Wollen Sie weiteres Zubehör in Ihren Mercedes einbauen, müssen oft Kabel verlegt und angeschlossen werden. Die neuen Kabel sollen dann nicht irgendwo wirr herumhängen; Verlegen Sie die Kabel entlang der bestehenden Kabelstränge und befestigen Sie sie mit Klebeband daran.
Der Anschluß von serienmäßigen Leitungen erfolgt im Mercedes meist mit Mehrfachsteckern. In den einzelnen Kammern der Mehrfachstecker sitzen einzelne, runde Stecker, woran die Leitungen angelötet sind. An diese Steckerchen können auch die zusätzlichen Kabel angelötet werden. Hierzu den jeweiligen Mehrfachstecker ausstecken und das Gehäuse durch Zurückdrücken von Krallen auseinanderbauen. Nun können Sie ein Zusatzkabel anlöten.
Je nach Ausstattung Ihres Wagens gibt es noch freie Einsteckmöglichkeiten an der Steckerleiste vorn im Fahrerfußraum (Seite 180). Dort könnten Sie sich beispielsweise Strom für ein Zusatzgerät holen. Kaufen Sie sich in der Werkstatt einen entsprechenden Stecker und löten Sie daran die Kabel an.
Einfacher, dafür aber nicht ganz so zuverlässig, ist das Anschließen mit sogenannten Schneidverbindern, die es mit im Zubehörhandel gibt.

Kabel einziehen

Ist ein Kabel unerreichbar in die Karosserie zurückgerutscht oder soll ein neues Kabel eingezogen werden, versucht man dies mit einem stabilen Draht. Zuerst störende Verkleidungen ausbauen und nun mit Geduld versuchen, den Draht an die gewünschte Stelle durchzuschieben. Ist dies gelungen, befestigt man das Kabel am Draht und zieht es ein.

Werkzeug instandhalten

Schraubenzieher müssen eine gerade und am Ende der Spitze leicht abgestumpfte Klinge haben. Wurden sie zwischenzeitlich als Meißel mißbraucht oder sind Ecken ausgebrochen, können sie nachgeschliffen werden. Dabei die Klingenflächen parallel zueinander schleifen. Eine spitz zulaufende Klinge dreht sich aus dem Schraubenschlitz – hohe Verletzungsgefahr.

Beim Schleifen den Schraubenzieher immer wieder in einem bereitgestellten Wasserbehälter kühlen! Glüht die Schraubenzieherklinge beim Schleifen aus (erkennbar an der plötzlichen Blaufärbung), wird sie in ihrem Metallgefüge verändert und ist nicht mehr hart genug.

Hammer: Sein Stiel muß absolut fest im Metall stecken, um Verletzungen durch einen unversehens losfliegenden Hammerkopf zu vermeiden. Bei Hämmern mit Holzstiel muß oben ein Sicherungskeil im Stiel sitzen; darauf sollten Sie achten.

Meißel: Durch die Schläge mit dem Metallhammer bildet sich oben am Schaft des Meißels eine Krone aus scharfen Metallspänen. Diese müssen unbedingt abgeschliffen werden, sonst sind böse Hand- und Augenverletzungen möglich.

Bohrer müssen von Zeit zu Zeit geschliffen werden, sonst drücken sie statt zu schneiden. Richtig geschliffene Bohrer weisen ganz bestimmte Winkel an den Schneiden auf (Zeichnung). Diese Winkel anzuschleifen ist Übungssache. Wer es einfacher haben möchte, kauft sich ein Bohrerschleifgerät.

Arbeitsvorbereitungen

Bevor Sie bei einer Reparatur Teile ausbauen und zur Seite legen, soll der Arbeitsplatz gründlich gesäubert sein. Schrauben und Teile von früheren Zerlegarbeiten sollten lieber vorher weggeräumt werden, damit Sie später nichts Falsches einbauen. Kennzeichnen Sie die noch zusammengebauten Teile mit einer Reißnadel, einem Filzstift, einem Drahtstück oder etwas anderem so, daß es später nicht zu Irrtümern kommen kann. Ausgebaute Teile legen Sie am besten auf einen sauberen Karton oder eine alte Zeitung. Kleinteile packt man sicherheitshalber in kleine Schachteln oder Gläser.

Unfallverhütung

Schon die Beachtung weniger Punkte setzt das Unfallrisiko bei der Autoreparatur um ein Vielfaches herab. Vergegenwärtigen Sie sich nachfolgende Punkte:

Wagen immer absichern, wenn an der Unterseite gearbeitet wird (Seite 22).

Schutzbrille verwenden, wenn Metall geschliffen oder gemeißelt wird. Augen sind empfindlich und nicht zu ersetzen!

Schweißbrille aufsetzen, auch wenn Sie beim Schweißen nur zusehen wollen.

Augen sofort ausspülen, wenn sie mit ätzenden Flüssigkeiten (z. B. Bremsflüssigkeit; siehe Seite 151) in Berührung gekommen sind. Zum Spülen halten Sie den Kopf unter den Wasserhahn und lassen das Wasser sanft durch das betroffene Auge fließen.

Keinen Brems- oder Kupplungsstaub einatmen. Am besten den Abrieb mit Spiritus abwaschen oder ihn mit einem Pinsel lösen und gleichzeitig mit dem Staubsauger aufsaugen. Keinesfalls den bisweilen asbesthaltigen Staub mit dem Mund oder gar mit Preßluft in der Gegend herumblasen (Original-Beläge sind asbestfrei).

Batterie abklemmen (Minuspolklemme lösen), wenn größere Reparaturen ausgeführt werden und immer wenn der Anlasser ausgebaut wird. Vielleicht kommt es sonst zu gefährlichen Kurzschlüssen! Außerdem sind Verletzungen an den Händen bzw. Teileschäden möglich, wenn der Anlasser während einer Reparatur versehentlich betätigt wird.

Kraftstoffe sind leicht entzündlich. Deshalb kein Rauchen und kein offenes Feuer, wenn am Fahrzeug gearbeitet wird. In der Montagegrube wäre dies besonders gefährlich. Weiterhin sind auch Dämpfe von Lösungsmitteln und Kunstharzen entflammbar. Der Säurenebel der Batterie kann durch Knallgasbildung gleichfalls gefährlich werden.

Feuerlöscher: Ist er in der Nähe des Arbeitsplatzes griffbereit?

Arbeitskleidung liegt meist eng an, so daß man kaum irgendwo hängen bleiben kann (Seite 13).

Gute Werkzeugpflege ist gleichzeitig Unfallverhütung. Beispiele: Der lose Hammerkopf oder scharfkantige Metallspäne am Meißelschaft.

Auspuffgase sind äußerst gefährlich, wenn sie eingeatmet werden. Deshalb immer für Durchzug sorgen, bevor der Motor gestartet wird!

Kleine Verletzungen sollten Sie gleich mit Desinfektionsmittel behandeln und verpflastern, damit kein Schmutz in die Wunde gerät. Übrigens: Wann war Ihre letzte Wundstarrkrampf-Impfung?

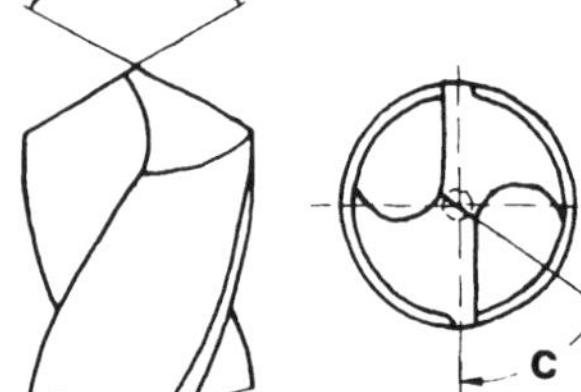

Ein richtig geschliffener Bohrer für Metall muß folgende Winkel aufweisen: Freiwinkel a = 6–9°, Spitzenwinkel b = 116–120°; Querschneidenwinkel c = 55°.

Ersatzteile

Nachschub

Manche Selbsthilfe-Reparatur endet mit einem zerlegten Auto und einem verärgerten Besitzer, weil er sich nicht alle benötigten Ersatzteile rechtzeitig besorgt hat. Nachstehend Wissenswertes über den Einkauf, Bezugsquellen und Ersatzteilpreise.

Welche Teile brauchen Sie?

Bevor Sie das Werkzeug ansetzen, müssen Sie zusammenstellen, was an Ersatzteilen gebraucht wird. Dabei ist besonders wichtig, daß Sie nicht nur an die direkt betroffenen Teile denken, sondern auch an evtl. zu ersetzende Dichtungen, selbstsichernde Schrauben, Sicherungsringe usw. Der Mann im Ersatzteillager ist bisweilen mit diesem Problem vertraut und kann Ihnen anhand seines Ersatzteilfilms die zusätzlichen Teile heraussuchen.
Bei Reparaturen an der Kupplung läßt sich der Ersatzteilbedarf beispielsweise nicht immer genau vorhersehen. Während die Mitnehmerscheibe sicherlich ersetzt wird, muß die Druckplatte nur gelegentlich und das Ausrücklager nur selten erneuert werden. Derartige Reparaturen sollten Sie zeitlich so legen, daß Sie im Notfall noch im Ersatzteillager die nötigen Teile besorgen können. Nur manche Werkstätten verkaufen auch samstags Teile und dann nur am Vormittag. Beachten Sie noch,daß weniger gängige Ersatzteile bestellt werden müssen.

Das richtige Ersatzteil

Im Laufe der Produktionszeit unseres Mercedes haben sich manche Ersatzteile im Detail geändert und passen deshalb nicht für spätere Ausführungen. Überzeugen Sie sich daher noch am Ersatzteilschalter, ob Ihnen das richtige Teil ausgehändigt wurde. Den besten Vergleich haben Sie, wenn Sie das ausgebaute Altteil gleich mitbringen – dies sollte stets angestrebt werden. Auch dann müssen Sie die Fahrzeugdaten wie Fahrgestellnummer, Erstzulassung und Motornummer parat haben. Sonst kann Sie der Mann im Ersatzteillager kaum bedienen.

Original- oder Fremdteile einbauen?

Sämtliche Ersatzteile für den Mercedes erhalten Sie im Daimler-Benz-Ersatzteillager. Aber Sie müssen nicht ausschließlich dort einkaufen. Manche Teile werden in gleicher Qualität über den Zubehörhandel vertrieben. Da gibt es manche Mark zu sparen.

Fingerzeig: *Preisunterschiede bestehen nicht nur zwischen Original- und Zubehörteilen, sondern auch die Mercedes-Händler dürfen unterschiedliche Preise verlangen. Vor größeren Ersatzteileinkäufen erst die Preise vergleichen!*

Was gibt es beim Zubehörhandel?

Im Zubehörhandel können viele Ersatzteile billig gekauft werden. Die folgende Aufzählung wird sich vermutlich im Laufe der Produktionsjahre noch verlängern: Anlasser (auch im Tausch), Dämpferpatrone der vorderen Dämpferbeine, Einspritzdüsen, Einspritzpumpe, Filter (für Luft, Kraftstoff und Öl), Glühkerzen, Glühlampen, Kupplungsteile, Lichtmaschine (Tausch), Reparaturbleche, Scheinwerferteile, Stoßdämpfer und Wischerblätter.

Neu- oder Austauschteile?

Nicht immer wird für eine Reparatur ein Neuteil gebraucht. Manche defekten Fahrzeugteile können leicht wieder instand gesetzt werden und kommen als Austauschteil wieder ins Angebot. Zum Kauf eines solchen Teils bringt man das defekte Altteil gereinigt mit.
Da Daimler-Benz eigene Instandsetzungswerkstätten unterhält, gibt es besonders viele Austauschteile. Da gegen den Einbau eines Austauschteiles keine Einwände bestehen, fragen Sie in Ihrer Werkstatt erst, ob das benötigte Teil auch als Austauschteil angeboten wird.
Doch nicht nur in den Mercedes-Werkstätten gibt es Austauschteile: Vornehmlich Teile der Fahrzeugelektrik und der Einspritzanlage stammen von Bosch und die entsprechenden Teile können bei den Bosch-Diensten als Tauschteil bezogen werden.
Noch ein Tip: Konnten Sie das Altteil zum Einkauf nicht ausbauen, fragen Sie, ob es gegen Hinterlegen eines Geldbetrags nach der Reparatur gebracht werden kann.

Der Arbeitsplatz

Dienststelle

Die Pflege und Wartung des Wagens ist nicht an jeder beliebigen Stelle möglich. Ein gut ausgestatteter Arbeitsplatz ist hierfür wichtige Voraussetzung. Auf einer Wiese oder auf Rasen bleiben Spuren zurück, und versehentlich heruntergefallene Teile sind unauffindbar. Auch geübte Mechaniker packt der Frust, wenn sie länger am Straßenrand werkeln müssen.

Der Pflegeplatz

Am günstigsten ist eine breite, lange Garage oder ein ähnlicher Raum mit solchen Ausmaßen. Der Pflegeplatz sollte gut ausgeleuchtet werden können, wofür sich Leuchtstoffröhren und eine Handlampe oder Stehlampe gut eignen. Einige Steckdosen dürfen nicht fehlen. Haben Sie einen Arbeitsplatz mit Montagegrube, können die Arbeiten an der Unterseite Ihres Fahrzeuges einfach und bequem durchgeführt werden. Hinweis: Vor dem nachträglichen Einbau einer Grube mit dem zuständigen Bauamt sprechen. Wenn Ihr Arbeitsraum noch ausreichend hoch ist, könnten Sie an der Decke einen stabilen Haken befestigen, um ggf. einen Flaschenzug einhängen zu können. Ein mit einem Kunststoff-Anstrich versehener Boden läßt sich leicht gründlich reinigen. Stabile Regale, eine Arbeitsfläche oder eine Werkbank runden einen weitestgehend perfekten Pflegeplatz ab.
Doch auch ohne solche Möglichkeiten braucht die Selbstpflege am Mercedes nicht zu unterbleiben. Viele Reparaturen und fast alle Wartungsarbeiten können bei warmem, trockenem Wetter genauso gut auf einer Fläche mit festem Boden im Freien durchgeführt werden. Sorgen Sie für genügend Ablageflächen, bevor Sie mit dem Arbeiten beginnen. Sie bewahren eine bessere Übersicht, wenn Werkzeuge und evtl. ausgebaute Teile übersichtlich abgelegt werden können.
Vorsicht mit Kraftstoff und Öl auf Asphalt. Beachten Sie auch, daß warmer Asphalt weich wird. Wagenheber oder Unterstellböcke könnten umkippen!

Fingerzeig: *Nicht selten bleiben nach der Arbeit Ölspuren auf dem Boden zurück, die man abbinden sollte, bevor sie weiter versickern. Hier kann fürs erste ein scharfer Haushaltsreiniger oder Geschirrspülmittel helfen. Auch saugende Materialien wie z. B. Sägemehl, Sand, Zement schaffen Besserung. Im Zubehörhandel und von der Fa. Take GmbH, Trumppstraße 2, 8000 München 50 werden Ölfleck-Entferner angeboten.*

Wagen immer abstützen!

Wagenheber sind – wie ihr Name schon sagt – nur dazu da, das Fahrzeug anzuheben. Das gilt für den Bordwagenheber, Scherenwagenheber, hydraulische Stempelwagenheber und Rangierwagenheber. Sie sind in keinem Fall eine ausreichende Abstützung für Arbeiten an der Wagenunterseite. Lassen Sie es auch in der größten Eile nie an der fachgerechten Abstützung des aufgebockten Fahrzeuges fehlen, sonst kann die eigenhändige Reparatur das Leben kosten.
Zum richtigen Absichern gehört genauso das Unterlegen der Räder, damit das Fahrzeug beim Anheben nicht wegrollen kann. Verwenden Sie hierzu entsprechende Unterlegkeile, ausreichend große Steine oder Holzstücke oder das Reserverad. Zusätzlich wird möglichst immer die Feststellbremse betätigt.

Womit abstützen?

Hohlblocksteine haben sich als preisgünstige und sehr sichere Abstützmöglichkeit erwiesen. Sie dürfen allerdings nicht feucht oder rissig sein, sonst könnten sie brechen. Zwischen Stein und Karosserie bzw. Rahmen muß ein Brett gelegt werden, damit sich die Last gleichmäßig über den ganzen Stein verteilt.

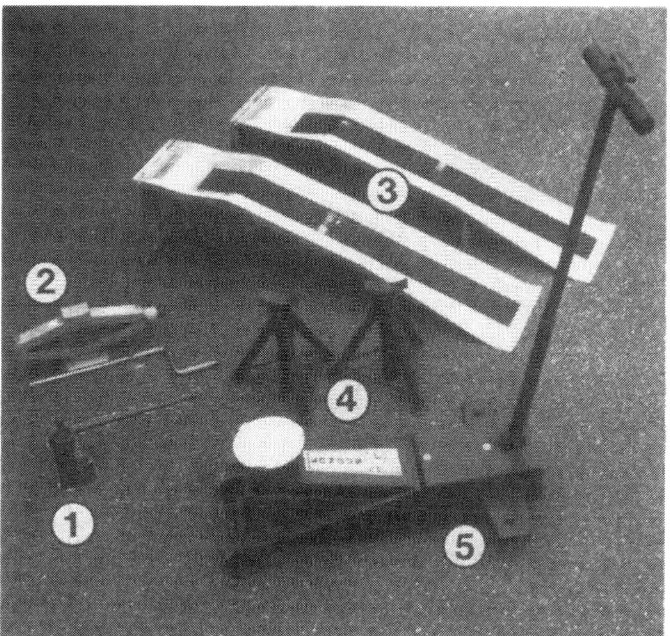

Mehrere Möglichkeiten zum Aufbocken des Wagens: Hydraulischer Stempelwagenheber (1), Scherenwagenheber (2), Auffahrrampen (3), Unterstellböcke (4), kleiner Rangier-Wagenheber (5).

Der Stein selbst muß satt auf dem ebenen und tragfähigen Boden (Beton oder Asphalt) aufliegen. Ungeeignet ist ein weicher Untergrund oder Rasen.
Zwei Hohlblocksteine übereinander sind ein zu hoher und wackeliger Stapel. Wenn mehr Höhe gebraucht wird, könnte eine Lage Backsteine, natürlich wieder mit lastverteilendem Zwischenbrett aufgelegt werden oder noch besser, man nimmt gleich entsprechend hohe Holzstücke.
Unterstellböcke stellen eine ideale Ergänzung zum Rangierwagenheber dar. Bei seitlich angesetzten Hebern besteht jedoch die Gefahr, daß der auf der gegenüberliegenden Wagenseite angesetzte Dreibock zur Seite weggekippt wird. Am günstigsten steht der Bock, wenn eines seiner Beine nach außen und zwei nach der Wagenmitte hin zeigen. Entscheiden Sie sich beim Kauf für diejenigen Unterstellböcke mit der größeren Standfläche. Speziell bei den Unterstellböcken müssen Sie vor dem Abstützen kontrollieren, ob das Blech noch ausreichend tragfähig ist, bzw. den Bock dort unterstellen, wo nichts eingedrückt wird.
Räder können notfalls auch zum Abstützen des angehobenen Fahrzeugs verwendet werden. Wenn das Fahrzeug mit dem Wagenheber angehoben ist, können Sie unter ein angehobenes Rad das Ersatzrad legen und danach das Fahrzeug darauf absetzen. Die Außenseite des Rades muß dabei nach oben zeigen. Auf dem Boden stehende Räder unterkeilen und Feststellbremse treten.

Wagenheber

Wagenheber gibt es für jeden Geldbeutel und Einsatzzweck. Hier die gängigsten Typen:
Bordwagenheber: Er nützt bei einem alten Fahrzeug, dessen Türschwelle bereits vom Rost geschwächt sind, nichts mehr. Im übrigen sollten Sie immer ein kleines Brett unterlegen, damit sich der Wagenheberfuß nicht in den Untergrund drücken kann.
Scherenwagenheber: Hiervon ist nur eine stabile Ausführung ratsam. Solch ein Wagenheber bewährt sich bei einem Fahrzeug, dessen Karosserie an den Anhebepunkten schon etwas morsch ist. Man kann den Scherenwagenheber dann etwas weiter zur Karosseriemitte hin ansetzen. Allerdings sollte dann die Kurbel lang genug und leicht einzuhängen sein.
Hydraulischer Stempelwagenheber: Er ist schon preiswert zu haben. Der entscheidende Vorteil ist, daß der Wagen sehr schnell angehoben wird. Vor dem Kauf sollten Sie allerdings die Hubhöhe kontrollieren. Bei einer zu kurzen Ausführung werden die Räder nicht weit genug vom Boden abgehoben. Ein zu hoher Heber läßt sich erst gar nicht am Wagenboden ansetzen. Außerdem drückt der Stempel punktförmig, so daß der Wagenheber nur an den stabilsten Teilen am Fahrzeugboden angesetzt werden darf. Besser ist es, wenn man ein Brett zwischen Wagenheber und Fahrzeug schiebt. Ältere Stempelwagenheber werden meist etwas undicht und entsprechend schnell verschmutzt man sich die Hände an ausgetretenem Öl. Wir meinen, daß der hydraulische Stempelwagenheber bei leichten Fahrzeugen keine Vorteile gegenüber einem guten Scherenwagenheber bietet.

Hier wurde das Fahrzeug mit einem Rangierwagenheber (2) angehoben und mit einem Unterstellbock (1) gesichert. Sorgen Sie immer für eine solide Abstützung des Wagens, bevor Sie sich darunter zu schaffen machen. Hinter bzw. vor jedem Rad finden Sie Hartgummistücke (Pfeil), dort können Rangierwagenheber oder Hebebühne angesetzt werden.

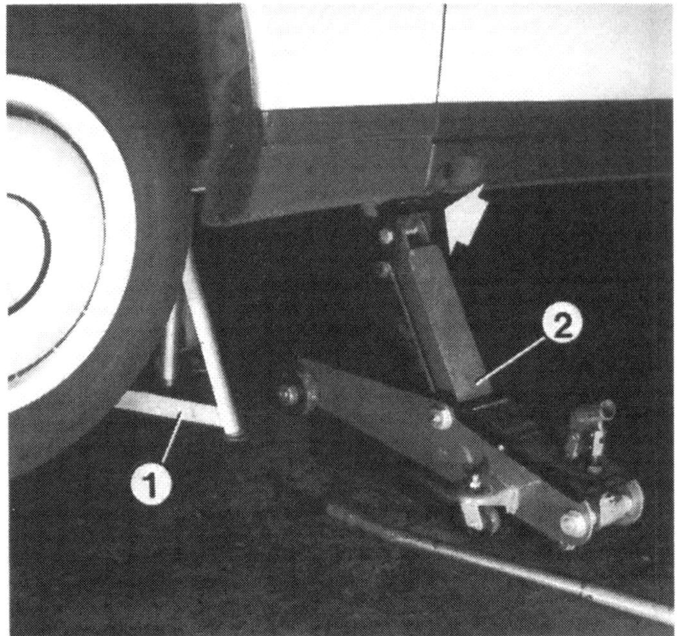

Rangierwagenheber sind in allen Preislagen zu haben. Für alle fortgeschrittenen Selbstpfleger sind sie die ideale Möglichkeit, um das Fahrzeug anzuheben. Wir empfehlen tüchtigen Selbstpflegern eine mittelgroße Ausführung. Um etwa 50 cm sollte der Wagen schon angehoben werden können, um ihn anschließend hoch genug auf Unterstellböcke absetzen zu können. Wenn Sie den Rangierwagenheber gelegentlich im Kofferraum mitnehmen wollen (z. B. zum Schrottplatz), sollten Sie auch auf dessen Gewicht achten. Für einige Arbeiten ist es von Vorteil, wenn ein Fußpedal zum Hochpumpen vorhanden ist.
Auffahrrampen sind die schnellste Aufbockmöglichkeit, da hier kein Wagenheber gebraucht wird. Wichtig ist, daß die Rampen einerseits seitlich eine genügend hohe Absicherung und nach vorn einen Überfahrschutz haben, andererseits aber auch einmal von einem Fahrzeug mit Frontspoiler befahren werden können. Als zusätzliche Sicherung des Wagens sollte eine Mulde für die Räder in der Standfläche vorhanden sein. Die billigen Ausführungen genügen diesen Anforderungen oft nicht.

Die Mietwerkstatt

Steht Ihnen zu Hause oder im Bekanntenkreis kein geeigneter Platz zum Autobasteln zur Verfügung oder muß im Winter bei Eiseskälte im Freien geschraubt werden? Dann sollten Sie sich in einer Mietwerkstatt einquartieren. Dort gibt es Hebebühnen, Gruben sowie teilweise auch Spezialwerkzeug, und die Arbeitsräume sind winters beheizt. Mit freien Plätzen in der Mietwerkstatt ist unter der Woche eher zu rechnen als am Wochenende, wenn alle Autobastler zum Werkzeug greifen.
Die Rechnung muß aber auch in der Mietwerkstatt stimmen; Sie müssen Ihre Zeit scharf kalkulieren. Nur wenn die Arbeit flott von der Hand geht und evtl. ein Helfer mitarbeitet, lohnt sich die Eigenarbeit. Wenn Sie eine umfangreiche Reparatur erstmals selbst ausführen, kann das Experiment durch die Summe der angesammelten Stunden teurer werden als der Arbeitspreis in der Fachwerkstatt.
Mietwerkstätten existieren oft ziemlich im Verborgenen, vor allem in kleineren Städten. Bisweilen haben solche Hobby-Werkstätten auch nur ein kurzes Leben. Achten Sie bei der Suche auf entsprechende Anzeigen im Autoteil der Tageszeitung bzw. in Anzeigenblättern oder fragen Sie andere Autobastler bzw. bei Ihrer Stamm-Tankstelle.

Alles nach Plan

Werterhaltung, Zuverlässigkeit und Fahrsicherheit erfordern Pflege und Wartung. Je nach Beanspruchung des Fahrzeugteils muß der Verschleißzustand immer wieder kontrolliert und rechtzeitig ausgetauscht werden. Der Wartungsplan sagt wann und wo.

Der Wartungsplan

Innen auf der hinteren Umschlagseite finden Sie den Wartungsplan. Kommt Ihnen dieser Plan auf den ersten Blick lang und arbeitsintensiv vor? Lassen Sie sich nicht beeindrucken, denn wenn Sie Ihren Wagen erst ein- oder zweimal stur nach Liste gewartet haben, werden Sie feststellen, daß die meisten Punkte mit wenigen Handgriffen erledigt werden können. Schlagen Sie dazu die hintere Umschlagseite auf oder kopieren Sie sich den Wartungsplan, damit Sie jeden Punkt gleich streichen können, nachdem die Wartungsarbeit durchgeführt wurde.
Ganz oben im Wartungsplan finden Sie einige Arbeiten unter der Überschrift **»Ständige Kontrollen«** aufgeführt. Diese Punkte unbedingt immer wieder durchführen.

Wartungsintervalle

Regelmäßig ist ein sogenannter Pflegedienst mit Motoröl- und Filterwechsel sowie einigen Schmierarbeiten durchzuführen. Aufwendiger ist der Wartungsdienst – auch »Großer Kundendienst« oder »Große Inspektion« genannt. Für unsere Fahrzeuge gelten folgende Intervalle:
- □ **200 D/250 D/300 D bis 6/93:** Pflegedienst alle 10 000 km, Wartungsdienst alle 20 000 km.
- □ **E 200/250/300 Diesel ab 7/93:** Pflegedienst alle 15 000 km, Wartungsdienst alle 30 000 km.
- □ **Alle:** Nach jeweils 60 000 km werden Zusatzarbeiten erforderlich. Jedes Jahr verlangt Mercedes-Benz, daß die Bremsflüssigkeit gewechselt wird. Und alle 3 Jahre soll das Kühlmittel ausgetauscht werden.

Da auch ein wenig gefahrenes Fahrzeug altert, sollte unabhängig von der Kilometerleistung spätestens nach zwei Jahren ein Wartungsdienst erfolgen. Mindestens einmal jährlich das Motoröl wechseln.

Was können Sie selbst machen?

Fast alle Wartungsarbeiten am Mercedes können Sie selbst ausführen, das entsprechende Wissen hierzu liefert unser Handbuch. Wenn dennoch Werkstatt oder Tankstelle den einen oder anderen Wartungspunkt rationeller durchführen können, so haben wir das im Wartungsplan vermerkt. Die »Selbsthelfer-Ampel« weist Ihnen dabei vor jedem Wartungspunkt in den bekannten Farben grün – gelb – rot den richtigen Weg:
Grün – Freie Fahrt für den Selbsthelfer. Diese Arbeit können Sie mit den Kenntnissen aus diesem Buch fachgerecht ausführen und Geld sparen.
Gelb – Die Arbeit ist zwar nicht schwierig, doch es fehlen meist die nötigen Einrichtungen. An der Tankstelle sind Sie in diesem Falle am besten aufgehoben.
Rot – Halt, hier lassen Sie am besten die Werkstatt ran. Spezielle Werkzeuge oder Meßgeräte sind erforderlich, der Aufwand an Eigenarbeit lohnt sich nicht, weil die Werkstatt wesentlich schneller arbeitet oder weitergehende Kenntnisse erforderlich sind.

Was soll die Werkstatt machen?

Die meisten Wartungsarbeiten können Selbstpfleger leicht selbst durchführen. Einige Arbeiten erfordern zwar etwas mehr Erfahrung oder Werkzeug, doch mit der Zeit werden auch diese Arbeiten sicher beherrscht. Zuletzt bleiben wohl bei den meisten noch Punkte in der Wartungsliste übrig, von deren Ausführung man vernünftigerweise Abstand genommen hat. Diese übriggebliebenen Wartungsarbeiten (z. B. Einstell- und Prüfarbeiten an der Einspritzanlage, Bremsflüssigkeit austauschen usw.) gibt man gezielt bei der Werkstatt in Auftrag.

Motorraum-Schaubild

Wo ist was?

Was unter der Motorhaube eines Mercedes Diesel zu finden ist, wurde hier bezeichnet. (Die Motoren mit Vierventil-Technik ab Juli '93 finden Sie ab Seite 264.) Das Stichwortverzeichnis auf den Seiten 285/286 hilft schnell weiter, wenn eine genaue Beschreibung der Teile gewünscht wird. Es bedeuten: 1 – Entlüftungsleitung des Kühlsystems; 2 – Ölmeßstab; 3 – Geber für den Scheibenwaschwasserstand; 4 – Waschwasserbehälter; 5 – Öleinfülldeckel; 6 – Motorentlüftung; 7 – Umwälzpumpe; 8 – Verschlußdeckel des Kühlsystems; 9 – Steckverbindung (koaxial) einer Drehzahlfühlerleitung; 10 – Ausgleichsbehälter des Kühlsystems; 11 – Duoventil; 12 – Einspritzdüse; 13 – Batterie; 14 – Kunststoffabdeckung vor elektronischen Steuergeräten; 15 – Abdekkung am Lufteintritt; 16 – Getriebekopf des Scheibenwischers; 17 – Bremskraftverstärker; 18 – Unterdruckleitungen; 19 – Relaiskasten; 20 – Sicherungskasten; 21 – Ölfiltergehäuse; 22 – Steckverbindung X27 mit Klemme 50; 23 – Kühlmittelzulauf zur Heizung; 24 – Bremsflüssigkeitsbehälter; 25 – Gaszug; 26 – Einspritzpumpe; 27 – Luftfilter; 28 – Kraftstoffilter; 29 – Ölpumpe und Vorratsbehälter der Servolenkung; 30 – Vorglühzeitrelais; 31 – Unterdruckschlauch zum Bremskraftverstärker; 32 – Bremsleitungen; 33 – Hydraulikeinheit des ABS; 34 – Kühler; 35 – Lüfterhaube.

Schmieren aller Teile

Schmiersäfte

Was das Motoröl leistet

Wichtigste Aufgabe: Das Öl soll die Reibung vermindern, damit Kolben und Zylinder nebst Kurbelwellenlagern, Ventiltrieb und sonstige Lagerstellen mit möglichst geringem Verschleiß über die Runden kommen. Das Motoröl muß aber auch abdichten: Zwischen Kolben und Zylinderwand bleibt trotz der Kolbenringe noch ein gewisser, nur tausendstel Millimeter breiter Spalt. Das Öl muß hier die Feinabdichtung schaffen zwischen Kolben, Kolbenringen und Zylinderlaufflächen. Weiter wird das Öl zur Kühlung herangezogen. Bei der Verbrennung kann nur etwa ein Drittel der anfallenden Energie für die Fortbewegung nutzbar gemacht werden, ein Teil verläßt den Motor als Wärme durch den Auspuff und ein weiteres Teil Wärmeenergie muß über das Kühlwasser und Öl abgeführt werden. So kann z. B. ein Kolben nur durch das Motoröl gekühlt werden. Zum einen wird die Wärme vom Kolben über die Kolbenringe und das abdichtende Öl an die Zylinderlaufflächen und weiter an das Kühlmittel geleitet, und zum anderen kühlt das im Kurbelgehäuse umherspritzende Öl den Kolben direkt. Aber auch jedes einzelne Lager von Kurbelwelle, Nockenwelle usw. wird durch das Öl gekühlt. Die vom Motoröl aufgenommene Wärme wird über die Ölwanne an den Fahrtwind abgeleitet.
Die Motoren-Konstrukteure haben noch spezielle Wünsche an das Öl: Es soll bei den hohen Temperaturen, wie sie an den Zylinderlaufbahnen auftreten, nicht verdampfen. Es darf bei diesen ungünstigen Bedingungen den Schmierfilm nicht abreißen lassen. Wenn es verbrennt, soll dies ohne Rückstände geschehen – Ölverbrauch bedeutet im Grund genommen, daß das Öl verbrannt wird. Das Öl soll Ruß und Schmutz binden, damit sie sich nicht im Motor ablagern. Es soll alterungsbeständig sein und noch einiges mehr.

Motorölstand prüfen

Ständige Kontrolle

Der Motorölstand wird am besten bei jedem Volltanken kontrolliert. Den Ölmeßstab finden Sie vorne rechts am Motor (Nr. 2 im linken Bild).

- Wagen auf waagrechtem Untergrund abstellen.
- Nach dem Abstellen des vorher warmgefahrenen Motors mindestens fünf Minuten warten, damit alles Öl in die Ölwanne abtropfen kann. Besser ist die Kontrolle vor dem ersten Start bei noch kaltem Motor.
- Peilstab ziehen – Vorsicht bei heißem Motor, die benachbarten Kühlmittelschläuche sind sehr heiß –, mit sauberem fusselfreien Lappen oder Papiertuch abwischen, bis zum Anschlag wieder hineinschieben, kurz warten und erneut herausziehen.
- An der Peilstabspitze können Sie nun den Ölstand ablesen: Der Pegel muß sich **zwischen den Markierungen** befinden; dann ist alles in Ordnung.
- Reicht die Schmiermittelmenge nur noch bis zur unteren Markierung oder leuchtet die Ölstand-Kontrolleuchte (Seite 60), muß Motoröl nachgefüllt werden.

Öl nachfüllen

Die Ölmenge zwischen der oberen und unteren Peilstabmarke beträgt **2 Liter.** Es paßt also eine handelsübliche 1-Liter-Dose Öl in den Motor, wenn sich der Ölstand im unteren Peilstabdrittel befindet bzw. wenn die Ölstand-Kontrolleuchte aufleuchtet. Zum Nachfüllen aus einem 5-Liter-Kanister besorgen Sie sich eine Einfüllkanne. Damit wird nichts verschüttet, und die unteren Teile der Motorraumkapselung »schwimmen« nicht gleich im Öl.
Das Motoröl wird über die Zylinderkopfhaube in den Motor gegossen. Dazu den Verschlußdeckel abnehmen (Nr. 5 im linken Bild).
Noch folgendes bedenken:
□ Bei gemäßigtem Fahrstil genügt Nachfüllen, wenn sich der Ölstand im unteren Peilstabdrittel befindet bzw. die Kontrollampe aufleuchtet.

□ Bei rasanter Fahrweise oder bei Anhängerbetrieb empfiehlt es sich, den Ölstand nahe der oberen Peilstabmarke zu halten. Die größere Ölmenge kann die Kühlungsaufgaben besser erfüllen.
□ Sie erweisen dem Motor keinen Gefallen, wenn Sie zuviel Öl einfüllen. Die MAX-Marke am Peilstab darf nicht überschritten werden. Deshalb besser erst gar nicht versuchen, möglichst genau bis zur Markierung aufzufüllen. Zuviel eingefülltes Öl wird schneller verbraucht und bildet mehr Verbrennungsrückstände. Außerdem pantscht die Kurbelwelle stärker im Öl. Es können sich Luftblasen bilden, welche im Extremfall die Schmierung gefährden.

Fingerzeig: *Die Ölmeßstäbe der Motoren sind unterschiedlich und dürfen untereinander nicht vertauscht werden.*

Ölverbrauch ermitteln

Muß nach hoher Laufleistung oft Öl nachgekippt werden, sollten Sie sich einmal die Mühe machen und den Ölverbrauch genau ermitteln. Mit Geduld genau bis zur oberen Marke Öl einfüllen. Nach 500 oder 1000 km Fahrstrecke Motorenöl aus einem Meßbecher nachgießen und den Verbrauch auf 1000 km feststellen.

Ölverbrauch beurteilen

Da bei der Schmiertätigkeit ein Teil des Öls verbrannt wird, ist Ölverbrauch ganz natürlich. Wieviel Öl Ihr Fahrzeug braucht, hängt von folgenden Umständen ab:
□ Wer zu viel Öl nachfüllt, hat mehr Ölverbrauch, denn die Kurbelgehäuse-Entlüftung bläst die Überfüllung wieder zum Motor hinaus.
□ Dünnflüssiges Öl verbrennt schneller als dickflüssiges. Wenn das Einbereichsöl sehr heiß wird, fließt es »dünn wie Wasser«, Mehrbereichsöl bleibt dagegen dickflüssiger und kann so vor allem bei Langstreckenfahrern den Verbrauch senken.
□ Motoröl (vor allem Mehrbereichsöl), das zu lange im Motor bleibt, hat einen höheren Nachfüllbedarf.
□ Scharfe Fahrweise treibt nicht nur den Kraftstoffkonsum in die Höhe. Auch der Ölverbrauch steigt bei hohen Drehzahlen beträchtlich.
□ Weitere Ursachen für erhöhten Ölverbrauch: Einlaufvorgang noch nicht abgeschlossen (mindestens 5000 km), Ölabweisringe an den Ventilschäften verschlissen, Kolbenfresser, Kolbenringe falsch eingebaut, verschlissen oder gebrochen, Laufspiel zwischen Ventilschaft und Ventilführung zu groß. Bei zunehmendem Öldurst des Motors sollten Sie den Kompressionsdruck der Zylinder messen lassen (siehe Seite 55). Wenn der Druck auf allen Zylindern gleichmäßig ist, kann man sich Motor-Reparatur oder -Tausch noch sparen – Nachfüllöl ist billiger. Bevor Sie dem Motor zu hohen Ölverbrauch anlasten, muß sicher sein, daß der Schmiersaft nicht durch undichte Stellen verlorengeht. Lesen Sie dazu auf Seite 62 nach.
Beträgt der Ölverbrauch mehr als 1,5 Liter auf 1000 km, muß etwas geschehen. Bisweilen könnten neue Ventilschaftabdichtungen oder eine Zylinderkopfüberholung den Verbrauch senken. Hat aber der Motor schon einiges geleistet, bringen solche nicht gerade billigen Einzelmaßnahmen kaum noch nennenswerte Erfolge – es hilft nur noch eine Motorüberholung oder ein Austausch (Seite 56).

Die Qualität des Motoröls

Daimler-Benz unterhält eine eigene Schmierstoff-Versuchsabteilung, wo ständig alle erhältlichen Motoröle untersucht werden. Erfüllt das untersuchte Produkt alle Anforderungen, wird es namentlich in einer Freigabeliste aufgeführt. Die Listen für Dieselfahrzeuge sind inzwischen rund 10 Seiten lang. Für Auskünfte bzw. Einblicke wenden Sie sich an die Vertragswerkstatt.
Die Qualität des Motoröls wird mit unterschiedlichen Systemen bezeichnet. Neben der verbreiteten Bezeichnung vom **A**merikanischen **P**etroleum **I**nstitut (API) gibt es noch die der europäischen Autohersteller (CCMC), eine vom US-Militär (MIL) und noch einige weitere.
Alle in der Freigabeliste aufgeführten Motoröle entsprechen mindestens der Qualitätsstufe »API CC«, was gleichbedeutend mit »MIL-L-2104 B« ist.
Eine noch bessere Qualität trägt die Bezeichnung »API CD« entsprechend »MIL-L-2104 C«. Die derzeit höchste Qualitätsstufe ist bisher noch gar nicht einheitlich bezeichnet. Daimler-Benz nennt die Öle dieser Gruppe »Super-S 3-Öle«, doch auch »API CE«, »SHPD« oder »API CD Plus« sind dafür gebräuchliche Abkürzungen. Die Tabelle rechts oben zeigt, wie es bei der Ölqualität auf jeden Buchstaben ankommt:

Klassifikation	Verwendungsgebiet
API CC bzw. MIL-L-2104 B	Hochwertiges Motoröl für Lkw- und Pkw-Dieselmotoren. Oft auch für Benzinmotoren geeignet. Daher meist kombinierte Verpackungsaufdrucke: API SE/CC; API SF/CC oder nur API CC. Daimler-Benz-Betriebsstoff-Vorschriften Blatt 226.1 und 226.5 Für Turbomotoren nicht geeignet!
API CD bzw. MIL-L-2104 C	Hochwertiges Motoröl für Lkw- und Pkw-Turbodiesel-Motoren, auch für Saugdiesel sehr gut geeignet. Nicht immer für Benzinmotoren brauchbar. Mögliche Verpackungsbezeichnungen: API SE/CD; API SF/CD oder API CD. DB-Betriebsstoff-Vorschriften Blatt 227.1 und 227.5
API CE bzw. Super S 3, SHPD, CD Plus	Noch nicht genau festgelegte Qualitätsnorm. Hochlegiertes Motoröl. Für alle Dieselmotoren, auch mit Turbolader sehr gut geeignet. DB-Betriebsstoff-Vorschriften Blatt 228.1 und 228.3 Hieraus einige Markennamen: Agip Sigma Turbo, Aral Multi Turboral Plus. BP Visco Diesel, Castrol Turbomax, Diesel Motor Oil Super HD (Esso), Shell Myrina

Die Zähflüssigkeit des Öls

Damit der Anlasser den kalten Motor durchdrehen kann, darf das Öl keinen großen Widerstand dagegen setzen, außerdem soll es schnellstmöglich an die Schmierstellen gelangen; dazu muß es dünnflüssig sein. Bei hohen Temperaturen und Drehzahlen muß der Schmiersaft dagegen ausreichend zäh sein, damit der Schmierfilm nicht abreißt. Das Mineralöl ist leider umgekehrt veranlagt. Bei Kälte ist es zäh wie Honig, mit zunehmender Erwärmung dagegen leichtflüssig. Das Öl und die vorherrschenden Betriebstemperaturen des Motors müssen daher genau aufeinander abgestimmt werden. Es gibt Öle, die bei Zimmertemperatur dick wie Sirup oder dünn wie Saft sind. Das Fließverhalten, also die Dick- oder Dünnflüssigkeit, wird durch die Viskositätsklasse angegeben.
Die entsprechenden Klassen wurden von der amerikanischen Society of Automotive Engineers (SAE) festgelegt. Die Viskositätsklassen reichen von den Winterölen SAE 5 W, 10 W, 15 W über die Übergangsstufe SAE 20 W/20 zu den Sommerölen SAE 30, 40 und 50.

Einbereichs- und Mehrbereichsöle

Motoröl einer einzigen Viskositätsklasse nennt man Einbereichsöl. Damit läßt sich natürlich nicht das ganze Jahr über fahren, sondern im Frühjahr muß dickes und im Herbst dünneres Öl in den Motor gefüllt werden. Wenn nun aber im Frühling noch einmal Nachtfröste kommen oder im Oktober das Thermometer ein letztes Mal in sommerliche Höhen klettert? Da droht dem Motor noch keine Gefahr, aber ein Öl mit größerer »Bandbreite« im Viskositätsverhalten wäre natürlich besser. Hierfür gibt es das Mehrbereichsöl: in ein dünnes Grundöl wurden neben den üblichen Additiven noch Viskositäts-(VI)-Verbesserer gemischt. Das sind lange Molekülketten, die beim Erhitzen quellen und bei Abkühlung schrumpfen. Das Öl paßt sich den Temperaturen elastisch an und kann mehrere Viskositätsklassen überspannen. Ein Öl 15 W-50 liegt dann z. B. bei –18°C in der Klasse SAE 15 W und bei 100°C in der SAE-Klasse 50. Problematisch ist bei den Mehrbereichsölen, daß die Molekülketten der Viskositäts-Verbesserer im Motor regelrecht kleingehackt werden können, so daß von einem Öl SAE 10 W-40 nach entsprechend langer Laufzeit nur noch die Zähflüssigkeit 10 W-20 übrigbleibt. Ein »geschrumpftes« Mehrbereichsöl macht sich übrigens durch höheren Ölverbrauch bemerkbar. Bei welchen andauernden Außentemperaturen der Mercedes-Motor welche Öl-Zähflüssigkeit verlangt, zeigt die Tabelle unten.

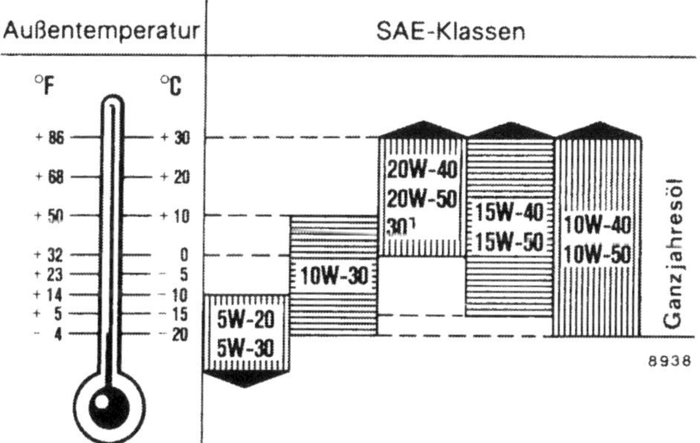

Die Tabelle zeigt die Ölviskositätsempfehlungen von Daimler-Benz. Die genannten Temperaturen verstehen sich als Dauertemperaturen. Kurzzeitige Schwankungen spielen keine Rolle.

[1] Bei andauernder Außentemperatur über +30° C (+86° F) kann SAE 40 verwendet werden.

Leichtlauföl

Leichtlauföle sind weniger zähflüssig, dadurch dreht der noch kalte Motor leichter. Dies spart Kraftstoff und wirkt sich reibungsmindernd aus. So wird besonders der Verschleiß im oberen Bereich der Zylinderbohrungen verringert. Dies ist für Dieselmotoren nicht uninteressant, denn gerade dort ist die Beanspruchung groß (Zwickelverschleiß, Seite 54).
Die Kraftstoffeinsparung durch Leichtlauföl bringt besonders beim verbrauchsgünstigen Diesel keine Kostenersparnis, denn der hohe Ölpreis wiegt diese wieder auf. Mit Leichtlauföl werden im Kurzstreckenverkehr rund 3% und auf Langstrecken ca. 1–2% eingespart. Doch die Vorteile beim Kaltstart und Warmlaufen bleiben.
Viele Leichtlauföle liegen in der Viskosität bei SAE 10 W-30. Nach der obigen Tabelle wäre solches Öl eigentlich nur bis +10°C verwendbar. Doch die teilsynthetischen Leichtlauföle (40–98% Anteil) haben einen hohen sogenannten Viskositätsindex, d. h. die Öle werden trotz steigender Temperatur kaum noch dünnflüssiger. Daimler-Benz hat die Öle daraufhin untersucht und bestimmte Marken als Ganzjahresöl freigegeben (Betriebsstoff-Vorschriften!)

Darf man Öle mischen?

Gelegentlich hört man, daß sich verschiedene Ölsorten nicht miteinander vertragen würden und es sogar zu Motorschäden kommen könne. Das trifft nur für manche synthetische Öle und speziell legierte Rennöle zu. Ansonsten lassen sich die Ölsorten aller Marken fröhlich durcheinandermischen. Diese Mischbarkeit ohne schädliche chemische oder sonstige Folgen ist nämlich eine Grundforderung der internationalen Öl-Normen. Die spezifischen Eigenschaften eines Öls können zwar durch Mischung ein bißchen abgewandelt werden, aber Schaden gibt es nicht.

Das richtige Motoröl einkaufen

Wie Sie schon in den letzten Abschnitten erkennen konnten, muß man beim Öleinkauf auf zwei Dinge achten:
□ **Die Ölqualität:** API CC; API CD; MIL-L-2104 B; MIL-L-2104 C.
□ **Das Fließverhalten des Öls;** angegeben in SAE.
Meist gibt es beim Einkauf wenig Probleme, denn die API-Klasse und die SAE-Gruppe sind auf den Gebinden zu finden. Bei billigen Ölen im Zubehörhandel ist dies übrigens meist häufig und deutlich der Fall. Bei Markenölen z. B. von der Tankstelle muß man schon mal länger nach den Erkennungsmerkmalen suchen oder gar fragen.

Einkaufstips

Beim Öleinkauf gilt: Das billigste, verfügbare Motoröl reicht aus, wenn es den geforderten Mindestansprüchen genügt. Wichtiger ist, daß das Öl und das Ölfilter pünktlich gewechselt werden und die Ölviskosität den Außentemperaturen angepaßt ist. Ob Sie Ihren Dieselmotor mit einem besonders hochwertigen Öl betreiben wollen, müssen Sie (und Ihre Brieftasche) selbst entscheiden. Trotzdem hier noch folgende Überlegungen:
□ Heutzutage kann grundsätzlich zum Kauf von Mehrbereichsölen geraten werden, denn Einbereichsöl ist kaum noch billiger.
□ Fahren Sie nur kurze Strecken und haben Sie entsprechend viele Kaltstarts dabei, würden wir zu Leichtlauföl raten (reibungsmindernd beim Warmlaufen). Bisweilen kann es an Tankstellen günstig als SB-Öl gekauft werden.
□ Wenn insgesamt wenig gefahren wird, empfiehlt es sich SAE 10 W-40 oder SAE 10 W-50 zu bevorzugen (Ganzjahresöl).
□ Wer das Öl selbst wechselt, könnte im Sommer das sehr günstige SAE 20 W-50 verwenden und es im Herbst gegen ein mit SAE 10 W . . . beginnendes Öl austauschen. Leichtlauföl nur über die kalte Jahreszeit zu verwenden, könnte ebenfalls eine Überlegung wert sein.
□ Günstig sind auch Profi-Öle für LKW als API CC oder API CD.

Wie oft Öl wechseln?

Daimler-Benz verlangt laut Wartungsplan einen Ölwechsel alle 10 000 km. Diese Empfehlung wollen wir weitergeben, denn durchschnittlich zwei Ölwechsel im Jahr wird wohl jeder gern vornehmen, der von seinem Motor eine hohe Lebensdauer erwartet. Wenn der Wagen hauptsächlich auf Langstrecken gefahren wird, dürfen schon einmal auch 11 000 km zusammenkommen, doch mehr würden wir nicht wagen.

Wo Öl wechseln?

□ In den Werkstätten kostet der Ölwechsel nach unseren Erfahrungen das meiste Geld, weil nur sehr teure Ölsorten vorrätig sind. Außerdem ist der Motor oft schon wieder kalt, bis das alte Öl abgelassen wird, so daß nicht aller Schmutz herausgeschwemmt wird. Manche Werkstätten berechnen die Arbeit für den Ölwechsel zusätzlich zum Ölpreis.

□ An Tankstellen kommt der Wagen dagegen meist sofort dran, Sie können auch ein billigeres Öl aus dem Tankstellenverkaufsprogramm auswählen, und im Ölpreis ist die Arbeit des Tankwarts inbegriffen.
□ Ölwechsel zu Hause lohnt sich nur dann, wenn Sie das Öl sehr billig einkaufen, Spaß an dieser Arbeit haben und einige wichtige Hilfsmittel besitzen (siehe unten).

Fingerzeige: *Bei jedem Ölwechsel auch das Ölfilter erneuern (nächste Seite). Dies ist für die Lebensdauer des Motors von entscheidender Bedeutung!*
Vergessen Sie nicht den Ölwechsel vom Wartungsumfang auszuklammern, wenn Sie Öl und Filter selbst gewechselt haben. Ansonsten wird der Öl- und Filterwechsel in der Werkstatt nochmals durchgeführt.

Motoröl- und Filterwechsel mit der Absaugmethode

Für dieses saubere und schnelle Verfahren sind die Dieselmotoren bereits gut vorbereitet. Das Führungsrohr für den Ölpeilstab hat einen recht großen Durchmesser, und es ragt bis an den tiefsten Punkt in der Ölwanne. Das Absaugen kann deshalb direkt über das Führungsrohr erfolgen. Eine besondere Absaugsonde ist nicht erforderlich – der Absaugschlauch wird einfach oben auf das Führungsrohr gesteckt. Auch in vielen Werkstätten wird das Motoröl nur noch abgesaugt, hierbei wird so vorgegangen:
■ Damit das Motoröl möglichst dünnflüssig ist, den Motor gut warmlaufen lassen.
■ Den Deckel am Ölfilter losschrauben und abnehmen. Das Öl im Filter kann jetzt in die Ölwanne zurückfließen.
■ Öleinfülldeckel von der Zylinderkopfhaube abnehmen.
■ Absaugschlauch auf das Führungsrohr aufstecken und das Motoröl absaugen.
■ Ölfilter austauschen (nächste Seite).
■ Motoröl einfüllen. Nach kurzer Wartezeit Ölstand prüfen und ggf. noch Öl nachkippen.

Selbst Öl absaugen

Zum Absaugen wird eine saugstarke, selbst ansaugende Pumpe gebraucht. Im Zubehörhandel werden Absauggeräte für Hand- und Elektroantrieb angeboten. Manche Geräte können an die Fahrzeugbatterie angeschlossen werden. Die billigsten Absauggeräte haben oft eine zu geringe Saugleistung. Es dauert dann recht lang, bis alles Öl aus dem Motor herausgepumpt ist. Die Anschaffung eines leistungsstarken Absauggerätes lohnt sich unserer Meinung nach für den Selbstpfleger nicht. Außerdem ist die Geräuschkapsel unter der Ölwanne in wenigen Augenblicken ausgebaut (Seite 245) und so die Ölablaßschraube gut erreichbar. Wer das Motoröl selbst absaugen möchte, macht dies am besten bei einer ausgesuchten Tankstelle. Manche Tankstellenketten (z. B. Esso) halten Selbstbedienungs-Absauggeräte mit den erforderlichen Absauganschlüssen bereit. Voraussetzung für eine kostenlose Benutzung ist allerdings, daß Sie Ihr Motoröl an der Tankstelle einkaufen. Wir haben jedoch auch Tankstellen ausfindig machen können, wo es gegen eine annehmbare Benutzungsgebühr für das Absauggerät erlaubt wurde, mitgebrachtes Öl einzufüllen. Ein weiterer Vorteil bei der Zusammenarbeit mit der Tankstelle: Sie haben mit dem Altöl keine Sorgen, und es stehen Behälter für das alte ölgetränkte Ölfilter bereit.

Ölwechsel selbstgemacht

Bevor Sie an die Arbeit gehen, folgendes besorgen:
□ Werkzeug zum Drehen der Ölablaßschraube. Hierzu keinen Gabelschlüssel verwenden. Für eine festsitzende Schraube bewährt sich ein flacher oder nur leicht gekröpfter Ringschlüssel am besten.
□ Auffanggefäß für das Altöl. Ein alter 10-Liter-Kanister mit herausgeschnittener Seitenwand oder eine flache Spülschüssel leisten hier gute Dienste.
□ Altölkanister, um das verbrauchte Öl wegschaffen zu können. In Zeiten zunehmenden Umweltbewußtseins dürften die Folgen von Altöl im Grundwasser mit der entsprechenden Gefährdung des Trinkwassers mittlerweile jedem bekannt sein. Die ordnungsgemäße Beseitigung des beim Ölwechsel abgelassenen Altöls ist dank der Abfall-Gesetzgebung ganz einfach: Man kann es kostenlos dort abgeben, wo man Motoröl gekauft hat. Der Handel ist zur Rücknahme verpflichtet, als Kaufbeweis müssen Sie nur die entsprechende Quittung vorlegen. Wichtig: Altöl nicht mit anderen Flüssigkeiten mischen!
□ Trichter zum problemlosen Umfüllen des Altöls vom Auffanggefäß in den Altölkanister.
□ Motorenöl kauft der »Selbermacher« meist im 5-Liter-Kanister am billigsten. Zum Nachfüllen unterwegs ist eine wieder verschließbare 1-Liter-Dose besser.

Links: Die Differenz am Ölmeßstab (1) zwischen »MIN« und »MAX« beträgt 2 Liter. Das Motoröl kann über das Ölmeßstabführungsrohr (2) abgesaugt werden.
Rechts: 3 – Peilstab für den ATF-Stand im Automatikgetriebe hinten rechts neben Zylinderkopf. Zum Lösen Verschlußbügel hochklappen (Pfeil).

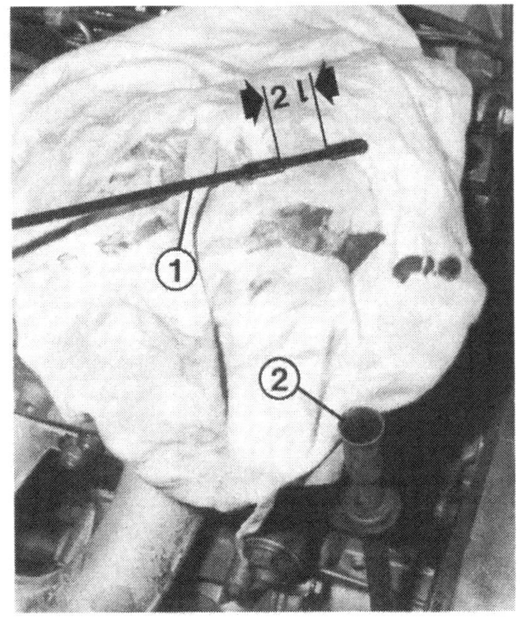

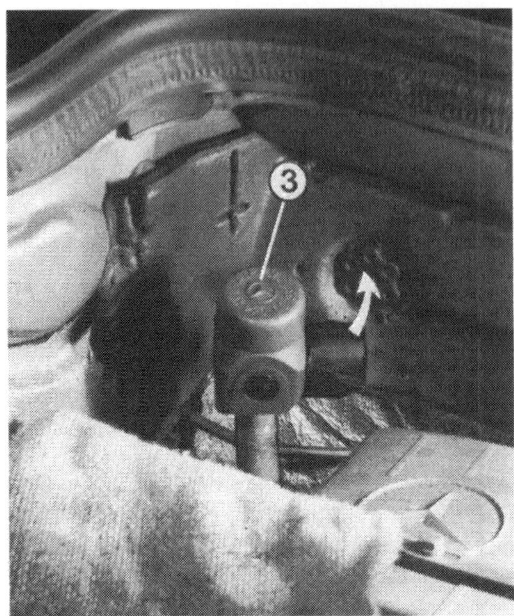

□ Einfüllkanne zum Einfüllen des Motoröls. Mit ihr wird am wenigsten verschüttet. Außerdem haben solche Kannen eine Maßeinteilung.
□ Dichtungen für die Ölablaßschraube und das Ölfiltergehäuse. Oft sind die Dichtungen der neuen Ölfilterpatrone beigepackt.

Motoröl wechseln
Wartung Nr. 1

■ Motor warmlaufen lassen, denn heißes Öl schwemmt Rückstände besser aus der Ölwanne.
■ Untere Motorraumabdeckung ausbauen (Seite 245).
■ Ölablaßschraube (Abb. Seite 59) lösen, Auffangwanne unterschieben und die Ablaßschraube vollends herausdrehen.
■ Öleinfülldeckel abnehmen, dann läuft das Öl noch schwungvoller heraus.
■ Wenn das Öl ausgelaufen ist, Ablaßschraube zusammen mit einem neuen Dichtring in die Ölwanne hineinschrauben. Behutsam festdrehen (25 Nm).
■ Nun das Ölfilter tauschen (nächster Abschnitt).
■ Motoröl einfüllen.
■ Ölstand nach Probefahrt nochmals prüfen.

Motor	2,0-Liter	2,5-Liter	2,5-Liter Turbo 3,0-Liter	3,0-Liter Turbo
Einfüllmenge mit Ölfilterwechsel in Liter	6,0–6,5	6,5–7,0	7,0–7,5	7,5–8,0

Ölfilter tauschen
Wartung Nr. 2

Alle 10 000 km muß zusammen mit dem Motorenölwechsel das Ölfilter ausgetauscht werden. Verstopft ein altes Filter durch Ablagerungen, öffnet ein Kurzschlußventil, und es fließt ungefiltertes Öl zu den Schmierstellen im Motor. Wer den Filterwechsel unpünktlich ausführt,

Zum Austausch des Kombifiltereinsatzes (1) alle 10 000 km den Deckel des Ölfiltergehäuses (2) losschrauben. Vor dem Austausch den Deckel samt Filter anheben, bis das Öl im Filter zur Ölwanne zurückgeflossen ist. Deckel mit neuer Dichtung (3) einbauen.

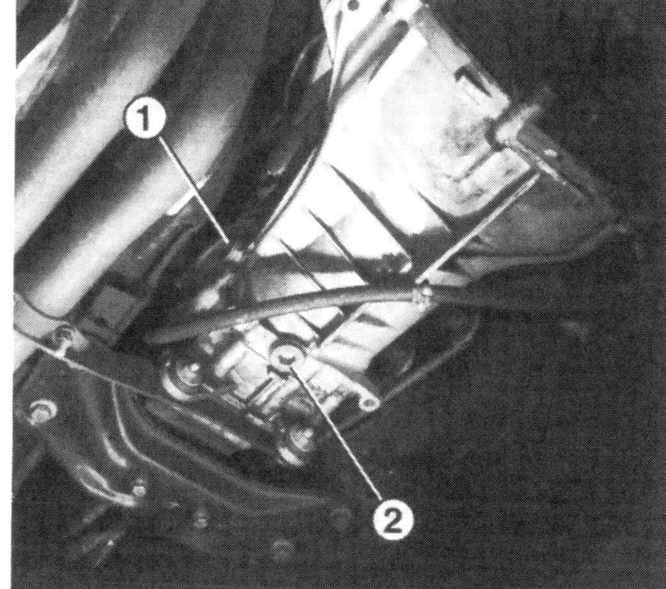

Ölablaß- (2) und Ölstandskontrollschrauben (1) an Schaltgetriebe (rechts) und Hinterachsdifferential (links). Weiterhin: 3 – Drehzahlfühler (Seite 168); 4 – Verschraubung der Hinterachswelle.

schadet dem Motor sehr. Das Ölfilter besteht aus einem Haupt- und Nebenstromfilter, die aber in einer Wechselpatrone zusammengefaßt sind. Folgende Ölfilter passen in unsere Dieselfahrzeuge:

□ Bosch 1 457 429 274; Knecht K.01.3D; Mann PF 1050/1X; Purolator PL 39 D.

■ Zum Ölfilterwechsel die beiden Muttern oben am Deckel abschrauben.

■ Den Deckel mit dem daran befestigten Rücklaufrohr abnehmen. Durch eine frei werdende Bohrung kann nun das Öl im Filtergehäuse in den Motor zurückfließen.

■ Deckel vollends abnehmen und die Filterpatrone austauschen.

■ Das Rücklaufrohr ohne Gewalt durch das Filter schieben. Ansonsten könnte eine Dichtung im Filter herausgedrückt werden, die sich vor das Standrohr am Fuß des Ölfiltergehäuses legen könnte. Der Öldruck steigt dann im Leerlauf nicht mehr über 0,3 bar an.

■ Die Deckelschrauben mit 20–25 Nm festdrehen.

Ölstand im Schaltgetriebe

Wartung Nr. 22

Ein Getriebe verbraucht kein Schmiermittel. Dieses kann nur durch undichte Stellen verloren gehen. Werden ständig Tropfen unter dem Getriebe vorgefunden, muß es repariert werden. Eine Ölstandskontrolle kann zwischendurch Aufschluß geben, wieviel bereits fehlt: Einfüllschraube (Abb. oben rechts) herausdrehen. Bis an die Unterkante der Einfüllöffnung muß das Schmiermittel reichen.

Nur einmal braucht nach 1000 km das Schmiermittel des Schaltgetriebes getauscht zu werden. Als Schmierstoff dienen 1,3 Liter ATF (bei 5-Gang-Getriebe 1,5 Liter). Den umständlichen Austausch am ohnehin fast neuen Fahrzeug wird man wohl meist der Werkstatt überlassen. Dort besitzt man Einfüllanlagen, mit denen die Arbeit schnell getan ist.

Ölstand im Differential

Wartung Nr. 23

Wie beim Schaltgetriebe braucht auch hier das Schmiermittel (Hypoid-Getriebeöl SAE 90) nur einmal nach den ersten 1000 km getauscht zu werden. Eine Arbeit also, die wohl immer der Werkstatt überlassen bleibt. Auch das Differential kann Öl nur durch Undichtigkeit verlieren. Finden Sie ständig Ölspuren auf Ihrem Fahrzeugabstellplatz, könnte es erforderlich werden, den Ölstand einmal zu überprüfen. Dazu die Kontroll- und Einfüllschraube (Abb. oben links) herausdrehen. Der Ölstand muß bis an die Unterkante der Öffnung reichen.

Beim 200 D/250 D/300 TD passen 0,7 Liter und sonst 1,1 Liter Hypoid-Getriebeöl SAE 90 ins Differential. Soll die Ölfüllung von einem Differential mit begrenztem Schlupf oder vom ASD (Seite 126) erneuert werden, ist ein Spezialöl zu verwenden (z. B. Hypoid-Getriebeöl SAE 90, Veedol Multigear Limit Slip Spezial).

ATF-Stand prüfen

Ständige Kontrolle

Bei jeder Motorölstandskontrolle empfiehlt es sich, auch nach dem ATF-Stand im Automatik-Getriebe zu sehen. Zum Abwischen des Peilstabs nur einen sauberen, fusselfreien Lappen benutzen, denn schon kleinste Verschmutzungen schaden dem Getriebe. Ist die Flüssigkeit schwarz oder riecht sie verbrannt, läßt dies auf einen Getriebeschaden schließen. Wenn etwas Flüssigkeit fehlt, wird durch die Peilstaböffnung nachgegossen. Verwenden Sie nur Automatik-Getriebeöl, das die Bezeichnung Dexron B trägt (Auskunft über freigegebene Marken erteilt Ihre Mercedes-Werkstatt).

Es darf keinesfalls zuviel ATF ins Getriebe gefüllt werden. Die Differenzmenge zwischen den Markierungen beträgt 0,3 Liter. Zuviel eingefüllte ATF wieder absaugen oder ablassen (Abb. rechts).

■ Feststellbremse treten und in Wählhebelstellung »P« schalten.

■ Den Motor starten und 1 bis 2 Minuten im Leerlauf drehen lassen.

■ Verschluß am Peilstab lösen (Seite 32 oben). Peilstab herausziehen und abwischen.

■ Zur Messung Peilstab so einsetzen, daß die Markierungen zum Fahrzeugheck stehen. Dies verhindert ein Verwischen beim Herausziehen.

■ Bei betriebswarmem Getriebe (ca. 80°C) muß sich der ATF-Stand zwischen der »MIN« und »MAX«-Marke befinden.

■ Bei einer Getriebetemperatur von ca. 25°C darf der Ölstand nur bis etwa 12 mm unter die »MIN«-Marke reichen.

Öl- und Filterwechsel am Automatik-Getriebe

Wartung Nr. 27

Alle 60 000 km muß die ATF (= Automatic Transmission Fluid) und ihr Filter erneuert werden. Fährt man fast nur im Kurzstreckenverkehr, viel mit Hänger oder viel Bergstrecken, wird ein Austausch schon nach 30 000 km nötig.

Wer unbedingt den Ehrgeiz zum Selbermachen hat, geht wie folgt wor:

■ Motor abstellen und Wählhebel in Stellung »P« bringen.

■ Fahrzeug möglichst waagrecht anheben oder über Grube fahren.

■ Untere Motorraumkapselung ausbauen (Seite 245).

■ Auffanggefäß bereithalten und Ablaßschraube (Abb. rechts) aus der Ölwanne drehen.

■ Motor weiterdrehen, bis die Ablaßschraube am Drehmomentwandler (Abb.) erreicht werden kann. Herausdrehen und Öl ablassen.

■ Ölwanne abschrauben und Ölfilter austauschen.

■ Ölwanne reinigen und wieder montieren (Anzugsmoment 8 Nm).

■ Ablaßschraube in Ölwanne und Wandler mit 14 Nm festdrehen.

■ Mit Trichter bei stehendem Motor 4–5 Liter ATF Dexron B einfüllen.

■ Feststellbremse treten, Motor in Wählhebel »P« im Stand drehen lassen und den Rest langsam vollends einfüllen.

■ Getriebe zweimal durchschalten und wieder in Stellung »P« bringen. Ölstandskontrolle durchführen (Vorseite).

Fingerzeig: *Das Automatik-Getriebe faßt eigentlich 6,6 (300 D etwa 7,1) Liter ATF. Beim Austausch können jedoch nur 5,5 Liter (beim 300 D ca. 6 l) eingefüllt werden, weil noch ein Rest im Getriebe verbleibt.*

Schmierarbeiten

Wartung Nr. 3

Neben dem Motor gibt es noch eine ganze Reihe anderer Schmierstellen am Fahrzeug, die ständig gewartet werden wollen. Wer sich einmal im Jahr einige Minuten Zeit dafür nimmt, verhindert vorzeitigen Teileverschleiß. Es wird jedoch nicht nur Geld gespart, wenn z. B. die Handbremsseile länger halten, vielmehr wird auch gefährlichen Situationen vorgebeugt, die beispielsweise durch eine klemmende Einspritzpumpen-Betätigung entstehen könnten.

Auch die eher unscheinbaren Schmierstellen dürfen bei der Fahrzeugpflege nicht zu kurz kommen.
Links: Das Motorhaubenschloß.
Rechts: Damit das Gasgestänge stets leichtgängig bleibt, müssen gelegentlich sämtliche Gelenkstellen geschmiert werden. Dazu das Gestänge von den Kugelbolzen abdrücken und in die Kugelpfannen etwas Fett streifen.

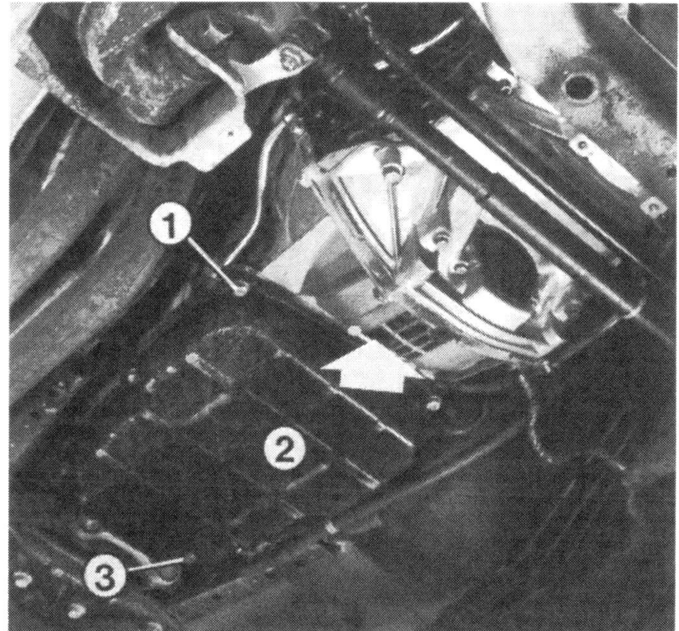

Hier ist das Automatikgetriebe von unten gezeigt. Zum Öl- und Filterwechsel Ablaßschrauben an Ölwanne (3) und im Wandler (Pfeil) herausdrehen. Nach dem Auslaufen die Ölwanne (2) abschrauben und den Filter darunter erneuern. Schrauben (1) mit 8 Nm festdrehen. Bei der Arbeit darauf achten, daß kein Schmutz in das Getriebe gelangt.

□ **Gasgestänge und -wellen schmieren:** Drücken Sie – natürlich bei stehendem Motor – auf das Gaspedal bzw. lassen Sie dies einen Helfer tun. Beobachten Sie, was sich da alles bewegt. Schmieren Sie die Gelenkstellen, die Lagerstellen und die blanken Seilzugenden mit dem Fett Molykote Longterm 2 (Werksempfehlung). Die Kugelgelenke werden leicht eingefettet. Wellenlagerungen in Leichtmetall dürfen nicht geschmiert werden. Schmutzteile, die an den Schmiermitteln kleben bleiben, könnten die Lagerstellen schnell ausschleifen.
□ **Schaltung schmieren:** Ist der Schalthebel nur noch »zäh« beweglich, kann Schmieren am Schalthebelfuß Abhilfe schaffen. Dazu die Abdeckung vom Schalthebel entfernen.
□ **Seilzugausgleich schmieren:** Hierzu müssen Sie sich unter das Fahrzeug begeben. Am hinteren Ende des Mitteltunnels finden Sie die Schmierstellen (Abb. Seite 163). Mit Fett die Enden der Seilzüge, das Gewinde der Einstellschraube und das Gleitblech schmieren.
□ **Motorhaube:** Die Scharniere und die beweglichen Teile der Haubenentriegelung werden mit Öl geschmiert.
□ **Schließzylinder** an Türen und Heckklappe werden nach unseren Erfahrungen am besten durch ein Rostlöser-Isolierspray geschmiert. Dadurch werden die Teile vor Rost geschützt und Feuchtigkeit verdrängt, so daß das Schloß im Winter auch nicht einfrieren kann. Geeignet ist z. B. »4 × Silikon-Spray« von Molykote.
□ **Schiebedach:** Gleitschienen und Gleitbacken reinigen und wieder neu einfetten. Hierzu ist Silikonpaste ganz gut geeignet (Seite 15).

Fingerzeig: *Türscharniere, -schlösser und das Gelenk des Außenspiegels sind in Ihrem Mercedes wartungsfrei.*

Dichtheit prüfen

Wartung Nr. 26

Bei dieser Arbeit sollen Motor, Getriebe, Bremsleitungen, Leitungen von Servolenkung und Niveauregelung, Einspritz- und Kraftstoffleitungen, Stoßdämpfer, Dämpferbeine usw. bewußt auf undichte Stellen abgesucht werden. Flüssigkeitsverluste deuten oft auf einen baldigen Ausfall des jeweiligen Aggregates hin. In den Kapiteln finden Sie weitere Hinweise. Grundsätzlich gilt: Immer wenn Sie Flecken und Tropfen auf dem Standplatz Ihres Mercedes finden, müssen Sie den Ursachen nachgehen.

Baukasten

Daimler-Benz baute als erstes Automobilwerk einen Personenwagen mit Dieselmotor. Man schrieb das Jahr 1936, als der Mercedes-Benz 260 D mit 2,6 Liter Hubraum und 45 PS sich seinen Kritikern stellte. Von vielen wurde er damals als Notlösung belächelt. Doch dank der großen Zuverlässigkeit und besonderen Wirtschaftlichkeit wurden Dieselfahrzeuge zu einem langanhaltenden Welterfolg.
Die Dieselmotoren-Palette mit 4, 5 und 6 Zylindern weist eine einheitliche Grundkonzeption auf. Das angewendete Baukastensystem mit gleichen Abmessungen für Bohrung und Hub, aber unterschiedlicher Zylinderzahl bringt eine Teilevereinheitlichung mit sich, was die Lagerhaltung vereinfacht und die Fertigung flexibler macht. Die Tabelle unten nennt die wichtigsten Motordaten. Die Abbildung unten zeigt, wo die Motornummer sitzt. Zusätzliche Informationen zu den Motoren mit Vierventil-Technik ab Juli '93 finden Sie im Anhang ab Seite 264.

Typ		200 D/TD	250 D/TD	250 D Turbo	300 D/TD	300 D/TD Turbo
Motornummer		601.912	602.912	602.962	603.912	603.962
Bohrung	mm	87,0	87,0	87,0	87,0	87,0
Hub	mm	84,0	84,0	84,0	84,0	84,0
Zylinderzahl		4	5	5	6	6
Hubraum	cm^3	1997	2497	2497	2996	2996
Leistung bis 1988	kW (PS) bei 1/min	52 (72) 4600	66 (90) 4600		80 (109) 4600	105 (143) 4600
Drehmoment bis 1988	Nm bei 1/min	123 2800	154 2800		185 2800	270 2400
Leistung ab 1989	kW (PS) bei 1/min	55 (75) 4600	69 (94) 4600	93 (126) 4600	83 (113) 4600	108 (147) 4600
Drehmoment ab 1989	Nm bei 1/min	126 2700	158 2600	231 2400	191 2800	273 2400

Die Motornummer (Pfeil) findet man unterhalb des vordersten Saugrohres (1) und den Anschlüssen am Kraftstoffiltergehäuse (2).

Das Schnittmodell zeigt den 200 D-Motor mit Getriebe. Es bedeuten: 1 – Schalthebel für Rückwärts- und 5. Gang; 2 – Schwungscheibe; 3 – Umlenkhebel des Gasgestänges; 4 – Kraftstoffvorwärmung; 5 – Ölfilter; 6 – Saugrohr; 7 – Anschluß der Kurbelgehäuseentlüfung; 8 – Nockenwelle; 9 – Tassenstößel; 10 – Zylinderkopfhaube; 11 – Ölmeßstab; 12 – Thermostat; 13 – Lichtmaschine; 14 – Kolben; 15 – Nehmerzylinder der Kupplungsbetätigung; 16 – Anschlußflansch der Gelenkwelle.

Die Details

Hier eine Liste der technischen Leckerbissen. Die Motoren wurden auch wesentlich leichter, das Triebwerk im 200 D wiegt jetzt rund 50 kg weniger.

□ Der Leichtmetall-Zylinderkopf arbeitet nach dem Querstromprinzip. Die neuen Zylinderköpfe wiegen weniger als die Hälfte der entsprechenden Grauguß-Vorgänger.

□ Die Pleuel werden durch die Kolben geführt, dies verringert Gewicht und Reibung. Durch weitere Maßnahmen wurden die Reibungsverluste im Motor um runde 20% reduziert.

□ An der Frontseite des Motors besorgt ein breiter Flachriemen den Antrieb sämtlicher Nebenaggregate (Seite 62).

□ Der Motorraum ist schallgekapselt. Dadurch wird das öfters störende Außengeräusch des Dieselmotors stark gedämpft (Seite 244).

□ Die Verbrennung erfolgt nach dem bewährten Vorkammerverfahren (Seite 91).

□ Reihen-Einspritzpumpen werden weiterhin eingebaut. Der Förderbeginn ist bei laufendem Motor elektronisch einstellbar (Seite 96 und 98).

□ Die Ventile werden über Tassenstößel mit hydraulischem Ventilspielausgleich betätigt (Seite 52).

□ Es wird eine Kolben-Unterdruckpumpe eingebaut. Diese hat gegenüber der früheren Membranpumpe eine verbesserte Saugleistung. Die sichere Versorgung der vielen Unterdruckverbraucher wird damit gewährleistet.

□ Beim 200 D kommt eine elektromagnetische Lüfterkupplung zum Einsatz (Seite 75). Die anderen Modelle erhalten eine Visko-Lüfterkupplung. Über einen Bimetallstreifen wird das Mitdrehen zugeschaltet, wenn die Lufttemperatur hinter dem Kühler ca. 80° C beträgt.

□ Eine thermostatgesteuerte Kraftstoffvorwärmung hält den Dieselkraftstoff auch bei niedrigen Außentemperaturen fließfähig (Seite 88).

□ Die Leerlaufdrehzahl nach dem Start wird automatisch angehoben. Diese Drehzahlerhöhung erfolgt beim 200 D und 250 D pneumatisch.

□ Beim 300 D besorgt ein elektronisches System die Erhöhung der Leerlaufdrehzahl. Wenn der 200 D und der 250 D mit Automatikgetriebe und Klimaanlage ausgestattet sind, ist das gleiche System eingebaut.

Neuen Motor einfahren

Die ersten 1500 km sollte ein neuer Motor schonend eingefahren werden. Zwar sind die Oberflächen an den Lagern, Nocken usw. so hochwertig, daß eine nachträgliche Glättung kaum

mehr möglich ist, doch die Oberflächen der Zylinderwände oder Kolben können noch eine Rauhigkeit aufweisen. Durch eine kurze Einlaufzeit sollen diese letzten Unebenheiten beseitigt werden.
Zum Einfahren bewegt man den Mercedes am besten mit wechselnden Geschwindigkeiten und Drehzahlen. Die Höchstgeschwindigkeit eines jeden Ganges nur 2/3 ausfahren. Bei Fahrzeugen mit Automatik-Getriebe möglichst in Wählhebel-Stellung »D« fahren. Kein Übergas (Kickdown) geben. Nach der Einfahrzeit die Drehzahlen allmählich steigern.

Nenn- und Höchstdrehzahl

Unsere Dieselmotoren entfalten die höchste Leistung nur bei einer bestimmten Drehzahl: der Nenndrehzahl. Sie beträgt 4600/min. Ein Hinausdrehen über diese Drehzahl bringt keine höhere Leistung mehr. Nur in den eher seltenen Fällen, wenn Sie die volle Beschleunigung verlangen, kann zum besseren Anschließen der Motorkraft im nächsten Gang ein Ausdrehen über die Nenndrehzahl vorteilhaft sein. Wird dabei die Höchstdrehzahl von 5150/min erreicht, tritt der Abregelmechanismus am Regler der Einspritzpumpe in Funktion und läßt die Motordrehzahl nicht weiter ansteigen.

Einzelteile des Motors

Auf den folgenden Seiten werden die wichtigsten Motorteile vorgestellt. Ihre Bauweise und Aufgabe sowie der Aus- und Einbau werden beschrieben. Auf mögliche Schäden wird hingewiesen.

Der Zylinderblock

Dieses schwerste und größte Einzelteil des Motors wird auch noch als Kurbelgehäuse oder Motorblock bezeichnet. Er ist aus Grauguß gefertigt. Kühlmittelkanäle um die aufgereihten Zylinderbohrungen sorgen dafür, daß die entstehende Verbrennungswärme schnell abgeführt wird. Da die Zylinderbohrungen in der Mitte nur 10 mm voneinander entfernt sind, konnte dort kein Wasserkanal mehr eingegossen werden. Die im oberen Zylinderbereich besonders wichtige Kühlung wird aber durch eingefräste Wasserschlitze (DB-Patent) sichergestellt.
Unten am Zylinderblock befinden sich die Lagerstellen für die Kurbelwelle. Durch Abschrauben der Lagerdeckel kann die Kurbelwelle ausgebaut werden. Mit zunehmender Laufleistung des Motors läßt der Kompressionsdruck nach, und der Ölverbrauch steigt. Schuld daran sind die Zylinderbohrungen, welche durch das ständige Auf und Ab der Kolben verschleißen. Die Bohrungen werden größer und unrund. Kratzer und Rattermarken in den Laufflächen sind weitere Verschleißzeichen. Bei einer grundlegenden Motorüberholung – heute kaum noch rentabel – werden die Zylinderlaufbüchsen ausgetauscht und anschließend neue Kolben und Kolbenringe eingebaut.

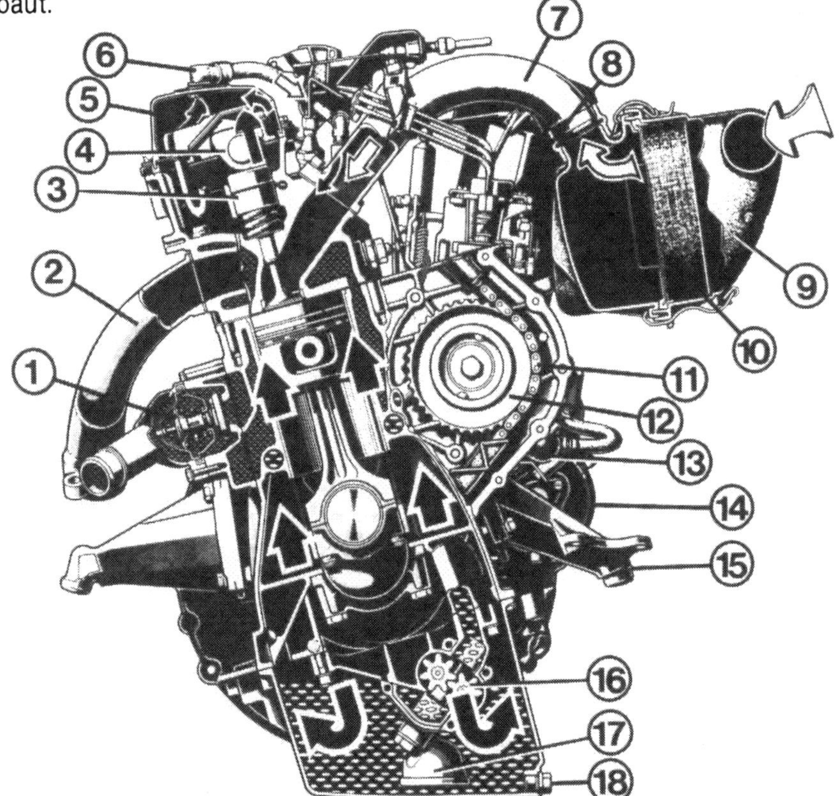

Schnitt durch den Motor von vorn gesehen: 1 – Thermostat; 2 – Auspuffkrümmer; 3 – Tassenstößel; 4 – Nockenwelle; 5 – Zylinderkopfhaube; 6 – Kurbelgehäuseentlüftung; 7 – Saugrohr; 8 – Einspritzpumpe; 9 – Luftfiltergehäuse; 10 – Luftfiltereinsatz; 11 – Steuerkette; 12 – Spritzversteller1 13 – Kraftstoffthermostat; 14 – Anlasser; 15 – Motorhalterung; 16 – Ölpumpe; 17 – Ansaugrohr der Ölpumpe; 18 – Ölablaßschraube. Weiterhin sind die Wege der Frischgase (weiße Pfeile) und der Durchblasegase (schwarze Pfeile) zur Kurbelgehäuseentlüftung erkennbar.

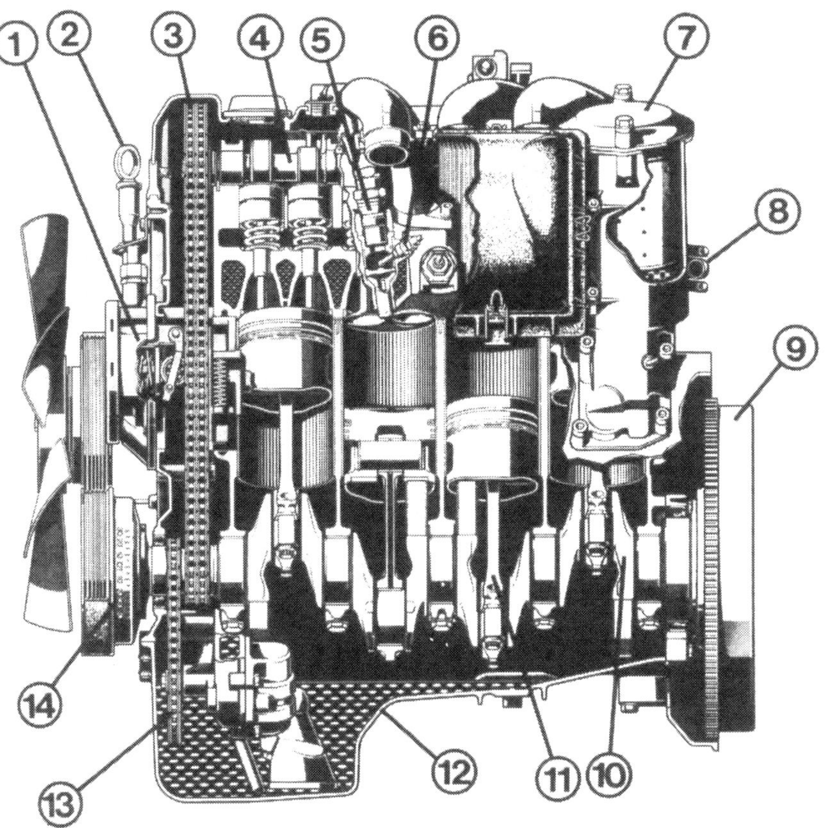

Seitenschnitt: 1 – Unterdruckpumpe; 2 – Ölmeßstab; 3 – Steuerkette; 4 – Nockenwelle; 5 – Einspritzdüse; 6 – Glühkerze; 7 – Ölfilter; 8 – Kraftstoffvorwärmung; 9 – Schwungscheibe; 10 – Kurbelwelle; 11 – Pleuel; 12 – Ölwanne; 13 – Antriebskette der Ölpumpe; 14 – Kurbelwellenriemenscheibe.

Die Kurbelwelle

Aufgabe der Kurbelwelle ist es, die geradlinige Bewegung der in den Zylindern auf- und ablaufenden Kolben in eine Drehbewegung umzusetzen. Die zu den Kolben führenden Stangen – die Pleuel – wirken deshalb, wie bei einer Andrehkurbel, versetzt zur Mittelachse auf die Kurbelwelle. Durch die versetzte Anordnung der »Kurbeln« kann immer eine der Pleuelstangen die Kraft der Verbrennung oberhalb des Kolbens so zur Kurbelwelle weiterleiten, wie es für die Drehbewegung günstig ist. Um ein Durchbiegen der Kurbelwelle im Betrieb zu vermeiden – schließlich drücken und zerren die Kolben ja ganz ordentlich an der Welle – ist sie an möglichst vielen Stellen im Motorblock gelagert. Jede »Kurbel«, auf der eine Pleuelstange sitzt, ist rechts und links durch ein Motorlager gestützt. Um ein möglichst vibrationsarmes Drehen der Kurbelwelle zu erreichen, ist die Welle ausgewuchtet.

Auf der Getriebeseite der Kurbelwelle sitzt die Schwungscheibe des Motors, die an ihrem Umfang mit einem Zahnkranz ausgestattet ist. In diesen greift beim Starten das Ritzel des Anlassers. Bei Fahrzeugen mit Schaltgetriebe ist an die Schwungscheibe die Kupplung montiert. Bei Automatik sitzt stattdessen ein Drehmomentwandler dort. Am vorderen Ende der Kurbelwelle befinden sich innerhalb des Motors zwei Kettenräder zum Antrieb der Steuerkette und der Ölpumpe. Außerhalb des Motors ist eine Riemenscheibe am Kurbelwellenende montiert. Der darüber laufende Flachriemen besorgt den Antrieb der Nebenaggregate, wie Lichtmaschine, Wasserpumpe, Servopumpe der Lenkhilfe, Kühlerlüfter und Kompressor der Klimaanlage. Beim Fünf- und Sechszylinder ist hinter der Riemenscheibe noch eine runde Masse, sogenannter Schwingdämpfer, eingebaut.

Kolben und Pleuel

Die Kolben laufen in den Zylindern auf und ab. Hinabgedrückt werden sie vom Explosionsdruck des entzündeten Kraftstoffs, wieder hinaufgeschoben werden sie von der Schwungkraft der sich drehenden Kurbelwelle.

Die Kolben bestehen aus einer besonderen Leichtmetall-Legierung. Im oberen Drittel jedes Kolbens sind drei Ringe in Nuten eingebettet, die federnd gegen die Zylinderwand drücken. Die beiden oberen Kolbenringe verwehren dem Verbrennungsdruck den Weg am Kolben vorbei ins Kurbelgehäuse. Der unterste Ring ist der sogenannte Ölabstreifring. Er verhindert, daß zuviel Schmiermittel vom Kurbelgehäuse in die Brennräume gelangt. Der oberste Rechteckring ist an seiner Lauffläche verchromt. Der mittlere Ring – ein sogenannter Minutenring mit Innenfase – ist außen geläppt, während der Ölabstreifring – sogenannter Dachfasenring – verchromt ist. Damit die Ringe ihre Aufgaben möglichst gut erfüllen, muß bei der Montage auf deren richtige Lage geachtet werden.

Jeder Kolben hat oben einen sternförmigen Brennraum. Befindet sich der Kolben in seiner höchsten Stellung, ragt die Mündung der Vorkammer in den Brennraum (Zeichnung Seite 91).

Die Pleuel verbinden die Kolben mit der Kurbelwelle. Sie sind aus Stahl geschmiedet. Der Kolben ist mit dem Kolbenbolzen am oberen Pleuelende befestigt.
Das untere Lager des Pleuels zur Kurbelwelle hin kann durch Lösen von 2 Schrauben geteilt werden. Wenn der Zylinderkopf und die Ölwanne ausgebaut ist, kann man so die Kolben samt Pleuel nach oben aus den Zylinderbohrungen schieben. Das untere Pleuellager ist mit zwei Lagerschalen ausgestattet. Bisweilen kann es dort nach hoher Kilometerleistung des Motors zum ersten deutlich hörbaren Lagerschaden kommen. Neue Schalen schaffen manchmal Abhilfe.

Die Ölwanne

Den Abschluß des Motors nach unten besorgt die Ölwanne aus Leichtmetall. Ihr Boden ist so geformt, daß er waagrecht steht, obwohl der Motor um 15° geneigt eingebaut ist. Im Öl-Sammelraum steckt die Ölablaßschraube. Das im Sammelraum zusammenfließende Öl wird vom Ansaugschnorchel der Ölpumpe angesaugt und startet von dort zu einer weiteren Runde durch den Motor.
Ein Ölstandsgeber ist seitlich in die Ölwanne eingebaut. Der Aus- und Einbau der Ölwanne kann bei eingebautem Motor durchgeführt werden. Allerdings ist die umfangreiche Arbeit nur etwas für Könner. Im nächsten Abschnitt wird in groben Schritten der Ausbau beschrieben.

Ölwanne ausbauen

- Geräuschkapsel ausbauen und Motoröl ablassen.
- Alle vorderen Motorlagerstellen losschrauben.
- Masseleitung am Getriebe und weitere Leitungen zum Ölstandsgeber und ggf. zum Drehzahlfühler am Starterzahnkranz lösen.
- Stabilisatorlagerungen an den Längsträgern losschrauben.
- Lüfterhaube hinter dem Kühler lösen und über den Ventilatorflügel hängen.
- Motor an seiner vorderen Aufhängeöse anheben.
- Ölwanne losschrauben.
- Kettenrad an der Ölpumpe losschrauben.
- Ölpumpe ausbauen.
- Stabilisator nach unten ziehen oder ausbauen.
- Ölwanne nach vorn herausnehmen.
- Vor dem Einbau die Trennflächen an Ölwanne und Zylinderblock reinigen.
- Ölwanne mit neuer Dichtung montieren. Die Schrauben gleichmäßig anziehen: M 6 mit 10 Nm; M 8 mit 25 Nm.

Der Steuergehäusedeckel

Dieses Leichtmetallteil sitzt an der Vorderseite des Motors. Es ist oben mit zwei Schrauben am Zylinderkopf, unten mit 5 Schrauben an der Ölwanne und ansonsten mit 14 unterschiedlich langen Schrauben mit dem Zylinderblock verschraubt. Hinter dem Deckel läuft die Duplex-Steuerkette und die Antriebskette der Ölpumpe. Auch Spann- und Gleitschienen finden sich hinter dem Deckel (siehe Zeichnung Seite 48). Außen sind viele Aggregate mit dem Steuergehäusedeckel verschraubt. Im einzelnen sind dies: Spanneinrichtung des Flachriemens, Wasserpumpe, Kraftstoffilter, Pumpe der Servolenkung, Unterdruckpumpe und Einspritzpumpe.

Die Kurbelgehäuseentlüftung erfolgt oben durch die Zylinderkopfhaube (2). Im Anschluß an das oben eingesteckte Rohrstück (1) strömen die Gase zum Verteilungsrohr quer über den Saugrohren.

Die Zylinderkopfhaube

Dieses Teil besteht aus Leichtmetall. Auf der Innenseite der Haube befindet sich ein Ölabscheider mit Rücklaufrohr – beides Teile der Motorentlüftung. Der Öleinfülldeckel sitzt oben in der Haube. Dahinter steckt noch ein Schlauch in der Zylinderkopfhaube, der die Durchblasegase des Motors zur Ansaugseite leitet. Die Abdichtung der Zylinderkopfhaube besorgt eine langlebige Gummi-Profidichtung.

Zylinderkopfhaube ausbauen

■ Schlauch der Motorentlüftung ausstekken.
■ Bei Fahrzeugen mit Automatik-Getriebe das quer über der Zylinderkopfhaube verlaufende Gasstänge auf einer Seite vom Kugelkopf abhebeln und zur Seite schwenken.
■ Schrauben herausdrehen und Haube abnehmen.
■ Beim Einbau Dichtung auf Beschädigungen kontrollieren.
■ Zylinderkopfhaube aufsetzen. Schrauben in zwei Stufen bis 10 Nm festdrehen.

Der Zylinderkopf

Dieses Teil ist gewissermaßen der Deckel des Motors. Es ist aus einer Leichtmetall-Legierung gegossen. In verschiedenen Kanälen strömen das Motorkühlmittel, das Motoröl, die Verbrennungsluft sowie die Auspuffgase. In Bohrungen stecken die Glühkerzen, die Einspritzdüsen, die Vorkammern, die Ventilführungen und die Tassenstößel. Oben im Zylinderkopf ist die Nockenwelle gelagert. Der Auspuffkrümmer und die langen Saugrohre sind außen am Zylinderkopf montiert. Links am Zylinderkopf sind verschiedene temperaturabhängige Schalter, Fühler und Ventile eingeschraubt.

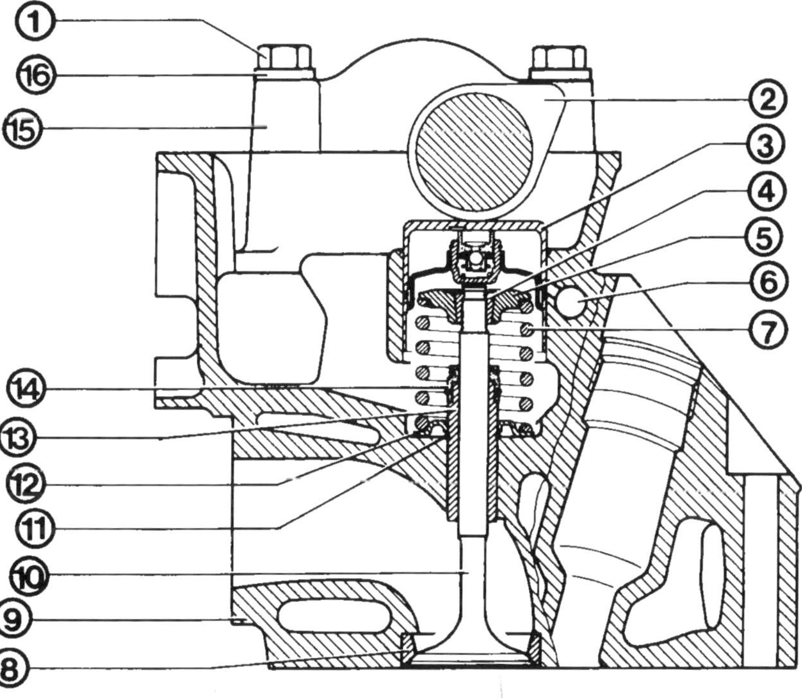

Die Schnittzeichnung durch den Zylinderkopf in der Ebene eines Auslaßventils zeigt uns folgendes: 1 – Schraube; 2 – Nockenwelle; 3 – Ventiltassenstößel mit hyraulischem Ventilspiel-Ausgleichselement; 4 – Ventilkeile; 5 – Ventilfederteller; 6 – Ölkanal; 7 – Ventilfeder; 8 – Ventilsitzring; 9 – Zylinderkopf; 10 – Auslaßventil; 11 – Sicherungsring für Ventilführung; 12 – Druckring; 13 – Ventilführung; 14 – Ventilschaftabdichtung; 15 – Lagerdeckel; 16 – Scheibe.

Rechts: Neben den vielen Innenvielzahnschrauben (siehe Schema Seite 44) wird der Zylinderkopf vorn noch durch zwei M8-Innensechskantschrauben (Pfeile) gehalten. Noch bezeichnet: 2-Befestigungsbolzen einer Steuerketten-Gleitschiene.

Links: Zum Ausbau der Nockenwelle (1) müssen sämtliche Lagerdeckel (2) und das Nockenwellenrad (3) ausgebaut werden. Die Lagerdeckel sind numeriert. Sie sind lagegleich wieder einzubauen.

Weil die Verbrennungsluft von der einen Motorseite in die Brennräume strömt und die Abgase den Motor auf der gegenüberliegenden Seite wieder verlassen, spricht man von einem »Querstromkopf«. Der Gasstrom wird am wenigsten umgelenkt.
Ein Leichtmetall-Zylinderkopf kann sich bei Kühlungsmangel sowie bei unsachgemäßer Behandlung (Montagereihenfolge der Zylinderkopfschrauben nicht eingehalten oder Ausbau des heißen Zylinderkopfes) leichter verziehen als ein Graugußkopf, doch dafür ist er leichter und kann aufgenommene Verbrennungswärme schneller an das Kühlmittel abgeben.
Die Ventilsitze aus Hartmetall (Zeichnung Vorseite) sind ein ringförmiges Gegenstück zum Ventilteller. Sie helfen mit, den Brennraum bei geschlossenen Ventilen gut abzudichten, und sie verhindern, daß sich die Ventilteller in das weiche Leichtmetall eindrücken.
Eine Prüfung des Zylinderkopfes im eingebauten Zustand ist kaum möglich. Nur ein Riß, durch den Kühlmittel sickert, könnte auf einen Zylinderkopfschaden hinweisen. Für weitere Prüfungen muß man den Zylinderkopf ausbauen. Dies braucht in aller Regel nur dann gemacht zu werden, wenn Sie größere Schäden beheben wollen. Beispielsweise wenn nach längerer Fahrt ohne ausreichende Kühlung die Zylinderkopfdichtung durchgebrannt ist (Seite 45) oder wenn der Motor schlechte Kompressionswerte (Seite 56) zeigt und die Ursache in Richtung Ventilsitze vermutet wird.
Einen stark überhitzten Zylinderkopf in der Werkstatt auf Verzug prüfen lassen. Suchen Sie den ausgebauten Zylinderkopf auch nach kleinen Rissen ab. Bisweilen findet man welche im Brennraum zwischen den Ventilen.
Sind die Ventilsitze undicht, müssen die Ventile neu eingeschliffen werden (Seite 50). In besonders schweren Fällen müssen die Ventilsitzringe und die Ventile erneuert werden. Vielleicht ist auch der Austausch von einzelnen Ventilen nötig. Meist trifft dies auf die thermisch stärker beanspruchten Auslaßventile zu.

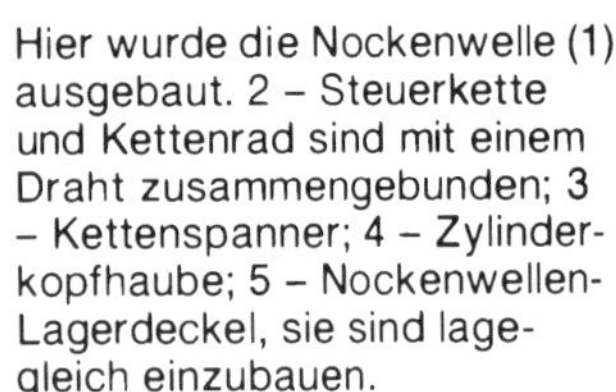

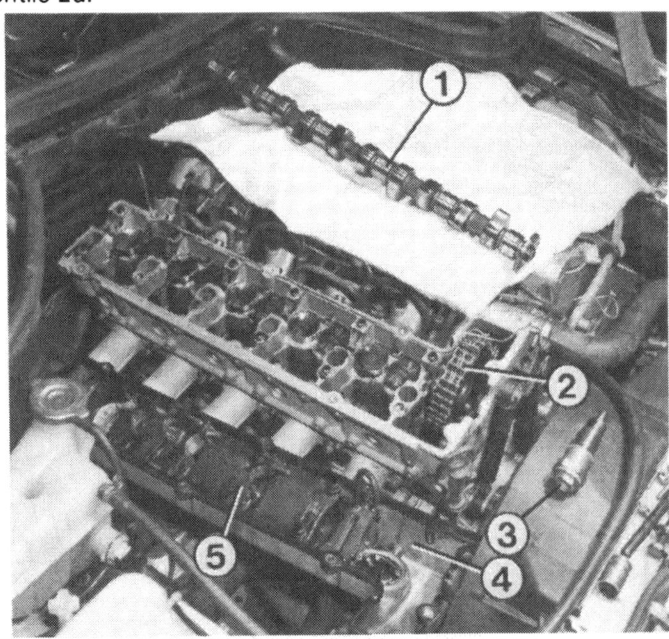

Hier wurde die Nockenwelle (1) ausgebaut. 2 – Steuerkette und Kettenrad sind mit einem Draht zusammengebunden; 3 – Kettenspanner; 4 – Zylinderkopfhaube; 5 – Nockenwellen-Lagerdeckel, sie sind lagegleich einzubauen.

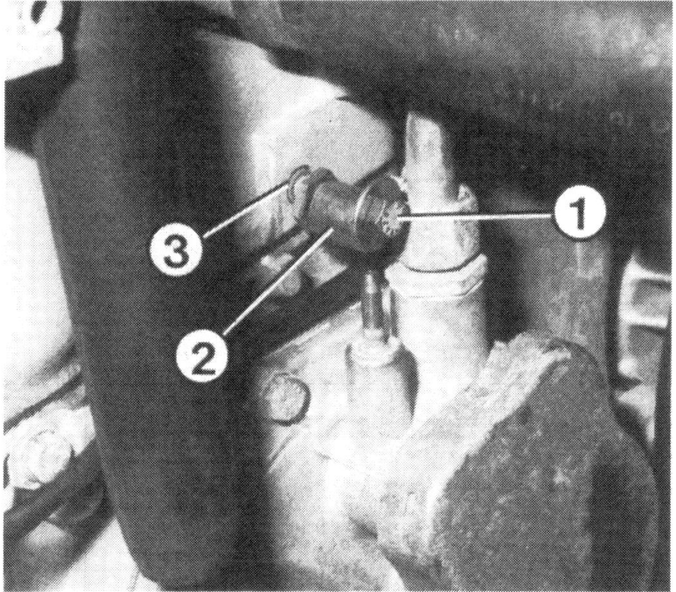

Die Befestigungsbolzen (3) der Gleitschienen und der Spannschiene sind hohl und haben ein M6-Gewinde eingeschnitten. Diese Tatsache ermöglicht uns das einfache Ausziehen der Bolzen: Dazu zuerst das Gewinde im Bolzen mit einem Gewindebohrer nachschneiden (säubern). Zum Ausziehen eine längere M6-Schraube (1) mit Unterlegscheibe und eine Hülse (2) verwenden. Den Innendurchmesser der Hülse so wählen, daß der Bolzen hineinpaßt. Ihre Länge hängt von der Schraubenlänge ab. Wenn man die Schraube etwa vier Umdrehungen in den Bolzen gedreht hat, sollte sich die Hülse zwischen Zylinderkopf und Unterlegscheibe festklemmen. Nun die Schraube weiter hineindrehen – der Bolzen wird so aus seinem Paßsitz herausgezogen.
Man kann auch auf die M6-Schraube eine Mutter drehen und damit den Bolzen herausziehen (System Abzieher). Dies empfiehlt sich besonders bei festsitzenden Bolzen.

Zylinderkopf ausbauen

Diese Arbeit ist recht umfangreich und nichts für Ungeübte. Unsere Beschreibung nennt nur die wichtigsten Arbeitsschritte. Je nach Ausstattung ergeben sich in unwesentlicheren Dingen weitere Arbeiten. Grundsätzlich gilt es, alle Schraub- und Schlauchverbindungen sowie alle elektrischen Leitungen zum Zylinderkopf zu lösen, damit der Zylinderkopf samt Auspuffkrümmer abgenommen werden kann. Um Unsicherheiten beim Einbau vorzubeugen, sollten Sie ggf. lieber einige Teile bezeichnen. Das Losschrauben des Zylinderkopfes darf nur bei abgekühltem Motor erfolgen.

- Motorhaube voll öffnen und Minusklemme an der Batterie lösen.
- Kühlmittel ablassen (Seite 72).
- Luftfilter ausbauen (Seite 104).
- Kühler ausbauen (Seite 73).
- Flachriemen entspannen und abnehmen (Seite 63). Den Stoßdämpfer der Riemenspannvorrichtung oben losschrauben.
- Bei Fahrzeugen mit Niveauregulierung die Druckpumpe losschrauben (Seite 143).
- Ölmeßstab-Führungsrohr oben losschrauben.
- Kühlmittelschläuche vom Austrittstutzen an der vorderen linken Motorecke lösen.
- Gaszug vom Halter lösen.
- Kraftstoffleitungen am Kraftstoffilter abschrauben und Filter komplett ausbauen.
- Auspuff am Auspuffkrümmer losschrauben.
- Einspritzleitungen ausbauen.
- Saugrohr ausbauen.
- Den Rohrkrümmer der Kraftstoffvorwärmung am Ölfilter lösen.
- Kabel zu den Glühkerzen abschrauben.
- Zylinderkopfhaube ausbauen.
- Den Motor so drehen, daß der 1. Zylinder auf OT steht. Zu diesem Arbeitsschritt die weiteren Hinweise auf Seite 47 und 48 beachten.
- Nockenwelle ausbauen (Seite 45).
- Gleitschiene der Steuerkette im Zylinderkopf ausbauen. Dazu die Flachriemen-Spannvorrichtung losschrauben und die Gleitschienenbefestigungsbolzen herausziehen (Abb. links oben).
- Die vorderen beiden Zylinderkopfschrauben (M 8) herausschrauben.
- Alle weiteren Zylinderkopfschrauben in der umgekehrten Reihenfolge des Anziehens lösen (siehe nächste Seite).
- Zylinderkopf abheben. Die Trennflächen reinigen.

Zylinderkopf einbauen

- Neue Zylinderkopfdichtung auflegen.
- Zylinderkopf aussetzen, dabei auf richtigen Sitz in den Fixierhülsen achten.
- Die unterschiedlich langen Zylinderkopfschrauben (M 10) messen. Da es sich um Dehnschrauben handelt, darf sich der Schraubenschaft um höchstens 3,5 mm in die Länge gezogen haben. Ist dieses Maß überschritten, neue Schrauben verwenden. Neu sind die Schrauben (ohne Kopf) 80, 102 und 115 mm lang.
- Schraubengewinde und Anlageflächen am Schraubenkopf einölen.
- Schrauben entsprechend ihrer Länge in die Bohrungen im Zylinderkopf stecken (siehe Schema nächste Seite).
- Schrauben stufenweise und in der richtigen Reihenfolge anziehen (siehe Anzugsschema nächste Seite).
- 1. Anzugsstufe: Alle Schrauben mit 25 Nm anziehen.
- 2. Anzugsstufe: Schrauben auf 40 Nm anziehen. Danach 10 Minuten warten, damit sich die Zylinderkopfdichtung setzen kann!

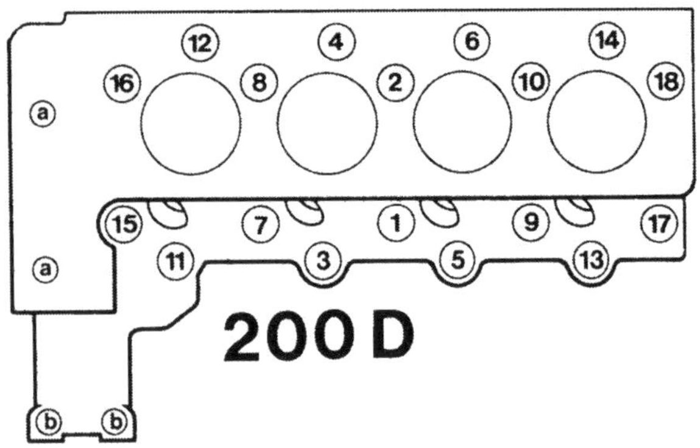

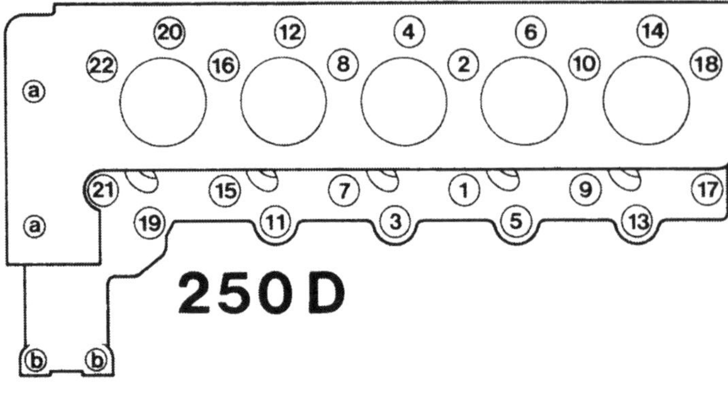

300 D

Die Zylinderkopfschrauben müssen in der numerierten Reihenfolge, beginnend mit 1, angezogen werden. Die Schrauben (a, b) werden zuletzt mit 25 Nm festgedreht. Schraubenlänge beachten!
M10×80: 3, 5, 11, 13, 19, 21;
M10×102: 2, 4, 6, 8, 10, 12, 14, 16, 18, 20, 22, 24, 26;
M10×115: 1, 7, 9, 15, 17, 21, 23, 25;
a = 30 mm;
b = 80 mm.

■ 3. Anzugsstufe: Alle Schrauben um 90° weiter festdrehen. Dazu das Werkzeug z. B. in Längsrichtung ansetzen und so lange drehen, bis es quer zur Fahrtrichtung steht.
■ 4. Anzugsstufe: Die Schrauben nochmals um 90° weiterdrehen. Der Zylinderkopf wird später nicht mehr nachgezogen.
■ Die Schrauben (M 8) vorn am Zylinderkopf einsetzen und mit 25 Nm festdrehen.
■ Gleitschiene der Steuerkette wieder montieren.
■ Nockenwelle einbauen (rechte Seite).
■ Kettenspanner einschrauben (Seite 46).
■ Motor an der Kurbelwelle um 2 Umdrehungen weiter vorwärts drehen. Wenn die Kurbelwelle wieder genau auf OT des 1. Zylinders steht, muß die Kerbe im Bund der Nockenwelle genau gegenüber der Nase am Lagerdeckel stehen (Abbildung Seite 49 oben).
■ Der weitere Einbau erfolgt in umgekehrter Ausbaufolge.

Die Nockenwelle

Die Nockenwelle ist oben am Zylinderkopf gelagert. Das untere Teil der Lagerstellen ist direkt in den Zylinderkopf eingearbeitet. Die obere Hälfte bilden abschraubbare Lagerdeckel. Der Antrieb der Nockenwelle erfolgt über eine Duplex-Steuerkette von der Kurbelwelle. Das Kettenrad vorn an der Nockenwelle hat doppelt so viele Zähne wie das Kettenrad unten an der Kurbelwelle, dadurch dreht sich die Nockenwelle mit halber Kurbelwellen-Drehzahl. Entsprechend der Zylinderzahl sind die Nockenwellen unterschiedlich lang.
Die Nockenwelle übernimmt die Aufgabe, die Ventile in einer bestimmten Reihenfolge und für eine bestimmte Dauer zu öffnen. Die entsprechenden Öffnungs- und Schließzeiten werden in

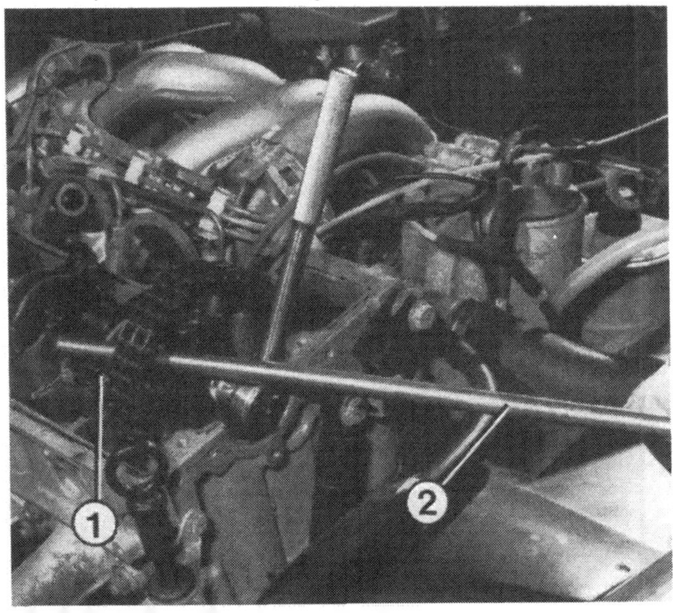

Mit einem Metallstab (2) wird das Nockenwellenrad blokkiert, wenn man die zentrale Befestigungsschraube des Kettenrades lösen oder festdrehen will. Den Metallstab stützt man gegen die rechts- oder linksseitige Befestigungsschraube der vordersten Nokkenwellenlagerung (1) ab.

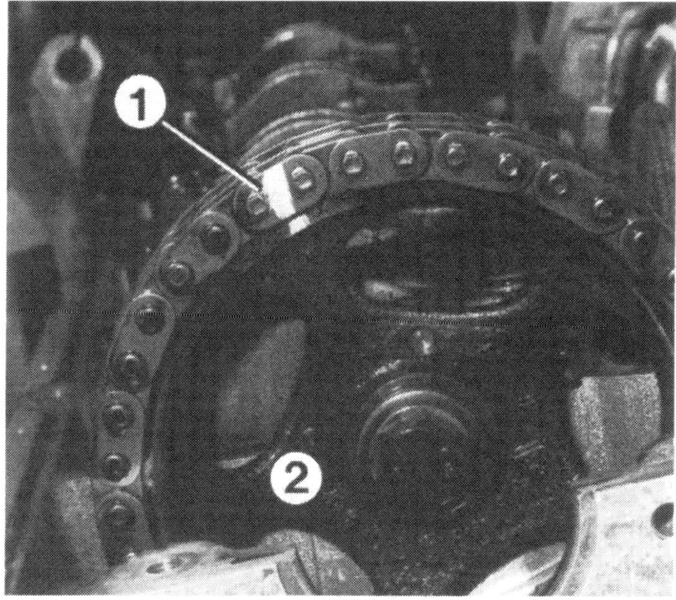

Bevor man das Nockenwellenrad (2) ausbaut, besser Steuerkette (1) und Kettenrad mit einer Farbmarkierung zueinander kennzeichnen. Springt die Steuerkette am Kurbelwellenritzel nicht über, solange das Nockenwellenrad ausgebaut ist, kann die Farbmarkierung den Einbau erleichtern.

Winkelgrad der Kurbelwelle angegeben. Wie die Ventile von der Nockenwelle aus über die Tassenstößel geöffnet und geschlossen werden, zeigt die Zeichnung 41.
Zur Gewichtseinsparung ist die Nockenwelle hohl. Über eine Nut vorn wird sie in Längsrichtung gehalten. Eine Prüfung der Nockenwelle ist teilweise bei abgenommener Zylinderkopfhaube möglich. Achten Sie darauf, daß die Nockenbahnen keine starken Riefen oder ähnliche Beschädigungen aufweisen. Will man die Leichtgängigkeit der Nockenwelle prüfen (vielleicht ist die Welle verbogen oder eine Lagerstelle verschlissen), muß man das Kettenrad und alle Tassenstößel ausbauen und die Nockenwelle von Hand drehen.

Nockenwelle aus- und einbauen

- Zylinderkopfhaube ausbauen.
- Motor an der Kurbelwelle vorwärts drehen, bis der 1. Zylinder auf OT steht (Hinweise Seite 47 und 48).
- Kettenspanner am großen Sechskant komplett ausbauen.
- Steuerkette und Kettenrad zueinander kennzeichnen (Abb. oben) oder mit Draht zusammenbinden.
- Kettenrad losschrauben. Dazu die Nokkenwelle gegenhalten (Abb. links). Bei Fahrzeugen mit Niveauregulierung erst die Druckpumpe ausbauen (Seite 143).
- Die Schrauben in den Nockenwellen-Lagerdeckeln in mehreren Stufen gleichmäßig lösen und die Deckel abnehmen. Die Deckel müssen später wieder lagegleich eingebaut werden, deshalb sind sie durchnumeriert (Abb. Seite 49 oben).
- Nockenwelle nach oben abnehmen.
- Vor dem Einbau der Nockenwelle auf die Scheibe zur Längsfixierung der Nockenwelle achten. Sie muß richtig in ihrer Nut sitzen und darf keine Verschleißspuren aufweisen.
- Eingeölte Nockenwelle in den Zylinderkopf einsetzen.
- Die Lagerdeckel wieder an ihren ursprünglichen Platz ansetzen und die Schrauben in mehreren Schritten gleichmäßig bis auf 25 Nm festdrehen. Dies ist **unbedingt** zu beachten, damit die Nockenwelle nicht durch den Gegendruck der Ventilfedern verkantet und ggf. beim Festschrauben verbogen oder abgebrochen wird.
- Kettenrad mit aufgelegter Kette wieder auf die Nockenwelle ansetzen und Schraube leicht von Hand festdrehen. Zum Ansetzen ggf. Nockenwelle leicht drehen, so daß der Stift in seine Bohrung paßt.
- Kettenspanner einbauen (80 Nm).
- Zentrale Befestigungsschrauben des Kettenrades festdrehen (45 Nm). Dabei wie beim Lösen der Schraube gegenhalten. Aufpassen, daß der Motor beim Anziehen nicht verdreht wird, denn dabei kann leicht die Steuerkette am Kurbelwellenritzel überspringen.
- Motor an der Kurbelwelle um 2 Umdrehungen vorwärts drehen, bis wieder die OT-Marke des 1. Zylinders erreicht ist. Die Stellung der Nockenwelle prüfen (Abb. Seite 48).
- Zylinderkopfhaube montieren.

Die Zylinderkopfdichtung

Die Dichtung zwischen dem Motorblock und dem Zylinderkopf hat einen schweren Stand, denn sie hat dafür zu sorgen, daß die Verbrennungsräume und die Kanäle für Kühlmittel und Öl voneinander getrennt bleiben. Dabei muß sie enormen Temperatur- und Druckschwankungen widerstehen.

Dichtung schadhaft?

□ Bei geöffnetem Verschlußdeckel des Ausgleichsbehälters steigen bei laufendem heißem Motor Luftblasen aus dem Behälter auf, die nach Abgasen riechen. Kühlmittel blubbert aus der Öffnung.
□ Eine weitere Möglichkeit: Der Kühlmittelstand sinkt, obwohl das Kühlsystem nach außen hin dicht ist. Bei warmgefahrenem Motor zieht das Fahrzeug stets eine weiße Auspuff-Fahne hinter sich her.
In beiden Fällen ist die Zylinderkopfdichtung zwischen Verbrennungsraum und den Kühlwasserkanälen durchgebrannt, Verbrennungsgase werden in die Kühlwasserkanäle gedrückt und bilden Blasen im Kühlsystem, oder aber die Kühlflüssigkeit dringt in den Verbrennungsraum ein, verdampft dort und entweicht als weiße Fahne zum Auspuff hinaus.
□ Ist die Zylinderkopfdichtung zwischen dem 1. Zylinder und dem Ölkanal beschädigt, gelangen Verbrennungsgase in den Ölkanal und weiter bis zum hydraulischen Ventilspielausgleich. Dadurch werden die Tassenstößel laut (»Ventile klappern«).
□ Ein weiteres sicheres Zeichen für eine schadhafte Zylinderkopfdichtung ist Öl im Kühlmittel und (oder) Wasser im Schmieröl. Zeigt sich am herausgezogenen Ölpeilstab nicht mehr der gewohnte Schmiersaft, sondern eine gräulich aussehende Emulsion, wenn das Öl von kleinen Wasserbläschen durchsetzt ist, darf unter keinen Umständen weitergefahren werden. Ein Lagerschaden wäre sonst unvermeidlich. Besteht keine Möglichkeit, den Mercedes abzuschleppen, müssen vor der Weiterfahrt unbedingt Öl und Ölfilter gewechselt und Kühlwasser nachgefüllt werden. Die Fahrt sollte dann aber auf dem schnellsten Weg in die Werkstatt führen.
Doch nicht nur ein Lagerschaden droht bei durchgebrannter Zylinderkopfdichtung. Gefährlich wird es auch, wenn bei abgestelltem Motor Kühlmittel in einen Zylinder läuft, dessen Kolben gerade relativ weit unten steht. Der Motor kann dann beim nächsten Start einen »Wasserschlag« erhalten: Zündet bei der ersten Umdrehung nur ein einziger Zylinder, wird die Kurbelwelle schon recht schnell bewegt. Die Drehung wird jedoch abrupt gestoppt, wenn sich der Kolben des wassergefüllten Zylinders nach oben bewegt (Wasser läßt sich ja nicht zusammendrücken). Kolben, Pleuel und Kurbelwelle bekommen dabei einen solchen Schlag versetzt, daß das Pleuel verbogen werden kann.
Falls Sie also den Verdacht haben, Kühlmittel sei in einen Zylinder eingedrungen, können Sie in besonderen Notfällen sämtliche Einspritzdüsen herausschrauben und den Motor mit dem Anlasser durchdrehen, damit das Wasser aus den Zylindern gepumpt wird. Einspritzdüsen wieder einbauen, Motor starten und auf der Fahrt zur Werkstatt nicht wieder abstellen. Muß Kühlwasser nachgefüllt werden, dies nur bei laufendem Motor tun.

Der Kettenspanner

Der seitlich rechts in den Zylinderkopf eingeschraubte Kettenspanner drückt über die Spannschiene auf die Steuerkette. Seine Kraft setzt sich aus der Federkraft der eingebauten Feder und dem Druck des Motoröls zusammen, das ständig durch den Kettenspanner gepumpt wird. Das Öl im Spanner dämpft auch stoßartige Belastungen beim Schlagen der Kette. Ein defekter Kettenspanner kann nicht repariert werden, deshalb bei Beanstandungen einen neuen Spanner einbauen. Der Kettenspanner soll nur eingebaut werden, wenn er mit Öl gefüllt ist.

Kettenspanner aus- und einbauen

■ Kettenspanner zum Ausbau nur am großen Sechskant verdrehen. Wird am kleineren Sechskant gedreht, zerlegt sich der Kettenspanner in seine Einzelteile.
■ Neuen oder leeren Kettenspanner vor dem Einbau füllen.
■ Zum Füllen eine Dose mit dünnflüssigem Motoröl (SAE 10 oder erwärmtes Öl) verwenden. Den Kettenspanner mit dem Druckbolzen nach unten ins Öl tauchen und rund zehn Mal kräftig bis zum Anschlag durchdrücken. Der volle Spanner läßt sich nur noch langsam und mit großer Kraft zusammendrücken.
■ Zum Einbau neuen Dichtring verwenden.
■ Den Kettenspanner mit 80 Nm festdrehen.

Die Steuerkette

Nockenwelle und Einspritzpumpe werden von der Kurbelwelle über eine endlose Duplex-Steuerkette angetrieben. Die Kettenräder der Nockenwelle und am Spritzversteller der Einspritzpumpe haben doppelt so viele Zähne wie das Kettenrad auf der Kurbelwelle. Dadurch drehen Nockenwelle und Einspritzpumpe, entsprechend der Arbeitsweise von Viertaktmotoren, mit halber Kurbelwellen-Drehzahl. Auf der Zugseite wird die wartungsfreie Steuerkette

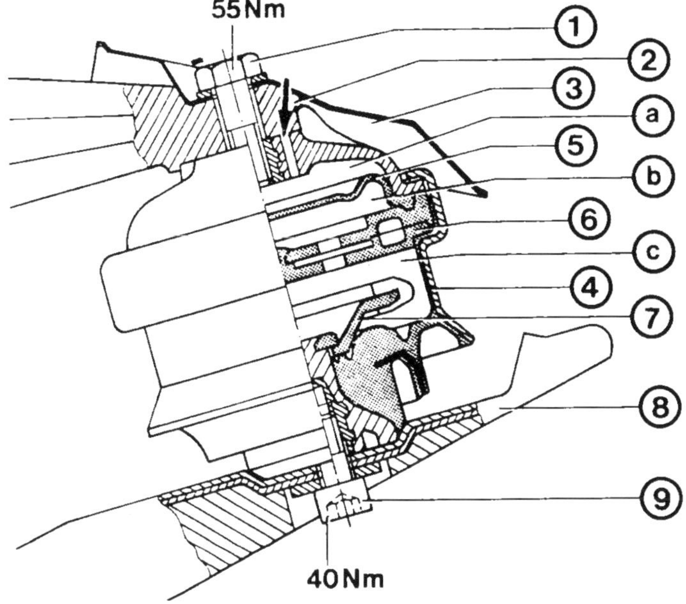

Die Zeichnung zeigt ein hydraulisches Motorlager. Die beiden Kammern im Motorlager (b, c) sind über einen Ringkanal in der Kunststoffscheibe (6) miteinander verbunden. Je nach Ein- oder Ausfedern strömt die Flüssigkeit (Glycol-Gemisch) in die jeweilige Kammer. Der Membranraum (a) über der oberen Kammer wird belüftet (Pfeil). Der Gummianschlag (7) begrenzt die Motorschwingungen. Weiter bedeuten: 1,9 – Schrauben; 2 – Motorträger; 3 – Abschirmblech; 4 – Motorlager; 5 – Membran; 8 – Ramenquerträger.

durch zwei Gleitschienen geführt. Auf der anderen Seite läuft sie über eine lange Spannschiene, die vom Kettenspanner gegen die Kette gedrückt wird. Bei Laufgeräuschen der Steuerkette oder wenn die Zylinderkopfhaube ohnehin ausgebaut ist, sollte der Verschleißzustand der Kette beurteilt werden.
Die Steuerkette wird bei Verschleiß immer länger. Diese Längung führt zu deutlichen Verschleißspuren an den Zähnen am Nockenwellen-Kettenrad. In extremen Fällen brechen die Zähne ab, und die Steuerkette springt über.
Wird ein Schaden rechtzeitig erkannt, genügt es, die Steuerkette und das Nockenwellen-Kettenrad zu ersetzen. Bei fortgeschrittenem Verschleiß den Steuergehäusedeckel ausbauen und alle Kettenräder, Schienen sowie den Kettenspanner erneuern.
Die Längung der Steuerkette erkennt man auch bei der Überprüfung des Förderbeginns (Seite 96). Dieser verschiebt sich in Richtung »spät«.

Steuerkette ersetzen

- Alle Einspritzdüsen ausbauen, damit sich der Motor leicht durchdrehen läßt.
- Zylinderkopfhaube und Kettenspanner ausbauen.
- Kettenkasten mit einem Lappen abdekken, und oben am Nockenwellen-Kettenrad ein Glied der Kette aufschleifen.
- Neue Kette mit dem Schloß an die alte Kette anhängen und den Motor langsam vorwärts drehen. Dabei alte Kette oben herausziehen.
- Neue Kette mit dem Schloß schließen.
- Stellung von Nocken- und Kurbelwelle prüfen. Förderbeginn der Einspritzpumpe neu einstellen lassen.

Motor durchdrehen

Für manche Arbeiten ist es erforderlich, den Motor durchzudrehen. Dies macht man am besten am vorderen Kurbelwellenende. Dort findet man in der Mitte der Riemenscheibe eine große Sechskantschraube. Mit einer Rätsche mit eingestecktem 27-mm-Stecknuß erreicht man die Schraube. Beim Drehen des Motors beachten:

- Die »Zündung« ausschalten und den Stophebel an der Einspritzpumpe nach unten gedrückt halten (Abb. Seite 201). Durch diese Maßnahmen wird nicht vorgeglüht, und die Einspritzpumpe fördert nicht – der Motor kann nicht anspringen.
- Die Kurbelwelle darf nur in Vorwärtsrichtung weitergedreht werden, d. h. im Uhrzeigersinn, wenn man von vorne auf den Motor schaut.
- Den Motor niemals an der Schraube des Nockenwellen-Kettenrades drehen, denn hierbei könnte die Steuerkette überspringen.
- Will man den Motor ohne Widerstand drehen, muß man alle Einspritzdüsen ausbauen (Seite 96).
- Bei Fahrzeugen mit Schaltgetriebe kann man zum Durchdrehen des Motors auch den 3. Gang einlegen und dann das Fahrzeug vorwärts ruckeln. Weiterhin kann man den Motor noch mit dem Anlasser drehen (Seite 200).

Stellung der Nockenwelle zur Kurbelwelle prüfen

Wann die Ventile öffnen und schließen müssen, damit der Motor gute Leistung zeigt, wird einmal durch die Form der Nocken auf der Nockenwelle (hier nicht von Interesse, da nicht veränderbar) und zum anderen von der Stellung der Nockenwelle zur Kurbelwelle bestimmt. War beispielsweise das Nockenwellen-Kettenrad ausgebaut, anschließend so prüfen:

- Noch bei abgenommener Zylinderkopfhaube, aber mit montiertem Kettenspanner den Motor an der Kurbelwelle vorwärts drehen. Genau auf OT des 1. Zylinders stellen (Seite 49 oben rechts).
- In dieser Stellung muß die Kerbe vorn an der Nockenwelle genau mit der kleinen Nase am Lagerdeckel bündig stehen (Abbildung Seite 49 oben rechts).
- Stimmt die Stellung nicht, Kettenspanner und Nockenwellen-Kettenrad nochmals ausbauen und anschließend die Kette entsprechend versetzt wieder auflegen.
- Motor nochmals um 2 Umdrehungen an der Kurbelwelle weiterdrehen und erneut prüfen.

Fingerzeig: *Wurde die Kette um einen Zahn versetzt aufgelegt, ergibt dies einen Fehler von 20° an der Kurbelwelle.*

OT-Stellung des 1. Zylinders

Zu verschiedenen Arbeiten an Motor und Einspritzpumpe muß der Kolben im Zylinder 1 im oberen Totpunkt (OT) stehen – das heißt, er muß sich am oberen Ende der Zylinderlaufbahn befinden. Bei Viertaktmotor (also auch dem Dieselmotor) kommt der Kolben bei jedem Arbeitszyklus zweimal in den OT: einmal beim Komprimieren der angesaugten Luft, das zweite Mal beim Hinausdrücken der Verbrennungsgase. Stellt man den Motor an der Kurbelwelle auf OT, muß man sich also weiter die Frage stellen, ob nun am 1. Zylinder gerade komprimiert wurde oder ob lediglich Abgase ausgestoßen worden sind. Erscheint irgendwo der Hinweis: »1. Zylinder auf OT stellen«, meint man immer den OT nach erfolgter Kompression. Man benötigt deshalb ein weiteres Zeichen, um den Motor in diese »Grundstellung« drehen zu können:

□ Bei abgenommener Zylinderkopfhaube sieht man nach der Stellung der Nockenwelle. In der »Grundstellung« steht die Kerbe in der Nockenwelle gegenüber der Nase am Lagerdeckel (Abb. oben links).

Ventilaufhängung

Die Zeichnung auf Seite 41 zeigt die Einzelteile der Ventilaufhängung und die senkrechte Ventilanordnung im Zylinderkopf. Die Ventilführungen und -sitze sind fest in den Zylinderkopf ein

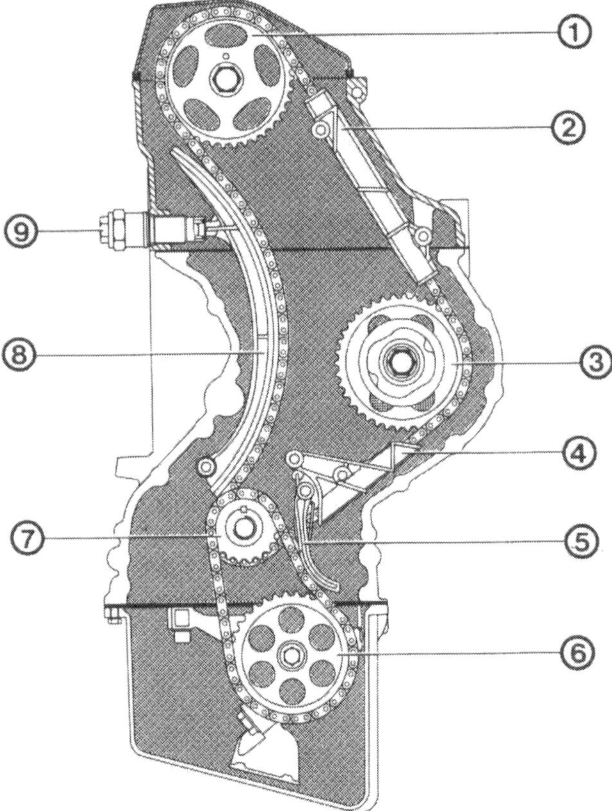

So verläuft die Steuerkette vorn am Motor. Es bedeuten: 1 – Nockenwellenrad; 2, 4 – Gleitschienen; 3 – Spritzversteller; 5 – Kettenspanner der Ölpumpenkette; 6 – Ölpumpenrad; 7 – Kurbelwellenrad; 8 – Spannschiene; 9 – Kettenspanner.
Die Steuerzeiten stimmen, wenn Nockenwelle und Kurbelwelle in einer bestimmten Stellung zueinander stehen (siehe Beschreibung oben). Bei richtiger Stellung stehen auch der Mitnehmerkeil im Kurbelwellenrad und der Fixierstift im Nockenwellenrad senkrecht oben.

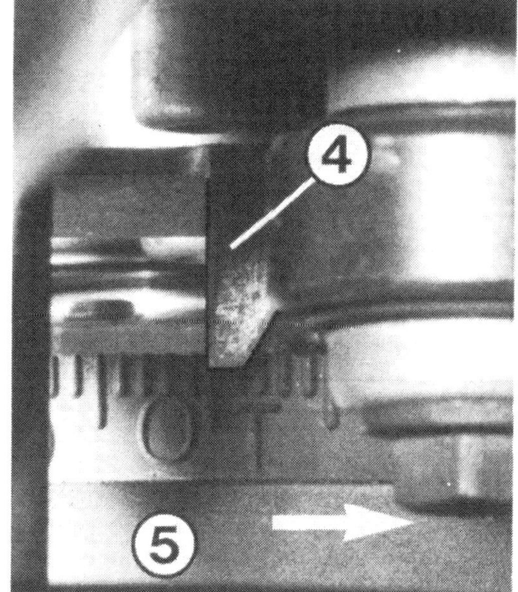

Links: OT-Stellung des 1. Zylinders – die Kerbe im Bund der Nokkenwelle (1) und die Nase (2) am vordersten Nokkenwellenlagerdeckel (3) müssen sich gegenüber stehen.

Rechts: Zur Durchführung von verschiedenen Einstell- und Montagearbeiten hat die Kurbelwellen-Riemenscheibe (5) eine Gradeinteilung, und vorn am Motor ist ein Zeiger (4) angebracht. Da der Motor in Pfeilrichtung dreht, gelten die Teilstriche rechts der OT-Marke für Werte vor OT.

gepreßt. Dichtringe an den oberen Enden der Ventilführungen verhindern, daß Motoröl aus dem Zylinderkopf in die Brennräume fließt. Ventilfedern übernehmen das Schließen der Ventile.

Eine Prüfung der Teile ist am ausgebauten Zylinderkopf leicht möglich. Bei ausgebauten Ventilen prüft man sowohl die Ventilschäfte als auch die ringförmigen Berührungsflächen der Ventilteller zu den Ventilsitzen hin auf Überhitzung, Undichtigkeit und Abbrand. Undichtigkeit eines Ventilsitzes erkennt man daran, daß sich die Metallflächen dunkel verfärbt haben und nicht mehr metallen glänzen. Man kann auch am ausgebauten schräggestellten Zylinderkopf Kraftstoff in die Kanäle vor den Ventilen kippen und beobachten, ob Kraftstoff am Ventilsitz austropft. Auch das Spiel zwischen Ventilschaft und -führung darf nicht zu groß werden, sonst verbraucht der Motor mehr Öl. Die Ventilschaftabdichtungen dürfen nicht spröde sein.

Ventile ausbauen

Zum Aus- und Einbau der Ventile müssen deren Federn niedergedrückt werden. Das machte man früher mit zwei Schraubenziehern. Bei den unter hoher Spannung stehenden Ventilfedern unserer Motoren ist die Verletzungsgefahr bei dieser Methode ziemlich groß. Wir empfehlen die im folgenden Text beschriebene Methode:

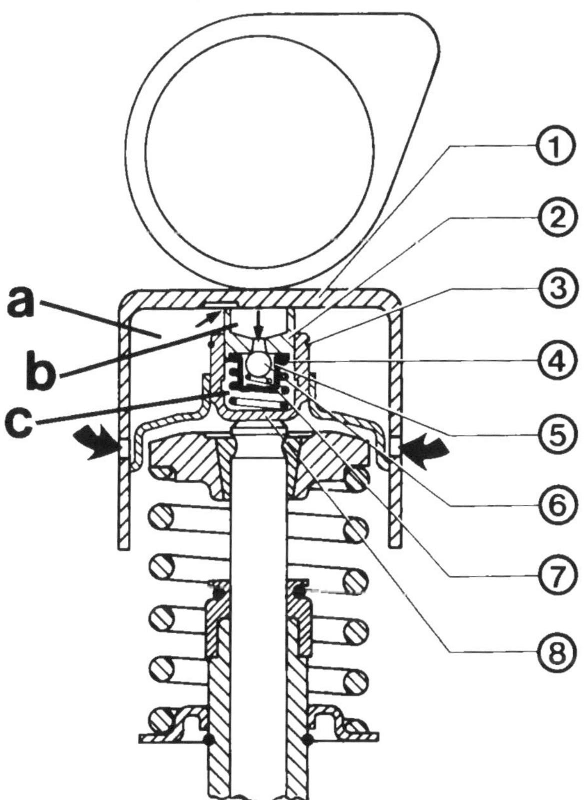

Die Zeichnung zeigt die Arbeitsweise der hydraulischen Ventilspiel-Ausgleichselemente. Über Bohrungen im Ventilstößel gelangt das Motoröl in den Ventilstößelraum (a), dann weiter in den kleinen Vorratsraum (b) und ggf. über das Kugelventil weiter in den Arbeitsraum (c). Im einzelnen bedeuten: 1 – Ventilstößel; 2 – Druckbolzen; 3 – Sicherungsring; 4 – Druckfeder; 5 – Kugelführung; 6 – Kugel; 7 – Druckfeder; 8 – Führungshülse.

Für den eigenhändigen Einbau brauchen Sie einen Bohrständer von der Heimwerker-Bohrmaschine. Mit diesem und einem passend zurechtgesägten Rohrstück von etwas geringerem Durchmesser als jenem der Ventilfederteller können Sie die Federn gefahrlos zusammenpressen. Aus diesem Rohr muß am unteren Ende ein genügend großes Stück herausgesägt werden, durch das Sie die Haltekeile der Ventile einsetzen können. Haben Sie kein derartiges Handwerkszeug zur Verfügung, sollten Sie den Ventileinbau einer Werkstatt überlassen.

■ Zylinderkopf demontieren und auf ebene, saubere Arbeitsplatte legen.

■ Nockenwelle ausbauen.

■ Tassenstößel mit einem Ventilsauger nach oben herausziehen und der Reihe nach ablegen. Dabei müssen sie auf dem Kopf stehen (Öffnung nach oben), sonst läuft Öl aus dem hydraulischen Ventilspielausgleich.

■ In den Brennraum, dessen Ventile ausgebaut werden sollen, einen festen Lappenballen packen. Liegt der Zylinderkopf auf der Arbeitsfläche auf, kann das Ventil durch den Lappen beim Druck von oben nicht mehr ausweichen.

■ Am oberen Ventilfederteller eine große Stecknuß ansetzen und dieser einen gemäßigten Hammerschlag versetzen. Dadurch lösen sich die Haltekeile der Ventile, können aber nicht wild durch die Gegend fliegen.

■ Ventilfedern zusammendrücken und Haltekeile entfernen (siehe oben).

■ Ventilfedern abnehmen.

■ Ventil aus seiner Führung herausziehen.

■ Alle Ventile auf diese Art ausbauen und der Reihe nach ablegen.

■ Ventilteller reinigen (siehe nachfolgenden Fingerzeig).

■ Ventile beurteilen: Sie müssen sich leicht in der Ventilführung bewegen lassen, aber dürfen kein übermäßig großes Spiel in der Führung aufweisen. Sonst müssen die Ventilführungen ersetzt werden. Sind die Ventilteller der Auslaßventile stark verbrannt und zeigen sich am Übergang von Ventilteller zum Schaft rißartige Vertiefungen? Risse oder Einkerbungen an der Dichtfläche des Ventiltellers? Entsprechendes Ventil austauschen! Hat der Ventilsitz noch die nötige Randbreite von 2,5 mm (Einlaß) und 3,5 mm (Auslaß). Der Ventilteller muß senkrecht zum Ventilschaft stehen. Ventil in Bohrmaschine spannen und prüfen, ob der Ventiltellerrand beim Drehen schwankt.

■ Defekte Ventile ersetzen.

■ Beim Einbau die Ventilfedern mit der Farbkennzeichnung nach unten einsetzen.

■ Ventilschäfte zur Montage einölen.

■ Ventilfedern mit Bohrständer und Rohrstück zusammendrücken. Dabei ein Holzbrett als Unterlage für den Zylinderkopf nehmen, damit dieser nicht an seiner Dichtfläche beschädigt wird.

■ Von Helfer Haltekeile in die Nuten im Ventilschaft »einfädeln« lassen.

Fingerzeig: *Nut der Ventilkeile mit einem Ölstein entgraten, falls diese scharfkantig ist. Zum Reinigen die Ventile in eine Bohrmaschine spannen. Damit der Ventilschaft nicht beschädigt wird, vor dem Festklemmen ein Schlauchstück o. ä. über den Schaft schieben. Drehenden Ventilteller mit Schmirgelleinen von Ablagerungen befreien.*

Ventile einschleifen

Hat eine Kompressionsdruckprüfung (Seite 55) oder eine Sicht- bzw. Tropfprüfung bestätigt, daß die Ventile nicht mehr abdichten, kann man diesen Mangel durch Einschleifen der Ventile beheben. Meist müssen die Auslaßventile nachgearbeitet werden, denn diese sind thermisch stärker belastet. Besonders ein Austausch der Auslaßventile ist manchmal angezeigt. Nicht immer erreicht man mit dem Einschleifen der Ventile den gewünschten Erfolg. Nach hoher Laufleistung des Motors genügt Nachschleifen seltener, meist müssen neue Ventilsitze und Ventilführungen eingebaut werden. Hierzu braucht man spezielle Fräser, Meßvorrichtungen und Auszieher.

Zum Einschleifen der Ventile brauchen Sie einen Ventilsauger und Schleifpaste. Wie folgt vorgehen:

■ Zylinderkopf ausbauen.

■ Nockenwelle ausbauen.

■ Tassenstößel, Ventilfedern und Ventile ausbauen (siehe letzten Abschnitt).

■ Zum Einschleifen den Ventilteller an der Dichtfläche mit Schleifpaste bestreichen und in den Zylinderkopf einsetzen. Dabei darf keine Schleifpaste in die Ventilführung geraten.

■ Ventilsauger auf dem Ventilteller ansetzen und damit das Ventil unter leichtem Druck hin- und herdrehen. Hin und wieder Ventil etwa eine Vierteldrehung weiterdrehen und dann weiter einschleifen. Wenn nötig, Schleifpaste zugeben.

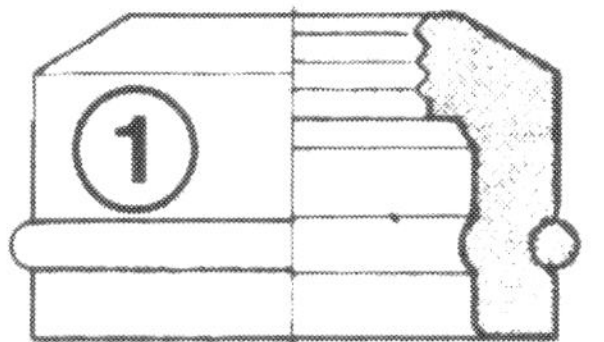

Die Ventilschaftabichtungen haben entsprechend den Ventilschäften unterschiedliche Innendurchmesser. Die gezeigten Abdichtungen sind schon an der Form unterscheibar: 1 – Außlaßseite; 2 – Einlaßseite.

■ Geschliffen wird so lange, bis die Dichtfläche auf die vorgeschriebene Breite von 2,5 mm eingeschliffen ist. Bei alten Ventilen unterscheidet sich diese Fläche durch helles Glänzen vom übrigen Ventilteller.

■ Nach beendetem Einschleifen Zylinderkopf und Ventile peinlich genau von Schleifpasteresten reinigen.

■ Ventilschäfte einölen und Ventile in den Zylinderkopf einsetzen. Am besten noch neue Ventilschaftabdichtungen einbauen.

■ Ventile wieder einbauen (umgekehrt wie Ausbau).

Ventilschaftabdichtungen auswechseln

Im Schiebebetrieb, beim ersten Gasgeben nach längerem Leerlauf oder nach dem Kaltstart kann bei älteren Motoren starker bläulicher Auspuffrauch auftreten. Braucht der Motor noch dazu über 1 l Öl auf 1000 km, wird dies vielleicht durch schadhafte Ventilschaftabdichtungen verursacht. Motoröl kann dann entlang der Ventilschäfte vom Zylinderkopf aus in die Brennräume gelangen. Dort wird es verbrannt und bildet die blauen Rauchschwaden.

Die notwendigen neuen Ventilschaftabdichtungen gibt es als Reparatursatz. Beigepackt sind auch Schutzhülsen, die bei der Montage über den Schaft der Einlaßventile gesteckt werden müssen. Die Abdichtungen sind in ihrem Innendurchmesser unterschiedlich (Einlaß 8 mm; Auslaß 9 mm). Zum Aufdrücken der neuen Dichtungen auf die Ventilführungen wird unbedingt der Montagedorn DB 601 589 02 4300 gebraucht. Bei behelfsmäßigem Arbeiten mit einem Rohrstück, Stecknuß etc. beschädigt man die Dichtungslippe oder die Ringfeder.

Beim Auswechseln der Ventilschaftabdichtungen gibt es zwei Hauptschwierigkeiten, welche verdeutlichen, daß diese Arbeit nicht ganz einfach ist:

□ Um die starken Ventilfedern zusammendrücken zu können, braucht man eigentlich ein Spezialwerkzeug. Dieses besteht aus einem längeren Hebel, in dessen Mitte gelenkig ein Rohrstück (ähnlich wie unter »Ventil ausbauen« beschrieben) befestigt ist. Als Gegenlager für den Hebel dient ein Bügel, welcher am Zylinderkopf festgeschraubt wird. Können Sie dieses Werkzeug nicht in der Werkstatt ausleihen, müssen Sie es sich selbst anfertigen. Statt an dem Bügel könnten Sie das Hebelende auch z. B. am Auspuffkrümmer anbinden und so den Hebel gegenlagern.

□ Damit die Ventile nicht in den Brennraum hinunterrutschen, sobald die Ventilkeile entfernt wurden, muß man unbedingt dafür sorgen, daß sich der entsprechende Kolben in seinem oberen Totpunkt befindet. Beim Aufsuchen dieser Stellung muß entsprechend der Zylinderanzahl unterschiedlich vorgegangen werden, denn die einzelnen Kurbeln der Kurbelwelle sind unterschiedlich zueinander verschränkt.

■ Zuerst die Zylinderkopfhaube ausbauen.

■ Motor mit dem Anlasser so drehen (Seite 200), bis sich die Nase am vorderen Lagerdeckel und die Kerbe in der Nockenwelle gegenüberstehen (Abb. Seite 49 oben links). Der 1. Zylinder steht dann im OT.

■ **Beim Fünfzylinder** lautet die Zündfolge 1-2-4-5-3, und entsprechend ist alle 72° der Kurbelwelle ein anderer Kolben ganz oben. Zum Aufsuchen der Kolbenstellungen: Pappscheibe im Durchmesser der Riemenscheibe mit einer 72°-Einteilung anfertigen. Die Scheibe zur OT-Marke ausrichten und an der Riemenscheibe befestigen.

■ **Beim Sechszylinder** lautet die Zündfolge 1-5-3-6-2-4. Es laufen immer zwei Kolben parallel, und die drei Kolbenpaare sind auf der Kurbelwelle um je 120° versetzt angeordnet. Um den Motor um jeweils 120° weiterdrehen zu können, eine Pappscheibe mit 120°-Einteilung anfertigen und an der Riemenscheibe zur OT-Marke ausgerichtet befestigen.

■ Nockenwelle ausbauen (Seite 45).

■ Tassenstößel und Ventilfedern am 1. Zylinder ausbauen (siehe »Ventile ausbauen«). Untenstehenden Fingerzeig unbedingt beachten.

■ Alte Ventilschaftabdichtungen mit einer Zange abziehen. Ventilschaft und Tassenstößelbohrung nicht beschädigen!

■ Neue Dichtungen einölen und vorsichtig über den Ventilschaft nach unten schieben. Am Einlaßventil Schutzhülsen verwenden. Dichtungen mit einem Montagedorn auf die Ventilführungen aufdrücken.

■ Ventilfedern und -keile wieder einbauen. Farbmarkierung der Ventilfedern nach unten.

■ Nockenwellen-Kettenrad mit aufliegender Kette etwas anheben und den Motor wie folgt drehen:

■ **Vierzylinder:** Ohne den Motor zu drehen, nach oben beschriebener Methode auch gleich die Abdichtungen am 4. Zylinder (ganz hinten) ersetzen. Danach den Motor um 180° vorwärts drehen. Die Dichtungen am 2. und 3. Zylinder erneuern.

■ **Fünfzylinder:** Den Motor nur um jeweils 72° weiterdrehen und entsprechend der Zündfolge 1-2-4-5-3 die Dichtungen nacheinander an den jeweiligen Zylindern austauschen.

■ **Sechszylinder:** Nachdem die Dichtungen am 1. Zylinder ersetzt wurden, den Motor nicht drehen, sondern gleich die Dichtungen am 6. Zylinder (ganz hinten) austauschen. Anschließend den Motor an der Kurbelwelle um 120° vorwärts drehen und die Dichtungen am 5. und 2. Zylinder ersetzen. Danach den Motor nochmals um 120° drehen und am 3. und 4. Zylinder die Dichtungen austauschen.

Fingerzeig: *Beim Ausbau der Ventilfedern darf das Ventil keinesfalls stark gegen den Kolben gedrückt werden, weil sich dabei der Ventilteller leicht verbiegt. Diese Gefahr sowie das Aufsuchen der OT-Stellungen kann man umgehen, wenn man die Ventile durch Preßluft gegen Hinunterrutschen in den Motor sichert. Dazu werden die Einspritzdüsen ausgebaut und statt dessen ein Preßluft-Anschlußstück in den Zylinder eingeschraubt, an dem die Ventilschaftabdichtungen gewechselt werden sollen. Das Preßluft-Anschlußstück baut man sich aus einem alten Einspritzdüsenhalter selbst. Um die Ventile sicher in ihrem Sitz zu halten, ist ein Druck von mindestens 8 bar sowie eine ausreichende Druckluftversorgung erforderlich.*

Hydraulischer Ventilspiel-Ausgleich

Bei unserem modernen Dieselmotor brauchen keine Ventile mehr eingestellt zu werden. Dies kommt der Wartungsfreundlichkeit und der Zuverlässigkeit zugute. Der Ventiltrieb arbeitet auch leiser und verschleißärmer, weil die Nockenwelle und die weiteren Teile des Ventiltriebes ständig spielfrei aneinander gleiten.
All diese Vorzüge verdanken wir den hydraulischen Ventilspiel-Ausgleichselementen, die in den Tassenstößeln untergebracht sind (siehe Zeichnung Seite 49). Die Elemente werden über Bohrungen im Zylinderkopf und in den Tassenstößeln mit Motoröl versorgt. Der Ventilspielausgleich geschieht durch Öl-Volumensänderungen im sogenannten Arbeitsraum. Das Öl gelangt über eine Bohrung mit Kugelventil in den Arbeitsraum. Wird ein Tassenstößel vom Nocken auf der Nockenwelle nicht nach unten gedrückt (Aus- oder Einlaßventil geschlossen), öffnet das Kugelventil, und die Ölmenge im Arbeitsraum kann sich entsprechend der Längenänderung des Ventilschaftes ändern. Wird ein Tassenstößel durch einen Nocken belastet, schließt das Kugelventil, und das Ölpolster im Arbeitsraum wirkt als hydraulisch starre Verbindung.

Wozu Ventilspielausgleich?

Durch die Erwärmung des Motors werden die Einzelteile des Ventiltriebs länger. Hauptsächlich sind dies die Ventilschäfte, die im unteren Bereich besonders heiß werden. Ohne Ausgleichselemente würden die Ventile schließlich so lang sein, daß der Ventilteller den Ventilsitz nicht mehr erreicht. Das Ventil schließt nicht mehr. Für den Motor hat dies fatale Folgen: Die sehr heiß werdenden Auslaßventile können dann ihre Wärme nicht mehr an die Sitzringe abgeben. Die Ränder der Ventilteller brennen ein und reißen nach einiger Zeit; das Ventil wird unbrauchbar. Unterstützt wird dieser Zerfall von den heißen Gasen, die ständig am undichten Ventilsitz vorbeistreichen. Das bittere Ende: Der Motor verliert an Leistung, früher oder später müssen die Ventile ersetzt und der Zylinderkopf überholt werden.

Ausgleichselemente prüfen

■ Für ca. 5 Minuten den Motor mit 3000/min drehen lassen.

■ Zylinderkopfhaube ausbauen.

■ Motor an Kurbelwelle drehen, bis der Nocken gegenüber dem zu prüfenden Tassenstößel steht, d.h., der Grundkreis der Nockenbahn muß am Tassenstößel anliegen.

■ Jeden Tassenstößel wie folgt prüfen: Mit einem Dorn auf den Tassenstößel drücken und dabei das Absinken beachten. Sinkt einer der Tassenstößel im Vergleich auffallend schnell und widerstandslos ab, ist sein Ausgleichselement schadhaft oder die Ölversorgung zum Tassenstößel verstopft.

Die Motorlebensdauer

Die Lebensdauer Ihres Motors können Sie durch Ihre Fahr- und Pflegegewohnheiten entscheidend mitbestimmen. So wirkt sich das Hochdrehen des noch kalten Motors nicht eben

Links: Die Ventilspielausgleichselemente werden überprüft, indem man mit einem Bolzen nacheinander alle Tassenstößel (2, 3 usw.) nach unten drückt und ihr Absinken beobachtet. Der jeweils zu prüfende Tassenstößel darf dabei nicht durch die Nockenspitze (1) belastet sein.

Rechts: 1 – Ventil mit Federteller und Haltekeilen; 2 – Ausgleichselement im Tassenstößel; 3 – Ölkanal.

lebensverlängernd aus. Selbst wenn die Kühlmittelanzeige schon anspricht, ist das noch kein Zeichen dafür, daß jetzt voll aufs Gaspedal getreten werden kann. Erst nach etwa 8 bis 10 Minuten Fahrt ist das Motoröl warm und dünnflüssig genug, einen sicheren Schmierfilm aufzubauen und so zu starken Verschleiß zu verhindern. Ausgelassene Öl- bzw. Filterwechsel erhöhen den Verschleiß und verkürzen so die Motorlebensdauer.
Moderne Dieselmotoren sind zwar so gebaut, daß sie möglichst vielen Einsatzbedingungen standhalten, doch gelten immer noch die dieseltypischen Einsatzbedingungen, welche die Motoren besonders lieben: Möglichst konstante Betriebstemperatur und Fahren im mittleren Drehzahlbereich. Wird der Diesel als Taxi (Motor wird selten kalt) oder als Langstreckenfahrzeug benützt, dürfte der Motor wohl mindestens zwischen 150 000 km bis über 200 000 km halten. Bei einem reinen Kurzstreckenfahrzeug mit sehr vielen Kaltstarts könnte es schon einmal vorkommen, daß die Kompression schon um 100 000 km für den Kaltstart nicht mehr ausreichend ist und ein Motoraustausch fällig wird.

Lagerschäden

Klopfgeräusche aus dem Motorraum, die mit steigender Motortemperatur lauter werden und ihre Lautstärke auch abhängig vom Belastungszustand und der Drehzahl des Motors ändern, sind meist die Anzeichen für einen Lagerschaden. Ursachen dafür könnten sein:
□ Zu niedriger Ölstand und damit fehlende Schmierung.
□ Wasser im Motoröl als Folge einer defekten Zylinderkopfdichtung.
□ Allgemeiner Motorverschleiß, evtl. durch häufige Kaltstarts und Überbeanspruchung des kalten Motors stark beschleunigt.
□ Abgerissener Schmierfilm durch Verwendung eines falschen Motoröls.
□ Schäden treten an den Lagern von Kurbel- und Nockenwelle oder an den Pleuellagern auf.
Erkennt man einen Lagerschaden rechtzeitig, kann man manche Mark sparen, denn die Lagerstellen können in bestimmten Grenzen wieder instand gesetzt werden. Fährt man jedoch unbedarft weiter, können die Lagerstellen so weit ausschlagen, daß nur noch ein neuer Motor hilft.
Hierbei zeigen oft folgende »Geräuschbilder«:
□ Lagerschäden kündigen sich mit wärmer werdendem Motor an. Je dünnflüssiger das Motoröl wird, um so lauter werden die Geräusche.
□ Beim Gasgeben wird das Klopfen meist lauter. Bei Teillast oder im Schiebebetrieb werden die Geräusche wieder leiser oder verschwinden ganz.
Zur weiteren Suche so vorgehen:
■ Den Motor im Leerlauf drehen lassen und nacheinander die Überwurfmuttern an den Einspritzdüsen lösen, bis Kraftstoff austritt und somit der entsprechende Zylinder nicht mehr zündet.
■ Nacheinander alle Zylinder auf diese Weise kurz »ausschalten«.
■ Dort, wo das Geräusch nachläßt, ist der Lagerschaden zu vermuten.

Fingerzeig: *Die Verdichtungs- und Explosionsdrücke sind im Dieselmotor sehr groß. Störungen an der Einspritzpumpe oder an den Einspritzdüsen erzeugen deshalb häufig furcht-*

einflößende Geräusche, die den Besitzer meist einen Lagerschaden vermuten lassen. Beraten Sie sich lieber noch mit dem Einspritzfachmann, z. B. bei einem Bosch-Dienst, bevor Sie sich Gedanken zur Finanzierung eines Austauschmotors machen. Verschwindet das Geräusch beim Öffnen einer Überwurfmutter an den Einspritzdüsen, die Düse ausbauen und prüfen (Seite 96).

Startprobleme im Alter

Mercedes-Diesel-Fahrzeuge fallen in den Pannenstatistiken der Autoclubs sehr positiv auf – es gibt kaum ein anderes Fahrzeug, welches so zuverlässig ist. Doch nicht selten ärgern sich Besitzer älterer Fahrzeuge und Gebrauchtwagenbesitzer über ihren alten Diesel im Winter, weil er mit dem Anlasser einfach nicht mehr zu starten ist. Wird der Wagen jedoch angeschleppt oder läßt man ihn im Gefälle anrollen, zeigt der Motor wieder die gewohnte Leistung. Hat man die Plage des Winters mit viel Anschleppen, Anschieben und Anrollenlassen überwunden, geraten die Probleme mit steigenden Temperaturen wieder in Vergessenheit.
Grund dafür ist ein verschlissener Motor, der besonders bei Kälte mit Anlasserdrehzahl nicht mehr die nötige Kompression im Brennraum zustande bringt. Die angesaugte kalte Luft wird während der Kompression nicht mehr heiß genug, und trotz intakter Vorglühanlage kann sich der eingespritzte Dieselkraftstoff nicht mehr entzünden. Erhöht man durch Anschleppen etc. die Drehzahl zum Anlassen, entsteht eine höhere Kompression, und der Selbstzünder macht seinem Namen wieder alle Ehre.
Zu großen Kompressionsverlusten kommt es beim Dieselmotor typischerweise deshalb, weil sich in der Zylinderlaufbahn im Bereich des ersten Kolbenringes am oberen Totpunkt eine tiefe Nut bildet (sogenannter Zwickelverschleiß). Dort bläst die Luft zwischen dem Kolben und der Zylinderwand aus dem Brennraum. Folgende Ursachen beeinflussen den Zwickelverschleiß:

- □ Der hohe Druck im Brennraum drückt den Kolben am oberen Totpunkt stark gegen die Zylinderwand.
- □ Bei Kaltstart ist der Verschleiß an der Zylinderwand viel größer als bei einem Warmstart.
- □ Mit mehr Schwefelgehalt im Dieselkraftstoff steigt der Verschleiß.
- □ Brennraum- und Vorkammergestaltung und der damit verbundene Verlauf der Verbrennung.
- □ Form und Material der Kolbenringe.

»Starthilfe«

Nachfolgend noch einige Tips, was bei Startproblemen durch Kompressionsmangel getan werden kann. Wunder können Sie da allerdings nicht erwarten, denn eigentlich müßte ja schon ein neuer Motor her.

- □ Eine Kompressionsdruckprüfung oder noch besser einen Druckverlusttest in der Werkstatt oder bei einem Bosch-Dienst durchführen lassen. Sie können sich dann der Ursache sicher sein und bekommen Aufschluß über den Grad des Verschleißes.
- □ Anlasser, Batterie und Vorglühanlage müssen in Ordnung sein.
- □ Möglichst dünnflüssiges Motoröl verwenden. Der Anlasser kann damit den Motor leichter

Verschleißrate
2
1
1
2
25
50
75
100 °C
Zylindertemperatur
0
0,5
1,0
%
Schwefelgehalt

Links: Die Grafik zeigt den Einfluß von Motortemperatur und Schwefelgehalt im Kraftstoff auf den Zylinderverschleiß. Bei hoher Zylindertemperatur ist die Verschleißrate minimal (2). Niedere Temperaturen und schwefelhaltiger Kraftstoff treiben den Verschleiß auf die Spitze (1).

Rechts: So sieht die Zylinderlaufbahn im Bereich des oberen Totpunktes aus, wenn es bereits zu dem sogenannten Zwickelverschleiß (2) gekommen ist. Im Umkehrpunkt des obersten Kolbenringes (1) ist der Verschleiß am größten. Die gestrichelte Linie 3 zeigt die Zylinderlaufbahn im Neuzustand.

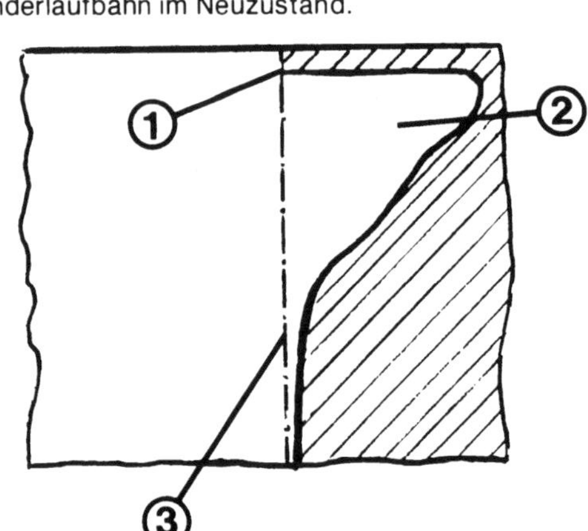

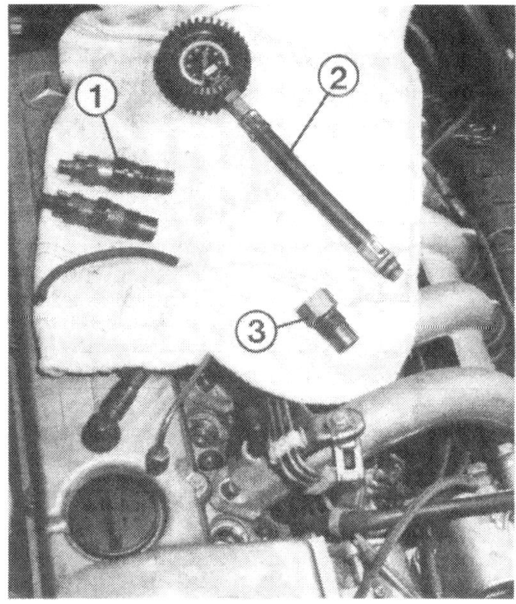

Zur Kompressionsdruckprüfung alle Einspritzdüsenhalter (1) ausbauen. Dazu die Leckölleitungen (5) abziehen und die Einspritzleitungen (4) abschrauben. Der Druckprüfer (2) wird über ein selbstgefertigtes Anschlußstück (3, Seite 56) in die Bohrungen der Düsenhalter eingeschraubt.

und somit auch etwas schneller durchdrehen. Im Winter z. B. SAE 10 einfüllen, damit aber dem Motor keine Höchstleistungen mehr abverlangen. Der Ölverbrauch steigt durch das dünne Öl.

□ Luftfilter ausbauen und, während ein Helfer einen Startversuch durchführt, Starthilfespray (z. B. »Startpilot«) in die Saugrohre sprühen.

□ Stets ein brauchbares Abschleppseil oder besser eine Abschleppstange sowie Starthilfekabel im Fahrzeug mitführen.

□ Wenn möglich, den Wagen in einer warmen Garage oder am Berg abstellen.

Reparaturkolbenringe einbauen

Die Fa. Goetze AG, 5093 Burscheid, stellt besondere Paßformringe her, die Kompressionsdruckverluste durch Zwickelverschleiß wieder ausgleichen. Zum Teil stellen sich damit wieder Druckwerte ein, welche unwesentlich unterhalb denen des neuen Motors liegen. So können die Startprobleme für einige 10 000 km verschwinden. Allerdings wird es sich kaum lohnen, die Kolbenringe in der Werkstatt einbauen zu lassen, denn die Kosten sind zu hoch, und der Erfolg der Maßnahme ist nicht hundertprozentig sicher. Doch geübte, unverdrossene Autobastler könnten versuchen, mit diesen Kolbenringen die Kompression wieder aufzumöbeln. Die Arbeit ist recht umfangreich:

- Zylinderkopf ausbauen (Seite 43).
- Ölwanne ausbauen (Seite 40).
- An der Kurbelwelle die unteren Pleuellagerhälften abschrauben und den Kolben samt Pleuel nach oben aus dem Zylinder schieben.
- Peinlichst genau alle Teile (Lagerschalen, Lagerhälften, Kolben) kennzeichnen.
- Die Teile müssen später wieder am gleichen Platz und in gleicher Richtung eingebaut werden können. Sowohl bei Kolben und Zylinderbohrung sowie bei den unteren Pleuellagern und den Lagerschalen gibt es verschiedene Maßpaarungen.
- Beim Austausch der Kolbenringe die Einbaulage der Reparaturringe beachten.
- Kolben von oben wieder in die Zylinder schieben, dabei die Kolbenringe mit einem Spannband zusammenziehen.
- Zum Einbau der unteren Pleuellagerhälften neue Dehnschrauben verwenden.
- Die Schrauben zuerst mit 30 Nm festdrehen, dann um 90° weiterdrehen.

Kompressionsdruck prüfen

Die Messung des Kompressionsdrucks in den Motorzylindern gibt Aufschluß darüber, ob Ventile und Kolbenringe noch gut abdichten. Leistung, Kaltstartverhalten, Öl- und Kraftstoffverbrauch sowie die Rauchentwicklung unseres Dieselmotors hängen davon ab. Wir erhalten also über das Kompressionsdiagramm einen guten Aufschluß über den mechanischen Zustand des Dieselmotors.

Der Kompressionsdruck wird bei warmem Motor über die Vorkammern gemessen. Wie folgt vorgehen:

- Einspritzdüsen ausbauen (Seite 96).
- Den Stopphebel an der Einspritzpumpe nach unten gedrückt halten (Seite 201) oder die »Zündung« ausschalten.
- Motor mit dem Anlasser durchdrehen lassen (Seite 200), um Rückstände aus den Brennräumen zu blasen.
- Kompressionsdruckprüfer mit einem An-

schlußstück in die Vorkammer einschrauben.

■ Den Motor mit dem Anlasser einige Umdrehungen durchdrehen lassen und den Kompressionsdruck des entsprechenden Zylinders ablesen.

■ Nacheinander alle Zylinder messen.

Kompressionsdruck beurteilen

Bei betriebswarmem Motor beträgt der Kompressionsdruck normalerweise 24–30 bar. Als Mindestkompressionsdruck gelten 15 bar. Die einzelnen Zylinder sollen nicht mehr als 3 bar voneinander abweichen.

Zu niedriger Kompressionsdruck kommt von: Schäden an den Ventilen (meist eingebrannte Auslaßventile durch zu knappes Ventilspiel), Kolben- und Kolbenringverschleiß, festsitzende Kolbenringe (nach langen Standzeiten) oder unrunde Zylinder durch Kolbenklemmer.

Bei zu niedrigem Kompressionsdruck können Sie den Schaden am Motor lokalisieren, indem Sie mit einer Spritzkanne etwas Öl in die Bohrungen der Einspritzdüsen träufeln und anschließend den Kompressionsdruck nochmals prüfen. Sind die Werte weiterhin schlecht, liegt es an den Ventilen; erhalten Sie bessere Ergebnisse, liegt es an den Kolbenringen oder an den Zylindern. Das Öl dichtet kurzfristig Kolben und Zylinderwände besser ab, die komprimierte Luft kann dann, sofern der Fehler dort zu suchen war, nicht mehr entweichen. Über die Ursachen undichter Zylinder gibt der Druckverlusttest besser Aufschluß.

In der Werkstatt benützt man für die Druckmessung Prüfgeräte mit einlegbaren Meßkärtchen. Außerdem besitzt man das passende Anschlußstück, um den Druckprüfer an die Vorkammer anzuschließen. Falls Sie den Kompressionsdruck jedoch selbst mit einem der billigen Kompressionsdruckprüfer für Autobastler messen wollen, beachten Sie folgendes: Der Druckprüfer muß einen Meßbereich bis ca. 30 bar haben. Außerdem muß er zum Einschrauben in Zündkerzengewinde geeignet sein. Das erforderliche Anschlußstück können Sie sich auch selbst anfertigen. Dazu besorgen Sie sich von einem Schrottmotor eine Einspritzdüse (bei allen Mercedes-Motoren ist das notwendige Gewindeteil des Einspritzdüsenhalters seit gut 20 Jahren gleich), zerlegen die Einspritzdüse und lassen an das untere Gewindeteil eine Buchse mit Zündkerzengewinde (M 14 × 1,25) anschweißen. Dort können Sie dann den Kompressionsdruckprüfer einschrauben.

Druckverlusttest

Geübte Fachleute können mit diesem Test recht genau sagen, woran der Motor krankt. Zur Messung muß der Motor warm sein. Alle Einspritzdüsen, der Luftfilterdeckel, der Öleinfüllverschluß und der Verschlußdeckel des Kühlsystems werden ausgebaut. Zur Prüfung muß der Kolben des zu messenden Zylinders auf seinen oberen Totpunkt gestellt werden. Das Prüfgerät selbst wird an die Vorkammer des jeweiligen Zylinders und an eine Druckluftanlage angeschlossen. Eine Manometerskala wird geeicht, bevor man die Luft in den Brennraum strömen läßt. Verliert der Brennraum Druck, wird dies vom Manometer in Prozent angezeigt. Der Gesamtdruckverlust darf höchstens 25 % betragen, wobei an den Ventilen und Zylinderkopfdichtung 10 % und an den Kolbenringen 20 % entweichen dürfen. Durch Abhorchen kann man feststellen, ob die Luft über die Saugrohre, den Auspuffkrümmer, den Öleinfülldeckel, das Kühlsystem oder über die Vorkammer des benachbarten Zylinders entweicht.

Motorschaden

Ein Motorschaden muß nicht immer eine Höchstbelastung für den Geldbeutel sein, wie sie dann entsteht, wenn man in der Werkstatt ein Austauschaggregat einbauen läßt. Ein Motor hat ganz bestimmte Verschleißstellen, die alle wieder instand gesetzt werden können. Vom geübten Motorenfachmann z. B. in der Mercedes-Werkstatt oder bei einem Bosch-Dienst bestimmen lassen, wo der Fehler liegt.

□ Zylinderkopf oder Teile davon, wie Nockenwelle, Ventile usw., können einzeln ersetzt bzw. überholt werden. Wenn man dies nicht selbst schafft, beauftragt man damit die Werkstatt oder eine Motorinstandsetzungsfirma.

□ Sind die Zylinderbohrungen verschlissen, kann man den Motor selbst ausbauen und zerlegen. Den Motorblock mit Kurbelwelle und Kolben bringt man zum Motorinstandsetzer. Dort werden neue Zylinderlaufbüchsen eingebaut und anschließend gehont. Die Kolben werden erneuert und sämtliche Lagerstellen überarbeitet. Den Motor mit einem Dichtungssatz, neuer Ölpumpe und Steuerkette zusammenbauen.

□ Man kann bei vielen Motorinstandsetzungsfirmen überholte Motoren ohne Nebenaggregate kaufen.

□ Zu guter Letzt: der gebrauchte Motor vom Schrottplatz. Lassen Sie sich ein Umtausch-

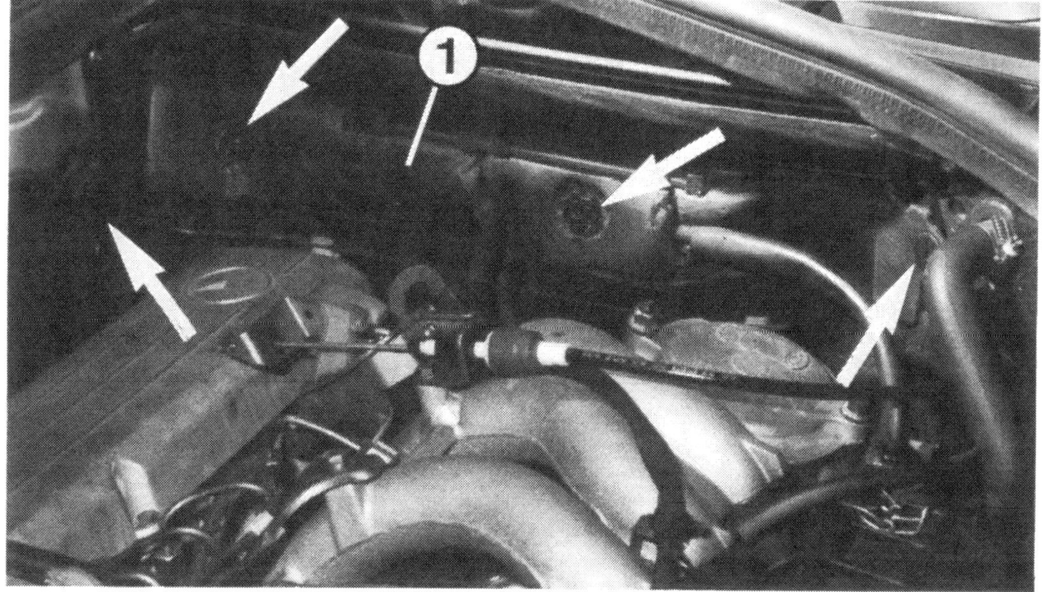

Die Abdeckung (1) am Kabelkanal ist mit vier Kunststoffschrauben (Pfeile) befestigt.

recht oder eine Garantie einräumen. Eine Kompressionsprüfung sollte möglichst vor dem Kauf durchgeführt werden. Achten Sie auf die richtige Motornummer (Seite 36).

Motor ausbauen

Zum Ausbau wird ein Kettenflaschenzug oder ein feststellbarer Seilzug gebraucht. Eine gute Werkzeugausstattung und ein erfahrener Helfer erleichtern die recht umfangreiche Arbeit zusätzlich. Der Motor wird zusammen mit dem Getriebe nach oben aus dem Motorraum ausgebaut (ca. 200 kg beim 200 D). Die nachfolgende Beschreibung nennt zwar alle wesentlichen Schritte, doch können bei entsprechend umfangreich ausgestatteten Fahrzeugen weitere Verbindungen zu lösen sein. Dies gilt besonders bei eingebauter Klimaanlage.

- Motorhaube ganz öffnen.
- Batterie ausbauen.
- 4 Kunststoffschrauben der Kabelkanalabdeckung (Abb. oben) abschrauben. Kabel zum Anlasser vor Batterie und die Steckverbindung beim Bremskraftverstärker abschrauben.
- Kabelsatz vom Anlasser über den Motor ablegen.
- Untere Geräuschkapselung abmontieren (Seite 245).
- Kühlmittel ablassen (Seite 72).
- Kühler ausbauen (Seite 73).
- Lüfterflügel abschrauben.
- Luftfilterdeckel abnehmen.
- Bei Niveauregulierung oder ASD die Zulauf- und Druckölleitung an der Pumpe abschrauben. Zulaufleitung verschließen.
- Öl aus dem Vorratsbehälter der Servolenkung absaugen und Schläuche losschrauben.
- Gaszug lösen.
- Alle Kühlmittelschläuche, Unterdruck-, Öl-, Kraftstoff- und elektrischen Leitungen zum Motor lösen.
- Tachowelle am Getriebe lösen und die Halter ausrasten.
- Auspuffanlage am Auslaßkrümmer abschrauben und den Halter am Getriebe losschrauben.
- Gelenkwelle am Getriebe abschrauben

Zum Motorausbau den Kompressor (1) der Klimaanlage vom Motor abschrauben (Pfeile) und samt den Kühlmittelleitungen zur Seite binden. So braucht man das Kühlmittel nicht abzulassen. Zum Befüllen der Klimaanlage mit neuem Kühlmittel ist eine aufwendige Füllanlage erforderlich. Denn das Kühlmittel verdampft bei etwa minus 30 °C, wenn es nicht unter Druck steht. Neben den Werkstätten haben auch Bosch-Dienste solche Anlagen.

Zum Motor- oder Getriebeausbau muß der Querträger (5) zwischen Getriebe und Fahrzeugboden ausgebaut werden. Davor am Getriebe abstützen. Dann die Schrauben (7) zum Motorlager und die Schrauben (6) zum Fahrzeugboden herausdrehen. Weiter bedeuten: 1 – Ölstandskontrollschraube; 2 – Tachowelle; 3 – Ölablaßschraube am Getriebe; 4 – Seitenabstützung der Auspuffanlage.

und etwas zusammenschieben (Seite 124). Zuvor Klemmutter (Seite 127) lösen.

- Leitung zum Nehmerzylinder der Kupplungsbetätigung lösen.
- Schaltstangen am Getriebe lösen (Clips lösen).
- Etwa in Getriebemitte einen Wagenheber ansetzen.
- Hinter Motor eine Blechtafel einstecken (Abb. Seite 118 oben).
- Bei Fahrzeugen mit Klimaanlage den unter hohem Druck stehenden Kühlmittelkreislauf nicht öffnen. Hier den Kompressor samt Zuleitungen vom Motor abschrauben und mit einem Draht seitlich im Motorraum befestigen.
- Querträger hinten am Getriebe ausbauen. Dazu die Schrauben zum Getriebe und die Schrauben zum Fahrzeugboden herausdrehen (Abb. oben).
- Innensechskantschrauben an den Motorlagern von unten herausdrehen.
- Der Motor wird an den Ösen vorn und hinten am Zylinderkopf aufgehängt.
- Beim Anheben muß der Motor samt Getriebe zunehmend schräg nach hinten gekippt werden, bis Motor und Getriebe schließlich in einer Schräglage von 45° nach oben aus dem Motorraum gehoben werden können. Man erreicht die erforderliche Schräglage, wenn man den Motor beim Anheben zwischendurch auf einem sicheren Unterbau absetzt und die Länge einer Aufhängekette durch Umhängen entsprechend verändert.
- Vor dem Motoreinbau den Kupplungsverschleiß prüfen (Seite 113). Falls nach dem Einbau die Kupplungsbetätigung nicht mehr arbeitet, diese entlüften (Seite 111).

Die Kurbelgehäuse-Entlüftung

Selbst die besten Kolbenringe können nicht verhindern, daß ein kleiner Teil der unter hohem Druck stehenden Verbrennungsgase zwischen Kolben und Zylinderwänden vorbei ins Kurbelgehäuse gelangt. Dort würde sich schon nach kurzer Laufzeit des Motors ein beachtlicher Überdruck aufbauen, der die Dichtungen unseres Motors arg in Mitleidenschaft ziehen

In einer Schräglage von etwa 45° kann der Motor zusammen mit dem Getriebe aus dem Motorraum gehoben werden. Mit einem sogenannten Motordirigenten, mit dem die Schräglage ständig angepaßt werden kann, geht's am besten.

Die Zeichnungen zeigen die Ölkanäle im Motor.

würde. Der Druck muß also aus dem Motor entweichen können.
Die durchgeblasenen Gase steigen hierzu im Motor hoch und strömen durch den Ölabscheider oben in die Zylinderkopfhaube. Sie verlassen die Zylinderkopfhaube durch einen dicken Schlauch und gelangen zum Verteilerrohr, das oben quer in den Saugrohren steckt. Dort werden die Gase auf alle Zylinder gleichmäßig verteilt und zusammen mit der Außenluft in den Motor gesaugt. Die Kurbelgehäuse-Entlüftung ist wartungsfrei.

Das Schmiersystem

Durch welche Kanäle das Motoröl fließt und wie es zu den Lagerstellen gelangt, zeigen die Zeichnungen oben. Die Zahnrad-Ölpumpe sitzt unten am Motor und wird über eine Kette von der Kurbelwelle angetrieben. Die Pumpleistung ist je nach Motorgröße unterschiedlich, was durch verschieden breite Zahnräder erreicht wird. Die Ölpumpe ist mit einem Regelventil ausgestattet, das den Öldruck auf maximal 5 bar begrenzt. Der Ansaugschnorchel der Ölpumpe ragt in das Ölsammelbecken der Ölwanne. Von der Ölpumpe fließt das Öl zum Ölfilter. Dort wird es gereinigt. Ist das Filter verstopft, öffnet ein Sicherheitsventil, und das Filter wird umgangen. Durch das ungefilterte Öl steigt der Lagerverschleiß. Am Fuß des Ölfilters wird der Öldruck für die Öldruckanzeige im Armaturenbrett gemessen. Dazu ist am Ölfilterfuß ein Geber eingebaut, der die Druckwerte in Widerstandswerte umsetzt. Die Anzeige erfolgt nun, ähnlich wie bei der Tankanzeige (Seite 86), auf elektrischem Weg. Nach dem Filter strömt das Öl zum Hauptölkanal im Zylinderblock, wo die weitere Verteilung erfolgt. Ein Weg führt durch die Kurbelwellenlager zu den unteren Pleuellagern und weiter durch eine Bohrung im Pleuel zum Kolbenbolzen. Ein anderer Weg versorgt den Spritzversteller und die Einspritzpumpe. In der Bohrung zum Zylinderkopf ist auf halber Höhe eine Spritzdüse zur Steuerkettenschmierung eingebaut. Im Zylinderkopf werden die Tassenstößel, der Kettenspanner und die Nockenwellenlager geschmiert. Nach dem Durchlauf fließt das Öl wieder im Sammelbecken der Ölwanne zusammen und wird von dort erneut angesaugt.
Beim Turbo-Diesel mündet rechts am Motor noch eine Ölleitung zum Turbolader. Vom Turbolader strömt das Öl weiter zu einem Luftölkühler hinter der Stoßstange und anschließend zurück in den Motor.

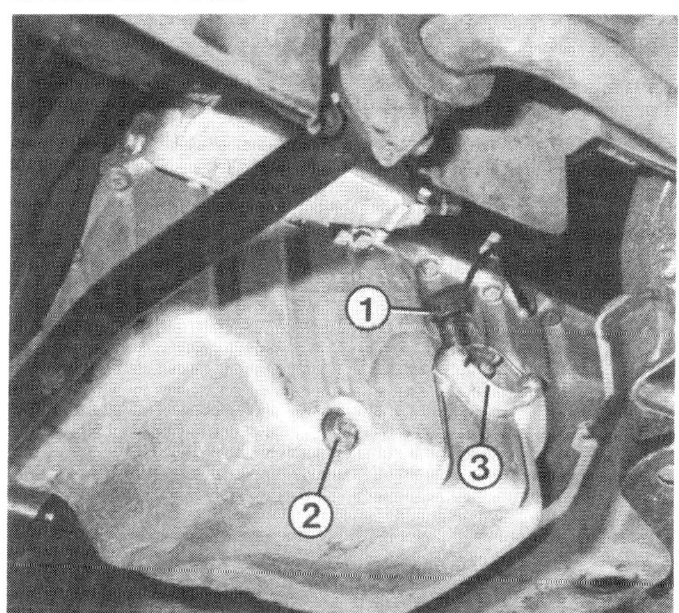

Hier ist die Ölwanne bei ausgebauter Motorkapselung (Seite 245) gezeigt. 1 – Stekker und Leitung zum Ölstandsgeber (3); 2 – Motorölablaßschraube mit Dichtring (Anziehdrehmoment 25 Nm).

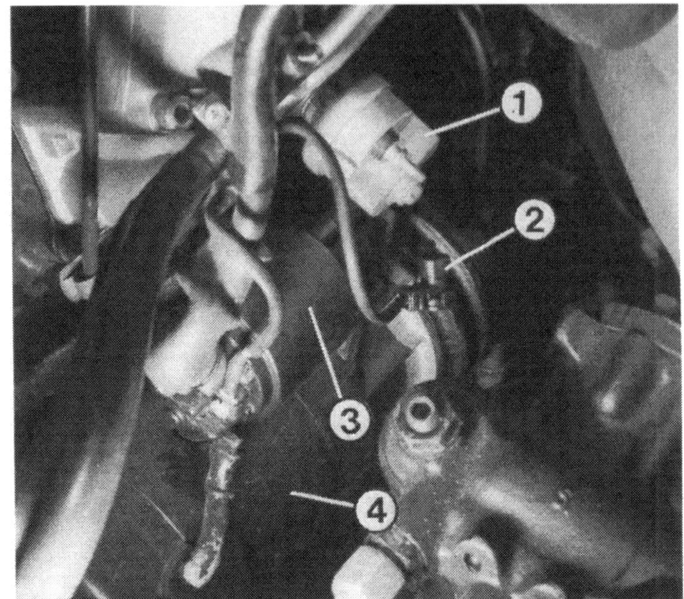

Am Fuß des Ölfiltergehäuses ist der Druckgeber (1) für die Öldruckanzeige im Kombiinstrument eingeschraubt. 2 – Stecker und Leitung zum Druckgeber; 3 – Magnetschalter am Anlasser (Seite 200); 4 – Anlasser.

Ölpumpe ausbauen

■ Ölwanne ausbauen (Seite 40).
■ Schraube am Kettenrad herausdrehen und das Kettenrad von der Antriebswelle abnehmen.
■ Drei Innensechskantschrauben zum Zylinderblock herausdrehen und die Ölpumpe abnehmen.
■ Beim Einbau die Schrauben mit 25 Nm festdrehen. Das Kettenrad so einbauen, daß die Wölbung an der Nabe zur Pumpe zeigt.

Der Öldruck

Kaltes Motorenöl ist ziemlich zähflüssig, heißes hingegen viel dünnflüssiger. Verschlissene Lagerstellen und Ölmangel lassen den Öldruck sinken.
Die Öldruckanzeige im Armaturenbrett informiert Sie darüber, wie es um den Öldruck steht. Es gilt:
□ Minimaler Öldruck bei Betriebstemperatur und Leerlaufdrehzahl **0,3 bar.**
□ Wird etwas Gas gegeben, muß die Öldruckanzeige sofort wieder voll ausschlagen.
□ Fällt der Öldruck bei starkem Beschleunigen oder in der Kurve kurz ab, sofort den Ölstand prüfen.
□ Wenn auf der Fahrt der Öldruck plötzlich abfällt, sofort den Motor abstellen. Fehlt Motoröl? Warum? Den Wagen in die Werkstatt schleppen, wenn die Ursache nicht geklärt und behoben werden kann.

Öldruckanzeige prüfen

Bei eingeschalteter »Zündung« liegt am Anzeigeinstrument im Armaturenbrett dauernd Spannung an. Am zweiten Anschluß des Anzeigeinstruments wird über den Druckgeber am Ölfilter Masse zugeführt. Dabei erhöht sich mit zunehmendem Öldruck auch der ohmsche Widerstand. Die Tabelle nennt die Widerstandswerte in Abhängigkeit vom Öldruck:

Öldruck in bar	0	1	2	3
Widerstand in Ω	10	69	129	184

■ Beim Einschalten der »Zündung« und mit stehendem Motor müssen 0 bar angezeigt werden.
■ Werden bei stehendem Motor 3 bar angezeigt, liegt eine Leitungsunterbrechung vor, oder der Stecker am Geber ist abgezogen. Auch kann der Geber selbst Unterbrechung haben.
■ Zur Kontrolle den Leitungsstecker mit Masse verbinden, die Anzeige muß dabei von 3 bar langsam nach 0 bar wandern.
■ Wird bei laufendem Motor und richtigem Ölstand kein Öldruck angezeigt, den Motor sofort wieder abstellen und so prüfen:
■ »Zündung« einschalten und Stecker am Geber abziehen. Nun müssen 3 bar angezeigt werden.
■ Andernfalls ist das Anzeigeinstrument oder seine Spannungsversorgung im Kombiinstrument unterbrochen.
■ **Achtung!** Motor nicht wieder anlassen, solange Ursache für mangelnden Öldruck nicht geklärt ist.

Die Ölstandskontrolle

Ein Ölstandsgeber überwacht den Ölinhalt Ihres Motors. Diese Einrichtung befreit Sie aber nicht von der Ölstandskontrolle mit dem Peilstab – nur diese ist völlig zuverlässig.

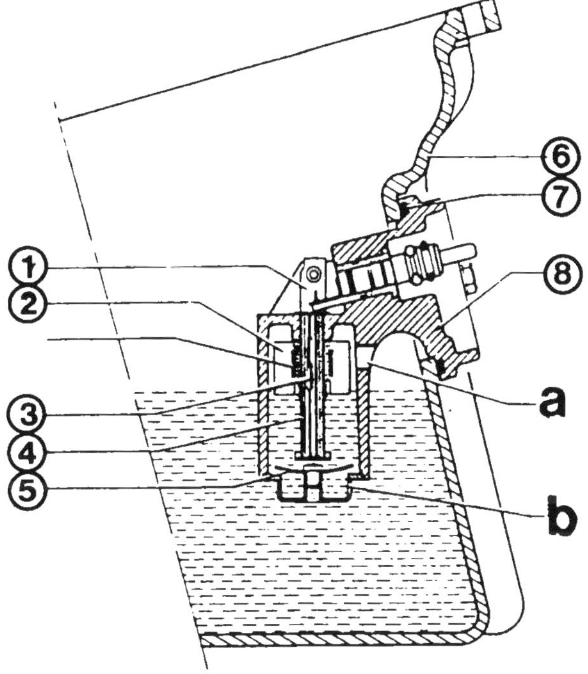

In die Ölwanne ist ein Ölstandsgeber eingebaut. Es bedeuten: 1 – Ölstandsgeber; 2 – Schwimmer mit Magnet; 3 – Reed-Kontakt; 4 – Schwimmerführung; 5 – Bimetall-Schnappscheibe; 6 – Ölwanne; 7 – Dichtring; a – Belüftungsbohrung; b – Ablaufbohrung.

Die Ölstandskontrolle im Armaturenbrett leuchtet dann auf, wenn sich der Ölstand im unteren Peilstabdrittel befindet. Damit es aber nicht zu Fehlanzeigen kommt, sorgt einmal eine Verzögerungsschaltung dafür, daß die Lampe nur dann aufleuchtet, wenn 60 Sekunden lang Ölmangel gemeldet wird. Weiterhin muß für eine zuverlässige Anzeige das Öl dünnflüssig genug sein. Eine Bimetall-Schnappscheibe unten am Ölstandsgeber öffnet erst bei 60° C. Erst dann kann sich der Ölspiegel im becherförmigen Geber ändern.
Beim Einschalten der »Zündung« leuchtet die Kontrollampe schwach auf (Lampenkontrolle) und verlöscht bei laufendem Motor. Wenn bei Ölmangel die Lampe aufleuchtet, genügt es, beim nächsten Tanken 1 l Motorenöl nachzufüllen.

Ölstandskontrolle prüfen

Beanstandung: Die Kontrolleuchte leuchtet bei richtigem Ölstand und laufendem Motor ständig auf.

- Den Stecker vom Ölstandsgeber in der Ölwanne ausstecken.
- Mit einem Widerstandsmeßgerät zwischen Steckanschluß am Geber und Masse prüfen.
- Bei Unterbrechung (∞ Ω) den Geber ausbauen und erneuern.
- Wird am Geber Durchgang (O Ω) festgestellt, den Leitungsverlauf zum Kombiinstrument auf Unterbrechung prüfen.
- Dazu das Kombiinstrument ausbauen (Seite 216) und die 15polige Steckverbindung auf der Rückseite ausstecken.
- Zwischen Buchse 5 des 15poligen Steckers und dem Kabel am Ölstandsgeber muß Durchgang (O Ω) bestehen, sonst Leitungsverlauf prüfen und ggf. Kabel ersetzen.
- Sind Geber und Leitungsverlauf in Ordnung, kann noch eine Unterbrechung im Kombiinstrument den Fehler verursachen.

Beanstandung: Kontrolleuchte leuchtet bei eingeschalteter »Zündung« nicht auf.

- Vermutlich ist die Glühlampe durchgebrannt.
- Kombiinstrument ausbauen und Vielfachstecker abziehen.
- Wird zwischen Buchse 6 und 9 eine Spannung von 12 Volt gemessen, muß die Lampe leuchten, andernfalls ist sie durchgebrannt.

Beanstandung: Kontrolle leuchtet bei laufendem Motor, einer Öltemperatur von mehr als 60° C und einem Ölstand unter der MIN-Marke nicht auf.

- Kabel am Ölstandsgeber abziehen.
- Widerstand zwischen Geberanschluß und Masse messen.
- Bei den oben genannten Bedingungen müßte der Geber seinen Kontakt geöffnet haben. Es muß Unterbrechung (∞ Ω) gemessen werden.
- Brennt die Lampe nicht, obwohl der Kontakt im Geber unterbrochen ist, muß die Lampe durchgebrannt sein.
- Hat der Kontakt im Geber nicht geöffnet, den Geber ausbauen, prüfen und ggf. ersetzen.

Hier ist das Laufschema des Flachriemens dargestellt. Bis zu sechs Riemenscheiben können eingebaut sein: 1 – Wasserpumpe, 2 – Spannrolle; 3 – Servolenkung; 4 – Lichtmaschine; 5 – Kurbelwelle; 6 – Kältekompressor (Klimaanlage).

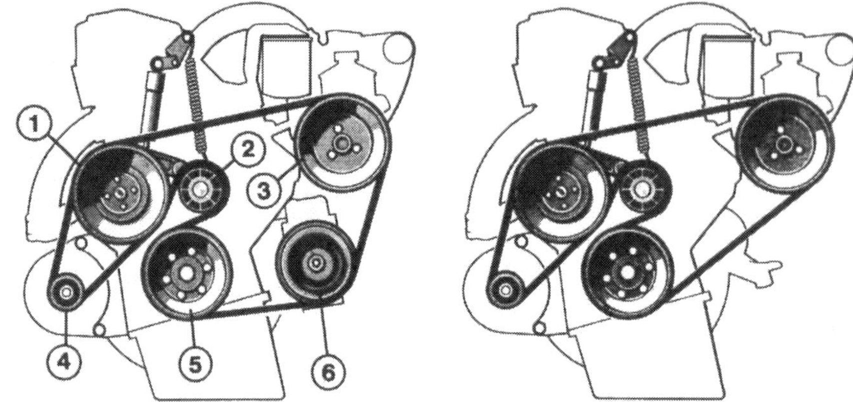

Ölverluste

Ein öltriefender Antriebsblock (Motor und Getriebe) ist nicht nur eine unnötige Umweltbelastung, auch bei der TÜV-Untersuchung wird dies Grund zur Kritik sein. Betrachten Sie nach dem Ausbau der unteren Geräuschkapsel (Seite 245) den Antriebsblock von allen Seiten, und stellen Sie fest, ob irgendwo Öl austritt. Zu kritisch darf man dabei allerdings auch nicht sein, denn es gilt als normal, daß etwas Öl »ausgeschwitzt« wird. Um undichte Stellen besser einkreisen zu können, den entsprechenden Bereich säubern und nach einigen Kilometern Fahrt nochmals nachsehen, wo sich Ölspuren zeigen. Beachten Sie besonders, ob die Zylinderkopfhaube, die Schläuche der Kurbelgehäuse-Entlüftung, die Ölwanne, das Ölfilter, die Ölablaßschraube, der Steuergehäusedeckel und der Kettenspanner einwandfrei abdichten.

Fingerzeig: *Manche Tankstellen bieten Dampfstrahlgeräte zur Selbstbedienung an. Wer sich dann noch den Motorreiniger selbst mitbringt, kommt dort zu einer preiswerten Motorwäsche. Untere Motorraumkapselung hierzu ausbauen.*

Der Riementrieb

Die Zeichnungen zeigen, wie sämtliche Aggregate an der Frontseite des Motors mit nur einem Riemen angetrieben werden. Dieser sogenannte Keilrippenriemen wird durch eine automatische Spannvorrichtung, bestehend aus Zugfeder, Stoßdämpfer und Spannrolle, gespannt. Der langlebige Keilrippenriemen braucht nur alle 20 000 km auf seinen Zustand untersucht zu werden.

Riementrieb prüfen

Wartung Nr. 6

- Riemen an einer gut einsehbaren Stelle mit einem Kreidestrich kennzeichnen.
- Stopphebel an der Einspritzpumpe nach unten drücken und in dieser Stellung fixieren (Seite 201) oder »Zündung« ausschalten.
- Motor mit dem Anlasser immer wieder etwas drehen lassen (Seite 200), bis der Riemen eine Runde gelaufen ist.
- Zeigt der Riemen irgendwo rissige, verbrannte bzw. ausgefranste Stellen, so muß ein neuer Riemen eingebaut werden.

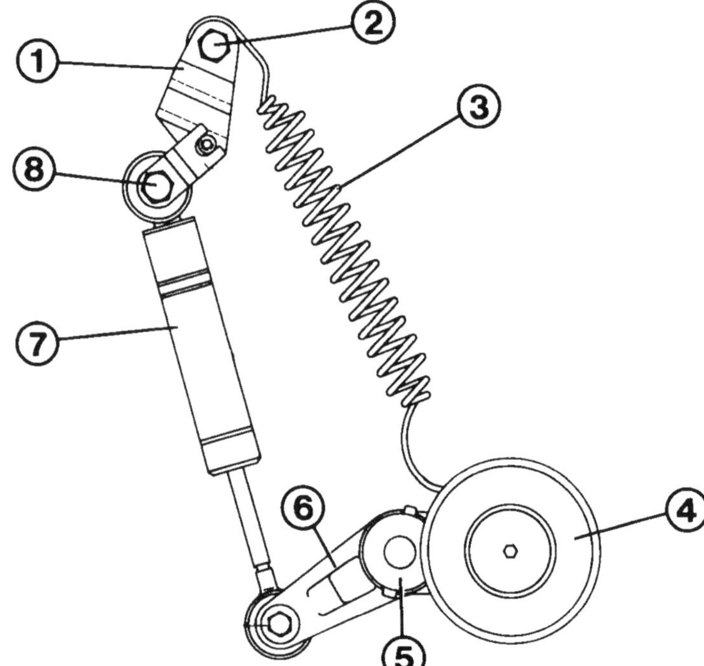

Die Zeichnung zeigt die Teile der Flachriemen-Spanneinrichtung: 1 – Spannhebel; 2 – Mutter; 3 – Zugfeder; 4 – Spannrolle; 5 – Verschlußdeckel; 6 – Spannrollenhebel; 7 – Stoßdämpfer; 8 – Obere Stoßdämpferbefestigung.

Will man den Flachriemen abnehmen, muß dieser entspannt werden. Hierzu die Mutter (2) von der quer im Zylinderkopf steckenden Schraube (3) abschrauben. Dann einen Metallstab (1) z. B. Radschraubenschlüssel aus dem Bordwerkzeug in die Bohrung im Spannbügel (4) stekken und nach unten hebeln. Die Schraube (3) etwas zurückschieben und die Zugfeder (5) entspannen.

Flachriemen aus- und einbauen

- Abb. oben beachten: Mutter oben an der Federaufhängung abschrauben. Jetzt einen Hebel oben in den Federspannhebel stecken und diesen so entlasten, daß seine Befestigungsschraube zurückgeschoben werden kann.
- Federspannhebel loslassen.
- Spannrolle etwas zurückdrücken und den Flachriemen von den Rollen abnehmen.
- Flachriemen zwischen Lüfterflügel und Lüfterhaube durchfädeln und abnehmen. Man kann hierzu auch die Lüfterhaube vom Kühler lösen und dann zwischen Lüfterhaube und Kühler zum Flachriemen durchgreifen.
- Vor dem Einbau eines neuen Riemens die Riemenscheiben und die Spannvorrichtung auf Lagerspiel und grobe Unebenheiten prüfen.
- Neuen Riemen um den Lüfterflügel führen.
- Riemen auf die Rollen auflegen. Am besten an der Spannrolle beginnen und an der Wasserpumpe enden.
- Flachriemen spannen. Dazu die Spannfeder mit einem Hebel so weit spannen, bis sich die Schraube vorn am Zylinderkopf wieder durch den Spannhebel stecken läßt. Mutter festdrehen.

Spannvorrichtung ausbauen

- Lüfterhaube und Lüfterflügel ausbauen (Seite 73).
- Riemen, wie oben beschrieben, entspannen und abnehmen.
- Die Schraube an der oberen Stoßdämpferbefestigung herausdrehen.
- Verschlußdeckel am Drehpunkt des Spannrollenhebels entfernen.
- Schraube herausdrehen und mit der Sicherungsscheibe abnehmen.
- Spannrollenhebel zusammen mit der Zugfeder und dem Stoßdämpfer vom Lagerbolzen ziehen.

Fingerzeig: *Ist der Stoßdämpfer defekt, wird der Riementrieb störend laut. Zur Prüfung Motor starten und Motorhaube öffnen. Zur weiteren Fehlersuche Flachriemen abnehmen und den Motor maximal 30 Sekunden (Wasserpumpe steht) laufen lassen. Ist das Geräusch verschwunden, den Stoßdämpfer erneuern. Bleibt das Geräusch, z. B. Steuerkette prüfen (Seite 46).*

300 TD Turbodiesel

Der aufgeladene Sechszylindermotor mit 105 kW (143 PS) ist im Prinzip vom Sechszylinder-Saugmotor abgeleitet. Jedoch sind gegenüber dem Saugmotor viele Motorteile den höheren Drücken und höheren thermischen Beanspruchungen angepaßt worden:

□ Die Kurbelwelle ist an den Lagerstellen der Pleuel und an den Hauptlagerstellen induktiv gehärtet.

□ Die Kolben sind mit Ringkanälen ausgestattet, in welche eine Ölspritzdüse zur besseren Kühlung Öl spritzt. Außerdem hat der Kolbenbolzen einen größeren Durchmesser.

□ Die Ventile sind verstärkt und anders geformt. Das Auslaßventil ist natriumgefüllt. Die Ventilsitze sind aus Sintermetall. Die Ventilschaftabdichtungen bestehen aus einem besonderen Kunststoff (Viton).

Schnitt durch den Turbolader:
A – Luft vom Luftfilter
B – Verdichtete Luft zum Motor
C – Bypass über das Abblaseventil zur Ladedruckbegrenzung
D – Abgas vom Motor
E – Abgas zum Auspuff
H – Schmierölzulauf
J – Ölrücklauf
K – Verdichtete Luft zum Öffnen des Abblaseventils

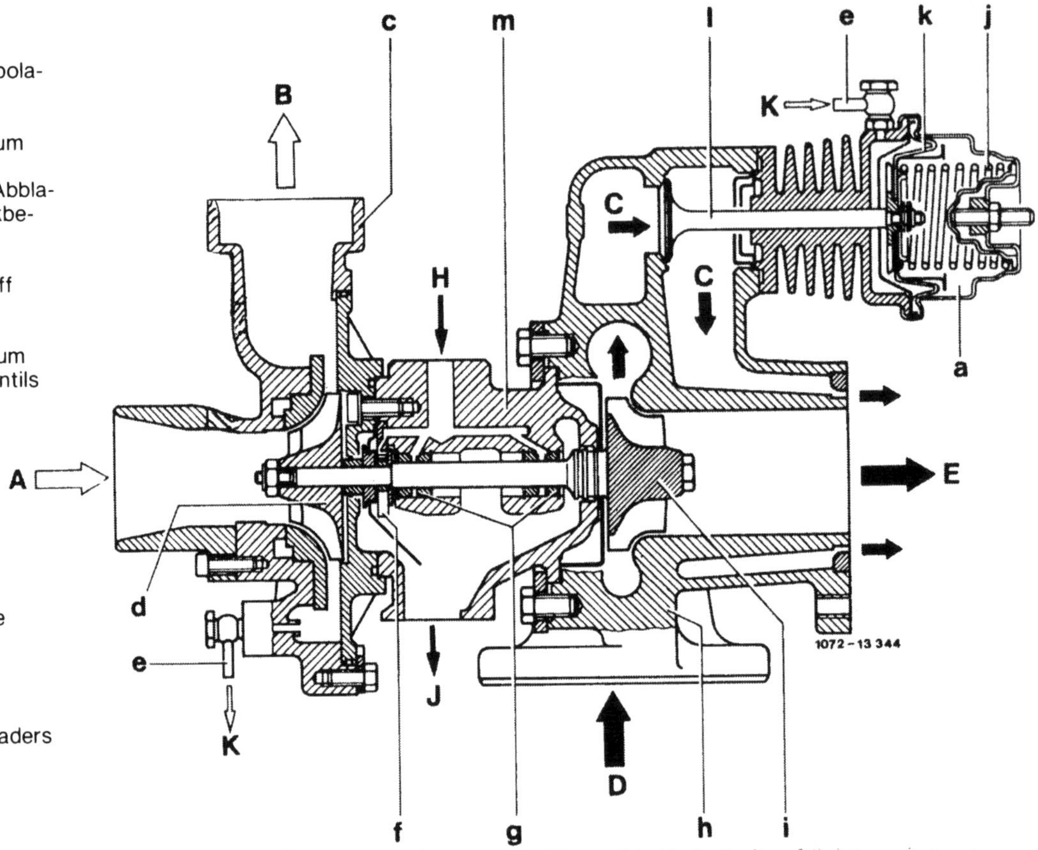

a – Membrandose
c – Verdichtergehäuse
d – Verdichterrad
e – Anschlußstück
f, g – Lagerungen
h – Ladergehäuse
i – Turbinenrad des Laders
j – Druckfeder
k – Membran
l – Abblaseventil
m – Mittelgehäuse

□ Die Wasserkanäle im Zylinderkopf sind vergrößert. Die Zylinderkopfdichtung ist entsprechend angepaßt.
□ Die Ölpumpe hat eine größere Förderleistung, um Kolbenkühlung und die Laderschmierung ausreichend mit Motoröl versorgen zu können. Die Motorölmenge ist auf 8 Liter erhöht. Außerdem ist ein thermostatgesteuerter Ölkühler eingebaut.
□ Die Vorkammern haben einen um 1 mm größeren Brennerdurchmesser. Die Einspritzdüsen sind Flächenzapfendüsen mit einem Abspritzdruck von 135 bar.
Auf der rechten Seite des Motors befindet sich der Abgas-Turbolader, der dem Motor verdichtete Luft zuführt. Dieser Lader besteht im wesentlichen aus einer kurzen Welle, an deren

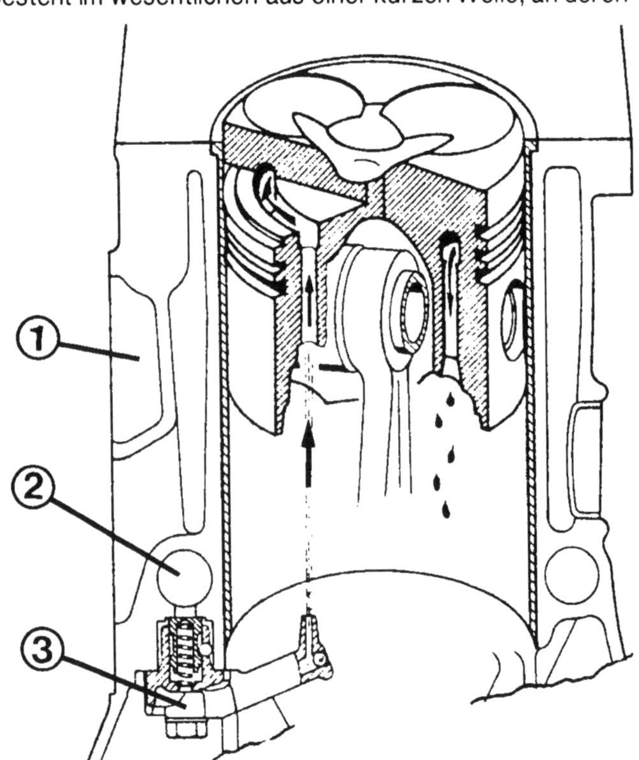

Die Zeichnung zeigt, wie die Kolben beim Turbomotor durch hochgespritztes Öl gekühlt werden. 1 – Zylinderblock; 2 – Hauptölkanal; 3 – Ölspritzdüse.

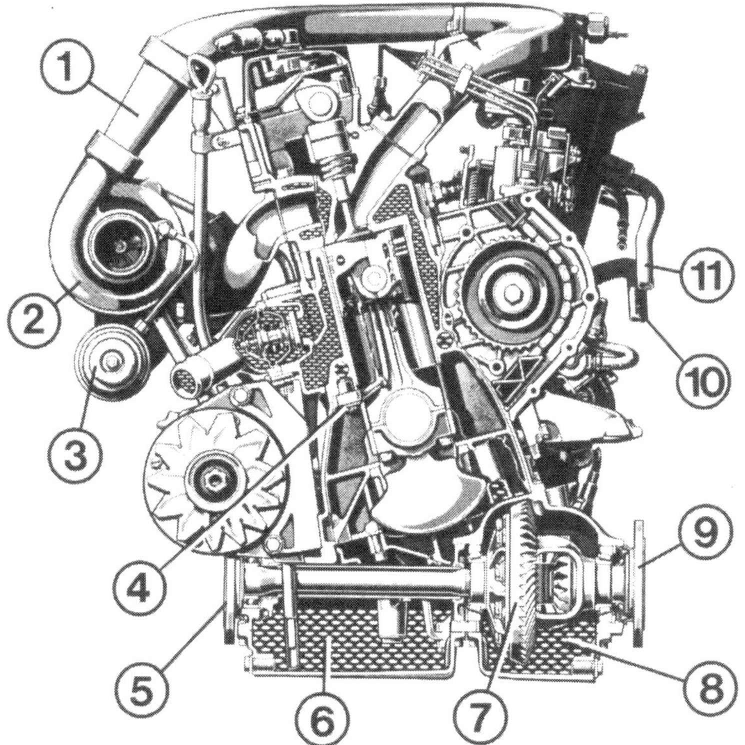

Die Schnittzeichnung zeigt einen Turbomotor mit 4MATIC (Seite 132):
1 – Luftkanal mit verdichteter Luft
2 – Turbolader
3 – Membrandose am Abblaseventil
4 – Ölspritzdüse
5 – Anschlußflansch der rechten Vorderachswelle
6 – Motorölwanne
7 – Vorderachsdifferential
8 – Schmierölraum für Vorderachsdifferential
9 – Anschlußflansch für linke Vorderachswelle
10 – Ölrücklauf vom Luftölkühler
11 – Ölleitung zum Ölkühler vor linkem Vorderrad

Enden je ein Turbinenrad sitzt, und aus zwei in geringem Abstand nebeneinander angeordneten, schneckenhausähnlichen Gehäusen. In jedem Gehäuse dreht sich eines der Turbinenräder. Zwischen den Gehäusen ist die Welle gelagert, und die Lagerstellen werden von Motoröl ständig durchströmt. Das Öl schmiert die Wellenlager und kühlt den Lader.
Läuft nun der Motor, gelangen seine Abgase nicht einfach in den Auspuff, sondern werden zunächst durch eine Kammer des Turboladers geleitet. Die schnell strömenden und sich stark ausdehnenden Auspuffgase versetzen das Turbinenrad in hohe Drehzahlen. Gleich schnell dreht so auch das Turbinenrad am anderen Wellenende. Dieses sogenannte Verdichterrad drückt die Luft in den Motor – Leistungszuwachs ist die Folge.
Das Turbinenrad ist so ausgelegt, daß schon bei geringem Abgasdurchsatz eine hohe Laderdrehzahl und damit ausreichender Ladedruck erreicht wird. Bei Vollgas wird der maximale Ladedruck von 0,9 bar ab ca. 2000/min erreicht und bis Nenndrehzahl nahezu konstant gehalten.
Um bei hohen Drehzahlen den Ladedruck nicht über 0,9 bar ansteigen zu lassen, ist eine Regeleinrichtung eingebaut. Hierzu wird der Ladedruck an eine Membrandose geleitet, die mit dem Abblaseventil im Lader verbunden ist. Wird das Ventil bei zu hohem Ladedruck geöffnet, strömt ein Teil der Abgase direkt in den Auspuff, und der Ladedruck kann nicht weiter ansteigen.
Der Turbolader ist extremen mechanischen und thermischen Belastungen ausgesetzt. So treten bei Drehzahlen über 100 000/min und bei Temperaturen am Turbinenrad von über 1000°C außergewöhnliche Lagerungs-, Auswucht- und Festigkeitsprobleme auf. Wohl aus diesen Gründen ist der Kreis von erfahrenen Turbolader-Herstellern recht klein.

Die Auspuffanlage

Heißer Abgang

Die lautstark aus dem Motor strömenden Abgase zu schalldämpfen und sie ans Heck des Fahrzeuges zu leiten, sind die Aufgaben der Auspuffanlage. Bei der Ausführung der Anlage wurde auf eine strömungsgünstige äußere Form der Schalldämpfer und auf einen möglichst flächenglatten Einbau im Unterboden geachtet. So konnte der Luftwiderstand am Fahrzeugboden recht klein gehalten werden. Die Rohrabmessungen sowie die Ausführung der Schalldämpfer sind auf die jeweilige Motorleistung abgestimmt.

Die Teile der Auspuffanlage

Beim 250 D und 300 D besteht die Anlage aus Vor-, Mittel- und Nachschalldämpfer. Der 200 D hat keinen Vorschalldämpfer. Die vorderen Auspuffrohre sind zur besseren Schalldämpfung doppelwandig. Seitlich sind sie gegen das Getriebe abgestützt. Beim 300 D ist das vordere Rohr etwa bis zur Seitenabstützung am Getriebe zweiflutig. Am Ende des Rohres finden Sie eine Flanschverbindung mit Sinter-Dichtring. Der folgende Mittelschalldämpfer ist kurz vor der Hinterachse zu finden und am Hinterachskörper aufgehängt. Der Nachschalldämpfer unter der linken hinteren Fahrzeugecke ist mit zwei Gummischlaufen aufgehängt. Der 300 D hat gegenüber den anderen Modellen zwei Endrohre.
Die Langlebigkeit der Auspuffanlage soll durch die Verwendung von feueraluminisiertem Stahlblech für Schalldämpfer und Endrohr gewährleistet sein.

Auspuffanlage überprüfen

Die Lebensdauer der Auspuffanlage ist begrenzt. Von außen nagen Spritzwasser und Streusalz am Blech, während Kondenswasser, das bei Kurzstreckenbetrieb entsteht, die innere Korrosion fördert. Steinschlag und Aufsetzer im Gelände sowie starke Motorschwingungen (etwa durch eine schadhafte Motorlagerung) wirken ebenso lebensverkürzend. Einen durchgerosteten Auspuff hört man am »sportlichen« Klang (der Schall wird nur noch teilweise gedämpft).

■ Nur das vordere Auspuffrohr ist fest mit dem Antriebsblock verbunden, ansonsten ist die Anlage beweglich. Sie hängt in schwingungsdämpfenden Gummilagern.

■ Diese müssen auf Brüchigkeit, Einrisse oder sonstige Beschädigungen überprüft und gegebenenfalls ersetzt werden.

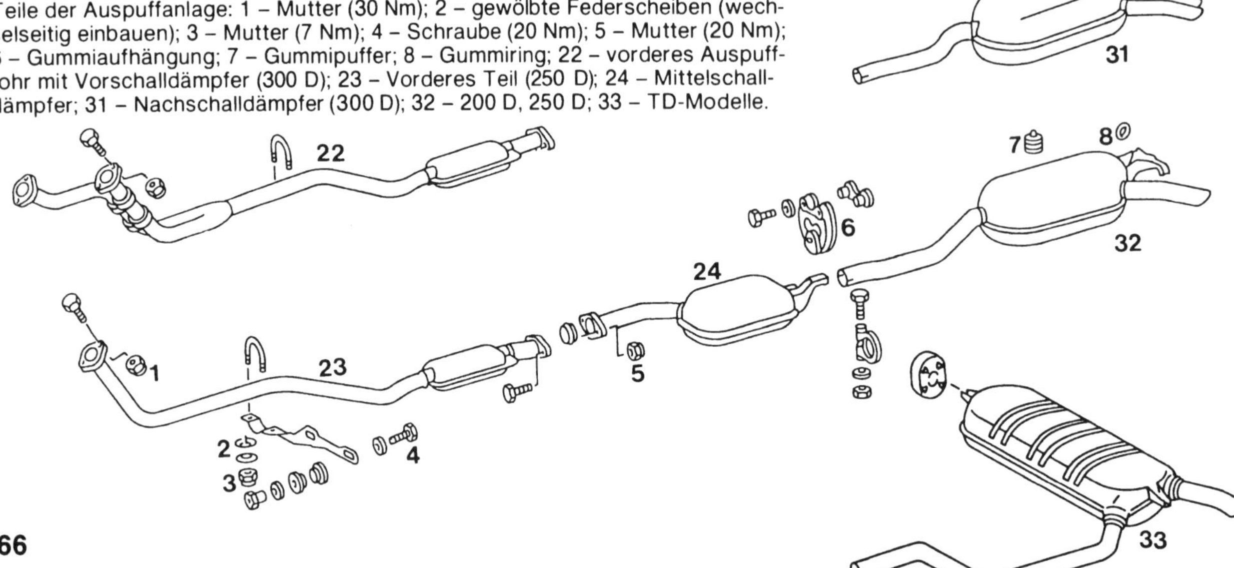

Teile der Auspuffanlage: 1 – Mutter (30 Nm); 2 – gewölbte Federscheiben (wechselseitig einbauen); 3 – Mutter (7 Nm); 4 – Schraube (20 Nm); 5 – Mutter (20 Nm); 6 – Gummiaufhängung; 7 – Gummipuffer; 8 – Gummiring; 22 – vorderes Auspuffrohr mit Vorschalldämpfer (300 D); 23 – Vorderes Teil (250 D); 24 – Mittelschalldämpfer; 31 – Nachschalldämpfer (300 D); 32 – 200 D, 250 D; 33 – TD-Modelle.

- Statt der Gummischlaufen ein Stück Draht zu verwenden taugt nur für einen Notbehelf unterwegs. Draht ist zu starr und bricht bald wieder.
- Ob die Auspuffanlage dicht ist, läßt sich leicht prüfen: Mit einem Lappen bei laufendem Motor das Auspuffende zuhalten.
- Die undichten Stellen lassen sich durch das zischende Geräusch leicht entdecken.
- Achten Sie auf den Verbindungsflansch und auf die Verschraubungen der Rohre am Auslaßkrümmer.

Auspuffanlage reparieren

Eine durchgerostete Auspuffanlage zu flicken ist Augenwischerei. Denn gleich, welche Reparaturmethode Sie wählen, ob Sie schweißen oder Auspuffkitt bzw. -band verwenden, schon nach kurzer Zeit wird eine stark angerostete Anlage wieder undicht. Da auch dem TÜV dieser Umstand bekannt ist, dürfen Sie kaum damit rechnen, mit einer derart geflickten Auspuffanlage das Wohlwollen des Prüfers zu gewinnen.
Die serienmäßige Auspuffanlage ist zwar ursprünglich zweiteilig, doch es gibt den Nachschalldämpfer auch als Reparaturteil. Zu dessen Einbau muß dann die Auspuffanlage hinter dem Mittelschalldämpfer auseinandergesägt werden.

Auspuffanlage ausbauen

- Fahrzeug so weit anheben, daß genügend Arbeitsraum entsteht.
- Fahrzeug sichern (Seite 22)!
- Untere Geräuschkapsel ausbauen (Seite 245).
- Vorderes Auspuffrohr am Auslaßkrümmer abschrauben.
- Flansch am Ende des Auspuffrohrs aufschrauben.
- Gummiaufhängungen an den Schalldämpfern lösen.
- Braucht nur das hintere Teil der Anlage ausgebaut zu werden, kann das vordere Rohr montiert bleiben.
- Bei der Montage beachten: Anlageflächen des Sinter-Dichtrings an der Flanschverbindung ggf. von Verbrennungsrückständen sauber schmirgeln. Aufhängeteile prüfen und ggf. erneuern.
- Den Flansch am Auspuffkrümmer gleichmäßig anziehen.
- Selbstsichernde Muttern immer erneuern. Alle Muttern werden mit 20 Nm festgedreht (Ausnahme: die mit Federn hinterlegten Muttern am Haltebügel der Seitenabstützung mit 7 Nm).

Nachschalldämpfer erneuern

- Hinteren Teil der Auspuffanlage ausbauen.
- Reparatur-Nachschalldämpfer mit Steckverbindung genau über die ausgebaute Anlage legen.
- Sägestelle so anzeichnen, daß sich eine Einstecktiefe von 70–80 mm ergibt.
- Der Schalldämpfer ist richtig montiert, wenn die Halter der Gummischlaufen um 10 mm zueinander versetzt sind (Abb. unten).

Fingerzeige: *Die Teile der Auspuffanlage immer zunächst lose vormontieren und dann ausrichten. Die Schraubverbindungen erst danach festdrehen, um so Brummgeräusche und Spannungsrisse zu vermeiden.*
Beim Einbau die Schraubverbindungen kräftig mit Kupferfett bestreichen (Seite 15), damit sich die Verschraubungen später wieder gut lösen lassen.

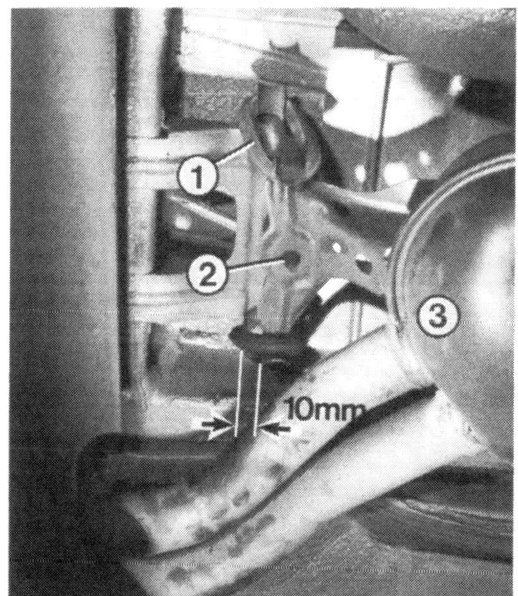

Links: Bei richtig eingebauter Auspuffanlage sollen die Ösen für die Gummiringe (1) um ca. 10 mm versetzt sein. Fehlt der Gummipuffer (2), schlägt der Nachschalldämpfer (3) an.

Rechts: Gummiaufhängung (4) hinter dem Mittelschalldämpfer (5).

Das Kühlsystem

Wasserspiele

Die Aufgabe des Kühlsystems ist es, die große Wärme, die bei der Verbrennung des Kraftstoffes im Motor entsteht, möglichst schnell abzuführen. Gelingt dies nicht, kommt es im Motor schnell zu Überhitzungsschäden.
Leider kann der Dieselmotor nur rund ein Drittel der Energie, welche im Kraftstoff steckt, in die gewünschte Antriebsleistung umwandeln. Größtenteils wird also nur Wärme produziert. Da ist es wenig tröstlich, wenigstens einen kleinen Teil der teuren Wärme für die Fahrzeugheizung nutzen zu können.

So wird gekühlt

Die Zeichnung unten zeigt das Kühlsystem in Ihrem Mercedes. Das Kühlmittel wird ständig von der Wasserpumpe seitlich rechts am Motor durch die Kanäle und Schläuche gepumpt. Angetrieben wird die Wasserpumpe, wie auch die anderen Nebenaggregate, über den Flachriemen (Seite 62) von der Kurbelwelle aus.
Geregelt wird das Kühlsystem vom Thermostat. Dieser ist hinter der Wasserpumpe zu finden und hat im sogenannten Thermostatgehäuse seinen Platz. Je nach erforderlicher Kühlleistung wird der Kühlmitteldurchfluß durch den Kühler vom Thermostat gesteuert. Man unterscheidet Warmlaufphase (Kühlmittelweg durch den Kühler gesperrt), Normalbetrieb (unterschiedlicher Durchfluß des Kühlers) und Maximalkühlung (das gesamte Kühlmittel muß durch den Kühler).
Um die Abkühlung des Kühlmittels beim Durchfluß durch den Kühler noch zu verbessern, sitzt hinter dem Kühler ein großer Lüfterflügel. Dieser unterstützt den Fahrtwind, indem er zusätzlich kräftig Luft durch den Kühler saugt, sobald er durch seine Lüfterkupplung starr mit der Antriebswelle verbunden ist. Das Zuschalten des Lüfters besorgt beim 200 D eine elektroma-

So arbeitet der Kühlmittelkreislauf: A – Vom Kühler zur Wasserpumpe über Thermostat; B – Vom Zylinderkopf zum Kühler; D – Zulauf zur Heizung; E – Rücklauf von der Heizung; F – Ausgleichsleitung; G – Entlüftungsleitung; H – Ausgleichsbehälter; I – Überlauf.

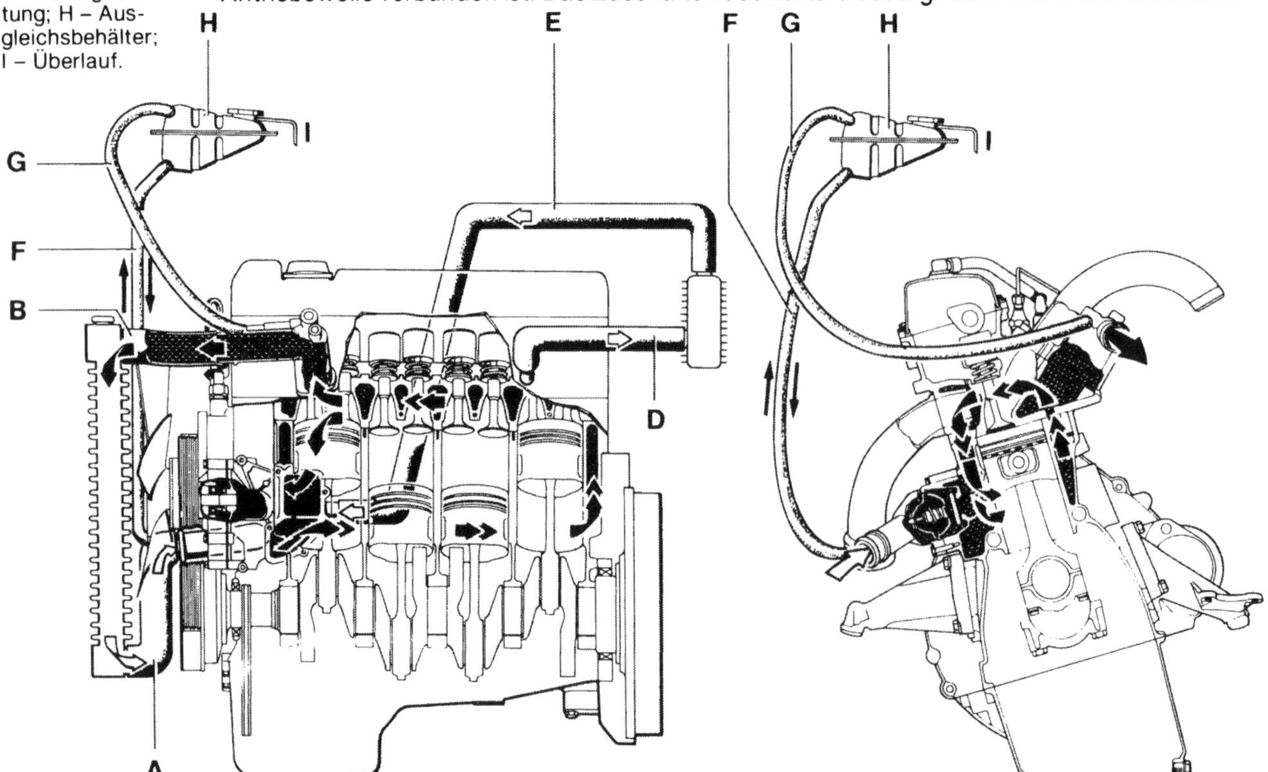

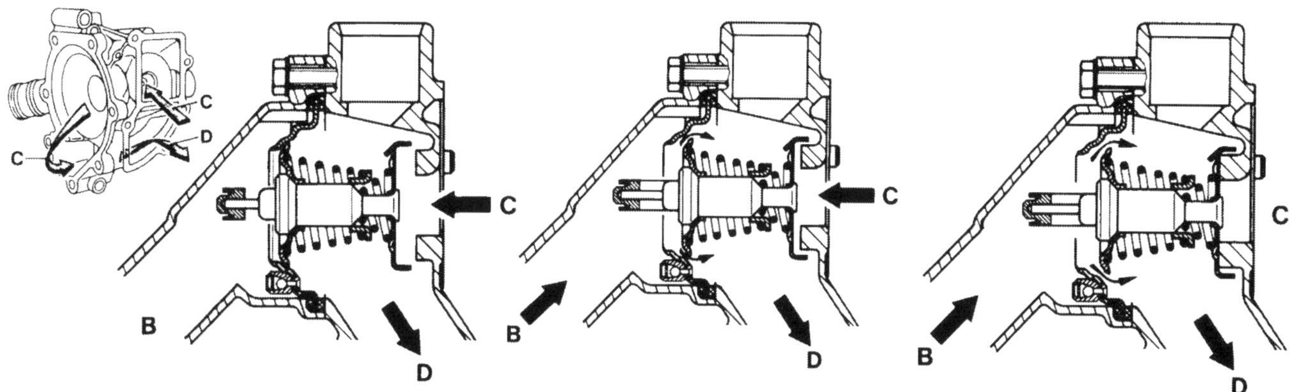

Je nach Temperatur öffnet der Thermostat verschiedene Kühlmittelkanäle: B – Vom Kühler; C – Vom Motor; D – Zum Motor. Links ist die Warmlaufphase bis ca. 85 °C gezeigt – der Kühlerweg ist verschlossen. Die mittlere Darstellung zeigt den Normalbetrieb. Rechts ist die Maximalkühlung ab ca. 100 °C gezeigt – das ganze Kühlmittel muß durch den Kühler.

gnetische Lüfterkupplung (Seite 75) und bei den anderen Modellen eine Visko-Lüfterkupplung (Seite 76). Um nicht unnötig Motorleistung zu verbrauchen, wird der Lüfter nur dann zugeschaltet, wenn es wirklich erforderlich ist.

Ihr Mercedes besitzt ein Kühlsystem mit separatem Ausgleichsbehälter rechts im Motorraum. Unten ist in den Behälter ein Kühlmittelstandsgeber eingebaut. Sein Kontakt schließt, und eine Kontrollampe im Armaturenbrett leuchtet auf, sobald das Kühlmittel unter die »MIN«-Marke abgesunken ist. Durch die Ausgleichsleitung unten am Behälter wird entweder Kühlmittel abgesaugt oder zurückgedrückt; je nach dem Kühlmittel-Volumen im restlichen System. Die obere Leitung ist die Entlüftungsleitung. Das Kühlsystem entlüftet sich beim Befüllen selbständig. Der Verschlußdeckel auf dem Ausgleichsbehälter regelt den Druck im Kühlsystem (nächster Abschnitt).

Das Überdruck-Kühlsystem

Um die Wirkung des Kühlmittels noch zu steigern, baut sich im Kühlsystem bei zunehmender Erwärmung ein Druck bis 1,2 bar (Turbo-Diesel 1,4 bar) auf. Dafür sorgt die federbelastete Platte im Verschlußdeckel auf dem Ausgleichsbehälter. Durch diesen Druck, aber auch durch die Beigabe des Gefrierschutzes steigt der Siedepunkt des Kühlmittels auf etwa 126° C. Bei Überschreitung des Maximaldruckes öffnet die Verschlußplatte und läßt unter eindrucksvollem Gezisch meist schon dampfförmiges Kühlmittel entweichen.

Der Thermostat

Dieser temperaturabhängige Regler steuert den Strom des Kühlmittels. Eine mit Wachs gefüllte Buchse und eine Feder sorgen dafür, daß sich die beiden Ventilplatten am Thermostat wunschgemäß bewegen (Zeichnungen oben).

□ **Warmlaufphase bis ca. 85° C:** Das Hauptventil am Thermostat versperrt den Weg zum Kühler. Das Kurzschlußventil auf der anderen Seite läßt Kühlmittel gleich wieder zur Wasserpumpe strömen. Von dort gelangt es wieder in den Motor. Dieser sogenannte »Kleine Kreislauf« dient dem möglichst schnellen Erwärmen von Motor, Heizung und Leerlauf-Drehzahlanhebung.

□ **Normalbetrieb zwischen 85° C bis 100° C:** Der Durchfluß durch den Kühler wird teilweise freigegeben, und der direkte Weg zur Wasserpumpe bleibt mehr oder weniger weit geöffnet.

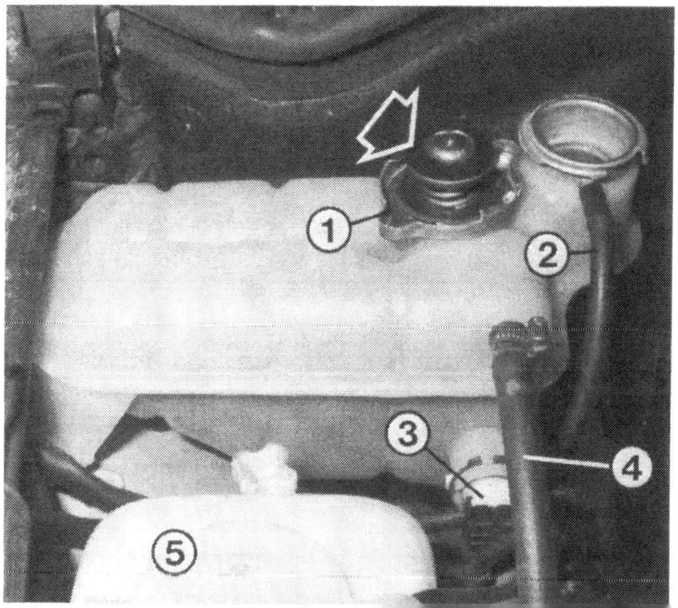

Beim Ausgleichsbehälter des Kühlsystems zu sehen: 1 – Verschlußdeckel, die Gummidichtung (Pfeil) darf nicht beschädigt sein; 2 – Überlaufleitung; 3 – Geber für den Kühlmittelstand; 4 – Entlüftungsleitung; 5 – Waschwasserbehälter.

Seitlich rechts am Motor sind Kühlmittelpumpe und Thermostat hintereinander angeordnet. Kühlmittelwege: B – Vom Kühler; D – Vom Motor; C – Zum Motor. Weiterhin bedeuten: 1 – Flansch für Riemenscheibe; 2 – Pumpengehäuse; 3 – Kassettendichtung; 4 – Dichtung; 5 – Flügelrad; 6 – Dichtring; 7 – Thermostatdeckel; 8 – Thermostat.

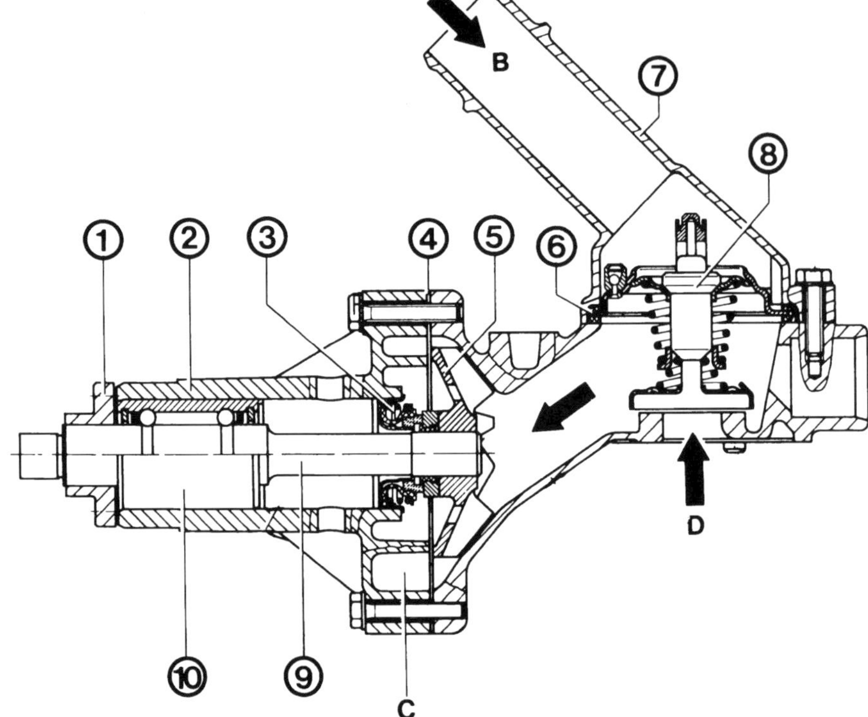

So wird bewirkt, daß sich kalte Flüssigkeit vom Kühler etwas mit warmem Kühlmittel vermischt, bevor es in den Motor gepumpt wird. Ein Kälteschock für den Motor wird verhindert.

□ **Maximale Kühlung ab ca. 100° C:** Das Hauptventil ist ganz geöffnet, das Kurzschlußventil voll geschlossen. Das gesamte Kühlmittel durchströmt den Kühler.

Fingerzeig: *Es hat keinen Sinn, zur besseren Kühlung den Thermostat auszubauen, denn dadurch wird ja auch die Kurzschlußstrecke freigegeben. Es stellt sich eine Kühlwirkung wie bei Normalbetrieb ein.*

Störungen am Thermostat

□ **Der Thermostat öffnet nicht,** weil er klemmt oder eine Ventilplatte festklebt. Obwohl die Temperaturanzeige schon die rote Marke überschritten hat, fühlt sich dann der Kühler immer noch kalt an. Warten Sie, bis sich der Motor abgekühlt hat, schrauben Sie das Thermostatgehäuse auf und bauen Sie den Thermostat aus. Wenn Sie einige Zeit ohne Thermostat fahren, schadet dies Ihrem Motor nicht. Wer hingegen mit geschlossenem Thermostat weiterfährt, riskiert einen gewaltigen Motorschaden. So kann die Zylinderkopfdichtung durchbrennen, der Zylinderkopf kann sich hoffnungslos verziehen oder gar Risse bekommen.

□ **Der Thermostat schließt nicht** mehr richtig, weil ihn ein Fremdkörper verklemmt hat. In diesem Fall wird der Kühler nach dem Kaltstart gleich warm wie beispielsweise das Thermostatgehäuse. Die Fahrzeugheizung kommt nur langsam in Schwung. Ersetzen Sie baldmöglichst den Thermostat, denn auf Dauer ist es unwirtschaftlich und für den Motor schädlich, wenn er seine Arbeitstemperatur nicht mehr erreicht.

Thermostat ausbauen

■ Warten, bis sich das Kühlmittel etwas abgekühlt hat, dann den Verschlußdeckel abnehmen.

■ Wenn kein Kühlmittel verloren gehen soll, die Geräuschkapselung ausbauen und das Kühlmittel ablassen (Seite 72).

■ Den Deckel vom Thermostatgehäuse losschrauben (2 Schrauben) und zur Seite schwenken. (Abb. Seite 74). Wer den Deckel ganz abnehmen will, muß den dicken Schlauch zum Kühler lösen.

■ Thermostat herausnehmen. Dessen Einbaulage merken.

■ Nach dem Einbau den Gehäusedeckel wieder montieren.

■ Wurde die Deckeldichtung beschädigt, für Ersatz sorgen.

■ Haben Sie nicht gleich eine neue Dichtung zur Hand, den Deckel mit Dichtungsmasse abdichten oder kurzfristig in Kauf nehmen, daß dort etwas Kühlmittel austropft. Auf der Fahrt dann besonders oft die Kühlmitteltemperatur beobachten und öfters nach dem Kühlmittelstand sehen.

■ Wurde unterwegs nur Wasser nachgefüllt, bald den Gefrier- und Korrosionsschutz ergänzen.

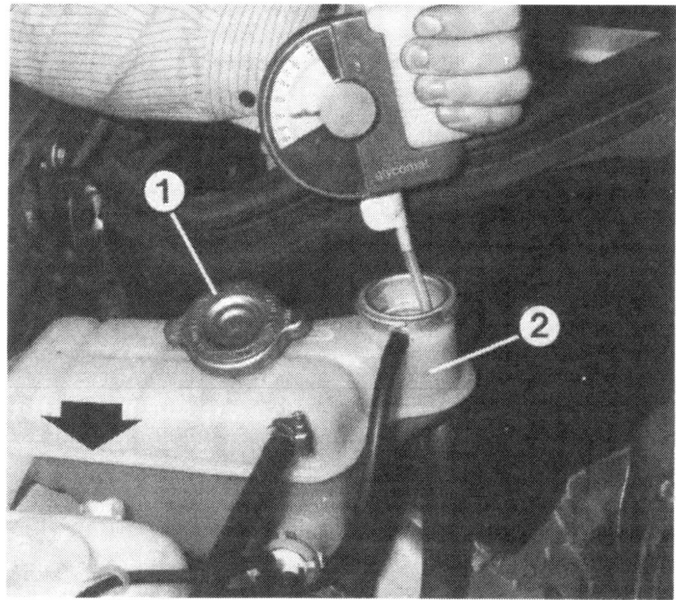

Vor der kalten Jahreszeit den Gefrierschutz des Kühlmittels prüfen. Dazu den Verschlußdeckel (1) abnehmen und mit dem Tester etwas Kühlmittel aus dem Ausgleichsbehälter (2) ansaugen. Bis zur Markierung (Pfeil) muß das Kühlmittel im Ausgleichsbehälter (2) reichen.

Thermostat prüfen

Mit einem Einmachthermometer können Sie selbst prüfen, ob der Thermostat bei der richtigen Temperatur öffnet. Hängen Sie ihn hierzu in einen Wassertopf und erhitzen Sie das Wasser. Bei ca. 85° C soll der Thermostat zu öffnen beginnen. Bei kochendem Wasser soll er voll offen sein.

Das Kühlmittel

Etwa 8,0 Liter Kühlmittel faßt das Kühlsystem. Das werksseitig eingefüllte Kühlmittel besteht aus 56 % Wasser und 44 % Gefrier- und Korrosionsschutzmittel. Das Kühlmittel kann so bis –30° C nicht eingefrieren, und es ist genügend Korrosionsschutz darin enthalten. Durch die Gefrierschutzanteile erhöht sich der Siedepunkt des Kühlmittels um etwa 10° C (auf insgesamt 126° C bei 1 bar Überdruck).
Beim Erneuern des Kühlmittels alle 3 Jahre müssen mindestens 30 % Gefrier- und Korrosionsschutz beigegeben werden, weil ansonsten kein ausreichender Korrosionsschutz besteht. Es kommt bevorzugt an den Leichtmetallteilen zu Schäden.

Fingerzeig: *Daimler-Benz erlaubt nur die Verwendung des hauseigenen Frostschutzmittels. Im Zweifelsfall die Betriebsstoff-Vorschriften in der Vertragswerkstatt einsehen. Vielleicht wurden im Lauf der Zeit noch andere Fabrikate freigegeben. Bei Schäden an den Leichtmetallteilen des Motors oder in den dünnen Röhrchen des Kühlers durch aggressive Fremdfabrikate erlöscht die Garantie.*

Kühlmittelstand und Gefrierschutz prüfen

Wartung Nr. 21

□ Das kalte Kühlmittel muß bis zur Markierung am Ausgleichsbehälter reichen (Abb. oben). Zusätzlich wird der Kühlmittelstand durch eine Kontrollampe im Armaturenbrett überwacht.
□ Vor den ersten Frostnächten den Verschlußdeckel am Ausgleichsbehälter abnehmen und mit einem Tester prüfen. Bis mindestens –30°C muß der Gefrierschutz reichen.

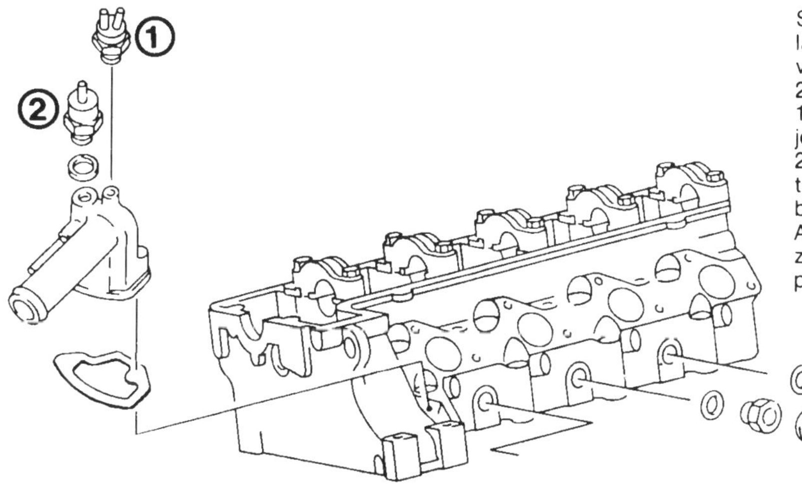

Seitlich links am Zylinerkopf und vorn im Rücklaufstutzen können eingebaut sein: 1 – Thermoventil für Leerlaufanhebung, Seite 99; 2 — beim 200 D ohne Klimaanlage: Temperaturschalter 100 °C für elektromagnetische Lüfterkupplung, jetzt nur noch 2polige Ausführung.
2 — beim 250 D/300 D mit Klimaanlage Temperaturschalter 115 °C zur Kompressorabschaltung bei heißem Motor. 4 – Temperaturfühler für die Anzeige im Kombiinstrument; 5 – Anschlußstutzen für Heizungszulauf; Freier Platz vorn – Temperaturfühler für Leerlauf-Regelung (Seite 100).

Fingerzeige: *Den Verschlußdeckel auf dem Ausgleichsbehälter nur bei einer Kühlmitteltemperatur unter 90°C öffnen. Den Deckel bis zur ersten Raste lösen, den Druckabbau abwarten und den Deckel vollends abnehmen.*
Zum Ergänzen kleiner Kühlmittelverluste normales Wasser verwenden. Mit völlig kalkfreiem Wasser, Regenwasser, destilliertem oder entsalztem Wasser tun Sie der Kühlanlage keinen Gefallen, weil diese Wasserarten korrosiver wirken.
Falls Sie unterwegs erhebliche Wassermengen aus dem Kühlsystem verloren haben, soll bei heißer Maschine kein kaltes Wasser nachgegossen werden, denn der Zylinderkopf kann sich verziehen oder gar Spannungsrisse bekommen.

Kühlmittel austauschen
Wartung Nr. 34

Mit der Zeit werden die Korrosionsschutzzugaben im Kühlmittel unwirksam, deshalb das Kühlmittel alle 3 Jahre unbedingt austauschen. Für den Austausch besorgen Sie sich das Frostschutzmittel in einer Mercedes-Werkstatt.

- Nach der Tabelle unten sauberes Wasser und Frostschutzmittel in einer Kanne vermischen.
- Kühlmittel ablassen.
- Neues Kühlmittel langsam in den Ausgleichsbehälter einfüllen.

Motor	Typ	Kühlmittel insgesamt	Gefrierschutz bis −30°C Wasser/Zusatz in Liter	Gefrierschutz bis −45°C Wasser/Zusatz in Liter
2,0-Liter	601	7,0 Liter	4,0/3,0	3,25/3,75
2,5-Liter	602	8,0 Liter	4,25/3,75	3,5/4,5
2,5-Liter	605	7,0 Liter	4,0/3,0	3,25/3,75
3,0-Liter	603/606	8,0 Liter	4,25/3,75	3,5/4,5

Kühlmittel ablassen und einfüllen

- Verschlußdeckel am Ausgleichsbehälter stufenweise öffnen.
- Untere Geräuschkapsel ausbauen.
- Ablaßschraube am Kühler unten öffnen. Auf den Auslaufstutzen zum Auffangen ein Schlauchstück aufstecken.
- Auf Ablaßschraube rechts am Zylinderblock Schlauch aufstecken, Schraube lösen.
- Ablaßschrauben wieder zudrehen.
- Zum Einfüllen die Heizung auf beiden Fahrzeugseiten voll öffnen.
- Kühlmittel langsam in den Ausgleichsbehälter einfüllen, bis es an die Markierung reicht.
- Motor laufen lassen und stoßweise Gas geben, bis der Thermostat öffnet (ca. 90°C).
- Während der Erwärmung des Motors bei ca. 60°C den Verschlußdeckel am Ausgleichsbehälter schließen.
- Kühlmittelstand nochmals prüfen und ggf. richtigstellen.

Kühlsystem prüfen
Wartung Nr. 18

- An Kühler, Wasserpumpe, Thermostatgehäuse, Ausgleichsbehälter und Heizung nachsehen, ob alle Kühlmittelschläuche weit genug auf den Stutzen sitzen und die Schlauchbinder festgezogen sind.
- Die Gummischläuche dürfen nicht hart, spröde oder gar schon eingerissen sein. Gealterte Schläuche werden meist dann undicht oder platzen, wenn im Kühlsystem der volle Druck herrscht.
- Prüfen, ob die Kühlmittelschläuche von den seitlichen Luftklappen der Motorraumkapselung angescheuert wurden.
- Ist der Kühler undicht? Vielleicht ist eines der dünnen Röhrchen zwischen den Lamellen beschädigt. Irgendwo ein Riß in den Wasserkästen? Hat sich die Ablaßschraube gelockert?
- Der Thermostat muß richtig arbeiten (Seite 69).
- Schaltet die elektromagnetische Lüfterkupplung beim 200 D (Seite 76)?
- Visko-Lüfterkupplung beim 250 D und 300 D in Ordnung (Seite 76)?
- Die Wasserpumpe kann undicht werden, wenn ihr Wellendichtring verschlissen ist. Dann tropft aus einer Bohrung unterhalb der Pumpe Kühlmittel aus (durch Riemenscheibe verdeckt). Die Wasserpumpe muß ausgetauscht werden (Seite 74).
- Wie Sie schon gelesen haben, regelt der Verschlußdeckel am Ausgleichsbehälter den Druck im Kühlsystem. Die Gummidichtungen am Verschlußdeckel dürfen nicht eingerissen oder spröde sein.
- Sind die Kühlmittelschläuche nach dem Abkühlen des Kühlsystems zusammengeschrumpft, ist das Unterdruckventil im Verschlußdeckel schadhaft.
- Bei Schäden neuen Deckel einbauen.

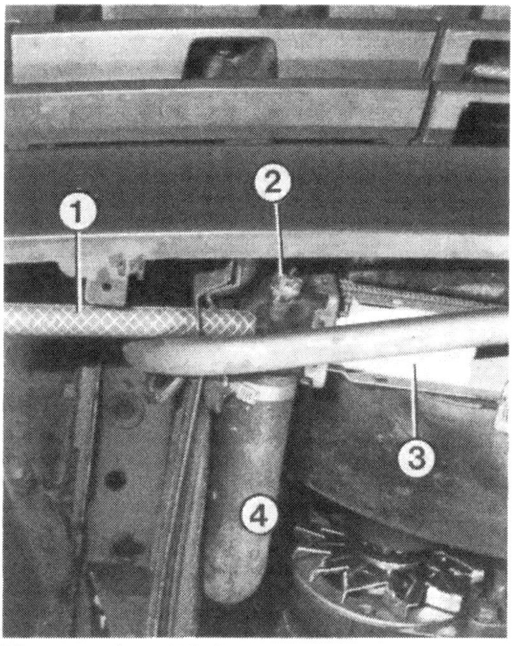

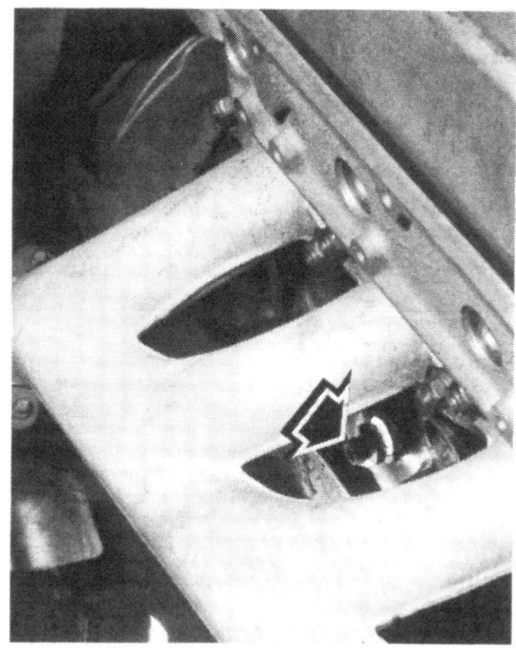

Bevor die Ablaßschrauben in Kühler (2) und Zylinderblock (Pfeil) geöffnet werden, einen Wasserschlauch (1) aufstecken. Das Kühlmittel kann so bequem aufgefangen werden. 4 – Kühlmittelschlauch vom Kühler (3).

Fingerzeig: *Wird unterwegs ein Wasserschlauch undicht, hilft festes Klebeband weiter, das man mehrfach um das gesäuberte und trockene Schlauchstück wickelt. Noch besser ist das »Pannenband« von Weyer, Düsseldorf oder Holts »Hoseweld Bandage«; beide kleben auf den Gummischläuchen besser. Da aber eine solche Bandage den Betriebsüberdruck des Kühlsystems nicht aushält, dreht man den Kühlerverschlußdeckel nicht ganz fest, der Überdruck kann so entweichen. Temperaturanzeige beobachten!*

Die Kühler

Alle Modelle sind mit einem Leichtmetall-Querstromkühler ausgestattet. Die beiden Kunststoff-Wasserkästen sind hierbei seitlich links und rechts angeordnet. Die Kästen sind durch ein Mittelteil aus Leichtmetall miteinander verbunden. Darin ist eine Vielzahl von dünnwandigen Röhrchen untergebracht. Kühllamellen um diese Röhrchen verbessern den Wärmeaustausch. Die Kühler wie auch ihre Lüfterhauben sind unterschiedlich groß (siehe Tabelle). Bei Fahrzeugen mit Automatik-Getriebe ist im rechten Wasserkasten noch ein Getriebeölkühler eingebaut. Unten am rechten Wasserkasten des Kühlers finden Sie die Ablaßschraube für das Kühlmittel.
Gelegentlich sollten Sie die Kühlerlamellen von Insektenresten reinigen. Hierzu die Insektenteile mit einem eiweißlösenden Mittel einsprühen – z. B. »Summer Screen« von Holt – und anschließend abwaschen. Einen minimal undichten Kühler kann man in der Mercedes- oder in einer Kühlerwerkstatt abdichten lassen.

Kühlergröße Höhe/Dicke in mm	Modell
372/34	200 D und 250 D ohne Klimaanlage
492/34	200 D und 250 D mit Klimaanlage, 300 D ohne Klimaanlage
492/42	300 D mit Klimaanlage

Kühler ausbauen

- Kühlmittel ablassen (Seite 72)
- Bei Automatik-Getriebe: Ölleitungen mit Schraubzwingen o. ä. abklemmen und die Leitungen am Kühler abschrauben.
- Kühlmittelschläuche lösen.
- Lüfterhaube vom Kühler lösen. Einteilige Lüfterhaube über dem Lüfterflügel ablegen. Teilbare Lüfterhaube vollends ausbauen (nächster Abschnitt).
- Oben die Federklemmen am Kühler herausziehen und den Kühler nach oben ausbauen.
- Beim Einbau in umgekehrter Reihenfolge die Ölleitungen (nur bei Automatik-Getriebe) mit 20 Nm anziehen.
- Auf richtigen Sitz der Gummitüllen am Kühler und auf die Haltelaschen der Lüfterhaube achten.

Lüfterhaube ausbauen

Abhängig von der Motorlänge (Zylinderanzahl) und vom Baujahr sind unterschiedliche Lüfterhauben eingebaut.

■ Ggf. Schlauchleitung zum Kühlmittel-Ausgleichsbehälter von der Lüfterhaube ausstecken und seitlich losschrauben.

■ Federklemmen zwischen Lüfterhaube und Kühler lösen.

■ Lüfterhaube vom Kühler aushängen.

■ Einteilige Lüfterhaube über dem Lüfterflügel ablegen. Zum weiteren Ausbau entweder den Lüfterflügel (Abb. rechts) oder den Kühler ausbauen.

■ Zweiteilige, vertikal teilbare Lüfterhaube ausbauen. Sie besteht aus dem Grundkörper direkt hinter dem Kühler und einem Ring um den Lüfterflügel. Die Teile sind mit vier Verschlüssen und einem Arretierungsstift verbunden.

■ Zum Ausbau den Arretierungsstift herausziehen und den Ring nach links verdrehen.

■ Erst den Grundkörper, dann den Ring aus dem Motorraum nehmen.

Die Wasserpumpe

Die Wasserpumpe ist vorn rechts am Motor zu finden. Sie ist zweiteilig und besteht aus Pumpenteil und Wasserpumpengehäuse. Das Gehäuse ist seitlich am Zylinderblock angeschraubt. Hinten im Wasserpumpengehäuse ist noch der Thermostat eingebaut (siehe Zeichnung Seite 70).

Im sich drehenden Pumpenteil sitzen diejenigen Teile, an denen Verschleiß denkbar ist: Lagerstellen der Pumpenwelle, Wellendichtring oder Flügelrad.

Vorn am Flansch der Pumpenwelle sind Riemenscheibe und Lüfterkupplung befestigt. Beim 200 D ist eine elektromagnetisch arbeitende Lüfterkupplung, bei den anderen Modellen eine Visko-Lüfterkupplung eingebaut.

Wasserpumpe ausbauen

■ Kühlmittel ablassen (Seite 72).

■ Lüfterhaube und Kühler ausbauen (siehe Vorderseite und oben).

■ **200 D:** Zum Lüfterausbau die zentrale Schraube herausdrehen.

■ **250 D/300 D:** Den Lüfter zusammen mit der Visko-Lüfterkupplung ausbauen. Dazu die zentrale Innensechskantschraube lösen.

■ Flachriemen entspannen und abnehmen (Seite 63).

■ Riemenscheibe losschrauben und abnehmen.

■ **200 D:** Kabel am Magnetkörper der Lüfterkupplung ausstecken und den Magnetkörper ausbauen (3 Schrauben).

■ Wasserpumpe am Gehäuse losschrauben und abnehmen.

■ Vor dem Einbau die Dichtflächen reinigen und leicht mit dauerelastischer Dichtungsmasse bestreichen.

■ **200 D:** Die zentrale Befestigungsschraube des Lüfters mit 25 Nm festdrehen. Auf die richtige Lage der Unterlegscheibe achten (Zeichnung rechts unten).

■ **250 D/300 D:** Lüfterkupplung mit 45 Nm befestigen.

■ M-6-Schrauben mit 10–15 Nm festdrehen.

Zum Ausbau des Thermostats müssen die beiden Schrauben (Pfeile) herausgedreht werden. Dann kann man den Thermostatdeckel (2) und den Thermostat abnehmen. Noch zu sehen: 3 – Kühlmittelschlauch vom Kühler; 4 – Wasserpumpe; 5 – Kettenspanner für Steuerkette. Er darf nur am großen Sechskant verdeht werden.

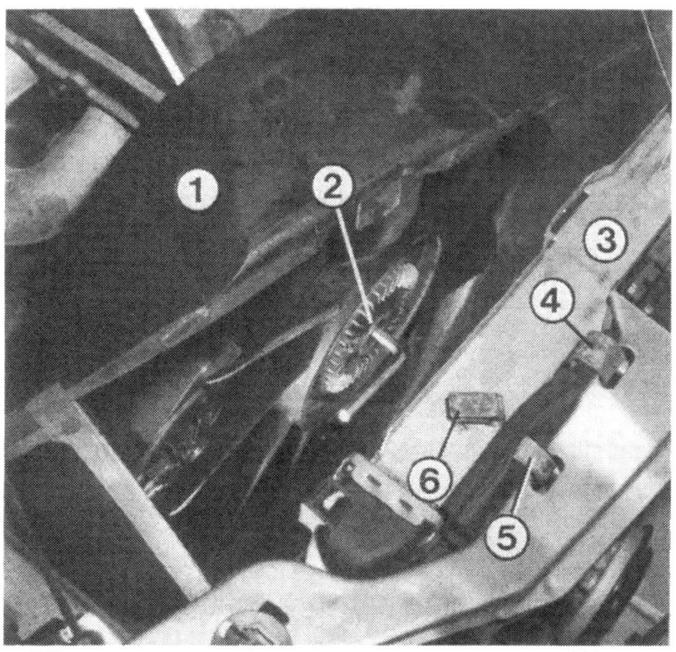

Hier gezeigt: 1 – Lüfterhaube; 2 – Visko-Lüfterkupplung des 250 D und 300 D; 3 – Kühler; 4 – Federklemme für Kühlerbefestigung; 5 – Federklemme für Kondensatorbefestigung bei Klimaanlage; 6 – Federklemme für Lüfterhaube.
Zum Ausbau der entsprechenden Teile die Federklemmen mit einem Schraubenzieher abhebeln. Zum Losschrauben der Lüfterkupplung mit Rohrzange (Backen schützen!) an Wasserpumpen-Riemenscheibe gegenhalten.

Wasserpumpengehäuse ausbauen

- Wasserpumpe ausbauen.
- Lichtmaschine ausbauen (Seite 198).
- Träger der Lichtmaschine vom Zylinderblock losschrauben (4 Schrauben).
- Rücklaufleitung der Heizung vom Rohrkrümmer abschrauben.
- Dicken Wasserschlauch lösen.
- Wasserpumpengehäuse abschrauben und die Dichtflächen reinigen.
- Beim Einbau gelten folgende Drehmomente: Wasserpumpengehäuse an Zylinderblock 10 Nm; Lichtmaschinenträger an Zylinderblock 25 Nm; Lichtmaschinenbefestigung 45 Nm.

Elektromagnetische Lüfterkupplung
(200 D)

Die Zeichnung unten zeigt die Einzelteile. Erst wenn das Kühlmittel bis ca. 100°C erwärmt ist, schaltet die magnetische Lüfterkupplung, und der Kunststofflüfter hinter dem Kühler beginnt kräftig Luft zu saugen. Der Lüfter ist dann starr mit der Riemenscheibe verbunden. Sinkt die Kühlmitteltemperatur wieder, öffnet die Kupplung den Kraftschluß. Und es wird keine Motorleistung mehr vom Lüfter verbraucht. Der Lüfter dreht zwar noch leicht mit, doch geschieht dies kraftlos. Lagerreibung und Fahrtwind lassen den Lüfter drehen.
Im einzelnen funktioniert die Lüfterkupplung so: Die Spule im Magnetkörper erhält bei eingeschalteter Zündung über Sicherung Nr. 7 Plusstrom, wenn der Temperaturschalter vorn links

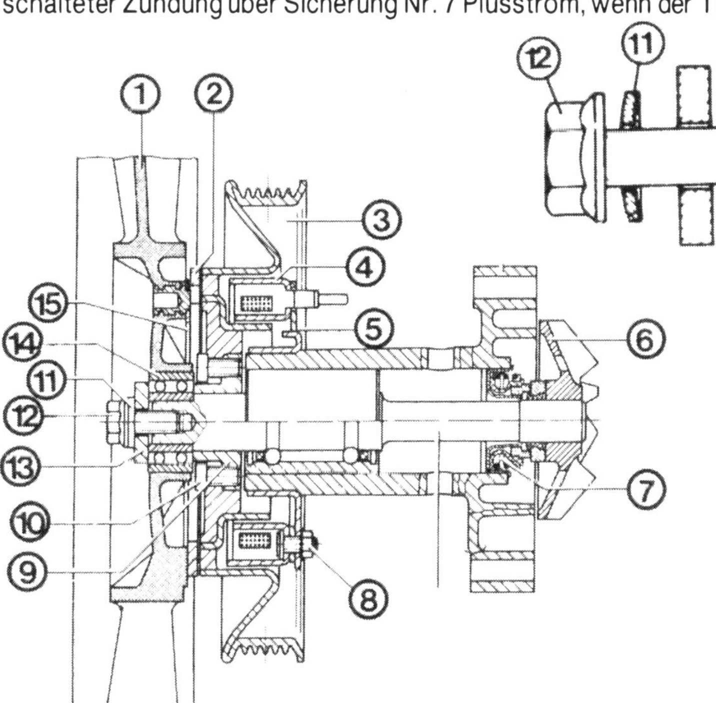

Die elektromagnetische Lüfterkupplung des 200 D: 1 – Lüfter; 2 – Anker; 3 – Riemenscheibe; 4 – Magnetkörper; 5 – Magnetträger; 6 – Flügelrad; 7 – Kassettendichtring; 8 – Mutter; 9 – Flansch; 10 – Schraube; 11 – Gewölbte Spannscheibe (Einbau siehe vergrößerte Darstellung rechts oben); 12 – Schraube; 13 – Scheibe; 14 – Kugellager; 15 – Blattfeder.

am Motor (Zeichnung Seite 71) seinen Kontakt geschlossen hat. Der Schalter schließt seinen Kontakt bei Kühlmitteltemperaturen um 100°C. Der feststehende Magnetkörper erzeugt nun ein kräftiges Magnetfeld, und ein ringförmiger Anker auf der Innenseite des Lüfters wird fest gegen die Riemenscheibe gezogen. Der Lüfter dreht starr mit. Der zweite Spulenanschluß führt direkt zur Masse.

Elektromagnetische Lüfterkupplung prüfen

■ Abgekühlten Motor (nicht über 100°C) im Leerlauf drehen lassen.

■ Den Stecker am Temperaturschalter abziehen.

■ Den jetzt langsam, kraftlos mitdrehenden Lüfter anhalten. Dazu eine zusammengerollte Zeitung o. ä. an die Lüfterflügel heranführen. Beim Anhalten die Zeitung möglichst knapp an einen Lüfterflügel ansetzen.

■ Wenn Sie nun die beiden Steckeranschlüsse überbrücken, muß es »klicken« und der Lüfter kraftvoll mitdrehen (Vorsicht!).

Störungsursachen

Steigt die Kühlmitteltemperatur unaufhaltsam an und hat der Lüfter bei der obigen Prüfung nicht zu drehen begonnen, kann dies folgende Ursachen haben:

□ Der Kontakt im Temperaturschalter schließt nicht, weil der Schalter ganz defekt ist oder bei einer anderen Temperatur schaltet (evtl. wegen Ablagerungen). Dreht der Lüfter kraftvoll, wenn am Temperaturschalter überbrückt wird (oben beschrieben), ist der Temperaturschalter defekt und muß ersetzt werden. Unterwegs lassen Sie die Kabelbrücke stecken, damit der Lüfter ständig mitläuft.

□ Es könnte aber auch die Spule im Magnetkörper unterbrochen sein. Zum Prüfen den Stekker am Temperaturfühler abziehen, Zündung einschalten und mit einer Prüflampe oder mit einem Strommeßgerät (10 A) die Steckerbuchsen überbrücken. Es muß jetzt Strom fließen bzw. die Lampe muß aufleuchten. Ist dies nicht der Fall, obwohl die Sicherung Nr. 7 intakt ist, hat die Spule Unterbrechung oder keinen Massekontakt. Der Magnetkörper muß ausgetauscht werden (siehe unter »Wasserpumpe ausbauen«).

Tritt dieser Defekt unterwegs ein, können Sie nach dem Abkühlen des Kühlsystems mit schonender, aber flotter Fahrweise noch die nächste Werkstatt erreichen. Im Stau den Motor abstellen; bei Talfahrten auskuppeln (keinesfalls den Motor abstellen – Bremskraftverstärker und Pumpe der Servolenkung arbeiten nicht). Auf der Weiterfahrt verstärkt die Temperaturanzeige beobachten.

In extremen Notfällen könnten Sie den Lüfter fest mit seiner Welle verbinden. Hier sind verschiedene Möglichkeiten denkbar, z. B. könnte man einen Blechstreifen vorn quer durch die Lüfternabe einbauen, der mit einer Mittelbohrung unter die Lüfterschraube geklemmt wird. Außen wird er fest mit dem Lüfter verbunden. Man könnte auch den Lüfter ausbauen und sein Kugellager in der Mitte mit einem Schweißpunkt o. ä. blockieren.

□ Funktionsstörungen der Lüfterkupplung können weiterhin durch die Ankerteile hinten am Lüfter verursacht werden.

Visko-Lüfterkupplung (250 D/300 D)

Diese Kupplung sitzt in der Mitte des Lüfterflügels. Die Kupplung wird temperaturabhängig von einem Bimetallstreifen gesteuert. Je nach Motor- bzw. Kühlmitteltemperatur sorgt eine Silikonölfüllung dafür, daß sich der Lüfterflügel bedarfsgerecht mitdreht. Bei kaltem Motor ist praktisch ausgekuppelt, und es wird keine Motorleistung durch den Lüfter verbraucht. Die Lüfterdrehzahl bleibt unter 1000/min. Das Silikonöl befindet sich im Vorratsraum (Zeichnung rechts oben).

Ab einer Umgebungstemperatur von ca. 85°C am Bimetallstreifen gibt ein Schaltstift den Weg des Öls in den Arbeitsraum frei, es wird eingekuppelt. Die Lüfterdrehzahl ändert sich im unteren Drehzahlbereich wie die Motordrehzahl. Bei höheren Drehzahlen überschreitet der Lüfter 3300/min nicht.

Visko-Lüfterkupplung prüfen

■ Betriebswarmen Motor bei geschlossener Motorhaube mit 4000–5000/min drehen lassen.

■ Bei einer Kühlmitteltemperatur von 90–95°C schaltet die Lüfterkupplung zu.

■ Man kann das Losbrausen des Lüfters deutlich am Kühlergrill hören.

Die Temperaturanzeige

Das Anzeigeinstrument im Armaturenbrett erhält über Sicherung Nr. 5 bei eingeschalteter Zündung Plusstrom. Der andere Anschluß des Anzeigeinstrumentes führt über eine grüne

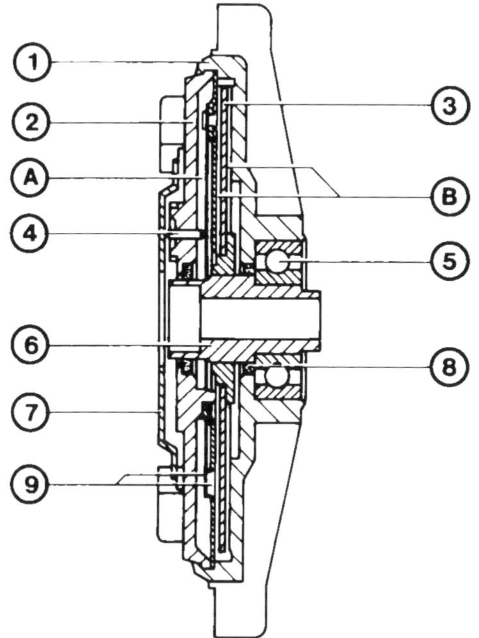

Hier ist die Viskoselüfterkupplung des 250 D und 300 D dargestellt: 1 – Kupplungskörper; 2 – Deckel; 3 – Antriebsscheibe; 4 – Schaltstift; 5 – Kugellager; 6 – Lagerbuchse; 7 – Bimetallstreifen; 8 – Dichtring; 9 – Ventil; A – Vorratsraum; B – Arbeitsraum.

Leitung zum Temperaturfühler seitlich links am Motor. Je nach Temperatur ändert der Temperaturfühler seinen Widerstand. So wird der unterschiedliche Zeigerausschlag gesteuert. Ursachen für Störungen wie folgt suchen:

- Sicherung prüfen, wenn nichts angezeigt wird.
- Bei intakter Sicherung das Kabel am Fühler ausstecken und kurz gegen Masse drükken (Zündung eingeschaltet). Die Anzeige müßte jetzt voll ausschlagen. Tut sie dies, ist der Temperaturfühler defekt.
- Erfolgt immer noch keine Anzeige, könnte das Anzeigeinstrument defekt sein. Kombiinstrument ausbauen (Seite 216). Direkt an die Anschlüsse der Temperaturanzeige kurz 12 Volt anlegen (antippen). Schlägt der Zeiger nicht aus, das Instrument austauschen.
- Hat die Temperaturanzeige voll ausgeschlagen, obwohl das Kabel am Temperaturfühler ausgesteckt ist, hat das grüne Kabel irgendwo Masseschluß.

Die Kühlmittelstandskontrolle

Diese Einrichtung befreit Sie nicht von der Kontrolle laut Wartungsplan (Seite 71), ist aber eine wertvolle Hilfe bei plötzlichem Kühlmittelverlust.
Bei eingeschalteter »Zündung« und Motorstillstand leuchtet die Kontrollampe im Armaturenbrett schwach auf (zur Selbstkontrolle). Stimmt der Kühlmittelstand, verlöscht die Lampe bei laufendem Motor. Leuchtet sie dagegen hell auf, fehlt Kühlmittel.
Die Kontrolleinrichtung wird vom Geber im Ausgleichsbehälter gesteuert. Sein Kontakt wird von einem Schwimmer betätigt. Fehlt Kühlmittel, wird der Kontakt geschlossen.
Störungen können eine durchgebrannte Glühlampe, ein defekter Geber oder eine Leitungsunterbrechung verursachen.

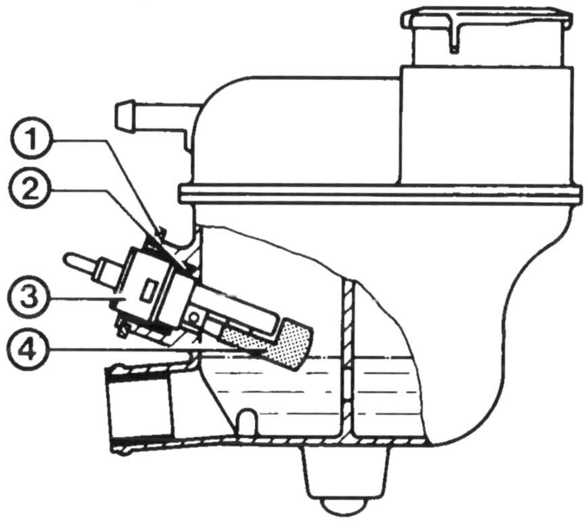

Der Kühlmittelstand im Ausgleichsbehälter wird mit einem Geber überwacht. Es bedeuten: 1 – Sicherungsring; 2 – Dichtung; 3 – Geber; 4 – Schwimmer. Die entsprechende Warnlampe im Armaturenbrett zur Funktionkontrolle leuchtet beim Einschalten der Zündung schwach auf. Sie muß verlöschen, sobald der Motor läuft. Leuchtet die Kontrolle hingegen hell auf, fehlt Kühlmittel.

□ Leuchtet bei eingeschalteter »Zündung« die Kontrolleuchte nicht schwach auf, ist sie wahrscheinlich durchgebrannt.
□ Verlöscht die Lampe bei laufendem Motor und richtigem Kühlmittelstand nicht, so ist eher der Geber defekt. Dieser Verdacht wird bestätigt, wenn durch Abziehen des Leitungssteckers am Geber die Lampe verlöscht. Dann Geber ausbauen, Schwimmer auf Leichtgängigkeit prüfen und das Schalten des Kontaktes prüfen. Ggf. Geber ersetzen.

Geber ausbauen

■ Ausgleichsbehälter losschrauben.
■ Verschlußdeckel abnehmen.
■ Kühlmittel aus dem Behälter in ein sauberes Gefäß schütten.
■ Leitungsstecker abziehen.
■ Der Geber ist am Behälter eingepreßt und mit einem O-Ring abgedichtet. Zum Ausbau den Sicherungsring entfernen.
■ Beim Einbau den Geber so drehen, daß die unterschiedlich breiten Nasen in ihren Nuten stecken.

Störungsbeistand
Motor ist zu heiß

Steigt die Anzeigenadel über die rote Marke (122°C), anhalten, Motor abstellen und folgendes prüfen:
□ Steigt die Anzeige nur kurzfristig bis zur roten Marke, gilt dies für die folgenden Betriebszustände als normal: Vollgas-, Berg- oder Kolonnenfahrt bei großer Hitze; nach dem Abstellen eines recht heißen Motors; im Stau mit Automatik-Getriebe (wegen Ölkühler; Abhilfe: öfters nach »N« schalten).
□ Stillstand der Wasserpumpe, weil der Flachriemen zu locker oder gerissen ist?
□ Kühlmittelstand in Ordnung (Seite 71)?
□ Klemmt der Thermostat (Seite 70)? Dann fühlt sich der Kühler kalt an, während z. B. das Thermostatgehäuse schon sehr heiß ist.
□ Schaltet die magnetische Lüfterkupplung (Seite 76) bzw. die Visko-Kupplung (Seite 76)?
□ Sind alle vorherigen Punkte in Ordnung, ist der Kühler verstopft und muß erneuert werden. (Fingerzeig Seite 71 beachten!).

Kraftfutter

Über Kraftstoff wird viel gesprochen, oft ohne das richtige Grundwissen. Dieselfahrer freuen sich über den günstigen Kraftstoffverbrauch. Doch ist es auch wichtig, z. B. das Fließverhalten des Dieselkraftstoffes bei tiefen Temperaturen zu kennen.

Der Dieselkraftstoff

Ihr Diesel-Mercedes benötigt Dieselkraftstoff nach DIN 51 601 mit einer CZ von mindestens 45. Was bedeutet dieses CZ?
CZ steht für »Cetan-Zahl« und ist das Maß für die Zündwilligkeit des Kraftstoffs. Diese Verhältniszahl wird folgendermaßen ermittelt: Dem sehr zündwilligen Kraftstoff Cetan wurde die Zahl 100 zugeordnet, einem überaus zündträgen Vergleichskraftstoff (Methylnaphtalin) die Ziffer 0. Die Cetanzahl gibt nun an, wieviel Volumenprozent Cetan sich in einem Gemisch mit dem Vergleichskraftstoff befinden müssen, das die gleiche Zündwilligkeit besitzt wie der zu messende Kraftstoff – in unserem Fall der Dieselkraftstoff. Ob die gleiche Zündwilligkeit vorliegt, wird in einem genormten Prüfdieselmotor ausprobiert.

Fingerzeig: *Die oft gestellte Frage, wieso im Dieselmotor kein Ottomotoren-Kraftstoff verwendet werden kann, läßt sich einfach beantworten: Die oben angesprochene Zündwilligkeit des Kraftstoffs soll im Ottomotor niedrig, im Dieselmotor dagegen hoch sein. Kraftstoff mit hoher Zündwilligkeit hätte im Ottomotor schädliches Klingeln und Klopfen zur Folge. Der Kraftstoff würde sich also schon während der Aufwärtsbewegung des Kolbens selbständig entzünden und nicht mehr lange auf das Startsignal der Zündkerze warten, an der der Zündfunke erst überspringt, wenn der Kolben etwa in der höchsten Stellung im Zylinder steht. Der Dieselmotor verdichtet, wie schon erwähnt, nur reine Luft. Ist der Kolben oben angelangt und die Luft am höchsten komprimiert und daher sehr heiß, wird erst der Kraftstoff eingespritzt. Jetzt muß es allerdings schnell gehen mit der Selbstzündung. Der Kraftstoff muß also eine hohe Bereitschaft haben, sich selbst zu entzünden – eine hohe Zündwilligkeit.*

Dieselkraftstoff im Winter

Den Mercedes-Diesel-Fahrer braucht dieses Problem inzwischen nur noch am Rande zu interessieren, denn die Kraftstoffanlage ist mit einer Diesel-Vorwärmung (Seite 88) ausgestattet. Die Anlage arbeitet nach unseren Erfahrungen so zuverlässig, daß selbst nach mehreren Frostnächten unter –30°C nicht mit dem Eindicken des Kraftstoffes zu rechnen ist. Trotzdem sollten Sie als Dieselfahrer mit dieser Problematik vertraut sein.
Jeder Kraftstoff besteht aus vielen verschiedenen Kohlenwasserstoffen. Beim Diesel handelt es sich dabei vorwiegend um sogenannte Paraffine, die die gewünschte hohe Zündwilligkeit aufweisen.
Negative Eigenschaften der Paraffine ist ihre Neigung, bei niedriger werdenden Temperaturen immer mehr auszukristallisieren. Die einzelnen Kristalle lagern sich rasch aneinander an und bilden dann miteinander komplexe, netzförmige Verbindungen. Ab einer bestimmten Temperatur haben sich dann so viele Kristallnetze gebildet, daß der Kraftstoff komplett »versulzt« ist und nicht mehr durch den Filter fließen kann. Der Diesel steht – der Fahrer läuft.
Um Störungen vorzubeugen, werden die Tankstellen mit Kraftstoff beliefert, der für die jeweilige Jahreszeit angepaßt ist. Sogenannte Fließverbesserer erhalten auch bei Minusgraden die Fließfähigkeit, so daß der Diesel-Fahrer mit dem Problem des Versulzens gar nicht in Berührung kommt. Wie folgt ist der Dieselkraftstoff an den Tankstellen »eingestellt«:
Sommer-Dieselkraftstoff ist gewissermaßen »naturbelassen«. Er würde schon stocken, wenn das Thermometer unter –2°C fällt.

Übergangs-Diesel wird im Frühling und im Herbst verkauft. Er soll Sicherheit schaffen, wenn die Temperatur unerwartet nach unten rutscht. Bestenfalls ist er noch bei –8 bis –10°C filtergängig.
Winterkraftstoff muß laut DIN-Norm bis mindestens –12°C brauchbar sein. In der Regel wird er jedoch durch entsprechende Zugabe von Fließverbesserern bis ca. –15°C fließfähig gehalten.

Wann sind Probleme zu erwarten?

In der Regel werden Sie hierzulande kaum in die Verlegenheit kommen, mit versulztem Dieselkraftstoff stehenzubleiben. Es sei denn,
- die Temperaturen fallen weit unter –25°C,
- der Wagen wurde ein halbes Jahr nicht gefahren und es befindet sich noch Sommerkraftstoff im Tank,
- eine äußerst schwach frequentierte Tankstelle hat winters noch Sommerdiesel verkauft (was sie nicht darf) oder
- Sie haben bei einem Auslandsaufenthalt nicht bemerkt, daß dort »nicht geimpfter« Kraftstoff verkauft wird. Wo das der Fall ist, erfahren Sie von jedem Automobilclub.

Die Fließverbesserer

Normalerweise brauchen Sie sich über dieses Zumischen dank der Diesel-Vorwärmung (Seite 88) keine Gedanken zu machen. Nur wenn diese Einrichtung ausgefallen sein sollte oder äußerst extreme Kälte herrscht, ist es gut sich hiermit auszukennen.
Die Zusätze zum Dieselkraftstoff können zwar nicht verhindern, daß sich weiterhin Paraffinkristalle bilden, doch werden die einzelnen Kristalle von den Fließverbesserern eingehüllt. So können sich keine Kristallnetze mehr bilden. Die einzelnen Kristalle sind noch klein genug, um durch die Poren der Filter zu schlüpfen. Der Kraftstoff kann also bis zur Einspritzpumpe gelangen – der Motor läuft.
Folgende Mittel eignen sich als Fließverbesserer:
- Beste und unproblematischste Möglichkeit ist die Zugabe eines Dieselkraftstoff-Zusatzes aus dem Zubehörhandel z. B. Autol Desolite D/DW, LM Fließfit, Valvoline Winterfit oder Veedol Diesel Aktiv. Lesen Sie bei solchen Zusätzen stets genau die Verpackungsaufschrift – nicht alle Mittel verhindern das Versulzen.
- Zweite Möglichkeit ist Beimengen von am besten bleifreiem Normalbenzin (keinesfalls Super, denn es verschlechtert die Zündwilligkeit). Soll Winterkraftstoff bis –20°C dünnflüssig bleiben, so empfiehlt sich ein Zusatz von 30 % Normalbenzin. Bezogen auf den 70-Liter-Tank wären das also 21 Liter Benzin. Mit diesem Gemisch läuft der Motor sehr unwirtschaftlich. Außerdem bekommt er einen recht harten Motorlauf. Die Leistung sinkt etwa um die gleichen Prozentanteile, wie Normalbenzin beigegeben wird. Mischen Sie also möglichst wenig Benzin unter den Dieselkraftstoff. Tanken Sie, sobald die Temperaturen wieder steigen, Diesel zu.

Anwendung der Fließverbesserer

Ist der Dieselkraftstoff im Tank bereits versulzt, hilft es natürlich nichts, den (womöglich noch im eiskalten Handschuhfach liegenden) Fließverbesserer in den Tank zu kippen.
Ist der Stockpunkt wesentlich überschritten, muß der Wagen in eine beheizte Garage geschleppt werden, wo sich bei angenehmen Temperaturen die Paraffinkristalle zurückbilden können. Eilige tauen den Diesel in der Lackierbox einer Karosseriewerkstatt auf. Verzweifeltes Orgeln mit dem Anlasser bringt gar nichts.
So macht man's richtig: Unbedingt vor extremen Frostnächten zur Tankstelle fahren, zuerst den Fließverbesserer (er sollte möglichst Zimmertemperatur haben) in den Tank kippen und dann randvoll tanken. Der in den Erdtanks gelagerte Dieselkraftstoff hat in jedem Fall Plusgrade, so daß sich der Fließverbesserer gut vermischen kann. Während der anschließenden kurzen Fahrt vermischt sich der Tankinhalt gut, und man kann sibirischer Kälte ruhig entgegensehen.

Fingerzeige: *Sollte nach ganz extremen Frostnächten Ihr Diesel den Start verweigern, können Sie versuchen, das Kraftstoffilter etwas mit einem Fön zu erwärmen. Vielleicht startet der Motor und läuft wenigstens in Leerlaufdrehzahl einige Minuten. Dadurch kann die von der Kühlmitteltemperatur abhängige Kraftstoffvorwärmung in Schwung kommen. Eine andere Möglichkeit zur Starthilfe könnte es sein, vorgewärmten Kraftstoff aus einem Reservekanister über einen Hilfsschlauch ansaugen zu lassen.*
Wird ein Dieselfahrzeug bevorzugt in sehr kalten Regionen bewegt, empfiehlt sich der Einbau

eines Motor-Vorwärmegerätes. Dieses funktioniert praktisch wie ein Tauchsieder. Es wird seitlich in den Zylinderblock eingebaut.
Wird der möglicherweise im Sommer betankte Reservekanister winters in den Tank gekippt, sollten Sie, wenn nötig, sofort die nötige Frostfestigkeit durch Beimischen eines Fließverbesserers wiederherstellen.

Dieselkraftstoff im Ausland

Die geforderte Cetanzahl von 45 erreicht der Kraftstoff eigentlich an allen Tankstellen im In- und Ausland. Sie können also unbedenklich an allen Diesel-Zapfsäulen den Tank Ihres Diesel-Mercedes füllen. Allerdings wird der Kraftstoff nicht in allen Ländern frostsicher gemacht – genaue Auskünfte durch einen Automobilclub.
An Tankstellen im Ausland heißt unser Kraftstoff nicht »Diesel« (vom Motorerfinder Rudolf Diesel). Man bezeichnet ihn entsprechend der Erzeugung als »Gasöl« bzw. der entsprechenden Übersetzung davon.

Die Sache mit dem Heizöl

Wenn sich das Gespräch um Wagen mit Dieselmotor dreht, leuchten bei vielen Autofahrern die Augen und sie erinnern sich » . . . da war doch noch die Sache mit dem Heizöl«. Dieser »Heizöl-Sache« wurde 1976 ein Riegel vorgeschoben. Heizöl ist seither rot eingefärbt. Bis dahin konnte praktisch jeder, der zu Hause leichtes Heizöl verbrannte, diesen steuerbegünstigten Brennstoff durch einfaches Umleeren in den Autotank auch als Dieselkraftstoff verwenden. Heutzutage wird es jedoch kaum mehr jemand wagen, das verräterisch rote Heizöl im Mercedes-Diesel zu fahren und sich so bei einer Zollkontrolle der Gefahr einer Anzeige wegen Steuerhinterziehung auszusetzen.

Fingerzeig: *Beim Tanken an der SB-Tankstelle kann die Zapfpistole mit Dieselkraftstoff verschmiert sein, da Dieselkraftstoff im Gegensatz zu Benzin nicht ganz verdunstet. Der Geruch kommt an die Finger und an die Kleidung und ist schwer zu entfernen. Wer sich speziell zum SB-Tanken ein Paar alte Leder- oder Gummihandschuhe in den Kofferraum legt, bleibt vor »Diesel-Händen« weitgehend verschont.*

Der Kraftstoff-Verbrauch

Der Verbrauch ist wegen der hohen Kraftstoffpreise leider ein wesentlicher Faktor der Unterhaltskosten für den Wagen geworden. Wir wollen uns an dieser Stelle mit dem Kraftstoffverbrauch näher befassen – und vor allem damit, wie er gedrosselt werden kann. Denn jeder weitere Tropfen höhlt die Haushaltskasse zusätzlich aus.

Normverbrauch

Seit 1979 gilt zur Ermittlung des Normverbrauchs die DIN-Prüfbedingung 70 030. Die Verbrauchswerte werden unter drei unterschiedlichen Fahrbedingungen gemessen. Im Stadtverkehr ist ein sogenannter Fahrzyklus vorgeschrieben, der aus 25 Einzelvorgängen besteht – u. a. Leerlauf, Beschleunigen, Schalten, Bremsen und verschiedene Geschwindigkeiten von 10, 15, 32, 35 und 50 km/h. Dann kommt eine Fahrt mit konstant 90 Stundenkilometern und eine weitere mit konstant 120 km/h. Die bei konstanter Geschwindigkeit gemessenen Verbrauchswerte sind in die Praxis nur mit Einschränkungen zu übertragen, denn der heutige dichte Verkehr verhindert vielfach ein gleichmäßiges Fahren. Trotzdem kann man die DIN-Verbrauchswerte als ausreichend praxisnah bezeichnen.

Verbrauchswerte in Theorie und Praxis

Wie bei allen Fahrzeugen beeinflussen auch beim Mercedes die Fahrweise und der technische Zustand des Fahrzeugs den Kraftstoffverbrauch beträchtlich. Nachfolgende Liste stellt die ermittelten Verbräuche der DIN-Form einem von uns gemessenen durchschnittlichen Praxisverbrauch gegenüber. Die Angaben beziehen sich auf eine Limousine mit 5-Gang-Getriebe.
Automatik-Getriebe oder 4-Gang-Getriebe haben einen Mehrverbrauch von ca. 0,3 l/100 km, T-Modelle ca. 0,4 l/100 km und 4MATIC ca. 0,8 l/100 km zur Folge.

Modell	200 D	250 D	300 D
Normverbrauch Stadt / 90 km/h / 120 km/h	8,4 / 5,1 / 6,9	8,9 / 5,4 / 7,0	9,5 / 5,4 / 7,0
Praxisverbrauch	7,0 – 9,0	7,3 – 9,2	7,8 – 10,0

Angaben in l/100 km

Unbeeinflußbare Bedingungen

□ Witterung: Luftfeuchtigkeit und Luftdruck beeinflussen die Verbrennung. Gegenwind hemmt das Fortkommen, Rückenwind kann dagegen helfen, ein wenig Kraftstoff zu sparen. Kälte läßt die Schmierstoffe zähflüssiger werden, die dann allen drehenden Teilen einen höheren Widerstand entgegensetzen. Und nicht zuletzt erhöhen Schnee und Matsch auf der Straße den Rollwiderstand.
□ Fahrbahnart und Straßenzustand; die Räder rollen auf glattem Beton oder Asphalt leichter als auf rauhem Fahrbahnbelag, Schotter-, Feld- oder gar Schlammwegen. Außerdem muß man auf schlechten Straßen oft in einem kleineren Gang fahren, was Kraftstoff kostet.
□ Gebirge; nicht nur das Bergauffahren kostet Kraftstoff, in höheren Regionen ist zusätzlich der Luftdruck geringer. Der Verbrennung fehlt es an Luft.
□ Stop-and-go-Verkehr; ständiges Anfahren und Bremsen, steigern den Kraftstoffkonsum.

Fahrzeugursachen

□ Rollwiderstand; hierfür sind die Reifen und Radlager zuständig, unter Umständen auch die Bremsen. Der Reifen drückt sich an dem Punkt, an dem er die Fahrbahn berührt, etwas platt, was beim Rollen Widerstand erzeugt. Dabei spielt der Reifendruck eine entscheidende Rolle. Ein hart gepumptes Rad läuft leichter, denn höherer Druck verringert die Aufstandsfläche. Schon 0,5 bar Luftdruck zu wenig steigern den Verbrauch um rund 10%.
Schmale Sommergürtelreifen haben den geringsten Rollwiderstand. Grobstollige Winterreifen rollen schlechter, mit aufgelegten Schneeketten ist der Rollwiderstand am höchsten. Zu stramm eingestellte oder defekte Radlager hemmen die Fortbewegung, ebenso schleifende Bremsen (leichtes Gefälle: rollt der Wagen selbsttätig?). Auch eine grob verstellte Achseinstellung erhöht den Rollwiderstand.
□ Gewicht; hohe Belastung steigert durch größere Abplattung der Reifen den Rollwiderstand, außerdem muß der Motor beim Beschleunigen und Bergauffahren mehr Kraft aufbringen, um den Wagen vorwärts zu bewegen. Deshalb alle nicht benötigten schweren Gegenstände aus dem Wagen nehmen.
□ Höherer Luftwiderstand durch Dachträger (besonders mit sperrigem Gepäck), verursachen bei zügiger Fahrt einen ordentlichen Mehrverbrauch. Im Stadtverkehr ist der Einfluß geringer. Deshalb Träger und Gepäck möglichst bald wieder abnehmen.
□ Wohnungen, Last- und Bootsanhänger belasten die Kraftstoffrechnung je nach Gewicht und Luftwiderstand.

Motorursachen

□ Die in den Fahrzeugpapieren angegebenen kW (früher PS) kommen leider nicht vollzählig an den Antriebsrädern an. Ein Teil bleibt vor allem im Getriebe und im Achsantrieb hängen. Je höher die Antriebsverluste sind, desto mehr Kraft muß der Motor aufbringen, um sie zu überwinden. Das kostet Kraftstoff.
□ Ein neuer Motor kann auf den ersten paar tausend Kilometern durstiger sein als später. Das liegt besonders daran, daß die neuen Kolben noch nicht eingelaufen sind und zunächst höhere Reibungskräfte zu überwinden haben.
□ Der mechanische Zustand des Motors spielt eine wesentliche Rolle. Zu geringe Kompression durch schadhafte Ventile bzw. Kolben und Zylinder kostet Kraftstoff.
□ Ein abgequetschtes Auspuffrohr oder ein eingebeulter Auspufftopf hemmt durch den kleineren Querschnitt den Abgasfluß: Die Motorleistung sinkt, der Verbrauch steigt.
□ Ein durchgerosteter Auspuff hat einen geringeren Staudruck. Der vermeintlich sportliche Klang überdeckt schlechtere Motorleistung und höheren Verbrauch.
□ Zu hohe Leerlaufdrehzahl steigert den Kraftstoffkonsum. Außerdem ist die Motorbremswirkung im Gefälle geringer.
□ Einstellfehler und Störungen an der Einspritzanlage steigern den Verbrauch.
□ Ein verschmutztes Luftfilter steigert den Verbrauch. Der mit der Verbrennungsluft angesaugte Staub setzt sich in den Papierfilterporen ab, diese verstopfen und werden weniger luftdurchlässig. Der Motor leidet unter Luftmangel und verbrennt unvollständig.

Fahrerursachen

Eilzugfahren kostet Zuschlag, das müssen Sie sich immer vor Augen halten, wenn Sie Ihren Verbrauch mit den Erfahrungswerten in der Tabelle vergleichen.
□ Die Fahrgeschwindigkeit ist der wesentlichste Verbrauchsfaktor: Mit zunehmendem Tempo wächst der Rollwiderstand der Reifen durch vermehrte Walkarbeit. Noch größer ist der Einfluß des Luftwiderstandes. Er ist bei 100 km/h nicht etwa doppelt so hoch wie bei 50 km/h, sondern er hat sich vervierfacht (er nimmt im Quadrat zu).

□ Bleifußfahren kostet unnötig Kraftstoff. Selbst bei zügiger Autobahnfahrt braucht das Gaspedal nicht bis zum Bodenblech durchgetreten zu werden. Leichtes Anheben des Gasfußes bewirkt keine oder nur eine geringe Geschwindigkeitsverminderung, aber der Verbrauch sinkt um einiges. Probieren Sie selbst aus, ab welcher Gaspedalstellung das Tempo nachläßt. Auch an Steigungen ist nicht immer Vollgas nötig.
□ Anfahren mit viel Gas, Beschleunigen bis in hohe Drehzahlen (Ausdrehen der Gänge) und notgedrungen oft auch hartes Bremsen ist verschwenderisch!
□ Zwischengas ist nicht nur überflüssig, sondern kostet auch unnötig Kraftstoff.
□ Warmlaufenlassen frißt den Kraftstoff ohne Nutzen. Der unbelastete Motor wird nur sehr langsam warm, das bedeutet zusätzlichen Verschleiß.

Abgase

Die Kraftstoffverbrennung erfolgt im Dieselmotor wegen der hohen Verdichtung und des Luftüberschusses recht wirtschaftlich und – mit Einschränkungen – umweltfreundlich. Es werden sehr geringe Mengen an Kohlenmonoxid (CO), Kohlenwasserstoff (HC) und Stickoxid (NO_x) im Abgas nachgewiesen. Nur mit Katalysator können Fahrzeuge mit Benzinmotor die niedrigen Werte von Dieselfahrzeugen erreichen. Darüber hinaus ist der Dieselkraftstoff bleifrei und entsprechend dem Verbrauch entsteht weniger CO_2.
Wenngleich Dieselfahrzeuge mit der sehr günstigen CO-, HC- und NO_x-Emission im Vergleich zum Benziner als vorbildlich schadstoffarm gelten können, gibt es doch noch Vorbehalte. So werden die Rußemission (Partikel) und der Anteil von Schwefeldioxid (SO_2) kritisiert. Weiterhin gibt es eine Diskussion über die Frage, in welchem Maße Dieselabgase wegen der ringförmigen Kohlenstoffverbindungen (sogenannte Aromate) krebsfördernd sind.
Bezüglich der Rußemission läßt sich sagen, daß Fahrzeuge, die den Wert von 0,6 g/m (Gramm pro Meile; 1 Meile = 1,6 km) nicht überschreiten, als schadstoffarm gelten können. Ihr Diesel bleibt unter diesem Wert. Doch es gibt auch Pläne, den Wert auf 0,2 g/m herunterzusetzen. Ein Wert, der wahrscheinlich nur noch mit Rußfilter oder Nachverbrennung erreicht werden kann. Durch den damit verbundenen Kostenaufwand und den Leistungsverlust könnten Dieselfahrzeuge gegenüber Benzinern mit Katalysator ins Hintertreffen geraten. Um dies zu verhindern, wird bereits überall mit Rußfiltern experimentiert. Mercedes-Benz hat ab 8/88 die Rußemission um 40 % durch Änderungen an der Vorkammer reduziert.
Die SO_2-Emission könnte leicht weiter verringert werden, wenn man den Schwefelgehalt im Dieselkraftstoff senken würde. Dem Dieselmotor macht dies überhaupt nichts aus. Doch ist der gesamte Verkehr in der Bundesrepublik ohnehin nur mit 3 % am SO_2-Ausstoß beteiligt.

Abgas-Untersuchung (AU)

Wartung Nr. 34

Seit Dezember 1993 müssen Diesel-Fahrzeuge regelmäßig alle zwei Jahre zur Abgas-Untersuchung (kurz: AU), dabei wird der Ruß-Anteil im Abgas gemessen. Die sogenannte Trübungsmessung mit dem Verbrennungstester gibt Aufschluß darüber, ob die Rauchentwicklung noch im zulässigen Rahmen ist. Hierzu wird der Motor viermal hintereinander auf Höchstdrehzahl hochgedreht – ein Vorgang der manchem Besitzer kalte Schauer über den Rücken laufen läßt. Achten Sie unbedingt darauf, daß der Motor betriebswarm ist, damit er hierbei keinen Schaden erleidet. Starker Auspuffrauch bedeutet normalerweise entweder schlechte Motoreinstellung oder fortgeschrittener Einspritzdüsen- oder Motorverschleiß.
Als Selbstpfleger können Sie schon einge Vorarbeit leisten, damit Ihr Mercedes Diesel die Prüfung besteht: Zum Prüfungsumfang gehört eine Sichtprüfung der Auspuffanlage, diese muß also intakt und dicht sein. Ein verschmutzter Luftfilter behindert das Ansaugen von Verbrennungsluft, deshalb ggf. den Filter auswechseln.
So gerüstet können Sie die AU entweder in der Werkstatt oder zusammen mit der Haupt-Untersuchung beim DEKRA oder TÜV vornehmen lassen.

Vom Tank zur Einspritzpumpe

Nahrungskette

Für viele Arbeiten muß man wissen, wie der Dieselkraftstoff vom Tank bis zum Ort des Verbrauchers fließt. Die Zeichnung unten hilft hierbei weiter.

Von der starken, selbst ansaugenden Kraftstoffpumpe wird der Kraftstoff aus dem Tank angesaugt. Dabei durchfließt er ein Siebfilter unten im Tank und ein Vorfilter im Motorraum. Je nach Außentemperatur entscheidet der Thermostat der Kraftstoffvorwärmung, ob der Kraftstoff noch über das Vorlaufrohr der Heizung geleitet wird, bevor er die Kraftstoffpumpe erreicht.

Von der Pumpe geht's weiter zum Kraftstoffilter und von da zur Einspritzpumpe. Ein kleiner Teil Kraftstoff fließt vom dritten Anschluß am Filter bereits wieder zurück zum Tank. Durch eine Drossel im Filteroberteil wird aber erreicht, daß dies wirklich nur ein kleiner Teil ist und die Einspritzpumpe nicht zu kurz kommt. Eine Leitung seitlich an der Einspritzpumpe sorgt dafür, daß Luft aus der Einspritzpumpe entweichen kann, wenn bei leerem Tank Luft angesaugt wird. Damit über die Rücklaufleitungen kein Kraftstoff dort in die Einspritzpumpe gelangt, besitzt die Entlüftungsleitung ein Ventil. Nicht der ganze Kraftstoff, der über die Ein-

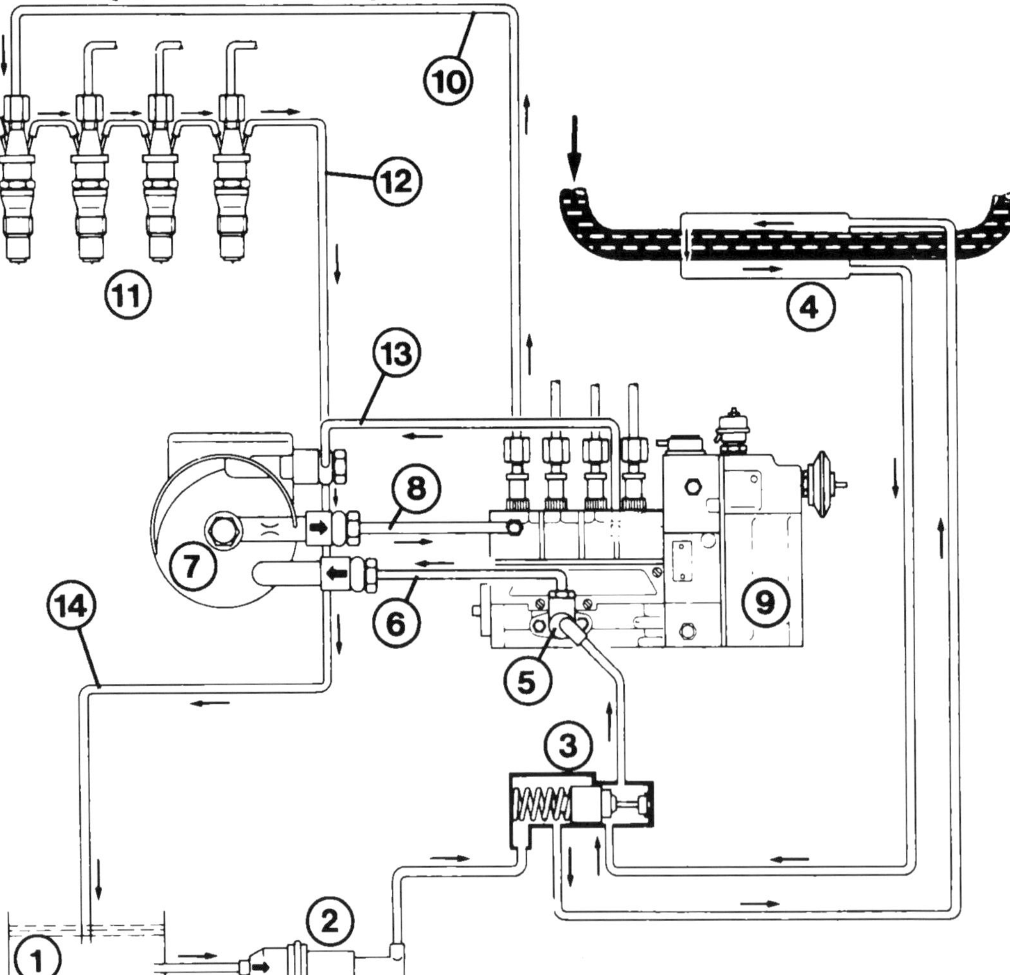

Das Schema zeigt die verschiedenen Kraftstoffwege: 1 – Tank; 2 – Kraftstoffvorfilter; 3 – Kraftstoffthermostat (hier offen, Kraftstoff wird bis + 8°C vorgewärmt); 4 – Wärmetauscher; 5 – Kraftstoffpumpe; 6 – Zulauf zum Kraftstoffilter (7); 8 – Zulauf zur Einspritzpumpe (9); 10 – Einspritzleitung (Hochdruck); 11 – Einspritzdüsen; 12 – Leckölleitung (übriger Kraftstoff zurück zum Tank); 13 – Rücklaufleitung der Einspritzpumpe; 14 – Rücklauf zum Tank.

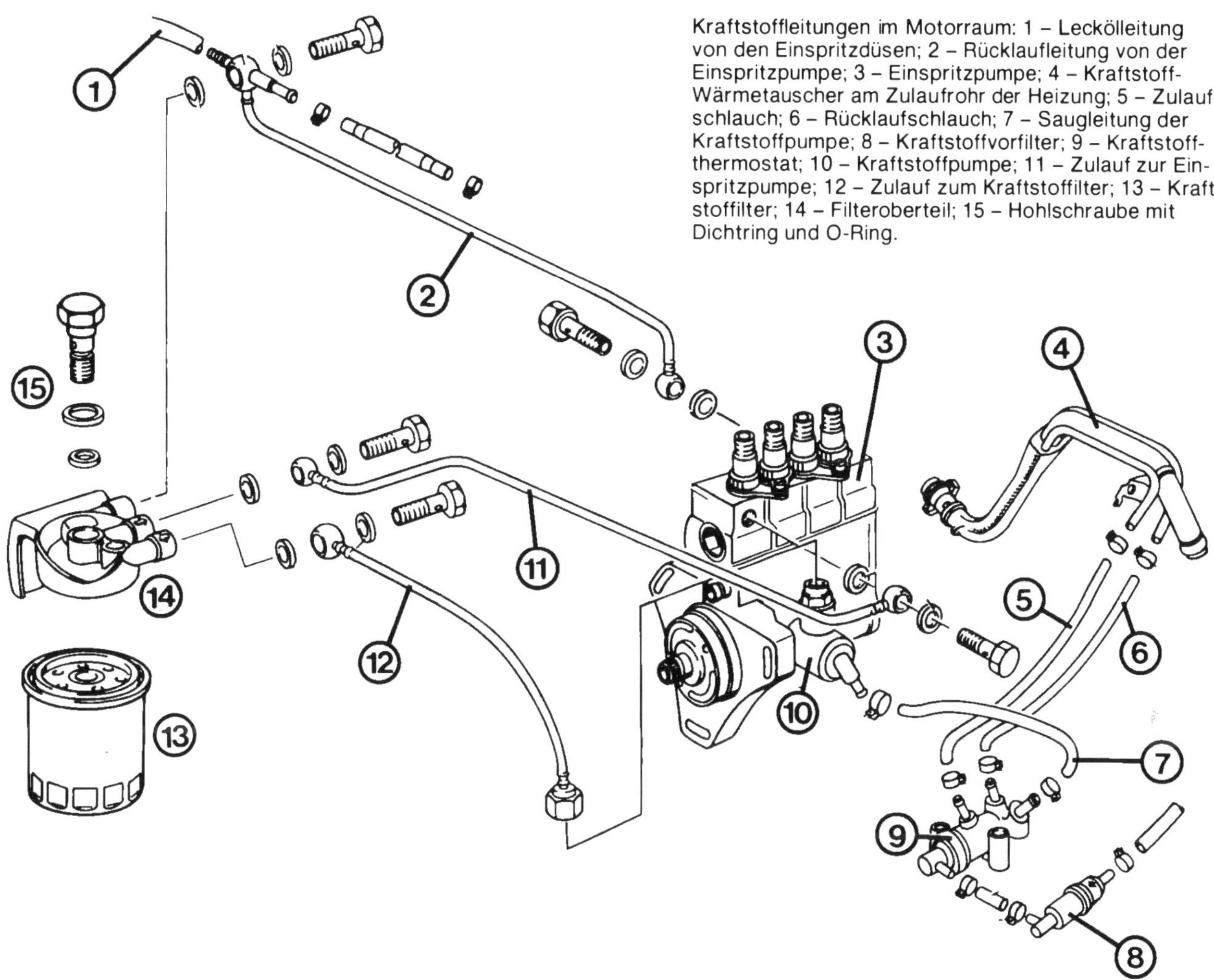

Kraftstoffleitungen im Motorraum: 1 – Leckölleitung von den Einspritzdüsen; 2 – Rücklaufleitung von der Einspritzpumpe; 3 – Einspritzpumpe; 4 – Kraftstoff-Wärmetauscher am Zulaufrohr der Heizung; 5 – Zulaufschlauch; 6 – Rücklaufschlauch; 7 – Saugleitung der Kraftstoffpumpe; 8 – Kraftstoffvorfilter; 9 – Kraftstoffthermostat; 10 – Kraftstoffpumpe; 11 – Zulauf zur Einspritzpumpe; 12 – Zulauf zum Kraftstoffilter; 13 – Kraftstoffilter; 14 – Filteroberteil; 15 – Hohlschraube mit Dichtring und O-Ring.

spritzleitungen zu den Düsen gepumpt wird, kommt zum Verbrauch. Die sogenannte Leckölleitung führt den übrigen Kraftstoff zu den anderen Rücklaufleitungen. Die Rücklaufleitungen sind alle am (in Fahrtrichtung) rechten Anschluß am Filter zusammengefaßt.

Der Tank

Beim Mercedes ist der Tank über der Hinterachse, ganz vorn im Kofferraum untergebracht. Dort kann der Tank hohen Sicherheitsansprüchen genügen. Der Blechtank faßt **70 Liter** (davon sind 9 Liter Reserve).
Die Anschlüsse der Kraftstoffleitungen erfolgen nach unten durch den Kofferraumboden (Seite 87 oben). Ein Kraftstoffsieb sorgt schon an dieser Stelle für erste Reinigung. Neben den Leitungsanschlüssen befindet sich das Lüftungsventil.
Blechtanks haben den Nachteil, daß bei längeren Standzeiten das entstehende Kondenswasser Rostansatz in seinem Inneren bewirken kann. Die Rostkrümel können anschließend Kraftstoffleitungen und Filter zusetzen. Daher gilt es zur Vermeidung von Kondenswasser, den Tank vor langen Standzeiten kragenvoll zu füllen.

Fingerzeige: *Nach dem Tanken genau auf das richtige Ansetzen des Tankdeckels achten. Wird er leicht schräg aufgedreht, schwappen in Linkskurven erhebliche Mengen Kraftstoff aus dem vollen Tank. Dies liegt am geringen Höhenunterschied zwischen Einfüllöffnung und Kraftstoffstand bei ganz gefülltem Tank.*
Bei Fahrzeugen mit Zentralverriegelung: Zum Öffnen der Tankklappe im vorderen Drittel drücken. Läßt sich die Klappe nicht öffnen, kann dies an einem verklemmten Sperrbolzen oder an Störungen der Zentralverriegelung liegen. Dann die rechte seitliche Kofferraumverkleidung ausbauen, zum Betätigungselement vorgreifen und den Bolzen zurückziehen.

Tank ausbauen

- Minuspolklemme an der Batterie abnehmen, um gefährliche Funkenbildung zu verhindern.
- Den Tank möglichst leerfahren oder den Kraftstoff abpumpen.
- Matte vom Kofferraumboden abnehmen.
- Die Verkleidungen im Kofferraum ausbauen. Clips mit einem Schraubenzieher heraushebeln.
- Stecker zum Tauchrohrgeber abziehen und Leitungen vom Tank lösen.
- Unter dem Fahrzeug die Kraftstoffleitungen losschrauben und den restlichen Kraftstoff auffangen.
- Im Kofferraum die Befestigungsmuttern abdrehen und den Tank vollends ausbauen.

Die Tankanzeige

Der Kraftstoffstand wird im Kombiinstrument elektrisch angezeigt. Das Anzeigeinstrument ist ein Strommesser, an den bei eingeschalteter Zündung Plusstrom gelangt. Der Zeigerausschlag des Instruments wird über den Minusanschluß geregelt. Dieser ist mit dem Geber im Tank verbunden.
Das Aufleuchten der Reserve-Warnlampe wird ebenfalls durch den Geber gesteuert. Durch die Verschaltung der Lampe über die Lichtmaschine (ähnlich wie die Ladekontrolle, Seite 196), leuchtet die Lampe immer bei eingeschalteter Zündung schwach auf (Kontrollfunktion). Erst bei laufendem Motor verlöscht sie, wenn genügend Dieselkraftstoff im Tank ist.

Geber für die Tankanzeige

In Ihrem Mercedes kommt ein sogenannter Tauchrohrgeber zum Einsatz. Er ist auf der rechten Tankseite senkrecht in den Tank geschraubt. In einem Rohr befindet sich ein Schwimmer, der entsprechend dem Kraftstoffstand im Rohr auf- und absteigt. Über einen Schleifkontakt ist er mit einem Widerstand verbunden. Je nach Lage ändert sich der Widerstandswert von 2–80 Ω und damit der Ausschlag des Anzeigeinstruments im Armaturenbrett. Steht der Schwimmer ganz unten im Rohr, schließt er zusätzlich einen Kontakt, und die Reserve-Kontrolleuchte leuchtet auf.

Geber ausbauen

- Tank etwa halb leerfahren.
- Abdeckung vor dem Tank abnehmen.
- Mehrfachstecker abziehen.
- Geber losschrauben und nach oben aus dem Tank ausbauen.

Tankanzeige prüfen

Die Überprüfung erfolgt am besten bei ausgeschalteter Zündung mit einem Ohmmeter und anhand der Schaltpläne:

- Geber ausbauen. Ohmmeter zwischen Buchse 3 und 4 an »G« und »31« (Regelwiderstand) anschließen. In Einbaulage des Gebers müssen Sie jetzt 80 Ω messen, wird der Geber auf den Kopf gestellt, sinkt der Wert auf 2 Ω.
- Ohmmeter an Buchse 3 und 2 (Reservekontakt) anschließen. Nun müssen Sie in Einbaulage 0 Ω messen.
- Jetzt an der abgezogenen Steckverbindung die Leitungen prüfen. Zwischen Buchse 3 und Masse müssen 0 Ω gemessen werden. Bei ∞Ω ist die Masseverbindung des Gebers unterbrochen.
- Kombiinstrument ausbauen (Seite 216) und an der runden Vielfachsteckverbindung an den Leitungen zum Geber messen (Schaltplan Seite 184/185). Abhängig vom Tankinhalt müssen zwischen 2 Ω und 80 Ω gemessen werden.
- Liegt der Wert höher oder gar bei ∞ Ω, ist eine fehlerhafte Lötstelle, ein schlechter Steckkontakt oder eine Leitungsunterbrechung die Ursache.
- Wurde immer noch kein Fehler gefunden, ist wahrscheinlich das Anzeigeinstrument defekt. Zu dessen Austausch muß das Kombiinstrument auseinandergebaut werden.

Die Tankentlüftung

Der Kraftstofftank braucht ein Be- und Entlüftungsventil, damit im Tank weder Unter- noch Überdruck entstehen kann. Ständig steigender Unterdruck durch das Abpumpen von Kraftstoff würde bald die weitere Kraftstoffentnahme aus dem Tank behindern. Überdruck, beispielsweise durch Erwärmung verursacht, könnte Kraftstoff aus dem Tank drücken.
Im Mercedes besorgen folgende Teile diese Aufgaben:

□ Oben im Tank befindet sich über die gesamte Breite des Tanks ein dickes Rohr. Spezialgefäße an den Rohrenden verhindern, daß Kraftstoff ins Rohr gelangen kann. Im Tankinnern führt dann eine dünne Leitung von diesem Rohr zum Tankboden; sie ist dort an das Lüftungsventil angeschlossen (Abbildung oben). Das Ventil läßt den Überdruck im Betrieb auf 30–50 mbar ansteigen. Dieser Überdruck wird abgebaut, wenn Sie z. B. an der Tankstelle den Tank-

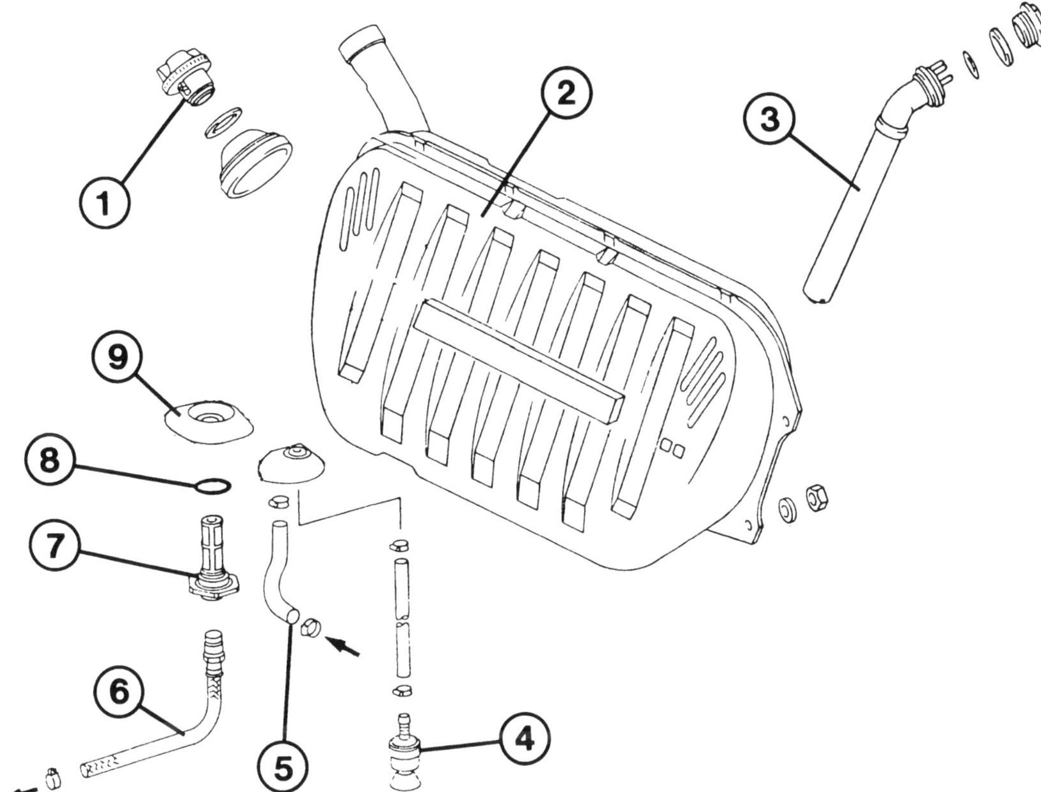

Die Einbauverhältnisse am Tank: 1 – Tankverschlußdeckel mit Dichtring; 2 – Tank; 3 – Tauchrohrgeber; 4 – Lüftungsventil; 5 – Rücklaufleitung; 6 – Vorlaufleitung; 7 – Kraftstoffsieb; 8 – Dichtring; 9 – Dichtung.

deckel abnehmen. Bei einem Unterdruck von höchstens 16 mbar sorgt das Ventil ebenfalls für den Druckausgleich.

Die Kraftstoffleitungen

Die Metalleitungen verlaufen links unten am Fahrzeugboden und sind mit einigen Haltern befestigt. Eine Leitung dient dem Kraftstoffzulauf, durch die andere erfolgt der Rücklauf zum Tank. Im Motorraum kommt eine Vielzahl von Schlauchleitungen zum Einsatz, die mit Schlauchschellen oder mit Schraubverbindungen befestigt sind. Zusammengequetschte oder durchgerostete Metalleitungen am Fahrzeugboden kann man entweder komplett ersetzen oder reparieren. Dazu den beschädigten Abschnitt (ca. 15 cm) heraustrennen und dort ein Leitungsstück mit Schraubverbindungen einsetzen.

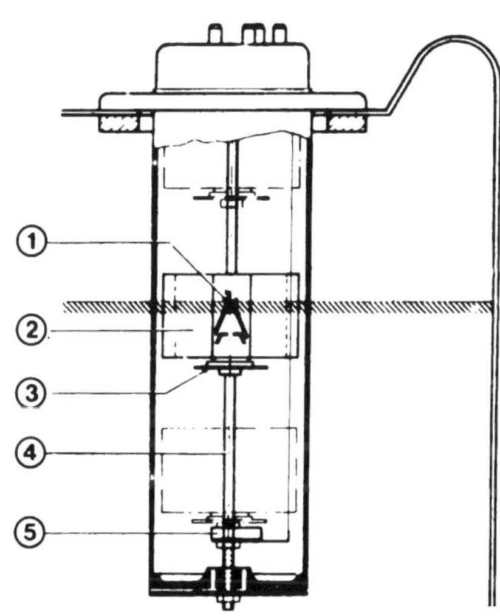

Die Zeichnung zeigt den Tauchrohrgeber der Kraftstoffanzeige: 1 – Schleifkontakt; 2 – Schwimmer; 3 – Kontaktplatte; 4 – Führungs- und Kontaktstange; 5 – Reserve-Warnkontakt.

Hier ist der Wärmetauscher der Kraftstoffvorwärmung hinter dem Ölfiltergehäuse (1) gezeigt. Nach dem Motorstart wird die Zulaufleitung zur Fahrzeugheizung (2) schnell warm.

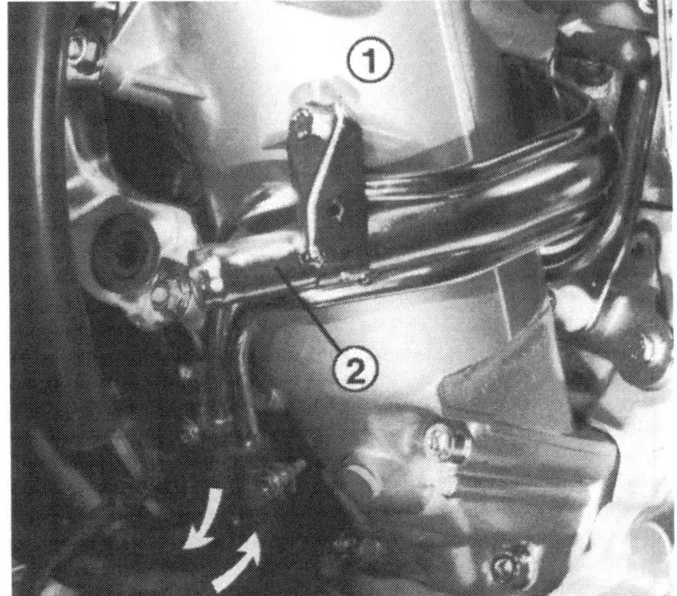

Kraftstoffanlage prüfen

Wartung Nr. 20

- Tropfspuren unter dem Fahrzeug?
- Sind die Leitungen am Fahrzeugboden und am Tank feucht? Riecht es ständig nach Diesel, obwohl das Tanken schon Tage zurückliegt?
- Sind Halterungen der Leitungen lose?
- Sind die vielen Leitungen im Motorraum und deren Anschlüsse dicht? Zur Kontrolle auch den Motor laufen lassen und etwas Gas geben, damit die Leitungen unter Druck stehen.
- Achten Sie auch auf die Leckölleitungen an den Einspritzdüsen und auf den Verschlußstopfen an der hintersten Düse.
- Ist das Kraftstoffilter im Motorraum pünktlich ausgewechselt worden (Seite 90).
- Arbeitet der Thermostatregler der Kraftstoffvorwärmung (nächste Seite)?
- Bei Störungen kann es nötig werden, die Förderleistung der Kraftstoffpumpe zu prüfen (nächste Seite).
- Ist das Kraftstoff-Vorfilter (Abb. rechts oben) zugesetzt?

Fingerzeig: *Teilweise sind die Kraftstoffleitungen mit Hohlschrauben montiert. Diese gefühlvoll festdrehen und immer neue Dichtringe verwenden.*

Die Kraftstoffvorwärmung

Diese Einrichtung, noch zusätzlich unterstützt von der starken Kraftstoffpumpe, soll die Betriebssicherheit des Mercedes-Diesel selbst bei Temperaturen weit unter –20°C garantieren. Hierzu wird der Kraftstoff, abhängig von der Stellung eines Thermostatreglers, über einen Wärmetauscher geleitet. Der Wärmeaustausch erfolgt durch das schnell warm werdende Kühlmittel in der Vorlaufleitung der Fahrzeugheizung. Unter +8°C fließt aller Kraftstoff über den Wärmetauscher, zwischen +8°C und +25°C stellt sich Mischbetrieb ein, und bei höheren Temperaturen wird der Wärmetauscher nicht mehr durchflossen. Die Zeichnung Seite 84 zeigt die Anschlüsse am Thermostatregler. Die Temperaturangaben beziehen sich auf den Thermostatregler im Motorraum.

Hier sind die Anschlüsse am Kraftstoffilter entsprechend dem Schema auf Seite 84 gezeigt: 1 – Sammelanschluß für zuviel geförderten Kraftstoff, – die Rücklaufleitung leitet von hier den Kraftstoff zum Tank zurück; 2 – der gefilterte Kraftstoff fließt vom mittleren Schraubenanschluß zur Einspritzpumpe; 3 – Kraftstoff kommt von der Kraftstoffpumpe. Die hohlen Anschlußschrauben müssen gefühlvoll (10–20 Nm) festgedreht werden, weil sie leicht abreißen. Beim Wiedereinbau am besten neue Aludichtringe verwenden, dann sind die Leitungsanschlüsse trotz leichtem Anziehen dicht.

Bei ausgebautem Luftfiltergehäuse zu sehen: 1 – Kraftstoffpumpe; 2 – Verschlußschraube in der Bohrung für den Geber zur Förderbeginneinstellung; 3 – Kraftstoff-Vorfilter; 4 – Thermostatregler der Kraftstoffvorwärmung.

Kraftstoffvorwärmung prüfen

Macht der Motor nach kalten Nächten Startprobleme und will er nicht hochdrehen, die Kraftstoffvorwärmung überprüfen.

- Bei Temperaturen unter +8°C muß kräftig Kraftstoff durch die Vorlaufleitung zum Wärmetauscher fließen. Zur Prüfung die Leitung »C« am Thermostatregler abziehen und ein Auffanggefäß bereithalten.
- Stophebel an der Einspritzpumpe nach unten gedrückt halten, während ein Helfer den Motor mit dem Anlasser durchdreht.
- Kommt kein Kraftstoff, alle Leitungen am Thermostatregler lösen und so miteinander verbinden, daß der gesamte Kraftstoff über den Wärmetauscher fließt.
- Hierzu mit kurzen Rohrstücken die Schläuche der Anschlüsse »A« und »C« sowie die von »B« und »D« zusammenstecken.
- Bei Temperaturen über +2°C darf aus dem Anschluß »C« kein Kraftstoff mehr kommen. Schlauch lösen und prüfen.

Die Kraftstoffpumpe

Die Kraftstoffpumpe ist seitlich an die Einspritzpumpe angeflanscht. Von einem Nocken auf der Einspritzpumpenwelle wird über einen Druckstift der Pumpenkolben gedrückt. Eine Feder drückt ihn wieder zurück. Die beiden Pumpenventile öffnen und schließen im Wechsel, abhängig von der Bewegungsrichtung des Pumpenkolbens. Die Pumpe hat eine so große Förderleistung, daß sie auch nach leergefahrenem Tank wieder selbst ansaugt. Die früher bei Dieselfahrzeugen übliche Handförderpumpe gibt es nicht mehr.

Kraftstoffpumpe prüfen

- Kraftstoffrücklaufleitung im Motorraum abnehmen und in einen Meßbecher hängen.
- Zündschlüssel abziehen, damit die Motorabstellung arbeitet und somit der Motor nicht anspringen kann.
- Anlasser mit einem Hilfskabel für 30 Sekunden drehen lassen (Seite 200).
- Bei guter Batterie muß die geförderte Menge mindestens 0,2 l betragen. Wenn der Wert nicht erreicht wird, neue Kraftstoffpumpe einbauen.

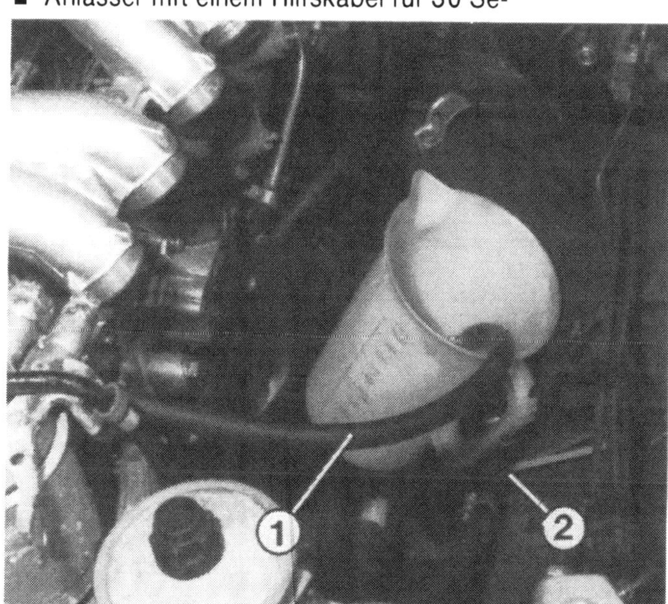

So wird die Förderleistung der Kraftstoffpumpe geprüft. Der Schlauch (1) wird von der Rücklaufleitung (2) abgeklemmt und in einen Meßbecher gehalten.

Der Kraftstoffilter (2) soll regelmäßig erneuert werden. Zum Austausch die zentrale Schraube lösen (1) und die Unterdruckleitung an ihrem Halter aushängen.

Kraftstoffpumpe ausbauen

- Luftfilterdeckel abnehmen.
- Schlauchschelle der Saugleitung lösen und Schlauchleitung abziehen.
- Zulaufleitung zum Filter oben abschrauben.
- Die beiden Muttern am Pumpenflansch abschrauben und die Pumpe abnehmen.
- Pumpe mit neuer Flanschdichtung montieren.

Kraftstoffilter erneuern

Wartung Nr. 28

Die Einspritzpumpe und die Einspritzdüsen sind sehr empfindlich gegen Verunreinigungen. Selbst kleinste Fremdstoffe müssen aus dem Kraftstoff gefiltert werden. Diese Aufgabe übernimmt die Kraftstoff-Filterpatrone vorn links am Motor. Alle 60 000 km soll die Filterpatrone erneuert werden. Auch das Leitungsfilter vor der Kraftstoffpumpe sollte nach dieser Kilometerleistung ersetzt werden.

Folgende Filter passen in unsere Dieselmodelle:

- ☐ Filterpatrone: Bosch 1 457 434 123; Knecht AWK 148; Mann WK 817; Purolator PR 308-F.
- ☐ Leitungsfilter (Vorfilter): Knecht FB 635; Mann WK 31/4; Purolator PM 4210.

- Unterdruckleitung zum Bremskraftverstärker an ihrem Halter aushängen.
- Zentrale Befestigungsschraube im Filteroberteil herausdrehen.
- Filterpatrone unten wegnehmen.
- Neue Patrone ansetzen und Schraube mit neuem O-Ring und Dichtring montieren. Schraube gefühlvoll festdrehen.
- Beim Einbau des Vorfilters auf dessen Durchflußrichtung achten.

Die Einspritzanlage

Mit Hochdruck

Der lange anhaltende Erfolg der sparsamen Dieselpersonenwagen wäre nicht möglich gewesen ohne die ständige Verbesserung der Bosch-Einspritzanlage. Durch Weiterentwicklungen an Einspritzpumpe, Einspritzpumpen-Regler, Einspritzdüsen und durch Verfeinerung des Verbrennungsverfahrens wurde der Diesel immer »salonfähiger«.

Das Prinzip

Wie bei allen Hubkolbenmotoren laufen auch beim Diesel die Kolben in den Zylindern auf und ab. Doch auf ihrem Weg nach unten – beim Ansaugtakt – wird nur Luft angesaugt. Dies geschieht ohne die bremsende Wirkung einer Drosselklappe, so daß sehr viel Luft in die Zylinder gelangt. Bei der anschließenden Aufwärtsbewegung des Kolbens wird die Luft auf ca. 28 bar Überdruck verdichtet. Dabei wird sie rund 700°C heiß. In die glühend heiße Luft wird nun der Dieselkraftstoff fein zerstäubt mit etwa 100 bar eingespritzt. Die Kraftstofftröpfchen entzünden sich sofort von selbst – daher auch die Bezeichnung »Selbstzünder« für den Dieselmotor. Wann und wieviel Kraftstoff eingespritzt wird, bestimmt die Einspritzpumpe, die ihrerseits noch vom eingebauten Regler und vom Spritzversteller beeinflußt wird.

Das Verbrennungsverfahren

Die Wahl des Verbrennungsverfahrens bestimmt beim Dieselmotor ganz wesentlich dessen Eigenschaften. Es besteht die Möglichkeit, daß sich alle eingespritzten Kraftstofftröpfchen im heißen Brennraum schlagartig entzünden. Dabei käme es zu einem außerordentlich harten Laufgeräusch und durch die unvermittelt ablaufende Entflammung zu hoher Beanspruchung der Motorlager. Bei Diesel-Motoren für Personenwagen wird deshalb der Arbeitsraum geteilt: In einer Kammer im Zylinderkopf läßt man die Verbrennung beginnen und lenkt die »Feuerfront« dann zum Brennraum im Kolben weiter. Die Motorbauer müssen sich nun zwischen dem Vorkammer- oder dem Wirbelkammer-Verfahren entscheiden.

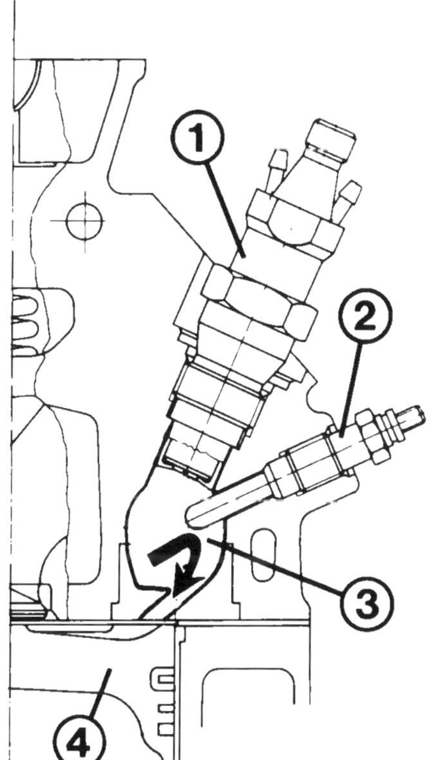

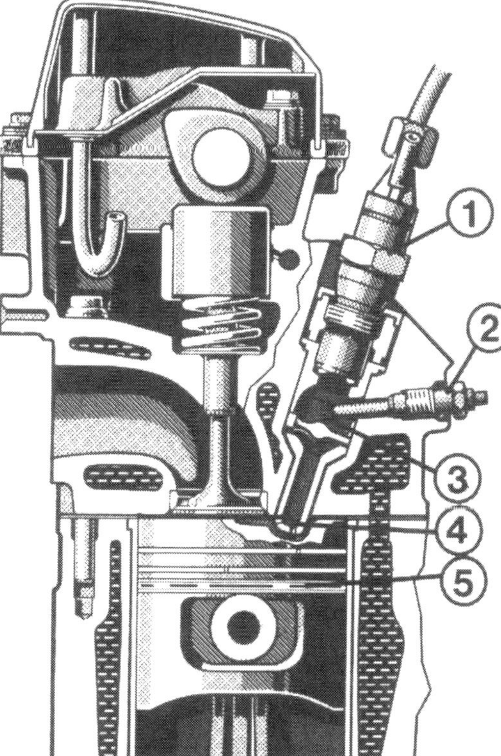

Links: Schnitt durch einen Zylinderkopf mit Wirbelkammer: 1 – Einspritzdüse; 2 – Glühkerze; 3 – Wirbelkammer mit Schußkanal; 4 – Kolben.

Rechts: Vorkammerprinzip, wie es im Mercedes-Motor zur Anwendung kommt: 1 – Einspritzdüse; 2 – Glühkerze; 3 – Vorkammer; 4 – Vorkammermündung mit Bohrungen; 5 – Kolben

Bei Motoren mit Direkteinspritzung in den Brennraum ist keine Kammer vorhanden – der Brennraum ist einteilig. Direkteinspritzung verwendet man bevorzugt für große Motoren, die nicht hoch drehen müssen und von denen keine schnellen Drehzahländerungen erwartet werden. Besonders in der Kaltlaufphase und beim Beschleunigen sind Direkteinspritzer sehr laut. Einen Vorteil hat die Direkteinspritzung: Gegenüber anderen Dieselmotoren werden nochmals runde 20% Kraftstoff weniger verbraucht.
Bei Motoren mit Wirbelkammer ist der Brennraum geteilt. Die Wirbelkammer sitzt im Zylinderkopf und ist über eine weite Öffnung – dem sogenannten Schußkanal – mit dem Brennraum verbunden. Strebt der Kolben beim Verdichtungshub aufwärts, wird die Luft in die Wirbelkammer gedrückt. Dort entsteht durch die Ausformung der Kammer ein Luftwirbel. Der eingespritzte Kraftstoff wird gut vermischt, und zunächst erfolgt die Verbrennung nur in der Wirbelkammer. Über den Schußkanal pflanzt sie sich fort. Motoren mit Wirbelkammern sind günstig im Verbrauch und eignen sich gut für Drehzahlen oberhalb 5000/min.
Auch beim Vorkammer-Verfahren, wie es bei unserem Mercedes-Motor verwendet wird, ist der Arbeitsraum geteilt – die Vorkammer steckt oben im Zylinderkopf. Doch ist die Vorkammer im Gegensatz zur Wirbelkammer weit stärker vom restlichen Brennraum abgetrennt. Nur durch sechs Bohrungen gelangt die Verbrennung aus der Vorkammer. Folgende Vorteile bietet das Vorkammer-Verfahren unseres Motors:

□ Hohe Lebensdauer infolge niedriger Bauteilbelastung durch den langsamen Verbrennungsdruckanstieg und durch niedrige Spitzendrücke.
□ Ruhiger Motorlauf, da Druckanstieg und Spritzdruck wesentliche Geräuschverursacher sind.
□ Guter Verbrennungsgrad und damit schadstoffarme Abgase (Seite 83).
□ Nach dem Kaltstart keine Weiß- und Blaurauchbildung.
□ Gute Leistung über einen weiteren Drehzahlbereich.

Die Einspritzpumpe

Von der Einspritzpumpe wird der richtige Einspritzzeitpunkt bestimmt, und die einzuspritzende Kraftstoffmenge wird von ihr dosiert. Weiterhin wird der erforderliche hohe Einspritzdruck (ca. 120 bar) aufgebaut. Man kann sagen, die Einspritzpumpe ist praktisch das Herz der Einspritzanlage.
Bei unserem Mercedes-Motor kommt eine Reihen-Einspritzpumpe zum Einsatz. Diese ist seitlich links am Motor angeordnet und wird über die Steuerkette von der Kurbelwelle ange-

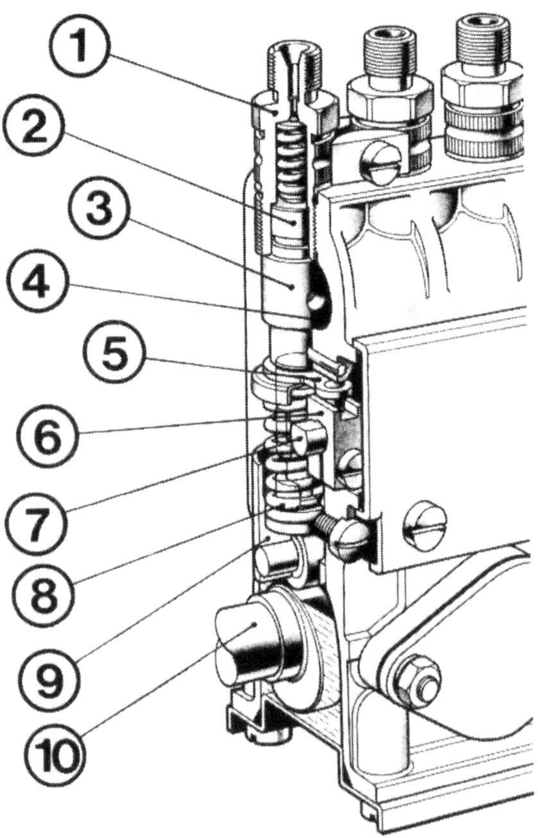

Die Schnittzeichnung zeigt ein Pumpenelement der Einspritzpumpe; 1 – Anschlußnippel der Einspritzleitungen; 2 – Druckventil; 3 – Pumpenzylinder; 4 – Kraftstoffvorratsraum; 5 – Verstellhebel der Regelhülse (zum Verdrehen der Pumpenkolben); 6 – Klemmstück; 7 – Regelstange (wird vom Regler hinten an der Einspritzpumpe hin- und hergeschoben); 8 – Kolbenfeder; 9 – Rollenstößel; 10 – Nockenwelle.

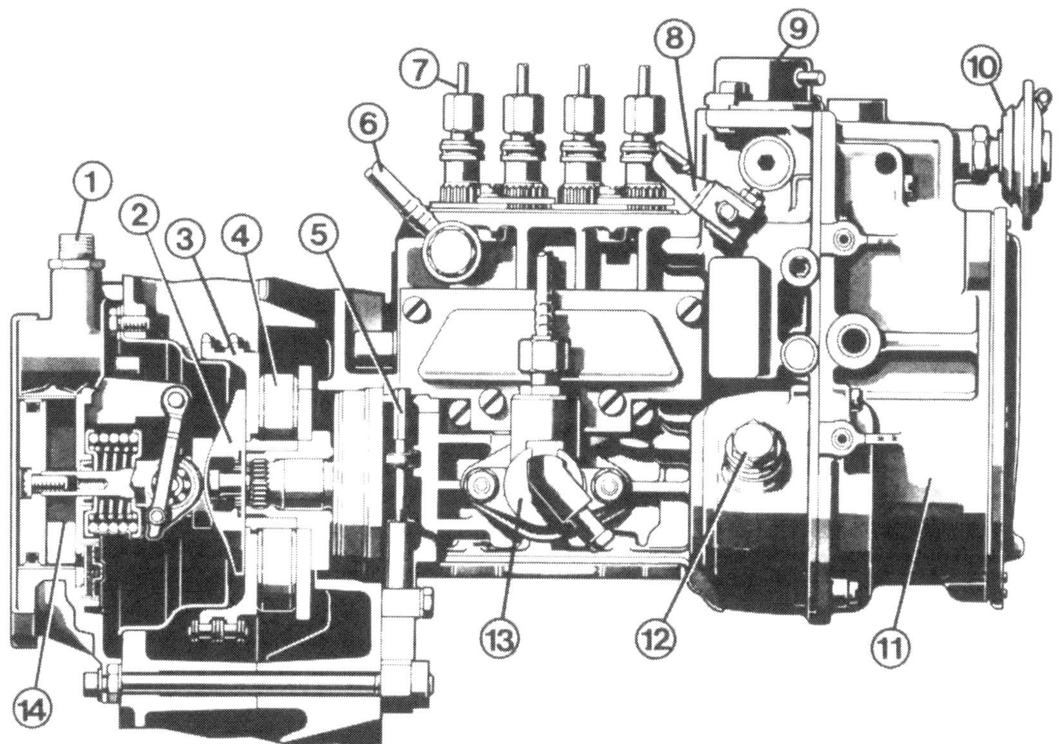

Seitenansicht der Einspritzpumpe: 1 – Unterdruckanschluß für Bremskraftverstärker; 2 – Kurvenbahn (Antrieb der Unterdruckpumpe); 3 – Kettenrad; 4 – Spritzversteller; 5 – Einstellschraube Förderbeginn; 6 – Kraftstoffzufluß; 7 – Einspritzleitung; 8 – Stop-Hebel; 9 – Unterdruckdose Motorabstellung; 10 – Unterdruckdose Leerlaufanhebung; 11 – Reglergehäuse; 12 – Bohrung für Geber zur Förderbeginneinstellung; 13 – Kraftstoffpumpe; 14 – Unterdruckpumpe.

trieben. Dabei dreht sie mit halber Kurbelwellendrehzahl. Die Reihen-Einspritzpumpe hat für jeden Motorzylinder ein eigenes Pumpenelement, das der jeweiligen Einspritzdüse über eine dickwandige Stahlleitung (Einspritzleitung) den unter hohem Druck stehenden Kraftstoff zupumpt. Dabei ist es ganz interessant zu wissen, daß dabei der Kraftstoff nicht mehr absolut hart ist, sondern sich ähnlich wie Luft etwas verdichtet und auch federt. Dieses Verhalten macht die ganze Einspritzerei nicht eben einfacher, denn es entstehen dynamische Probleme, welche nach den Gesetzen der Akustik ablaufen.

Unten in der Einspritzpumpe verläuft eine Nockenwelle. Von ihren Nocken werden die Pumpenelemente entsprechend der Zündfolge nacheinander betätigt. Jedes Pumpenelement besteht im wesentlichen aus folgenden wichtigen Teilen: Druckventil, Pumpenzylinder, Pumpenkolben, Kolben-Verdrehhülse und Kolbenfeder.

Was passiert nun im einzelnen? Solange der Pumpenkolben ganz unten steht, füllt sich der Pumpenraum über eine Zulaufbohrung mit Kraftstoff. Wird dann der Kolben gegen die Kolbenfeder nach oben gedrückt, verschließt er Zulauf- und Steuerbohrung, und der Druck im Kraftstoff steigt. Schließlich öffnet das Druckventil oben im Pumpenelement, und eine Druckwelle läuft mit Schallgeschwindigkeit durch die Einspritzleitung zur Einspritzdüse.

Wird der »Öffnungsdruck« von ca. 120 bar erreicht, hebt die Düsennadel unten in der Einspritzdüse ab, und der Kraftstoff sprüht durch die frei gewordene Austrittsöffnung in die Vorkammer. Nun wird so lange Kraftstoff eingespritzt, bis der Kolben mit seiner untenliegenden Steuerkante die Steuerbohrung wieder freigibt. Jetzt bricht erst der Druck im Pumpenraum zusammen. Das Druckventil schließt, läßt aber kurz vorher noch eine kleine Kraftstoffmenge aus der Einspritzleitung zum Pumpenraum zurückfließen. Dadurch bricht auch der Druck in der Einspritzleitung und in der Einspritzdüse schlagartig zusammen. Die Düse schließt schnell und exakt. Außerdem werden Druckschwingungen vermieden, so daß es selbst bei hohen Drehzahlen nicht zu »Nachspritzern« kommen kann.

Die Zeichnungen zeigen, wie durch Verdrehen der Pumpenkolben mit der Regelstange verschiedene Kraftstoffmengen gefördert werden. Obwohl der Kolbenhub immer gleich ist, kann der sogenannte Nutz- oder Förderhub verändert werden: Bei Nullförderung bleibt der Raum über dem Pumpenkolben über eine Nut offen. Bei Teilförderung regelt die schräge Steuerkante, wie lange der Pumpenraum geschlossen bleibt und somit gefördert wird. Bei Voll förderung wird über den gesamten Kolbenhub Kraftstoff zu den Einspritzdüsen gepumpt.

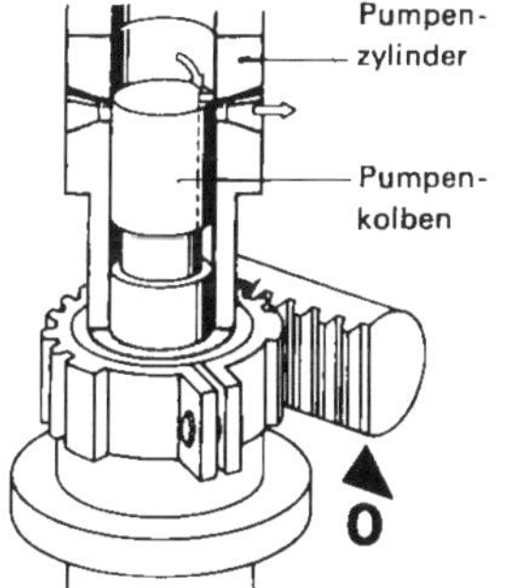

Nullförderung

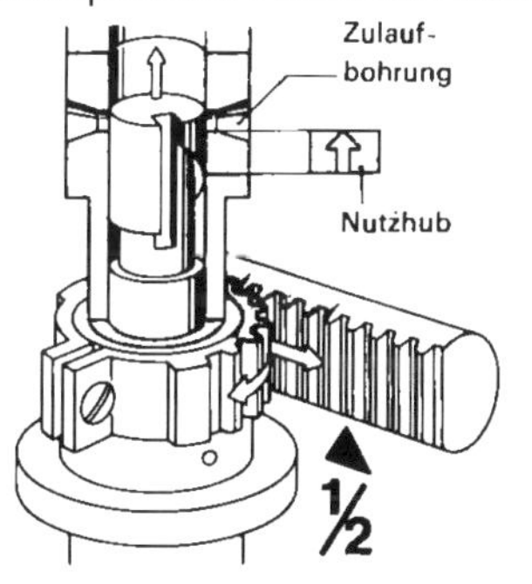

Teilförderung

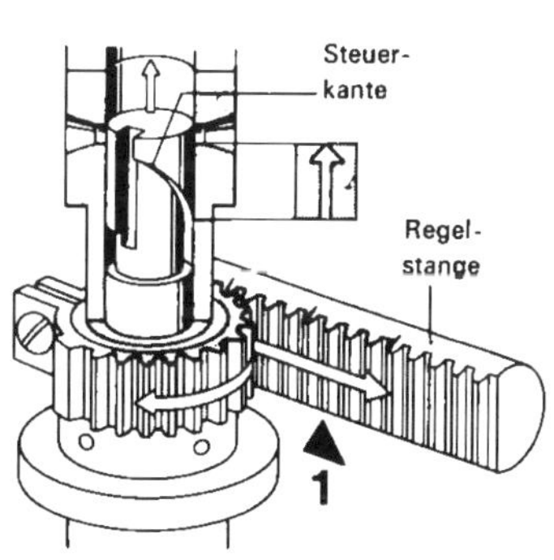

Vollförderung

Da der Hub des Pumpenkolbens immer gleich groß ist, verwendet man zur Dosierung der Kraftstoffmenge folgenden Trick (Abb. Vorderseite unten): Der Pumpenkolben hat eine schräg angeschliffene Steuerkante, und der Kolben kann mit einer Hülse verdreht werden. Je nach Stellung des Kolbens bleibt die Steuerbohrung zum Pumpenraum und damit der Pumpenraum selbst unterschiedlich lang verschlossen. Den Weg, welchen der Kolben bei geschlossener Steuerbohrung zurücklegt, nennt man auch den Nutzhub. Je größer der Nutzhub, umso mehr Kraftstoff wird eingespritzt.
Die Kolben-Verdrehhülsen aller Pumpenelemente sind über einen kurzen Verstellhebel mit der Regelstange der Einspritzpumpe verbunden. Bei der Herstellung der Pumpe werden die Verdrehhülsen der Kolben so eingestellt, daß alle Pumpenelemente gleich viel Kraftstoff fördern.
Die Regelstange ist also das entscheidende Bauteil der Einspritzpumpe, an welchem die Kraftstoffdosierung erfolgt. Je nach Stellung der Regelstange unterscheidet man folgende Fördermengen: Null-, Teil- oder Vollförderung.
Doch die Reglerstange der Einspritzpumpe ist nicht einfach mit dem Gaspedal verbunden – der Regler ist dazwischengeschaltet.

Regler der Einspritzpumpe

Dieses Bauteil ist hinten an der Einspritzpumpe zu finden und besteht »innerlich« aus einer verwirrenden Anordnung von verschiedenen Hebeln und Federn. Ein Fliehkraftregler auf den hinteren Enden der Einspritzpumpen-Nockenwelle, eine Unterdruckdose zur Motorabstellung, eine Unterdruckdose zur Leerlaufanhebung und ein »Stop«-Hebel seitlich am Regler wirken unterschiedlich auf den Reglermechanismus ein. Letztendlich wird durch den Regler aber immer die Stellung der Reglerstange der Einspritzpumpe verändert, d. h. die Kraftstoffmenge und damit die Motordrehzahl wird geregelt.
Der mechanische Regler in unserem Diesel ist deshalb erforderlich, weil der Motor auf der Ansaugseite keinerlei Luftdrosselung hat und so keine Möglichkeit bietet, eine Drehzahlregelung dort anzubringen. Beim Dieselmotor gibt es keine Regelstangenstellung, in welcher die Drehzahl konstant bleibt. Im Leerlauf könnte z. B. die Drehzahl plötzlich bis zum Stillstand fallen oder aber bis zur Selbstzerstörung des Motors ansteigen.
Der Regler in unserem Mercedes-Diesel arbeitet im wesentlichen als ein Leerlauf- und Enddrehzahlregler. Im Teil- oder Vollastbereich wird die Regelstange nur vom Gaspedal aus betätigt. Dieses ist über das Gasgestänge mit dem Verstellhebel am Regler verbunden. Im einzelnen wird am Regler folgendes bewirkt:

- □ Bei einer Drehzahl von 5150/min wird die Regelstange auf Nullförderung gestellt. Der Dieselmotor regelt ab.
- □ Mit der Unterdruckdose zur Motorabstellung wird die Regelstange auf Nullförderung gestellt, sobald sich die Membran durch Unterdruck nach oben wölbt.
- □ Bei einer Kühlmitteltemperatur unter +30°C wird die Leerlaufdrehzahl um etwa 100/min angehoben. Dies geschieht mit einer weiteren Unterdruckdose außen am Regler. Diese ändert den Anschlag der Leerlaufeinstellung. Durch Hinein- oder Herausdrehen dieser Dose wird auch die Leerlaufdrehzahl eingestellt.
- □ Über ein verzwicktes Hin und Her von Hebeln und Federn wird die Leerlaufdrehzahl konstant gehalten. Erhöht sich die Leerlaufdrehzahl im Schiebebetrieb, wird die Regelstange auf Nullförderung gestellt.
- □ Zum Start des Motors stellt der Regler die Regelstange auf Vollförderung.

Der Spritzversteller

Beim Einspritzen wird die Einspritzdüse durch eine Druckwelle geöffnet, die mit Schallgeschwindigkeit durch die Einspritzleitungen läuft. Die benötigte Zeit ist stets gleich und von der Motordrehzahl unabhängig. Dreht der Motor also recht hoch, würde die Einspritzung ohne Ausgleich eigentlich zu spät erfolgen.
Gleiche Überlegungen gelten bei der Entzündung des Kraftstoffes. Unabhängig von der Motordrehzahl baut sich der maximale Verbrennungsdruck stets nach der gleichen Zeit auf. Mit steigender Motordrehzahl muß deshalb immer etwas früher eingespritzt werden, damit die größte Leistung stets erreicht wird.
Das Vorverlegen des Einspritzzeitpunktes (Förderbeginn) übernimmt der automatische, drehzahlabhängige Spritzversteller. Dieser ist zweiteilig. Beide Teile sind verdrehbar zueinander gelagert.
Fliehgewichte mit Gegenfedern wandern bei steigender Drehzahl auf einer Kurvenbahn nach

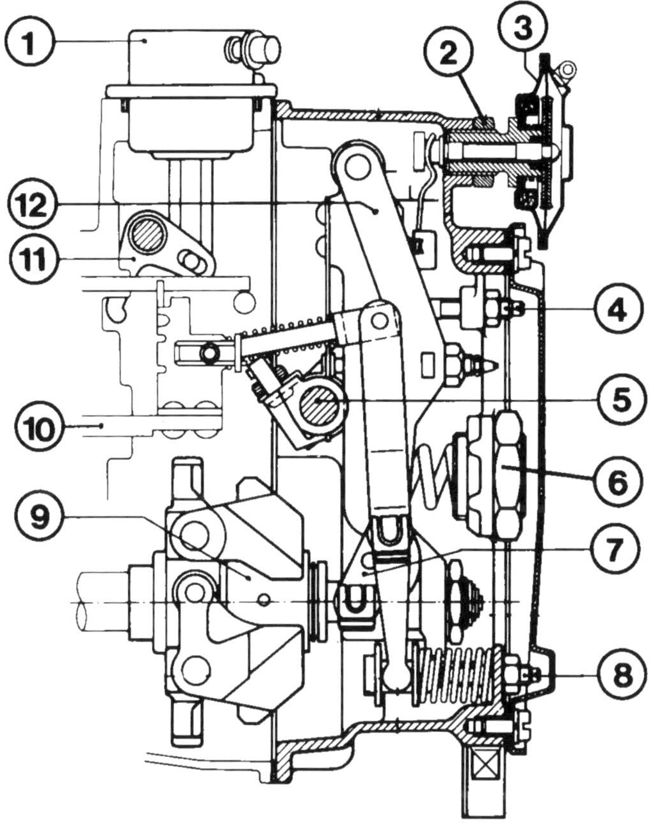

In der Zeichnung ist der mechanische Fliehkraftregler der Einspritzpumpe dargestellt: 1 – Unterdruckdose der Motorabstellung; 2 – Kontermutter; 3 – Unterdruckdose der Leerlaufanhebung (durch Verdrehen wird die Leerlaufgrunddrehzahl eingestellt); 4 – Anschlagschraube der Leerlauffördermenge; 5 – Verstellhebel; 6 – Einstellschraube für die Vorspannung der Reglerfeder; 7 – Umlenkhebel; 8 – Vollast-Einstellschraube; 9 – Drehender Fliehkraftgeber (Drehzahlerfassung); 10 – Regelstange; 11 – Anschlaghebel; 12 – Führungshebel.

außen und verdrehen so die beiden Teile. Das innere Teil des Spritzverstellers ist mit der Nockenwelle der Einspritzpumpe verschraubt. Über das äußere Teil läuft die Steuerkette, die für den Antrieb des Spritzverstellers sorgt. Vorn ist er noch mit einer Kurvenbahn aufgestattet, welche zum Antrieb der Unterdruckpumpe gebraucht wird. Der Spritzversteller ist wartungsfrei.

Einspritzpumpe aus- und einbauen

- Lüfterhaube und Lüfterflügel ausbauen (Seite 74).
- Luftfilter und Luftfiltergehäuse ausbauen (Seite 104).
- Kurbelwelle so weit vorwärts drehen, bis die Stellung 15° nach OT des 1. Zylinders erreicht ist.
- Flachriemen und Riemenspannvorrichtung (Seite 63) ausbauen.
- Einspritzleitungen an der Einspritzpumpe abschrauben.
- Kraftstoffleitungen an der Einspritzpumpe lösen.
- Unterdruckleitungen zur Leerlaufanhebung, zur Motorabstellung usw. abziehen.
- Gasgestänge am Verstellhebel der Einspritzpumpe aushängen.
- Unterdruckpumpe ausbauen (Seite 159).
- Zentrale Sechskantschraube am Spritzversteller lösen. Dazu an der Kurbelwelle gegenhalten. Aufgepaßt – die Schraube hat ein Linksgewinde!
- 3 Befestigungsschrauben der Einspritzpumpe herausdrehen. Noch die Schraube an der Stütze lösen.
- Einspritzpumpe nach hinten herausnehmen.
- Beim Einbau in sinngemäß umgekehrter Reihenfolge beachten, daß der Motor auf 15° nach OT des 1. Zylinders steht.
- Auch die Einspritzpumpe muß in einer genau bestimmten Stellung stehen, wenn sie eingebaut wird: Die Verschlußschraube seitlich an der Pumpe herausdrehen und die Nockenwelle der Pumpe so lange verdrehen, bis die Nase des Reglers an der Bohrung sichtbar wird. Die Nase auf Bohrungsmitte stellen und dann eine Blockierlehre statt der Verschlußschraube einschrauben. Sobald die Einspritzpumpe festgeschraubt ist, die Blockierlehre wieder entfernen!
- Förderbeginn einstellen lassen.

Die Einspritzdüsen

Die Einspritzdüsen sind gewissermaßen die letzte Station der Einspritzung. Sie stecken oben im Zylinderkopf und haben die Aufgabe, den Kraftstoff in die Vorkammer einzuspritzen. Bei einem Druck von 115–125 bar hebt die Düsennadel unten in der Einspritzdüse von ihrem Sitz ab und gibt die Austrittsöffnung für den Kraftstoff frei. Bei unserem Motor handelt es sich um

eine sogenannte Flächenzapfendüse, d. h. der kleine Zapfen an der Düsennadel ist nicht ganz rund, sondern hat an einer Stelle seitlich eine kleine Fläche angeschliffen.
Eine kräftige Feder in der Einspritzdüse sorgt dafür, daß die Düsennadel nach dem Einspritzen auch wieder dicht schließt und der hohe Verbrennungsdruck nicht ins Kraftstoffsystem zurückschlägt. Die Kühlung und Schmierung der Düsennadel besorgt der Kraftstoff. Da beim Einspritzen nicht der gesamte herbeigepumpte Kraftstoff eingespritzt wird, besitzt jede Einspritzdüse zwei kleine Schlauchanschlüsse, durch die das sogenannte Lecköl (nicht benötigter Kraftstoff) zurückfließt. Das Schema auf Seite 84 zeigt, wie dieser Kraftstoff letztendlich wieder in den Tank gelangt.
Wurde eine Einspritzdüse aus dem Zylinderkopf ausgebaut, so kann sie weiter zerlegt werden (Abb. Seite 99 oben). Dabei kommt eine Einstellscheibe zum Vorschein. Mit diesen Scheiben werden alle Einspritzdüsen eines Motors auf den gleichen Abspritzdruck eingestellt, damit der Motor möglichst runddreht.
Dieses notwendige Einstellen erschwert die Selbsthilfe etwas: Düsenkörper und -nadel sind zwar handelsübliche Ersatzteile und ihr Austausch ist nicht so schwierig, doch die notwendige Druckeinstellung kann nur in der Werkstatt oder beim Bosch-Dienst vorgenommen werden. Nur in Notfällen kann man nach dem Austausch von Düsenkörper und -nadel für einige Kilometer auf die Druckeinstellung verzichten. Man baut einfach die vorhandene Einstellscheibe wieder ein und hofft, daß der Druck so ungefähr hinkommt. In manchen Fällen genügt es auch,wenn man die Düsennadel reinigt.

Einspritzdüsen schadhaft?

Störungen an den Einspritzdüsen haben meist beeindruckende Anzeichen: der Motor läuft sehr hart, es entstehen lagerschaden-ähnliche Geräusche, der Motor nagelt laut und teilweise verlassen eine Menge schwarz/blaue Rauchschwaden das Auspuffrohr.
Bei solchen Anzeichen den Motor im Leerlauf drehen lassen und nacheinander die Einspritzleitungen oben an den Einspritzdüsen lösen. An dem Zylinder, wo sich dadurch Besserung zeigt, ist vermutlich die Einspritzdüse gestört.
Zu Störungen an den Einspritzdüsen kann es durch Schmutzkörnchen kommen. Oder nach langen Standzeiten des Motors kann die Düsennadel im Düsenkörper festgeklebt sein. Bei sehr lang gelaufenen Düsen ändert sich mit der Zeit der Abspritzdruck. Ergibt eine Prüfung in der Werkstatt, daß die Einspritzdüse schon vor 100 bar öffnet, muß sie erneuert werden.

Einspritzdüse ausbauen, zerlegen und reinigen

- Einspritzleitung an der auszubauenden Düse abschrauben.
- Leckölleitungen abziehen.
- Mit einem Rohrsteckschlüssel SW 27 die Einspritzdüse am unteren Sechskant herausschrauben.
- Auf das Düsenplättchen achten. Man erreicht es bei ausgebauter Düse – es liegt auf der Vorkammer. Laut Werksempfehlung soll das Düsenplättchen immer erneuert werden, bevor die Einspritzdüse wieder eingebaut wird.
- Zum Zerlegen der Einspritzdüse den oberen Sechskant in einen Schraubstock spannen, dabei auf die Anschlüsse der Leckölleitungen achten. Mit einem Schraubenschlüssel SW 27 die Düse auseinanderschrauben.
- Darauf achten, daß die Einzelteile nicht vertauscht werden (Abb. Seite 99 oben).
- Die Düsennadel und der Düsenkörper können vorsichtig mit einer Messingbürste von Verbrennungsrückständen saubergebürstet werden.
- Gleitprüfung: Wenn man den Düsenkörper in einem Gefäß senkrecht unter gefilterten Dieselkraftstoff hält, muß die Düsennadel durch ihr Gewicht in den Düsenkörper gleiten.
- Nach dem Zusammenbau der Düse in richtiger Reihenfolge diese wieder in den Zylinderkopf einschrauben und mit 70–80 Nm festdrehen.
- Die Einspritzleitungen werden mit 10–15 Nm an den Einspritzdüsen festgeschraubt.

Fingerzeig: *Nach Montagearbeiten an den Einspritzleitungen müssen die unscheinbaren Kunststoffclips wieder möglichst nahe an den Radien der Einspritzleitungen montiert werden. So werden Vibrationsrisse verhindert.*

Einspritzzeitpunkt prüfen

Wann der Kraftstoff in den mit heißer hochverdichteter Luft gefüllten Brennraum eingespritzt wird, ist für den Motorlauf und die Leistungsausbeute von entscheidender Bedeutung. Wie bei der Zündzeitpunkt-Einstellung bei Fahrzeugen mit Benzinmotor erfolgt die Einstellung am 1. Zylinder. Da die Einspritzung eine kurze Zeit dauert, wird so eingestellt, daß der Einspritz-

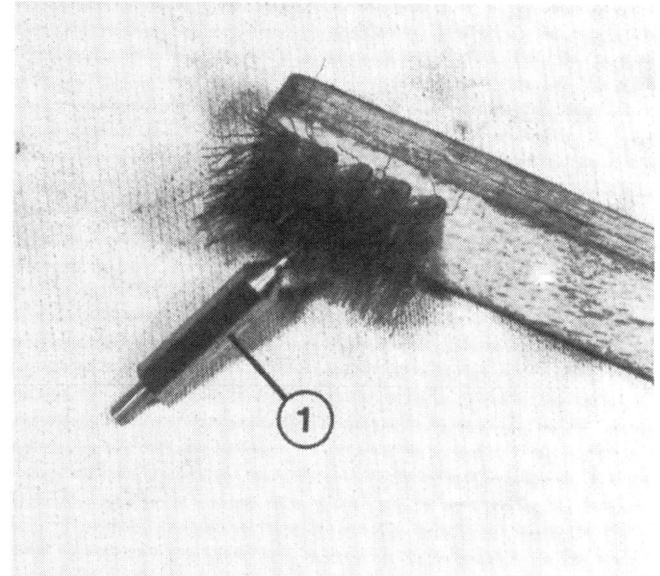

vorgang gerade beginnt. Man sagt deshalb auch: den Förderbeginn der Einspritzpumpe einstellen.
Der Einspritzzeitpunkt verstellt sich durch Längung der Steuerkette. Auch nach Montagearbeiten (z. B. Einspritzpumpe erneuert) oder bei Beanstandungen an der Einspritzanlage (z. B. Glühkerzen immer wieder defekt), muß geprüft und ggf. eingestellt werden. Der Wartungsplan sieht keine regelmäßige Überprüfung der Einstellung vor, jedoch wollen wir alle 20 000–40 000 km dazu raten.
Die Überprüfung des Förderbeginns kann nur in der Werkstatt oder bei einem Bosch-Dienst durchgeführt werden. Andere Methoden sind zu ungenau. Der Motor und die Einspritzpumpe sind für die Prüfung vorbereitet, so daß sie schnell und äußerst exakt durchgeführt werden kann.
Man bringt elektrische Positionsgeber an der Einspritzpumpe und an der Schwungscheibe vorn am Motor an. Diese werden an ein Digital-Prüfgerät angeschlossen. Zur Prüfung läßt man den Motor laufen und liest den Wert am Prüfgerät ab. Muß der Wert berichtigt werden, löst man die Einspritzpumpe so weit, daß man sie etwas schwenken kann. Bei laufendem Motor wird dann die Einspritzpumpe an der Verstellspindel vorn entsprechend verdreht. Der Förderbeginn muß bei 24° vor OT des 1. Zylinders liegen.
Neben der Einstellung bei laufendem Motor (sollte angestrebt werden) gibt es noch zwei andere Prüfmethoden, allerdings bei stehendem Motor. Doch auch hierbei werden Geber, Prüfgerät oder Hochdruckpumpe gebraucht, wie sie nur die Diesel-Spezialisten besitzen.

Links: So kann der Halter (2) einer Einspritzdüse (1) zerlegt werden. Beim Einspannen beachten, daß die Anschlußstutzen der Leckölleitungen nicht verbogen werden.

Rechts: Die Düsennadel und der Düsenkörper können mit einer Messingbürste gereinigt werden. Bisweilen können so Störungen an der Einspritzdüse beseitigt werden.

Der Leerlauf

Der kalte Dieselmotor geht nach dem Anspringen sofort wieder aus oder dreht äußerst unrund, wenn seine Leerlaufdrehzahl nicht erhöht wird.
Früher mußte der Fahrer hierzu eine kleine Flügelschraube im Armaturenbrett verdrehen, um so die Leerlaufdrehzahl zu verstellen. Bei warmem Motor wurde die Flügelschraube wieder

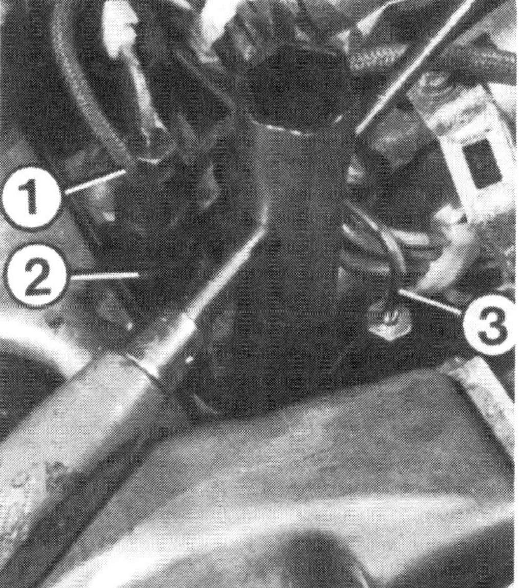

Links: Zum Ausbau einer Einspritzdüse (2) einen großen Rohrsteckschlüssel SW 27 verwenden. An der Düse erst die Einspritzleitung (3) abschrauben und die Leckölleitungen (1) abziehen.

Rechts: Die Clips (Pfeil) verhindern Risse in den Einspritzleitungen.

Mit einem leicht abgewinkelten Gabelschlüssel lassen sich die Überwurmmuttern (1) der Einspritzleitungen gut von den Einspritzdüsen lösen. Löst man bei laufendem Motor eine Mutter etwas, tritt der Kraftstoff am Gewinde aus und es wird nichts mehr eingespritzt – Folge: im entsprechenden Zylinder wird nicht mehr gezündet.
Springt der Motor nicht an und tritt kein Kraftstoff an den Einspritzdüsen aus, ist entweder die Kraftstoffversorgung zur Einspritzpumpe unterbrochen oder die Einspritzpumpe defekt. Zur weiteren Fehlereinkreisung könnte man die Kraftstoff-Zulaufleitung zur Einspritzpumpe am Kraftstoffilter leicht lösen und prüfen, ob dort Kraftstoff austritt.

zurückgedreht. Heute ist der Fahrer von dieser Zusatzaufgabe befreit. Eine pneumatische Leerlaufanhebung oder gar eine elektronische Leerlauf-Regelung übernehmen die Aufgabe. Die folgende Einbauübersicht zeigt, wo welches System eingebaut ist:

Pneumatische Leerlaufanhebung	Motor 601 (4-Zylinder Motor 602 (5-Zylinder)
Elektronische Leerlauf-Regelung	Motor 601 mit automatischem Getriebe und Klimaanlage Motor 602 mit automatischem Getriebe und Klimaanlage sowie Turbo Motor 603 (6-Zylinder) alle Ausführungen

Die Förderbeginneinstellung der Einspritzpumpe kann mit Prüfgeräten in der Werkstatt bei laufendem Motor sehr genau vorgenommen werden. Einspritzpumpe und Kurbelwellen-Riemenscheibe sind dafür vorbereitet: 1 – Einspritzpumpe; 2 – Gebernocken; 3 – Geber; 4 – Prüfgerät; 5 – Prüfkabel; 6 – Anschlußstecker; 7 – Geber für den oberen Totpunkt; 8 – OT-Geberstift in der Kurbelwellen-Riemenscheibe. Durch die Geberanordnung wird beim gezeigten Verfahren der Förderbeginn nur indirekt ermittelt – es müssen bei Leerlaufdrehzahl 15° nach OT gemessen werden. Dies entspricht dann dem wirklichen Wert von 24° vor OT.

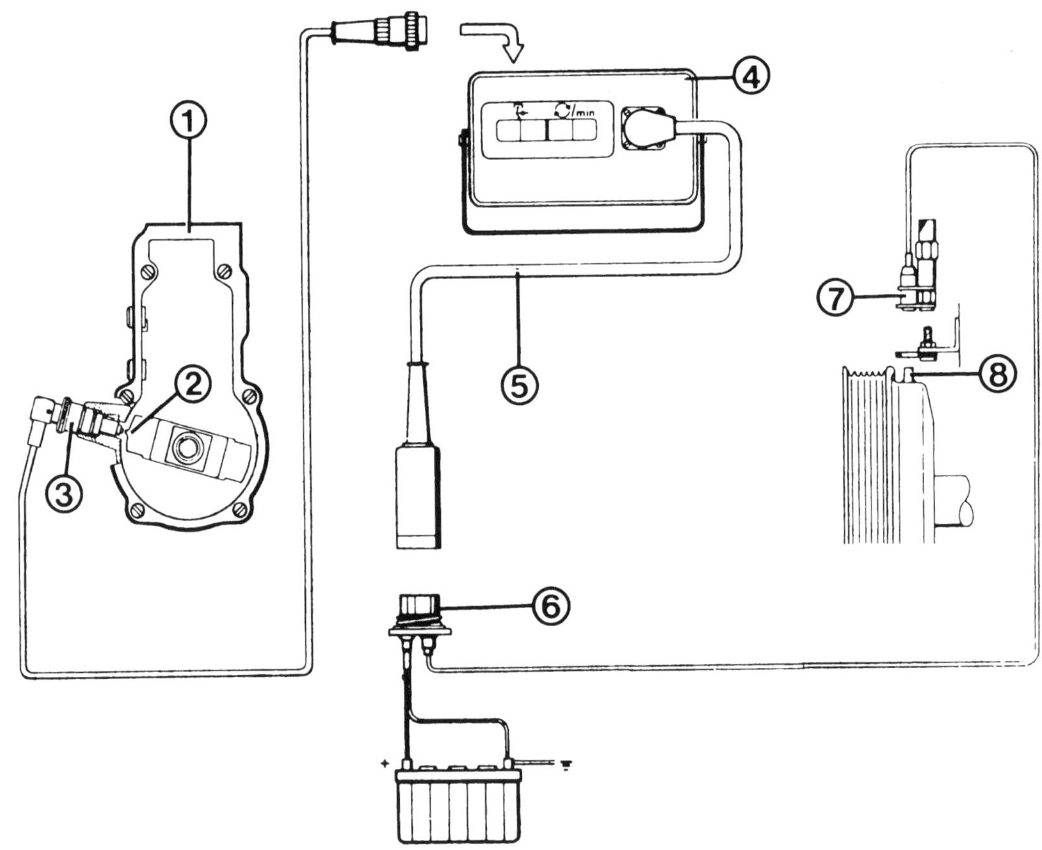

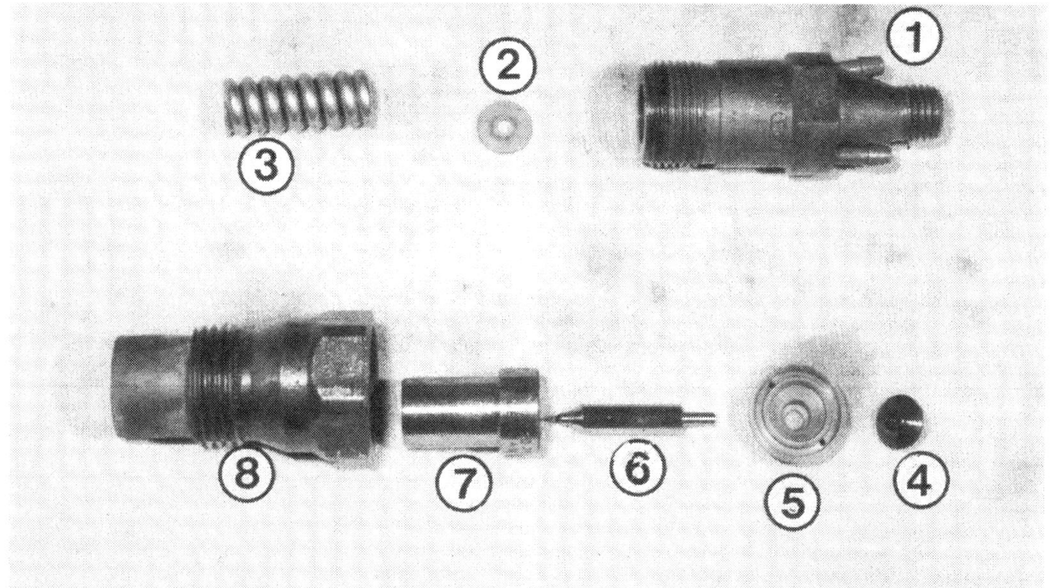

Einzelteile der Einspritzdüsen: 1 – Einspritzdüsenhalter-Oberteil; 2 – Stahlscheibe zum Einstellen des Öffnungdrukkes; 3 – Druckfeder; 4 – Druckbolzen; 5 – Düsenhaltereinsatz; 6 – Düsennadel; 7 – Düsenkörper; 8 – Halter-Unterteil;

Pneumatische Leerlauf-anhebung

Diese Einrichtung wirkt über eine Unterdruckdose auf den Leerlaufanschlag im Regler der Einspritzpumpe. Bei Kühlmitteltemperaturen unter +30°C wird die Leerlaufdrehzahl um ca. 100/min erhöht. Das Schema unten zeigt, wie die Unterdruckdose am Reglergehäuse über ein Thermoventil gesteuert wird. Hat das Thermoventil in der Unterdruckleitung zur Unterdruckpumpe geöffnet, wirkt der Unterdruck in der Unterdruckdose, und die Leerlaufanhebung findet statt. Schließt das Ventil, wird die Unterdruckdose über eine Belüftungsleitung belüftet und die Drehzahlanhebung aufgehoben.

Sollte eine Prüfung ergeben, daß die Unterdruckdose am Regler defekt ist, kann man diese nicht selbst austauschen. Der Austausch kann nur bei einem Bosch-Dienst vorgenommen werden, denn dazu muß man den Regler zerlegen und ihn anschließend wieder neu einstellen.

Pneumatische Leerlauf-anhebung prüfen

Zur Prüfung die Zeichnungen unten ansehen. Die Prüfung besteht aus einigen Blasproben in die abgezogenen Leitungen. Dabei auf die Leitungsfarben achten.

- Leitung zur Unterdruckdose ausstecken. Weder Durchblasen noch Ansaugen ist bei intakter Membran möglich.
- Bei Kühlmitteltemperaturen unter +30°C muß das Ventil in der Unterdruckleitung Durchgang haben. Bei höherer Temperatur muß es geschlossen sein. Das Ventil sitzt seitlich links im Zylinderkopf (Zeichnung Seite 71).
- Die Filter in den Leitungen müssen in beiden Richtungen Durchgang haben.
- Wird an die Leitung zur Unterdruckdose ein Unterdruck von 0,5 bar angelegt (kräftig ansaugen), muß die Leerlaufdrehzahl um 100/min ansteigen.

Elektronische Leerlauf-Regelung

Der Schaltplan auf der nächsten Seite zeigt das Zusammenwirken der verschiedenen Bauteile. Der Drehzahlgeber erfaßt am Starterzahnkranz die genaue Motordrehzahl und gibt das Drehzahlsignal an das elektronische Steuergerät weiter. Das Steuergerät führt ständig einen

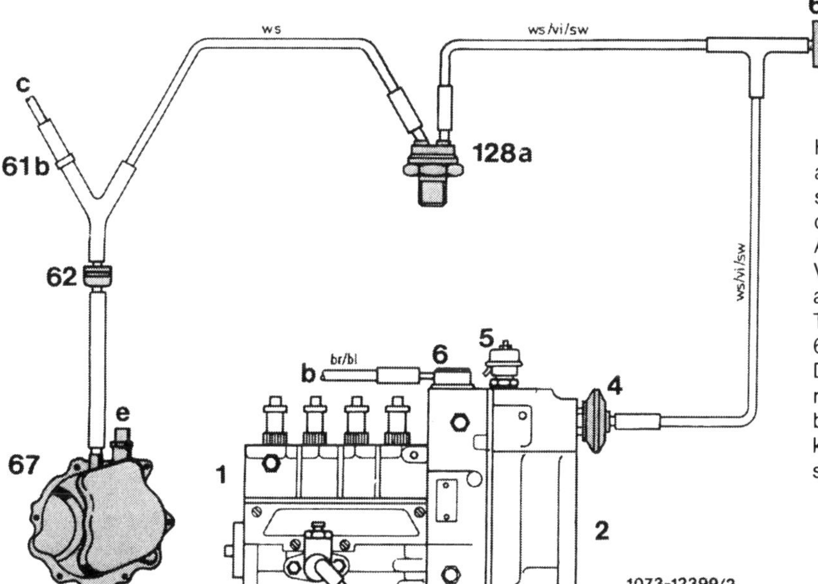

Hier ist das Funktionsschema der Leerlaufanhebung gezeigt. Es bedeuten: 1 – Einspritzpumpe; 2 – Regler; 4 – Unterdruckdose-Leerlaufanhebung; 5 – ab ca. 9/88: ADA-Dose (= atmosphärendruckabhängiger Vollastanschlag); 6 – Unterdruckdose-Motorabstellung; 67 – Unterdruckpumpe; 128a – Thermoventil (öffnet bei 30 °C; 61b – Drossel; 62 – Belüftungsfilter; 62b – Belüftungsfilter mit Drossel; a – Belüftungsleitung in den Innenraum; b – Motorabstellung; c – Übrige Verbraucher; e – Unterdruckleitung zum Bremskraftverstärker. Farben: ws – weiß, sw – schwarz; vi – violett, bl – blau, br – braun.

Links: Bei pneumatischer Leerlaufanhebung zum Einstellen der Leerlaufdrehzahl Kontermutter (3) mit Gabelschlüssel (1) lösen und Unterdruckdose (2) entsprechend verdrehen.

Rechts: Pneumatische Leerlaufanhebung bei Automatikgetriebe. 1, 4 – Unterdruckleitungen; 2 – Leitung mit Drossel zur Unterdruckdose am Getriebe; 3 – Unterdrucksteuerventil.

Soll-Ist-Vergleich durch und hält die Drehzahl unabhängig von der Motorbelastung (eingelegte Fahrstufe oder eingeschaltete Klimaanlage) konstant. Bei Kühlmitteltemperaturen unter +60°C wird die Leerlaufdrehzahl nach einer bestimmten Kennlinie angehoben. Dazu wird ein Stellmagnet, der auf den Regler der Einspritzpumpe einwirkt, durch eine getaktete Gleichspannung entsprechend angesteuert.

Die Spannungsversorgung des Steuergerätes erfolgt über den Überspannungsschutz mit einer 10-Ampere-Sicherung. Steuergerät und Überspannungsschutz sind im Motorraum hinter der Batterie eingebaut.

Elektronische Leerlauf-Regelung prüfen

Bei falscher Leerlaufdrehzahl oder wenn der kalte Motor nach dem Start wieder ausgeht, muß die elektronische Leerlaufdrehzahl-Regelung überprüft werden. Zuerst sicherstellen, daß der Gaszug richtig eingestellt ist – bei entlastetem Gaspedal muß das Zugende spannungsfrei am Umlenkhebel im Motorraum anliegen.

- Warmen Motor im Leerlauf drehen lassen und Stecker am Stellmagnet für ca. 3 Sekunden abziehen. Beim Aufstecken muß sich die Drehzahl kurzfristig erhöhen.
- Bleibt die Drehzahl gleich, am Stellmagnet kurz 12 Volt anlegen (maximal 3 Sekunden, sonst Spulenschaden). Erhöht sich die Drehzahl nicht, den Stellmagnet erneuern.
- Die Spannungsversorgung von 12 Volt zum Steuergerät erfolgt an dessen Buchsen 9 und 11. Zum Nachmessen das Steuergerät ausstecken. Ggf. Spannungsverlauf am Überspannungsschutz kontrollieren und die Sicherung oben prüfen.
- Der Drehzahlgeber muß einen Widerstand von 1,9 kΩ ±10% bei ca. +20°C haben. Bei Leerlaufdrehzahl liefert der Geber eine Wechselspannung von ca. 4 Volt. Die

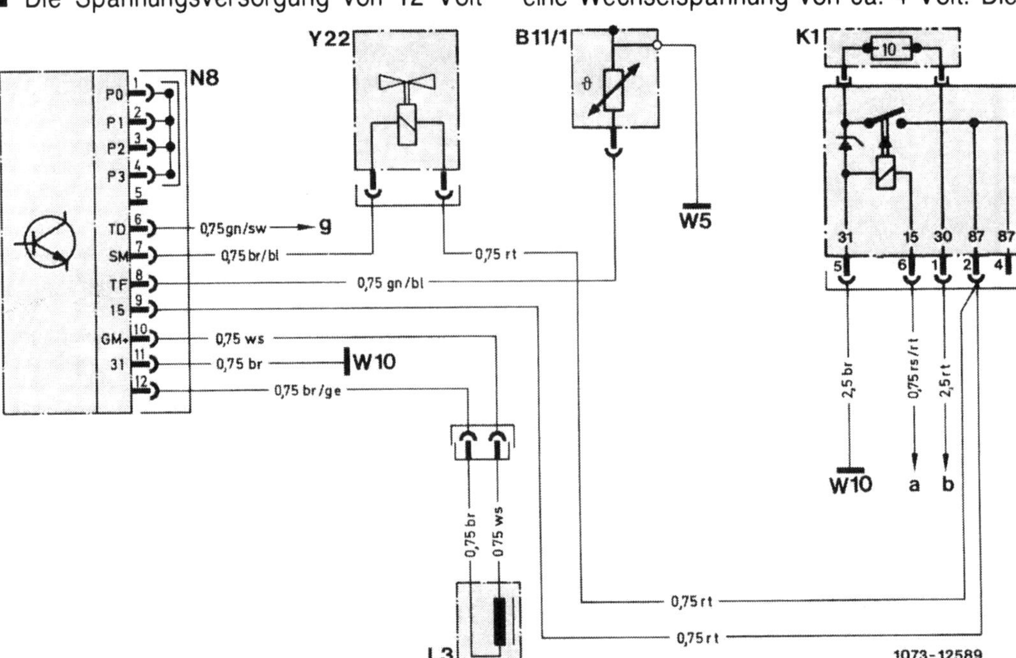

Schaltplan der elektronischen Leerlauf-Regelung. B 11/1 – Temperaturfühler: Leerlaufdrehzahl-Regelung; K 1 – Überspannungsschutz; L 3 – Drehzahlgeber Starterzahnkranz; N 8 – Steuergerät Leerlauf-Regelung; W 5 – Masse Motor; W 10 – Masse Batterie; Y 22 – Stellmagnet Einspritzpumpe; a – Klemme 15 ungesichert; b – Klemme 30 ungesichert; g – zum Relais Kickdown-Abschaltung (Seite 120), Ausgabe einer Drehzahlinformation.

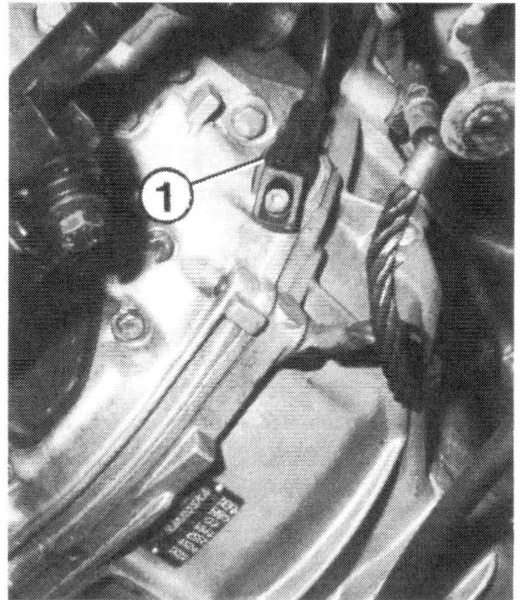

Links: Drehzahlfühler (1) zum Starterzahnkranz an der Ölwanne.

Rechts: Leerlauf-Einstellschraube (2) und Stellmagnet (3) an der Einspritzpumpe bei Fahrzeugen mit Leerlauf-Regelung.

Spannung nimmt mit steigender Drehzahl zu. Die Angaben werden am einfachsten an den Buchsen zum Steuergerät gemessen (siehe Schaltplan).

■ Da die Regelung von der Kühlmitteltemperatur abhängt, muß auch der Temperaturfühler richtig arbeiten. Bei +20°C beträgt der Widerstand zwischen 2,2–2,8 kΩ und bei +80°C zwischen 290–370 Ω.

Leerlauf prüfen

Wartung Nr. 4

Für diese Arbeit wird ein genauer Drehzahlmesser gebraucht. Die Werkstatt mißt die Drehzahl mit einem besonderen OT-Geber, der zur Prüfung neben der Schwungscheibe am vorderen Kurbelwellenende montiert wird. Leerlaufänderungen haben beim Dieselmotor ihre Ursache selten in der Einspritzanlage oder am Motor selbst. Öfters ist ein verbogenes oder schwergängiges Gasgestänge schuld. Es gelten folgende Leerlaufdrehzahlen:

Modell	mit pneumatischer Leerlaufanhebung	mit elektronischer Leerlauf-Regelung Stecker am Stellmagnet	
		abgezogen	aufgesteckt
200 D	700 – 800/min	620 – 700/min	700 – 740/min
250 D	650 – 750/min	580 – 660/min	660 – 700/min
300 D	–	530 – 610/min	610 – 650/min

■ Zur Prüfung Drehzahlmesser anschließen.
■ Gasgestänge auf Leichtgängigkeit und Zustand prüfen.
■ Kühlmitteltemperatur über +60°C.
■ Gasgestänge zur Einspritzpumpe am Umlenkhebel aushängen.
■ Leerlaufdrehzahl vergleichen.
■ Bei Fahrzeugen mit pneumatischer Leerlaufanhebung wird zur Einstellung die Unterdruckdose zur Leerlaufanhebung verdreht (Vorseite oben). Dazu Kontermutter lösen.
■ Bei Fahrzeugen mit elektronischer Leerlauf-Regelung wird die Einstellschraube nach Lösen der Kontermutter verdreht (Abb. oben rechts).
■ Stecker am Stellmagnet abziehen und die entsprechenden Drehzahlwerte einstellen.

Unterdruckabstellung des Motors

Ihr Dieselmotor kann mit dem Zündschlüssel abgestellt werden. Dies ist beim Dieselmotor gar nicht so einfach, denn es gibt bei unserem »Selbstzünder« keine Zündanlage, die man einfach ausschalten könnte. Früher wurden Dieselmotoren immer über einen besonderen Abstellhebel oder einen Druckknopf abgestellt. Das Schema auf der nächsten Seite zeigt, wie Ihr Dieselmotor abgestellt wird. Auch hierbei benützt man den Unterdruck.

Der Unterdruck wird über eine braune Schlauchleitung zu einem Ventil hinten am Zündschloß geführt. Durch eine Kurvenscheibe, die vom Zündschlüssel verdreht wird, wird das Ventil betätigt. Das Ventil öffnet, wenn Sie den Zündschlüssel zum Abstellen des Motors nach links drehen. Der Unterdruck gelangt über die braun/blaue Leitung zur Unterdruckdose oben an der Einspritzpumpe. Die Membran in der Unterdruckdose wird nach oben gezogen, und über

Der Stellmagnet (3) für die elektronische Leerlauf-Regelung ist mit zwei Haltern hinten an der Einspritzpumpe (Pfeil) befestigt. Der Stift (1) wirkt auf den Regler abhängig vom Stromfluß im Stellmagnet unterschiedlich ein. Zum Testen kann man an die Anschlüsse (2) kurz Batteriespannung anlegen.

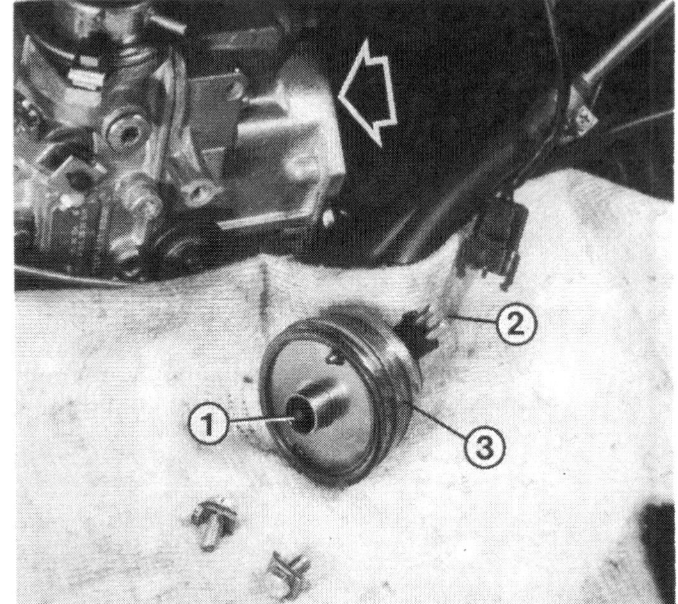

einen Hebel wird die Regelstange der Einspritzpumpe auf Nullförderung gestellt – der Motor geht aus. Die Regelstange kann auch vom »Stop«-Hebel außen an der Einspritzpumpe auf Nullförderung gestellt werden.

Unterdruckabstellung prüfen

Läßt sich der Motor mit dem Zündschlüssel nicht mehr abstellen oder springt er nicht an, muß die Unterdruckabstellung überprüft werden. Neben Schäden am Ventil des Zündschlosses oder an der Unterdruckdose können auch ausgesteckte Unterdruckleitungen die Störungsursache sein.

- Sämtliche Leitungsverläufe überprüfen. Alle Leitungen eingesteckt? Alle Gummisteckverbindungen dicht?
- Ventil im Zündschloß prüfen: Braun/blaue Schlauchleitung an der Verbindung über dem Bremskraftverstärker ausstecken. Motor starten und prüfen, ob am Leitungsstück Richtung Innenraum Unterdruck fühlbar ist.
- Die Drossel in der braunen Leitung muß in beiden Richtungen durchgängig sein.
- Unterdruckdose prüfen: Braun/blaue Leitung wie oben ausstecken. Bei laufendem Motor kräftig am Leitungsstück Richtung Unterdruckdose ansaugen – der Motor muß ausgehen.

Fingerzeig: *Wird das Ventil am Zündschloß beim Schlüsseldreh nicht geschlossen (z. B. wegen loser Kurvenscheibe), bleibt der Unterdruck in der Unterdruckdose bestehen, und der Motor kann nicht anspringen. In diesen Fällen einfach die Leitung an der Unterdruckdose ausstecken. Die Abstellung ist dann zwar nicht mehr funktionsfähig, aber immerhin springt dann der Motor an. Den Motor vorübergehend mit dem »Stop«-Hebel an der Einspritzpumpe abstellen.*

Unterdruckdose der Motorabstellung erneuern

- Luftfilter ausbauen.
- Die beiden Halter der Unterdruckdose losschrauben.
- Zum Ausbau die Dose etwas anheben, dann nach hinten zum Motor hin abkippen und herausziehen.
- Beim Einbau der Dose den »Stop«-Hebel drücken und die Verbindungsstange der Unterdruckdose in die Wippe des »Stop«-Hebels einrasten lassen.
- Die beiden Halter wieder montieren.

Das Schema zeigt die pneumatische Motorabstellung:

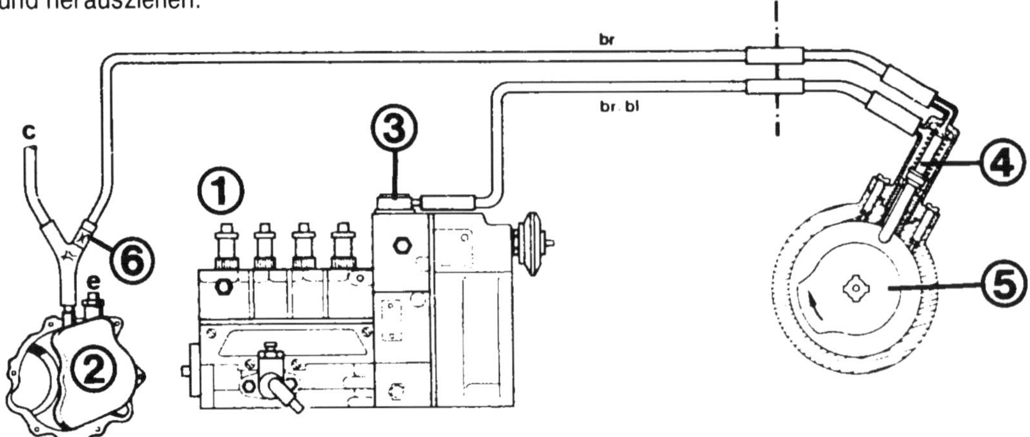

1 – Einspritzpumpe; 2 – Unterdruckpumpe; 3 – Unterdruckdose (Motorstop); 4 – Ventil am Zündschloß; 5 – Kurvenscheibe zur Ventilbetätigung (wird vom Zündschlüssel mitgedreht); 6 – Drossel; A – Zwischenwand; C – Übrige Verbraucher; e – Zum Bremskraftverstärker.

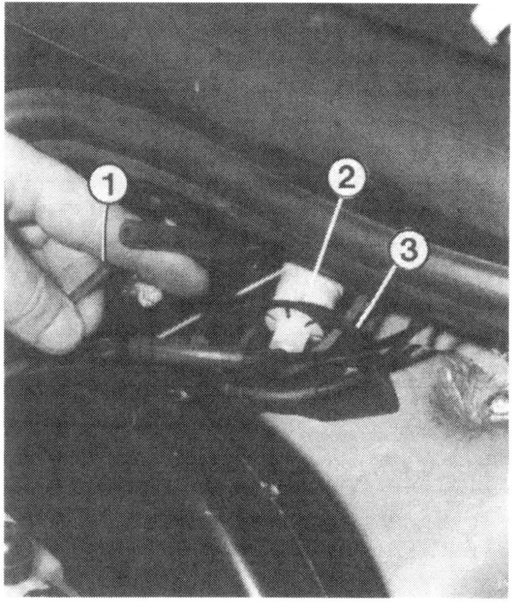

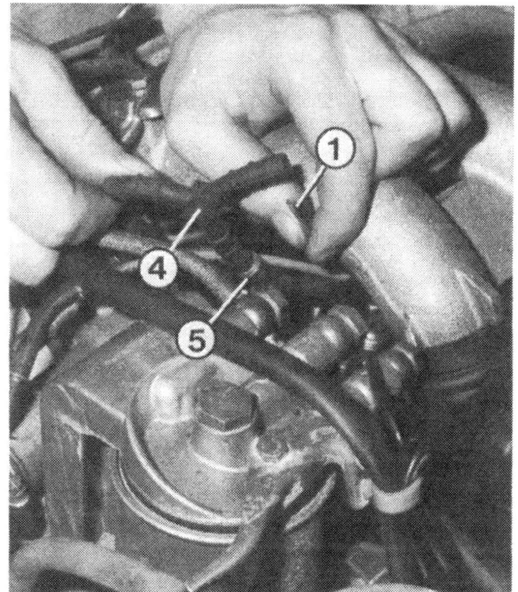

Die pneumatische Motorabstellung kann man an ihren Unterdruckleitungen (1) prüfen. Weiteres im Unterdrucksystem: 2 – Rückschlagventil für Leuchtweiteneinstellung der Scheinwerfer; 3 – Leitungshalter; 4 – Verteiler; 5 – Drossel.

Gaszug aus- und einbauen

- Im Motorraum den Gaszug am Regulierhebel lösen (Abb. Seite 104/105).
- Das schwarze Kunststoffteil an der Seilzugabstützung etwas zusammendrücken, und den Gaszug durch die Abstützung zurückziehen.
- Im Innenraum den Gaszug vom Betätigungshebel des Gaspedals lösen. Dazu die Sicherungsfeder abnehmen, den Gaszug aushängen und in Richtung Motorraum durchdrücken. Dabei darauf achten, daß der Gummipuffer nicht aus der Zwischenwand herausgedrückt wird.
- Den Gaszug komplett zwischen Stirn- und Aggregateraumwand herausnehmen.
- Nach dem Einbau in umgekehrter Folge den Gaszug einstellen.
- Noch bevor der Gaszug wieder am Betätigungshebel im Motorraum befestigt wird, prüfen, ob der Umlenkhebel hinten unten am Motor fühlbar am innen liegenden Leerlaufanschlag der Einspritzpumpe anliegt. Wird der Leerlaufanschlag nicht erreicht, den Kugelkopf am Umlenkhebel lösen und entsprechend verschieben.
- Gaszug am Betätigungshebel befestigen.
- Bei abgestelltem Motor Vollgas geben lassen. Bei Fahrzeugen mit Automatik-Getriebe das Gaspedal bis zum Erreichen des Kickdown-Schalters durchtreten lassen. Der Verstellhebel an der Einspritzpumpe muß jetzt am Vollgasanschlag anliegen. Ansonsten mit der Einstellschraube an der Gaszugabstützung im Motorraum entsprechend verstellen.
- Gaspedal langsam entlasten. In der Leerlaufstellung darf zwischen dem Nippel am Gaszugende und der Feder kein Spiel mehr vorhanden sein und die Rolle im Kulissenhebel (neben dem Ölfilter) gerade spannungsfrei am Endanschlag anliegen. Die entsprechenden Einstellungen werden an der Einstellmutter im Fahrzeuginnenraum vorgenommen.

Fingerzeig: *Fahrzeuge mit Sechszylindermotor und Schaltgetriebe neigen teilweise dazu, sich beim Anfahren aufzuschaukeln – sogenannter »Bonanza«-Effekt. Zur Abhilfe kann das Gasstänge im Motorraum geändert werden. Hierbei wird ein besonderer Dämpfer und eine Abstützung zur Motorraumstirnwand eingebaut.*

Das Luftfilter

Bevor die Verbrennungsluft in den Motor gelangt, muß sie gewissermaßen durch ein Vorzimmer, nämlich das Luftfilter. Die Ansaugluft des Motors enthält Staub- und Schmutzteilchen, die nicht in die Verbrennungsräume gelangen sollen, da sie an den Zylinderwänden wie Schmirgel wirken. Das würde frühzeitigen Verschleiß von Kolben und Zylinderlaufbahnen verursachen. Außerdem verbrennt ein Teil des Staubs bei den hohen Temperaturen im Motor und schlägt sich als Belag im Brennraum und an den Ventilen nieder. Hängenbleibende Ventile und Kolbenklemmer können die Folgen sein. Das Luftfilter sorgt deshalb für den notwendigen Schutz des Motors. Gleichzeitig dämpft es das Ansauggeräusch.
Das Luftfiltergehäuse sitzt seitlich links am Motor. Die langen Saugrohre stecken über Gummidichtmanschetten oben im Filtergehäuse. Das Gehäuse ist auf jeder Seite mit 2 Schrauben befestigt. Den Gehäusedeckel halten Verschlußbügel am Filtergehäuse. Die Außenluft strömt von einer Ansaughutze neben dem Kühler durch einen Führungsschlauch zum Luftfilterdeckel. Beim Durchströmen des großen Papierfiltereinsatzes werden die Schmutz- und Staub-

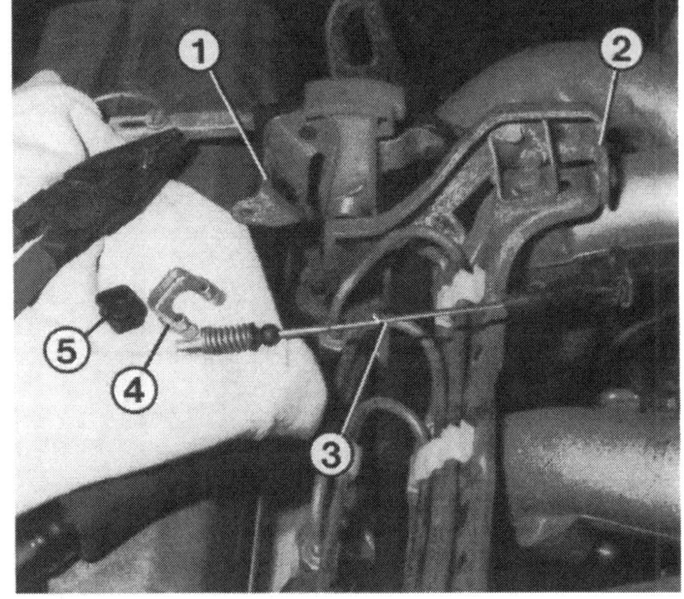

So wird der Gaszug (3) vom Winkelhebel (1) und von der Abstützung (2) gelöst: Den Sicherungsklips (4) mit einer Zange abziehen und das Gummistück (5) abnehmen, dann Gaszug durch Winkelhebel und Abstützung zurückschieben.

teile ausgefiltert. Damit sich der großflächige Papierfiltereinsatz im Luftstrom nicht durchbiegt, wurde er mit einem Lochblech verstärkt.

Luftfilter reinigen

Wartung Nr. 5

Diese Arbeit wird alle 20 000 km fällig. Falls Sie oft über staubige Straßen fahren, sollten die Abstände kleiner sein.

- Luftführungsschlauch zwischen Ansaughutze und Luftfilterdeckel ausbauen.
- Kraftstoffleitung vorn vom Deckel aushängen.
- Verschlußbügel um den Deckel öffnen.
- Luftfiltereinsatz herausnehmen.
- Papierfilter gegen eine harte Unterlage ausklopfen.
- Den feinen Staub mit Preßluft ausblasen.
- Dazu Luftstrahl seitlich an den Lamellen vorbeistreichen lassen. Nicht durch die Lamellen blasen, sonst wird der Staub hineingedrückt.
- Filter niemals mit Flüssigkeiten reinigen.
- Filtergehäuse auswischen.
- Den Filtereinsatz richtig herum einsetzen und den Deckel wieder montieren.

Luftfiltereinsatz tauschen

Wartung Nr. 29

Durch ein verstopftes Filter erhält der Motor nicht mehr genügend Ansaugluft. Die Verbrennung wird unvollständig, der Verbrauch steigt, die Leistung fällt, und die Schadstoffemission nimmt zu. Alle 60000 km den Einsatz daher austauschen, ggf. sogar öfters. Es passen z. B. folgende Filtereinsätze:

- ☐ 200 D: Bosch 1 457 429 986; Knecht AG 259; Mann C 29126/2; Purolator AF 3499
- ☐ 250 D bis 6/93: Knecht AG 260; Purolator AF 3500
- ☐ 300 D bis 6/93: Knecht AG 261
- ☐ 300 D Turbo: Mann C 29200

Zum Ausbau des Luftfiltereinsatzes (1) Schlauch (2) zur Ansaughutze abnehmen und umlaufend die Verschlußbügel am Filtergehäusedeckel (3) lösen. Hat man die Mutter seitlich am Filtergehäuse abgeschraubt, kann man es aus den Gummistutzen der Saugrohre herausziehen und abnehmen.

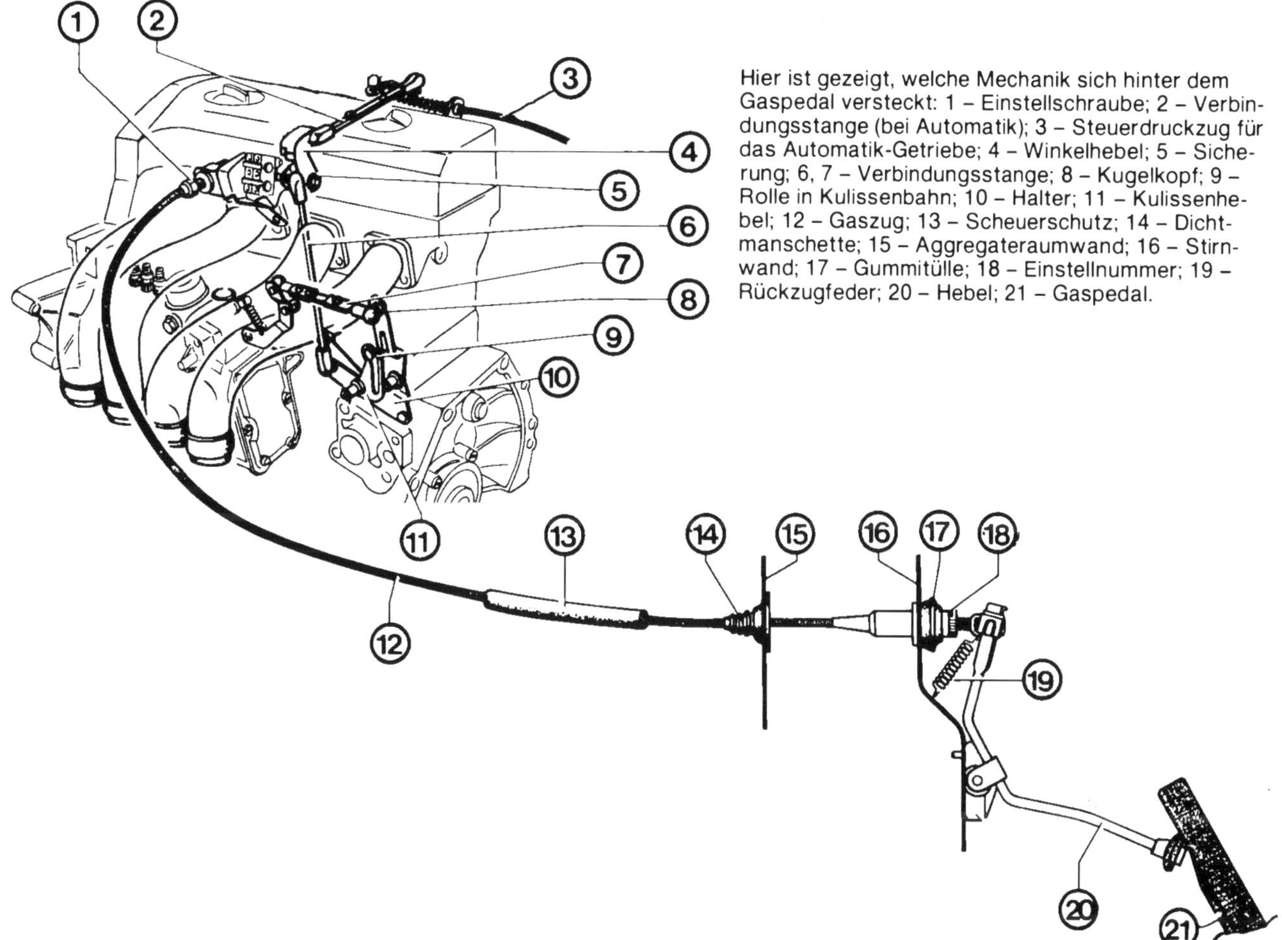

Hier ist gezeigt, welche Mechanik sich hinter dem Gaspedal versteckt: 1 – Einstellschraube; 2 – Verbindungsstange (bei Automatik); 3 – Steuerdruckzug für das Automatik-Getriebe; 4 – Winkelhebel; 5 – Sicherung; 6, 7 – Verbindungsstange; 8 – Kugelkopf; 9 – Rolle in Kulissenbahn; 10 – Halter; 11 – Kulissenhebel; 12 – Gaszug; 13 – Scheuerschutz; 14 – Dichtmanschette; 15 – Aggregateraumwand; 16 – Stirnwand; 17 – Gummitülle; 18 – Einstellnummer; 19 – Rückzugfeder; 20 – Hebel; 21 – Gaspedal.

Störungsbeistand

Einspritzanlage

Auch wenn Sie in Eigenregie an der Einspritzpumpe des Mercedes nicht alles selbst reparieren können, ist es doch wichtig zu wissen, was die Störung verursachen kann. Kleinere Fehler lassen sich vielleicht doch beheben. Ansonsten können Sie der Werkstatt besser Hinweise geben. Nachfolgend eine Zusammenstellung der möglichen Störungen und Hinweise auf die Ursachen:

Die Störung	– ihre Ursache	– ihre Abhilfe
A Motor springt schlecht oder überhaupt nicht an	1 Tank leer	Auftanken
	2 Nicht vorgeglüht	Vorglühen, bis Kontrolle verlöscht
	3 Leerlaufanhebung bzw. -regelung defekt	Prüfen; Seite 99 und 100
	4 Vorglühanlage defekt	Fehler suchen; Seite 108
	5 Unterdruckgesteuerte Motorabstellung gestört	Anlage überprüfen; Seite 102
	6 Nach leergefahrenem Tank noch Luft im Kraftstoffsystem	Anlasser einige Zeit drehen lassen, bis sich die Anlage selbst entlüftet hat
	7 Kraftstoffversorgung ganz oder teilweise unzureichend. Prüfen, ob an den Einspritzdüsen Diesel ankommt; Abb. Seite 98	Teile der Kraftstoffversorgung überprüfen; Seite 88
	8 Nach harten Frostnächten: Kraftstoffilter mit Paraffinkristallen verstopft	Fahrzeug einige Stunden in eine beheizte Garage stellen. Funktioniert die Kraftstoffvorwärmung; Seite 89
	9 Förderbeginn der Einspritzpumpe verstellt	Einstellen lassen
	10 Eine oder mehrere Einspritzdüsen defekt, verschmutzt oder der Abspritzdruck falsch	Prüfen und ggf. erneuern lassen

Die Störung	– ihre Ursache	– ihre Abhilfe
	11 Einspritzpumpe defekt	Austauschpumpe einbauen lassen
	12 Kompresssionsdruck des Motors zu niedrig	Messen lassen; Seite 55
B Motor hat schlechten oder unregelmäßigen Leerlauf	1 Leerlaufdrehzahl falsch eingestellt	Prüfen und berichtigen lassen
	2 Gaszug falsch eingestellt oder Gasgestänge schwergängig oder verbogen	Einstellung überprüfen bzw. Gestänge schmieren
	3 Motorlager lose oder defekt	Festziehen bzw. erneuern
	4 Siehe A3, 6, 9, 10, 11, 12	
	5 Kraftstoffleitung oder Leckölleitung im Motorraum undicht	Bei laufendem Motor undichte Stellen suchen
C Starker, schwarzer, weißer oder blauer Auspuffrauch	1 Motor nicht betriebswarm	Nach einigen Minuten nochmals prüfen
	2 Zuviel Gas bei viel zu niederer Motordrehzahl	Einen Gang herunterschalten
	3 Luftfilter stark verschmutzt	Erneuern
	4 Höchstdrehzahl verstellt	Prüfen lassen
	5 Einspritzdüsen tropfen	Reinigen oder ersetzen lassen
	6 Zu geringer Einspritzdruck	Messen lassen
	7 Siehe A9, 11, 12	
D Schlechte Leistung, zu geringe Höchstgeschwindigkeit	1 Gaspedalweg zu kurz	Evtl. zusätzlich eingelegte Fußmatten zu hoch
	2 Gaszug oder Gasgestänge falsch eingestellt	Einstellen
	3 Verstellhebel an der Einspritzpumpe lose	Befestigen
	4 Höchstdrehzahl wird nicht erreicht	Messen oder ggf. einstellen lassen. Evtl. Regler der Einspritzpumpe gestört
	5 Auspuffanlage defekt	Verengte oder durchgerostete Teile ersetzen
	6 Siehe A7, 9, 11, 12	
E Kraftstoffverbrauch zu hoch	1 Räder nicht freigängig	Prüfen und Ursachen beheben
	2 Kraftstoffsystem undicht	Prüfen; Seite 88
	3 Leerlaufdrehzahl zu hoch	Einstellen lassen
	4 Siehe A3, 9, 11, 12	
	5 Siehe C5, 6	

Die Vorglühanlage

Blitzstart

Früher konnte man den Dieselfahrer schon von weitem erkennen. Nach dem Einsteigen dauerte es meist einige Zeit, bis der Motor losnagelte. Der Fahrer saß dabei ruhig hinterm Lenkrad (»Diesel-Gedenkminute«).
Dank der parallel geschalteten Stabglühkerzen braucht Ihr Diesel-Mercedes nur noch wenige Sekunden für das Vorglühen.
Beim laufenden Dieselmotor entzündet sich der Kraftstoff an der hoch verdichteten und somit sehr heißen Verbrennungsluft. Doch beim Kaltstart kommt die Selbstzündung nicht von allein in Schwung. Die Selbstentzündungstemperatur wird nicht erreicht, weil sich die Luft schnell wieder an den kalten Teilen des Motors abkühlt. Die Glühkerzen, welche seitlich in die Vorkammern ragen, sorgen hilfreich für das Entflammen der Kraftstoffteilchen.

Funktion der Vorglühanlage

Wie Sie im Schaltplan auf der nächsten Seite sehen können, besteht die Vorglühanlage aus folgenden drei Hauptteilen: den Stabglühkerzen, dem Vorglühzeitrelais und der Kontrollleuchte im Armaturenbrett.
Beim Einschalten der Zündung wird das Vorglühzeitrelais über Klemme 15 angesteuert. Das Leistungsrelais »a« schaltet den starken Strom von Klemme 30 (Plus) über eine 80-Ampere-Sicherung zu den Glühkerzen. Die Glühkerzen sind parallel geschaltet, und jede ist für eine Spannung von 11,5 Volt ausgelegt. Beim Einschalten fließen durch jede Glühkerze ca. 30 Ampere. Eine Regelwicklung in der Glühkerze verringert den Strom in etwa 10 Sekunden auf 8–15 Ampere. So werden die Glühkerzen gegen Durchbrennen geschützt. Durch den starken Stromdurchfluß erreichen die Glühkerzen nach rund 10 Sekunden 900°C und nach 30 Sekunden ihre Maximaltemperatur von 1180°C.
Die Vorglühdauer bestimmt das Vorglühzeitrelais. Hierzu besitzt es einen eingebauten Temperaturfühler, mit welchem die Umgebungstemperatur erfaßt wird. Bei –30°C werden ca. 25 Sekunden, bei +20°C etwa 4 Sekunden und bei +40°C etwa 2 Sekunden vorgeglüht. Sobald ausreichend vorgeglüht ist, wird die Startbereitschaft durch Verlöschen der Kontrollampe im Armaturenbrett angezeigt. Wird der Motor nach Verlöschen der Lampe nicht gestartet, sorgt eine Sicherheitsabschaltung dafür, daß der Strom durch die Glühkerzen nach weiteren 20–25 Sekunden abgeschaltet wird. Erfolgt ein Start nach dieser Zeit, schaltet sich die Vorglühanlage während des Anlasserdrehens wieder hinzu. Diese Ansteuerung erfolgt über Klemme 50.

Das Vorglühzeitrelais

Dieses Relais ist im Motorraum am linken Radlauf angeschraubt. Nach dem Abnehmen der Schutzkappe erreicht man die beiden Steckverbindungen und die 80-Ampere-Sicherung. Das Vorglühzeitrelais hat folgende Aufgaben zu erfüllen:
□ Das Leistungsrelais »a« schaltet den Glühstrom ein und aus.
□ Die Kontrollampe wird ausgeschaltet, sobald der Motor startbereit ist.
□ Eine Sicherheitsabschaltung schaltet den Glühstrom aus, wenn die Zündung länger als 20–50 Sekunden eingeschaltet bleibt (von der Umgebungstemperatur abhängig).
□ Fehler in der Vorglühanlage werden dadurch angezeigt, daß die Kontrollampe nach dem Einschalten der Zündung nicht aufleuchtet.

Selbstkontrolle

Folgende Fehler können vorliegen, wenn beim Einschalten der Zündung die Vorglüh-Kontrolllampe im Armaturenbrett nicht aufleuchtet:
□ Stromversorgung an Klemme 30 zum Vorglühzeitrelais unterbrochen.

Schaltplan der Vorglühanlage
1 – Vorglühzeitrelais
(a – Leistungsrelais; b – Elektronikeinheit zur Steuerung der Vorglühzeit und der Kontrollampe; c – Temperaturfühler; d – Reed-Relais, wenn der Stromfluß zu G 1 und der Stromfluß zu den restlichen Glühkerzen nicht mehr in einem bestimmten Verhältnis steht, d. h. eine oder mehrere Glühkerzen durchgebrannt sind, schließt das Relais seinen Kontakt und die Vorglühkontrollampe leuchtet auf.
a – von Klemme 15, ungesichert
b – Klemme 50, führt in Startstellung des Zündschlüssels Strom
c – zur Vorglühkontrollampe im Kombiinstrument (A1 e16)
e – ständige Stromversorgung von Klemme 30, ungesichert
G1, G2... – Stabglühkerzen
M5 – Motormasse
M9 – Masse, bei linkem Scheinwerfer

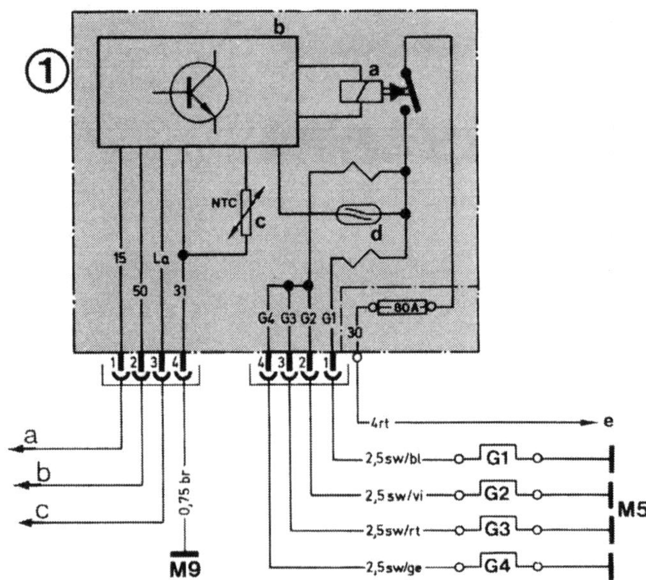

□ 80-Ampere-Sicherung im Vorglühzeitrelais durchgebrannt (Abb. rechts unten). Ab 9/88 ist diese Sicherung beim Turbo durch eine elektronische Sicherung ersetzt.
□ Leistungsrelais defekt.
□ Unterbrechung einer oder mehrerer Leitungen zu den Glühkerzen.
□ Eine oder mehrere Glühkerzen durchgebrannt.
□ Kontrollampe im Armaturenbrett oder Zuleitung dorthin unterbrochen.

Die Glühkerzen

Die Glühkerzen für Ihren Mercedes wurden von Bosch entwickelt. Es sind sogenannte Schnellstart-Stabglühkerzen. Im Glührohr, welches in die Vorkammer ragt, sind hintereinander die Heiz- und Regelwicklung angeordnet. Mit steigender Temperatur erhöht sich der Widerstand der Regelwicklung. Dadurch wird der Strom von 30 Ampere auf 8–15 Ampere heruntergeregelt.

Bei den hohen Temperaturen, denen die Glühkerzen ständig ausgesetzt sind, kann eine Glühkerze schon einmal ausfallen. Besonders Störungen an den Einspritzdüsen, zu geringer Einspritzdruck oder falscher Förderbeginn können weitere Ursachen für den Ausfall von Glühkerzen sein.

Die richtigen Glühkerzen für Ihren Diesel tragen abhängig von Baujahr und Leistung unterschiedliche Bezeichungen (Heizelementlänge verschieden). Ersatzteilkauf nur mit Fahrzeugschein!

Glühkerzen aus- und einbauen

■ Um die schlecht zugänglichen Glühkerzen seitlich links im Zylinderkopf erreichen zu können, braucht man eine 3/8"-Rätsche mit Kreuzgelenk und diversen Verlängerungen. Erst Mutter der Leitung abschrauben.

■ Glühkerze herausdrehen.

■ Beim Einbau die Glühkerze mit 20 Nm festdrehen.

■ Die Mutter der Leitungsbefestigung leicht festdrehen; 4 Nm.

Fehlersuche an der Vorglühanlage

Startet der kalte Motor nicht oder nur sehr schlecht, oder leuchtet beim Einschalten der Zündung die Vorglüh-Kontrollampe im Armaturenbrett nicht auf, müssen Sie den Fehler in der Vorglühanlage suchen und beheben. Systematisches Vorgehen und das Schaltschema erleichtern die Fehlersuche. Geprüft wird mit einer Prüflampe oder durch gezieltes Überbrücken bestimmter Leitungen. Die verschiedenen Prüfungen werden an den beiden Steckverbindungen am Vorglühzeitrelais vorgenommen, die nach dem Abnehmen der Abdeckung erreicht werden können.

Vorglüh-Kontrolllampe durchgebrannt?

Leuchtet die Kontrollampe nicht auf, obwohl der Motor gut anspringt, kann die Lampe selbst defekt sein. Zum Prüfen so vorgehen:

■ Kleineren Stecker am Vorglühzeitrelais ausstecken.

■ Zündung einschalten.

■ Buchse 3 und Buchse 1 im Stecker miteinander verbinden. Das Lämpchen erhält jetzt Plusstrom und müßte eigentlich brennen.

■ Wenn nicht, Leitungsverlauf prüfen oder Lämpchen austauschen (Seite 216).

Die Glühkerzen sitzen unter den Saugrohren. Zum Verdrehen der Glühkerzen braucht man einen 3/8″-Steckschlüsselkasten mit Verlängerungen und Kreuzgelenk. Vor dem Herausdrehen das Zuleitungskabel abschrauben. Weiterhin gezeigt: 2 – Kühlmittel-Temperaturfühler für die Anzeige im Kombiinstrument.

Störungen

Spannungen am Vorglühzeitrelais

Läßt sich der Motor nicht starten und die Vorglüh-Kontrollampe leuchtet nicht auf, zunächst die Stromversorgung am Vorglühzeitrelais prüfen:

- Die 80-Ampere-Sicherung darf nicht unterbrochen sein.
- An der Sicherung muß Plusstrom anliegen.
- Bei eingeschalteter Zündung muß an Klemme 15 Plusstrom vorhanden sein. Am rosa/roten Kabel (Buchse 1) in der kleineren Steckverbindung prüfen.
- Während der Anlasser dreht, muß auch an der Klemme 50 Strom nachgewiesen werden können.

Fließt Strom zu den Glühkerzen?

Nach dem Einschalten der Zündung muß während der Vorglühzeit Strom zu allen Glühkerzen fließen.

- Größeren Stecker mit den Zuleitungen zu den Glühkerzen am Vorglührelais ausstekken.
- Prüflampe an Masse anklemmen.
- Prüfspitze nacheinander an alle Anschlußstifte am Relais halten. Nach dem Einschalten der Zündung muß während der Vorglühzeit an jedem Anschluß Plusstrom vorhanden sein. Während der Prüfung muß ein Helfer die Zündung immer wieder aus- und einschalten, damit der Vorglühvorgang immer wieder gestartet wird.
- Kommt kein Strom aus dem Vorglühzeitrelais, obwohl die anderen Spannungen nachgewiesen wurden, so muß es ausgetauscht werden.

Am linken Radlaufblech ist das Vorglühzeitrelais (6) festgeschraubt: 1 – Abdeckung; 2 – Stromzuführung an Klemme 30; 3 – Anschlußstecker der Zuleitungen zu den Glühkerzen; 4 – Anschluß der Betriebsspannungen und der Vorglühkontolle; 5 – 80 Ampere-Sicherung (beim Turbo sorgt eine elektronische Sicherung für das Abschalten des Stromes bei Kurzschluß).

So findet man eine durchgebrannte Glühkerze heraus: Abdeckung vom Vorglühzeitrelais (4) abnehmen und den Stecker (3) der Kabel zu den Glühkerzen abziehen. Eine Prüflampe (1) einseitig an Plus anklemmen, am einfachsten an die 80-Ampere-Sicherung (2), und mit der Prüfspitze nacheinander alle Zuleitungen abtasten. Dort wo die Lampe nicht aufleuchtet, ist die dazugehörige Glühkerze durchgebrannt. Im Schaltplan verfolgen, welche Kabelfarben zu welcher Glühkerze gehören. Zum ersten Zylinder gehört G1, entsprechend sitzt sie ganz vorn am Motor.

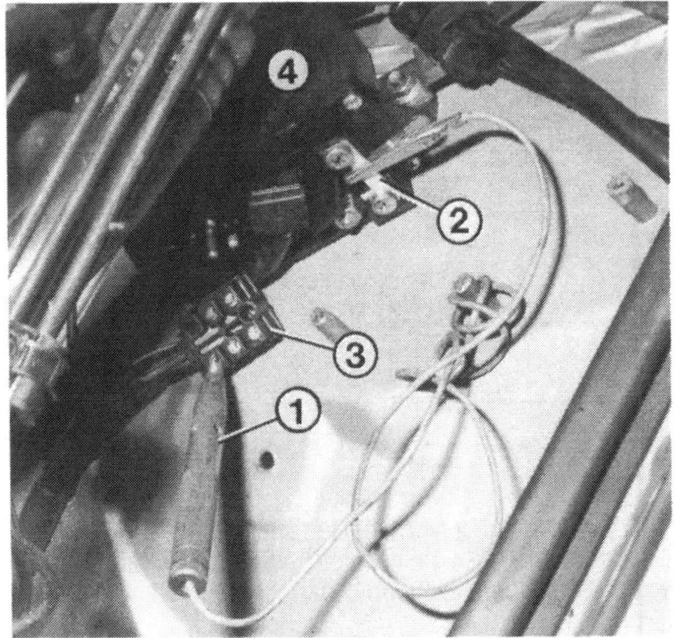

Glühkerze durchgebrannt?

Leuchtet die Vorglüh-Kontrollampe nicht auf, kann auch zumindest eine Glühkerze durchgebrannt sein. Springt der Motor trotzdem unwillig an, läuft er zunächst nicht auf allen Zylindern. Im nicht vorgeglühten Zylinder beginnt die Selbstzündung etwas später.

- Zum Aufsuchen der defekten Glühkerze den größeren Stecker mit den Zuleitungen zu den Glühkerzen am Vorglühzeitrelais ausstecken.
- Die Prüflampe mit der einen Seite an Plus anschließen, z. B. an der 80-Ampere-Sicherung festklemmen.
- Mit der Prüfspitze nacheinander die Anschlußbuchsen im Stecker abtasten, dort wo die Prüflampe nicht aufleuchtet, ist die Glühkerze defekt. Im Schaltschema sehen Sie, welches Kabel zu welcher Glühkerze führt. G 1 sitzt ganz vorn im 1. Zylinder.

Fingerzeige: *Hat man zum Aufsuchen einer durchgebrannten Glühkerze keine Prüflampe zur Hand, kann man die defekte Glühkerze auch durch Funkenprobe ermitteln. Zuleitungsstecker am Vorglühzeitrelais abziehen und mit einem Hilfskabel, welches mit Plus verbunden ist (z. B. am Batteriepol), nacheinander die Steckerbuchsen abtasten. Wo es nicht funkt, ist die Glühkerze durchgebrannt. Funktioniert die Vorglühanlage nicht, können Sie durch Anschleppen versuchen, den Motor zu starten. Der Motorstart kann allerdings einige Kilometer auf sich warten lassen. Versuchen Sie beim Anschleppen die Motordrehzahl recht hoch zu bringen, z. B. im 2. Gang mit 40 km/h schleppen lassen.*
Ist das Vorglühzeitrelais unterwegs ausgefallen, können Sie alle Leitungen zu den Glühkerzen zusammenschließen und dann für etwa 10–20 Sekunden mit dem Pluspol der Batterie verbinden.

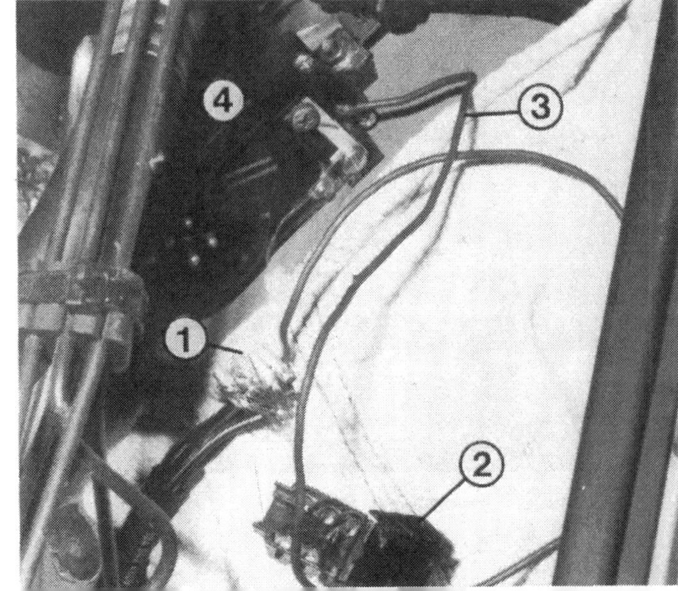

Notbehelf für unterwegs:
Bei defektem Vorglühzeitrelais (4) kann man sich so weiterhelfen: Abdeckung abnehmen und Stecker der Glühkerzen-Zuleitungen (2) abziehen. Das Steckergehäuse auseinanderklipsen. Alle Zuleitungen (1) zu den Glühkerzen zusammenklemmen und mit einem Hilfskabel (3) für etwa 10-20 Sekunden mit dem Pluspol der Batterie verbinden. Motor dann sofort starten. Aufgepaßt: Das Hilfskabel sollte einen Leitungsquerschnitt von mindestens 2,5 mm^2 haben, damit es durch den starken Strom nicht zu heiß wird.

Trennstelle

Bei Fahrzeugen ohne automatisches Getriebe ist die Kupplung die Trennstelle zwischen dem Motor als Kraftquelle und den weiteren Teilen des Fahrzeugantriebes. Beim Anfahren verbindet die Kupplung sanft den drehenden Motor mit den noch stehenden Teilen der Kraftübertragung. So werden die Zahnräder im Getriebe und die Gelenke im Antriebsstrang vor übermäßigem Verschleiß verschont.
Die Mitnehmerscheibe ist mit einem asbestfreien Belag versehen. Der Kupplungsdurchmesser und die Anpreßkraft der Mitnehmerscheibe sind von der Motorleistung abhängig. Beim 200 und 250 D beträgt der Durchmesser 215 mm und die Anpreßkraft ca. 5000 N. Beim 300 D sind es 228 mm und ca. 6000 N.

Funktionsweise der Kupplung

Zunächst wollen wir die Einzelteile aufzählen, wie sie vom Fahrerfuß aus folgen. Zur Kupplungsbetätigung zählen: Kupplungspedal, Geberzylinder, Rohrleitung, Nehmerzylinder, Ausrückhebel und Ausrücklager. Es folgt in der Getriebeglocke die eigentliche Kupplung. Sie besteht aus der Druckplatte, der Mitnehmerscheibe und einer Anlagefläche an der Schwungscheibe.
Durch den Tritt auf das Kupplungspedal wird in der Hydraulik ein Druck aufgebaut. Dieser gelangt zum Geberzylinder an der Getriebeglocke und bewegt dort den Ausrückhebel. Daran ist das Ausrücklager befestigt, welches mit großer Kraft in Richtung Druckplatte bewegt wird. Dort drückt es gegen die Spitzen der Tellerfeder und übernimmt deren Anpreßkraft. Die ringförmigen Reibflächen der Druckplatte werden so entlastet. Die Mitnehmerscheibe kann im Raum zwischen den Reibflächen von Druckplatte und Schwungscheibe frei drehen – es ist ausgekuppelt. Wird das Kupplungspedal Ihres Mercedes wieder entlastet, schließt die Tellerfeder den Zwischenraum wieder und klemmt die Mitnehmerscheibe kräftig ein.

Hydraulische Betätigung

Die Übertragung der Pedalbewegung zum Kupplungshebel geschieht bei den Mercedes-Modellen nicht mechanisch (durch Seilzug oder Gestänge), sondern hydraulisch, also durch Flüssigkeitsdruck. Das System ist mit der Bremsanlage vergleichbar, und beim Mercedes wird dabei auch die gleiche Flüssigkeit für die Kupplungs- und Bremsbetätigung eingesetzt. Das Kupplungspedal ist über eine Stange mit dem Kolben im Kupplungshauptzylinder (Geberzylinder) verbunden. Von dort führt eine Flüssigkeitsleitung zum Arbeitszylinder (Nehmerzylinder) am Kupplungsgehäuse. Hier wird die Kraft auf den Ausrückhebel übertragen.

Kupplungsbetätigung prüfen
Wartung Nr. 19

Für richtiges Arbeiten der Kupplung muß der Bremsflüssigkeitsbehälter ausreichend gefüllt sein (Seite 151).
Sinkt der Stand der Bremsflüssigkeit immer wieder bis zu dem Niveau ab, wo der Schlauch zur Kupplungsbetätigung mündet, das System auf Dichtheit nachsehen. Alle Schlauchleitungen vom Vorratsbehälter bis zum Nehmerzylinder am Getriebe müssen dicht sein. Feuchtdunkle Stellen deuten auf Verluste hin.
Trennt die Kupplung nicht und läßt sich das Pedal widerstandslos bewegen, ist Luft im Kupplungssystem.

Kupplungsbetätigung entlüften

In der Werkstatt benützt man hierzu ein Entlüftungs-Gerät, mit dem bei geöffnetem Entlüftungsventil am Nehmerzylinder (am Getriebe) so lange Bremsflüssigkeit eingepumpt wird, bis alle Luftblasen nach oben in den Vorratsbehälter gedrückt worden sind.
Da meist ein solches Gerät nicht vorhanden ist, müssen wir einen Griff in die Selbstpfleger-

Trickkiste tun. Wir entlüften das Kupplungssystem mit Hilfe des Bremssystems. Ähnlich wie beim Entlüften der Bremsen (Seite 162) wird hierzu ein Schlauch auf ein Entlüftungsventil einer Vorderradbremse gesteckt. Der durchsichtige Schlauch muß so lang sein, daß er vom Entlüftungsventil der Bremse zum Ventil am Nehmerzylinder reicht.

■ Wagen vorn aufbocken.

■ Beide unteren Teile der Motorraumkapselung ausbauen.

■ Bremsflüssigkeitsbehälter bis »MAX« füllen.

■ Schlauch auf das Entlüftungsventil einer vorderen Bremse stecken.

■ Entlüftungsventil öffnen und so lange Bremsflüssigkeit durch Betätigen des Bremspedals (Helfer) herauspumpen, bis der ganze Schlauch gefüllt ist. Beim Pumpen das Ventil schließen, bevor man das Bremspedal entlastet.

■ Schlauchende auf das Entlüftungsventil am Nehmerzylinder stecken und das Ventil öffnen.

■ Nun den Helfer wie vorher weiterpumpen lassen. Das Entlüftungsventil am Nehmerzylinder bleibt stets geöffnet.

■ Den Pumpvorgang so oft wiederholen, bis die Bremsflüssigkeit alle Luftblasen nach oben aus dem Kupplungssystem gedrückt hat.

■ Entlüftungsventile wieder zudrehen, Schlauch entfernen und Staubkappen aufstecken.

Rutschende Kupplung

Wenn die Kupplung durchrutscht, bedeutet dies, daß sie nicht mehr die volle Motorkraft auf die Antriebsteile des Fahrzeugs übertragen kann. Die Mitnehmerscheibe wird zwischen den Reibflächen von Schwungscheibe und Druckplatte nicht mehr genügend eingeklemmt. Die Ursache kann Motor- oder Getriebeöl sein, das auf die Kupplungsflächen geraten ist, oder der Kupplungsbelag ist durch übermäßige Hitzeentwicklung verbrannt und verhärtet. Zu einer solchen Überlastung kommt es z.B. gern dann, wenn man versucht, ein anderes Fahrzeug aus einer Schneeverwehung herauszuziehen. Eine überlastete Kupplung beginnt zu qualmen und aufdringlich zu stinken. Aber selbst eine sorgsam behandelte Kupplung unterliegt allmählichem Verschleiß. Irgendwann wird die Mitnehmerscheibe so dünn sein, daß sie nicht mehr genügend eingeklemmt werden kann. Es kommt zu wenig Anpreßkraft zustande, und die erzeugte Reibung ist zu klein – die Kupplung rutscht.

Eine durchrutschende Kupplung bemerkt man erst beim Fahren im höchsten Gang (wobei die vom Motor geforderte Leistung am größten ist), wenn bei Belastung der Motor »durchdreht«, also auffallend schneller dreht, als es der Fahrgeschwindigkeit entspricht. Beim Anfahren fällt das Nachlassen der Kupplung weniger auf.

Folgeschäden können sein, daß neben der Mitnehmerscheibe auch die Reibfläche von Druckplatte und Schwungrad stark verschlissen werden. Meist muß dann beim Austausch der Mitnehmerscheibe noch eine neue Druckplatte montiert werden. Vorbeugend sollten Sie deshalb Ihre Kupplung prüfen lassen (nächste Seite).

Eine tadellose Kupplung übersteht folgende Gewaltprüfung: Feststellbremse anziehen, 3. Gang einlegen, langsam einkuppeln und Gas geben. Jetzt müßte (bei einwandfreier Feststellbremse) der Motor abgewürgt werden. Besteht die Kupplung diese Prüfung nicht, wird sie bald durchrutschen.

Trennt die Kupplung?

Wird der Schaltvorgang durch kratzende oder krachende Geräusche »untermalt«, so trennt die Kupplung nicht mehr richtig.

Verkürzen dicke, zusätzlich eingelegte Fußmatten den Kupplungspedalweg?

Fingerzeig: *Wenn Sie sich beim Herunterschalten verschalten, z. B. vom 5.Gang in den 2. Gang schalten, erhöht sich die Drehzahl der Kupplungsscheibe weit über die Motordreh-*

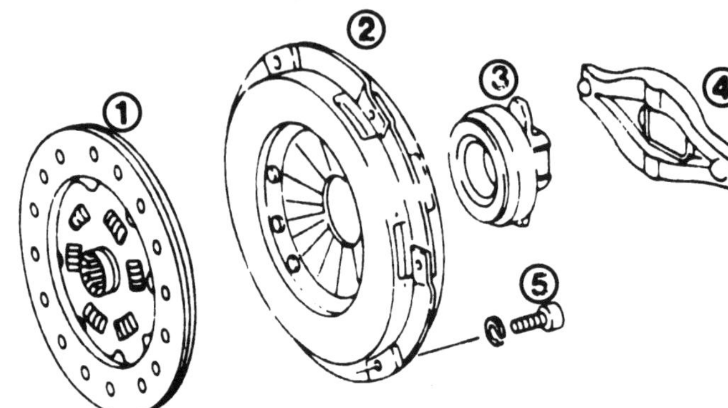

Teile der Kupplung: 1 – Mitnehmerscheibe; 2 – Druckplatte; 3 – Ausrücklager; 4 – Ausrückhebel; 5 – Befestigungsschraube der Druckplatte.

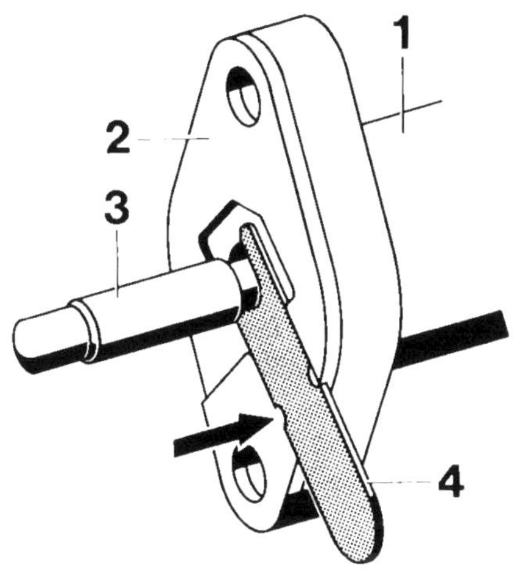

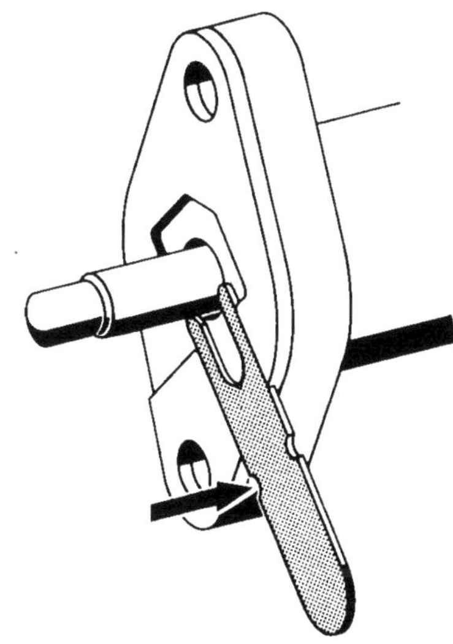

Hier wird der Kupplungsverschleiß überprüft. Es bedeuten: 1 – Nehmerzylinder; 2 – Flansch; 3 – Druckstange zum Ausrückhebel; 4 – Prüflehre. In der linken Darstellung verschwinden die Kerben in der Prüflehre (Pfeil) – es ist noch genügend Belag auf der Mitnehmerscheibe vorhanden. Rechts bleiben die Kerben sichtbar (Pfeil) – die Mitnehmerscheibe muß bald ersetzt werden.
Die Lehre aus einem 0,6–0,8 mm dicken und 15 mm breiten Blechstreifen anfertigen: Der Ausschnitt für die Druckstange wird 5 mm breit, die Kerben 25 mm von der Vorderkante einfeilen.

zahl. Dabei braucht z. B. der 2. Gang noch gar nicht ganz eingelegt zu sein. Schon über die Synchronringe kann die Drehzahlerhöhung erfolgen. Infolge der extremen Drehzahlen ist es möglich, daß der Kupplungsbelag reißt und sich Teile übereinanderschieben. Dadurch wird die Kupplungsscheibe unzulässig dick. Sie können dann das Kupplungspedal ganz durchtreten, ohne daß die Kupplung ausreichend trennt.

Rupfende Kupplung

Bei rupfender Kupplung setzt sich der Wagen gewissermaßen stotternd in Bewegung. Die Übertragung der Motordrehzahl auf die Antriebsräder erfolgt nicht gleichmäßig weich. Für diesen Effekt können unterschiedliche Ursachen verantwortlich sein:
□ Motor- oder Getriebelagerung ist defekt oder hat sich gelockert. Der Antriebsblock (Motor und Getriebe) gerät beim Einkuppeln ins Schwingen.
□ Der Kupplungsbelag auf der Mitnehmerscheibe ist verbrannt und verhärtet. Meist die Folge übermäßiger Belastung.
□ Die Druckplatte hat sich verzogen oder weist an ihrer Reibfläche wellige Verwerfungen in geringer Höhe auf.
□ Die Schwungscheibe hat auf ihrer Reibfläche wellige Aufwerfungen – ebenfalls meist in geringer Höhe.
□ Verwechseln Sie nicht das Aufschaukeln des Fahrzeuges beim Anfahren (»Bonanza«-Effekt, Seite 103) mit Kupplungsrupfen.

Auskuppeln beim Halten?

Recht verbreitet ist die Angewohnheit, mit eingelegtem 1. Gang und durchgetretenem Kupplungspedal an der roten Ampel zu warten. Mancher fürchtet, den Gang nicht gleich einlegen zu können, wenn das grüne Licht den Weg freigibt. Wenn auch kein direkter oder sofort meßbarer Schaden entsteht, so beansprucht das Auskuppeln doch das Ausrücklager und ruft so wieder Verschleiß hervor. Je länger und öfter vor den vielen Ampeln ausgekuppelt wird, desto früher ist dieses Lager abgenutzt.

Fahren ohne Kupplung

Sollte dies unterwegs plötzlich eintreten, muß es nicht das Ende der Reise bedeuten. Zumindest ein nahes Ziel oder die nächste Werkstatt kann man auch ohne Kupplung erreichen. Man kann sogar hoch- bzw. herunterschalten. Voraussetzung ist feinfühliger Umgang mit dem Gaspedal und Schalthebel, besonders beim Herunterschalten.
Gang herausnehmen: Gas wegnehmen und Schalthebel in Richtung Leerlauf drücken. Bei schiebendem Wagen evtl. ein klein wenig Gas geben, falls der Gang »klemmt«.
Anfahren: Motor ausschalten, 1. Gang einlegen und Anlasser betätigen. Der Mercedes ruckelt los und setzt sich in Bewegung. Den kalten Motor sollten Sie hierzu erst etwas warmlaufen lassen. Wer während der Fahrt nicht schalten will, fährt auf diese Weise in der Ebene im 2. Gang an.
Hochschalten: Im 1. Gang mit dem Anlasser anfahren. 1. Gang nur knapp über 1000/min hinausdrehen. Gas etwas zurücknehmen, Schalthebel in Leerlaufstellung ziehen. Gaspedal loslassen und den Schalthebel mit leichter Kraft in Richtung des 2. Gangs drücken. Bei richtiger Motor- und Getriebedrehzahl rutscht der Gang fast von selbst hinein. Wenn Sie zu lange ge-

wartet haben, müssen Sie ein ganz klein wenig Gas geben, damit sich der Gang ohne Zähneknirschen einlegen läßt. Hat es nicht geklappt, halten Sie noch einmal an und versuchen das Ganze von neuem. In die weiteren Gänge wird auf die gleiche Weise hochgeschaltet. Am leichtesten geht es in sehr niedrigen Geschwindigkeiten: In den 2. Gang bei höchstens 20 km/h, in den 3. bei 25 km/h, in den 4. bei 35 km/h und in den 5. bei 45 km/h.

Herunterschalten: Hierbei muß die Motordrehzahl angehoben werden, damit sich der nächstniedrige Gang einlegen läßt. Fuß etwas vom Gas, Gang herausnehmen, behutsam Gas zugeben und gleichzeitig den Schalthebel in Richtung des neuen Gangs drücken. Bei richtiger Motordrehzahl rutscht der Gang fast ohne Nachdruck hinein. Auch das Herunterschalten geschieht am besten wieder bei niedrigen Geschwindigkeiten und Drehzahlen.

Kupplungsverschleiß prüfen

Wartung Nr. 30

Die Abbildung auf der Vorseite zeigt das Prüfen mit einer Lehre, die in eine Nut im Kunststoffteil am Fuß des Nehmerzylinders eingeschoben wird. Die Druckstange vom Zylinderkolben zum Ausrückhebel hat verschiedene Durchmesser. Je nachdem, wie weit die Stange infolge des Belagverschleißes schon herausgewandert ist, läßt sich die Lehre verschieden weit einschieben. Verschwinden die Kerben am Rand der Lehre nicht mehr, hat der Belagverschleiß ein bedenkliches Maß erreicht. Von den ursprünglich rund 3,8 mm Dicke pro Belag sind dann nur noch 2 mm übrig. Bald wird die Kupplung zu schleifen beginnen. Die Prüflehre kann bei Daimler-Benz bezogen werden (Nr. 115 589 07 2300).

Mitnehmerscheibe ersetzen

- Getriebe ausbauen. Diese umfangreiche Arbeit ist auf Seite 117 beschrieben.
- Bezugsmarkierung an Druckplatte und Schwungscheibe anbringen, damit die Druckplatte später wieder in der gleichen Position montiert wird.
- Befestigungsschrauben der Druckplatte nacheinander um etwa 1 1/2 Umdrehungen lösen, um die Druckplatte zu entspannen.
- Schrauben vollends herausdrehen. Druckplatte und Kupplungsscheibe abnehmen.
- Belagabrieb mit einem spiritusgetränkten Lappen von Schwungscheibe und Druckplatte abwischen.
- Neue Kupplungsscheibe in die Schwungscheibe einsetzen.
- Druckplatte ansetzen und die Schrauben soweit festdrehen, bis die Kupplungsscheibe leicht geklemmt wird.
- Nun muß die Kupplungsscheibe zu den Spitzen der Tellerfeder zentriert werden, damit die Hauptwelle des Getriebes später in die Verzahnung rutscht. In der Werkstatt verwendet man hierzu einen Zentrierdorn, doch mit etwas Geduld und gutem Augenmaß gelingt es auch ohne.
- Befestigungsschrauben der Druckplatte mit 25 Nm anziehen.
- Getriebe einbauen.

Fingerzeige: *Hat Ihr Mercedes schon mehr als 80 000 km auf dem Buckel und wird der Motor oder das Getriebe aus irgendeinem anderen Grund ausgebaut, sollte bei dieser Gelegenheit die Kupplungsscheibe ersetzt werden. Beim Ersetzen der Kupplungsscheibe den Zustand der Druckplatte und des Ausrücklagers prüfen.*
Alle Ersatzteile gibt es auch günstig im Zubehörhandel – sogar als Austauschteil.

Druckplatte prüfen 1

- Die ringförmige Reibfläche darf keine übermäßigen Riefen oder Brandspuren aufweisen.
- Die Tellerfeder auf Risse absuchen und den festen Sitz der Nietverbindungen kontrollieren.
- Die Spitzen der Tellerfeder dürfen nicht mehr als ca. 0,3 mm abgeschliffen sein und müssen gleich hoch stehen.

Das Ausrücklager

Das Ausrücklager wird beim Durchtreten des Kupplungspedals vom Ausrückhebel gegen die Spitzen der Tellerfeder gedrückt. Die Reibfläche der Druckplatte wird dadurch entlastet, und die Kupplungsscheibe kann frei umlaufen.
Das Lager ist wartungsfrei. Ist es defekt, hört man dies bei getretenem Kupplungspedal – Mahlgeräusche treten auf. Doch wegen leiserer Mahlgeräusche braucht das Lager nicht gleich ersetzt zu werden. Das können Sie sich sparen, bis die Kupplungsscheibe fällig wird oder bis die Mahlgeräusche unerträglich laut werden. Ein ausgebautes Lager wird so geprüft: Beim Durchdrehen des Anpreßringes mit dem Finger darf kein rauher oder hakender Lauf festgestellt werden. Das Lager muß sich geschmeidig drehen lassen.

Ausrücklager ersetzen

- Getriebe ausbauen (Seite 117)
- Ausrücklager von Getriebehauptwelle abziehen.
- Vor dem Einbau das neue Lager innen und an den Berührungspunkten zum Ausrückhebel fetten.
- Lager über die Hauptwelle schieben und so lange am Ausrückhebel verdrehen, bis die seitlichen Anfräsungen in den Hebel schnappen.

Störungsbeistand Kupplung

Die Störung	– ihre Ursache	– ihre Abhilfe
A Kupplung rutscht	1 Kupplungsbeläge abgenutzt	Kupplungsscheibe ersetzen
	2 Anpreßdruck der Kupplung zu gering	Druckplatte ersetzen
	3 Belag verölt	Kupplungsscheibe und defekte Getriebe- oder Kurbelwellendichtung ersetzen
	4 Kupplung wurde überhitzt	Kupplungsscheibe und ggf. Druckplatte ersetzen
	5 Kolbenmanschette im Nehmerzylinder undicht	Nehmerzylinder überholen oder ersetzen
B Kupplung trennt nicht	1 Luft in der Kupplungshydraulik	Entlüften
	2 Kolbenmanschette im Nehmer- oder Geberzylinder undicht	Nehmer- oder Geberzylinder ersetzen
	3 Kupplungsscheibe hat Schlag	Kupplungsscheibe ersetzen
	4 Kupplungsscheibe verzogen oder Belag gebrochen	Kupplungsscheibe ersetzen
	5 Kupplungsscheibe klemmt auf Getriebewelle	Gangbar machen und leicht fetten
	6 Nach langer Standzeit: Belag an Schwungscheibe festgerostet	1. Gang einlegen und Kupplungspedal treten. Fahrzeug kurz schleppen (Zündung aus!) lassen
C Kupplung rupft	1 Siehe A 3	
	2 Falsche Beläge	Kupplungsscheibe ersetzen
	3 Ausrücklager drückt einseitig	Ausrückhebel überprüfen
	4 Druckplatte drückt schief	Druckplatte ersetzen
	5 Motor- oder Getriebeaufhängung defekt	Motor- oder Getriebelager ersetzen
D Kupplung trennt nicht und rutscht gleichzeitig durch	Kupplungsdruckplatte defekt	Druckplatte auswechseln
E Kupplungsgeräusche	1 Unwucht der Druckplatte bzw. Kupplungsscheibe	Druckplatte bzw. Kupplungsscheibe ersetzen
	2 Torsions-Dämpferfedern defekt	Kupplungsscheibe ersetzen
	3 Ausrücklager defekt	Ausrücklager ersetzen
	4 Nietverbindungen in der Kupplung locker	Defekte Teile ersetzen

Kraftfluß

In Ihren Mercedes ist entweder ein Viergang-, ein Fünfgang- oder ein automatisches Getriebe eingebaut. Alle Getriebe werden von einer Mittelschaltung aus geschaltet. Das Getriebegehäuse besteht aus Leichtmetall-Druckguß. Große Hohlräume im Getriebegehäuse und recht stark verzahnte Zahnräder reduzieren die Geräuschentwicklung.

Welches Getriebe ist eingebaut?

Modell	Viergang-Getriebe	Fünfgang-Getriebe	Automatik-Getriebe
200 D	716.213 (GL 68/20 D)	717.410 (GL 68/20-5)	722.403
250 D	–	717.410	722.414
300 D	–	717.430 (GL 76/27-5)	722.415

Warum ein Getriebe?

Nur ein paar Worte dazu. Verbrennungsmotoren geben ihre beste Leistung nur in einem bestimmten Drehzahlbereich ab. Man braucht demzufolge etwas – das Getriebe –, was die Motordrehzahl auf die immer verschiedenen Drehzahlen der Antriebsräder abstimmt. Dabei muß der jeweilige Leistungsbedarf berücksichtigt werden, je nach Luftwiderstand, Beschleunigen, Steigung, Straßenzustand oder Reifenart.
Im Interesse geringsten Aufwandes hat man sich allgemein auf 4, allenfalls auf 5 verschiedene Übersetzungsstufen im Getriebe geeinigt. Eigentlich müßten es aber noch mehr sein, um stets den richtigen Anschluß an den nächsten Gang zu erhalten und um wirklich alle Fahrbedingungen zu erfassen. Man denke nur an Fahrräder, die bis zu 10 der 12 Gänge haben. Doch hier wird auf den breiten Leistungsbereich der Verbrennungsmotoren gesetzt. Man kann einen gewissen Drehzahlabfall nach dem Hochschalten in den nächsten Gang in Kauf nehmen.

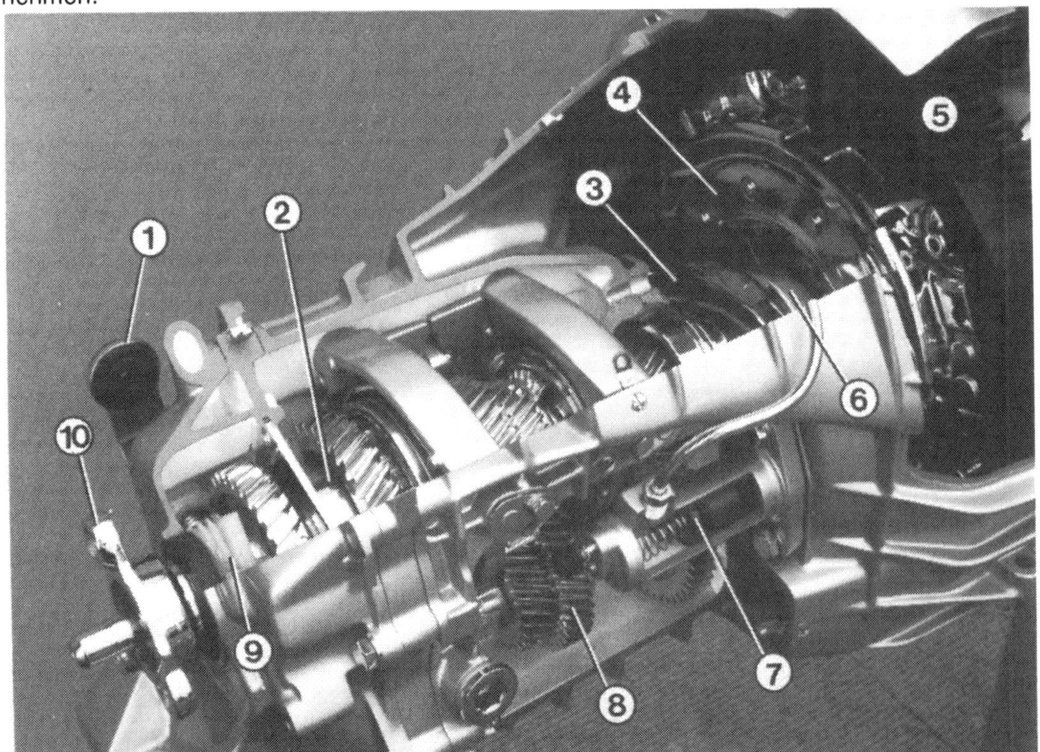

Die Abbildung zeigt Teile des Schaltgetriebes und der Kupplungsbetätigung: 1 – Schalthebel (Rückwärts- bzw. 5. Gang); 2 – Hauptwelle; 3 – Ausrückhebel; 4 – Druckplatte; 5 – Schwungscheibe; 6 – Ausrücklager; 7 – Nehmerzylinder; 8 – Nebenwelle; 9 – Tachowellenantrieb; 10 – Gelenkwellenflansch.

Die Schaltgetriebe

Die Motorleistung gelangt über die Kupplung zur Hauptwelle im Getriebe. Auf dieser Welle sitzen die Zahnräder für die Vorwärtsgänge und ein Zahnrad für den Rückwärtsgang. Die Zahnräder stehen mit Zahnrädern auf der Nebenwelle im Eingriff. Das Rückwärtsgang-Zahnrad greift in ein Zwischenrad, das die Drehrichtung umkehrt. Ist kein Gang eingelegt, können die Zahnräder frei umlaufen. Wird geschaltet, verbindet sich jeweils ein Zahnradpaar mit der Welle, und die Motorkraft gelangt entsprechend übersetzt an den Getriebeausgang. Das Verhältnis der Zähnezahlen des jeweiligen Zahnradpaares ergibt die betreffende Übersetzungsstufe.

Alle Gänge (auch der Rückwärtsgang) sind synchronisiert. Die unterschiedlich schnell drehenden Getriebeteile werden durch die Synchronisation beim Gangwechsel auf Gleichlauf gebracht. Die Gänge lassen sich so leichter einlegen, und es kracht beim Schalten nicht. Reibelemente zwischen den drehenden Teilen besorgen die Anpassung. Sie bremsen die schnelleren Teile ab. Diese Anpassung dauert einen Sekundenbruchteil, deshalb den Schalthebel möglichst nicht schnell durchreißen, sondern eher gemütlich schalten.

Zwischengas ist beim vollsynchronisieren Getriebe normalerweise nicht notwendig. Nur bei kaltem, sehr steifem Getriebeöl kann Zwischengas beim Herunterschalten nützen und ebenso dann, wenn die Synchronisation eines Gangs im Lauf der Zeit defekt wurde.

Getriebe ausbauen

Diese umfangreiche Arbeit erfordert neben einigem Geschick noch einen geeigneten Arbeitsplatz, am besten mit Montagegrube, da das Getriebe von unten ausgebaut wird.

- Massekabel an der Batterie abnehmen.
- Im Motorraum zwischen Motor und hinterer Wand eine Blechtafel oder Brett stellen (Abb. nächste Seite). Im weiteren Verlauf der Arbeit wird der Motor sich gegen die Blechwand abstützen, dabei soll er die Dämmatte nicht beschädigen.
- Geräuschkapsel unten ausbauen.
- Auspuffhalter am Getriebe und den Klemmbügel am Auspuffrohr abschrauben.
- Wärme-Abschirmblech über dem Schalldämpfer vom Fahrzeugboden entfernen.
- Große Klemmutter (SW 41) beim Zwischenlager der Gelenkwelle lösen, damit die Gelenkwelle später etwas zusammengeschoben werden kann.
- Befestigungsschrauben des Gelenkwellen-Zwischenlagers etwas lösen.
- Gelenkwelle am Getriebe abschrauben. Die Gummi-Gelenkscheibe muß an der Gelenkwelle verbleiben.
- Gelenkwelle so weit wie möglich nach hinten verschieben.
- Hintere Aufhängungen der Auspuffanlage aushängen und die Auspuffanlage vorsichtig ablassen. Den Auspuff nicht einfach herunterhängen lassen, sondern mit einem Draht aufhängen.
- Tachowelle am Getriebe losschrauben und herausziehen.
- Halteclips der Tachowelle lösen. Halter am Kupplungsgehäuse abschrauben.
- Nehmerzylinder der Kupplungsbetätigung am Getriebe losschrauben und herausziehen.

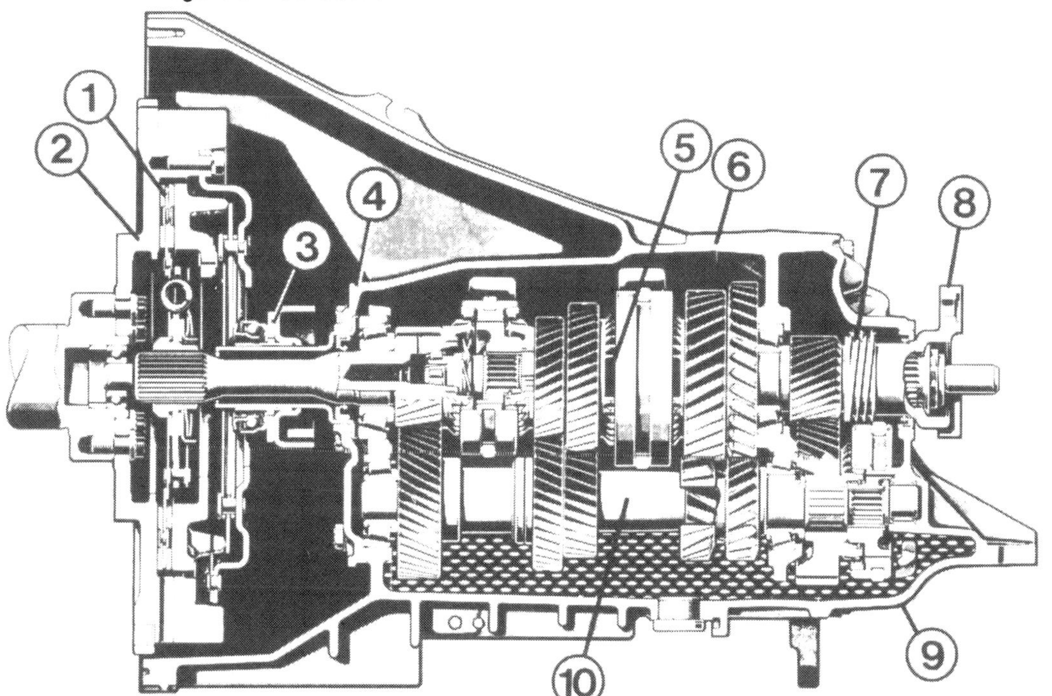

Schnitt durch das Schaltgetriebe: 1 – Schwungscheibe; 2 – Mitnehmerscheibe; 3 – Ausrücklager; 4 – vorderer Getriebedeckel; 5 – Hauptwelle; 6 – Getriebegehäuse; 7 – Tachoantrieb; 8 – Gelenkwellenflansch; 9 – hinterer Getriebedeckel; 10 – Nebenwelle.

Beim Getriebe- und Motorausbau eine Holz- oder Blechtafel (1) zwischen Motor und Zwischenwand stellen. Stützt sich der Motor dagegen ab, wird die Dämmatte nicht beschädigt.
Weiterhin gezeigt: 2 – Gasgestänge zum Steuerzug bei automatischem Getriebe; 3 – Gestänge zum Stellmotor bei Tempomat.

- Unter dem Schalthebel die Federclips der 3 Schaltstangen lösen und die Schaltstangen von den Hebeln ziehen.
- Schrauben am Anlasserflansch herausdrehen.
- Das Getriebe mit einem Wagenheber abstützen.
- Lagerung des Getriebes von dem Querträger lösen (Abb. Seite 58 oben).
- Querträger vom Fahrzeugboden losschrauben und abnehmen.
- Den Wagenheber unter dem Getriebe vorsichtig ablassen, damit Motor und Getriebe nach hinten kippen.
- Alle Schrauben zwischen Kupplungsgehäuse und Motor herausdrehen. Eine der oberen Schrauben als letztes lösen.
- Getriebe waagrecht nach hinten ziehen und abnehmen.

Getriebe einbauen

Zum Einbau des Getriebes in sinngemäß umgekehrter Reihenfolge, müssen einige Punkte besonders beachtet werden:

- Beim Einbau zuerst den Nehmerzylinder mit Zuleitung oben über das Getriebe legen.
- Zur Montage einen Gang einlegen. Beim Vordrücken des Getriebes in Richtung Motor das Getriebe am Gelenkwellenflansch drehen, damit die Hauptwelle einfacher in die Kupplungsscheibe rutscht.
- Zum Montieren und Einstellen der Schaltstangen siehe Abb. Seite 119 und 121.
- Gelenkwelle wieder auseinanderziehen und am Getriebe anschrauben.
- Gelenkwellen-Zwischenlager festschrauben (25 Nm) und die Klemmutter auf der Welle mit 30–40 Nm anziehen.
- Auspuffanlage hinten wieder einhängen und dann am Getriebe montieren. Auf das richtige Beilegen der Scheiben zwischen Getriebe und Halter und auf die Federscheibe am Klemmbügel achten.

Links: Bevor die Gelenkwelle nach Lösen der Klemmmutter (1) zerlegt wird, Teile kennzeichnen (Pfeile). Weiterhin: 2 – Zwischenlager; 3 – Bremsseil.

Rechts: Verdrehen der Klemmutter mit Gabelschlüssel SW 41. Anziehmoment 30–40 Nm, sonst kommt es zu Dröhngeräuschen.

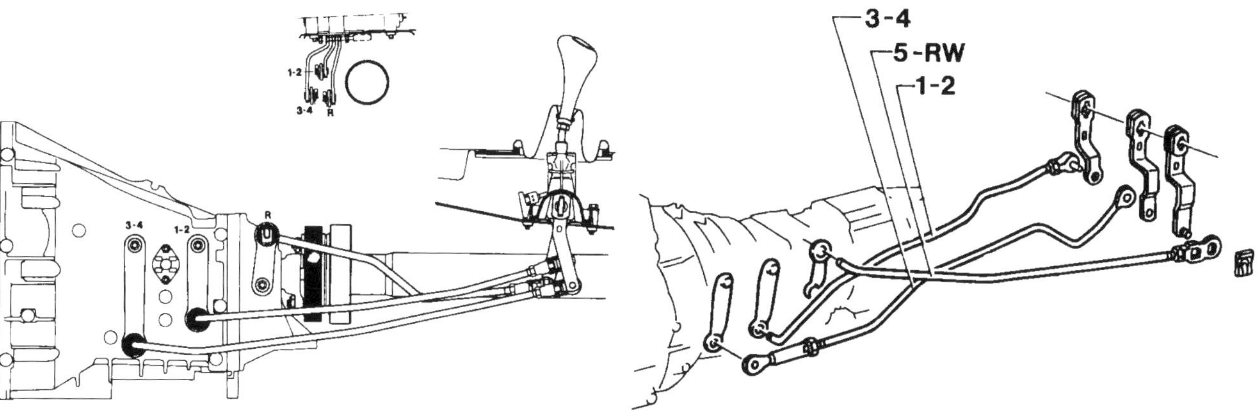

Anordnung der Schaltstangen beim 4-Gang-Getriebe. Anordnung der Schaltstangen beim 5-Gang-Getriebe.

Ölverluste an den Getriebewellen

Die Dichtringe der Wellen sind im vorderen und hinteren Getriebedeckel angeordnet. Wenn das Kupplungsgehäuse innen so sehr ölverschmiert ist, daß sogar die Kupplungsscheibe verölt, muß der vordere Dichtring ersetzt werden. Entsprechendes gilt auch bei Ölaustritt am Gelenkwellenflansch – der hintere Dichtring ist auszutauschen.

Dichtring im vorderen Getriebedeckel ersetzen

- Getriebe ausbauen.
- Ausrücklager abnehmen und den Ausrückhebel vom Kugelbolzen entfernen.
- 6 Schrauben am Getriebedeckel herausdrehen und den Deckel von der Welle ziehen. Dabei auf die Ausgleichsscheibe achten.
- Mit einem Schraubenzieher den Dichtring heraushebeln und neuen Dichtring montieren.
- Neue Deckeldichtung anbringen, Innenseite des Dichtrings einfetten und Deckel montieren. Schrauben mit dauerelastischem Dichtmittel einstreichen und über Kreuz mit 20 Nm festziehen.
- Ausrückhebel, Ausrücklager und Getriebe einbauen.

Schaltschwierigkeiten

☐ Es liegen Schäden im Getriebe vor. Das Getriebe könnte schlecht ausdistanziert worden sein, oder der Schaltmechanismus ist schadhaft. Beraten Sie sich am besten mit einem erfahrenen Werkstattmann. Zur Fehlerbeseitigung muß das Getriebe ausgebaut, zerlegt, ggf. getauscht oder repariert werden. Läßt sich das Getriebe schon am Neuwagen schlecht schalten, könnte ein Montagefehler die Ursache sein. Noch während der Garantiezeit reklamieren!

☐ Schaltschwierigkeiten können ihre Ursachen noch außerhalb des Getriebes haben. Vielleicht ist eine Schaltstange nicht richtig auf Länge eingestellt oder ihre Befestigung vorn am Getriebe oder hinten am Schaltmechanismus verschlissen? Der Schaltmechanismus am Fuß des Schalthebels soll auch gut geschmiert sein. Läßt sich der Schalthebel in einer Ebene auffallend leicht bewegen, ist wahrscheinlich eine Schaltstange lose. Die Abbildungen oben und Seite 121 zeigen, wie die Schaltstangen zwischen Getriebe und Schalthebelende verlaufen. Bei der Montage von Schaltstangen muß dies beachtet werden.

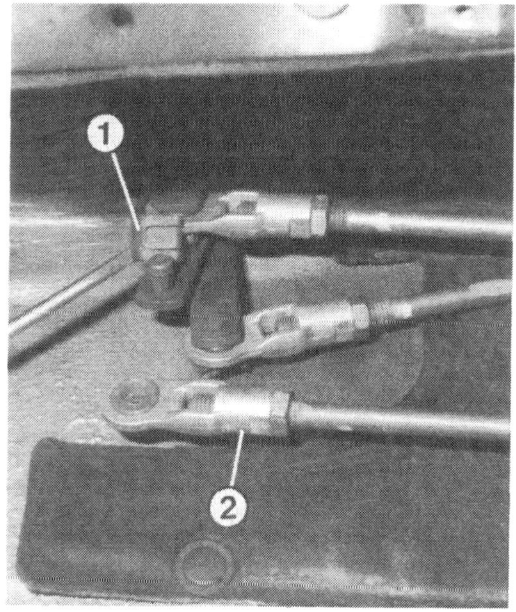

Die Gelenkstücke (2) der Schaltstangen sind mit Federklemmen an den Schalthebeln befestigt. Zum Ein- und Ausbau Schraubenzieher verwenden. Die Schalthebel am Schaltmechanismus werden mit einem Bohrer (3) ausgerichtet.

Schaltung einstellen

■ Schaltstangen nach dem Lösen der Federklemmen von den Hebeln am Schaltmechanismus abnehmen.
■ Hebel ausrichten. Dazu einen Bohrer (5,9 mm) durch die Löcher im Schaltmechanismus und in den Hebeln stecken.
■ Die Betätigungshebel am Getriebe in ihre Mittelstellung rücken.
■ Die Länge der jeweiligen Schaltstange stimmt, wenn sie ohne Verschieben auf die Hebel am Schaltmechanismus paßt.
■ Ggf. die Kontermutter am Gelenkstück lösen und das Gelenk entsprechend verstellen.
■ Kontermutter wieder festdrehen und Federklemme montieren.
■ Bohrer wieder herausziehen und die Schaltbarkeit des Getriebes bei laufendem Motor prüfen.

Das Automatik-Getriebe

Auf Wunsch ist der Mercedes mit einem Viergang-Automatik-Getriebe ausgestattet. Bei dem klein und leicht gestalteten Getriebe wurde durch Änderungen am Wandler ein verbesserter Wirkungsgrad erreicht. Um die Kriechneigung des Fahrzeugs im Leerlauf zu verringern, schaltet die Automatik bei Leerlauf in den 2. Gang. Bei leichtem Gasgeben wird auch im 2. Gang angefahren. Erst bei starkem Gasgeben wird in den 1. Gang zurückgeschaltet. Im weiteren funktioniert das Getriebe wie folgt:
Zwischen Motor und Viergang-Getriebe ist ein hydraulischer Drehmomentwandler geschaltet, in dem das Drehmoment des Motors auf Schaufelräder übertragen wird. Bei laufendem Motor versetzt das mit ihm gekuppelte Pumpenrad die Wandlerflüssigkeit (ATF) in eine Drehbewegung und schleudert sie nach außen gegen das Wandlergehäuse. Dabei trifft die Flüssigkeit auf das sogenannte Leitrad, das den ATF-Strom in die vorgesehene Richtung lenkt und das mit dem Getriebe verbundene Turbinenrad in Drehung versetzt. Weil die Zahnräder des Planetengetriebes dauernd im Eingriff stehen und die Wandlerflüssigkeit bei laufendem Motor immer versucht – durch den Motor in Drehung versetzt – das Getriebe und damit auch die Antriebsräder zu bewegen, »kriecht« der Wagen im Leerlauf, muß also mit der Fuß- oder Feststellbremse gehalten werden.
Die Übersetzungsänderung erfolgt beim automatischen Getriebe durch Zusammenschalten verschiedener Zahnräder unter Betätigung von Kupplungen und Bremsbändern durch das hydraulische Steuersystem. Das geschieht je nach Gaspedalstellung und Motordrehzahl.

Funktion der Getriebe-Automatik

□ In der Wählhebelstellung »D« wird bei Teilgas so früh wie möglich hochgeschaltet. Das Fahrzeug beschleunigt langsam, was Kraftstoff spart und gemütliches Fahren fördert. In Stellung »D« stehen alle Gänge zur Verfügung – diese Stellung werden Sie zumeist eingelegt haben.
□ In den Stellungen »2« und »3« wird nur bis in den 2. bzw. 3. Gang hochgeschaltet. Bei Steigungen diese Bereiche wählen, wenn der Motor durchzugsstark drehen soll. Die Automatik schaltet herunter, wenn Sie beispielsweise im Gefälle diese Stellungen wählen, um die Bremswirkung des Motors auszunutzen. Damit der Motor aber nicht überdreht wird, auf die Drehzahlen des Motors achten.
□ In die Stellungen »P« (Parksperre) und »R« (Rückwärtsgang) nur bei stehendem Fahrzeug schalten. Hartes, verschleißförderndes Rucken wird so vermieden.
□ Wählhebelstellung »N« bedeutet Leerlauf. Der Wagen kann frei herumgeschoben oder abgeschleppt werden (Hinweise rechte Seite beachten).

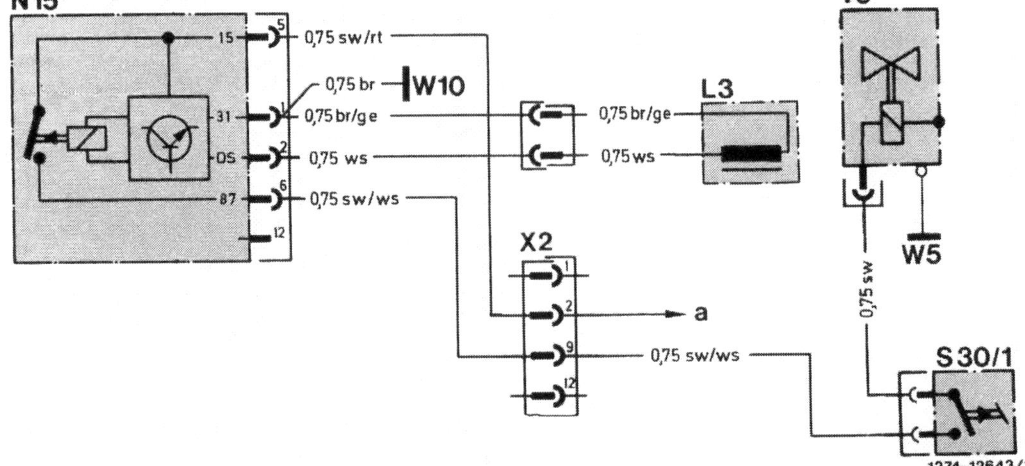

Schaltplan der Kickdown-Abschaltung bei automatischem Getriebe
N 15 – Steuergerät
L 3 – Drehzahlgeber am Starterzahnkranz, bei Leerlauf-Regelung bereits eingebaut (Seite 99)
Y 3 – Magnetventil am Getriebe
W – Massepunkte
S 30 – Kickdown-Schalter
a – von Sicherung Nr. 7, Klemme 15

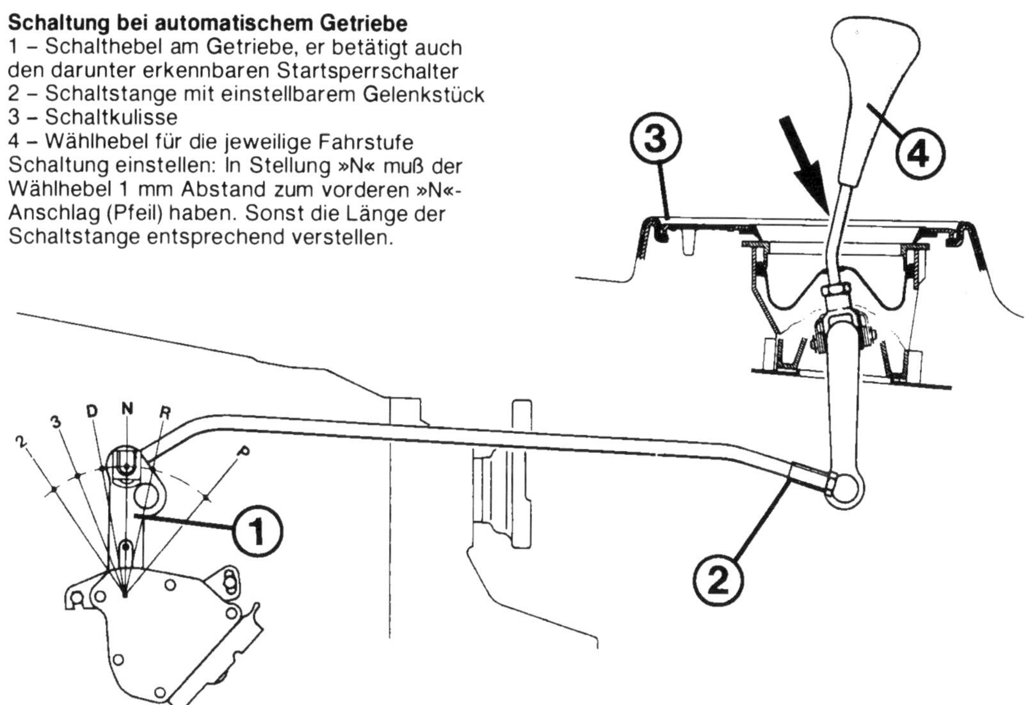

Schaltung bei automatischem Getriebe
1 – Schalthebel am Getriebe, er betätigt auch den darunter erkennbaren Startsperrschalter
2 – Schaltstange mit einstellbarem Gelenkstück
3 – Schaltkulisse
4 – Wählhebel für die jeweilige Fahrstufe
Schaltung einstellen: In Stellung »N« muß der Wählhebel 1 mm Abstand zum vorderen »N«-Anschlag (Pfeil) haben. Sonst die Länge der Schaltstange entsprechend verstellen.

□ Bei »Kickdown« (Gaspedal voll durchgetreten) werden die Gänge bis kurz vor die Höchstdrehzahl ausgedreht. Auch wird ggf. zurückgeschaltet, um so die größtmögliche Beschleunigung zu erreichen.

Anschleppen mit Automatik-Getriebe

Da die Mercedes-Automatik eine zusätzliche Pumpe eingebaut hat, kann das Fahrzeug angeschleppt werden:

- Zündschlüssel kurz ganz nach rechts (Startstellung) drehen und wieder loslassen (Zündung bleibt eingeschaltet).
- Stellung »N« einlegen und den Wagen in Bewegung bringen.
- Nach »2« schalten und erst wenn der Motor mitdreht, Gas geben.
- Nach dem Anspringen gleich wieder nach »N« schalten.
- Springt der Motor nicht nach einigen Sekunden an, nicht weiter in Stellung »2« bleiben, sondern wieder »N« einlegen, bevor erneut versucht wird, den Motor zu starten. Unterläßt man das Zurückschalten nach »N«, kann das Getriebe Schaden nehmen.
- Ist die Batterie ganz leer, wird nicht vorgeglüht. Das Automatik-Fahrzeug wird dann kaum anspringen (siehe auch Seite 192).

Abschleppen mit Automatik-Getriebe

Das Automatik-Fahrzeug darf nicht unbedacht abgeschleppt werden, weil sonst das Getriebe Schaden nimmt. Es ist hierbei nur eine Geschwindigkeit von 50 km/h erlaubt, und nicht weiter als 120 km darf geschleppt werden, sonst den Wagen verladen.

Automatik-Getriebe prüfen

Bei der Prüfung der Funktion und besonders bei notwendigen Reparaturen am Getriebe sind dem Selbstpfleger enge Grenzen gesetzt. Schnell wird hierzu Spezialgerät und gezielte Erfahrung nötig. Nachfolgend eine Aufzählung von eher einfacheren Prüfungen, mit denen Sie Fehler besser einkreisen oder gar beheben können:

□ Der ATF-Stand im Getriebe ist bei Störungen als erstes zu prüfen (Seite 33).
□ Auf einer Probefahrt können die Schaltpunkte überprüft werden.
□ Die Einstellung des Steuerzuges zwischen Getriebe und dem Gasgestänge ist eine wichtige Voraussetzung für fehlerfreie Arbeitsweise.
□ Festbremsdrehzahl des Drehmomentwandlers prüfen.
□ Druckmessungen von Arbeits-, Regler- und Modulierdruck (in der Werkstatt werden hierzu Druckmesser an Prüfanschlüsse am Getriebe angeschlossen; manche Druckwerte können verstellt werden).
□ Beurteilen der Schaltvorgänge. Die Leerlaufdrehzahl muß exakt stimmen, sonst ist keine Beurteilung möglich.

Zum Einstellen des Steuerzuges (1) bei automatischem Getriebe muß man die Leerwegstange (3) ganz auseinanderziehen. Bei Tempomat ist das Gestänge (2) zum Stellmotor auszuhängen. Die Kugelpfanne und die Kugel am Umlenkhebel müssen sich genau gegenüberstehen, wenn beim Herausziehen des Zuges leichter Widerstand spürbar wird.

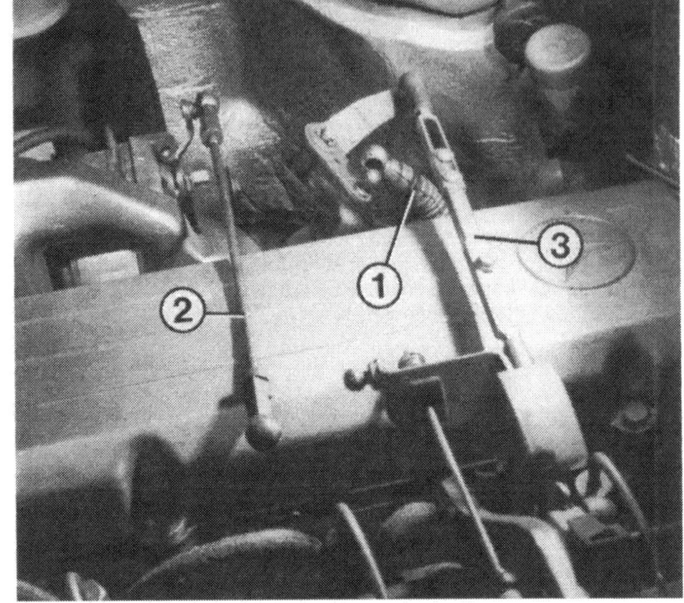

Schaltpunkte prüfen

Auf einer Probefahrt die Werte vergleichen. Den Wählhebel in Stellung »D« bringen.

Modell	Gaspedal	Schaltpunkte in km/h					
		Hochschalten			Zurückschalten		
		1.→2.	2.→3.	3.→4.	4.→3.	3.→2.	2.→1.
200 D	Wenig Gas	–	21	29	22	15	–
	Vollgas	22	58	97	71	31	17
	Kickdown	36	64	103	94	56	29
250 D	Wenig Gas	–	22	31	25	15	–
	Vollgas	27	65	107	82	34	19
	Kickdown	40	70	113	100	61	32
300 D	Wenig Gas	–	24	33	27	16	–
	Vollgas	29	71	116	88	37	21
	Kickdown	43	76	122	108	66	35

Steuerzug einstellen

■ Kugelkopf des Steuerzuges rechts neben dem Zylinderkopf vom Umlenkhebel abdrükken (Abb. oben).

■ Die quer über dem Zylinderkopf verlaufende Leerwegstange bis zu ihrem Anschlag auseinanderziehen.

■ Kugelpfanne des Steuerzuges etwas in Richtung Getriebe drücken und dann wieder so lange vorsichtig vorziehen, bis leichter Widerstand spürbar wird.

■ Jetzt muß sich die Kugelpfanne genau gegenüber ihrem Kugelkopf befinden und spannungsfrei aufgedrückt werden können.

■ Ggf. Leerwegstange verstellen.

Der Startsperrschalter (1) seitlich links am automatischen Getriebe (2). Der Stecker ist hier abgezogen. Die Pfeile zeigen auf die Anschlüsse der Klemme 50. Nur wenn die Fahrstufe »N« oder »P« eingelegt ist hat der Kontakt geschlossen und der Anlasser kann drehen. Über einen weiteren Kontakt wird in Fahrstufe »R« das Rückfahrlicht eingeschaltet.

Bevor die Gelenkwelle (1) losgeschraubt wird, sämtliche Teile kennzeichnen (Pfeile). 2 – Drehzahlfühler am Hinterachsdifferential.

Beurteilen der Schaltvorgänge

□ Hochschalten: Bei Teilgas ist der Gangwechsel kaum wahrnehmbar; bei Vollgas oder Kickdown werden die Übergänge zwar etwas deutlicher, doch stets muß der höhere Gang geschmeidig fassen. Kurzes Hochdrehen beim Gangwechsel deutet auf Fehler hin, die genauer untersucht werden müssen.

□ Herunterschalten: Ohne Gas (beim Ausrollenlassen) kaum spürbar bei sehr niederen Geschwindigkeiten. Ein Stoß ist beim Rückschalten mit Teil- oder Vollgas normal. Das Zurückschalten ohne Gas mit dem Schalthebel dauert 1 bis 2 Sekunden. Wird beim zwangsweisen Zurückschalten mit dem Schalthebel gleichzeitig Gas gegeben, erfolgt der Gangwechsel ohne Verzögerung. Beim Zurückschalten mit Gas entsteht viel Wärme im Getriebe, deshalb solches Schalten nur einmal in 15 Sekunden durchführen.

Störungsbeistand Automatikgetriebe

Beanstandung	Ursache
1 Ruckartige Schaltübergänge beim Einlegen der Fahrstufen »D« oder »R« aus der Leerlaufstellung »N« heraus	Leerlaufdrehzahl zu hoch
2 Starkes Kriechen im Leerlauf bei eingelegtem Fahrbereich	Wie unter 1
3 Fahrzeug setzt sich bei eingelegtem Fahrbereich nicht in Bewegung, kein Antrieb in allen Gängen	ATF-Stand zu niedrig
4 Langgezogene, schleifende Schaltübergänge	Wie unter 3

Startsperrschalter

Damit beim Motorstart ein Fahrzeug mit Automatik-Getriebe nicht sofort losfährt, können diese Fahrzeuge nur gestartet werden, wenn keine Fahrstufe eingelegt ist. Dazu muß sich der Wählhebel in der Stellung »P« oder »N« befinden.
Der sogenannte Startsperrschalter seitlich links am Automatikgetriebe unterbricht beim Einlegen einer Fahrstufe die violett/weiße Leitung (Klemme 50) zwischen Zündschloß und Anlasser.

Startsperrschalter defekt

Läßt sich ein Fahrzeug mit Automatik-Getriebe nicht mehr starten, kann dies am Startsperrschalter, den entsprechenden Zuleitungen oder an seiner mechanischen Betätigung liegen. Notfalls wie folgt vorgehen:

- Feststellbremse kräftig betätigen.
- Zündschlüssel in Startstellung drehen und gleichzeitig den Wählhebel hin und her bewegen.
- Läuft der Anlasser immer noch nicht los, im Motorraum mit einem Hilfskabel direkt den Pluspol der Batterie zur Steckverbindung Klemme 50 vor dem Anlasser überbrücken. Der Anlasser dreht sofort los, siehe auch »Anlasser drehen lassen« auf Seite 200. Dabei unbedingt Wählhebel auf »N« oder »P« stellen und Feststellbremse betätigen, damit Ihr Fahrzeug nicht sofort losfährt (Verletzungsgefahr!).

Die Gelenkwelle

Nach dem Getriebe folgt die Gelenkwelle, welche die Motorkraft zum Hinterachsantrieb (Differential) weiterleitet. Die Welle verläuft in der Fahrzeugmitte in einen Tunnel. Sie ist zweiteilig und besitzt dort, wo die beiden Teile verbunden sind, ein Zwischenlager. Damit die Welle keine lästigen Brummgeräusche erzeugt, ist sie ausgewuchtet. An den Enden ist die Welle über elastische Gelenkscheiben am Getriebe bzw. am Hinterachsantrieb angeflanscht.

Gelenkwelle aus- und einbauen

■ Untere Geräuschkapselung ausbauen.
■ Damit die Gelenkwelle nach dem Einbau nicht unrund läuft, die Einbaulage wie folgt kennzeichnen:
1. Am Hinterachsgetriebe den Flansch zur Gelenkscheibe markieren.
2. Am Getriebe Gelenkwelle, Schwingungstilger (runde Metallscheibe) und die Gelenkscheibe zueinander kennzeichnen.
■ Schrauben am Mittellager etwas lösen.
■ Gelenkwelle vom Getriebeflansch so abschrauben, daß die Gelenkscheibe auf der Welle verbleibt (Schraubenkopf SW 15; Mutter SW 17).
■ Gelenkwelle vom Flansch am Hinterachsantrieb lösen (3 Schrauben SW 15; Muttern SW 17). Die Gelenkscheibe bleibt an der Welle montiert.
■ Welle durch leichteres Klopfen vom Flansch lösen, falls diese etwas anklebt.
■ Welle etwas zusammenschieben und von den Flanschen abnehmen. Ist dies nicht möglich, die große Klemmutter SW 41 leicht lösen.
■ Hinteren Wellenteil nach unten hängen lassen.
■ Mittellager losschrauben.
■ Gelenkwelle nach hinten aus dem Mitteltunnel herausnehmen.
■ Beim Einbau in umgekehrter Folge die Welle zuerst am Getriebeflansch lose vormontieren (Markierungen beachten). Neue Muttern verwenden.
■ Mittellager lose vormontieren.
■ Unter Beachtung der Markierungen Welle am hinteren Flansch festschrauben. Die neuen selbstsichernden Muttern werden mit 45 Nm angezogen.
■ Welle vorn festschrauben (45 Nm).
■ Zwischenlager mit 25 Nm anziehen. Klemmmutter SW 41 mit 30–40 Nm festschrauben.
■ Geräuschkapselung einbauen.

Fingerzeig: *Bevor die Welle in der Mitte auseinandergebaut wird, z. B. zum Austausch des Zwischenlagers, den vorderen und hinteren Wellenteil zueinander kennzeichnen. Zum Auseinanderbau die große Klemmutter (SW 41) in der Wellenmitte lösen (Anziehdrehmoment max. 40 Nm).*

Gelenkwelle prüfen

Wartung Nr. 31

□ Die beiden Gelenkscheiben dürfen keine Risse haben oder spröde sein. Die Hülsen dürfen nicht lose in den Scheiben sitzen oder unrund ausgeweitet sein. Auch die Bohrungen im Getriebe- und Hinterachsflansch dürfen nicht ausgeweitet sein.
□ Das Zwischenlager muß sich geschmeidig drehen lassen.
□ Muß die vordere Gelenkscheibe ersetzt werden, die Lage des Flansches zum Schwingungstilger kennzeichnen.

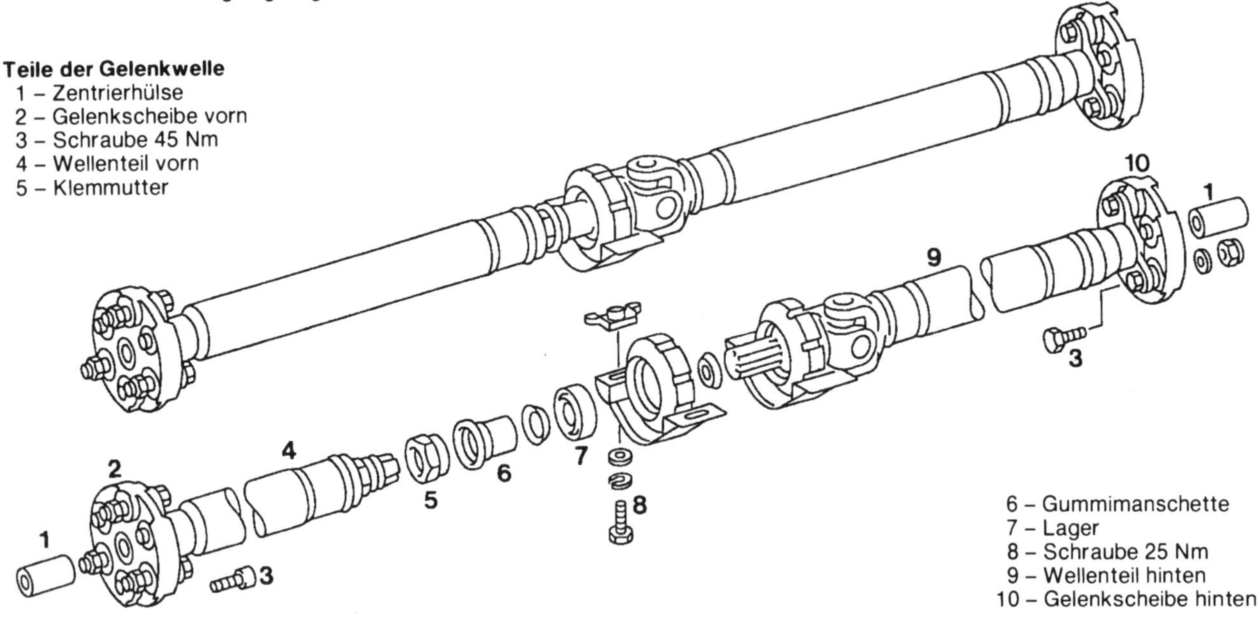

Teile der Gelenkwelle
1 – Zentrierhülse
2 – Gelenkscheibe vorn
3 – Schraube 45 Nm
4 – Wellenteil vorn
5 – Klemmutter
6 – Gummimanschette
7 – Lager
8 – Schraube 25 Nm
9 – Wellenteil hinten
10 – Gelenkscheibe hinten

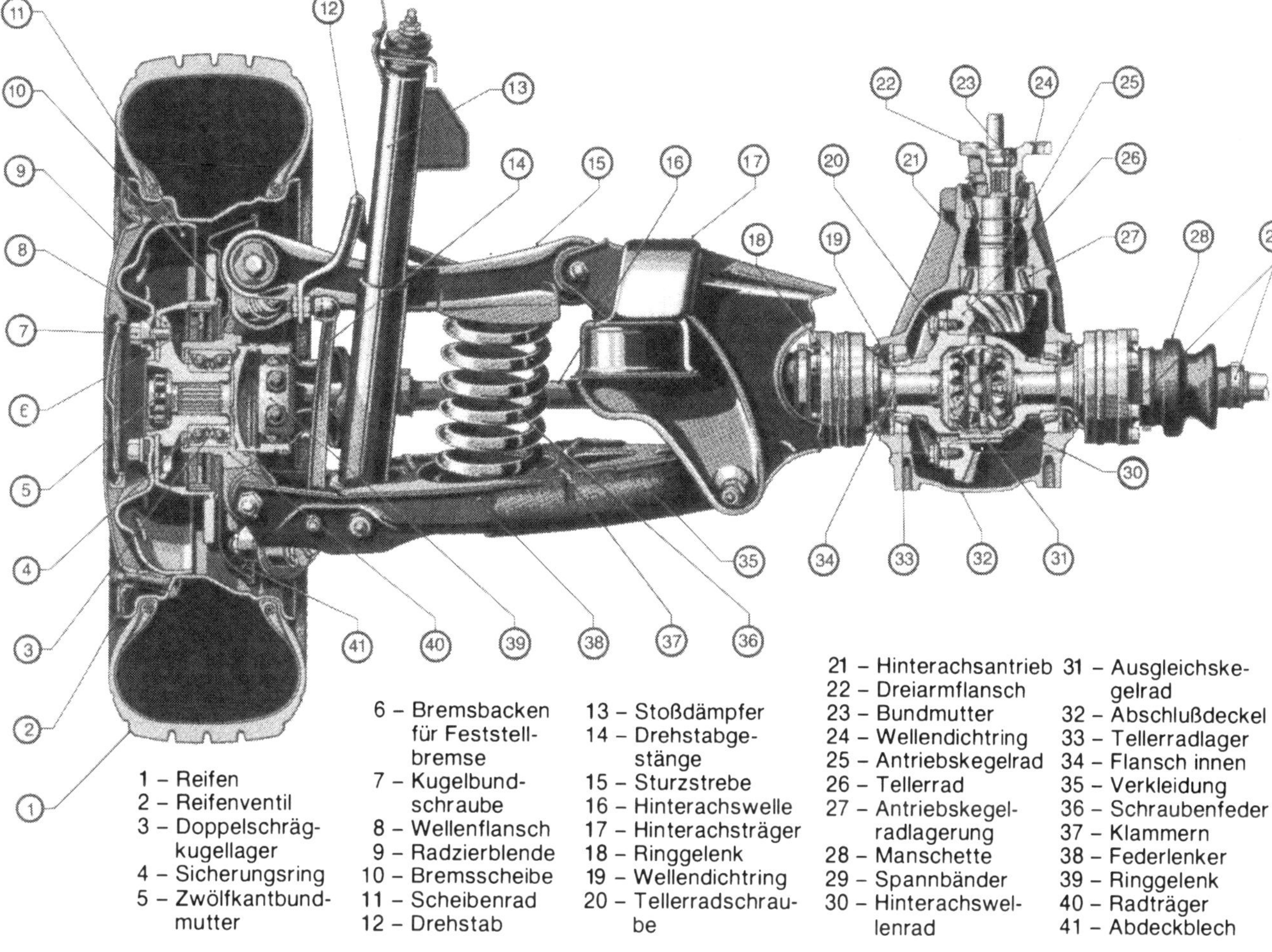

1 – Reifen
2 – Reifenventil
3 – Doppelschrägkugellager
4 – Sicherungsring
5 – Zwölfkantbundmutter
6 – Bremsbacken für Feststellbremse
7 – Kugelbundschraube
8 – Wellenflansch
9 – Radzierblende
10 – Bremsscheibe
11 – Scheibenrad
12 – Drehstab
13 – Stoßdämpfer
14 – Drehstabgestänge
15 – Sturzstrebe
16 – Hinterachswelle
17 – Hinterachsträger
18 – Ringgelenk
19 – Wellendichtring
20 – Tellerradschraube
21 – Hinterachsantrieb
22 – Dreiarmflansch
23 – Bundmutter
24 – Wellendichtring
25 – Antriebskegelrad
26 – Tellerrad
27 – Antriebskegelradlagerung
28 – Manschette
29 – Spannbänder
30 – Hinterachswellenrad
31 – Ausgleichskegelrad
32 – Abschlußdeckel
33 – Tellerradlager
34 – Flansch innen
35 – Verkleidung
36 – Schraubenfeder
37 – Klammern
38 – Federlenker
39 – Ringgelenk
40 – Radträger
41 – Abdeckblech

Das Hinterachsdifferential

Es lenkt die Antriebskraft über Kegel- und Tellerrad gewissermaßen rechtwinklig um die Ecke und über zwei Achswellen zu den Hinterrädern. Es paßt durch seine Übersetzung die Drehzahl der Getriebe-Abtriebswelle der erforderlichen Raddrehzahl an und gleicht bei Kurvenfahrt die unterschiedlichen Radwege des inneren und äußeren Rads durch sein Kegelradgetriebe (Differential) aus. Zum Hinterachsantrieb gehören auch die Hinterachswellen. Sie übertragen die Antriebskraft auf die Räder. Entsprechend den Federbewegungen der Radaufhängung müssen die Hinterachswellen Längen-Unterschiede ausgleichen und die Federbewegung des Rades mitmachen. Auf Sonderwunsch ist ein Hinterachsdifferential mit begrenztem Schlupf (Sperrwirkung ca. 35 %) lieferbar. Besondere Schmierölsorte beachten.

Hinterachswelle ausbauen

- Radkappe bzw. Leichtmetallrad abnehmen.
- Zwölfkantmutter (SW 30) in der Radmitte losschrauben. Dazu Feststellbremse stark betätigen und ggf. noch Fußbremse betätigen lassen.
- Am Hinterachsantrieb (Differential) die Innenvielzahnschrauben herausdrehen. Vor dem Einstecken des Werkzeuges (Hazet Nr. XZN 990 lg.-10) den Schraubenkopf mit einem kleinen Schraubenzieher von Verschmutzungen reinigen, damit das Werkzeug möglichst weit eingesteckt werden kann.
- Losgeschraubte Hinterachswelle zusammenschieben und nach oben vom Flansch wegschwenken.
- Außen die Achswelle aus dem Hinterachsflansch ziehen ggf. mit leichtem Schlagen nachhelfen. Sitzt die Achswelle sehr fest, muß sie mit einem Ausdrücker demontiert werden.
- Die Anlagefläche der Welle am inneren Verbindungsflansch muß beim Einbau sauber sein.
- Die Innenvielzahnschrauben nur einmal verwenden. Einölen und dann mit 70 Nm festziehen.
- Die Zwölfkantmutter darf ebenfalls nur einmal verwendet werden. Wenn sie mit 280 320 Nm (!) festgezogen worden ist, muß die Mutter gesichert werden. Dazu den Bund der Mutter in die Aussparungen auf der Achswelle quetschen.

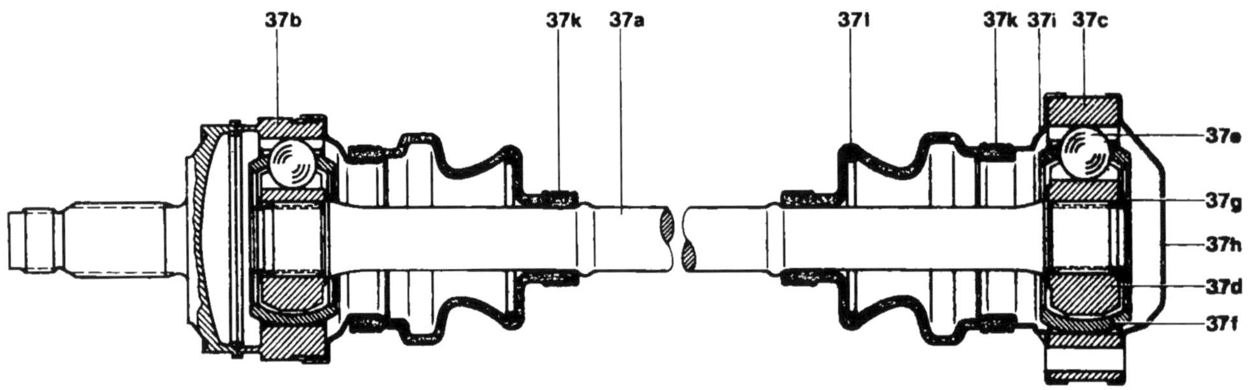

Schnitt durch Hinterachswelle
37a – Hinterachswelle
37b – Gelenkring außen
37c – Gelenkring innen
37d – Gelenknabe
37e – Kugel
37f – Kugelkäfig
37g – Sicherungsring
37h – Abschlußdeckel
37i – Manschettenkappe
37k – Schlauchschelle
37l – Gummimanschette

Hinterachswellen schadhaft?

Die Gleichlauf-Gelenke an den Antriebswellen sind zwar sehr robust, doch kann eingedrungener Schmutz zum vorzeitigen Verschleiß eines Gelenkes führen. Defekte Gelenke knacken beim Anfahren oder beim Rückwärtsfahren. Selbst beim Hin- und Herschieben des Wagens können die Knackgeräusche hörbar werden. Bei fortgeschrittenem Verschleiß steigert sich das Knacken zu einem regelrechten Schlagen.
Zeigen sich solche Zeichen, ist es gar nicht einfach herauszufinden, von welchem der vier Gelenke die Geräusche stammen. Deshalb beide Wellen ausbauen und von Hand prüfen, ob sich die Gelenke geschmeidig und ruckfrei bewegen lassen.
Nach dem Ausbau einer Hinterachswelle können die Gummimanschetten und das innere Gleichlauf-Gelenk ersetzt werden. Der Austausch des äußeren Gelenks ist nicht möglich – der Austausch der Hinterachswelle wird dann erforderlich.

Manschetten prüfen

Gelegentlich sollten Sie die Gummimanschetten an den Gelenken der Hinterachswellen prüfen, denn eindringender Schmutz oder Feuchtigkeit zerstört die Gelenke schnell.

- Zur Prüfung die Hinterräder nacheinander anheben und am Rad drehen, während man unter dem Fahrzeug nach dem Rechten schaut.
- Ringsherum dürfen keine Risse oder spröde Stellen vorhanden sein.
- Die Spannbänder müssen fest sitzen.
- Dunkle Fettspuren sind ein Alarmsignal: Eine beschädigte Manschette schnellstens ersetzen. Dazu die Hinterachswelle ausbauen und zerlegen.

Hinterachswelle zerlegen

Zum Austausch der Gummimanschette oder des inneren Gleichlauf-Gelenkes muß die Achswelle zerlegt werden.

- Hinterachswelle ausbauen.
- Großes Schlauchband der inneren Manschette lösen.
- Blechdeckel mit einem Durchschlag vom Gelenk losschlagen und abnehmen. Auf die gleiche Weise die Kappe der Manschette von der anderen Seite des Gelenkes entfernen.
- Manschette zurückschieben und das Fett vom Gelenk abwischen.
- Sprengring abnehmen.
- Welle in einen Schraubstock spannen und das Gelenk mit einem Durchschlag von der Welle lösen. Dazu gleichmäßig verteilt auf den Gelenkinnenring schlagen.
- Wenn erforderlich, können nun die Manschetten und das Gelenk getauscht werden. Die entsprechenden Reparatursätze enthalten neue Schlauchbänder, einen neuen Sprengring und die erforderliche Menge des speziellen Fließfettes, mit dem das Gelenk beim Zusammenbau großzügig eingeschmiert wird (100 g pro Gelenk).
- Bevor die Blechringe wieder über den Außenring des Gelenks montiert werden, deren Innenrand mit einem dauerelastischen Dichtmittel bestreichen.

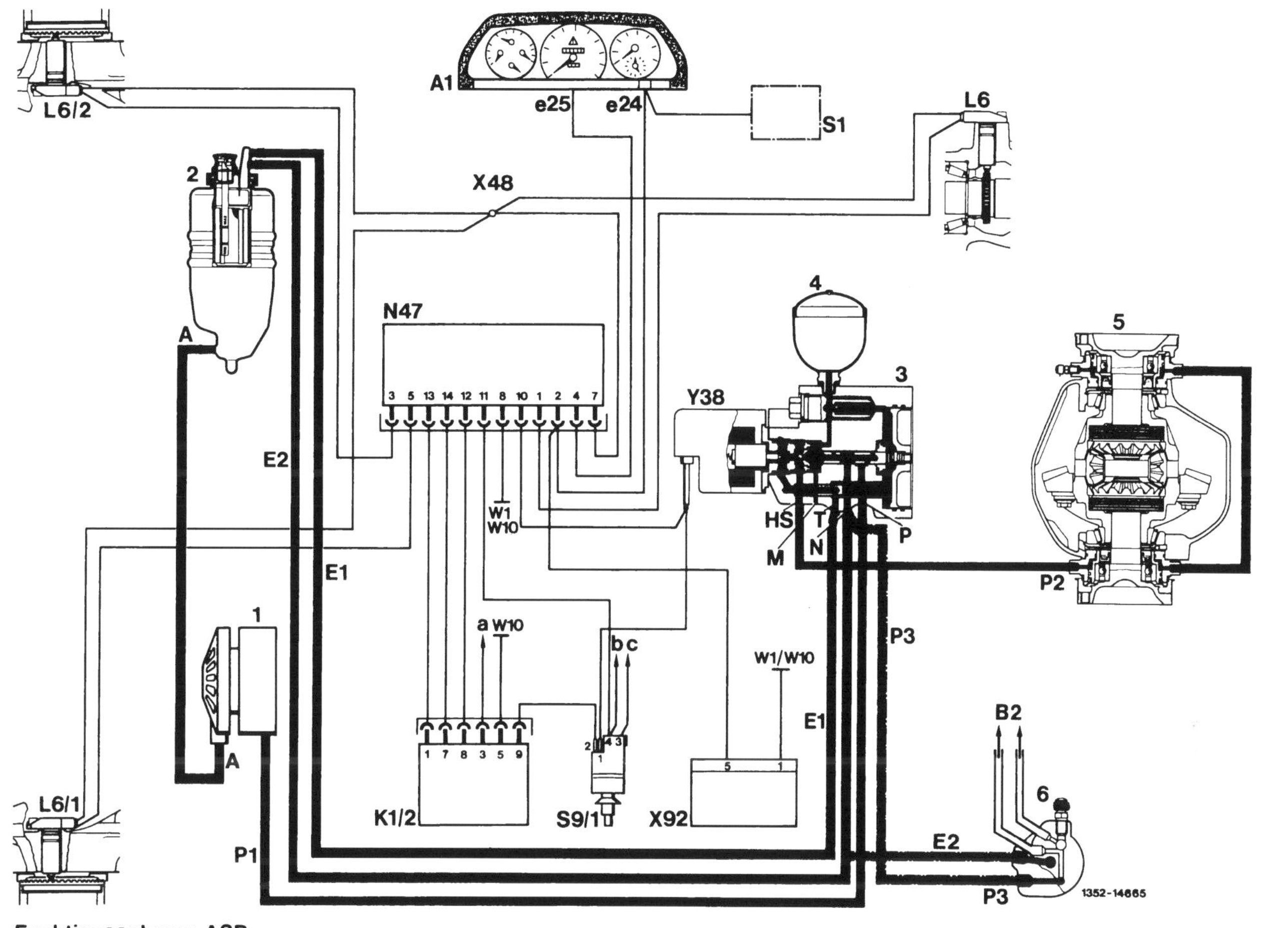

Funktionsschema ASD

1	Druckölpumpe
2	Ölbehälter
3	Speicherladeventil
4	Druckspeicher
5	Hinterachsmittelstück (Differential)
6	Niveauregler
A 1	Kombi-Instrument
e24	Kontrolleuchte ASD
e25	Funktionsanzeige ASD
K 1/2	Überspannungsschutz
L 6	Drehzahlgeber Hinterachse
L 6/1	Drehzahlgeber Vorderachse links
L 6/2	Drehzahlgeber Vorderachse rechts
N 47	Steuergerät ASD
S 1	Lichtdrehschalter
S 9/1	Bremslichtschalter ASD
W 1,10	Masse
X 48	Lötverbindung im Leitungssatz
X 92	Prüfkupplung für Blinkcode
Y 38	Magnetventil ASD
a	Steckverbindung Motorleitungssatz, Klemme 15
b	Bremslicht
c	Sicherungdose (Sicherung 5, Klemme 15)
A	Saugleitung Ölbehälter – Druckölpumpe
B 2	Druckleitung Niveauregler – Federspeicher
E 1	Rücklaufleitung Speicherladeventil (Anschluß T) – Ölbehälter
E 2	Ohne Niveauregulierung: Rücklaufleitung Speicherladeventil (Anschluß N) – Ölbehälter Mit Niveauregulierung: Rücklaufleitung Niveauregler – Ölbehälter
M	Meßanschluß
P 1	Druckleitung Druckölpumpe – Speicherladeventil (Anschluß P)
P 2	Druckleitung Speicherladeventil (Anschluß HS) zu den Ringzylindern
P 3	Mit Niveauregulierung: Druckleitung Speicherladeventil (Anschluß N) – Niveauregler

ASD

Bei Fahrzeugen mit eingebautem ASD (**A**utomatisches-**S**perr-**D**ifferential) kann es bei einseitiger Glätte nicht mehr vorkommen, daß ein Hinterrad einzeln durchdreht und deshalb nicht mehr angefahren werden kann. Erkennt eine Elektronik, daß die mittlere Hinterraddrehzahl 2–4 km/h größer ist als die mittlere Vorderraddrehzahl wird automatisch ein Magnetventil angesteuert. Dadurch gelangt Hydrauliköldruck mit ca. 30 bar zum ASD und sperrt dieses. Nicht mehr gesperrt wird das ASD aus Fahrstabilitätsgründen über 38 km/h (gemessen an den Vorderrädern), im Schubbetrieb und beim Bremsen. Die Hauptbauteile des ASD haben folgende Aufgaben:

☐ **Hinterachsdifferential:** Es hat ohne Hydrauliköldruck bereits 35 % Sperrwirkung. Gelangt Öldruck zu den Ringkolben am ASD, bewegen sich beide Verbindungsflansche etwas nach außen und pressen so die Lamellenkupplungen zusammen. Der Sperrgrad beträgt dann ca. 100 %.

Hinterachsdifferential (ASD)

30	Sicherungsring
33b	Verbindungsflansch
37h	Abschlußdeckel
60	Ringzylinder
61	Ringkolben
62	Kugellager
63	Manschette
64	Ölleitblech
65	Hydraulikleitung
65a	Spannhülse
66, 68	O-Ringe
67	Entlüfter
69	Radialdichtring

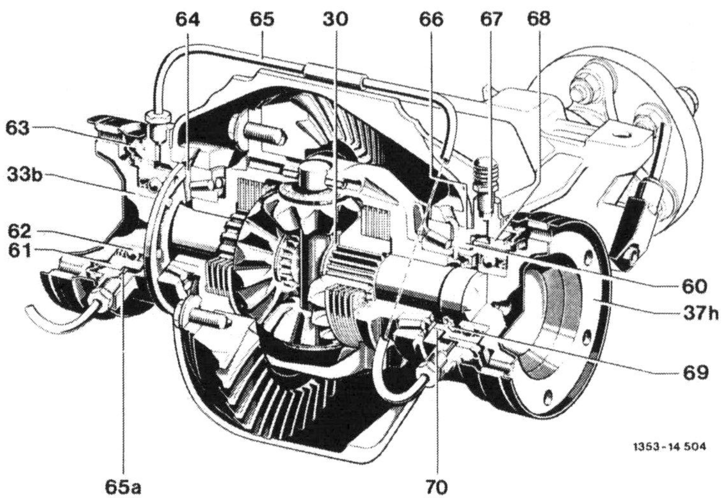

□ **Hydraulikeinheit:** Rechts vor der Hinterachse unter einer Abdeckung ist dieses Teil eingebaut. Es regelt den Öldruck von der Pumpe vorn am Zylinderkopf (gleiche Pumpe wie bei Niveauregulierung) von ca. 200 bar auf etwa 30 bar ein. In einem Druckspeicher werden diese 30 bar bevorratet. Ist der Speicher voll, schaltet ein Ventil in der Hydraulikeinheit um und läßt zuviel gefördertes Öl zum Ölbehälter im Motorraum zurückfließen. Bei Fahrzeugen mit Niveauregulierung ist in dieser Leitung der Niveauregler eingebaut.
Schaltet das Magnetventil an der Hydraulikeinheit, gelangt der Öldruck von ca. 30 bar zum ASD.

□ **Steuergerät:** Es ist hinter der Fahrzeugbatterie eingebaut und trägt die Aufschrift »ASD«. Das Steuergerät verarbeitet die Informationen von den Drehzahlfühlern und schaltet ggf. Masse zum Magnetventil. Dadurch gelangt der Öldruck zum ASD.
Das Steuergerät wird, wie alle anderen elektronischen Geräte im Fahrzeug, über den Überspannungsschutz mit Spannung versorgt. Dieser ist ebenfalls hinter der Batterie zu finden und an der oben eingesteckten 10-A-Sicherung erkennbar.
Im Steuergerät ist eine Fehlerspeicherung eingebaut. Fehler an elektrischen Bauteilen des ASD werden gespeichert und können über Blinkcode abgefragt werden.

□ **Drehzahlfühler:** An jedem Vorderrad und am Hinterachsdifferential sind die gleichen Drehzahlfühler wie beim ABS (Seite 168) eingebaut. Bei Fahrzeugen mit ASD und ABS werden die Drehzahlsignale erst zum ABS-Steuergerät und dann bereits umgeformt zum ASD-Steuergerät weitergeleitet. ASD-Steuergeräte sind mit/ohne ABS unterschiedlich.

An der Prüfkupplung X 92 (1) kann der Fehlerspeicher des ASD- und 4MATIC-Steuergerätes abgefragt werden. Dazu die Buchsen 5 und 1 überbrükken. Jedem Fehler ist ein bestimmter Blinkcode zugeordnet.
Weiterhin: 2 – Steckverbindung der Koaxialleitung vom rechten vorderen Drehzahlfühler.

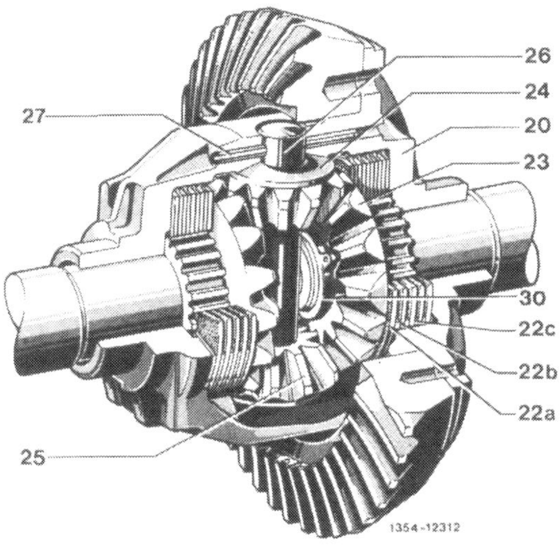

Ausgleichsgetriebe (ASD)
20 Ausgleichsgetriebegehäuse
22a Reibscheibe mit einseitigem Belag
22b Reibscheibe ohne Belag
22c Reibscheibe mit beidseitigem Belag
23 Hinterachswellenrad
24 Kugelscheibe
25 Ausgleichskegelrad
26 Ausgleichsbolzen
27 Spannhülse
30 Sicherungsring

□ **Funktionsanzeige:** Die Anzeige im Tachometer leuchtet grundsätzlich immer auf, wenn die Raddrehzahldifferenz zwischen Vorder- und Hinterrädern größer als 2–4 km/h ist. Die Kontrolleuchte kann also auch über 38 km/h aufleuchten, obwohl das ASD hier nicht mehr gesperrt wird. Dem Fahrer zeigt das Aufleuchten an, daß Radschlupf auftritt und er seine Fahrweise besser anpassen muß.
Die Helligkeit der Funktionsanzeige ist bei eingeschaltetem Licht geringer.
□ **Kontrolleuchte:** Leuchtet die gelbe »ASD«-Leuchte unten rechts im Kombiinstrument bei laufendem Motor, ist das ASD wegen einer elektrischen Störung außer Funktion. Jetzt Fehler über Blinkcode abfragen.
□ **Bremslichtschalter:** Der Bremslichtschalter hat zwei Kontakte. Beim Bremsen schließt ein Kontakt, dadurch leuchtet das Bremslicht und das ASD-Steuergerät wird informiert (ASD abgeschaltet). Der zweite Kontakt öffnet beim Bremsen und unterbricht so die Spannungsversorgung zum Magnetventil aus Sicherheitsgründen zusätzlich, denn mit gesperrtem ASD darf nicht gebremst werden. Das Fahrzeug würde leicht ausbrechen.

Blinkcode abfragen

■ Motor starten.
■ An der Prüfkupplung vor der Batterie Buchse 5 nach Buchse 1 (Masse) ca. eine Sekunde lang überbrücken oder besser langes Kabel von Buchse 5 zum Fahrerplatz verlegen und dort irgendwo an Masse halten.
■ Nach Lösen der Massebrücke verlöscht die gelbe »ASD«-Kontrolleuchte für ca. 2 Sekunden und beginnt dann zu blinken. Jeder Anzahl von Blinkimpulsen ist ein bestimmter Fehler zugeordnet (siehe Tabelle).
■ Nach Ausgabe der Blinkimpulse leuchtet die Kontrolle wieder ständig.
■ Nachdem eine Störung behoben worden ist, muß der gespeicherte Blinkcode gelöscht werden. Dazu die Buchse 5 und 1 an der Prüfkupplung für mindestens 10 Sekunden überbrücken. Danach bleibt die Kontrollleuchte aus.

Blinkimpulse Anzahl	Störung	Abhilfe
1	keine Störung	–
2	ASD-Steuergerät defekt	Erneuern
3	Bremslichtschalter defekt	Schalter und Leitungen mit Ohmmeter prüfen
4	Vorderraddrehzahl vorn links fehlt	Drehzahlfühler gestört: Widerstände prüfen (Seite 168), Wechselspannungssignale prüfen. Einbaulage und auf mechanische Beschädigung kontrollieren. Leitungen prüfen. Evtl. ABS-Steuergerät defekt, wenn ASD- und ABS-Kontrolleuchten leuchten
5	Vorderraddrehzahl vorn rechts fehlt	
6	Hinterraddrehzahl fehlt	
7	Alle Drehzahlimpulse fehlen	
8	Magnetventil oder Bremslichtschalter defekt	Erneuern

Das Steuergerät (1) für das ASD ist hinter der Batterie eingebaut. Wie alle anderen elektronischen Geräte wird es vom Überspannungsschutz (2) mit Betriebsspannung versorgt. Will man das Zuschalten des ASD simulieren, muß man die Buchse 10 an der Steckfassung mit Masse verbinden. Das Magnetventil an der Hydraulikeinheit öffnet dadurch (siehe Schaltplan).

ASD-Zuschaltung prüfen

■ Ein Hinterrad anheben, nachdem das gegenüberliegende Rad sicher unterkeilt wurde.
■ ASD-Steuergerät ausstecken.
■ In die Buchse 10 am Stecksockel für das Steuergerät ein Hilfskabel einstecken.
■ Damit der erforderliche Hydrauliköldruck im Druckspeicher sicher aufgebaut ist, den Motor für ca. 30 Sekunden mit erhöhter Drehzahl laufen lassen. Motor wieder abstellen.
■ Feststellbremse lösen.
■ Zündung einschalten.
■ Angehobenes Hinterrad durchdrehen. Dies ist bei richtig lösenden Bremsen leicht möglich.
■ Jetzt das Hilfskabel mit Masse verbinden, damit das ASD sperrt. Ein Durchdrehen des Hinterrades von Hand ist jetzt kaum mehr möglich, denn die Lamellenkupplungen im ASD dürfen frühestens bei einem Drehmoment von ca. 100 Nm am Hinterrad zu schleifen beginnen. Man kann das Drehmoment an der 12kant-Mutter in der Radmitte testen. Aber nur in Anziehrichtung drehen und Testdrehmoment höchstens 150 Nm!

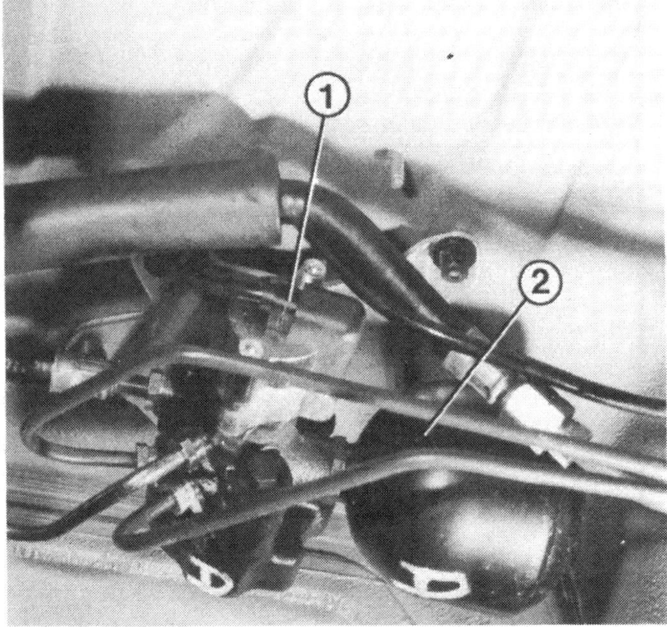

Hier ist die Hydraulikeinheit des ASD rechts vor der Hinterachse gezeigt. Es bedeuten 1 – Magnetventil; 2 – Druckspeicher.

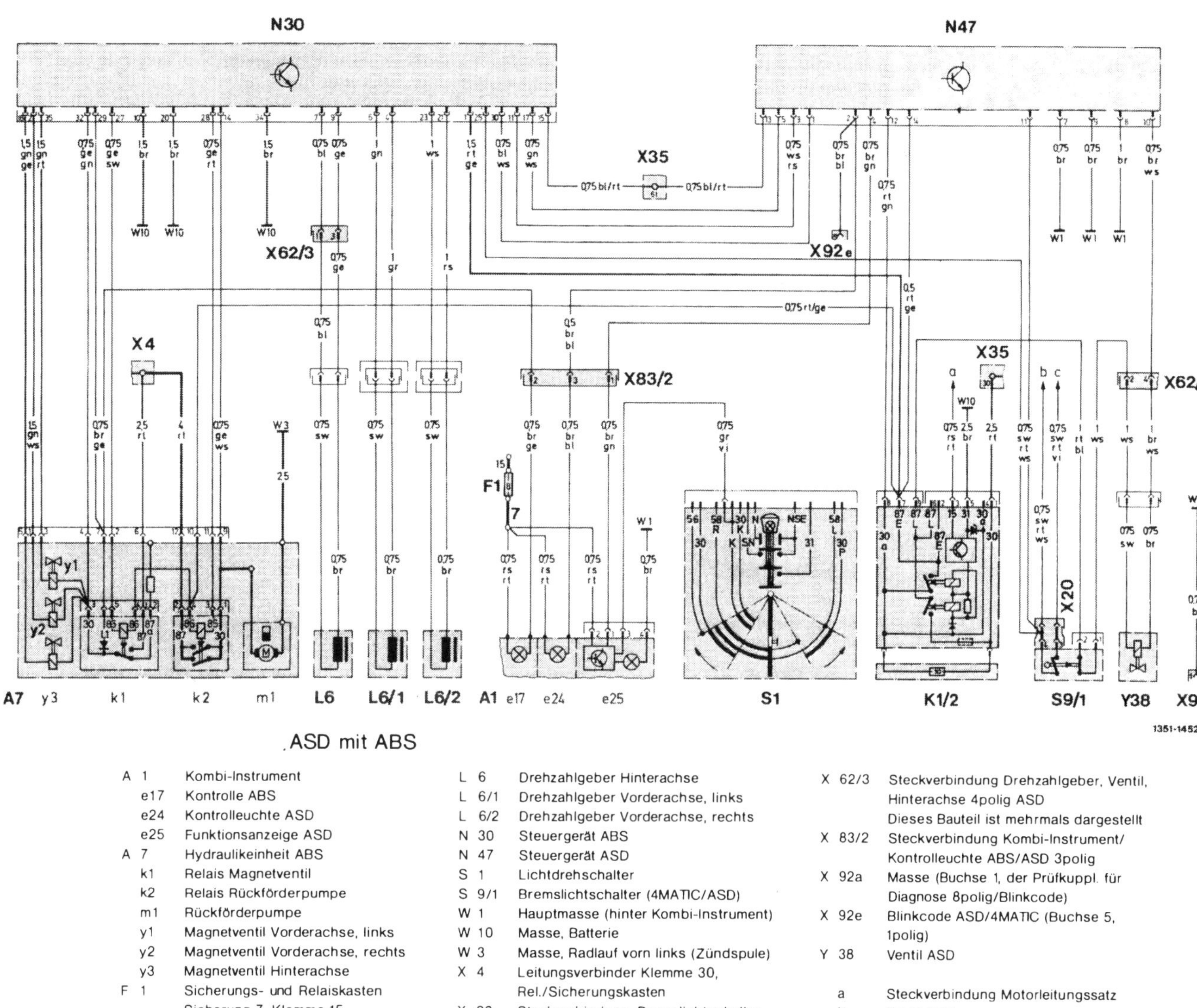

.ASD mit ABS

A 1	Kombi-Instrument
e17	Kontrolle ABS
e24	Kontrolleuchte ASD
e25	Funktionsanzeige ASD
A 7	Hydraulikeinheit ABS
k1	Relais Magnetventil
k2	Relais Rückförderpumpe
m1	Rückförderpumpe
y1	Magnetventil Vorderachse, links
y2	Magnetventil Vorderachse, rechts
y3	Magnetventil Hinterachse
F 1	Sicherungs- und Relaiskasten Sicherung 7, Klemme 15
K 1/2	Relais Überspannungsschutz 87E, 87L, 9polig
L 6	Drehzahlgeber Hinterachse
L 6/1	Drehzahlgeber Vorderachse, links
L 6/2	Drehzahlgeber Vorderachse, rechts
N 30	Steuergerät ABS
N 47	Steuergerät ASD
S 1	Lichtdrehschalter
S 9/1	Bremslichtschalter (4MATIC/ASD)
W 1	Hauptmasse (hinter Kombi-Instrument)
W 10	Masse, Batterie
W 3	Masse, Radlauf vorn links (Zündspule)
X 4	Leitungsverbinder Klemme 30, Rel./Sicherungskasten
X 20	Steckverbindung, Bremslichtschalter
X 35	Leitungsverbinder Klemme 30/ Klemme 61 (Batterie) Dieses Bauteil ist mehrmals dargestellt
X 62/3	Steckverbindung Drehzahlgeber, Ventil, Hinterachse 4polig ASD Dieses Bauteil ist mehrmals dargestellt
X 83/2	Steckverbindung Kombi-Instrument/ Kontrolleuchte ABS/ASD 3polig
X 92a	Masse (Buchse 1, der Prüfkuppl. für Diagnose 8polig/Blinkcode)
X 92e	Blinkcode ASD/4MATIC (Buchse 5, 1polig)
Y 38	Ventil ASD
a	Steckverbindung Motorleitungssatz
b	Bremslicht
c	Sicherungsdose (Sicherung 5, Klemme 13)

Fingerzeige: *Beim Lösen von Hydraulikleitungen Verletzungsgefahr durch Hydraulikdrucköl beachten! Bei Druckwerten bis 150 bar (Niveauregulierung) oder 30 bar (ASD) sind Augenverletzungen durch fein abspritzendes Öl möglich. Auch das Magnetventil an der Hydraulikeinheit darf nur gelöst werden, wenn der Öldruck von ca. 30 bar abgebaut ist.*
Muß häufig Hydrauliköl in den Behälter im Motorraum nachgegossen werden, ASD, Hydraulikeinheit sowie Leitungen auf Ölspuren absuchen. Sind die O-Ringe an den Ringzylindern im ASD undicht, gelangt Hydrauliköl zum ASD-Schmieröl. Zur Kontrolle die Ölstandskontrollschraube am ASD herausdrehen.
Fahrzeuge mit ASD haben in bestimmten Fahrsituationen ein ungewohntes Fahrverhalten, wenn bei gesperrtem ASD beide Hinterräder durchdrehen und so hinten keine Seitenführung mehr vorhanden ist. Wird z. B. bei 30 km/h (ASD schaltet noch zu) auf glatter Fahrbahn in der Kurve zu viel Gas gegeben, neigt das Fahrzeug mit gesperrtem ASD leichter zum Ausbrechen. In dieser Situation sofort Fuß vom Gaspedal, damit keine Drehzahldifferenzen mehr auftreten und das ASD ausschaltet. Noch besser könnte z. B. eine ABS-Bremsung das Fahrzeug wieder abfangen.

4MATIC Funktion

Fahrzeuge mit automatisch schaltendem Vierradantrieb (= 4MATIC) bieten bessere Steigfähigkeit, Beschleunigung und bessere Spurtreue während der Kurvenfahrt. Dies gilt besonders bei glatten Straßenverhältnissen. Die 4MATIC entscheidet und schaltet vom gewohnten Hinterradantrieb ausgehend, innerhalb von Sekundenbruchteilen in den Vierradantrieb und ggf. die Sperren zu. Beim Bremsen ist die 4MATIC immer ausgeschaltet, damit das serienmäßig eingebaute ABS wirken kann. Mitbestandteil der 4MATIC ist auch das ab Seite 127 beschriebene ASD.

Eine Elektronik bekommt Informationen von Drehzahlfühlern an den Vorderrädern und am Hinterachsdifferential (wie bei ASD und ABS), vom Bremslichtschalter sowie von einem Lenkwinkelgeber unter dem Lenkrad. Aus diesen Eingangssignalen werden bestimmte Beziehungen gebildet und wenn erforderlich nacheinander in folgende Schaltstufen geschaltet:

□ **Schaltstufe 0:** Hier ist der herkömmliche Hinterradantrieb geschaltet. Dadurch gewohntes Fahrverhalten bei normalen Straßenverhältnissen.

□ **Schaltstufe 1:** Jetzt sind die Vorderräder zugeschaltet, jedoch ist der Vierradantrieb ausgeglichen. Das Zentraldifferential im Verteilergetriebe ist offen. Die Kraftverteilung des Motors erfolgt zu 35 % an die Vorderräder und zu 65 % an die Hinterräder.

□ **Schaltstufe 2:** In dieser Stufe wird zusätzlich das Zentraldifferential gesperrt. Die Kraftverteilung ist jetzt 50 % an Vorder- bzw. Hinterrädern (Vierradantrieb längsgesperrt).

□ **Schaltstufe 3:** Zusätzlich zum längsgesperrten Vierradantrieb wird noch das Hinterachsdifferential (ASD) gesperrt.

Wann wird zugeschaltet?

Das Zuschalten des Vierradantriebes erfolgt dabei im wesentlichen nach folgenden Bedingungen:

□ **Antriebsschlupf:** Tritt zwischen der mittleren Vorderraddrehzahl und der mittleren Hinterraddrehzahl eine Differenz größer als 2–4 km/h auf, wird dies als Schlupf erkannt und die Schaltstufe 1, 2 oder 3 geschaltet. Wird der Schlupfzustand durch die jeweils geschaltete Schaltstufe beseitigt, wird unter Berücksichtigung weiterer Bedingungen wieder in den Heckantrieb zurückgeschaltet.

□ **Geschwindigkeit:** Unter einer bestimmten Geschwindigkeit ist immer in Schaltstufe 1 geschaltet – also wird immer mit ausgeglichenem Vierradantrieb angefahren. Über 38 km/h ist Schaltstufe 3 nicht mehr möglich, siehe unter »ASD«.

□ **Lenkwinkel:** Bei Kurvenfahrt legen die Räder unterschiedlich lange Wege zurück, d. h. an den Vorderrädern, wo jede Raddrehzahl einzeln gemessen wird, ergeben sich normale Drehzahlunterschiede. In der Elektronik sind Kurven gespeichert, welche für jeden Lenkwinkel in einer Links- oder Rechtskurve diese normalen Drehzahlunterschiede für die Vorderräder zulassen. Tritt bei Kurvenfahrt aber Querschlupf an den Vorderrädern auf, erkennt die Elektronik diese Abweichung, und es wird in Schaltstufe 1 geschaltet, um das Fahrzeug zu stabilisieren.

□ **Beschleunigung:** Aus den Raddrehzahlen und der Zeit wird die Beschleunigung berechnet. Ist sie größer als 0,5 m/sec^2, wird nicht von Schaltstufe 1 nach Schaltstufe 0 zurückgeschaltet. Bei stärkerem Beschleunigen bleibt also der Vierradantrieb geschaltet.

□ **Zeit:** Tritt die Bedingung für eine Zuschaltung öfters hintereinander auf, wird die Haltezeit für die jeweils geschaltete Schaltstufe verlängert.

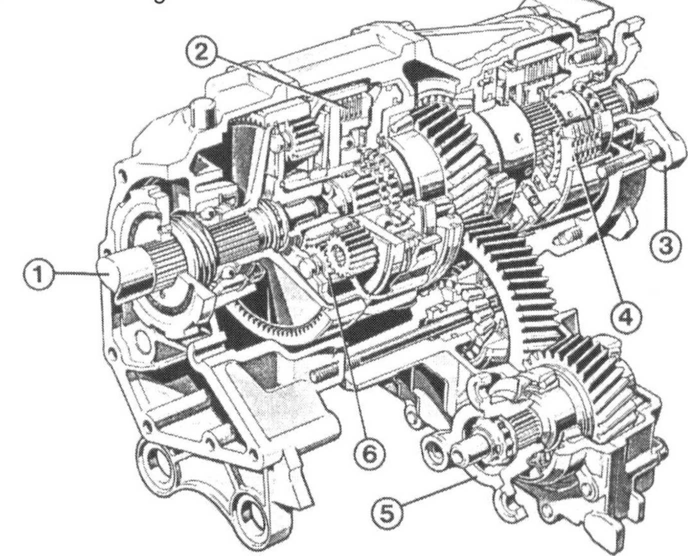

Hauptbestandteil der 4MATIC ist das Verteilergetriebe. Es ist an das Schalt- oder Automatikgetriebe angeflanscht. Es bedeuten:
1 – Abtriebswelle vom Getriebe
2 – Lamellenkupplung der Zentraldifferentialsperre. Die Lamellenkupplung wird durch eine Tellerfeder geschlossen. In Schaltstufe 1 wird die Lamellenkupplung durch Öldruck geöffnet.
3 – Flansch für die Gelenkwelle zur Hinterachse
4 – Lamellenkupplung für den Antrieb der Vorderräder. Die Kupplung ist in den Schaltstufen 1, 2 und 3 durch Öldruck geschlossen. In Schaltstufe 0 besteht in der Kupplung ein geringer Anlegedruck von ca. 1,3 bar. Dadurch kann das Öl in der Kupplung nicht herauslaufen und es bleibt gewährleistet, daß das Zuschalten der Vorderräder stets nur Sekundenbruchteile dauert.
5 – Flansch für die Gelenkwelle zur Vorderachse
6 – Planetengetriebe

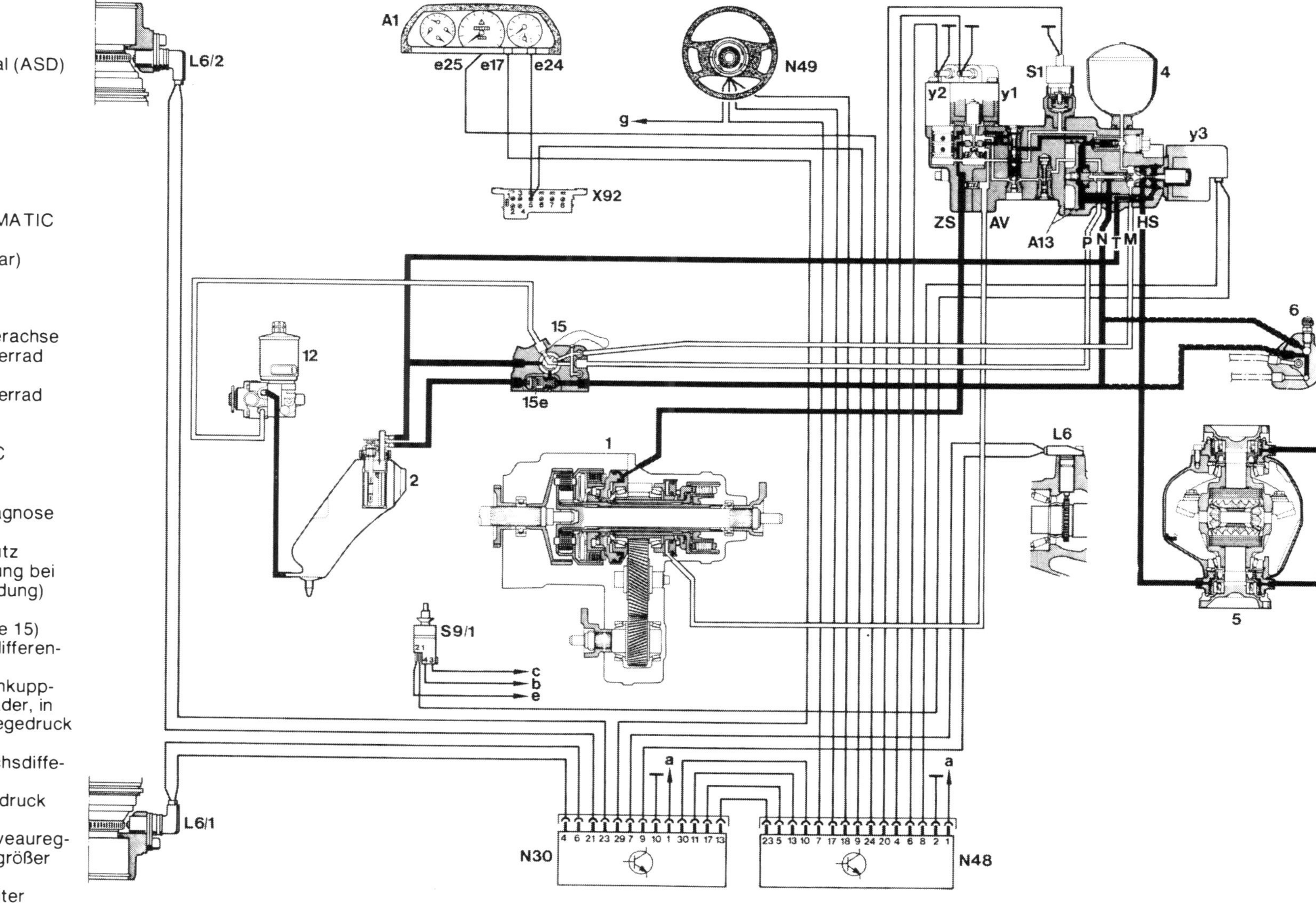

Funktionsschema der 4MATIC

1 Verteilergetriebe
2 Ölbehälter
4 Druckspeicher
5 Hinterachsdifferential (ASD)
6 Niveauregler
12 Druckölpumpe
15 Serviceventil
15e Druckventil (5 bar)
A1 Kombi-Instrument
e17 Kontrolle ABS
e24 Kontrolle 4MATIC
e25 Funktionsanzeige 4MATIC
A13 Ventilsteuereinheit
S1 Öldruckschalter (5 bar)
Y1 Magnetventil AV
Y2 Magnetventil ZS
Y3 Magnetventil HS
L6 Drehzahlgeber Hinterachse
L6/1 Drehzahlgeber Vorderrad links
L6/2 Drehzahlgeber Vorderrad rechts
N30 Steuergerät ABS
N48 Steuergerät 4MATIC
N49 Lenkwinkelgeber
S9/1 Bremslichtschalter
X92 Prüfkupplung für Diagnose (Seite 128)
a, e, g Überspannungsschutz (Klemme 87, Spannung bei eingeschalteter Zündung)
b Bremslicht
c Sicherung 5 (Klemme 15)
ZS – Ölleitung zur Zentraldifferentialsperre
AV – Ölleitung zur Lamellenkupplung Antrieb-Vorderräder, in Schaltstufe 0 mit Anlegedruck 1,3 bar
HS – Ölleitung zur Hinterachsdifferentialsperre (ASD)
P – ungeregelter Pumpendruck (bis über 200 bar)
N – Rücklauf ggf. über Niveauregler, durch 15e immer größer 5 bar
T – Rücklauf zum Ölbehälter
M – Meßanschluß für geregelten Druck 25–36 bar

Bauteile

□ **Bremslichtschalter (1):** Es ist der gleiche Schalter wie beim ASD (Seite 129) mit zwei Kontakten eingebaut.

□ **Drehzahlfühler (2):** Gleiche Drehzahlfühler wie bei ASD (Seite 128) und ABS (Seite 166). Ihre Prüfung ist auf Seite 168 beschrieben.

□ **Funktionsanzeige (3):** Außer beim Anfahren leuchtet die Anzeige im Tachometer immer auf, wenn der Vierradantrieb geschaltet ist. Das Aufleuchten zeigt dem Fahrer, daß Radschlupf auftritt und er seine Fahrweise den Straßenverhältnissen besser anpassen muß.

□ **Störungsanzeige (4):** Leuchtet die »4MATIC«-Anzeige unten rechts im Kombiinstrument bei laufendem Motor, ist das System wegen einer elektrischen Störung außer Funktion. Die Störung wird im Steuergerät gespeichert und kann über Blinkcode abgefragt werden.

□ **Störungsanzeige ABS (5):** Beide Systeme (ABS/4MATIC) sind miteinander verknüpft. Bei Ausfall eines Drehzahlfühlers leuchtet auch die ABS-Störungsanzeige. Desgleichen, wenn das 4MATIC-Steuergerät nicht eingesteckt ist.

□ **Lenkwinkelgeber (6):** Auf der Lenkradrückseite sind 72 Magnete angebracht, welche zwei gegenüberliegende Hall-Geber beeinflussen.
Die Geber sind versetzt auf ihrer Grundplatte eingebaut. Dadurch kann zwischen Links- und Rechtseinschlag unterschieden werden.

□ **Steuergerät 4MATIC (7):** Es ist hinter der Fahrzeugbatterie eingebaut und trägt die Aufschrift »4MATIC«. Das Steuergerät verarbeitet die Informationen und schaltet den Vierradantrieb in der jeweils erforderlichen Schaltstufe zu. Das Zuschalten erfolgt durch entsprechendes Ansteuern der 3 Magnetventile an der Ventilsteuereinheit.

□ **Steuergerät ABS (8):** Die Drehzahlfühlersignale gelangen erst zum ABS-Steuergerät, weil sie zur geregelten ABS-Bremsung gleichfalls benötigt werden. Bereits umgeformt werden sie zum 4MATIC-Steuergerät weitergeleitet.

□ **Ölbehälter (9) und Pumpe (10):** Die Hydraulik der 4MATIC und ggf. die Niveauregulierung werden mit Hydrauliköldruck bis ca. 200 bar versorgt.

□ **Serviceventil (11):** Zur Vermeidung von Verletzungen durch Drucköl muß vor dem Lösen von Leitungen das Ventil auf »TEST« gestellt werden. Beim Fahren auf einem Bremsen- oder Leistungsprüfstand muß das Ventil ebenfalls auf »TEST« gestellt werden, damit das Fahrzeug nicht über die Vorderräder wegfährt.

□ **Ventilsteuereinheit (12):** Dieses Teil ist unter einer Abdeckung rechts vor der Hinterachse eingebaut. Es stellt die Verbindung zwischen elektrischem und hydraulischem System dar. Der ungeregelte Öldruck von der Pumpe am Motor wird auf ca. 30 bar geregelt und in einem Druckspeicher bevorratet. Ist der Speicher voll, fließt das Öl (ggf. über den Niveauregler) zum Ölbehälter zurück.
An der Ventilsteuereinheit befinden sich 3 Magnetventile, die vom Steuergerät geschaltet werden können. Die Ventile sind in den Ölwegen zu den insgesamt 3 Lamellenkupplungen (2 Lamellenkupplungen im Verteilergetriebe; eine im ASD, Seite 128) eingebaut. Öffnen die Ventile durch Massezuschaltung, gelangt der Öldruck mit 30 bar zur entsprechenden Lamellenkupplung.

□ **Hydraulikeinheit ABS (13):** Ist für das serienmäßige ABS erforderlich.

□ **Verteilergetriebe (14):** Das Verteilergetriebe ist an das Schalt- oder Automatikgetriebe angeflanscht. Im Verteilergetriebe wird die Kraft über ein Planetendifferential an die Vorder- bzw. Hinterräder verteilt. Innen sind zwei Lamellenkupplungen eingebaut. Über die eine Lamellenkupplung wird der Vorderradantrieb zugeschaltet, wenn Öldruck zur Kupplung gelangt. Die andere Lamellenkupplung öffnet bei Öldruck in Schaltstufe 1 das Planetendifferential gegen die Kraft einer Tellerfeder, dadurch ist der Vierradantrieb ausgeglichen. Ohne Öldruck ist das Differential gesperrt.

□ **Antriebswelle (15):** Die Welle verläuft seitlich links vom Verteilergetriebe zum Vorderachsdifferential in der Motorölwanne.

□ **Vorderachsdifferential (16):** Es ist in einem abgeschlossenen Gehäuse innerhalb der Motorölwanne eingebaut. Es wird mit Getriebe-Hypoidöl SAE 90 geschmiert.

□ **Vorderachswellen (17):** Die Wellen sind wie die hinteren Wellen befestigt. Die Vorderradlagerung ist gleich wie an den Hinterrädern. Damit die vorteilhafte Dämpferbein-Vorderachse beim Vierradantrieb beihalten werden kann, ist eine sogenannte »Feder mit Stich« eingebaut. Hierbei verlaufen die Vorderachswellen durch zwei weit auseinandergezogene Federwindungen zu den Vorderrädern.

□ **Hinterachsdifferential (18):** Gleiches Teil wie bei ASD (Seite 128).

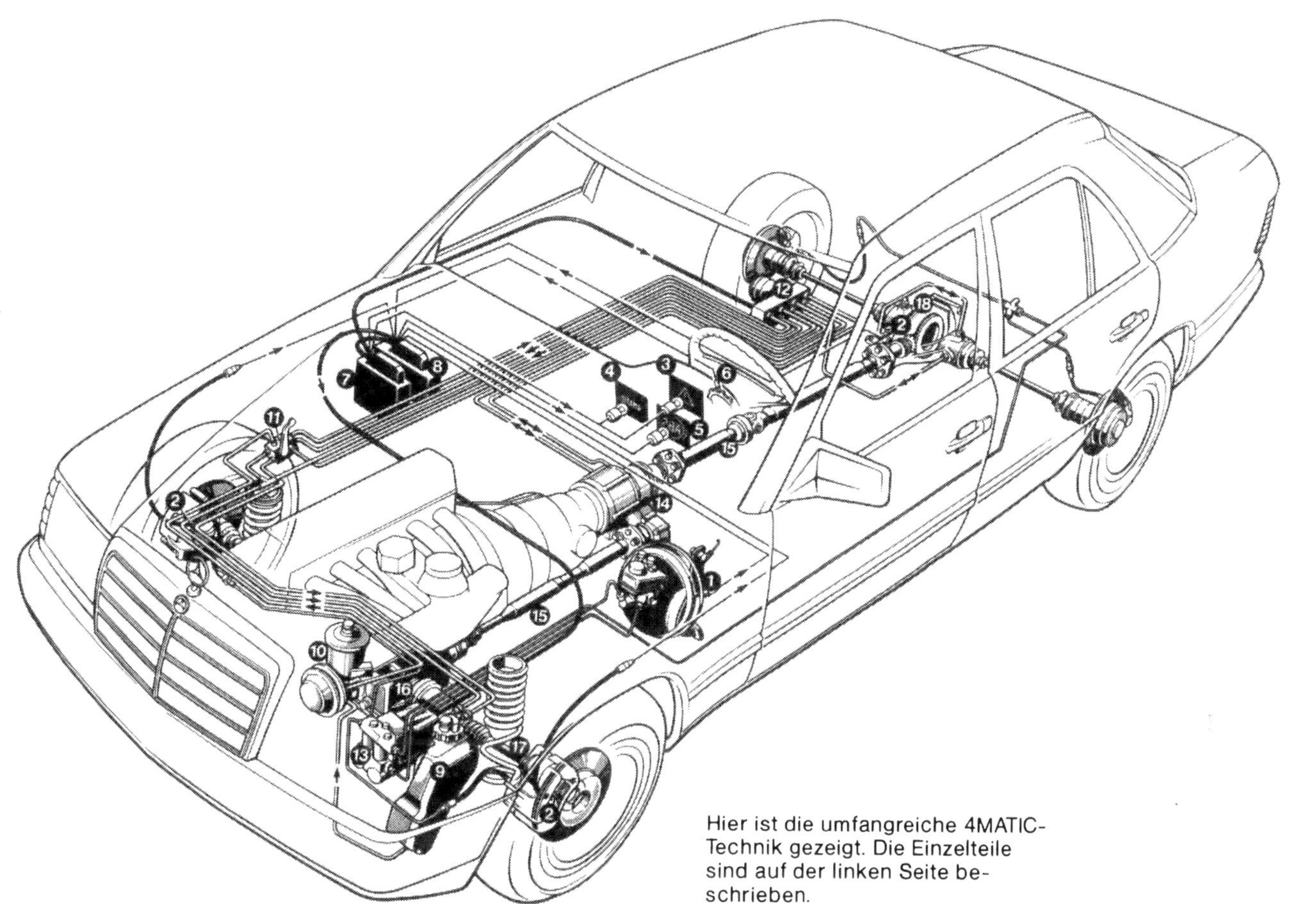

Hier ist die umfangreiche 4MATIC-Technik gezeigt. Die Einzelteile sind auf der linken Seite beschrieben.

Blinkcode abfragen

Bei der 4MATIC wird gleich vorgegangen wie beim ASD (Seite 129). Auch sind den Blinkimpulsen 1 bis 7 die gleichen Störungen zugeordnet. Danach gilt abweichend folgendes:

Blinkimpulse Anzahl	Störung	Abhilfe
8	Magnetventil zum Zuschalten des Vorderantriebes defekt oder Zuleitung unterbrochen	Erneuern lassen
9	Magnetventil zum Lösen des Zentraldifferentials defekt oder Zuleitung unterbrochen	Erneuern lassen
10	Magnetventil zum Zuschalten der Hinterachsdifferentialsperre (ASD) defekt oder Zuleitung unterbrochen	Erneuern lassen
11	Lenkwinkelgeber defekt	Erneuern lassen

Gründlich aufgehängt

Seine guten Fahreigenschaften verdankt Ihr Mercedes den neu entwickelten Einzelradaufhängungen an Vorder- und Hinterachse. Vorn ist eine sogenannte Dämpferbein-Vorderachse eingebaut. Unter dem Heck des Fahrzeugs sorgt die in ihrer Art einzigartige Raumlenker-Hinterachse für sicheres Fahrverhalten.

Die Hinterachse

Jedes Hinterrad wird durch fünf unabhängige, aber wohlüberlegt im Raum angeordnete Lenker geführt. Diese Lenker lassen nur solche Radbewegungen zu, welche die Fahreigenschaften nicht verschlechtern. Bei der Anordnung der fünf Lenker hat der Konstrukteur vielfältige Eingriffsmöglichkeiten, um den besten Kompromiß zwischen guten Fahreigenschaften und angenehmen Fahrkomfort zu bestimmen. Dies ist gar nicht so einfach, denn wird die Federung zu weich gewählt, verschlechtert sich das Fahrverhalten durch Mitlenkeffekte der Räder. Umgekehrt beklagen sich die Insassen, wenn die Federung zu hart ist.

Die Hinterachsteile sind alle an einem breiten Achsträger befestigt, welcher über vier großvolumige Gummilager mit dem Fahrzeugboden verbunden ist. In der Mitte ist der Hinterachsantrieb angeschraubt. Alle fünf Lenker (Federlenker, Zugstrebe, Schubstrebe, Sturzstrebe und Spurstange) sind außen und innen elastisch mit dem Achsträger bzw. der Radaufhängung verbunden. Nachfolgend kurz die Vorteile der Raumlenker-Hinterachse.

□ Zusammen mit der Dämpferbein-Vorderachse entsteht ein Fahrverhalten, das weitestgehend von Seitenführungs-, Brems- oder Antriebskräften unabhängig ist.

□ Obwohl der Federweg mit 23 cm recht groß ist, entstehen über den halben Federweg fast keine Lenkfehler durch Spurweiten- oder Vorspuränderungen. Die Folge ist ausgezeichneter Geradeauslauf.

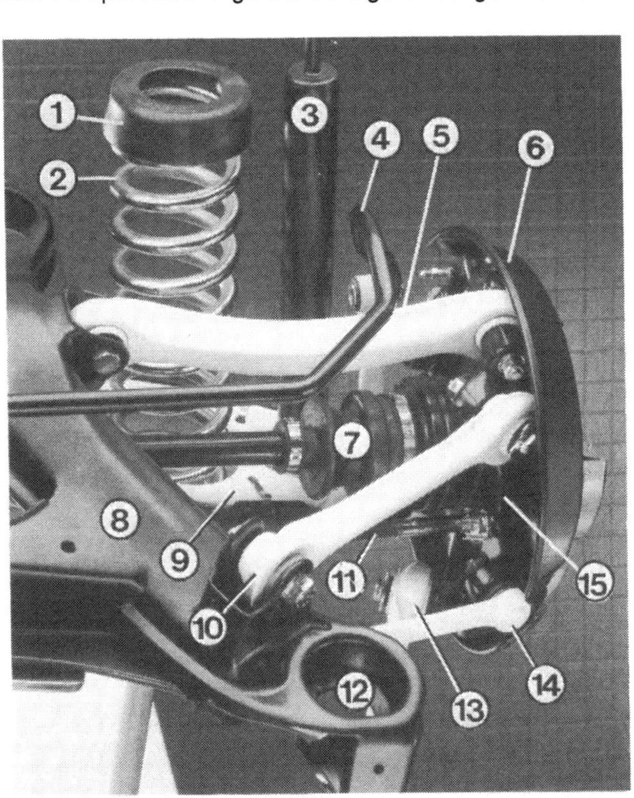

Hier ist die in Fahrtrichtung linke Seite der Raumlenker-Hinterachse abgebildet. Es bedeuten:

1 – Federlager oben
2 – Feder
3 – Stoßdämpfer
4 – Drehstab
5 – Sturzstrebe
6 – Bremsenabdeckblech
7 – Hinterachswelle
8 – Hinterachsträger
9 – Federlenker
10 – Zugstrebe
11 – Bremsseile
12 – Einbauraum für Gummilager
13 – Schubstrebe
14 – Spurstrebe
15 – Radträger

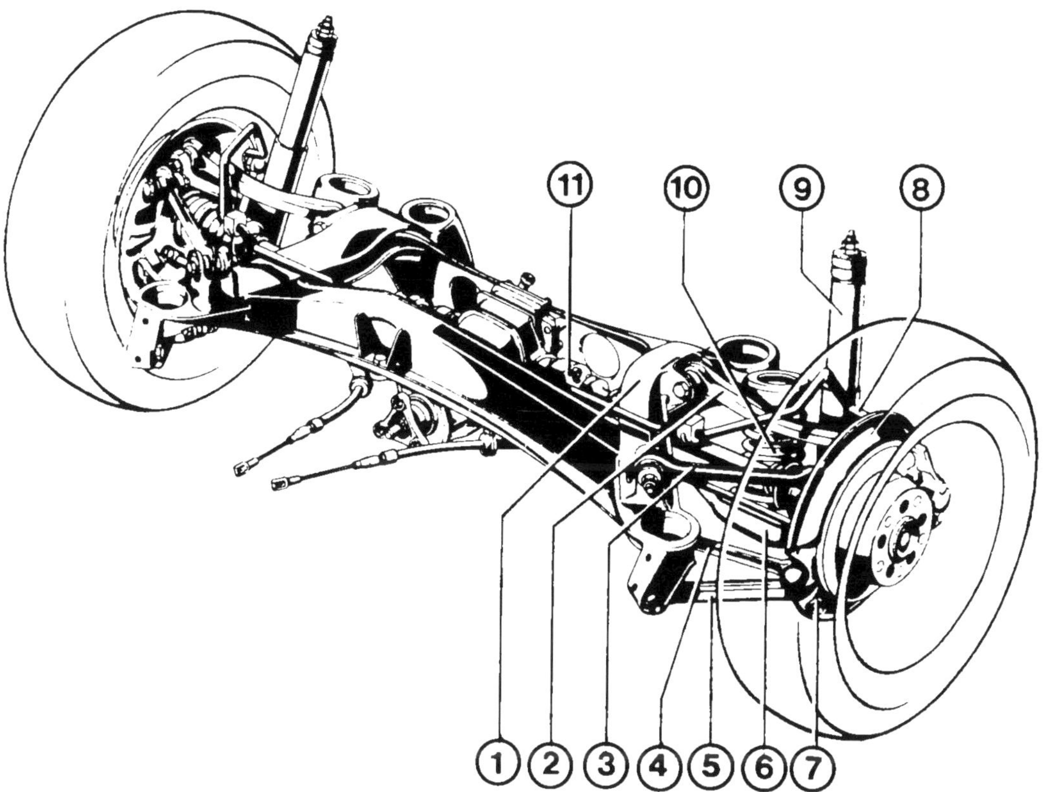

Darstellung der Hinterachse: 1 – Hinterachsträger; 2 – Sturzstrebe; 3 – Zugstrebe; 4 – Spurstange; 5 – Schubstrebe; 6 – Federlenker mit Abdeckung; 7 – Radträger; 8 – Drehstab; 9 – Stoßdämpfer; 10 – Hinterfeder; 11 – Hinterachswelle.

□ Der negative Sturz sorgt für eine gute Seitenführung. Er wird über den gesamten Federweg niemals positiv.
□ Die durch Bremsen oder Beschleunigen entstehenden Momente am Fahrzeugheck werden zu 60% abgefangen. Dadurch hebt sich das Heck beim Bremsen kaum an und taucht beim Beschleunigen nicht ein.
□ Durch die dreifache Gummiisolation zwischen Rad und Karosserie sind im Innenraum kaum Abrollgeräusche zu vernehmen.
□ Wenig Reaktionen bei Lastwechsel. Beispielsweise wird durch plötzliches Gaswegnehmen in den Kurven eine Verkleinerung des gefahrenen Kurvenradius verhindert.
□ Die Radstellung kann durch verstellbare Lenker eingestellt werden.
□ Durch Leichtbau ergibt sich – trotz der zehn Lenker – eine Gewichtseinsparung von 30% gegenüber der Schräglenker-Hinterachse vom Modell 123. Auch der Platzbedarf der neuen Hinterachse ist recht gering.

Die Vorderachse

Die Vorderräder des Mercedes sind einzeln an der Karosserie aufgehängt. Dies geschieht mit einer sogenannten Dämpferbein-Vorderachse. Sie ist einer McPherson-Federbeinachse ähnlich. Unten übernimmt ein Dreiecksquerlenker die Radführung. Er ist innen über zwei Gummielemente mit der Karosserie verbunden. Außen verbindet ihn ein Kugelgelenk mit dem Achsschenkel. Die Schraubenfedern befinden sich zwischen Querlenker und Karosserie. Das Dämpferbein ist als Zweirohr-Gasdruckstoßdämpfer ausgelegt. Zur Gewichtseinsparung ist die 22 mm dicke Kolbenstange hohl. Ein Drehstab-Querstabilisator zwischen den beiden Vorderradaufhängungen hat folgende Aufgabe: Bei Kurvenfahrt ist das kurveninnere Rad entlastet und federt dadurch voll aus. Die Kraft des ausfedernden Rades überträgt nun der Stabilisator auf das kurvenäußere Rad und verhärtet dort die Federung. Dadurch neigt sich das Fahrzeug in den Kurven weniger. Wenn beide Räder gleichzeitig einfedern, macht der Stabilisator die Bewegung einfach mit. Einige Vorteile der Vorderachse sind:
□ Durch die Bauanordnung der Einzelteile wird gutes Lenkverhalten, geringe Seitenwindempfindlichkeit und guter Geradeauslauf erzielt. Ein negativer Lenkrollradius verringert das Schiefziehen des Fahrzeugs beim Bremsen.
□ Durch geringen Platzbedarf breiter Motorraum, was für die Schrägstellung des Motors und für die umfangreichen Zusatzausstattungen nötig ist.

Teile der Vorderachse:
1 – Achsschenkel
2 – Dämpferbein
3 – Lenkhebel
4 – Spurstange
5 – Lenkzwischenhebel
6 – Lenkstockhebel
7 – Feder
8 – Mittlere Spurstange
9 – Lenkungsdämpfer
10 – Dreiecks-Querlenker
11 – Stabilisator
12 – Stabilisatorlagerung

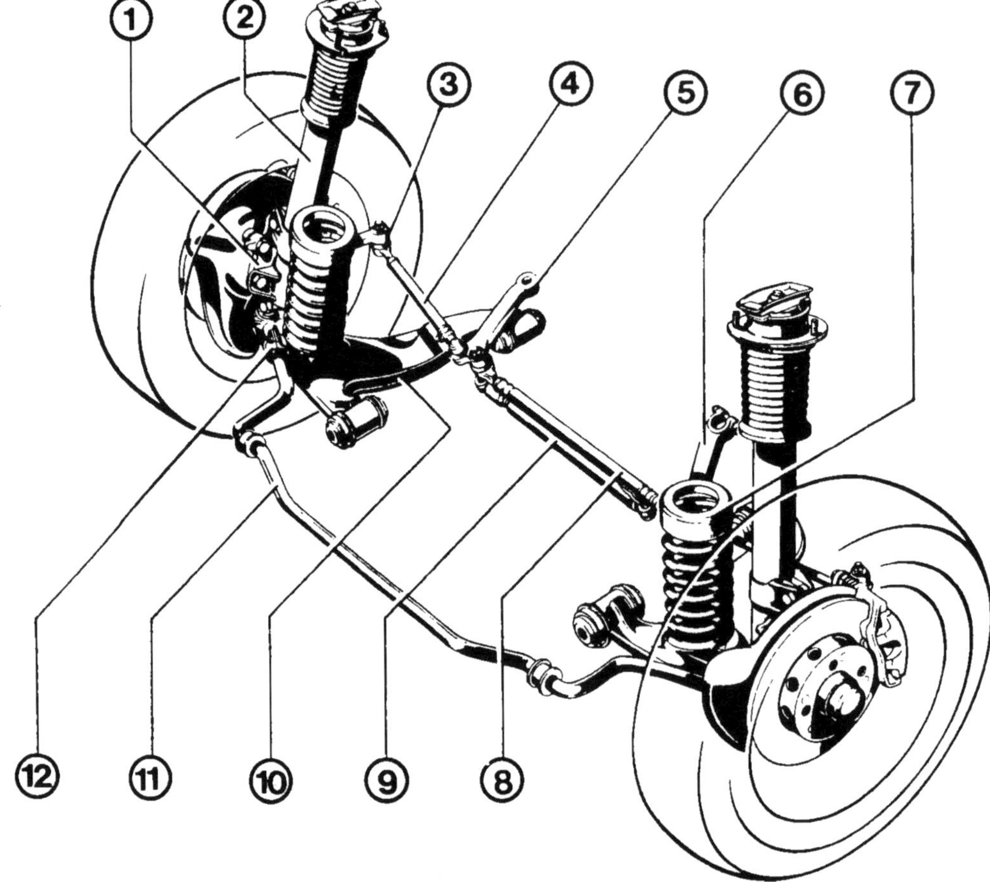

Vorderradaufhängung komplett ausbauen

Zu dieser Arbeit wird ein Federspanner und ein Konus-Abdrücker gebraucht (Seite 15).

- Verkleidung unter dem Motor ausbauen.
- Wagen aufbocken, Rad abnehmen und Querlenker wieder auf einen Unterbau absetzen (nächste Seite).
- Drehstab vom Querlenker losschrauben.
- Spurstange vom Lenkhebel losschrauben und mit Abdrücker lösen.
- Bremsschlauch an Bremsleitung abschrauben, Bremspedal treten und unten fixieren (Seite 164).
- Leitungen für Belagverschleiß-Anzeige und ggf. zum Drehzahlfühler der ABS im Motorraum ausstecken und zur Radaufhängung durchschieben.
- Feder mit Spanner zusammenziehen (Vorsicht mit der gespannten Feder!).
- Mutter in der Mitte der oberen Dämpferbein-Befestigung abschrauben (Seite 141).
- Gespannte Feder abnehmen.
- Die Exzenterschrauben an den inneren Befestigungspunkten des Querlenkers mit einer Drahtbürste reinigen und mit Farbtupfern die Lage genau kennzeichnen.
- Verschraubungen des Querlenkers lösen und Radaufhängung abnehmen.
- Beim Einbau in umgekehrter Reihenfolge die Exzenterschrauben ausrichten.
- Die Bremsanlage muß entlüftet werden (Seite 162), und die Radeinstellung ist nach dem Zusammenbau zu überprüfen.
- Neue selbstsichernde Schrauben verwenden. Drehmomente: Spurstange 35 Nm, Querlenker-Befestigung 180 Nm, Drehstab 20 Nm, Dämpferbein 60 Nm.

Fingerzeige: *Der Drehstab und die Exzenterschrauben an der inneren Querlenkerlagerung dürfen erst festgezogen werden, wenn das Fahrzeug auf den Vorderrädern steht, sonst kann es zu Geräuschen und zu einer falschen Radeinstellung kommen.*
Im Laufe der Produktionszeit wurden die inneren Gummiquerlenkerlager öfters geändert, um die Spurstabilität bzw. den Komfort zu verbessern.

Radeinstellung vermessen

Das umfangreiche Wissen und die nötigen Meßgeräte sorgen dafür, daß diese Arbeit ausschließlich in einer Werkstatt durchgeführt werden kann. Will man durch Eigenversuche einen Fehler an der Achsgeometrie der Vorder- oder Hinterräder beseitigen, könnte allerhöchstens zufällig eine Verbesserung eintreten.
Fehler in der Radeinstellung erkennt man an ungleichmäßig abgefahrenen Reifen oder schiefziehender Lenkung. Harte Bordsteinberührungen, verschlissene Gelenke oder Gummilager

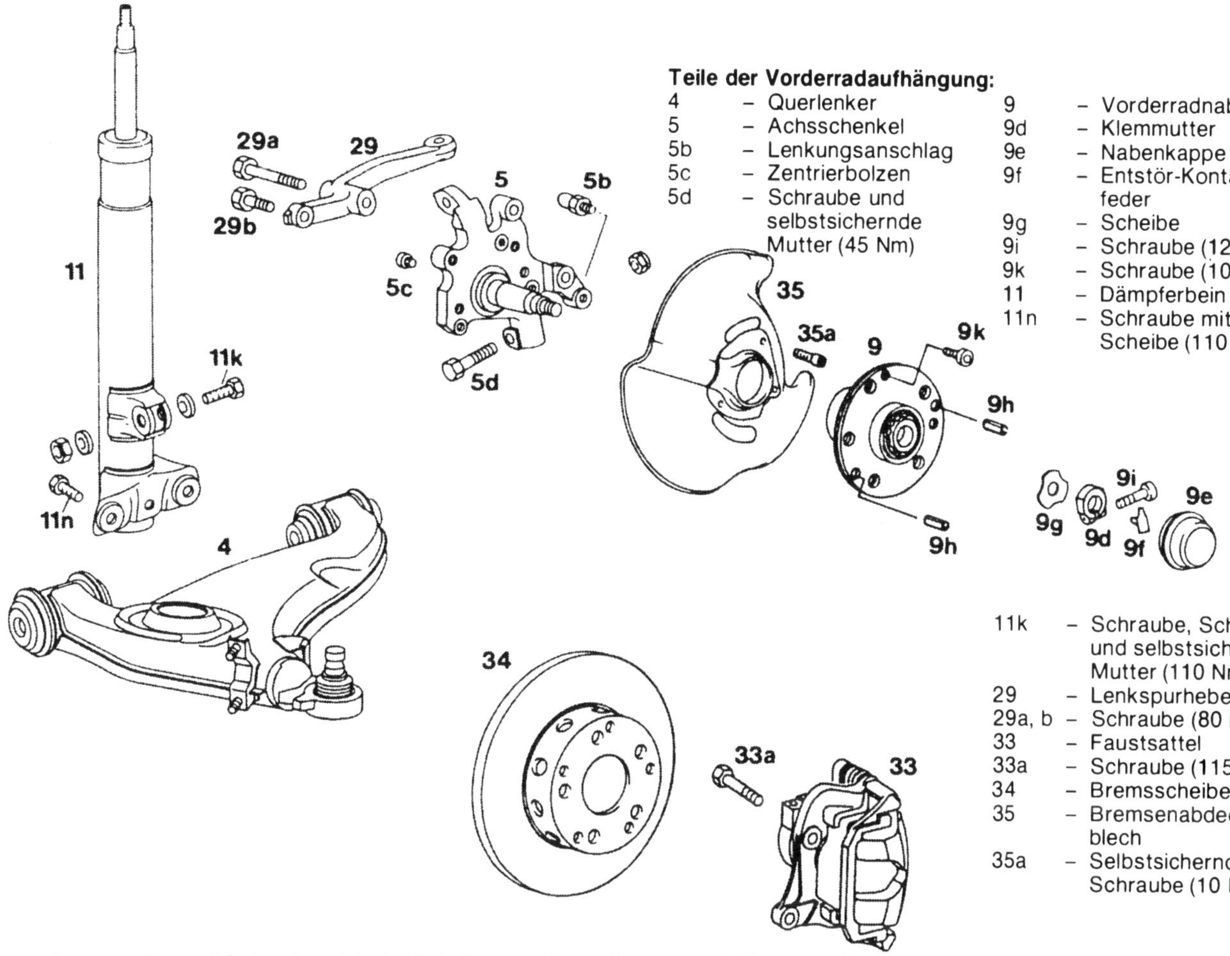

Teile der Vorderradaufhängung:

4 – Querlenker
5 – Achsschenkel
5b – Lenkungsanschlag
5c – Zentrierbolzen
5d – Schraube und selbstsichernde Mutter (45 Nm)
9 – Vorderradnabe
9d – Klemmutter
9e – Nabenkappe
9f – Entstör-Kontaktfeder
9g – Scheibe
9i – Schraube (12 Nm)
9k – Schraube (10 Nm)
11 – Dämpferbein
11n – Schraube mit Scheibe (110 Nm)
11k – Schraube, Scheibe und selbstsichernde Mutter (110 Nm)
29 – Lenkspurhebel
29a, b – Schraube (80 Nm)
33 – Faustsattel
33a – Schraube (115 Nm)
34 – Bremsscheibe
35 – Bremsenabdeckblech
35a – Selbstsichernde Schraube (10 Nm)

sowie unsachgemäß durchgeführte Unfallreparaturen können die Ursache für Abweichungen sein. Folgende Faktoren müssen richtig eingestellt sein:

□ **Vorspur:** Bei Geradeausfahrt stehen die Räder vorn enger zusammen als hinten. Sie rollen gewissermaßen aufeinander zu. Das ist die Vorspur. Genau parallelstehende Räder haben nämlich das Bestreben, auseinanderzulaufen. Die Reibung zwischen Rad und Straße möchte das linke Rad nach links weg und das rechte nach rechts drücken. Das führt zum Radieren der Reifen und Räderflattern. Durch die Vorspur laufen die Räder sauber parallel und ohne seitliches Auseinanderstreben. Im übrigen geht beim Hineinlenken des Wagens in eine Kurve die Vorspur vorne durch die Anordnung des Lenkgestänges allmählich in eine Nachspur über.

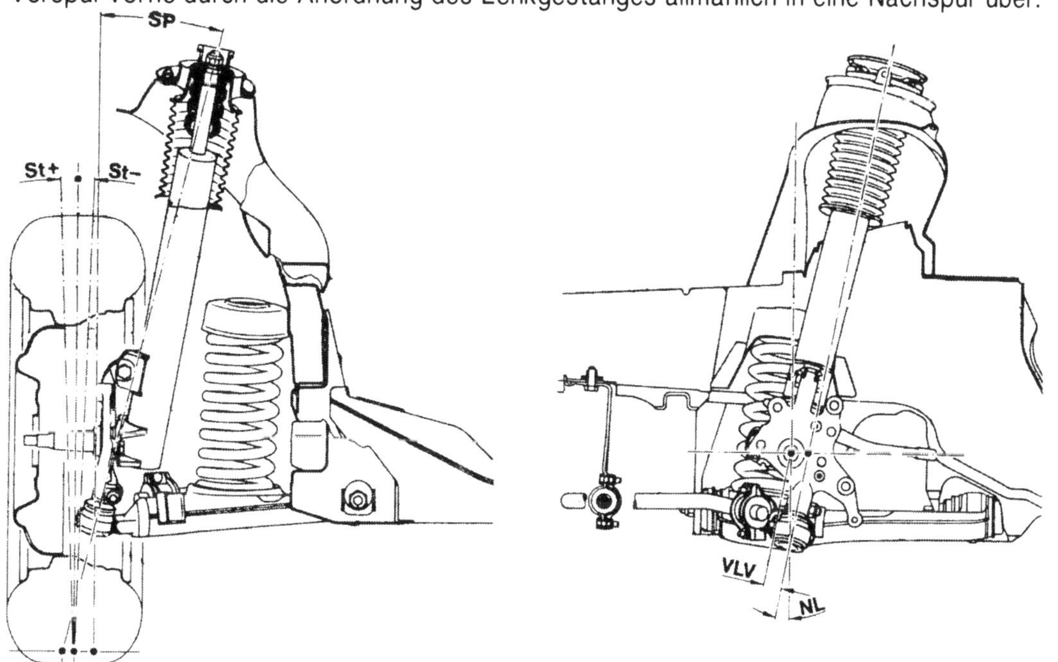

Gutes Lenkverhalten dient der Fahrsicherheit und dem Fahrkomfort. Genaues Einstellen einer Radaufhängung erfordert Meßgeräte und Erfahrung – also eine Arbeit für den Fachbetrieb. In der gezeigten Vorderradaufhängung bedeuten: SP – Spreizung; St+ – Sturz, positiv; St- – Sturz, negativ; LR – Lenkrollradius (hier negativ, weil Schwenkachse des Dämpferbeins außerhalb der Spurweite); VLV – Vorlaufversatz; NL – Nachlauf.

Das kurveninnere Rad schwenkt stärker herum als das kurvenäußere. Das ergibt automatisch eine Unterstützung der Lenkbewegung und der Lenkkräfte. Dies ist auch notwendig, weil ja in einer Kurve die inneren Räder einen engeren Kreis fahren müssen als die äußeren.

□ **Sturz:** So wird die leichte Schrägstellung der Räder gegenüber der Senkrechten bezeichnet. Vorn stehen die Räder oben etwas weiter auseinander als unten – man spricht von einem positiven Sturz. Hinten stehen die Räder unten weiter auseinander – der Sturz ist negativ.

□ **Spreizung:** Das ist die Neigung der Schwenkachse. Um diese gedachte Achse drehen sich beim Lenken die Vorderräder. Die beiden Schwenkachsen haben oben einen kleineren Abstand voneinander als unten. Sturz und Spreizung zusammen verhindern zusätzlich das Flattern der Räder. Ferner erleichtern sie das Einschlagen der Räder zur Kurvenfahrt. Und schließlich bewirken sie das »Rückstellmoment«, worunter man das Bestreben der Vorderräder versteht, bei oder nach Kurven selbsttätig wieder in Geradeausstellung zu gehen.

□ **Nachlauf:** Was Wort deutet die Merkmale schon an: Das Rad wird von der Radaufhängung gewissermaßen gezogen. So wird der Radlauf stabilisiert und ein Flattern der Räder verhindert. Beim Rückwärtsfahren kehrt sich dieser Effekt um – es wird geschoben. Deshalb müssen Sie beim Rückwärtsfahren das Lenkrad besonders fest halten, sonst schlagen die Vorderräder plötzlich ein.

Die Dämpferbeine

Die Dämpferbeine haben die Aufgabe, die Radbewegungen zu dämpfen und die Räder zu führen. Der Dämpfer arbeitet als Zweirohr-Gasdruck-Stoßdämpfer. Er besteht aus einem Arbeitszylinder, in welchem ein Kolben auf- und abgleitet. Dieser ist mit der Kolbenstange verbunden. Der Arbeitszylinder ist noch von einem zweiten Zylinder umgeben. Dieser dient als Vorratsbehälter für das unter Gasdruck stehende Hydrauliköl. Bei Federbewegungen verschiebt sich der Kolben im Arbeitszylinder, und das Hydrauliköl wird durch Ventile gepreßt. Dadurch sind nur langsame Kolbenbewegungen möglich. Das zwischen Karosserie und Rad eingebaute Dämpferbein dämpft so die Radschwingungen.

Die Dämpferbeine sind unten an drei Stellen mit dem Achsschenkel verschraubt. Oben sind sie über ein Gummilager an den Vorbau geschraubt. Die blanke Kolbenstange wird durch eine Manschette geschützt. Ein Puffer begrenzt den Einfederweg.

Ähnlich wie die Stoßdämpfer an der Hinterachse unterliegen auch die Dämpferbeine ständigem Verschleiß. Ergibt ein Dämpfertest auf dem Prüfstand oder gar die althergebrachte Schaukelmethode Hinweise auf eine unzureichende Dämpfung, müssen die Dämpferbeine ersetzt werden. Wenn das Dämpfergehäuse außen ölfeucht ist, deutet dies gleichfalls auf den bald fälligen Ersatzbedarf hin.

Dämpferbein aus- und einbauen

Achtung: Das Dämpferbein begrenzt den Ausfederweg der Radaufhängung. Schraubt man das Dämpferbein oben bei voll entlasteter Radaufhängung los (Vorderrad angehoben), schlägt die gespannte Feder den Querlenker nach unten (Verletzungsgefahr). Es werden Federspanner nötig, die es im Zubehörhandel gibt. Oder man setzt den Querlenker nach dem Radausbau wieder auf eine Unterlage ab.

Die Dämpferbeine dürfen einzeln ersetzt werden. Voraussetzung: die Farbkennzeichnung

Einbauverhältnisse um das Dämpferbein: 1 – Staubschutzmanschette; 2 – Dämpferbein; 3 – Elektrische Leitungen (zum Drehzahlfühler der ABS und zur Bremsbelag-Verschleißanzeige); 4 – Bremsschlauchabstützung an der Karosserie (Übergang auf Bremsleitung); 5 – Bremsschlauch.

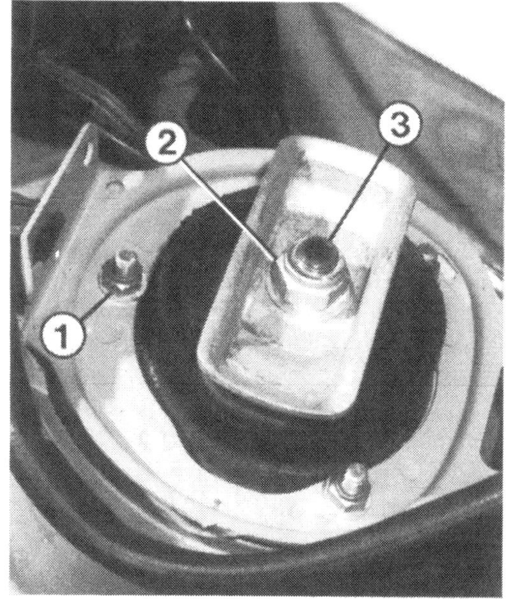

Links: Vor dem Lösen des Dämpferbeins (1) die Radaufhängung auf eine Unterlage (2) absetzen.

Rechts: 1-Befestigung der oberen Dämpferbein-Gummilagerung; 2 – Selbstsichernde Mutter; 3 – Kolbenstange.

stimmt. Dies gilt auch bei unterschiedlichen Fabrikaten. Dämpferbein-Ersatz gibt es auch im Zubehörhandel.

■ Wagen vorn aufbocken und das Vorderrad abnehmen.

■ Querlenker stabil unterbauen (z. B. mit Unterstellbock, Balkenstücken oder Hohlblock) und das Fahrzeug wieder so weit ablassen, bis die Radaufhängung gerade einzufedern beginnt.

■ Oben in der Mitte der Dämpferbein-Befestigung die Mutter von der Kolbenstange herunterdrehen. Hierzu die Kolbenstange unbedingt mit einem Innensechskant-Schlüssel gegenhalten. Wenn sich die Kolbenstange mitdreht, kann sich der Kolben im Dämpferbein lösen.

■ Die 3 Verschraubungen am unteren Ende des Dämpferbeins zum Achsschenkel lösen. Das Dämpferbein nach vorn unten herausnehmen.

■ Den Achsschenkel mit einem Draht befestigen, damit er nicht zur Seite hängt und den Bremsschlauch sowie die Leitungen zur Belagverschleiß-Anzeige und ggf. zum Drehzahlfühler der ABS auf Zug beansprucht.

■ Die Schutzmanschette und das obere Gummilager auf Verschleiß untersuchen. Das obere Gummilager ist mit 3 Schrauben befestigt (Anzugsmoment der selbstsichernden Muttern: 20 Nm).

■ Zum Wiedereinbau überall neue selbstsichernde Schrauben und Muttern verwenden. Die Montagereihenfolge einhalten, damit der Radsturz wieder stimmt.

■ Dämpferbein in obere Befestigung stekken. Neue Mutter und Scheibe von Hand aufdrehen.

■ Unten zuerst die beiden Sechskantschrauben eindrehen und leicht festziehen (neue Schrauben verwenden).

■ Schraubverbindung oben am Achsschenkel montieren und leicht festdrehen. Dabei den Achsschenkel gegen das Dämpferbein drücken. Es darf kein Abstand zwischen beiden bestehen.

■ Die unteren Schrauben mit 100 Nm festziehen.

■ Die Schraubverbindung oben am Achsschenkel mit 75 Nm festziehen.

■ An der oberen Befestigung die Mutter auf der Kolbenstange mit 60 Nm anziehen. Die Kolbenstange wieder mit einem Steckschlüssel gegen Verdrehen sichern.

Die Stoßdämpfer

Die Stöße der unebenen Fahrbahn schlucken Reifen und Federn. Die Stoßdämpfer indessen sollen die Schwingungen der Achsen und der Karosserie unterdrücken bzw. zum Abklingen bringen – richtiger wäre daher die Bezeichnung »Schwingungsdämpfer«.

Der Mercedes ist hinten mit Einrohr-Gasdruckstoßdämpfern ausgestattet. Charakteristisch für diese Stoßdämpfer ist der Gasraum, der durch einen Trennkolben mit etwa 25 bar auf den ölgefüllten Arbeitsraum drückt. Das Öl steht also unter hohem Druck und kann auch bei höchster Belastung nicht schäumen, was selbst bei härtestem Einsatz gleichmäßige Dämpfwirkung verspricht. Einrohrdämpfer können die bei der Dämpfarbeit entstehende Wärme besser ableiten und sind dadurch auch langlebiger. Da sie die auftretenden Federungsschwingungen schneller dämpfen, ergibt sich ein Gewinn für den Fahrkomfort und die Straßenlage.

Fingerzeig: *Bei starkem Frost wird auch das Stoßdämpferöl zähflüssig, es strömt langsa-*

mer durch die Ventile; zu Beginn einer Fahrt im tiefen Winter wirkt die Federung deshalb schlechter. Wer jetzt gleich forsch über schlechte Straßen fährt, beansprucht die Stoßdämpfer über Gebühr.

Stoßdämpfer prüfen

Automobile mit defekten Stoßdämpfern stehen unter schlechtem Einfluß. Da schwingen Räder und Karossen ungezügelt auf und ab, verlieren Reifen Bodenkontakt, werden Kurven riskant und Bremswege länger. Das macht Autos nicht nur unberechenbar, das macht sie auch unbequem, denn wenn man sich von jedem Schlagloch getreten fühlt oder blaß gewordene Fond-Insassen dringlich nach einem Halt verlangen, dämpft dies ganz erheblich den Spaß an der Mobilität. Stoßdämpfer fallen gewöhnlich nicht schlagartig aus, sondern ihre Wirkung läßt allmählich nach, woran man sich unbemerkt gewöhnt. Bei einer durchschnittlichen Beanspruchung kann man davon ausgehen, daß sich nach 60 000 bis 80 000 km das Dämpfungsvermögen halbiert hat. So langsam muß an einen Austausch gedacht werden. Den besten Aufschluß über die Dämpferwirkung erhält man auf einem Stoßdämpfer-Prüfgerät.
Es gibt einige untrügliche Anzeichen für nachlassende Stoßdämpferwirkung:

□ Flatternde Lenkung, weil die Räder keinen ständigen Fahrbahnkontakt haben.
□ Nach Unebenheiten schwingt die Karosserie nach.
□ »Schwammiges« Verhalten in Kurven, wobei die kurveninneren Räder nicht stark genug auf den Boden gedrückt und die äußeren nicht genügend entlastet werden.
□ Seitenwindempfindlichkeit.
□ Springende Räder; das muß freilich ein neben- oder hinterherfahrender Beobachter feststellen.
□ Vielfach unterbrochene Bremsspur bei Vollbremsung (nur Fahrzeuge ohne ABS).
□ Ungleichmäßige Abnutzung der Reifen und erhöhter Reifenverschleiß.
□ Erhebliche Ölspuren außen am Stoßdämpfer.

Keine genaue Diagnose erhält man durch die bekannte »Schaukelmethode« im Stand, bei der man den Wagen am betreffenden Kotflügel aufschaukelt und plötzlich losläßt: Die Federbewegung müßte gedämpft werden. So läßt sich eigentlich nur ein total ausgefallener Stoßdämpfer feststellen.

Restdruck der Dämpfer prüfen

- Dämpferbein/Stoßdämpfer ausbauen.
- Bei ganz herausgewanderter Kolbenstange eine Filzstiftmarkierung im Abstand von 85 mm vom Dämpfergehäuse an die Kolbenstange anbringen.
- Dämpfer in Einbaulage auf Personenwaage absetzen und die Kolbenstange bis zur Markierung hineindrücken.
- Bei Erreichen der Markierung Anzeige der Waage ablesen.
- Beim Dämpferbein müssen mindestens 17 kg, bei einem Stoßdämpfer mindestens 15 kg angezeigt werden (bei ca. 20° C). Wird weniger angezeigt, den Dämpfer erneuern.

Hintere Stoßdämpfer auswechseln

Die Stoßdämpfer sind zwischen Federlenker und Karosserie angeordnet. Die obere Befestigung ist vom Kofferraum aus zu erreichen. Beim Lösen der Muttern darf sich das Stoßdämpfergehäuse nicht mitdrehen, sonst könnte sich der Dämpferkolben im Inneren des Dämpfers

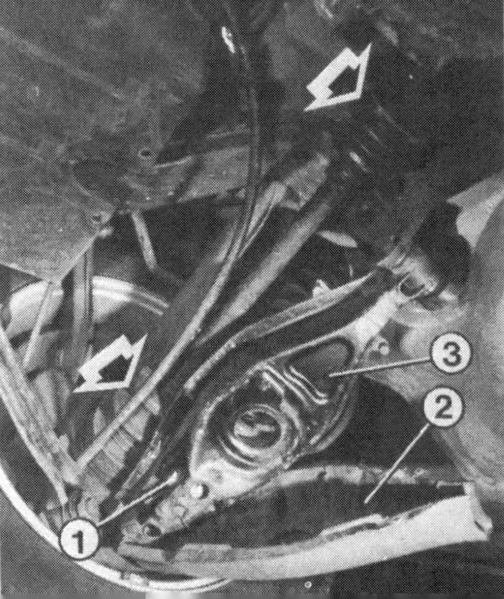

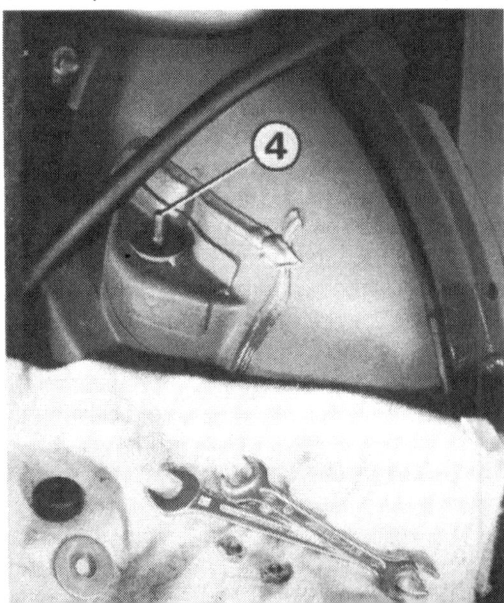

Stoßdämpfer hinten ausbauen: 1 – Befestigung unten; 2 – Abdekkung; 3 – Federlenker; 4 – Befestigung oben; Pfeile – die Manschetten der Hinterachswellen dürfen keine Risse haben.

Die Öldruckpumpe (1) vorn am Zylinderkopf versorgt die Niveau-Regelung, das ASD und die 4MATIC mit Drucköl. Die Pfeile zeigen auf die Befestigungsschrauben. Bei manchen Modellen ist statt dieser Pumpe die auf Seite 147 gezeigte Tandempumpe eingebaut.

lösen. Wenn nötig, zum Abdrehen der Mutter über dem Hinterrad zum Dämpfergehäuse durchgreifen und es festhalten (Helfer).
Auch an der Hinterachse wird der Ausfederweg der Radaufhängung durch den Dämpfer begrenzt. Deshalb zum Stoßdämpferwechsel die Karosserie nur so weit anheben, daß das Hinterrad nicht vom Boden abhebt. Wird aber das Hinterrad ausgebaut, unbedingt die Radaufhängung so weit auf eine Unterlage absetzen, bis sie leicht einzufedern beginnt. Löst man die Stoßdämpfer einfach bei entlasteter Radaufhängung, schlägt die Schraubenfeder den Federlenker kraftvoll nach unten (Verletzungsgefahr!)

- Kofferraumseitenverkleidung ausbauen.
- Muttern der oberen Befestigung abdrehen. Zum Lösen der oberen Mutter mit einem dünnen Gabelschlüssel die untere Mutter gegenhalten.
- Kunststoffabdeckung am Federlenker ausbauen.
- Stoßdämpfer unten losschrauben, etwas zusammendrücken und nach hinten herausnehmen.
- Zum Einbau zuerst einen Gummiring über den Gewindebolzen oben am Stoßdämpfer schieben und den Dämpfer einsetzen.
- Unten mit neuer Mutter befestigen. Die Mutter mit 65 Nm festdrehen.
- Abdeckung wieder am Federlenker montieren.
- Im Kofferraum einen weiteren Gummiring und die Scheibe über den Bolzen stecken.
- Die erste Mutter so weit wie möglich aufdrehen (bis das Gewinde endet). Mit der anderen Mutter kontern.
- Kofferraum-Seitenverkleidung einbauen.

Niveau-Regelung

Die Anlage hält das Fahrzeugheck unabhängig von der Belastung stets auf gleicher Höhe. Bei Urlaubsfahrten mit vollem Kofferraum und mit Wohnwagen oder bei vergleichbaren Belastungen ergibt sich zusätzliche Fahrsicherheit, und der Fahrkomfort bleibt weitestgehend erhalten.
Bei Fahrzeugen mit Niveauregelung ist die Öldruckpumpe vorn am Zylinderkopf angeflanscht. Ihr Antrieb erfolgt über eine Mitnehmerhülse von der Nockenwelle aus. Die Pumpe saugt Hydrauliköl vom Ölbehälter an und kann bei entsprechendem Widerstand einen Öldruck bis zu ca. 200 bar erzeugen. Das Hydraulikdrucköl fließt von der Pumpe zum Niveauregler an der Hinterachse. Dieser ist mit dem Drehstab der Hinterachse verbunden und erkennt so den Belastungszustand des Fahrzeuges. Entsprechend öffnet oder verschließt er dem Ölstrom verschiedene Wege. Der Niveauregler kann folgende Stellung einnehmen:
□ **Füllen:** Wird das Fahrzeug stark beladen, wandert der Hebel am Regler nach oben und leitet das Öl in die Federspeicher. Das Heck hebt sich, bis der Hebel wieder in Mittelstellung ist. Ist das Fahrzeug so stark beladen, daß diese Stellung nicht mehr erreicht wird, begrenzt ein Sicherheitsventil den Druck in den Federspeichern auf ca. 150 bar.
□ **Leeren:** Hier steht der Hebel am Regler ganz nach unten. Wird das Heck entlastet, kann Öldruck aus den Federspeichern zum Ölbehälter entweichen – das Heck senkt sich. In den Federspeichern bleiben aber ein Restdruck von ca. 30 bar bestehen, damit die Dämpferwirkung erhalten bleibt.

□ **Mittelstellung:** Das Hydrauliköl strömt jetzt praktisch drucklos von der Pumpe über den Niveauregler zum Ölbehälter.

Niveauregelung prüfen
Wartung Nr. 24

□ **Ölstand:** Rechts im Motorraum sitzt der Ölvorratsbehäler. Bei normal belastetem Fahrzeug muß der Ölstand zwischen MIN und MAX stehen. Zum Nachfüllen Hydrauliköl von der Mercedes-Werkstatt nehmen. Dabei auf die am Ölbehälter angegebene Ölsorte achten. Bei Fahrzeugen mit blauem Hinweisschild und gelbem Punkt am Federspeicher (geänderte Membran) das neuere Hydrauliköl für verbesserten Komfort verwenden (Teil-Nr. 000 989 91 03 für 1-Liter-Dose). Bei Fahrzeugen ohne Hinweisschild Hydrauliköl 000 989 85 03 (1 Liter) verwenden.
□ **Dichtheit:** Bei ständigem Ölverlust folgende Teile nachsehen: Vorratsbehälter, Pumpe, Niveauregler, Federspeicher und Anschlüsse an den Dämpfern. Bei laufendem Motor läßt sich eine Leckstelle bisweilen besser finden.

Fingerzeige: *Verletzungsgefahr durch Drucköl beachten. Vor dem Lösen von Leitungen die Verbindungsstänge zum Niveauregler abschrauben und den Hebel zum Druckabbau auf »Leeren« stellen.*
Die Druckölpumpe versorgt auch das ASD (Seite 127) und die 4MATIC (Seite 132).

Radaufhängungen prüfen
Wartung Nr. 11

□ **Vorn:** Nacheinander beide Seiten prüfen. Dazu das jeweilige Vorderrad ausbauen. Die Dämpferbeine dürfen außen nicht ölfeucht sein. Ist die Schutzmanschette oben in Ordnung? Die Feder darf nicht gebrochen sein. Bisweilen bricht bei älteren Fahrzeugen bevorzugt die oberste oder unterste Windung ab. Der Querlenker darf nicht durch Geländeaufsetzer verformt sein. Ist der Stabilisator lose oder sind die Staubkappen an den Kugelgelenken der Spurstangen bzw. unten am Achsschenkel spröde oder gerissen? Schmutz und Nässe führen zu schnellem Gelenkverschleiß. Eine gerissene Staubkappe darf nur an einem Spurstangenkopf getauscht werden. Ein verschmutztes Traggelenk unbedingt erneuern lassen. Es ist in den Querlenker eingepresst.
□ **Hinten:** Sinngemäß gleich wird auch bei der Kontrolle der hinteren Radaufhängungen vorgegangen. Die Stoßdämpfer müssen außen trocken sein. Sämtliche Gummilagerungen der Lenker sollten nicht spröde sein.

Radlagerspiel kontrollieren

□ **Vorn:** Jede Vorderradnabe dreht auf zwei Schrägrollenlagern. Damit der saubere Lauf der Räder gewährleistet bleibt, darf an den Lagern kein übermäßiges Spiel vorhanden sein. Zur Prüfung das Vorderrad anheben und das Rad oben und unten fassen. Läßt sich das Rad hin- und herkippen, ist das Radlagerspiel zu groß. Werden beim Drehen des Rades rauhe Mahlgeräusche hörbar, ist das Radlager verschlissen und muß ersetzt werden.
□ **Hinten:** Hier besitzt der Mercedes zweireihige Schrägkugellager. Diese sind wartungsfrei und demzufolge ist eine Radlagereinstellung nicht möglich. Sollte einmal der Hinterachswellenflansch aus dem Radträger gepreßt werden, wird das Lager unvermeidlich beschädigt. Zum Wiedereinbau ein neues Lager verwenden.

Die Abbildung zeigt das Einstellen der Vorderradlager: 1 – Scheibe; 2 – Klemmutter; 3 – Kontaktfeder; 4 – Werkzeug zum Drehen der Innensechskantschraube in der Klemmutter; 5 – Nabenkappe.

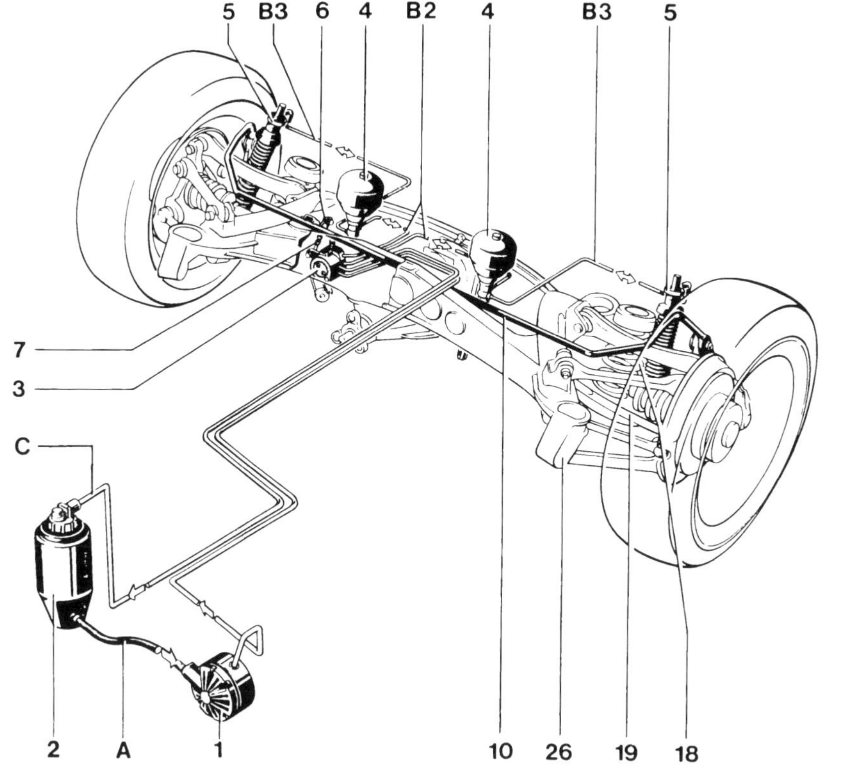

Teile der Niveau-Regelung:
1 Druckölpumpe
2 Ölvorratsbehälter
3 Niveauregler
4 Federspeicher
5 Federbein
6 Hebel am Drehstab
7 Verbindungsstange
10 Drehstab
18 Hinterfeder
19 Federlenker
26 Hinterachsträger
A Saugleitung Ölvorratsbehälter – Druckölpumpe
B1 Druckleitung Druckölpumpe – Niveauregler
B2 Druckleitung Niveauregler – Federspeicher
B3 Druckleitung Federspeicher – Federbein
C Rückströmleitung Niveauregler – Ölvorratsbehälter

Spiel der Vorderradlager einstellen

■ Fahrzeug aufbocken und entsprechendes Vorderrad abnehmen.

■ Die Nabenkappe in der Radmitte mit einem Meißel ringsherum gleichmäßig lösen und abnehmen.

■ Die Innensechskant-Schraube an der Klemmutter lösen.

■ Klemmutter so weit festdrehen, bis sich die Scheibe unter ihr gerade noch mit dem Finger verdrehen läßt.

■ Die Innensechskantschraube der Klemmmutter wieder mit 12 Nm festziehen.

■ Bevor man die Nabenkappe wieder einbaut, prüfen ob sie genug Hochtemperatur-Wälzlagerfett enthält – sie sollte etwa bis zum Bördelrand gefüllt sein (ca. 15 g).

■ Beim Einbau der Nabenkappe auf die Kontaktfedern der Radioentstörung achten.

■ Vorderrad wieder montieren, Fahrzeug ablassen und Radschrauben festziehen (110 Nm).

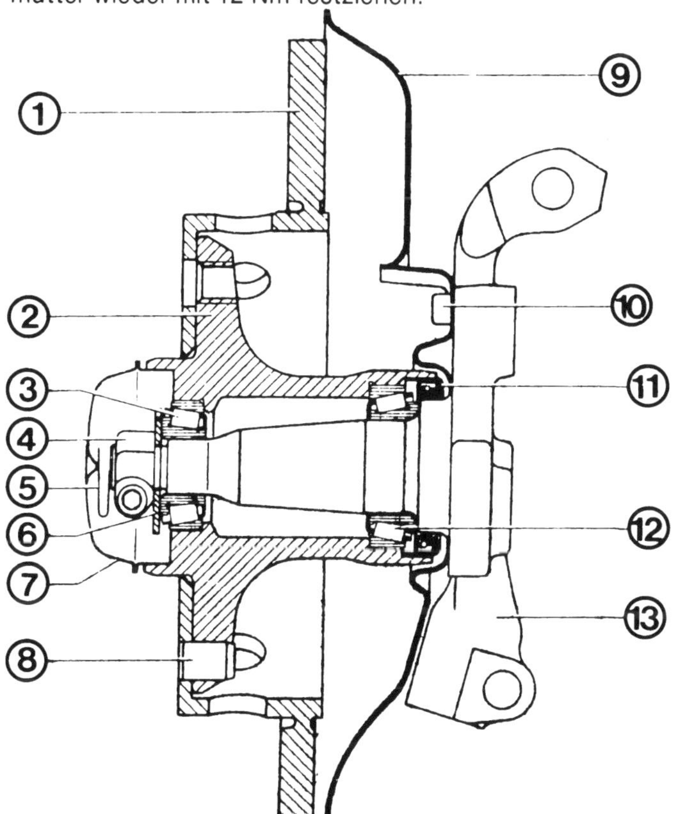

Schnitt durch eine Vorderradlagerung: 1 – Bremsscheibe; 2 – Vorderradnabe; 3 – Kugelrollenlager; 4 – Klemmutter; 5 – Kontaktfeder (Radioentstörung); 6 – Scheibe, 7 – Nabenkappe; 8 – Spannhülse; 9 – Abdeckblech; 10 – Schraube; 11 – Dichtring; 12 – Kegelrollenlager; 13 – Achsschenkel.

Vorderes Radlager ersetzen

Zu dieser umfangreichen und nicht einfachen Arbeit muß die Vorderradnabe ausgebaut werden. Bei Schäden an den Kegelrollenlagern sollte man stets das innere und äußere Lager sowie den Dichtring ersetzen. Beim Zusammenbau werden pro Vorderradnabe 50 g Hochtemperatur-Wälzlagerfett gebraucht, das es in der Werkstatt in 150-g-Dosen gibt (Teile-Nr. 000 989 49 51).

- Fahrzeug aufbocken und Vorderrad abnehmen.
- Nabenkappe entfernen.
- Bremssattel und Bremsscheibe (Seite 158) ausbauen.
- Innensechskantschraube der Klemmutter lösen und Klemmutter vom Achsschenkelzapfen drehen.
- Vorderradnabe abnehmen, ggf. durch leichtes Klopfen mit einem Kunststoffhammer nachhelfen.
- Fett aus der Vorderradnabe und vom Achsschenkelzapfen wischen.
- Dichtring mit einem Schraubenzieher hinten aus der Nabe hebeln.
- Nabe auflegen und die beiden Lagerringe mit einem langen Durchschlag gleichmäßig aus dem Sitz in der Vorderradnabe klopfen.
- Lagerinnenring des inneren Lagers durch vorsichtiges und gleichmäßiges Klopfen mittels Durchschlag vom Achsschenkelzapfen entfernen.
- Neuen Lagerring über Achsschenkelzapfen schieben und behutsam bis zum Anschlag vorklopfen.
- Äußere Lagerringe an ihren Sitz in der Vorderradnabe ansetzen und mit einem dikken Bolzen, der etwa den Außendurchmesser der Lagerringe hat, bis zum Anschlag hineinklopfen.
- Die Nabeninnenseite und das innere Lager kräftig einfetten.
- Inneres Lager einsetzen.
- Dichtring in die Vorderradnabe montieren.
- Vorderradnabe auf Achsschenkelzapfen schieben und das gefettete äußere Lager, die Scheibe und die Klemmutter montieren.
- Radlagerspiel einstellen und Klemmutter durch Anziehen der Innensechskantschraube sichern.
- Ggf. die Kontaktfeder zur Nabenkappe erneuern und die Nabenkappe aufstecken (mit 15 g Fettfüllung).
- Bremsscheibe, Bremssattel und Vorderrad einbauen.
- Nach dem Ablassen des Fahrzeuges Radschrauben festziehen.

Die Lenkung

Der Mercedes ist mit einer Servolenkung ausgestattet. Die Servopumpe seitlich links am Motor sorgt für den notwendigen Öldruck von 95 bar (200 D) bzw. 110 bar (250/300 D). Angetrieben wird die Pumpe über den Flachriemen von der Kurbelwelle. Im Lenkgetriebe wird ein Arbeitskolben abhängig von Ihren Drehbewegungen am Lenkrad entsprechend verschoben. Ein Steuerventil lenkt dabei den Ölstrom so zum Arbeitskolben, daß die jeweilige Bewegungsrichtung des Arbeitskolbens durch den Öldruck unterstützt wird.
Die Kolbenbewegungen werden über eine Verzahnung in Drehbewegungen der Lenkwelle übertragen. Außen am Lenkgetriebe ist an der Lenkwelle der sogenannte Lenkstockhebel angeschraubt. Von dort führt eine Spurstange direkt zum linken Vorderrad. Nach rechts führt die mittlere Spurstange zum Lenkzwischenhebel, dann folgt die rechte Spurstange zum Vorderrad. Parallel zur mittleren Spurstange ist der Lenkungsdämpfer angeordnet. Er verhindert, daß Fahrbahnstöße bis zum Lenkrad durchdringen und dämpft außerdem Schwingungen der Lenkung.
Die Unterstützung durch die Servolenkung ist unterschiedlich. In Geradeausstellung ist sie gering, wird aber mit zunehmendem Lenkradeinschlag größer.
Arbeitet bei stehendem Motor die Öldruckpumpe nicht, muß sehr kräftig am Lenkrad gedreht werden. Dies muß man z. B. zum Abschleppen unbedingt wissen.

Lenkung überprüfen

Wartung Nr. 12

□ **Lenkungsspiel:** Die Lenkung muß von Anschlag zu Anschlag spielfrei arbeiten. Zur Kontrolle auf etwaiges Lenkungsspiel kurbelt man das linke Seitenfenster herunter, startet den Motor und stellt sich neben den Wagen. Jetzt durchs Fenster greifen, das Lenkrad kurz hin- und herdrehen und beobachten, ob sich das linke Vorderrad aus der Geradeausstellung mitbewegt (25 mm Spiel am Lenkrad sind zulässig). Achten Sie besonders auf den Felgenrand, denn die Reifen sind elastisch und können zunächst einen Teil des Einschlags »schlucken«, ehe sie sich bewegen.

□ **Spurstangenköpfe:** Wenn die Spurstangenköpfe an den Enden der Spurstangen verschlissen sind, führt dies zu Lenkungsspiel. Ob die Spurstangenköpfe »Luft« haben, fühlt

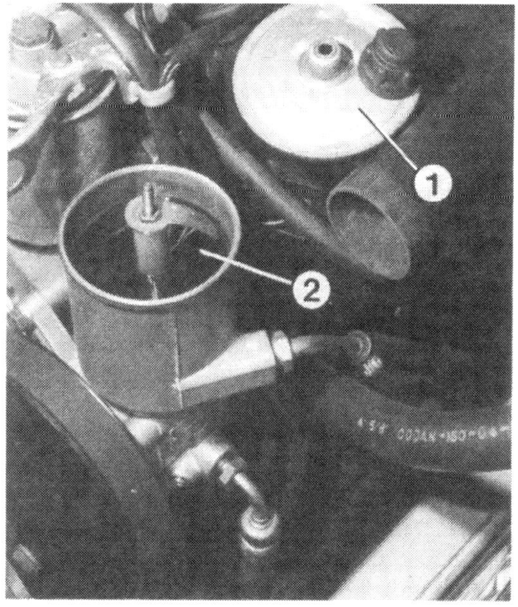

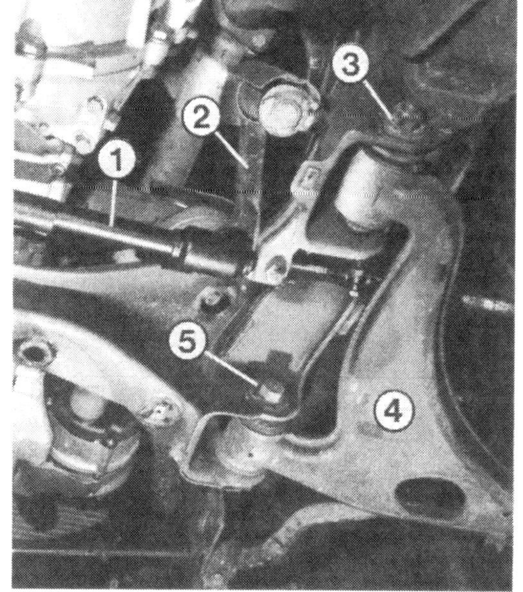

Links: Deckel (1) vom Vorratsbehälter (2) der Servolenkung abnehmen. Der Ölstand muß ca. 15 mm unter dem Behälterrand stehen. Fehlt viel Öl (ATF), gibt die Lenkung laute »Grunzgeräusche« von sich.

Rechts: Vorderradaufhängung von unten: 1 – Lenkungsdämpfer; 2 – Zwischenlenkhebel; 3 – Exenterschraube hinten am Querlenker (4) für Nachlaufeinstellung; 5 – Exenterschraube vorn für Sturzeinstellung.

man, während ein Helfer das Lenkrad zügig hin- und herdreht. Sind die Gummischutzkappen der Spurstangengelenke defekt, wird meist bald ein neues Gelenk fällig.
Man kann die Staubkappen austauschen, doch ist dies nur dann sinnvoll, wenn das Gelenk noch keinen Schaden genommen hat. Ansonsten lieber gleich den Spurstangenkopf ersetzen.

□ **Lenkungsdämpfer:** Flattern im Lenkrad, besonders beim Durchfahren von Kurven mit unebener Fahrbahn, können auf einen verschlissenen Dämpfer hinweisen. Ölspuren außen am Dämpfergehäuse lassen auf einen schlechten Dämpfer schließen. Man kann auch ein Dämpferende losschrauben und dann den Dämpfer prüfen. Bei schnellem Hin- und Herrucken darf über den gesamten Dämpferweg kein Leerweg spürbar werden.

□ **Befestigung des Lenkgetriebes:** Die selbstsichernden Schrauben am linken Rahmenlängsträger müssen mit einem Drehmoment von 70–80 Nm festgedreht sein.

□ **Ölstand:** Vorne links am Motor sitzt die Pumpe mit dem Vorratsbehälter. Bei warmem Motor muß der ATF-Stand bis zur Markierung im Behälter reichen. Die Gummischraube in der Deckelmitte lösen und den Deckel abnehmen. Muß bei der Kontrolle alle 20 000 km immer ATF nachgegossen werden, sollte man nach der Ursache forschen.

□ **Dichtheit:** Wenn die Lenkung beim Einschlagen »grunzt« und bei schnellem Einschlagen schwergängig ist, dürfte sie undicht sein. Schlauchanschlüsse prüfen. Deckel am Ölbehälter abnehmen und von einem Helfer das Lenkrad von Anschlag zu Anschlag drehen lassen. Es dürfen keine Blasen von dem Behälter aufsteigen.

35 17 18 10 9 2 5 7 4 1 20 11 3 8 13 19 12 9 6 11 15 16 21 1323-12701

Die gezeigte Tandempumpe hat zwei Pumpenelemente. Eine Flügelzellenpumpe versorgt die Servolenkung (Druck ca. 80–110 bar) und eine davor angeordnete Radialkolbenpumpe die Niveau-Regelung, das ASD und die 4MATIC (Drücke bis über 200 bar). Es bedeuten:

1 Gehäuse
2 Kolbeneinsätze
3 Antriebswelle
4 Exzenter
5 Kolben
6 Druckfeder
7 Laufring
8 Abscherstift
9 Rückschlagdichtband
10 O-Ring
11 Radialdichtung
12 O-Ring
13 Fixierstift
15 Lager
16 O-Ring
17 O-Ring
18 Paßbolzen
19 Lagerbüchse mit Gleitlager
20 O-Ring
21 Lenkhelfpumpe
35 Behälter für Servolenkung

Fingerzeig: *Beim Neuwagen öfters nach dem Ölstand der Servolenkung sehen. Fehlt wegen Undichtheit Öl, haben Sie noch Garantieanspruch.*

Spurstangenkopf austauschen

Die Spurstangenköpfe der äußeren Spurstangen können ersetzt werden. Hat ein Spurstangenkopf der mittleren Spurstange Spiel, ist diese komplett zu ersetzen. Zum Austausch wird ein Konus-Abdrücker gebraucht. Beim Ersatzteilkauf muß angegeben werden, wo der notwendige Spurstangenkopf sitzt, denn je nach Lage ist am Schaft ein Links- oder Rechtsgewinde eingeschnitten. Die selbstsichernden Muttern müssen ebenfalls erneuert werden.

■ Fahrzeug vorn anheben und sichern. Vorderrad abnehmen.

■ Defekten Spurstangenkopf vom jeweiligen Lenkhebel losschrauben und Konus auspressen.

■ Muß ein innerer Spurstangenkopf erneuert werden, die Klemmschelle lösen. Außen die Sechskantmutter am Klemmring lösen.

■ Mit einem Meterstab die Länge der Spurstange herausdrehen.

■ Neuen Spurstangenkopf wieder gleich weit hineindrehen und festklemmen. Die Klemmschelle innen wird mit 10 Nm, die äußere Sechskantmutter mit 30 Nm festgedreht.

■ Spurstangenkopf in den Lenkhebel drükken und die neue selbstsichernde Mutter am Kugelbolzen mit 35 Nm anziehen.

■ Nach der Reparatur sofort zum Einstellen der Vorspur fahren. Die ungefähre Längenermittlung der Spurstange ist für längeren Fahrbetrieb nicht ausreichend. Geben Sie bei der Achseinstellung an, wo ein Spurstangenkopf gewechselt wurde.

Die Lenksäule

Bei einem Frontalaufprall kann sich die Sicherheitslenksäule runde 20 cm zusammenschieben, ohne daß sich die Lenkradposition wesentlich ändert. Hierzu ist das untere Teil der Lenksäule rohrförmig. Das obere Teil kann sich teleskopartig hineinschieben. Weiterhin löst sich die Befestigung des Mantelrohres im oberen Bereich der Lenksäule. Die große Polsterplatte im Lenkrad sorgt für weitere Sicherheit, besonders dann, wenn sie mit einem Airbag (Seite 224 und 226) ausgestattet ist.

Lenkrad ausbauen

Das Lenkrad ist mit einer Senkkopfschraube mit Innensechskant auf die Lenksäule geschraubt. Daimler-Benz empfiehlt, die Schraube jedesmal zu erneuern. Ihr Anzugsmoment beträgt 80 Nm. Zum Lösen und Festschrauben des Lenkrads das Lenkschloß einrasten lassen. Das Lenkrad so montieren, daß die Speiche oben bei Geradeausfahrt **waagrecht** steht. Wenn die Markierung an der Lenkspindel senkrecht oben steht, das Lenkrad waagrecht montieren. Je nach Ausstattung unterschiedlich vorgehen:

■ **Fahrzeuge ohne Airbag:** Mercedes-Stern mit einem kleinen Schraubenzieher aus der Mitte der Hupplatte heraushebeln.

■ Lenkschloß einrasten, die Senkkopfschraube herausdrehen und das Lenkrad abnehmen.

Links: Der Airbag wird von hinten losgeschraubt (Pfeil).

Rechts: 1 – Selbstsichernde Senkkopfschraube zur Lenkradbefestigung; 2 – Leitungen zu den Hupenkontakten (3).

Zum Ausbau der Fußstütze im Beifahrerfußraum (1) die Schrauben (Pfeile) lösen. Rote 10polige Steckverbindung (3) zum Auslösegerät (2) auftrennen.

■ **Fahrzeuge mit Airbag:** (Sicherheitsvorschriften Seite 225): Minuspol-Klemme an der Batterie lösen.

■ Fußmatte im Beifahrerfußraum herausnehmen, Schraube an der Fußstütze lösen und diese aushängen.

■ Die rote Steckverbindung (10polig) zum Auslösegerät hinter der Fußstütze herausziehen.

■ Mit einem Steckschlüssel die Innenvielzahl-Schrauben (6-mm-Torx) von der Rückseite der Polsterplatte herausdrehen. Polsterplatte mit Airbag vom Lenkrad abnehmen und den Stecker lösen.

■ Polsterplatte, mit dem Polster nach oben, vorsichtig ablegen (stoßempfindlich!). Fällt die Platte aus mehr als 50 cm herunter, ist sie schrottreif. Sie muß in der Werkstatt abgegeben werden, die dann die Platte ein einem Spezialbehälter ans Werk schickt, wo die Gasladung entschärft wird.

■ Senkkopfschraube herausdrehen und Lenkrad abnehmen.

■ Der Einbau erfolgt sinngemäß umgekehrt. Zuletzt die Batterie anschließen. Die Innenvielzahn-Schrauben der Polsterbefestigung mit 6 Nm anziehen. Nach dem Einbau die Funktion der Kontrolleuchte für Airbag kontrollieren (Seite 225).

Heiße Sache

Die Bremsen wandeln die Bewegungsenergie durch Reibung in Wärme um. Hierbei entsteht nicht nur Hitze, sondern auch Verschleiß. Führen Sie deshalb stets und zeitgerecht alle Kontrollen der Bremsanlage durch.
Wartungsarbeiten und insbesondere Reparaturen erfordern in diesem Bereich erhöhtes Verantwortungsbewußtsein. Unter anderem haben wir im nachfolgenden Kapitel auch Arbeiten am Hydraulik-System der Bremsanlage beschrieben. Hier muß jeder für sich entscheiden, welche Arbeiten er sich zutraut. Es gilt: Im Zweifelsfall nie!

Die Bremsanlage

Ihr Fahrzeug ist mit einer hydraulischen Zweikreis-Bremsanlage ausgestattet (zwei voneinander unabhängige Leitungssysteme). Die beiden Bremskreise sind auf Vorder- und Hinterachse aufgeteilt. Fällt ein Bremskreis aus, kann das Fahrzeug durch den anderen Kreis zum Halten gebracht werden. Der Mercedes ist mit vier Scheibenbremsen und mit einem Bremskraftverstärker ausgerüstet. Die Feststellbremse wird über ein Pedal neben dem Kupplungspedal betätigt. Seilzüge übertragen die Hebelkraft auf Bremsbacken an den beiden Hinterrädern.
An der Vorderachse sind Faustsattel-Scheibenbremsen, an der Hinterachse Festsattel-Scheibenbremsen eingebaut. Im Gegensatz zu Festsattelbremsen brauchen Faustsattelbremsen nur einen Bremszylinder. Der Bremsklotzwechsel ist etwas einfacher auszuführen, und es wird weniger Einbauraum zum Rad hin gebraucht.
An den Vorderbremsen ist eine Verschleißanzeige eingebaut. Sie läßt im Kombiinstrument eine Warnlampe aufleuchten, wenn der bremskolbenseitige Belag stark abgenutzt ist.
Der Mercedes kann mit einem Anti-Blockier-System (ABS) ausgerüstet sein.

So funktioniert die Bremse

Wenn Sie auf das Bremspedal treten, preßt eine mit dem Pedal verbundene Druckstange zwei hintereinanderliegende Kolben in den Hauptbremszylinder. Die Kolben übertragen die Kraft auf die dort eingeschlossene Bremsflüssigkeit. Dieser so entstehende hydraulische Druck in der Bremsflüssigkeit gelangt über Rohr- und Schlauchleitungen zu den Bremssätteln. In diesen bewegen sich unter dem Druck der Flüssigkeit Kolben nach außen und pressen die Bremsklötze gegen die Bremsscheiben.

Hinter der linken oberen Dämpferbeinbefestigung finden Sie den Bremskraftverstärker (4), den Hauptbremszylinder (2) und den Bremsflüssigkeitsbehälter (1). Der Bremsflüssigkeitsstand muß sich stets zwischen den Markierungen am Behälter befinden. Sonst den Deckel (3) abschrauben und Bremsflüssigkeit (DOT 4) nachleeren. Zur Überprüfung der Brems-Kontrolleuchten (Seite 162) auf die Gummikappen oben drücken (Pfeile).

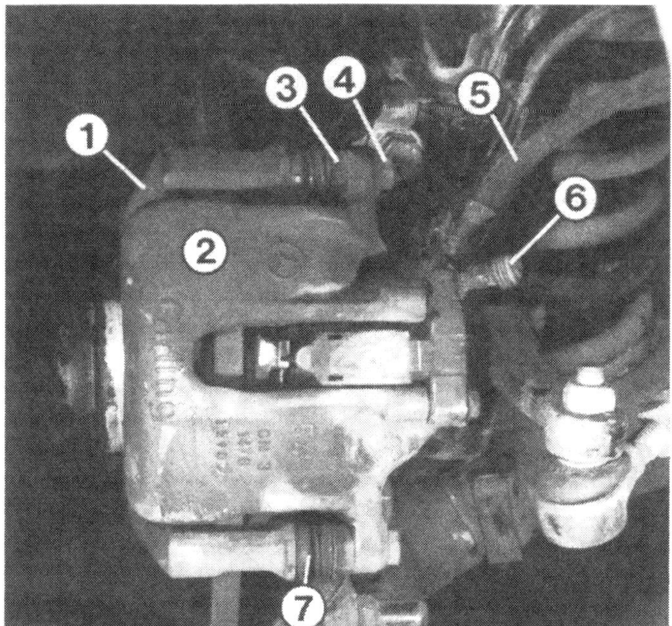

Die Abbildung zeigt eine vordere Faustsattelbremse. Es bedeuten: 1 – Bremsträger; 2 – Faustsattel; 3 – Sechskant am oberen Gleitbolzen, zum Gegenhalten beim Lösen der selbstsichernden Schrauben (4); 5 – Bremsschlauch; 6 – Entlüftungsventil; 7 – Unterer Gleitbolzen.

Fingerzeig: *Bei Ausfall eines Bremskreises müssen Sie wesentlich stärker auf das Bremspedal treten (bei gleichzeitig längerem Pedalweg), um die übliche Bremswirkung zu erreichen. Außerdem wird der Anhalteweg länger.*

Die Bremsflüssigkeit

Die Flüssigkeit in den Bremsleitungen und Bremszylindern ist eine Mischung aus Glykol, Polyglykoläther und ein paar weiteren Bestandteilen. Diese gelbliche – übrigens giftige und gegen Autolack aggressive – Flüssigkeit greift die Metall- und die Gummiteile des Bremssystems nicht an, sie bleibt selbst bei – 40 °C noch ausreichend dünnflüssig, und sie hat trotz ihrer Dünnflüssigkeit den extrem hohen Siedepunkt von ca. 290 °C.
Aber die Bremsflüssigkeit hat auch eine sehr unangenehme Eigenschaft: Sie nimmt gern Wasser auf, sie ist »hygroskopisch«. Und das Wasser kann tatsächlich – zum Beispiel über die Luftfeuchtigkeit – in die Bremsflüssigkeit gelangen; über den Vorratsbehälter sowie durch mikroskopische Undichtigkeiten an den Bremsschläuchen und Gummimanschetten. Solche Wasseraufnahme führt nicht nur zu Korrosion an den Metallteilen der Anlage, sondern bewirkt ein rapides Absinken des Siedepunkts. Bei nur 2,5 % Wassergehalt liegt der Siedepunkt nur noch bei 150 °C. Das wird bei starker Belastung der Bremsen gefährlich. In der Nähe der erhitzten Bremsen können sich Dampfblasen in der Hydraulikflüssigkeit bilden, die sich zusammenpressen lassen – das Bremspedal läßt sich tief durchtreten, manchmal tritt man sogar ins Leere (in diesem Fall hilft bisweilen noch schnelles Pumpen mit dem Bremspedal). Besonders häufig ist dieser Effekt nach dem Abstellen des Wagens nach starker Bremsbeanspruchung. Mangels Fahrtwind heizt sich die Bremsenumgebung noch stärker auf, die höchste Temperatur herrscht nach etwa 15 Minuten. Erst nach etwa 1/2 Stunde ist wieder die normale Bremsflüssigkeitstemperatur erreicht.
Der Wartungsplan schreibt einen jährlichen Wechsel der Bremsflüssigkeit vor. Die Bremsflüssigkeit für den Mercedes muß der **Spezifikation DOT 4** genügen.

Stand der Bremsflüssigkeit

Ständige Kontrolle

Der Bremsflüssigkeitsbehälter sitzt im Motorraum links hinten auf dem Hauptbremszylinder (Abb. links). Im durchscheinenden Behälter muß die Bremsflüssigkeit stets zwischen den Markierungen »MIN« und »MAX« stehen.
Bedingt durch die im Durchmesser verhältnismäßig großen Kolben in den Bremssätteln sinkt der Flüssigkeitsspiegel ein wenig, wenn die Kolben durch die verschleißenden Bremsklötze weiter herauswandern und Bremsflüssigkeit nachfließt. Ein gewisses, minimales Absinken der Bremsflüssigkeit muß also nicht unbedingt alarmierend sein. Fällt der Stand der Bremsflüssigkeit innerhalb kurzer Zeitabstände immer wieder unter die »MIN«-Marke, muß dringend nach den Ursachen geforscht werden.
Sollen neue Bremsklötze eingebaut werden, erst nach der Arbeit den Bremsflüssigkeitsstand prüfen, denn durch das Zurückdrücken der Bremskolben steigt die Bremsflüssigkeit an.

Bremsflüssigkeit austauschen

Wartung Nr. 32

Wie Sie im letzen Abschnitt lesen konnten, spricht einiges dafür, die Bremsflüssigkeit jährlich zu wechseln. Für diese Arbeit sind Sie in der Werkstatt gut aufgehoben, denn dort besitzt man ein Entlüftungsgerät, mit dem die Arbeit schnell durchgeführt werden kann. Man öffnet nacheinander die Entlüftungsventile an den einzelnen Radbremsen und pumpt mit dem Entlüftungsgerät etwa 100 cm^3 Bremsflüssigkeit zum Vorratsbehälter. Mit einem Überlaufgefäß wird dort die herausgedrückte, alte Bremsflüssigkeit aufgefangen. Wer unbedingt den Ehrgeiz zum Selbermachen besitzt, geht ähnlich vor wie beim Entlüften der Bremsanlage (Seite 162):

- Den Bremsflüssigkeitsbehälter mit einer Spritze o. ä. bis auf etwa 1 cm leersaugen.
- Mit neuer Bremsflüssigkeit (DOT 4) auffüllen.
- Nacheinander an jeder Radbremse die Entlüftungsschrauben öffnen und mit dem Bremspedal langsam Bremsflüssigkeit herauspumpen. Das Bremspedal pro Bremse 10mal durchtreten.
- Unbedingt auf den Stand der Bremsflüssigkeit im Vorratsbehälter achten und rechtzeitig Bremsflüssigkeit nachschütten, bevor Luft angesaugt wird.
- An der rechten Hinterradbremse beginnen (am weitesten entfernt).

Kombinierter Bremsflüssigkeitsbehälter

Der Behälter wird zwar nur durch eine Einfüllöffnung befüllt, doch er versorgt 3 verschiedene Systeme:

- □ Durch einen Anschluß erfolgt der Abfluß der Bremsflüssigkeit zu einem Bremskreis.
- □ Aus einem separaten Raum, der durch eine Trennwand geschaffen wird, erfolgt der Zufluß zum zweiten Bremskreis.
- □ Etwa auf halber Höhe mündet seitlich ein Anschluß zur hydraulischen Kupplungsbetätigung.

Fingerzeige: *Sollte sich die Kupplung nicht betätigen lassen, kann es an fehlender Bremsflüssigkeit liegen. Sofort nach dem Stand der Bremsflüssigkeit sehen.*
Der Stand der Bremsflüssigkeit wird durch eine Warnlampe im Armaturenbrett überwacht. Immer wenn Bremsflüssigkeit nachgefüllt wird, deren Funktion prüfen: Bei eingeschalteter Zündung und gelöster Feststellbremse nacheinander auf die beiden Gummikappen oben am Behälter drücken – die Lampe muß jedesmal aufleuchten.

Bremsentest

Wartung Nr. 10

Aufmerksamen Fahrern fällt im täglichen Fahrbetrieb jede Veränderung in der Bedienung der Bremsen auf. Regelrechte Bremsversuche werden seltener erforderlich. Beachten Sie dabei, daß niemand hinter Ihnen fährt. Am besten, Sie suchen sich eine wenig befahrene Straße oder einen leeren Parkplatz. Auf solch einer ebenen und trockenen Teststrecke bremsen Sie mehrmals mehr oder weniger stark ab. Zieht der Wagen einseitig nach rechts, ist die Wirkung der linken Vorder- oder Hinterradbremse zu schwach. Ungleich lange Bremsspuren – sie werden durch kurze Vollbremsungen aus ca. 40 km/h erzeugt – weisen ebenfalls auf ungleiche Bremswirkung hin. Bei einer weiteren Prüfung können Sie noch das Lenkrad leicht loslassen (Hände griffbereit!) und fühlen, ob es während des Bremsens einzuschlagen versucht. Die Feststellbremse prüfen Sie beim Ausrollenlassen des Wagens. Bei kräftigem Treten des Pedals müssen sich gleich lange Bremsspuren ergeben.
Genauer ist der preisgünstige Bremsentest auf einem Prüfstand in der Werkstatt. Den Test sollte man spätestens vor jeder Hauptuntersuchung durchführen lassen.

Fingerzeige: *Durch Streusalzeinwirkung auf Bremsscheibe und Bremsbeläge kann sich besonders bei überwiegendem Stadtverkehr die Bremswirkung deutlich verschlechtern. Zur Abhilfe das Fahrzeug mehrmals aus ca. 80 km/h kräftig abbremsen. Unfallgefahr beachten.*

Bremsanlage auf Dichtheit und Beschädigungen prüfen

Wartung Nr. 7

- Verfolgen Sie die Bremsleitungen unter dem Wagen: Sie dürfen nicht angerostet, geknickt oder plattgedrückt sein. Schwarzer feuchter Schmutz an den Leitungsanschlüssen deutet auf undichte Stellen hin.
- Die Bremschläuche dürfen nicht spröde oder angescheuert sein.
- Feuchter dunkler Schmutz an den Bremssätteln, an den Entlüftungsventilen und am Anschluß des Bremsschlauches läßt Undichtheit vermuten.
- Alle Staubschutzkappen auf den Entlüftungsventilen vorhanden?

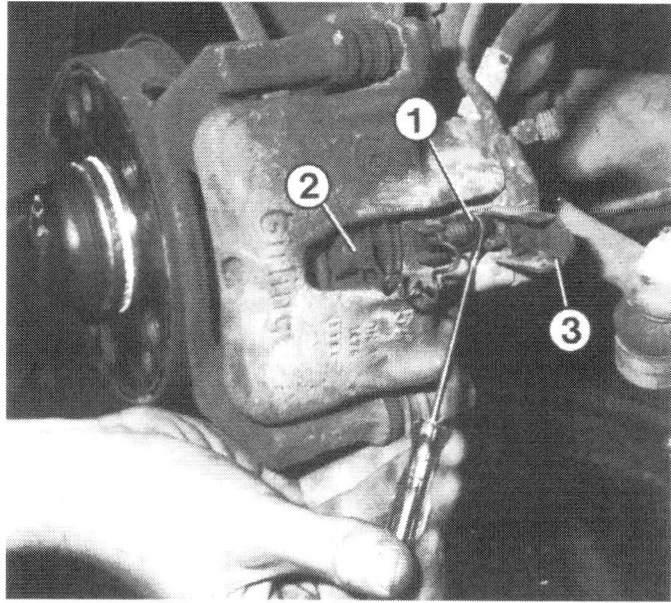

Zum Bremsklotzausbau an einer vorderen Faustsattelbremse: Deckel (3) aufklappen und Stecker (1) des Belagfühlers (3) ausstecken.

■ Zuletzt eine provisorische Bremsdruckprüfung: Treten Sie mit großer Kraft (rund 300 Nm) auf das Bremspedal. Der harte Widerstand darf auch nach einigen Minuten nicht nachgeben. Sonst ist das System irgendwo undicht, oder der Hauptbremszylinder ist defekt. Bisweilen zeigt sich dies an feuchten Spuren am Bremskraftverstärker unterhalb des Hauptbremszylinderflansches.

Fingerzeig: *Bremsschläuche vertragen kein Benzin, Petroleum, Dieselkraftstoff oder Fett; sie dürfen auch nicht lackiert werden. Nur Unterbodenschutzwachse sind für die Bremsschläuche ungefährlich.*

Die Scheibenbremse

Parallel hinter dem Rad dreht sich eine Stahlscheibe, gegen die von beiden Seiten die Reibklötze mit dem Bremsbelag gepreßt werden. Die Techniker haben sich gern zu dieser Scheibenbremse entschlossen, da sie speziell an der Vorderachse der althergebrachten Trommelbremse in einigen Punkten überlegen ist.

Vorteile der Scheibenbremse

Scheibenbremsen lassen sich besser kühlen, weil Scheiben und Beläge offen im Luftstrom des Fahrtwinds liegen. Deswegen sind sie standfester – bei mehrmaligen Vollbremsungen oder bei anhaltendem Bremsen bergab läßt die Bremswirkung nicht nach (kein »Fading«). Zudem ist die Bremswirkung einer Achse gleichmäßiger als bei Trommelbremsen. Der Belagabrieb wird gleich weggeblasen, und außerdem stellen sich Scheibenbremsen selbst nach. Den verschleißenden Bremsbelag schieben die Bremskolben jeweils so weit nach, daß er nur Bruchteile von Millimetern von der Bremsscheibe entfernt ist.

Nachteile der Scheibenbremse

Die Scheibenbremsbeläge verschleißen wegen ihrer relativ kleinen Oberfläche leider wesentlich schneller als Trommelbremsbeläge. Einen weiteren Minuspunkt stellt die Tatsache dar,

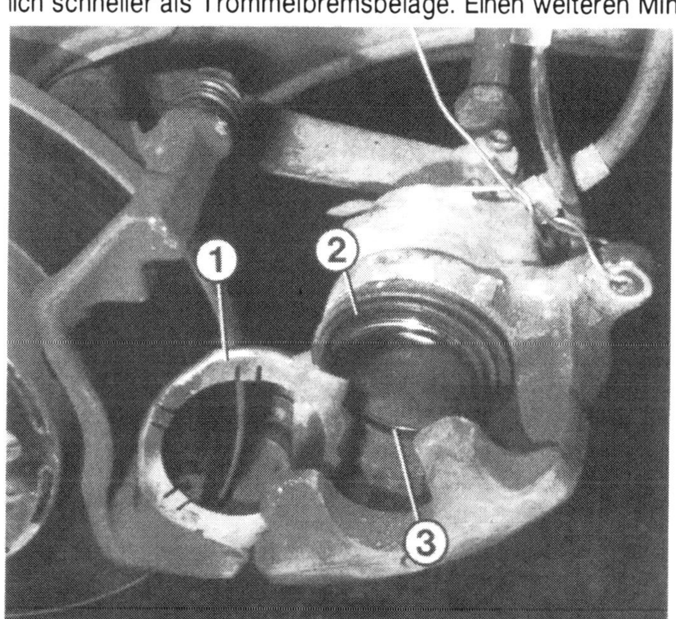

Wenn die Staubschutz-Manschette (2) beschädigt ist, beginnt der Bremskolben (3) bald in seiner Bohrung zu klemmen. Das Wärmeabschirmblech (1) reduziert die Wärmestrahlung Richtung Bremsflüssigkeit (Seite 151).

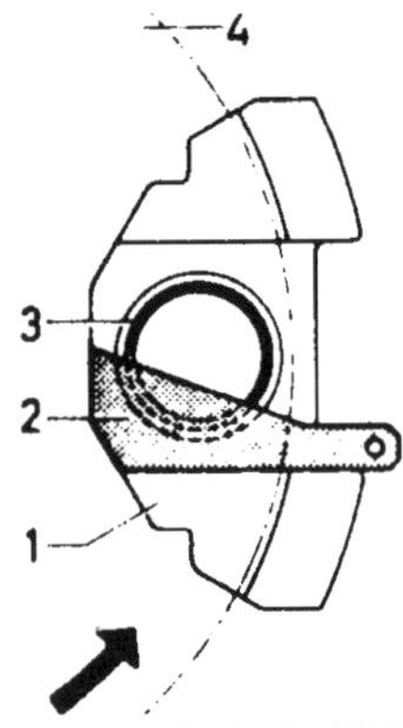

Bei quietschenden Bremsen oder beim Einbau neuer Bremsklötze die Bremsklotzschächte und die Seiten der Bremsklotz-Trägerplatten (Pfeile) reinigen und dünn Spezialschmiermittel (siehe Fingerzeig unten) auftragen.
Außerdem muß der Bremskolben (3) so im Bremssattel (1) gedreht sein, daß die Bremsscheibe (4) auf den Absatz im Bremskolben zudreht (Pfeil). Die Einstellehre (2) gibts bei ATE- und Girling-Vertretungen.

daß Scheibenbremsen – im Gegensatz zu Trommelbremsen – keine selbstverstärkende Wirkung besitzen. Bei unseren Fahrzeugen wird diese Schwäche durch den Einbau eines Bremskraftverstärkers ausgeglichen. Anderseits hat auch dieser seine Tücken. So müssen Sie wesentlich stärker auf das Bremspedal treten, wenn die Bremskraftunterstützung einmal nicht arbeitet, z. B. beim Abschleppen.

Fingerzeig: *Zählt Ihr Mercedes zu den besonders lästigen Quietschern, helfen die Spezialschmierstoffe Plastilube oder Chevron SRJ/2. Bremsklötze ausbauen und die Bremsklotzschächte oben und unten säubern. Des weiteren die Seiten der Bremsklotz-Trägerplatte mit Schmirgelpapier abziehen. Dann die Bremskolbenseite des Bremsklotzes und die Seiten im Schacht dünn mit dem Schmiermittel einstreichen. Durch diese Maßnahmen wandern die Beläge nach dem Bremsen leichter zurück.*

Bremsklötze kontrollieren

Wartung Nr. 8

Für denjenigen, der seine Bremsanlage selbst wartet, ist diese Arbeit mit die wichtigste. Pünktlich ist die Kontrolle durchzuführen. Die Bremsklötze der Vorderachse verschleißen relativ schnell – besonders bei Automatik-Fahrzeugen.
Im Armaturenbrett ist eine Bremsbelagverschleißanzeige zu finden. Diese leuchtet beim Bremsen auf, wenn der bremskolbenseitige Bremsbelag einer Vorderradbremse weniger als 3,5 mm dick ist. Von dem neu ca. 13 mm dicken Belag ist dann so viel abgeschliffen, daß alle vier vorderen Bremsklötze erneuert werden müssen.
Die hinteren Bremsklötze sind immer dann zu prüfen, wenn vorne neue eingebaut werden.

- Zur Kontrolle der Bremsbelagdicke das jeweilige Rad abmontieren.
- Vorn darf der Belag nicht dünner als 3,5 mm sein.
- Hinten sind **2 mm** Restbelag die Austauschgrenze. Neue Bremsbeläge sind hinten 9 mm dick.

Die Abbildung zeigt den Festsattel einer Hinterradbremse. Es bedeuten: 1 – Haltestift; 2 – Kreuzfeder; 3 – Bremsklotz. Zum Ausbau der Bremsklötze Durchschlag an die Haltestifte ansetzen (Pfeile) und diese austreiben. Ist kein Abstand mehr zwischen der Bremsklotz-Trägerplatte und der Kreuzfeder (kleine Pfeile) vorhanden, ist es höchste Zeit die hinteren Bremsklötze auszutauschen. Ein Restbelag von 2 mm gilt als Austauschgrenze.

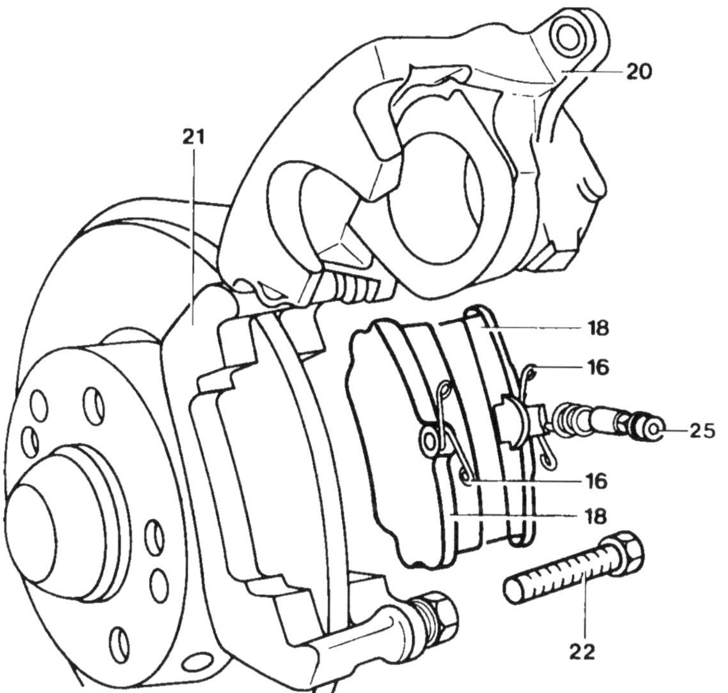

Beim Austausch der vorderen Bremsklötze müssen Sie beachten:
16 – Federbügel, diese parallel zum Bremsklotz ausrichten;
18 – Bremsklötze, sie dürfen nur Satzweise (4 Stück) erneuert werden. Hintere Bremsklötze immer prüfen, wenn vorne ausgetauscht wird;
20 – Zylindergehäuse, es ist oben und unten an Gleitbolzen beweglich gelagert. Am unteren Gleitlager losschrauben. Dazu selbstsichernde Schraube (22) herausdrehen (Anziehmoment 35 Nm);
21 – Bremsträger, er ist fest mit dem Achsschenkel verschraubt;
25 – Belagfühler, berührt er die Bremsscheibe leuchtet die Verschleißanzeige im Kombiinstrument auf.

Bremsklötze erneuern

Nur wenn Sie Original-Bremsklötze oder entsprechende Marken-Bremsklötze (z. B. von Ate) einbauen, bleibt der Bremsweg erhalten, die Lebensdauer wie gewohnt und es kommt kaum zu nervtötendem Quietschen. Bremsbeläge können unterschiedlich hart hergestellt werden. So sind z. B. Taxibeläge eher hart, weil Lebensdauer mehr gefragt ist als die optimale Verzögerung aus höchsten Geschwindigkeiten bei geringem Pedaldruck. Beläge für den Motorsport sind umgekehrt, eher weicher. Mercedes hat nach vielen Versuchsreihen die Belagbeschaffenheit bezüglich Lebensdauer, Bremskomfort usw. entsprechend für Ihren Wagen festgelegt. Bei jedem Bremsklotzaustausch folgendes beachten:

- ☐ Es müssen stets alle 4 Bremsklötze einer Achse ersetzt werden, damit die Bremswirkung gleichmäßig bleibt.
- ☐ Die Bremsscheiben werden auf Verschleiß und Zustand geprüft. Sie dürfen keine Risse oder tiefen Rillen haben (Seite 160).
- ☐ Die Staubkappen und die Gängigkeit der Bremskolben in den Bremssätteln prüfen.
- ☐ Wenn die Bremsklötze ausgebaut sind, keinesfalls auf das Bremspedal treten, sonst wandern die Bremskolben aus ihren Bohrungen.

Austausch vorn

- ■ Wagen aufbocken und sichern. Vorderrad abmontieren.
- ■ Mit einem Schraubenzieher die Verrastungen des Plastikdeckels über der Steckverbindung zum Belagfühler anheben. Den Deckel aufklappen und die Steckverbindung lösen.
- ■ Am unteren Gleitlager des Bremssattels die Sechskantschraube herausdrehen. Dabei mit einem Gabelschlüssel am Sechskant an der Gummimanschette gegenhalten.
- ■ Bremssattel um das obere Gleitlager nach außen kippen. Bremssattel mit einem Draht aufhängen, damit der Bremsschlauch nicht gezogen wird.
- ■ Fühler vom inneren Bremsklotz lösen.
- ■ Den Sitz der Bremsklötze reinigen.
- ■ Staubkappe vor dem Bremskolben auf Beschädigungen prüfen. Ggf. ersetzen, denn eindringender Schmutz führt sehr schnell zum Klemmen des Bremskolbens.
- ■ Den Bremskolben ohne Verkanten zurückdrücken. Dabei auf den Stand der Bremsflüssigkeit im Vorratsbehälter achten.
- ■ Bremsklötze einsetzen.
- ■ Die Federn an der Vorderkante parallel zu den Belägen ausrichten.
- ■ Fühler einsetzen.
- ■ Bremssattel zurückschwenken und mit neuer selbstsichernder Schraube (Seite 17) festschrauben (35 Nm).
- ■ Kabel zum Fühler wieder einstecken. Auf Verlegung des Kabels achten und den Verschlußdeckel schließen.
- ■ Vorderrad vormontieren, Wagen ablassen und Vorderrad anziehen (110 Nm).
- ■ Bremsklötze auf der anderen Wagenseite ersetzen.
- ■ Stand der Bremsflüssigkeit prüfen.

Hier ist der Austausch der vorderen Bremsklötze gezeigt. Das Zylindergehäuse (1) wurde am unteren Gleitlager des Bremsträgers (4) losgeschraubt, nach oben geschwenkt und mit einem Draht fixiert (Pfeil). Der äußere Bremsklotz (5) ist ausgebaut. Der innere Bremsklotz mit dem Belagfühler (2) sitzt noch im Bremsträger. Wird die selbstsichernde Schraube (3) vom unteren Gleitlager nicht erneuert, muß sie mit Schraubensicherungsmittel (6) montiert werden.

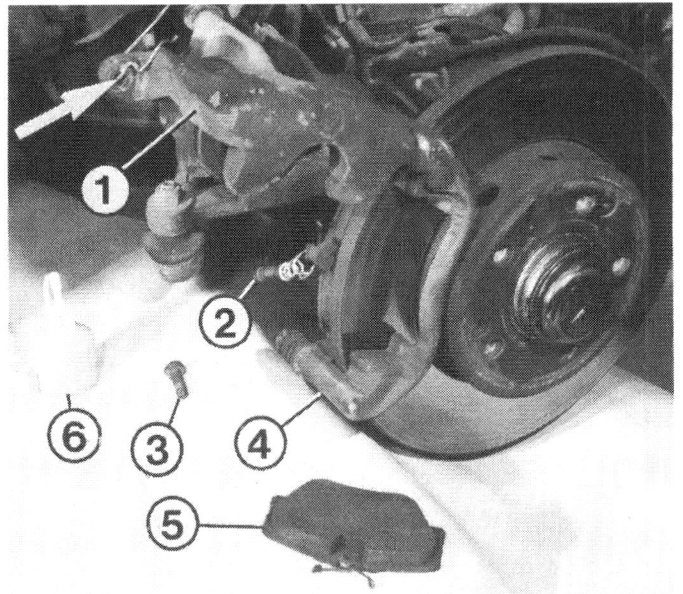

Fingerzeig: *Lenkeinschlag während des Belagwechsels nur am Lenkrad ändern. Keinesfalls am herausgeklappten Bremssattel die Lenkung herumhebeln, denn dadurch verbiegt sich der Gleitbolzen der Bremssattellagerung. Wie wenn Luft im Bremssystem ist, fühlt sich bei verbogenen Gleitbolzen das Bremspedal weich und federnd an.*

Austausch hinten

■ Wagen aufbocken und sichern. Das Hinterrad abnehmen.

■ Haltestife mit einem Durchschlag aus dem Bremssattel treiben und die Feder abnehmen.

■ Eine Rohrzange zwischen der Bremsbelag-Trägerplatte und Bremssattel ansetzen und den Bremsklotz zurückdrücken. Dann ein Montiereisen oder einen kräftigen Schraubenzieher zwischen Bremsbelag und Bremsscheiben stecken und durch vorsichtiges Hebeln den alten Belag vollends zurückdrücken.

■ Lassen Sie zum Zurückdrücken des einen Bremsklotzes immer den gegenüberliegenden eingebaut. Beachten Sie, daß dabei der Bremsflüssigkeitsbehälter nicht überläuft.

■ Ist der Bremsklotz so weit zurückgedrückt, daß ein neuer, dickerer montiert werden könnte, Bremsklotz ausbauen.

■ Den Schacht von altem Belagabrieb reinigen. Darauf achten, daß dabei die Manschette um den Bremskolben nicht beschädigt wird.

■ Den neuen Bremsklotz mit den Spezialschmiermitteln leicht einfetten (siehe Fingerzeig Seite 154) und in seinen Schacht am Bremssattel schieben.

■ Den zweiten Bremsklotz auf die gleiche Weise austauschen.

■ Feder ansetzen und die Haltestifte wieder montieren. Mit dem Durchschlag die Stifte gefühlvoll bis zum Anschlag in den Bremssattel klopfen.

■ Rad montieren. Wagen ablassen und Rad festziehen (110 Nm). Bremsklötze der anderen Hinterradbremse ersetzen.

■ Stand der Bremsflüssigkeit kontrollieren.

Hier wird eine hintere Festsattelbremse gezeigt. Es bedeuten: 1 – Bremsscheibe; 2 – Festsattel; 3 – Bremsschlauchverschraubung; 4 – Bremsklötze; 5 – Kreuzfeder; 6 – Haltestifte.

Die vorderen Faustsättel sind mit je zwei Gleitbolzen mit dem Bremsträger verbunden. Wenn die Staubmanschette (2) beschädigt ist, wird der Bolzen (1) in der Bohrung im Bremsträger bald festrosten oder schnell ausschlagen – vielleicht die Ursache für einseitige Bremswirkung.

ACHTUNG: Bremspedal mehrmals durchtreten, bis sich der normale Pedalweg einstellt. Wird das nicht gemacht, bleibt die Bremswirkung bei der ersten Bremsung nach jedem Austausch aus!

Neue Bremsbeläge müssen vorsichtig eingebremst werden! Dazu das Fahrzeug aus 80 km/h auf 40 km/h bei geringem Pedaldruck mehrmals abbremsen. Nach jedem Bremsen eine kurze Abkühlungsphase abwarten. Gewaltbremsungen gleich zu Anfang führen zu Brandstellen im Belag, er erreicht nicht die günstigste Bremsverzögerung und verhärtet (»verglast«, wie der Fachmann sagt).

Klemmende Bremskolben

Bei älteren Fahrzeugen lassen sich bisweilen die Bremskolben kaum noch zurückdrücken. Dies deutet darauf hin, daß Schmutz bis zur Bohrung des Bremskolbens vorgedrungen ist und dort starke Anrostungen entstanden sind. Meist ergibt dann auch ein Bremsentest ungleiche Bremswirkung.

In solchen Fällen immer beide Bremssättel einer Achse ersetzen. Wird nur ein Bremssattel ersetzt, auf den gleichen Hersteller und Bremskolbendurchmesser achten. Bremssättel gibt es auch im Zubehörhandel als Austauschteil.

Die Überholung eines Bremssattels mit einem Reparatursatz bringt nicht immer eine Besserung, und oft tritt das Klemmen bald wieder auf. Eine Überholung ist also nicht empfehlenswert.

Die Bremssättel

Vorn sind sogenannte Faustsättel eingebaut. Diese Ausführung hat nur einen Bremskolben. Der Bremssattel ist über zwei Gleitbolzen mit dem Bremsträger verbunden. Kleine Bewegungen des Bremssattels bewirken, daß beide Bremsklötze gleich stark gegen die Bremsscheibe gedrückt werden. Der Bremsträger ist mit zwei selbstsichernden Schrauben an den Achsschenkel geschraubt.

Links: Zurückdrücken eines Bremskolbens mit der Rohrzange. Zange an Bremsklotz (1) und Bremssattel (2) ansetzen. Gegenüberliegenden Bremsklotz eingebaut lassen.
Rechts: Heraushebeln eines Bremsklotzes (1) mit dem Schraubenzieher – abwechselnd oben und unten hebeln.

Hinten sind Festsättel eingebaut, die direkt mit dem Achsschenkel verschraubt sind. Hier hat jeder Bremsklotz einen eigenen Bremskolben.
Wirken die Bremsen einer Achse ungleich, liegt dies oft an den Bremssätteln:
□ Möglich ist, daß die Bremskolben wegen Rostbildung in ihren Bohrungen klemmen. Dazu kommt es vor allem dann, wenn die Staubschutz-Manschette beim Austausch der Bremsklötze beschädigt wurde. Staub und Salzwasser zerstören schnell die glatten Oberflächen der Bremskolben-Bohrungen. Im äußeren Bereich der Bohrungen ist der Rostansatz stärker, weil dorthin die Bremskolben nur bei fast abgeschliffenen Bremsklötzen gelangen. Dementsprechend häufig wirken die Bremsen bevorzugt bei weit abgenützten Bremsklötzen einseitig. Durch den Einbau neuer, dickerer Bremsklötze kann man deshalb ungleichmäßiges Bremsen kurzfristig beheben. Besser ist es aber, solche Bremssättel zu ersetzen.
□ An den vorderen Faustsätteln könnte es auch sein, daß die beiden Gleitbolzen wegen starker Verschmutzung oder Rostansatz klemmen. Eine beschädigte Staubmanschette könnte darauf hindeuten. Ggf. den Faustsattel vom Bremsträger losschrauben und die Gleitbolzen prüfen. Es gibt einen Reparatursatz mit neuen Gleitbolzen, Staubmanschetten und der erforderlichen Menge Spezialfett. Vor der Montage neuer Gleitbolzen die Bohrungen im Bremsträger reinigen und beim Zusammenbau auf den richtigen Sitz der Manschette achten.

Bremssattel ausbauen

■ Fahrzeug aufbocken, sichern und Rad abmontieren.
■ Vorn Kabel zur Belagverschleiß-Anzeige unter dem Deckel ausstecken.
■ Entlüftungsventil öffnen, Bremspedal einmal niedertreten und in dieser Stellung fixieren (siehe Arbeitstips Seite 164).
■ Verbindung des Bremsschlauches zur Bremsleitung an der Karosserie lösen.
■ Die beiden Sechskantschrauben zum Achsschenkel herausdrehen.
■ Zum Einbau eines Bremssattels müssen stets neue selbstsichernde Schrauben verwendet werden. Vorn werden die Schrauben zwischen Bremsträger und Achsschenkel mit 115 Nm angezogen. Hinten zieht man die Schrauben zum Achsschenkel mit 50 Nm an.
■ Muß man den Bremssattel nur deshalb ausbauen, weil man z. B. eine Bremsscheibe ersetzen will, braucht der Bremsschlauch nicht gelöst zu werden. Dann einfach nur die Schrauben zum Achsschenkel lösen. Den Bremssattel nicht am Bremsschlauch hängen lassen, sondern ihn mit einem Drahtstück festbinden.
■ Wurde ein Bremsschlauch gelöst, das Hydrauliksystem also geöffnet, muß nach dem Zusammenbau die Bremsanlage entlüftet werden (Seite 162).

Fingerzeige: *Bei älteren (ca. 10 Jahre) oder fehlerhaften Bremsschläuchen kann es vorkommen, daß diese quellen und so den Leitungsquerschnitt im Innern verkleinern oder ganz verschließen. Äußerlich ist diesen Schläuchen nichts anzusehen. Sie bemerken besagte*

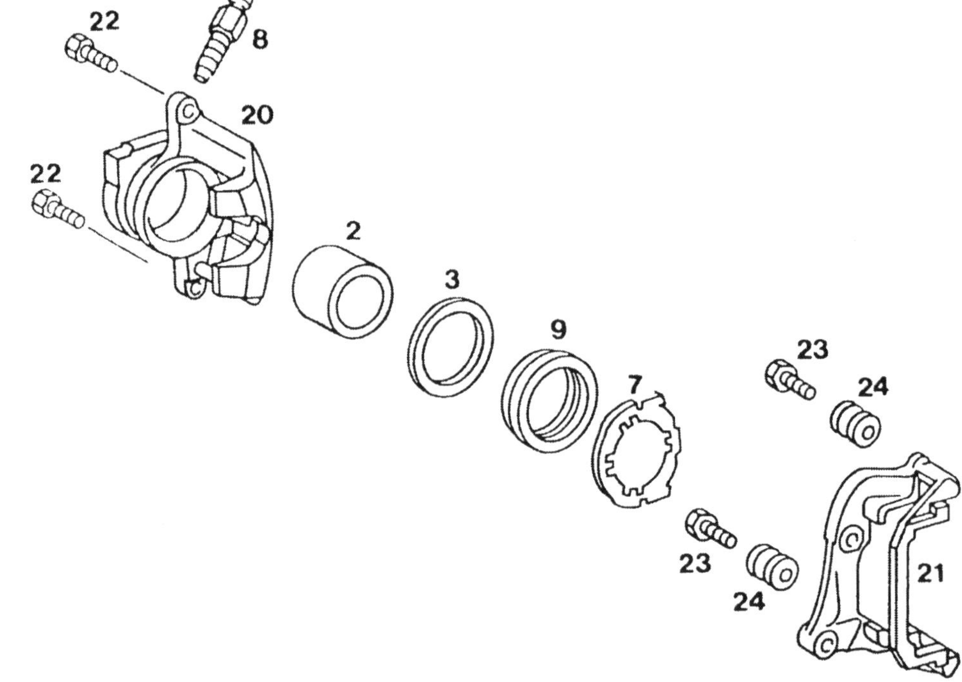

Teile am vorderen Faustsattel:
2 – Kolben
3 – Kolbendichtung
7 – Wärmeschutzblech
8 – Entlüftungsschraube
9 – Staubschutzmanschette
20 – Zylindergehäuse
21 – Bremsträger
22 – Selbstsichernde Schrauben an den Gleitlagern (35 Nm)
23 – Gleitbolzen
24 – Staubmanschetten

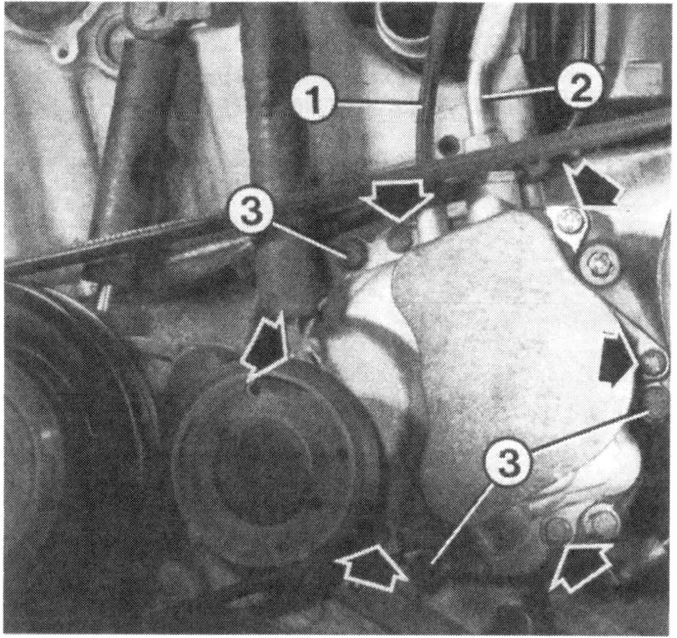

An der Motorfrontseite sitzt die Unterdruckpumpe. Die Pfeile zeigen auf die Befestigungsschrauben der Unterdruckpumpe. Weiterhin: 1 – Unterdruckanschluß für verschiedene Unterdrucksysteme; 2 – Unterdruckleitung zum Bremskraftverstärker; 3 – Befestigungsschrauben der Einspritzpumpe.

Querschnittsverengung, wenn eine Radbremse erst mit Verzögerung anspricht (Bremsen ziehen erst schief, dann aber völlig gerade). Bremsschlauch (am besten alle) auswechseln. Die Bremsleitungen sind mit Kunststoff beschichtet. Verschmutzte Leitungen nur mit einem Lappen abreiben.

Der Bremskraftverstärker

Scheibenbremsen wirken nicht selbstverstärkend, so daß Sie eine hohe Fußkraft aufbringen müßten, wenn Ihr Fahrzeug keinen Bremskraftverstärker hätte. Diese Hilfseinrichtung sitzt links im Motorraum hinter dem Hauptbremszylinder. Die zusätzliche Bremskraft erzeugt eine große Membran, die sich beim Bremsen durch den Unterdruck der Unterdruckpumpe kraftvoll in Richtung Hauptbremszylinder bewegt und dort mit auf dessen Kolben drückt.
Bei stehendem Motor fehlt dieser Unterdruck und damit auch die Bremskraftunterstützung. Sie müssen, z. B. beim Abschleppen, wesentlich stärker aufs Bremspedal treten, um die gewohnten Bremswerte zu erzielen.

Bremskraftverstärker prüfen

- Bremspedal mehrmals durchtreten und zuletzt unten halten. Wenn Sie jetzt den Motor starten, muß sich das Pedal noch ein Stück weiter absenken. Dann ist alles in Ordnung.
- Motor laufen lassen und das Bremspedal treten. Nun den Motor abstellen – das Bremspedal darf nicht nach oben zu drücken beginnen.
- Den Motor laufen lassen und wieder abstellen. Das Pedal jetzt mehrmals durchtreten. Beim ersten Mal muß der Pedalweg am größten sein und nach und nach kleiner werden.
- Arbeitet der Bremskraftverstärker nicht richtig, kann dies an einem undichten Unterdruckschlauch liegen. Auch könnte das Rückschlagventil im Unterdruckschlauch schadhaft sein.
- Es arbeitet dann gut, wenn Sie am Schlauchende einen saugenden Unterdruck fühlen können. Dazu den Schlauch am Bremskraftverstärker losschrauben und dort prüfen.
- Beim Einbau eines neuen Ventils beachten, daß es richtig herum eingebaut wird.
- Ist der Bremskraftverstärker selbst defekt, muß er komplett ausgetauscht werden.

Die Unterdruckpumpe

Anders als Benzinmotoren erzeugen Dieselmotoren beim Ansaugen keinen brauchbaren, starken Unterdruck, wie er für den Bremskraftverstärker und andere Nebenaggregate gebraucht wird. Deshalb besitzt der Diesel-Mercedes zur Unterdruckversorgung eine doppelt wirkende Kolbenunterdruckpumpe. Sie ist vorn am Motor angeschraubt und wird über eine Kurvenbahn vom Spritzversteller der Einspritzpumpe angetrieben. Oben an der Pumpe ist der dicke Schlauch zum Bremskraftverstärker angeschraubt. Daneben steckt ein dünner Schlauch zur Versorgung anderer Nebenaggregate. Der Unterdruck wird so verteilt, daß der Bremskraftverstärker und die Leerlauf-Drehzahlanhebung bevorzugt werden.

Muß man bei kurzem Pedalweg sehr stark auf das Bremspedal treten, damit sich die gewohnte Bremswirkung einstellt, könnte eine defekte Unterdruckpumpe die Ursache sein.

■ Zur Prüfung den Schlauch zum Bremskraftverstärker lösen und bei laufendem Motor spüren, ob der Unterdruck saugt.

■ Hell klingende, drehzahlabhängige Laufgeräusche aus Richtung Unterdruckpumpe könnten von einem defekten Antrieb stammen.

■ Die Pumpe abschrauben (6 Schrauben) und die Laufrolle auf Leichtgängigkeit prüfen.

■ Eine defekte Unterdruckpumpe wird komplett ausgetauscht.

Bremsscheiben erneuern

Als Reibpartner der Bremsbeläge unterliegen die Bremsscheiben ständigem Verschleiß und müssen deshalb bei Erreichen der Austauschgrenze, bei tiefen Riefen und bei schlechtem Tragbild paarweise erneuert werden. Es gelten folgende Maße:

	vorn		hinten
	massiv	innenbelüftet	
Durchmesser in mm	284	284	258 (Kombi = 278)
Dicke in mm (neu)	12	22	9
Austauschgrenze in mm	10	19,4	7,3

■ Zum Ausbau einer Bremsscheibe Fahrzeug aufbocken und sichern.

■ Rad abmontieren.

■ Bremssattel abschrauben und mit Draht so befestigen, daß der Bremsschlauch nicht auf Zug belastet wird.

■ Innensechskantschraube zur Befestigung der Bremsscheibe herausdrehen.

■ Feststellbremse lösen, wenn hintere Bremsscheibe abgenommen werden soll.

■ Bremsscheibe abnehmen. Durch Hammerschläge lösen, wenn die Bremsscheibe in der Mitte festgerostet ist.

■ Neue Bremsscheibe ansetzen und mit der Innensechskantschraube festschrauben. Auf den richtigen Sitz der Paßstifte achten.

■ Hinten den Sitz am Hinterachswellenflansch mit hitzebeständigem Kupferfett leicht einreiben.

■ Neue Bremsscheiben nach dem Einbau mit Verdünnung abreiben, um die ölige Schutzschicht zu entfernen.

■ Bremssattel mit neuen selbstsichernden Schrauben einbauen (Anziehdrehmoment vorn: 115 Nm; hinten: 50 Nm).

■ Weiter in umgekehrter Ausbaufolge. Radschrauben mit 110 Nm festziehen.

■ Wurden hinten neue Bremsscheiben eingebaut, Einstellung der Feststellbremse überprüfen.

Bremsleitungen ausbauen

Sind die Bremsleitungen vom Rost angegriffen, sollen Sie sie schleunigst auswechseln. Hier einige Tips:

□ Das Lösen der Leitungsanschlüsse bereitet besonders bei rostigen Bremsleitungen erhebliche Schwierigkeiten: Die Sechskantmuttern sind dann mit einem Gabelschlüssel kaum zu lösen. Soll das betreffende Leitungsstück ohnehin gewechselt werden, können Sie die

Ausbau der hinteren Bremsscheibe. Folgende Teile sind bezeichnet: 1 – Bremsbacke; 2 – Bremsbacken-Nachstellvorrichtung; 3 – Bremsschlauch; 4 – Bremssattel; 5 – Bundmutter; 6 – Bremsscheibe mit Innensechskant-Sicherungsschraube.

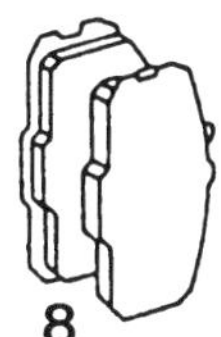

Teile einer Vorderradbremse
1 – Entlüftungsschraube mit Gummikappe
2 – Kolbendichtung
3 – Staubschutzmanschette
4 – Wärmeschutzblech
5 – Selbstsichernde Schraube am Gleitlager (35 Nm)
6 – Staubmanschette
7 – Sechskantschraube zur Bremssattelbefestigung am Achsschenkel (115 Nm)
8 – Bremsklötze
9 – Sicherungsschraube (10 Nm)
10 – Bremsscheibe
11 – Vorderradnabe
12 – Bremsenabdeckblech

Bremsleitung nahe an der Verschraubung abzwicken und jetzt mit einem Ringschlüssel die Schraube lösen.

□ Wird jedoch die Leitung wiederverwendet, empfiehlt sich der Kauf eines Bremsleitungsschlüssels, wie ihn beispielsweise die Fa. Hazet im Programm führt. Das ist gewissermaßen ein aufgesägter Sechskant-Ringschlüssel. Durch die Öffnung an seinem Umfang läßt er sich über die Bremsleitung schieben. Wir haben mit einem solchen Schlüssel sehr gute Erfahrungen gemacht. Mit einer großen Rohrzange geht's manchmal auch.

□ Müssen neue Leitungen noch etwas zurechtgebogen werden, darf das nur in einem großen Radius geschehen, sonst knickt das dünne Rohr ab. Die Innenseite des Bogens beim Biegen mit dem Daumen unterstützen und langsam den Bogen ausbiegen.

Bremsschläuche einbauen

□ Beim Einbau des Schlauchs immer zuletzt die Verschraubung zur Bremsleitung festdrehen, denn der Schlauch braucht dazu nicht gedreht zu werden. Den Schlauch also immer zuerst am Bremssattel festschrauben.

□ Der Schlauch darf nach dem Einbau nicht verdreht sein. Außerdem dürfen Schlauchbögen nirgendwo scheuern. Auch dann nicht, wenn z. B. das Vorderrad einfedert oder wenn die Räder voll eingeschlagen.

Der Hauptbremszylinder

Er ist gewissermaßen der Chef im Bremssystem. Seine Kolben bauen den Druck in der Bremsflüssigkeit auf, der dann über Bremsleitungen und -schläuche zu den einzelnen Radbremsen gelangt. Der Hauptbremszylinder kann undicht werden. Dann läßt sich das Bremspedal bei großem Fußdruck immer tiefer treten. Außerdem ist meist das Gehäuse des Bremskraftverstärkers unterhalb des angeflanschten Hauptbremszylinders feucht. Ein neuer Hauptbremszylinder oder seine Überholung (Reparatursatz) wird fällig.

Hauptbremszylinder ausbauen

■ Bremsflüssigkeits-Behälter leersaugen.
■ Steckverbindung zum Behälter und die Schlauchleitung zur Kupplungsbetätigung (nicht bei Automatik-Getriebe) ausstecken. Den Behälter abnehmen.
■ Bremsleitungsanschlüsse losschrauben.
■ Die beiden Muttern am Flansch zum Bremskraftverstärker lösen. Den Dichtring immer erneuern.
■ Neuen Hauptbremszylinder mit 15 Nm festschrauben. Bremsleitungen mit 10 Nm anziehen.
■ Bremsflüssigkeitsbehälter füllen (Bremsflüssigkeit DOT 4).
■ Bremsanlage entlüften.

Die Kontroll-leuchten

Zwei Kontrolleuchten überwachen im Armaturenbrett die Bremsen. Sie befinden sich unter dem linken Anzeigeinstrument.

□ Das linke gelbe Lämpchen leuchtet beim Bremsen auf, wenn die Bremsklötze der Vorderradbremsen weit abgenutzt sind und ersetzt werden müssen.

□ Das rechte rote Kontrollämpchen leuchtet auf, wenn die Feststellbremse betätigt ist oder wenn Bremsflüssigkeit fehlt.

Bremsanlage entlüften

Können Sie nach einer Reparatur das Bremspedal bis zum Bodenblech durchtreten oder läßt sich das Pedal federnd immer weiter treten! Ist der Pedalweg viel zu lang und wird er durch mehrfaches Pumpen mit dem Bremspedal kürzer? Dann befindet sich Luft im Bremssystem. Entlüftet werden muß immer nach einer Reparatur an der Bremshydraulik. Ist Bremsflüssigkeit ausgelaufen, tritt dadurch immer Luft ins Bremssystem. Das Entlüften macht die Werkstatt mit einem Entlüftungsgerät, doch meist klappt es auch mit der althergebrachten Methode:

■ Bremsflüssigkeits-Behälter im Motorraum mit frischer Bremsflüssigkeit füllen und während des Entlüftens ständig darauf achten, daß rechtzeitig vor der Entleerung des Behälters nachgegossen wird. Sonst wird erneut Luft angesaugt, und mit der Arbeit muß wieder von vorn begonnen werden.

■ Staubkappe vom Entlüftungsventil der rechten Hinterradbremse abziehen.

■ Durchsichtigen Schlauch über das Entlüftungsventil stecken und das andere Ende in ein halb mit Bremsflüssigkeit gefülltes Glasgefäß halten.

■ Entlüftungsventil etwas aufdrehen.

■ Bremspedal von einem Helfer durchtreten lassen.

■ Entlüftungsventil wieder zudrehen, wenn der Helfer das Pedal wieder zurückkommen läßt. So wird keine Luft über das Gewinde des Entlüftungsventils angesaugt. Das Bremspedal langsam herauskommen lassen, damit Bremsflüssigkeit nachströmen kann.

■ Beim erneuten Niedertreten das Ventil wieder öffnen. Vorgang so lange wiederholen, bis keine Luftblasen mehr durch den Schlauch kommen. Entlüftungsventil schließen und Staubkappe aufstecken.

■ An den anderen Radbremsen gleich vorgehen. In folgender Reihenfolge weiter entlüften: Linke Hinterradbremse, rechte Vorderradbremse und zuletzt linke Vorderradbremse.

■ War das Bremssystem stark entleert, also viel Luft im System, das gesamte Entlüften nochmals wiederholen.

■ Bremsflüssigkeit-Behälter bis zur »MAX«-Markierung auffüllen.

Feststell-bremse

Scheibenbremsen, wie Sie Ihr Mercedes vorn und hinten besitzt, eignen sich nicht gut als Feststellbremse. Deshalb ist die hintere Bremsscheibe so geformt, daß sie auf der Innenseite noch Platz für eine herkömmliche Trommelbremse bietet (siehe Seite 165). Wenn das Pedal im Fahrerfußraum getreten wird, spannt sich das vordere Bremsseil. Dieses führt zum Seilzug-Ausgleich über der Gelenkwelle (Zeichnung rechts oben). Von dort verläuft je ein Bremsseil zur jeweiligen Hinterradbremse. Die Bremsbacken werden durch einen Spreizhebel auseinanderbewegt.

Hier wird das Entlüften an einer vorderen Radbremse gezeigt. Kunststoffschlauch auf das Entlüftungsventil (1) stekken. Das andere Schlauchende in ein Glasgefäß mit Bremsflüssigkeit hängen. Dann das Entlüftungsventil öffnen. Jeder Bremssattel ist mit einem Entlüftungsventil ausgestattet.

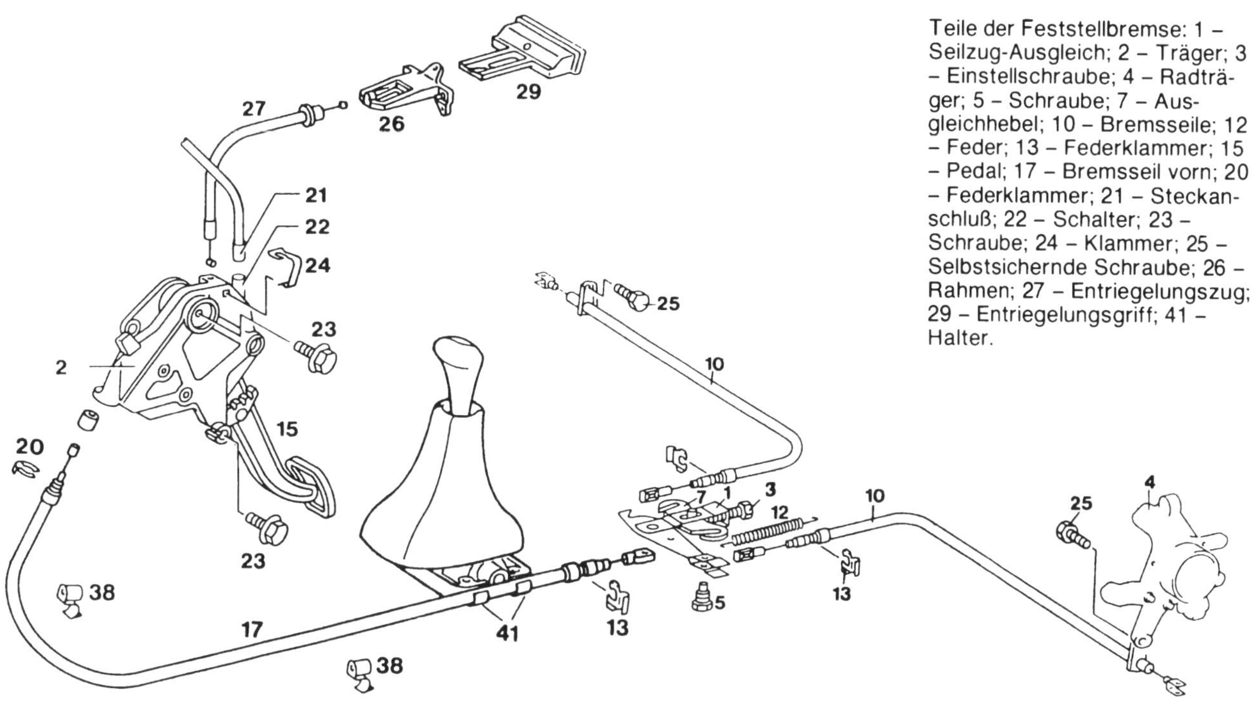

Teile der Feststellbremse: 1 – Seilzug-Ausgleich; 2 – Träger; 3 – Einstellschraube; 4 – Radträger; 5 – Schraube; 7 – Ausgleichhebel; 10 – Bremsseile; 12 – Feder; 13 – Federklammer; 15 – Pedal; 17 – Bremsseil vorn; 20 – Federklammer; 21 – Steckanschluß; 22 – Schalter; 23 – Schraube; 24 – Klammer; 25 – Selbstsichernde Schraube; 26 – Rahmen; 27 – Entriegelungszug; 29 – Entriegelungsgriff; 41 – Halter.

Feststellbremse nachstellen

Wartung Nr. 9

Kann das Pedal um 4 Rasten hineingetreten werden, ohne daß sich eine ausreichende Bremswirkung zeigt, muß die Einstellung erfolgen. Eingestellt wird an einer Sechskantschraube am Seilzug-Ausgleich und an den Stellrädern der Bremsbacken-Nachstellvorrichtungen, die sich innerhalb der Bremstrommeln befinden (Abb. 165).

- Einstellschraube am Seilzug-Ausgleich ganz lösen.
- An jedem Hinterrad eine Radschraube herausdrehen.
- Den Wagen am besten so anheben, daß beide Hinterräder abgehoben haben. Fahrzeug sichern!
- Radschraubenlöcher so stellen, daß sie 45° nach hinten oben stehen. Jetzt können Sie mit einem Schraubenzieher die Stellräder erreichen.
- Feststellbremse lösen und Stellräder so verdrehen, daß sich das Hinterrad gerade nicht mehr drehen läßt. Dann wieder um 5–6 Zähne lösen. Zum Lösen müssen Sie links von oben nach unten und rechts von unten nach oben hebeln.
- Einstellschraube am Seilzug-Ausgleich anziehen, bis sich die Bremsseile zu spannen beginnen.
- Bremspedal mehrmals kräftig treten und den Weg beachten: Schon in der ersten Raste soll die Feststellbremse leicht wirken.
- Lösen der Hinterräder kontrollieren.

Links: Zum Einstellen mit dem Schraubenzieher (1) Schraubenloch 45° nach hinten oben stellen. **Rechts:** So erreichen Sie die Verstellmutter (22).

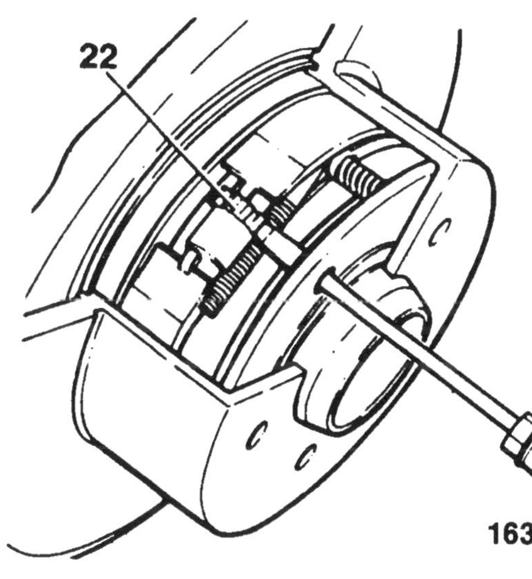

Bremsbacken ausbauen

■ Bremsscheibe ausbauen (Seite 160).
■ Durch die großen Bohrungen im Hinterachswellenflansch die beiden Niederhaltefedern und die untere Rückzugfeder der Bremsbacken aushängen.
■ Bremsbacken aushängen.
■ Bremsbacken weit auseinanderziehen und abnehmen.
■ Rückzugfeder an der Nachstellvorrichtung aushängen. Bremsbacken auseinandernehmen.
■ Vor dem Einbau in umgekehrter Reihenfolge sämtliche Gleit- und Lagerstellen sowie das Gewinde der Nachstellvorrichtung mit Kupferfett einreiben.
■ Treten beim Zusammenbau Unsicherheiten bezüglich der Einbaulage auf, die Bremstrommel der anderen Wagenseite abnehmen und vergleichen.
■ Zuletzt Feststellbremse einstellen.

Bremsseil ersetzen

Wenn das Bremsseil in seiner Umhüllung festgerostet oder sehr schwergängig ist, kann dies die Ursache für ungleiches Ziehen der Feststellbremse sein. Bei hohem Fahrzeugalter gleich beide hinteren Bremsseile ersetzen.
■ Bremsscheibe und Bremsbacken ausbauen.
■ Sechskantschraube an der Innenseite des Radträgers lösen.
■ Am Seilzug-Ausgleich die Einstellschraube ganz lösen und den vorderen Bremsseilzug sowie die Rückzugfeder aushängen (Zeichnung auf der Vorseite).
■ Hebel vom Lager am Fahrzeugboden aushängen.
■ Bremsseil am Ausgleichsbügel aushängen.
■ Hinten das Bremsseil noch vom Spreizhebel lösen.

Wichtige Arbeitstips

□ Wenn Sie das Hydrauliksystem der Bremsanlage irgendwo öffnen, tropft ständig Bremsflüssigkeit aus. Behindertes Arbeiten und unnötiges Nachfüllen sind die Folge. Dies können Sie wie folgt verhindern: Vor der entsprechenden Arbeit immer zuerst die Entlüftungsschraube der jeweiligen Radbremse öffnen. Nun das Bremspedal durchtreten und in dieser Stellung halten. Verwenden Sie zum Niederhalten eine Holzlatte, deren Länge Sie zuvor bestimmt haben und die Sie zwischen Pedal und Fahrersitz klemmen. Die Kolben im Hauptbremszylinder verschließen nun die Nachlauf-Bohrungen, so daß Bremsflüssigkeit nicht mehr nachfließen kann.
□ Zu Überholungsarbeiten an den Bremssätteln oder den Bremskolben dürfen zum Schmieren keinesfalls Öl oder Fett verwendet werden. Die Bremsflüssigkeit darf damit nicht in Berührung kommen. Außerdem wird Schmierfett bei Erwärmung dünnflüssig, so daß es zwischen die Reibflächen der Bremsen fließen kann. Es werden meist Spezialschmierstoffe erforderlich, die aber den entsprechenden Reparatursätzen beigepackt sind. Zum Einbau eines Bremskolbens wird beispielsweise als Schmiermittel Bremszylinder-Paste (von Ate) verwendet. Dieses Schmiermittel wird auch auf die Innenseiten neuer Staubschutz-Manschetten aufgetragen.
□ Ein Bremssattel, welcher nach der Überholung gänzlich von Bremsflüssigkeit entleert ist, kann beim Entlüften große Schwierigkeiten aufwerfen. Trotz Pedalpumpen strömt einfach keine Bremsflüssigkeit nach. Behelfen Sie sich so: Nach dem Anbau des Bremssattels das obere Ende des Bremsschlauchs noch nicht an die Bremsleitung schrauben. Nun durch die geöffnete Entlüftungsschraube solange Bremsflüssigkeit einpumpen, bis diese oben am Bremsschlauch austritt. Anschließend den Bremsschlauch und das Entlüftungsventil festdrehen. Bremsanlage entlüften (Seite 162)! Zum Einpumpen der Bremsflüssigkeit verwenden Sie ein neues Plastikfläschchen, das mit Bremsflüssigkeit gefüllt wird und welches man über ein durchsichtiges Schlauchstück mit dem Entlüftungsventil verbindet. Dann das Fläschchen umgekehrt hoch halten und die Bremsflüssigkeit ohne Luftblasen in den Bremssattel pumpen.
□ Vorsicht mit Bremsflüssigkeit! Lacke werden angegriffen, und sie ist sehr giftig.

Das Antiblockiersystem

Auf Wunsch ist Ihr Mercedes mit einem Antiblockiersystem (kurz: ABS) von Bosch ausgerüstet. Das aufwendige System leistet einen bedeutenden Beitrag zur Fahrsicherheit, da beim Bremsen die beiden Vorderradbremsen einzeln (rund 70% der Bremsarbeit wird durch die Vorderradbremsen übernommen) und die Hinterradbremsen zusammen geregelt werden und die Räder nicht mehr blockieren können:

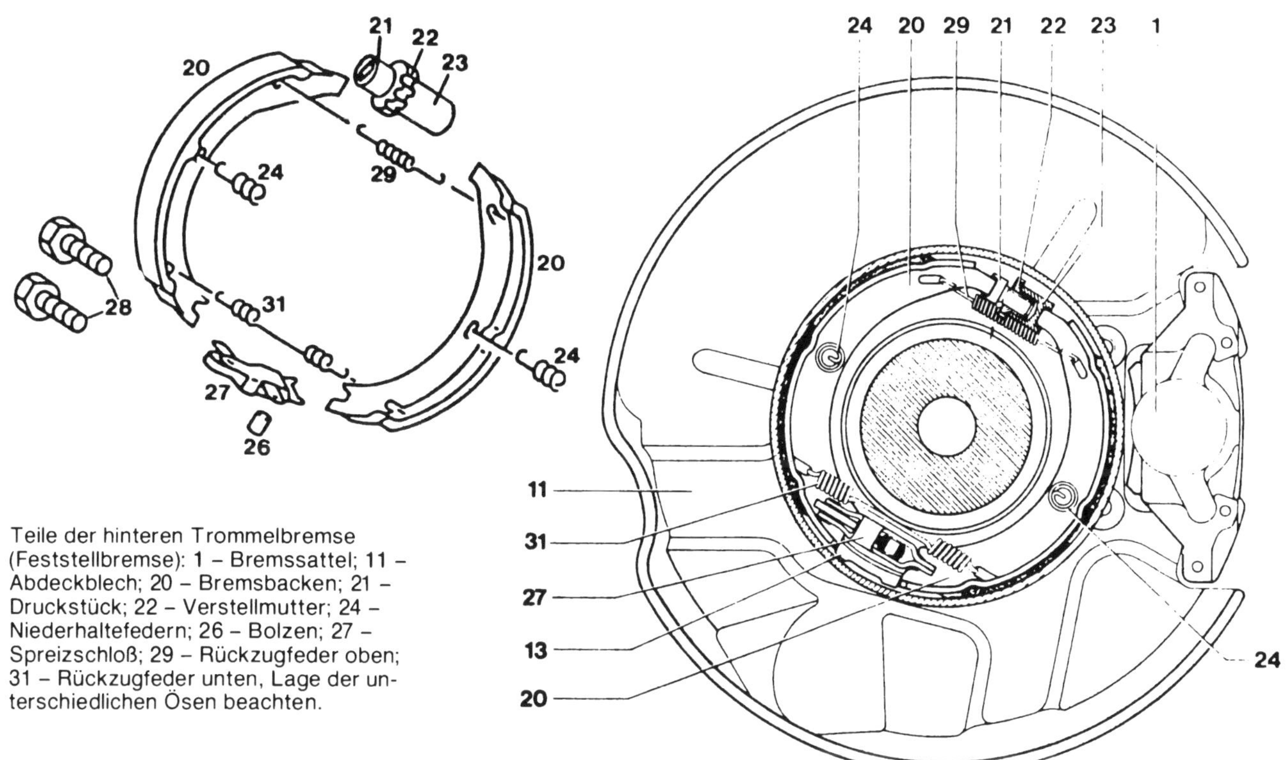

Teile der hinteren Trommelbremse (Feststellbremse): 1 – Bremssattel; 11 – Abdeckblech; 20 – Bremsbacken; 21 – Druckstück; 22 – Verstellmutter; 24 – Niederhaltefedern; 26 – Bolzen; 27 – Spreizschloß; 29 – Rückzugfeder oben; 31 – Rückzugfeder unten, Lage der unterschiedlichen Ösen beachten.

□ Der Bremsweg wird kürzer, weil das ABS immer für eine optimale »Stotterbremsung« sorgt und so ein Rutschen der Räder nicht mehr möglich ist.

□ Das Fahrzeug bricht nicht aus der Spur, weil sich die Räder selbst bei Vollbremsung auf Glatteis immer noch etwas drehen und so das Fahrzeug führen.

Teile des ABS

□ **Hydraulikeinheit** vorne links im Motorraum (Abbildung unten): Die Einheit ist zwischen den Bremsleitungen vom Hauptbremszylinder und den Bremsleitungen zu den Radbremsen eingebaut (Schema nächste Seite). Entsprechend den Befehlen vom elektronischen Steuergerät wird der Druck zu den Radbremsen entweder konstant gehalten, verringert oder wieder aufgebaut. Höher als der Druck, den Sie über das Bremspedal im Hauptbremszylinder erzeugen, kann der Druck aber nicht erhöht werden. Für die Druckregelung sind drei schnell schaltende Magnetventile zuständig. Zwei davon für je eine Vorderradbremse und eines für den hinteren Bremskreis. Sind die Magnetventile stromlos, wird der Druck erhöht. Fließt der Maximalstrom, erfolgt eine Druckreduzierung, und bei mittlerer Stromstärke wird der Druck gehalten. Besonders interessant ist die Druckabbauphase: Weil man die Bremsflüssigkeit, welche vom Hauptbremszylinder hergedrückt wird, zum Druckabbau nicht einfach irgendwohin entweichen lassen kann (das Bremspedal würde sich als Folge ganz durchtreten lassen),

Hier ist die Abdeckung von der Hydraulikeinheit des ABS abgenommen worden. Es bedeuten: 1 – Relais für Rückförderpumpe; 2 – Bremsleitungen; 3 – Ventilgehäuse; 4 – Rückförderpumpe.

Fahrzeug mit ABS
5 – Hauptbremszylinder und Bremskraftverstärker; L6/1 – Drehzahlfühler linkes Vorderrad; L6/2 – Drehzahlfühler rechtes Vorderrad; L6 – Drehzahlfühler Hinterachse; A7 – Hydraulikeinheit; N30 – Steuergerät; S2/1 – Zündschloß; A1e17 – Kontrolleuchte im Kombiinstrument; K1/1 – Überspannungsschutz.

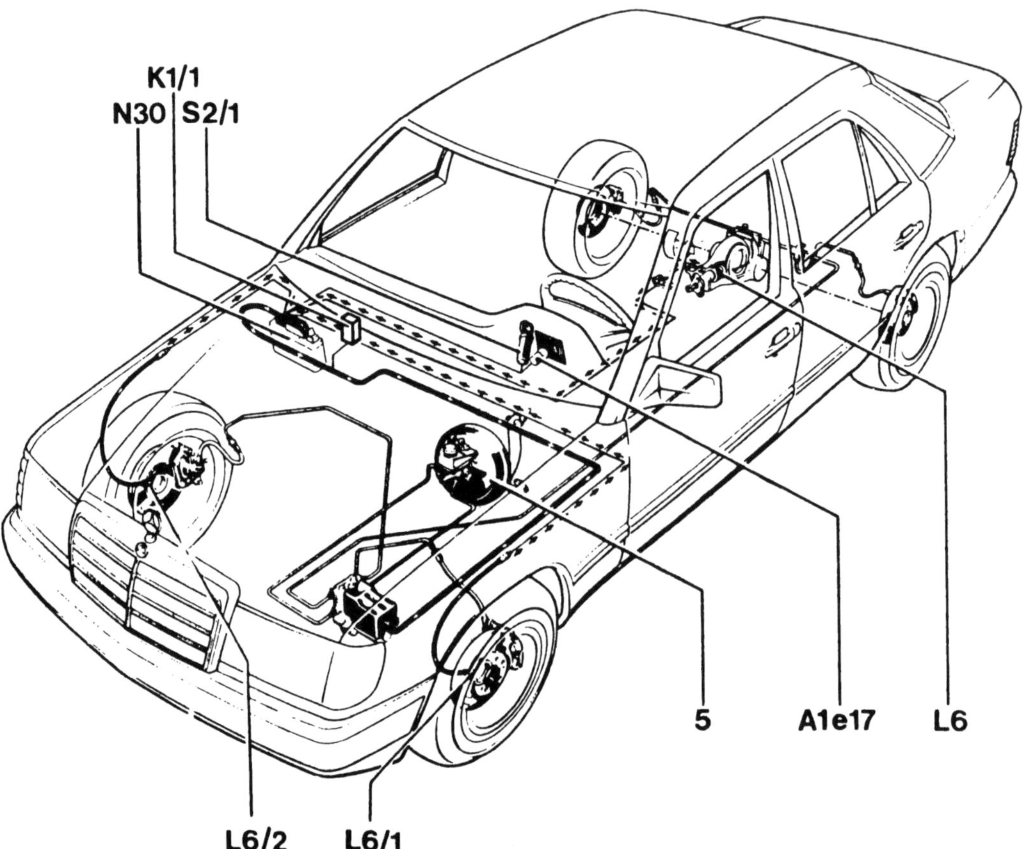

pumpt man die Bremsflüssigkeit mit einer kräftigen Rückförderpumpe zum Hauptbremszylinder zurück. Sie merken dies am Bremspedal, das leicht zu pulsieren beginnt, wenn die Rückförderpumnpe läuft, das ABS also in Aktion tritt. Bei genauem Hinhören vernehmen Sie auch die Pumpgeräusche. Durch Geräuschdämpfer in der Hydraulikeinheit wird das Geräusch etwas unterdrückt.
Oben an der Hydraulikeinheit finden Sie neben der Steckverbindung noch 2 Relais – das größere schaltet den Strom zur Rückförderpumpe; über das kleinere Relais werden die Magnetventile angesteuert.

□ **Drehzahlfühler** erfassen die Drehzahlen eines jeden Vorderrades und der Hinterräder. Vorn sind die Fühler am Achsschenkel montiert (Abb. Seite 168). Hinten sitzt der Fühler am Differential. Die Fühler versorgen die Steuerelektronik mit den nötigen Informationen, damit diese wiederum die Hydraulikeinheit ansteuern kann. Die Drehzahlfühler bestehen aus einem Magnetkern und einer Spule. Sie sind in geringem Abstand zu einer Zahnscheibe montiert. Dreht sich die Zahnscheibe, entsteht in der Spule eine Wechselspannung, die entsprechend der Raddrehzahl ihre Frequenz ändert.

□ **Elektronisches Steuergerät** hinter der Batterie (Abb. Seite 188): Es verarbeitet die Informationen von den Drehzahlfühlern und steuert die Hydraulikeinheit so an, daß die Räder nicht blockieren. Neben der komplizierten Signalaufarbeitung und dem Logikteil enthält das Steuergerät noch eine Sicherheitsschaltung. Damit kann sich das Gerät selbst überprüfen, Fehler außerhalb erkennen und die Betriebsspannung überwachen. Werden Fehler festgestellt, schaltet sich das ABS aus, und die Kontrollampe im Armaturenbrett leuchtet auf.

□ **Relais** und **Überspannungsschutz** sorgen für die Betriebsspannung. Das Relais (Abb. Seite 187 und 188 unten) hat den Überspannungsschutz mit eingebaut; oben auf dem Relais befindet sich eine Sicherung.

□ Die elektrischen Anschlüsse des Steuergerätes und der Hydraulikeinheit erfolgen über Mehrfachsteckverbindungen. Zu den Drehzahlfühlern führen Koaxialkabel, die vor den Fühlern noch eine Steckverbindung haben.

ABS gestört?

Die ABS-Kontrolleuchte im Armaturenbrett leuchtet mit dem Einschalten der Zündung auf. Sie muß verlöschen, wenn der Motor läuft oder spätestens, wenn schneller als 5 km/h gefah-

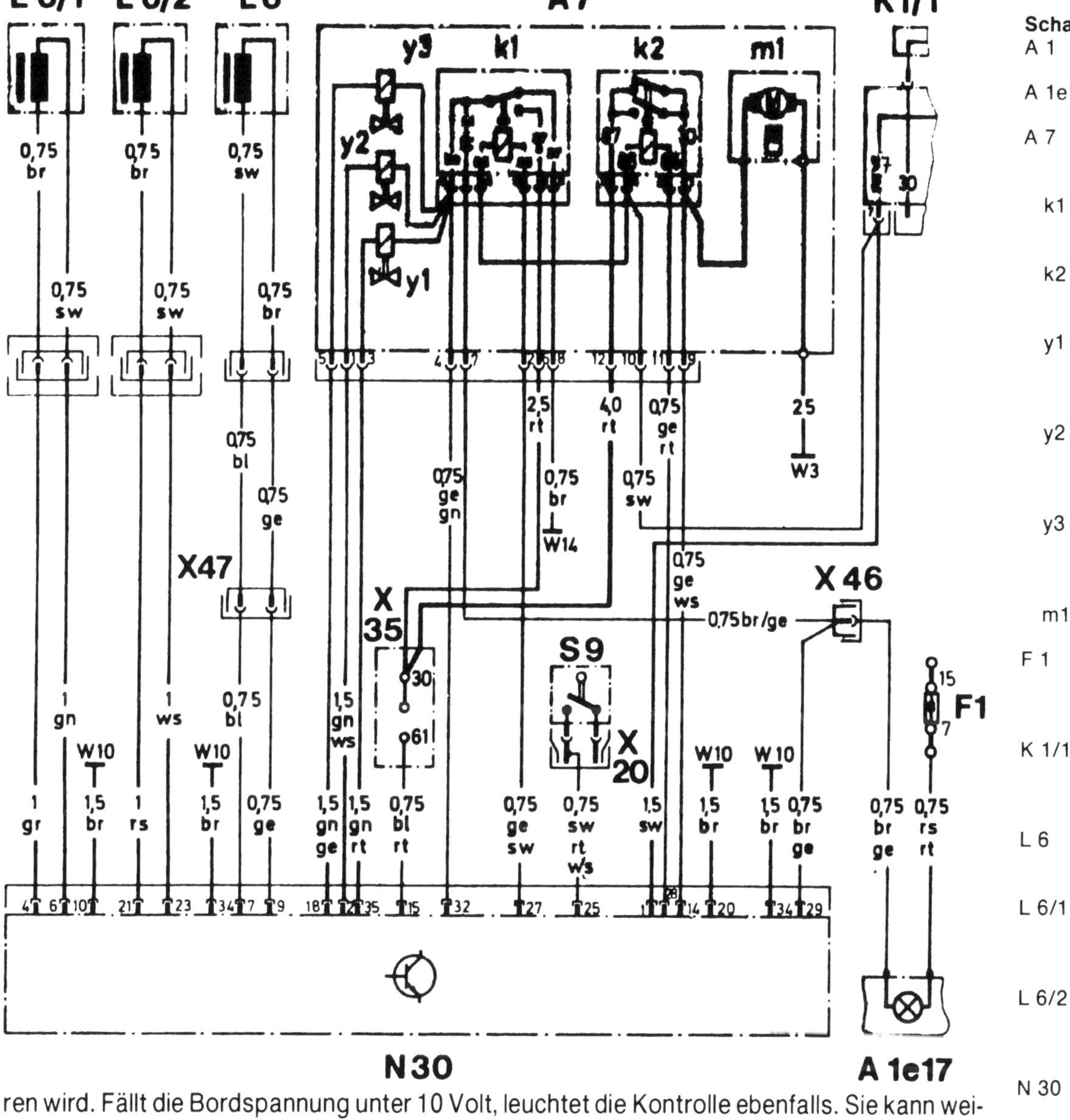

Schaltplan ABS

A 1 Kombi-Instrument
A 1e17 Kontrolle ABS
A 7 Hydraulikeinheit ABS
k1 Relais für Magnetventile
k2 Relais für Rückförderpumpe
y1 Magnetventil Vorderachse, links
y2 Magnetventil Vorderachse, rechts
y3 Magnetventil, Hinterachse
m1 Rückförderpumpe
F 1 Relais- und Sicherungskasten
K 1/1 Überspannungsschutz
L 6 Drehzahlfühler Hinterachse
L 6/1 Drehzahlfühler linkes Vorderrad
L 6/2 Drehzahlfühler rechtes Vorderrad
N 30 Steuergerät ABS
S 9 Bremslichtschalter
W Masse
X Steckverbindungen

ren wird. Fällt die Bordspannung unter 10 Volt, leuchtet die Kontrolle ebenfalls. Sie kann weiterhin aufleuchten, wenn ein Rad länger als 20 Sekunden durchdreht. Dann die Zündung wieder ausschalten und erneut starten.

Leuchtet die Kontrolle ständig, ist das ABS nicht betriebsbereit. Eine Mercedes- oder Bosch-Werkstatt muß mit aufwendigen Geräten nach der Ursache forschen. Als Laie können Sie allenfalls Steckverbindungen oder die Drehzahlfühler kontrollieren. Auch die Sicherung auf dem Überspannungsschutz können Sie prüfen.

Wichtig: Auch wenn die Kontrolle ständig leuchtet, das ABS also ausgeschaltet ist, kann der Mercedes wie ein Fahrzeug ohne ABS abgebremst werden.

Nachfolgend noch einige Hinweise zu unseren bisherigen Erfahrungen mit ABS-Störungen:

- Bei hoher Geschwindigkeit (ab ca. 160 km/h) kann es vorkommen, daß die ABS-Kontrollleuchte aufleuchtet. Schuld daran sind verschiedene Raddrehzahlen an Vorder- und Hinterachse, hervorgerufen durch ungünstige Reifenkombinationen. Bei serienmäßiger Bereifung tritt dieser Effekt nicht auf.
- Drehen z. B. auf Eisglätte die Hinterräder mehr als ca. 20 Sekunden durch, leuchtet die ABS-Kontrolleuchte wegen der Raddrehzahlunterschiede auf.
- Arbeitet das ABS, spürt man dies am pulsierenden Bremsspedal. Pulsiert es schon bei leichtem Abbremsen bei guten Straßenverhältnissen (ABS-Kontrolleuchte brennt nicht), deutet dies auf einen Fehler hin. Nacheinander erst sämtliche Drehzahlfühler prüfen, dann Steuergerät erneuern.
- Schaltet der Bremslichtschalter nicht, kann auch das ABS nicht funktionieren.

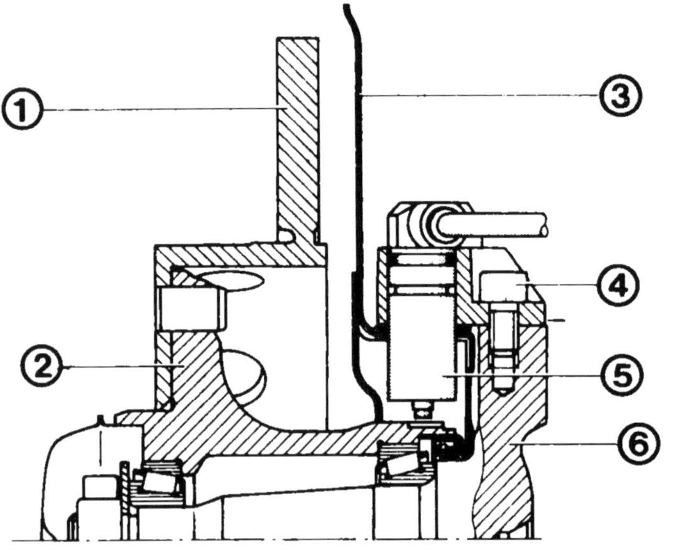

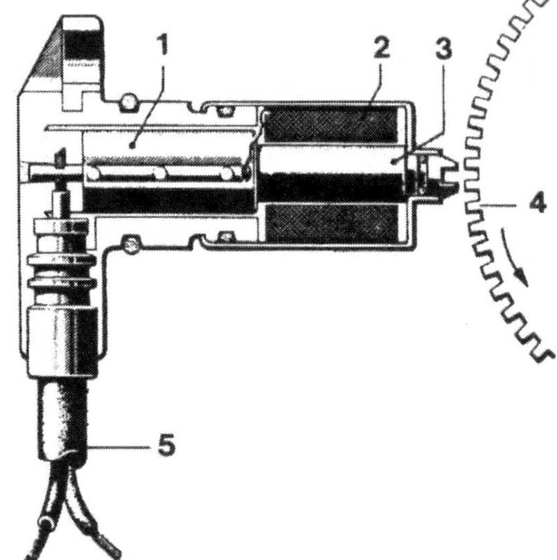

Drehzahlfühler prüfen

Links: So sind die vorderen Drehzahlfühler eingebaut: 1 – Bremsscheibe; 2 – Vorderradnabe; 3 – Abdeckblech; 4 – Innensechskantschraube (25 Nm); 5 – Drehzahlfühler; 6 – Achsschenkel.
Rechts: Dreht der Rotor (4) am Magnetkern (2) des Drehzahlfühlers (1) vorbei, entsteht in der Spule (2) eine Wechselspannung. Ihre Frequenz ist von der Rotor- bzw. Raddrehzahl abhängig. Über ein Koaxialkabel (5) wird die Spannung zum Steuergerät geführt.

■ Zündung ausschalten. Stecker vom Steuergerät abziehen. Die Innenwiderstände der Fühler und die Wechselspannungssignale an den Buchsen im Stecker messen. Die Belegung des Steckers siehe Schaltplan.
■ Zuerst die Innenwiderstände der Fühler messen. Es gelten vorn 1,1–2,3 kΩ und hinten 0,6–1,6 kΩ.
■ Anschließend die Wechselspannung messen, die jeder Drehzahlfühler mindestens erzeugen muß, wenn das entsprechende Rad von Hand schnell durchgedreht wird. Die gemessene Wechselspannung muß größer als 100 mV sein.
■ Werden die Spannungs- bzw. Widerstandswerte nicht erreicht, sind die Drehzahlfühler defekt oder die Leitungen zum Steuergerät unterbrochen. Hier besonders die Koaxialsteckverbindungen kontrollieren. Außerdem die Spitze an jedem Drehzahlfühler auf Beschädigung und Metallspäne untersuchen.

Störungsbeistand
Bremsen

Die Störung	– ihre Ursache	– ihre Abhilfe
A Die Bremsen ziehen einseitig. Das Fahrzeug bricht seitlich aus	1 Reifendruck stark ungleichmäßig	Bei kalten Reifen berichtigen (Seite 172)
	2 Reifenprofil einseitig abgefahren	Radeinstellung prüfen lassen. Evtl. Räder austauschen (Seite 173)
	3 Bremsklötze verschmiert, verglast oder abgenutzt	Bremsklötze erneuern (Seite 155). Bremssättel überprüfen
	4 Bremsklötze einseitig abgenutzt	Gängigkeit der Bremskolben prüfen
	5 Unterschiedliche Bremsklötze eingebaut	Achsweise gleiche Bremsklötze einbauen
	6 Bremsklötze klemmen in ihrem Sitz	Vorn den Bremsträger, hinten die Schächte im Bremssattel reinigen
	7 Bremsscheiben stark riefig oder zu dünn	Bremsscheiben ersetzen (Seite 160)
	8 Bremsschläuche gequollen	Schläuche ersetzen
B Bremsen quietschen	1 Falsche Bremsbeläge	Original- oder Markenfabrikate einbauen
	2 Bremskolben schwergängig	Bremssättel überprüfen lassen und ggf. ersetzen
	3 Klemmende Bremsklötze	Sitz reinigen und leicht mit Spezialschmiermittel (Seite 154) fetten
	4 Verdrehte Bremskolben (nur hinten)	Stellung prüfen lassen
	5 Gleitbolzen festgerostet (nur vorn)	Gängig machen oder ersetzen (Seite 158)
	6 Bremsscheibe hat Seitenschlag	Erneuern

Die Störung	– ihre Ursache	– ihre Abhilfe
C Bremsen rattern	1 Bremsscheiben verschlissen	Austauschen
	2 Bremssattel lose	Mit neuen Schrauben befestigen
D Schlechte Bremswirkung bei normalem Bremspedalweg	1 Bremsklötze abgenutzt	Austauschen
	2 Siehe C 1	
	3 Siehe B 2	
E Schlechte Bremswirkung trotz hohem Pedaldruck, aber langer Pedalweg	Ein Bremskreis ausgefallen a) Bremssystem undicht b) Bremsflüssigkeit im Behälter abgefallen c) Hauptbremszylinder schadhaft	Bremsentest und eine Dichtheitsprüfung durchführen lassen. Schadhafte Teile ersetzen lassen
F Schlechte Bremswirkung und kurzer Pedalweg	1 Bremskraftverstärker schadhaft	Prüfen (Seite 159)
	2 Unterdruckschlauch zum Bremskraftverstärker undicht oder lose	Anschlüsse nachziehen, Schlauch auf Durchscheuerungen untersuchen
	3 Unterdruckpumpe defekt	Prüfen (Seite 159) ggf. austauschen
	4 Rückschlagventil im Unterdruckschlauch defekt	Prüfen (Seite 159)
	5 Hauptbremszylinder schadhaft	Austauschen
G Pedalweg zu groß, Pedal läßt sich weich und federnd durchtreten	1 Luft im Bremssystem	Bremsanlage entlüften (Seite 162)
	2 Bremssystem undicht	Dichtheitsprüfung durchführen lassen
	3 Siehe F 5	
	4 Bei starker Bremsbelastung Dampfblasenbildung in zu alter Bremsflüssigkeit	Bremsflüssigkeit austauschen (Seite 152)
	5 Abgenutzte Bremsklötze hinten, Trägerplatten liegen bereits an Kreuzfeder	Bremsklötze ersetzen
	6 Radlagerspiel zu groß	Einstellen (Seite 145)
	7 Belüftungslöcher im Deckel des Bremsflüssigkeitsbehälters verstopft	Reinigen
H Bremspedal läßt sich mit leichtem Pedaldruck bis zum Bodenblech durchtreten	1 Siehe F 5	
I Eine Radbremse wird beim Rollenlassen heiß	1 Ausgleichsbohrung im Hauptbremszylinder verstopft	Überholen lassen
	2 Siehe A 6	
	3 Siehe D 3	
J Feststellbremse wirkt einseitig oder nur schwach	1 Bremsbeläge teilweise abgeschliffen, Hebelweg zu lang	Feststellbremse einstellen (Seite 163)
	2 Bremsbeläge verölt oder abgenutzt	Hintere Bremsscheibe ausbauen (Seite 160) und Beläge prüfen
	3 Spreizhebel beschädigt	Bremsscheibe ausbauen und kontrollieren
	4 Bremsseil festgerostet	Ersetzen (Seite 164)

Räder und Reifen

Auf allen vieren

Den wichtigen Bodenkontakt stellen die vier Räder oder, genauer gesagt, die handgroßen Aufstandsflächen der Reifen her. Diese vier kleinen Flächen bestimmen darüber, ob der Wagen den Befehlen des Fahrers gehorcht oder ob er eigene Wege geht. Das Reifenthema ist deshalb für den Autofahrer von größter Wichtigkeit.

Welche Reifen sind montiert?

Für Ihren speziellen Wagen gelten diejenigen Reifengrößen, die in Ihrem **Kfz-Schein eingetragen** sind. Reifen mit anderen Bezeichnungen dürfen sich an Ihrem Wagen nicht befinden, sonst kann es Ärger mit der Polizei geben. Denn die Betriebserlaubnis des Wagens ist dann erloschen. Und das wird teuer! Hier die Aufstellung der Reifen mit Felgen, die an den verschiedenen Versionen des Mercedes montiert sind:

Typ	Reifengröße	zugehörige Felgengröße[1])
200 D	185/65 R 15 87 S oder 87 T	6 J × 15 H 2
250 D/TD 200 TD	195/65 R 15 91 S oder 91 T	6½ J × 15 H 2[2])
300 D 250 D Turbo	195/65 R 15 91 H	6½ J × 15 H 2
200 TD 250 TD, 300 TD	195/65 R 15 91 T	6½ J × 15 H 2[2])
300 D/TD Turbo	195/65 R 15 91 H	6½ J × 15 H 2[2])

[1]) Mehr darüber im Text auf der folgenden Seite.
[2]) T-Modelle mit verstärkten Felgen.

Fingerzeig: *Mercedes-Werkstätten haben Listen, wo alle empfehlenswerten Reifentypen und -marken namentlich aufgeführt sind. Bevor die Reifen die Freigabe für Ihren Mercedes erhalten, müssen sie in Labortests, in der Fahrerprobung, im Wintertest und im Dauerlauf ihre Qualitäten unter Beweis stellen.*

Die Reifenbezeichnungen

Nach international gültigen Vereinbarungen wird die Reifengröße in Millimeter oder, wie in unserem Fall, gemischt in Millimeter und Zoll angegeben. Die Bezeichnungen besagen folgendes:

185, 195: Reifenbreite in unbelastetem Zustand in mm.
65: Verhältnis von Reifenhöhe zu Reifenbreite = 65:100. Normale Gürtelreifen haben ein Höhen-Breitenverhältnis von 80:100. Entsprechend niedriger ist das Höhen-Breitenverhältnis bei 60er- und 50er-Reifen.
R: Kennzeichnung der Bauart als **R**adial- oder Gürtelreifen.
15: Innendurchmesser des Reifens in Zoll (").
C: zulässige Höchstgeschwindigkeit bis 160 km/h – Geschwindigkeitsklasse für herkömmliche M + S-Reifen.
S: bis 180 km/h
T: bis 190 km/h
H: bis 210 km/h
V: über 210 km/h – für den Diesel-Mercedes nicht interessant.

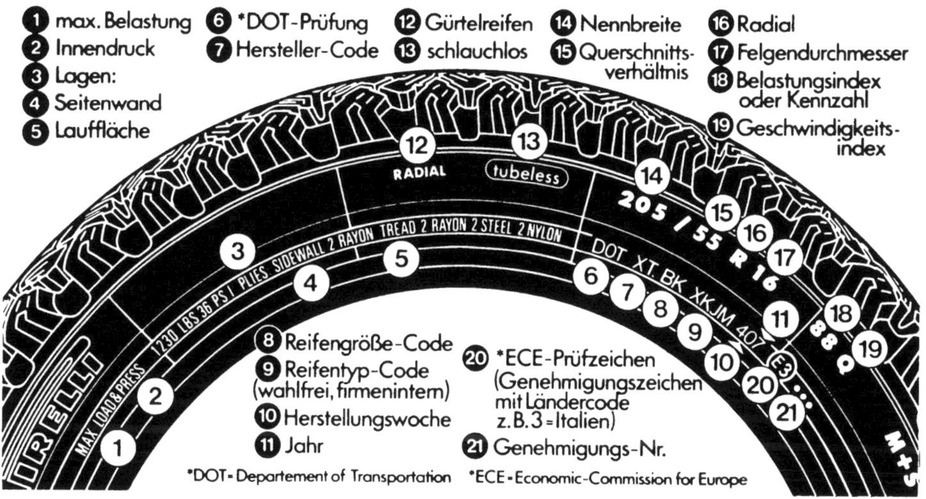

Was so alles an Bezeichnungen auf eine Reifenflanke paßt, finden Sie hier zusammengestellt.

87, 90, 91: Diese Kennziffern in der Reifenbezeichnung sind eine Angabe der höchstzulässigen Reifentragfähigkeit. Seit 1/86 dürfen am 250 D und 300 D nur noch Reifen mit der Kennziffer 91 montiert sein.

Die Felgen

Am Mercedes können Felgen mit der Bezeichnung 6 J × 15 H 2 oder 6½ J × 15 H 2 montiert sein. Die Zahlen und Buchstaben bedeuten:
6,6½ – Felgenmaulbreite in Zoll, an der Felgenhornbasis gemessen;
J – Kennzeichnung der Felgenhornhöhe;
X – Zeichen für Tiefbettfelge;
15 – Felgendurchmesser, in Zoll gemessen.
H2 – Ausführung als Doppel-Hump-Felge. Für schlauchlose Reifen notwendig. Zwei höckerartige Erhebungen innen im Felgenbett verhindern, daß die Reifenwülste bei seitlicher Beanspruchung (scharfe Kurvenfahrt mit niedrigem Luftdruck) vom Felgenhorn abgleiten können.
Diese Norm-Bezeichnungen geben nur die Hauptabmessungen der Felgen an, nicht aber die fahrzeugspezifischen Daten, wie Anzahl der Radbefestigungslöcher oder Lochkreisdurchmesser.

Felgen von anderen Modellen

Die Felgen unserer Dieselfahrzeuge (Modellreihe 124) haben eine Einpreßtiefe von 49 mm. Diese Maßangabe ist in der Felge als »ET 49« eingeschlagen. Werden Felgen mit anderer Einpreßtiefe eingebaut, ändert sich die Achsgeometrie. Dies hat Auswirkungen auf die Fahreigenschaften, den Geradeauslauf beim Bremsen und den Radfreigang (zu wenig Platz für Schneeketten).
Achtung: Räder der Modellreihen 123 und 201 mit 14-Zoll-Bereifung können nicht verwendet werden!

Felgen für die Winterbereifung

Leichtmetallfelgen können unter Streusalzeinwirkung bis zur Verkehrsunsicherheit korrodieren. Schäden im Felgen-Decklack müssen deshalb möglichst bald ausgebessert werden. Noch besser ist die Anschaffung eines zweiten Reifensatzes auf den weniger empfindlichen Stahlfelgen. Reifenfachgeschäfte bieten oft Komplettsätze zu günstigen Preisen an.

Anbau von Sonderfelgen

Sonderfelgen heißen auf Amtsdeutsch solche Räder, die in Form oder Material nicht der serienmäßigen Ausstattung entsprechen. Da es wegen nachträglich montierten Rädern und Reifen immer wieder Schwierigkeiten bei Polizeikontrollen oder der Hauptuntersuchung bei DEKRA oder TÜV gibt, hier einige Punkte, die Sie beachten müssen.
☐ Keine Probleme gibt es, wenn Felgen- und Reifengröße mit den Angaben in den Fahrzeugpapieren übereinstimmen und die Felgen Original-Mercedes-Teile sind.
☐ Eine Änderung der Fahrzeugpapiere durch die Zulassungsstelle ist erforderlich, wenn Felgen- und Reifengröße mit den Angaben in den Kfz-Papieren übereinstimmen und eine Rad-ABE vorliegt.
☐ Ein Gutachten nach § 19 (2) StVZO beim TÜV (Teilgutachten) und die anschließende Berichtigung der Fahrzeugpapiere ist notwendig, wenn Felgen- und Reifengröße nicht mit den

Angaben in den Kfz-Papieren übereinstimmen und/oder für die Felgen lediglich ein TÜV-Bericht vorliegt.

□ Beim Kauf neuer Sonderfelgen muß diesen eine Rad-ABE oder ein TÜV-Bericht beigefügt sein.

□ Vor dem Kauf gebrauchter, nicht originaler Felgen ohne entsprechende Papiere sollten Sie anhand der genauen Hersteller- und Typenbezeichnung sowie des Herstellungsdatums (es ist in der Felge eingeschlagen oder eingegossen) aus dem Räderkatalog des TÜV heraussuchen lassen, ob hierfür eine Rad-ABE oder ein TÜV-Bericht vorliegt.

□ Räder ohne ABE oder TÜV-Bericht dürfen in der Bundesrepublik nicht montiert werden.

Radschrauben und Felgen – eine Einheit

Radschrauben und Felgen stellen eine Konstruktionseinheit dar und dürfen deshalb nicht getrennt werden. Der Kegelsitz an den Befestigungslöchern der Felgen ist genau auf den Kegel der Radschrauben abgestimmt. Andere Kegelformen können den sicheren Sitz der Schraube und damit die Befestigung des Rades nicht garantieren.

Beachten Sie dies auch bei Zubehörfelgen. Hier müssen möglicherweise die Radschrauben des jeweiligen Herstellers verwendet werden!

Die Original-Leichtmetallfelgen sind an der Radaufnahme dicker als die Stahlfelgen, deshalb werden entsprechend längere Radschrauben nötig. Die Schraubengewinde sind für Leichtmetallfelgen 40 mm und für Stahlfelgen 21 mm lang. Die unterschiedlichen Radschrauben dürfen keinesfalls vertauscht werden – Lebensgefahr.

Reifendruck prüfen

Ständige Kontrolle

Luftdichte Reifen gibt es nicht. Selbst neuwertige schlauchlose Reifen – wie sie am Mercedes montiert sind – verlieren durch die Porosität des Kautschuks allmählich Luft. Deshalb wird bei der Luftdruckkontrolle meistens ein zu geringer Druck festgestellt. Am Fahrzeug finden Sie eine Luftdrucktabelle in der Tankklappe. Die Werte dort und die in unserer Tabelle gelten bei einer Reifentemperatur von rund 20° C – also bei kalten Reifen. Doch pro 10° C ändert sich der Luftdruck um ca. 0,1 bar. So steigt schon nach einigen Kilometern zügiger Fahrt der Reifendruck um 0,2 bis 0,4 bar. Diese Druckerhöhung darf nicht abgelassen werden, wenn bei erwärmten Reifen der Druck gemessen wird. Am günstigsten ist es, wenn Sie sich einen Luftdruckprüfer anschaffen und den Reifendruck vor Fahrtantritt bei kalten Reifen messen.

Die Werte für geringe Zuladung sind als Mindestwerte zu verstehen. Auch bei geringer Zuladung kann mit höherem Reifendruck gefahren werden, wie er bei großer Zuladung gilt (Angaben in bar Überdruck; Stand 2/86).

Normale Zuladung, Klammerwert für T-Modelle		Maximale Zuladung (T-Modelle)	
vorn	hinten	vorn	hinten
2,0 (2,0)	2,0 (2,2)	2,0 (2,2)	2,5 (2,8)

Wenn Sie bei der regelmäßigen Prüfung (alle zwei bis vier Wochen) Druckverlust an einem Reifen feststellen, müssen Sie sich ihn etwas genauer anschauen. Entweder kann das Ventil undicht geworden sein oder in der Reifendecke des schlauchlosen Reifens sitzt eine Glasscherbe bzw. ein Nagel, wodurch ein kleines Loch entstanden ist. Jedenfalls muß der Ursache des Druckverlusts nachgespürt werden; es hilft nicht, einfach Luft nachzupumpen.

Reifenzustand prüfen

Wartung Nr. 13

Am besten sehen Sie nach dem äußeren Zustand der Reifen, wenn der Wagen hochgebockt ist. Sie können sehr zufrieden sein, wenn jeweils die Reifen einer Achse über den gesamten Reifenumfang und über die gesamte Profilbreite gleichmäßig abgenutzt sind. Zeigt sich jedoch einseitige Abnutzung oder hat das Profil wellige Vertiefungen in regelmäßigen Abständen, dann ist am Fahrwerk oder am Rad selbst etwas faul.

In diesem Fall sollten Sie Ihre Werkstatt oder einen Reifenfachmann zu Rate ziehen, denn nur dieser kann durch die Art der ungleichen Reifenabnutzung erkennen, ob es sich um zu viel oder zu wenig Luftdruck, um unausgewuchtete Räder, um unwirksame Stoßdämpfer, um ausgeschlagene Gelenke, um Fehler in Spur oder Radsturz als Ursache handelt. Alle diese zahlreichen Fehlerquellen hinterlassen nämlich ihre individuellen Spuren auf dem Reifenprofil.

Beträgt die Profiltiefe an einer Stelle weniger als 3 mm, nähert sich die Lebensdauer des betreffenden Reifens dem Ende. Ersatz ist bei dieser Profiltiefe anzuraten, besonders für solche Fahrer, die winters keine anderen Räder montieren. Der Gesetzgeber erlaubt seit 1992 nur noch eine Mindestprofiltiefe von 1,6 mm (früher 1 mm).

Unbedingt auf die richtige Länge der Radschrauben achten! 1 – Schraube für Stahlfelge; 2 – Schraube für Leichtmetallfelge. Das Anziehmoment ist immer 110 Nm.

Räder tauschen

Die Reifen von Vorder- und Hinterachse nutzen sich verschieden schnell ab. Damit Sie bei Ersatz der abgefahrenen Reifen gleich vier einer Marke kaufen können, müssen Sie auf das gleichmäßige Abnutzen des Reifenprofils achten. Tauschen Sie darum die Vorder- gegen die Hinterräder rechtzeitig aus. Die Räder jedoch nicht über Kreuz wechseln, sondern nur von hinten nach vorn. Es ist für die Reifen besser, wenn sie ihre gewohnte Drehrichtung beibehalten.

Radwechsel

- Feststellbremse treten.
- 1. Gang einlegen oder Wählhebel in Stellung »P« bringen.
- Räder der anderen Wagenseite mit Steinen, Keilen oder großen Holzstücken gegen Abrollen unterkeilen.
- Radblende mit beiden Händen abziehen.
- Radschrauben etwas lockern.
- Schutzkappen am jeweiligen Wagenheber-Einsteckrohr unten am Schweller herausziehen und den Wagenheber dort möglichst weit einstecken. Ersatzrad bereitlegen.
- Fahrzeug hochkurbeln und die Radschrauben vollends abdrehen.
- Rad abnehmen und auswechseln.
- Radschrauben ansetzen und festziehen.
- Wagen ablassen.
- Radschrauben über Kreuz fest anziehen und Radkappe montieren (Abb. unten).

Radschrauben auf festen Sitz prüfen

Wartung Nr. 17

Die Radschrauben sollen kräftig (110 Nm bei ungeölten, sauberen Radschrauben), aber nicht mit zu viel Kraft angezogen werden, also nicht mit einem zusätzlich verlängerten Radschlüssel. Zu starkes oder ungleichmäßiges Festschrauben kann im Extremfall an ungleichmäßiger Bremswirkung, Bremsenschütteln und punkt- oder flächenförmigem Reifenverschleiß schuld sein, wenn sich die Radaufnahmen verzogen haben.

Radschrauben lösen

Reichen Ihre Kräfte nicht aus, um eine festgerostete Radschraube mit dem Schlüssel des Bordwerkzeugs zu lösen, verlängern Sie dessen Hebel mit einem Rohr. Oft gelingt es, damit die Schraube unter lautem Knacken loszudrehen. Will sich eine Schraube gar nicht lockern, eine Stecknuß auf die Schraube setzen und dieser einen kräftigen Hammerschlag versetzen. So löst sich der angerostete Konus der Schraube von der Felgenbohrung.

Räder auswuchten

Zum Auswuchten der Räder gibt es zwei Methoden. Entweder auf der Auswuchtmaschine, an der das Rad anmontiert wird, oder mit einem elektronischen Auswuchtgerät, wobei das am Fahrzeug anmontierte Rad auf Unwucht kontrolliert wird. Um wirkliches Feinauswuchten der Vorderräder zu erreichen, ist die zweite Methode besser, da auch eine mögliche Unwucht der Radnabe oder der Bremsscheibe ausgeglichen wird. Beim elektronischen Auswuchten werden normalerweise die Räder durch einen Elektromotor mit Reibrad in die notwendige schnelle Drehung gebracht. Aber an den Hinterrädern ist dies nicht angebracht, da das Ausgleichsgetriebe eine derartige einseitige Beschleunigung nicht verträgt.

Die Radschrauben in der gezeigten Reihenfolge, immer eine überspringend, mit 110 Nm festziehen. Mit einem Drehmomentschlüssel das Anzugsmoment prüfen.

Neue Reifen Beim ersten Reifenkauf können Sie einige Mark sparen, wenn im Kofferraum noch ein neuwertiger Ersatzreifen liegt. Dann kaufen Sie einen Reifen des gleichen Fabrikats und Typs und haben bereits eine Achse neu ausgerüstet. Auf dem Reserverad genügt auch ein Reifen mit 1–2 mm Profiltiefe.

Winterbereifung Bei unbeladenem Heck verliert der Mercedes schnell die Haftung auf schnee- bzw. eisglatter Fahrbahn. Die Anschaffung einer Winterbereifung ist deshalb besonders empfehlenswert. Wer mit seinem Mercedes mit Sommerreifen durch den Winter kommen will, sollte auf jeden Fall einen Satz Schneeketten mit sich führen.

□ Beim Kauf von M + S-Reifen achten Sie auf den Geschwindigkeit-Kennbuchstaben. Reifen bis 160 km/h (Q) sind einiges günstiger. Gleichgültig, welche Reifen Sie fahren, bedenken Sie immer: Bei Temperaturen um den Gefrierpunkt bildet sich auf Glatteis beim Darüberrollen ein Wasserfilm, der die Haftfähigkeit auch der besten Winterreifen gefährlich herabsetzt.

□ Ein M + S-Reifen mit weniger als 4 mm Profiltiefe taugt nichts mehr im Winter. Wenn etwa im Gebirge Winterreifen vorgeschrieben sind, werden M + S-Reifen als solche nur dann anerkannt, wenn ihr Profil noch mindestens 4 mm tief ist.

Fingerzeige: *Für herkömmliche Winterreifen beträgt die Höchstgeschwindigkeit 160 km/h. Werden Fahrzeuge mit Winterreifen bestückt, deren Höchstgeschwindigkeit durch das Fahrzeug überschritten werden könnte, muß ein Aufkleber im Armaturenbrett darauf hinweisen, wie schnell noch gefahren werden darf. Obwohl der Gesetzgeber eine Mischbereifung von Sommer- und Wintergürtelreifen zuläßt, sollten Sie jede Art von Mischbereifung meiden. Das Fahrverhalten kann sich beträchtlich ändern.*

Gleitschutzketten Wenn auch die griffigsten Winterreifen schon versagen, helfen gegen Schnee und Eis, bei Hochgebirgsfahrten und starken Schneefällen noch Ketten. Offiziell heißen sie Gleitschutzketten. Sie sind eine gute Anschaffung, aber nicht billig. Irgendwelche Sonderangebote können zwar auf den ersten Blick genauso aussehen, aber nach den ersten Fahrkilometern auf trockener Straße, wobei Ketten am stärksten beansprucht werden, merken Sie den Unterschied bald. Eine Qualitätskette übersteht einige Kilometer auf schnee- und eisfreier Straße, die Billigkette löst sich dagegen schnell in ihre Bestandteile auf.

Die Kette darf nicht zu stramm angezogen werden, sonst wird sie zu sehr belastet und kann reißen oder das Reifenprofil (vor allem bei Winterreifen) beschädigen. Zwischen Kette und Reifenlauffläche sollte etwa die flache Hand geschoben werden können, dann kann die Kette »wandern«, was sie auch soll. Lose Kettenenden dürfen natürlich nicht herumschleudern.

Fingerzeig: *Schneeketten werden nach dem Gebrauch mit möglichst kräftigem Wasserstrahl abgespritzt, saubergebürstet und anschließend in einem Eimer Wasser mit Waschkonservierer gespült. Dann gibt es keine Rost- oder Korrosionsspuren.*

Runderneuerte Reifen Neu besohlte Reifen stehen bei vielen Autofahrern in schlechtem Ansehen, obwohl sie den Beweis ihrer Tauglichkeit in verschiedenen Tests erbracht haben. Sclche Reifen sind we-

Wollen Sie sich für den Winterbetrieb Gleitschutzketten anschaffen, den Kauf nicht bis zum ersten »Notfall« verschieben, denn Sie sollten das Auflegen unbedingt vorher üben können. Die Handgriffe sind dann im Ernstfall schnell wiederholt.

Reserverad und Wagenheber (2) sind unter dem Kofferraumboden versteckt. Das Reserverad ist mit der Kunststoffschale (1) festgeschraubt. Beim Mercedes-Zubehör gibt es einen 7-Liter-Reservekanister, der genau in die Kunststoffschale paßt und dort hohen Sicherheitsanforderungen genügt.

sentlich billiger als fabrikneue, allerdings erreichen sie dafür auch nur eine geringere Lebensdauer. Reifen mit »RAL-Gütesiegel« erfüllen eine Reihe von Qualitäts- und Ausführungskriterien, außerdem haben sie Schnellauftests bestanden. Doch müssen Sie normalerweise mit größeren Unwuchten rechnen, und trotz gleich aussehendem Reifenprofil können sich die Fahreigenschaften vom entsprechenden Markenreifen erheblich unterscheiden.
Sie tun gut daran, den Luftdruck an runderneuerten Reifen sorgfältig zu überwachen, denn viele Defekte an solchen Pneus haben ihre Ursache in zu niedrigem Luftdruck. Neu besohlte Reifen sind in diesem Punkt empfindlicher.
Wenn Sie alle genannten Punkte beachten, können Sie mit Runderneuerten einiges Geld sparen, vor allem bei der Winterbereifung, die es mit entsprechender Gummimischung preisgünstig zu kaufen gibt.

Gebrauchtreifen

Autoverwerter, Reifenhändler und ausgesprochene Gebrauchtreifenhändler verkaufen Reifen und Räder zu attraktiven Preisen. Jedoch vor dem Kauf folgende Punkte abklären:

□ Stammen die Reifen möglicherweise von einem Unfallwagen? Schnitte in den Reifenflanken oder in der Lauffläche können darauf hindeuten. Bei solchen Beschädigungen lieber einen Reifenfachmann zu Rate ziehen. Im Zweifelsfall: Finger weg! Auch unregelmäßige Verdickungen an Reifenflanke oder Lauffläche verheißen nichts Gutes; ebenso lassen ausgebrochene Gummistücke auf harte Bordsteinkontakte schließen.

□ Der Preis für den Gebrauchtreifen muß stimmen! Meist muß er noch ummontiert und ausgewuchtet werden. Rechnen Sie also diese Kosten zum Kaufpreis dazu. Erkundigen Sie sich also vor dem Gebrauchtreifenkauf nach dem Preis neuer oder runderneuerter Reifen, und setzen Sie dann Preis und Profiltiefe der gebrauchten ins Verhältnis. Kenntnis der Kosten gibt auch eine bessere Position bei den Preisverhandlungen.

□ Achten Sie auf die richtige Reifen- und Felgengröße (Seite 170).

Altreifenbeseitigung

Altreifen dürfen nicht einfach auf den Müll geworfen werden. Je nach Methode werden abgefahrene Reifen entweder zerschnitten, weiterverwertet oder in speziellen Anlagen verbrannt. Aber wie wird man die Altreifen nun los? Da gibt es verschiedene Möglichkeiten. Je nach Gemeinde fungiert der städtische Bauhof oder eine Mülldeponie als Annahmestelle. In jedem Fall nimmt jedoch der Reifenhändler die alten Pneus ab. Eine geringe Gebühr für das Loswerden der Reifen müssen Sie jedoch überall entrichten.

Tendenz steigend

Je moderner die Fahrzeuge werden, desto mehr Elektrik und Elektronik ist eingebaut. Die Elektronik wird im Mercedes überall dort eingesetzt, wo sie Aufgaben besser und zuverlässiger als mechanische Lösungen bewältigen kann. Dies sind beispielsweise: Regler der Lichtmaschine, Schaltgerät für Airbag/Gurtstraffer, Schaltgerät für das ABS, Schaltgerät der Leerlaufdrehzahl-Regelung, Zeitrelais für Sitzheizung und Innenleuchte, Heizungsautomatik, Memory für Sitzeinstellung.
So wird der Selbstpfleger wohl oder übel dazu gezwungen, sich mit den Begriffen der Elektrik und Elektronik auseinanderzusetzen.

So einfach ist Elektrik

Elektrizität ist leider unsichtbar. Deshalb ist alles, was mit Strom zusammenhängt, für viele ein Buch mit sieben Siegeln. Verdeutlichen wir uns doch die Zusammenhänge von Strom und Spannung am Beispiel eines Wasserfalls: Seine Höhe stellt die elektrische **Spannung** dar (in Volt gemessen), seine Breite – also die herabfließende Wassermenge – symbolisiert den elektrischen **Strom** (in Ampere gemessen).
Steht am Fuß unseres Wasserfalls ein Mühlrad, so wird dort **Leistung** (in Watt) erzeugt. Und zwar so viel, wie sich aus dem Produkt von Höhe und Breite des Wasserfalls ergibt. Klar also, daß es egal ist, ob der Wasserfall hoch und schmal oder niedrig und dafür breiter ist. Denn erst das Ergebnis der Rechnung »Höhe mal Breite« (oder »Spannung mal Strom«) entscheidet über die abgegebene Leistung. Ein leuchtendes Beispiel: Die 40-Watt-Birne zu Hause brennt genau gleich hell wie die 40-Watt-Birne am Auto, obwohl das Bordnetz statt 220 Volt nur 12 Volt aufzuweisen hat.
Bleibt noch der **Widerstand** zu erklären: Er ist mit einer Verengung in der Wasserleitung vergleichbar, durch den der Wasser(Strom-)fluß reduziert werden kann.

Grundbegriffe der Elektronik

Schon dem Wort nach basiert die Elektronik auf den Elektronen – jenen immens kleinen Bausteinen, aus denen das ohnehin schon kleine Atom zum Teil besteht. Die Elektronen sorgen in allen elektrisch leitenden Werkstoffen (Leiter) dafür, daß Strom überhaupt fließen kann. Die Elektronen wandern dabei im Leiter von Atom zu Atom.
Nichtleitende Werkstoffe besitzen zwar auch Elektronen, doch sind diese sehr stark an den Atomkern gebunden. Sie können also auch nicht weiterwandern, und somit fließt auch kein Strom.
Die dritte Werkstoffgruppe stellen die sogenannten Halbleiter dar. Das sind Kristalle (meist Germanium oder Silizium), die so nachbehandelt wurden, daß in ihrem Atomaufbau Elektronen fehlen oder überschüssige Elektronen vorhanden sind.
Dadurch ergibt sich der durchaus erwünschte Effekt, daß durch die Kristallplättchen nur unter bestimmten Bedingungen Strom fließen kann. Werden diese Bedingungen nicht erfüllt, baut sich eine Sperrschicht auf, und der Stromfluß wird gehemmt.
Halbleiterbauelemente findet man natürlich nicht nur einzeln in der Fahrzeugelektrik verwendet. Meist sind sie in größerer Stückzahl zu kompletten Schaltungen zusammengefaßt, wie zum Beispiel im Regler der Lichtmaschine.

Halbleiter

Transistor: Er läßt nur dann Strom durchfließen, wenn an seinem dritten Anschluß eine Spannung anliegt. Ist diese Spannung hoch, fließt viel Strom durch; bei geringer Spannung entsprechend weniger. Vergleichbar ist das mit einem Wasserhahn. Je weiter das Ventil aufgedreht wird, desto mehr Wasser fließt durch.

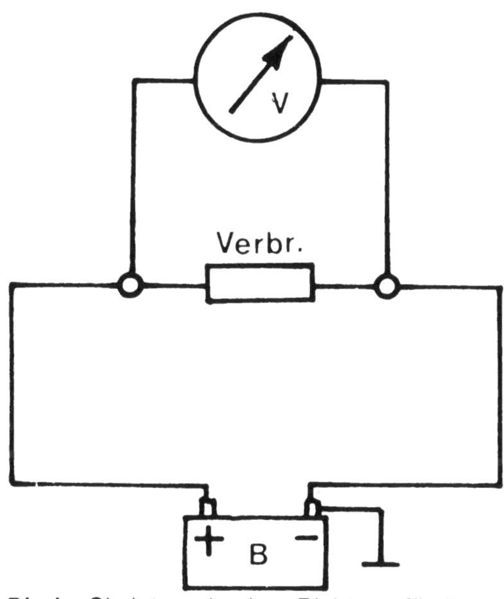

Die Spannung wird parallel zum Verbraucher gemessen. Die Zuleitungen zum Verbraucher können montiert bleiben. Die Meßkabel des Meßgerätes müssen richtig gepolt sein (rot nach plus).

Diode: Sie ist nur in einer Richtung für den elektrischer Strom leitend. Kommt der Strom aus der Gegenrichtung, sperrt sie den Durchgang. Das ist wie beim Reifenventil: Luft kann durchgepumpt werden, aber sie kommt nicht mehr heraus.

Weitere Bauelemente

Widerstand: Seine Aufgabe ist es, den Stromfluß zu hemmen.
Kondensator: Er wirkt wie eine kleine Batterie und kann elektrische Energie für eine gewisse Zeit speichern. Er wird zur Glättung von Spannungsschwankungen und zum Dämpfen von Spannungsspitzen verwendet. Wenn eine Zeitverzögerung in einer Schaltung erwünscht ist (z. B. im Blinkrelais), wird ein Kondensator mit einem Widerstand zu einem »Zeitglied« zusammengeschaltet.

Elektronische Schaltungen

Integrierte Schaltkreise (IC): Eine Vielzahl von elektronischen Bauteilen ist im kleinen Gehäuse eines IC untergebracht. Die meist schwarzen »Käfer« mit 14 und mehr Anschlußfüßen gibt es mit allen erdenklichen Funktionen.
Mikroprozessoren: Sie spielen eine wachsende Rolle in der Technik. Es sind weiterentwickelte ICs, aber wesentlich »intelligenter«. Je nach Art des elektrischen Eingangsignals können sie vorher programmierte Schaltungsvorgänge auslösen.

Spannung messen mit der Prüflampe

Spannung kann schon mit einer einfachen Prüflampe »gemessen« werden. Die Lampe gibt dabei in erster Linie Auskunft darüber, ob überhaupt Spannung anliegt oder nicht. Praktisch ist eine Prüflampe mit Nadelkontakt (siehe Seite 11), mit deren Prüfnadel einfach die Isolierung des zu kontrollierenden Kabels durchstochen werden kann. Die Klemme am Kabel der Lampe wird irgendwo an Masse angeklipst.

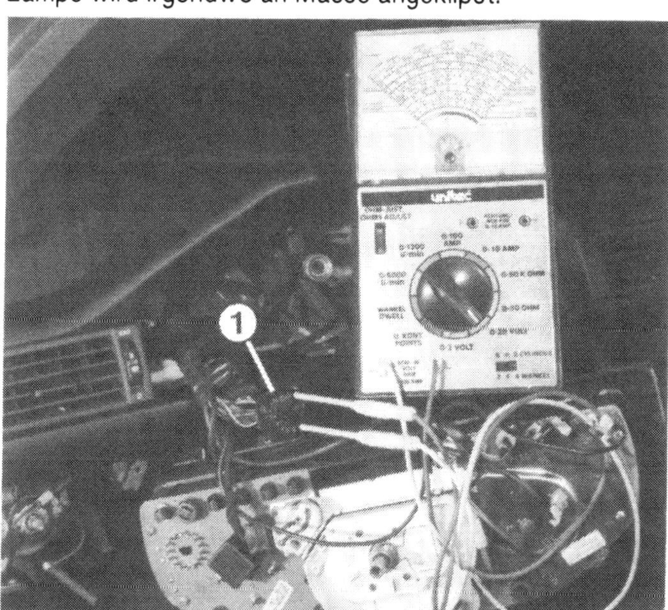

Hier werden zur Fehlereinkreisung die Spannungen am 15poligen Rundstecker (1) zum Kombiinstrument gemessen. Steckerbelegung siehe Seite 217.

Zur Strommessung wird das Meßgerät in eine Leitung zum Verbraucher geschaltet. Hier muß die Zuleitung aufgetrennt werden, was nicht immer ganz einfach ist, wenn beispielsweise mehrere Leitungen in einem Mehrfachstecker zusammengefaßt sind. Auch hier auf die Polung des Meßgerätes achten.

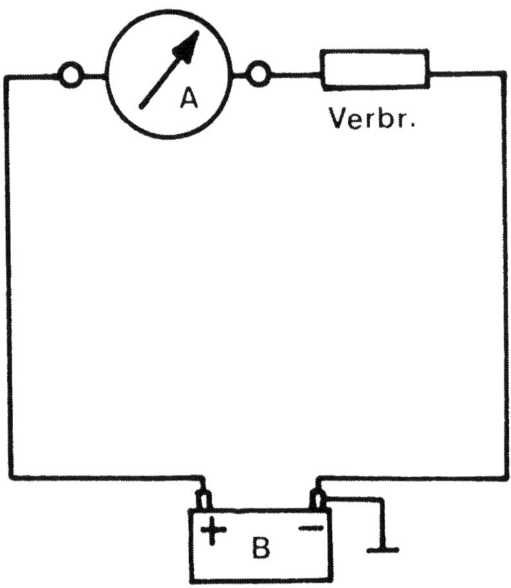

Spannung messen mit dem Voltmeter

Exakter ist die Spannungsmessung mit dem Voltmeter bzw. dem entsprechenden Meßbereich des Vielfachinstruments. Damit kann z. B. auch genau die Batteriespannung gemessen werden. Zeigt das Instrument beispielsweise nur 10,4 Volt an, hat eine der Batteriezellen Kurzschluß. Interessant kann es auch sein, die Batteriespannung zu messen, während der Anlasser betätigt wird. Sind dann nur noch 6 Volt abzulesen, steht es mit der Batterie sicher nicht zum besten. Zum Messen wird das mit »−« gekennzeichnete Kabel mit dem »−« -Pol der Batterie oder mit einer blanken Schraube an Motor oder Karosserie abgeklemmt. Das »+«-Kabel des Meßgeräts wird an das zu messende Kabel angehängt oder an den »+«-Pol der Batterie.

Strom messen

Ob Strom zu einem Verbraucher hinfließt, wird mit dem Amperemeter bzw. dem entsprechenden Meßbereich des Vielfachinstruments gemessen. Dazu muß der Stromkreis aufgetrennt und das Meßinstrument dazwischengeschaltet werden. Im Auto kann dazu einer der Steckkontakte abgezogen und an das Meßgerät zwischen Stecker und Kontaktzunge geschaltet werden. Die Zeichnung auf der Vorseite zeigt, wie das prinzipiell aussieht.
Strom wird beispielsweise gemessen, wenn der Verdacht besteht, daß ein heimlicher Stromverbraucher irgendwo im Bordnetz sitzt, der über Nacht die Batterie leersaugt. Um diese Leckstelle zu lokalisieren, nehmen Sie eine Sicherung nach der anderen heraus, klemmen stattdessen das Amperemeter an den Kontakten im Sicherungskasten an und können so feststellen, in welchem Stromkreis Verluste entstehen.

Widerstand messen

Mit dem Widerstandsmeßbereich läßt sich beispielsweise erkennen, welchen Innenwiderstand ein bestimmtes Bauteil hat. Die Angaben finden Sie – wo nötig – hier im Buch.
Ferner läßt sich mit dem Widerstands-Meßbereich eines Meßinstruments prüfen, ob eine Leitung oder ein Schalter »Durchgang« hat (der Meßwert ist dann 0 Ω) oder ob der Stromweg irgendwo unterbrochen ist (dann erhalten Sie den Meßwert unendlich = ∞ Ω).

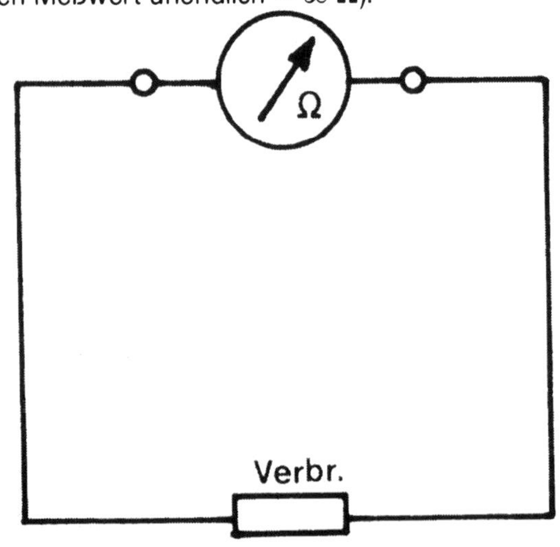

Zur Widerstandsbestimmung eines Verbrauchers werden am besten beide Zuleitungen direkt am Gerät ausgesteckt. Dann zwischen den Anschlüssen messen.

Schaltzentralen

Entsprechend der umfangreichen Fahrzeugelektrik sind in Ihrem Mercedes eine große Anzahl verschieden starker Sicherungen, viele Relais und eine Reihe elektronischer Schaltgeräte untergebracht. Wo die Bauteile im Fahrzeug zu finden sind und welche Aufgabe sie erfüllen, ist der Inhalt des folgenden Kapitels.
Die Schaltpläne zeigen, welchen Weg der elektrische Strom durch das Fahrzeug nimmt. Da in unserem Mercedes sehr viel Elektrik und Elektronik eingebaut ist, sind die Schaltpläne entsprechend umfangreich und verwirrend. Sie müssen beim Verfolgen der Leitungen schon ganz genau hinsehen, damit es nicht zu Verwechslungen kommt. Mit einem Lineal geht's etwas besser.
Es hat sich gezeigt, daß die Schaltpläne von den Automobilherstellerm recht häufig geändert werden. So sind kleine Abweichungen zu Ihrem Mercedes möglich. Meist sind aber nur die Schaltpläne der Sonderausstattungen von den Änderungen betroffen.
Den Gesamtschaltplan und die Schaltpläne einiger Sonderausstattungen finden Sie:

	Seite		Seite
Gesamtschaltplan	184	Tempomat	226
Leerlauf-Regelung	100	Heizungsautomatik	231
Vorglühanlage	108	Klimaanlage	234
Kickdown-Abschaltung	120	Sitzheizung	239
ASD	131	Anhängekupplung	264
ABS	107		

Hilfe durch Normung

Die Fahrzeugelektrik besteht auf den ersten Blick aus einem Gewirr von bunten Kabeln, die teilweise in schwarzen Kabelschläuchen verschwinden. Das sieht nicht gerade ermutigend aus, wenn man sich an die Autoelektrik wagen will. Glücklicherweise sind aber viele Einzelheiten der Kraftfahrzeugelektrik genormt, und die Zahlen neben den Kabelanschlüssen haben in allen deutschen und manchen ausländischen Wagen dieselbe Bedeutung.

- ☐ Klemme 31 ist die sogenannte »Masse-Klemme«, mit der ein Stromverbraucher zur Fahrzeugmasse verbunden werden muß. Die entsprechenden Kabel sind braun.
- ☐ Klemme 30 erhält dauernd Strom vom Pluspol der Batterie oder der Lichtmaschine – auch bei ausgeschalteter »Zündung«. Diese stets stromführenden Leitungen haben meist eine rote Umhüllung, teilweise auch mit Farbstreifen bei bestimmten Stromverbrauchern.
- ☐ Klemme 15 erhält nur bei eingeschalteter »Zündung« Strom. Nach den Sicherungen haben die Leitungen, die den Strom zu den entsprechenden Verbrauchern leiten, eine schwarze Grundfarbe.
- ☐ Die Klemmen 56 und 58 versorgen die Fahrzeugbeleuchtung mit Strom. Für die Hauptscheinwerfer ist die Grundfarbe der Kabelumhüllung weiß oder gelb, für das Standlicht grau mit zusätzlichen Farbstreifen.

Die Kabelfarben

Um Klarheit in die vielen bunten Kabel zu bringen, hat man die Farben mit System eingeteilt (siehe oben). Man unterscheidet zwischen der Grundfarbe eines Kabels und den Farbstreifen. Die Farben sind wie folgt abgekürzt: bl – blau; br – braun; el – elfenbein; ge – gelb; gn – grün; gr – grau; rs – rosa; rt – rot; sw – schwarz; vi – violett; ws – weiß.

Die Leitungsquerschnitte

Die eingebauten Kabel sind nicht deshalb unterschiedlich stark, weil der Monteur am Fließband gerade kein anderes zur Hand hatte. Vielmehr wird der Querschnitt eines Kabels je nach

Stromanspruch des betreffenden Verbrauchers gewählt. Ein zu dünnes Kabel erwärmt sich, und es kommt zu Spannungsabfall. In den Schaltplänen geben die Zahlen vor der Farbangabe den Leitungsquerschnitt in mm^2 an.

Kennzeichnung

In den elektrischen Schaltplänen sind die Bauteile entsprechend ihrer Funktion mit den folgenden Großbuchstaben gekennzeichnet:

A – Informationseinrichtungen
B – Geber und Fühler
E – Leuchten
F – Sicherungen
G – Stromquellen
K – Relais
L – Geberspulen
M – Motoren
N – Elektronische Schaltgeräte
R – Widerstände
S – Schalter
W – Massepunkte
X – Leitungsverbindungen
Y – Elektromagnetische Geräte

Die Steckverbindungen

Daimler-Benz hat im Gegensatz zu den meisten anderen Fahrzeugherstellern keine Flachstecker eingebaut, sondern verwendet schon seit langem die zuverlässigeren, versilberten Rundstecker.

Vielfach kommen im Fahrzeug Mehrfachstecker zum Einsatz. Hiermit werden ganze Kabelbäume mit einem Griff an einen Schalter oder Verbraucher angeschlossen. Durch verschiedene Formen der Mehrfachstecker werden Verwechslungen vermieden, wenn an einer Stelle mehrere Stecker zusammenkommen. Zum Lösen eines Mehrfachsteckers nicht an den Kabeln zerren, sondern das Steckergehäuse fassen.

In den Schaltplänen sind die Mehrfachstecker durch dünne Linien und mit X gekennzeichnet. Sie zeigen, welche Leitungen in der jeweiligen Steckverbindung zusammengefaßt sind. Schraubverbindungen sind in den Schaltplänen durch einen kleinen Kreis gekennzeichnet. Von den vielen Leitungsverbindungen im Fahrzeug wollen wir kurz auf einige wichtige eingehen. In den Schaltplänen sind die Leitungsverbindungen einheitlich mit X bezeichnet.

□ Leitungsverbindung X 35: Neben der Batterie angeordnet (Abb. Seite 229 oben). Angeschlossen ist ungesichert Klemme 30 (Batterie +) und Klemme 61 (Ladekontrolle).

□ Steckerverbindung X 27: An der Trennwand im Motorraum neben dem Hauptbremszylinder angeordnet (Abb. Seite 201). Dort ist die Klemme 50 zum Anlasser verschaltet.

□ Steckerleiste für Sonderausstattungen: Die Steckerleiste ist vorn links im Fahrerfußraum angeordnet. An der Steckerleiste sind 5 verschiedene Spannungen aufgeschaltet. Wenn noch Steckmöglichkeiten frei sind und wenn Sie sich den passenden Stecker von Ihrer Mercedes-Werkstatt besorgt haben, kann von dieser Steckerleiste in idealer Weise die Spannungsversorgung für selbst eingebautes Zubehör erfolgen.

Stromrückführung über Masse

An die meisten Stromverbraucher sind zwei Kabel angeschlossen. Aber nur eines läßt sich, oft über weitverzweigte Wege, bis zum Pluspol der Batterie zurückverfolgen. Das andere braune Kabel endet schon bald irgendwo am Karosserieblech. Um die Rückleitungen zum Minuspol der Batterie zu sparen, hat man sich hier zunutze gemacht, daß die Metallteile des Fahrzeugs problemlos Strom leiten können – man bezeichnet sie in der Autoelektrik als

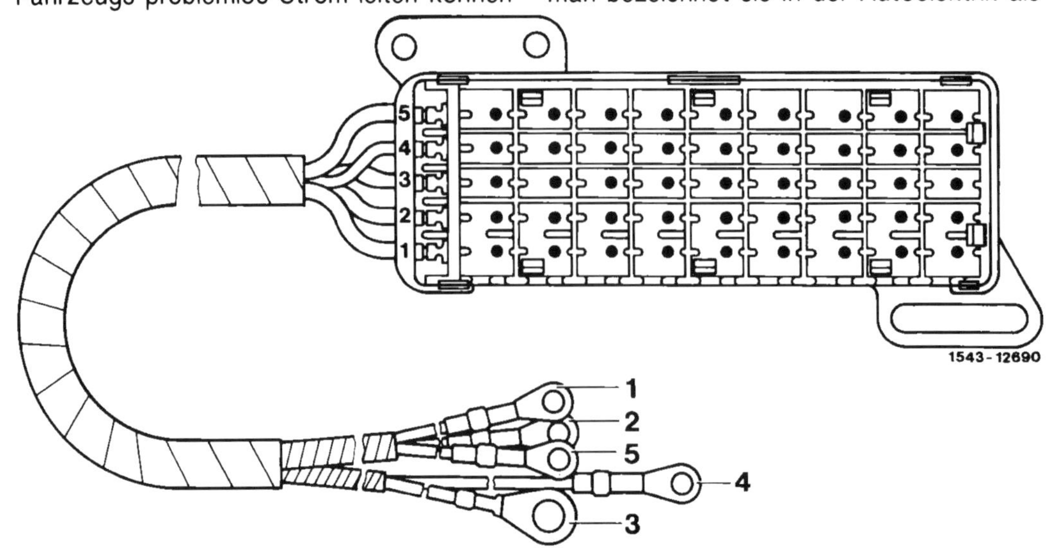

Steckerleiste für Sonderausstattungen: Anschluß 1: Klemme 30 von Sicherung C; Anschluß 2: Klemme 15 von Sicherung B; Anschluß 3: Klemme 31 (Masse); Anschluß 4: Klemme 58 d (Beleuchtung); Anschluß 5: Klemme 15 R von Sicherung A (Radio).

Links: Der Deckel (1) mit eingelegter Sicherungstabelle ist am Sicherungskasten mit einem Bügelverschluß befestigt.

Rechts: Zum Erreichen der Relais (3) das Oberteil (2) abschrauben (Pfeile). Unter den Sicherungen befinden sich noch Leitungsverbindungen, z.B. die Steckverbindung X 26 des Motorleitungssatzes.

»Masse«. Die Autohersteller haben sich darauf verständigt, die Stromrückführung über die »Masse« geschehen zu lassen. Deshalb ist der Minuspol der Batterie mit der Karosserie verschraubt. Man sagt: Minus an Masse. In den Schaltplänen sind die Massepunkte mit W und einer Zahl bezeichnet.

Masseprobleme

Die verschiedenen Massepunkte im Fahrzeug sind in den Schaltplänen mit W bezeichnet. Diese Masseverbindungen sind für die Fahrzeugelektrik genau so wichtig wie die teilweise weit verschlungenen Leitungsverläufe der Spannungsversorgung. Unterschätzen Sie also diese Masseverbindungen nicht. Bei Montagearbeiten unbedingt darauf achten, daß die braunen Massekabel wieder fest am jeweiligen Massepunkt verschraubt werden. Ansonsten kann es zu extremen Funktionsstörungen kommen. Ja sogar Kabelbrände sind denkbar, wenn Sie beispielsweise das dicke Motormassekabel nicht montiert haben und der Anlasser sich seine Masse über dünnere Leitungen holt. Wo Sie die Massepunkte finden, steht in der Gerätebezeichnung auf Seite 183.

Bei älteren Fahrzeugen kann es an verdreckten und verrosteten Massepunkten zu Übergangswiderständen kommen. Der direkte Kontakt der am Massepunkt verschraubten Teile ist dann teilweise oder ganz unterbrochen. Zur Abhilfe die Masseverschraubung lösen und die Kontaktstellen mit einer Drahtbürste oder einer Feile blank machen. Masseverschraubung am besten mit neuer Schraube, Mutter und Unterlegscheibe wieder montieren. Anschließend alles mit Motorschutzlack einsprühen, dann hat man wieder viele Jahre Ruhe.

An die braunen Masseleitungen ist ein Kabelschuh angelötet bzw. aufgequetscht. Bisweilen kommt es direkt an dieser Verbindung zu störendem Übergangswiderstand. Zum Prüfen leicht an der Leitung ziehen und so feststellen, ob sie leicht abbricht oder sich aus dem Kabelschuh ziehen läßt. Falls erforderlich, neuen Kabelschuh montieren.

Wenn eine Glühlampe nicht brennt, obwohl ihr Glühfaden in Ordnung ist, kann dies am fehlenden Massekontakt liegen. Dann ist die Lampenfassung stark korrodiert. Sie muß blank gekratzt und mit Kontaktspray behandelt werden.

Sicherungen

Die Sicherungen sind im Sicherungs- und Relaiskasten hinten links im Motorraum untergebracht. Um an die Sicherungen zu gelangen, den Verschlußbügel lösen und die Abdeckung über den Sicherungen abnehmen. An der Innenseite der Abdeckung finden Sie die Sicherungstabelle. Die Sicherungen sind numeriert. Für Sonderausstattungen können zwei zusätzliche Sicherungshalter mit je vier Sicherungen eingebaut sein. Diese Sicherungen sind mit Großbuchstaben bezeichnet.

Sicherung ersetzen

Der Schaltplan zeigt, wie Ihr Fahrzeug abgesichert ist. Bis auf wenige Leitungen an Lichtmaschine, Anlasser, Zündschloß und einigen Relais sind die Stromwege durch Sicherungen abgesichert. Diese brennen bei Kurzschluß oder Überlastung durch, bevor ein Kabel zu schmoren beginnt oder der Verbraucher Schaden erleidet. Einige Ersatzsicherungen finden Sie neben den Sicherungen. Beim Austausch die Stromstärke bzw. die Farbe der Sicherung beachten. Niemals darf eine durchgebrannte Sicherung »geflickt« werden. Eine solche »Ersatz-

Nr.	Abgesicherte Verbraucher
1	Zigarettenanzünder; Schalter heizbare Heckscheibe; Handschuhfachleuchte; Radio
2	Wischer; Wascher; Lichthupe; Relais Scheinwerferreinigungsanlage; Relais Komfortschaltung; Relais Fensterheber
3	Standlicht rechts; Schlußlicht rechts; Kennzeichenleuchten; Beleuchtung für Lichtdrehschalter, Kombi-Instrument, Bedienanlage Heizung/Lüftung, Schalter; Radio; Scheinwerferreinigungsanlage
4	Lichtdrehschalter; Nebelscheinwerfer; Nebelschlußlicht
5	Bremsleuchten; Kombi-Instrument; Lampenkontrollgerät; Bremsleuchten Anhänger; Tempomat (Hallgber); Drehzahlmesser
6	Richtungsblinker; Hupen; Außentemperaturanzeige
6	Rückfahrleuchten; Magnetkupplung Lüfter; Waschdüsenheizung; Heizungsautomatik; Klimaanlage; Belüftungsgebläse Innenraumtemperaturfühler; Magnetventil am automatischen Getriebe
8	Standlicht links; Schlußlicht links
9	Warnblinker; Zeituhr; Kofferraumleuchte; Deckenleuchte; Leseleuchten; Motorantenne; Spiegelbeleuchtung; Kontrollgerät Anhängerblinkleuchten
10	Kombirelais (Blinker, heizbare Heckscheibe, Wischer)
12	Gebläsemotor
13	Abblendlicht links
14	Abblendlicht rechts
15	Fernlicht links
16	Fernlicht rechts
A	Zentralverriegelung; Schiebedach; Sitzheizung; versenkbare Kopfstützen; Radio
B	Außenspiegel; Diebstahlwarnanlage; Sitzheizung hinten
C	Zentralverriegelung; Ausstiegleuchten; Diebstahlwarnanlage; Radio; Steuergerät Sitzverstellung Mmemory
D	Zusatzlüfter Klimaanlage
E, F	Sitzverstellung
G, H	Fensterheber

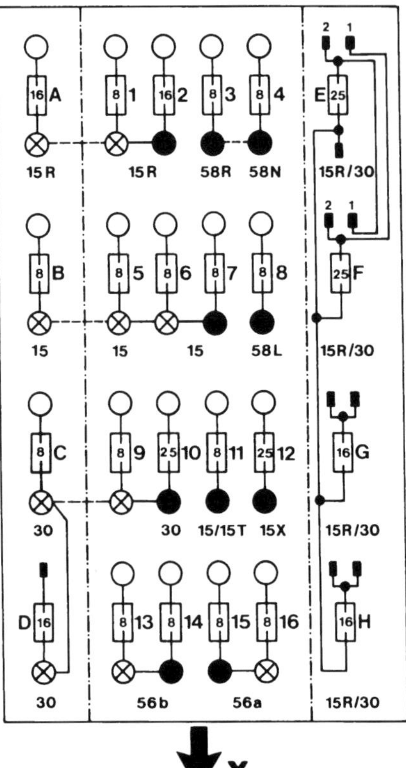

X Fahrtrichtung
○ Abgesicherter Sicherungsanschluß.
⊗ Sicherungseinspeisung ohne Kabelanschluß.
● Sicherungseinspeisung mit Kabelanschluß.
--- Lose Brücke, untergeklemmt.

sicherung« kann einen Kabelbrand verursachen. Noch folgendes beachten:

□ Eine Sicherung brennt selten wegen Überlastung durch. Entweder wird bei Basteleien ein Kurzschluß verursacht, oder ein Gerät ist schadhaft. Meist ist irgendwo eine Verbindung zur Fahrzeugmasse entstanden. Wird der Fehler nicht gefunden, nützt der Austausch einer durchgebrannten Sicherung nichts.

Sicherung brennt immer wieder durch

Ist nach dem Auswechseln schon die x-te Sicherung an gleicher Stelle durchgebrannt, wird es Zeit, den Fehler einzukreisen. Zunächst die Zündung und sämtliche Verbraucher ausschalten.

□ Mit dem Schaltplan klären, wann die Sicherung Strom erhält. Dies kann entweder ständig sein (z. B. Sicherung 10) oder erst bei entsprechender Zündschlüsselstellung (z. B. Sicherung 2 in Stellung 1 oder Sicherung 6 in Stellung 2). Klären Sie, welche Verbraucher an die Sicherung angeschlossen sind.

□ Statt einer neuen Sicherung verwendet man nun ein Drahtstück und überbrückt die beiden Halteklemmen der Sicherung ganz kurz (ca. 1 Sekunde). Funkt es kräftig, besteht im entsprechenden Zweig der Fahrzeugelektrik irgendwo ein Kurzschluß. Nacheinander versuchsweise die Leitungsverbindungen zu den angeschlossenen Verbrauchern auftrennen. Verschwindet das starke Funken, am gerade abgeklemmten Verbraucher den Fehler weiter suchen.

□ Funkt es beim Überbrücken nicht gleich, den Zündschlüssel so weit drehen, bis an die Sicherung Strom gelangt – Nachweis mit einer Prüflampe. Entsteht beim Überbrücken nun der starke Funke, wie beschrieben die Verbraucher durchprüfen.

□ Bisweilen entsteht der Kurzschluß erst dann, wenn der defekte Verbraucher eingeschaltet wird (z. B. Heckscheibenheizung, Scheibenwischer, Blinklichter, Bremslichter usw.). Die »Funkenprobe« wird dann schwieriger, und es ist mehr Erfahrung nötig. Leichteres Funken ist jetzt normal, weil ja ein Strom zum eingeschalteten Verbraucher fließt. Starkes Funken deutet hingegen weiter auf einen Kurzschluß hin. Verwendet man statt der Drahtbrücke ein Amperemeter im etwa 30-Ampere-Bereich, kann man dies besser klären. Schlagartiger Vollausschlag des Zeigers zeigt den Kurzschluß an (Meßkabel sofort wieder wegziehen).

Gerätebezeichnung für den Gesamtschaltplan

		Koordinate
A 1	Kombi-Instrument	1 C
e 1	Blinkerkontrolle, links	1 E
e 2	Blinkerkontrolle, rechts	1 D
e 3	Fernlichtkontrolle	1 E
e 4	Kraftstoffreserve-Warnung	1 E
e 5	Ladekontrolle	1 E
e 6	Kontrolle Bremsbelagverschleißanzeige	1 E
e 7	Kontrolle Bremsflüssigkeit und Feststellbremse	1 E
e 8	Instrumentenbeleuchtung	1 D
e 11	Kontrolle Kühlmittelstand	1 D
e 12	Kontrolle Ölstand	1 D
e 13	Kontrolle Scheibenwaschwasserstand	1 D
e 14	Kontrolle Glühlampenausfall	1 F
e 16	Vorglühkontrolle	1 F
h 1	Warnsummer	1 D
h 2	Blinkerkontrolle, akustisch	1 D
p 1	Temperaturanzeige Kühlmittel	1 E
p 2	Kraftstoffanzeige-Instrument	1 E
p 3	Öldruckanzeige	1 E
p 6	Elektronische Uhr	1 C
r 1	Regelwiderstand Instrumentenbeleuchtung	1 D
A 2	Radio*	1 F
A 12	Schließhilfe Rückwandtür	11 C
s 1	Schalter Schließhilfe Rückwandtür	11 C
s 2	Schalter Rückwandtürschloß	11 C
B 4	Geber Kraftstoffanzeige	7 H
B 5	Geber Öldruckanzeige	10 H
B 10/2	Temperaturfühler Wärmetauscher, links	9 B
B 10/3	Temperaturfühler Wärmetauscher, rechts	9 B
B 10/4	Temperaturfühler Innenluft	10 B
B 13	Temperaturfühler Kühlmittelanzeige	13 E
E 1	Leuchteinheit, links	3 H
e 1	Fernlicht	3 H
e 2	Abblendlicht	3 H
e 3	Standlicht/Parklicht	3 H
e 4	Nebellicht	3 H
e 5	Blinklicht	3 H
E 2	Leuchteinheit, rechts	4 H
e 1	Fernlicht	4 H
e 2	Abblendlicht	4 H
e 3	Standlicht/Parklicht	4 H
e 4	Nebellicht	4 H
e 5	Blinklicht	4 H
E 3	Schlußleuchte, links	5 H
e 1	Blinklicht	5 H
e 2	Schlußlicht/Parklicht	5 H
e 3	Rückfahrlicht	5 H
e 4	Bremslicht	5 H
e 5	Nebelschlußlicht	5 H
E 4	Schlußleuchte, rechts	6 H
e 1	Blinklicht	6 H
e 2	Schlußlicht/Parklicht	6 H
e 3	Rückfahrlicht	6 H
e 4	Bremslicht	6 H
E 9/6	Beleuchtung Luftmengenschalter	13 A
E 10/1	Beleuchtung Luftdüse, mitte	9 A
E 10/2	Beleuchtung Luftdüse, links	11 A
E 10/3	Beleuchtung Luftdüse, rechts	12 A
E 13/2	Handschuhkastenleuchte mit Schalter	1 G
E 15/4	Deckenleuchte mit Leseleuchte und Gurtwarnung	1 A
E 19/1	Kennzeichenleuchte, links	5 H
E 19/2	Kennzeichenleuchte, rechts	6 H
E 20	Beleuchtung Lichtdrehschalter	12 A
E 25/1	Innenleuchte, C-Säule links	7 H
E 25/2	Innenleuchte, C-Säule rechts	7 H
E 25/3	Innenleuchte, D-Säule links	8 H
E 25/4	Innenleuchte, D-Säule rechts	7 H
F 1	Sicherungs- und Relaiskasten	3 D
G 1	Batterie	13 H
G 2	Drehstromgenerator mit elektronischem Regler	13 G
H 1	Zweiklang-Signalanlage	2 H
M 1	Starter	13 H
M 2	Gebläsemotor	11 B
M 5/1	Wascherpumpe	1 B
M 5/3	Wascherpumpe Rückwandtür	8 H
M 6/1	Wischermotor	4 A
M 6/4	Wischermotor Rückwandtür	9 B
M 9	Belüftungsgebläse Innentemperaturfühler**	10 B
M 11	Automatische Antenne*	8 G
M 13	Umwälzpumpe	10 B

		Koordinate
N 2/1	Steuergerät Gurtstraffer	2 A
N 7	Lampenkontrollgerät	5 G
N 10	Kombirelais (Blinker, heizbare Heckscheibe, Wischermotor)	5 A
N 13	Intervall-Nachwisch-Elektronik Hecktür	10 C
N 14	Vorglühzeitrelais	13 C
N 18	Steuer- und Bediengerät Heizungsautomatik	10 A
R 1	Scheibenbeheizung Rückwandtür	9 C
R 2/2	Waschdüsenbeheizung, links	11 F
R 2/3	Waschdüsenbeheizung, rechts	12 F
R 3	Zigarrenanzünder mit Ascherbeleuchtung, vorn	1 G
R 9	Glühkerzen	13 D
R 12/1	Zündpille Gurtstraffer, vorn links	2 B
R 12/2	Zündpille Gurtstraffer, vorn rechts	2 B
R 14	Vorwiderstandsgruppe Gebläsemotor	12 B
S 1	Lichtdrehschalter	5 C
S 2/2	Glühstartschalter	7 A
S 3	Luftmengenschalter	13 A
S 4	Kombi-Schalter	3 A
s 1	Blinkerschalter	3 A
s 2	Lichthupenschalter	3 A
s 3	Abblendschalter	3 A
s 4	Wascherschalter	4 A
s 5	Schalter Wischgeschwindigkeit	4 A
s 5	I Intervallwischen	4 A
s 5	II Langsames Wischen	4 A
s 5	III Schnelles Wischen	4 A
S 6	Warnblinkschalter	8 A
S 7	Signalkontakt	3 A
S 8/1	Warnsummerkontakt Beleuchtung	1 B
S 9	Bremslichtschalter	6 G
S 10/1	Kontaktfühler Bremsbeläge, vorn links	1 G
S 10/2	Kontaktfühler Bremsbeläge, vorn rechts	1 H
S 11	Schalter Bremsflüssigkeitskontrolle	1 H
S 12	Schalter Feststellbremskontrolle	1 H
S 14	Schalter heizbare Heckscheibe	6 A
S 16/2	Rückfahrlichtschalter	8 C
S 17/3	Türkontaktschalter, vorn links	1 A
S 17/4	Türkontaktschalter, vorn rechts	1 B
S 17/5	Türkontaktschalter, hinten links	8 G
S 17/6	Türkontaktschalter, hinten rechts	8 G
S 18/1	Schalter Deckenleuchte, hinten	7 G
S 25/1	Temperaturschalter 100 °C	13 F
S 41	Schalter Kühlmittelstandskontrolle	1 C
S 42	Schalter Scheibenwaschwasserstandskontrolle	1 C
S 43	Schalter Ölstandskontrolle	10 H
S 78/1	Wischerschalter Heckscheibe I Dauerwischer II Intervallwischer	9 H
S 78/2	Wascherschalter Heckscheibe	8 H
W 1	Hauptmasse (hinter Kombi-Instrument)	
W 2	Masse, vorn rechts (bei Leuchteinheit)	
W 3	Masse, Radlauf vorn links (Zündspule)	
W 4	Masse, Deckenleuchte vorn	
W 6	Masse, Kofferraum Radlauf links	
W 7	Masse, Kofferraum Radlauf rechts	
W 8	Masse, Hecktür	
W 9	Masse, vorn links (bei Leuchteinheit)	
W 10	Masse, Batterie	
W 11	Masse, Motor (elektrische Leitung angeschraubt)	
W 12	Masse, Mittelkonsole	
X 4	Leitungsverbinder Klemme 30, Rel./Sicherungskasten	7 D
X 6	Leitungsverbinder Klemme 58 d	7 B/12 B/8 H/9 H
X 8	Leitungsverbinder Rückwandtür	9 E/5 H
X 13	Steckverbindung (Zigarrenanzünder)	1 G
X 18	Steckverbindung Schlußlampenleitungssatz	6 G
X 24	Steckverbindung Scheinwerferleitungssatz	3 G
X 26	Steckverbindung Motorleitungssatz	11 F
X 27	Steckverbindung Starterleitungssatz	9 F
X 28/1	Steckverbindung Einspeisung Gurtstraffer	2 B
X 29	Prüfanschluß Gurtstraffer	2 B
X 35	Leitungsverbinder Klemme 30/Klemme 61 (Batterie)	11 F
X 49/1	Steckverbindung Rückfahrlichtschalter	8 E
X 59/1	Steckverbindung Motorlüfter/Temperaturf. Kühlmittel	13 E
X 63	Steckverbindung Lenkungsleitungssatz	3 A
Y 2	Elektromagnetische Kupplung Motorlüfter	13 F
Y 21	Duoventil	11 B

* Sonderausstattung

** Sonderausstattung (nur in Verbindung mit elektr. Schiebedach)

Gesamtschaltplan Typ 200 TD

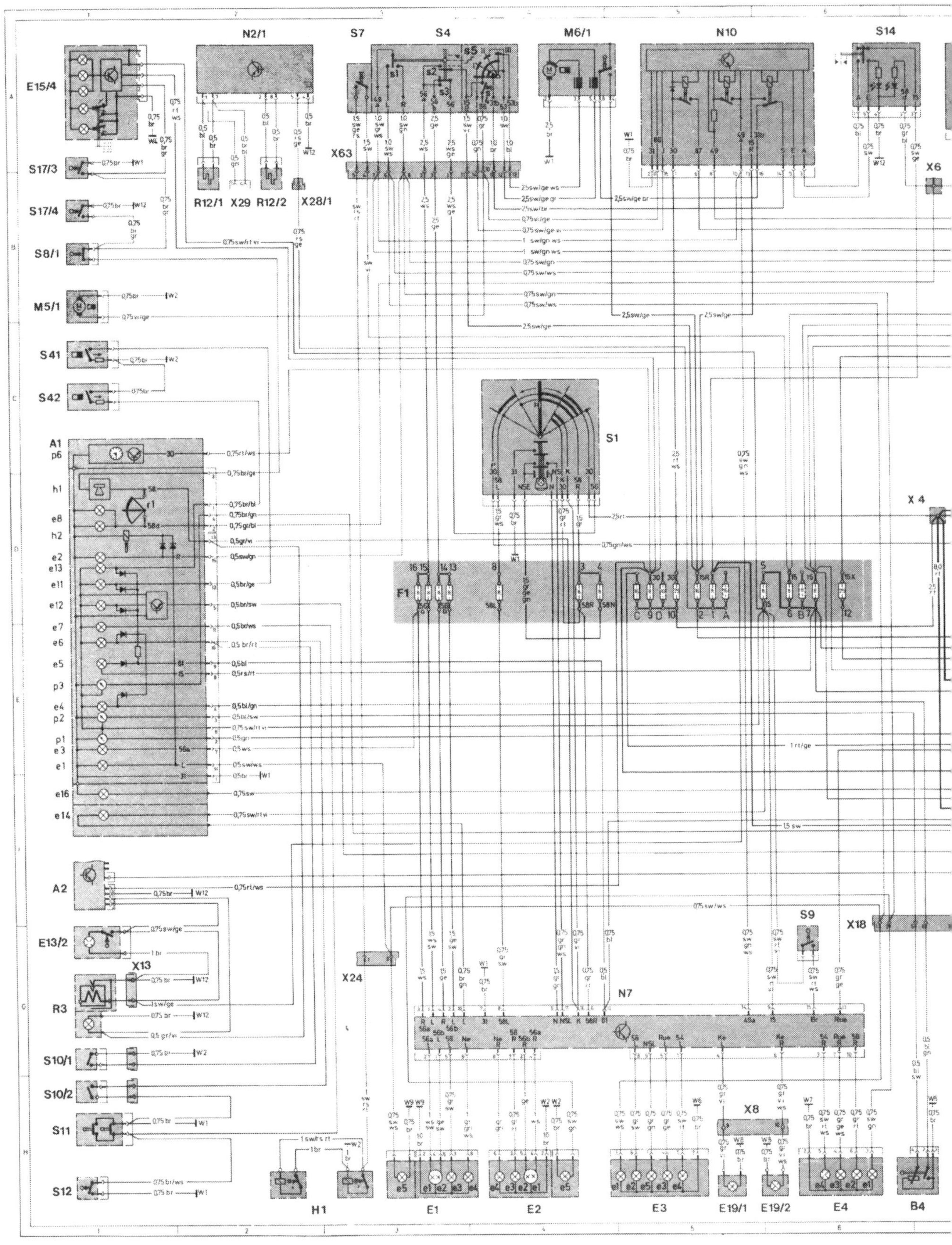

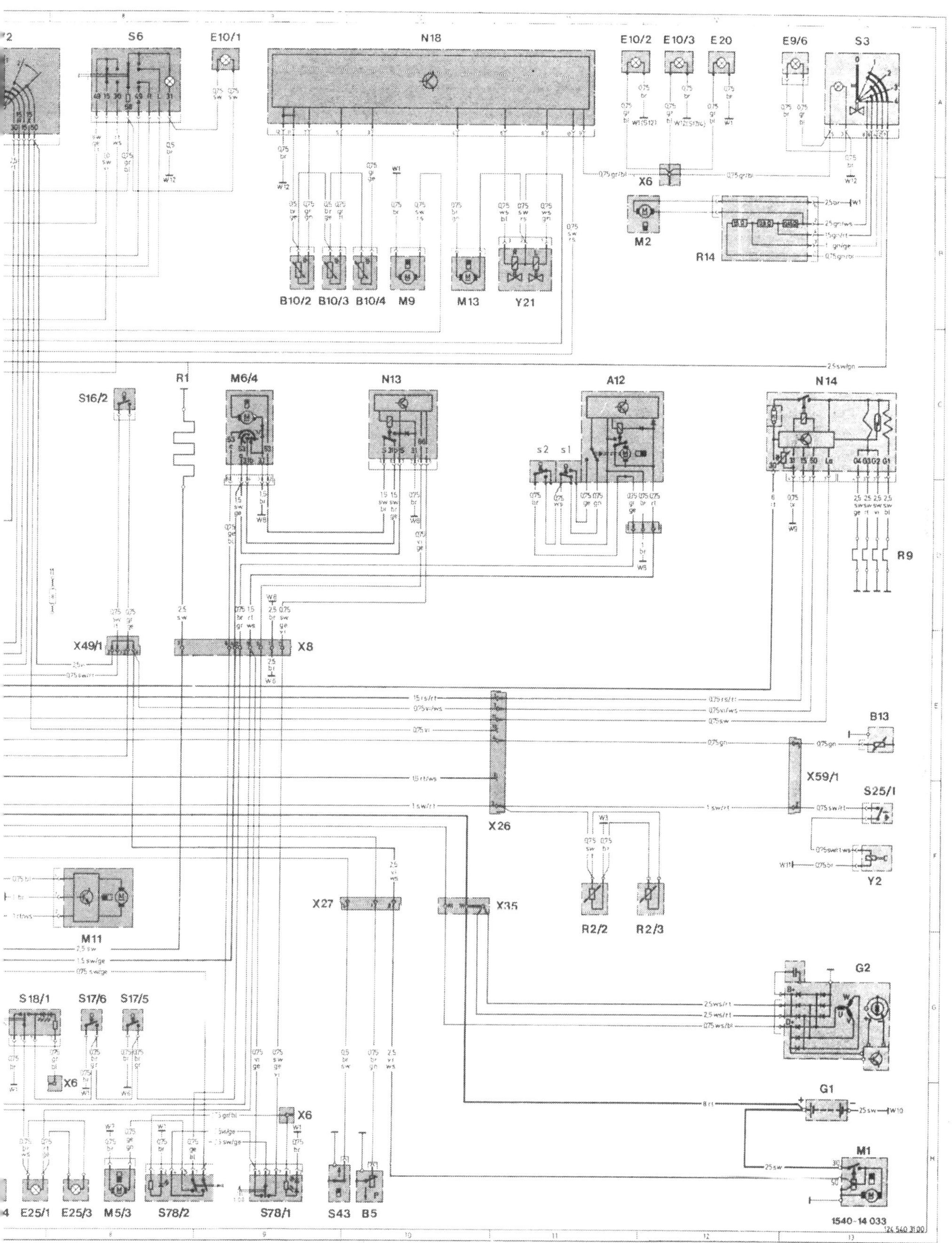

Hinweis: Neben diesem Gesamtschaltplan sind für Sonderausstattungen weitere Schaltpläne gültig, siehe Seite 179. Bei welchen Modellen eine elektronische Leerlaufdrehzahlregelung eingebaut ist, steht auf Seite 98. Nur beim Vierzylindermotor wird der Lüfter elektrisch zugeschaltet. Ansonsten ist eine Visko-Lüfterkupplung eingebaut. Die Schließhilfe ist nur beim Kombi eingebaut.

Fingerzeig: *Wenn ein Stromverbraucher ausfällt, liegt es bisweilen auch daran, daß die Haltezungen der betreffenden Sicherung lose oder oxidiert sind, so daß der Strom nicht hindurchfließen kann. Sicherungen herausnehmen, Haltezungen sauber kratzen und zusammendrücken. Schmelzsicherung wieder einsetzen und mehrmals in den zusammengedrückten Zungen drehen, damit sich die Berührungsflächen gegeneinander blank reiben und wieder einwandfreier Kontakt herrscht. Am besten eine neue Sicherung einsetzen.*

Lesen der Schaltpläne

Alle Geräte sind im Schaltplan mit einem Großbuchstaben und einer Ziffer bezeichnet. In der Geräteliste zum Schaltplan auf Seite 183 finden Sie unter dieser Bezeichnung den Namen des Gerätes und zusätzlich eine Koordinatenangabe. Damit können Sie das Gerät schnell im Schaltplan finden. Wenn ein elektrisches Gerät nicht funktioniert, dieses im Schaltplan suchen und dann seine Verschaltung verfolgen. Hierzu ein Beispiel: Wenn es nicht hupt, die Hupen im Schaltplan suchen. Eine schwarz/rosa/rote Leitung verbindet die beiden Hupen und führt dann über die Steckverbindungen X 24 und X 63 zum Hupenkontakt im Kombischalter. Dorthin liefert ein schwarz/violettes Kabel von Sicherung Nr. 6 Strom bei eingeschalteter Zündung. Die Hupen sind über braune Leitungen am Massepunkt W 9 mit der Fahrzeugmasse verbunden.
Zur Fehlereinkreisung könnten Sie beispielsweise die Steckverbindung X 63 abziehen und die Buchsen 4 und 5 verbinden. Hupt es beim Einschalten der Zündung, ist der Hupenkontakt im Kombischalter der Störenfried. Hupt es weiterhin nicht, die Sicherung Nr. 6 und noch den Masseanschluß der beiden Hupen überprüfen.

Relais und Steuergeräte

Will man an die Relais gelangen, muß man die Sicherungsabdeckung abnehmen und die 6 Schrauben oben am Sicherungs- und Relaiskasten herausdrehen. Die Zeichnung rechts unten klärt die Anordnung der Relais.
Einfache Relais für das Ein- und Ausschalten eines Stromkreises kommen im Mercedes nur noch bei manchen Sonderausstattungen zum Einsatz. Meist sind die eingebauten Relais »intelligent«. Das bedeutet, daß das Schalten dieser Relais noch von der eingebauten Elektronik abhängig ist. Man nennt diese Relais deshalb jetzt elektronische Schaltgeräte. Hierzu zählen:
□ Kombirelais (N 10 in den Schaltplänen): Dies ist ein dreiteiliges Relais für Blinker, Heckscheibenheizung und Wischer. Es erzeugt die Blinkimpulse und die Intervalldauer für die Scheibenwischer. Außerdem schaltet es den Strom zur Heckscheibenheizung nur dann für 20 Minuten ein, wenn die Batteriespannung über ca. 11 Volt liegt.
□ Vorglüh-Zeitrelais (N 14): Temperatur- und zeitabhängig erfolgt die Spannungsversorgung der Glühkerzen (weitere Beschreibung Seite 107).
□ Überspannungsschutz (K 1): Dieses Relais hinter der Batterie schaltet bei einer bestimmten Spannung aus. So werden alle elektronischen Steuergeräte vor Überspannungen aus dem Bordnetz geschützt. Diese können bei ausgefallenem Regler der Lichtmaschine oder dem Anschluß eines Batterieladegerätes mit zu hoher Spannung auftreten.

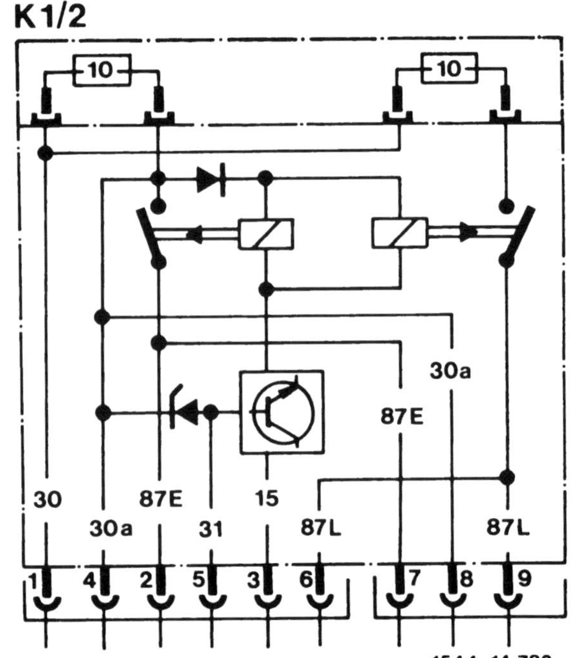

Hier ist die innere Verschaltung des Überspannungsschutzes gezeigt. Der dargestellte Überspannungsschutz mit zwei Sicherungen kann bei Fahrzeugen mit ASD, 4MATIC und ABS eingebaut sein.
Über Klemme 30 wird ständig Batteriespannung angelegt. Über die linke Sicherung abgesichert, gelangt die Spannung an Klemme 30a und versorgt von dort die Fehlerspeicher elektronischer Steuergerät ständig mit Spannung. Beim Einschalten der Zündung gelangt über Klemme 15 Spannung zur eingebauten Steuerelektronik und die beiden Relaiskontakte werden geschlossen – die Klemmen 87 E und 87 L führen jetzt abgesichert Spannung.
Steigt die Batteriespannung über 22 V (z.B. wenn der Regler der Lichtmaschine defekt ist), öffnen die Relaiskontakte und unterbrechen so die Spannungsversorgung der elektronischen Geräte.

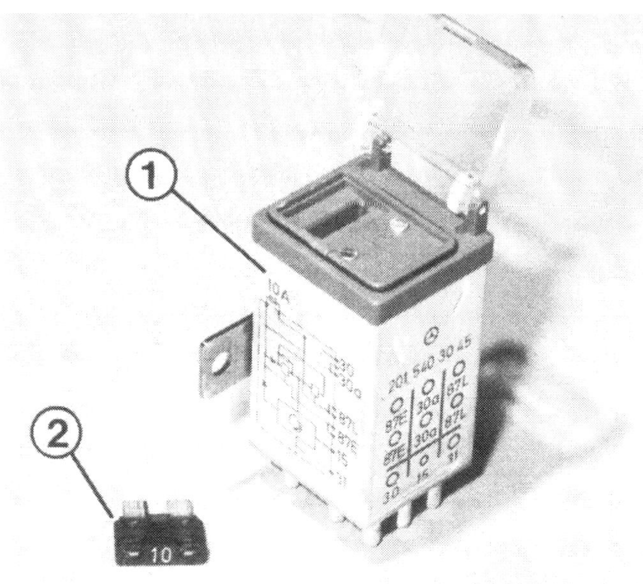

Über den Überspannungsschutz (1) werden alle elektronischen Geräte mit Betriebsspannung versorgt. Je nach Ausführung sind an der Oberseite eine oder zwei 10A-Flachstecksicherungen (2) eingesteckt. Besorgen Sie sich rechtzeitig gleich zwei Sicherungen und befestigen Sie diese mit Klebeband am Überspannungsschutz.
Der Überspannungsschutz ist hinter der Batterie eingebaut.

Oben am Überspannungsschutz ist eine 10-A-Sicherung eingesteckt. Diese Sicherung ist als Flachsicherung ausgeführt. Ist sie durchgebrannt, sind alle Systeme mit elektronischem Steuergerät außer Funktion.

□ Steuergerät für Gurtstraffer (N 2): Bei einer bestimmten Fahrzeugverzögerung werden die Zündpillen in den Gurtstraffern und ggf. im Airbag mit Spannung versorgt (Seite 237).

□ Lampenkontrollgerät (N 7): Bei Ausfall einer Glühlampe leuchtet die Warnlampe im Armaturenbrett.

□ Steuer- und Bediengerät der Heizungsautomatik (N 18): Abhängig von Einstellung und Innenraumtemperatur erfolgt die Spannungsversorgung des Duoventils (Abb. Seite 231).

□ Steuergerät der Leerlaufdrehzahl-Regelung (N 8): Je nach Kühlmitteltemperatur wird der Stellmagnet verschieden angesteuert (Abb. Seite 100 und 188).

□ Steuergerät ASD (N 47): Es sitzt hinter der Batterie und verarbeitet Drehzahlimpulse. Im Bedarfsfall wird das ASD (Seite 130) zugeschaltet.

□ Steuergerät 4MATIC (N 48): Siehe Seite 134.

□ Steuergerät Kompressorabschaltung (N 6): Abhängig von der Stellung der Bedienungsschalter und dem Betriebszustand des Motors schaltet dieses Steuergerät den Kompressor der Klimaanlage ein und aus. Eingebaut ist es hinter der Batterie.

□ Steuergerät Kickdown-Abschaltung: Bei Fahrzeugen mit automatischem Getriebe wird das Hochschalten bei Kickdown von diesem Steuergerät beeinflußt. Es ist hinter der Batterie eingebaut.

□ Steuergerät Tempomat (N 4): Das Steuergerät ist hinter der oberen Verkleidung im Fahrerfußraum eingebaut. Bei Fahrzeugen mit automatischem Getriebe und Tempomat wird in

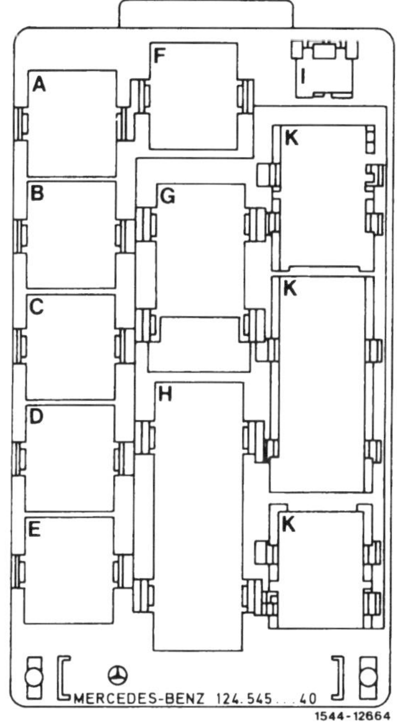

Anordnung der Relais

A Relais für Fensterheber/Sitzverstellung (Hauptrelais)
B Relais für Zusatzlüfter Vorwiderstand
C Relais für Zusatzlüfter
D Relais für Scheinwerferreinigungsanlage
E Relais für Saugrohrheizung (Vergasermotor)
F Relais für Sicherungsdose 2polig für Zusatzheizung
G Relais für Abschaltventil-Relais (Vergasermotor)
H Relais für Kombirelais (Blinker, heizbare Heckscheibe, Wischer)
I Relais für Diode (Fensterheber, Sitzverstellung)
K Lampenkontrollgerät

An den Anschlußsteckern (25- oder 30polig) zu den Steuergeräten können Betriebsspannungen und Gebersignale entsprechend den Schaltplänen bequem gemessen werden. Die Stecker nur bei ausgeschalteter Zündung aus- und einstecken.
Die Skizze unten zeigt die Anordnung der Steckerbuchsen am 25poligen Stecker. Am 30poligen Stecker ist die Anordnung sinngemäß gleich. Beim Messen darauf achten, daß die empfindlichen Buchsenkontakte nicht beschädigt werden.

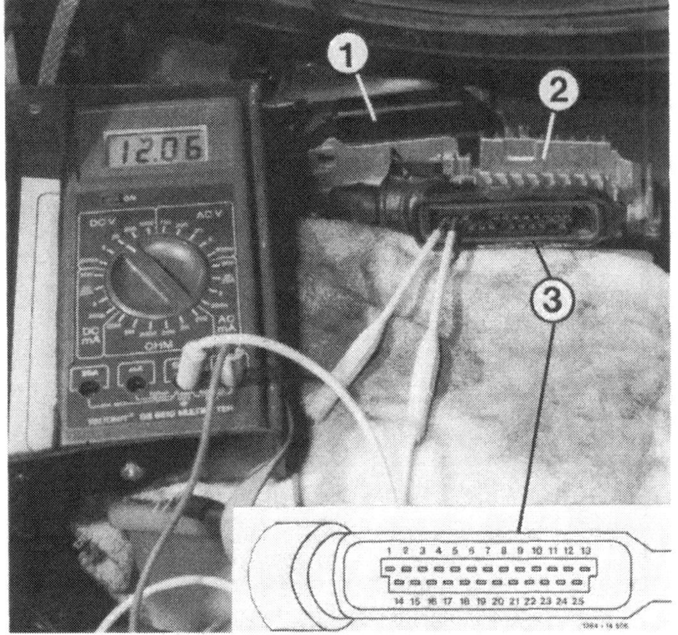

Abhängigkeit vom Bedienungsschalter, der Fahrzeuggeschwindigkeit und der Stellung des Bremspedals der Stellmotor am Gasgestänge entsprechend angesteuert.

□ Steuergerät Sitzheizung: Zeitabhängig werden verschiedene Heizleistungen geschaltet (siehe Seite 238 und 250 unten).

□ Steuergerät Zusatzheizung (N 33): Das Steuergerät ist hinter der Batterie eingebaut. Abhängig von der Einstellung der Zeitschaltuhr und weiteren Faktoren steuert es das Heizungsgebläse, eine elektrische Kühlmittel-Umwälzpumpe, das Brenner-Luftgebläse sowie die Brenner-Glühkerze.

Schäden an elektronischen Geräten

Der Laie überschätzt zumeist eher die Empfindlichkeit elektronischer Geräte. Wenn keine Kürzschlüsse oder Fehlschaltungen an den Anschlüssen verursacht werden, sind Ausfälle recht selten. Im Fahrzeug sind die Geräte noch durch Sicherungen oder über den Überspannungschutz abgesichert. Sicherheitshalber noch folgendes beachten:

□ Motor nur mit angeschlossener Batterie laufen lassen.

□ Nur bei stehendem Motor und bei ausgeschalteter Zündung Steckverbindungen lösen.

□ Zum Laden der Batterie beide Polklemmen abnehmen.

□ Bei Elektroschweißarbeiten sicherstellen, daß keine Spannungsspitzen über die Fahrzeugmasse Schäden verursachen. Dazu die Polklemmen an der Batterie lösen und die beiden Polklemmen mit einem Starthilfekabel fest miteinander verbinden.

□ Die Leitungsverbindungen im Verbund Lichtmaschine-Batterie-Masse müssen fest sitzen, damit es nicht zu Spannungsspitzen durch Wackelkontakte kommt.

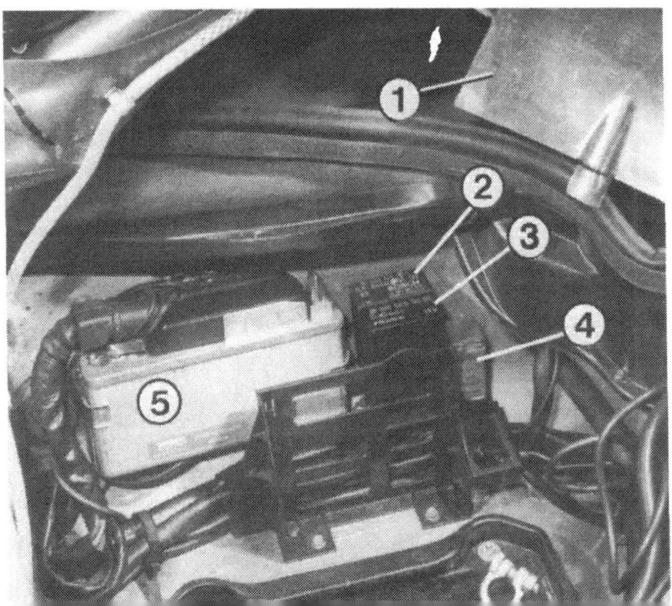

Hier wurde die Batterie und die Kunststoffabdeckung (1) dahinter ausgebaut. Es bedeuten: 2 – Steuergerät der elektronischen Leerlauf-Regelung (Seite 99); 3 – Steuergerät für die Kompressorabschaltung bei Klimaanlage (Seite 232); 4 – Überspannungsschutz; 5 – Steuergerät ABS (Seite 164).

Von Pol zu Pol

Ihr Mercedes besitzt, wie allgemein üblich, eine Bleibatterie. Der Fachmann nennt sie genauer Akkumulator. Bei ihr ist die Energieumwandlung umkehrbar. Das bedeutet ganz einfach: Beim Entladen wird aus chemischer Energie elektrische Energie gewonnen, und beim Laden wird elektrische Energie in chemische Energie umgewandelt.
Die Batterie in Ihrem Mercedes ist von neuer Technik geprägt: Gegenüber den früher üblichen 88-Ah-Batterien ist sie um 20% leichter, hat aber trotzdem 6% mehr Kaltstartleistung.

So funktioniert die Batterie

Eine Bleiplatte als Elektrode, die mit verdünnter Schwefelsäure (dem Elektrolyt) in Verbindung kommt, gibt unter dem Einfluß des Lösungsdruckes positive Ionen, also elektrisch geladene Teilchen an den Elektrolyten ab. Dadurch wird zwischen der Bleiplatte und dem Elektrolyten eine elektrische Spannung aufgebaut.
In der Praxis verläßt man sich jedoch nicht auf diesen freiwilligen Übertritt geladener Teilchen, sondern zwingt der Batterie eine Ladespannung auf. Das hat den Effekt, daß sich das Bleisulfat der Platten einer entladenen Batterie an der positiven Elektrode in Bleidioxid und an der negativen Elektrode in Bleischwamm umwandelt. Gleichzeitig wird im Elektrolyten wieder Schwefelsäure gebildet, und als äußeres Zeichen für den fast abgeschlossenen Ladevorgang steigen Gasbläschen auf.
Beim Entladen dreht sich der Vorgang um. Das Bleidioxid der positiven Platte und der Bleischwamm der negativen werden wieder zu Bleisulfat, wobei sich die Schwefelsäure verbraucht und Wasser gebildet wird. Mit der Entladung sinkt deshalb die Säuredichte ab.

Batterie-Daten

Typnummer: Eine fünfstellige Zahl dient einheitlich bei allen deutschen Batterie-Herstellern zur Kennzeichnung von Leistung, Abmessungen und Bauart. Bei unseren Modellen lautet die entsprechende Kennzahl 57217. Die auf die Ziffer 5 folgende Zahl gibt die Batterie-Kapazität an. Die nachfolgenden beiden Ziffern kennzeichnen Konstruktionsmerkmale sowie die Ausführung.
Spannung und Kapazität: In der Angabe 12 V/72 Ah gibt die vorangestellte 12 V natürlich die Spannung an. Hinter dem Schrägstrich ist die Stromstärke in ihrer »zeitlich lieferbaren Menge« vermerkt – »Ah« steht für Amperestunden. Das ist die Nenn-Batteriekapazität, die nach Normbedingungen gemessen wird. In Wirklichkeit rechnet man allerdings nur mit 2/3 der angegebenen Kapazität; bei einer älteren Batterie lediglich mit der Hälfte.
Kälteprüfstrom: Die Zahl 420 A nennt die Stromstärke, welche die Batterie bei −18° C liefern kann.

Leistung der Batterie

Etwa 9 Watt werden verbraucht, wenn Sie Ihren Mercedes mit eingeschaltetem Parklicht abstellen. Bei 12 Volt Spannung fließen dazu (nach folgender Formel: Leistung geteilt durch Spannung = Strom) 0,75 Ampere. Die können von der 72-Ah-Batterie theoretisch etwa 96 Stunden lang geliefert werden.
Realistisch betrachtet sieht es aber schlechter aus:
- □ Nach etwa 50 Stunden ist das Parklicht aus und die Batterie leer.
- □ Bei brennendem Standlicht versagt die Stromlieferung nach rund 20 Stunden.
- □ Mit eingeschalteten Warnblinkern reicht der Strom etwa 8 Stunden.
- □ Die größten Anforderungen an die Batterie stellt der Anlasser. Daher auch der Name »Starterbatterie«. Durch Reibungsverluste frißt der Anlasser im Augenblick des Einschaltens über 4000 Watt. Zum Durchdrehen des warmen Motors braucht er nur etwa 1/4 dieser Lei-

stung. Andererseits wird der Strombedarf des Anlassers höher, wenn die Temperaturen sinken und die Schmierstoffe dadurch zäher sind.

Fingerzeig: *In Ihrem Mercedes werden immer mehr Geräte auch bei abgeschalteter Zündung mit Strom versorgt. Obwohl der Stromverbrauch sehr gering ist (2–10 mA), kann sich dies bei entsprechender Ausstattung auf 50 mA und mehr addieren. Eine nur halb geladene 72-Ah-Batterie ist da in 30 Tagen leer. Geräte, die ständig versorgt werden, sind: Senderspeicher im Radio, Sitzmemory, Fehlerspeicher in Steuergeräten, Uhr, Diebstahlwarnanlage, Reiserechner usw.*

Temperatureinfluß auf die Batterie

Batterien haben die Eigenart, desto unwilliger auf Kälte zu reagieren, je weniger Strom sie gespeichert haben. Völlig leere Akkus sind so empfindlich, daß sie bei Frost einfrieren und platzen können. Ist die Batterie dagegen mit Strom randvoll gepackt, verträgt sie die Kälte verhältnismäßig gut und hat auch nach eiskalten Nächten noch genügend Temperament im Leib, um den Anlasser so lange durchzudrehen, bis der Motor anspringt. Vor der kalten Jahreszeit empfiehlt sich daher die Kontrolle der Batterie, siehe nächste Abschnitte.
Aber auch eine sehr gut geladene Batterie kann streiken, wenn sie zu kalt wird. Das betrifft eigentlich nur Laternenparker, denn in der Garage bleiben die Temperaturen ja gewöhnlich über dem Gefrierpunkt. Sind Nachtfröste unter –10 bis –15 °C angesagt, können Sie die Batterie ausbauen und in der warmen Stube – aber nicht direkt auf der Heizung – übernachten lassen. Am nächsten Morgen ist sie schnell wieder eingebaut und besorgt den Motorstart in quicklebendiger Verfassung. Oft hilft das Warmstellen auch noch frühmorgens nach einer frostklirrenden Nacht, allerdings gleich nach dem ersten Startversuch und nicht, wenn der Akku schon leergeorgelt ist.

Batterie prüfen
Wartung Nr. 25

□ **Säurestand:** In der Batterie befindet sich Schwefelsäure, die mit destilliertem Wasser verdünnt ist. Da die Wasseranteile verdunsten können, muß man gelegentlich den Säurestand der Batterie prüfen und ggf. destilliertes Wasser nachgießen.
Die Batteriesäure muß zwischen den Markierungen am Batteriegehäuse stehen. Die Original-Batterie ist mit einem Überfüllschutz ausgestattet: Zum Nachfüllen die Verschlußschraube abnehmen und den Raum darunter auffüllen.
□ **Ladezustand:** Hierzu braucht man einen Säuremesser (Abb. oben). Seine Ansaugspitze durch den Gummi des Überfüllschutzes stoßen und soviel Säure ansaugen, daß der Schwimmer frei schwimmt.
Je nach Ladezustand besitzt die Säure ein unterschiedliches spezifisches Gewicht, der Schwimmer taucht entsprechend tief in die Säure ein, und Sie können den Ladezustand ablesen. Bei 1,28 kg/l ist die Batterie voll geladen, bei 1,20 kg/l halb geladen und bei 1,12 kg/l entladen.
Es ist noch kein Unheil, wenn alle sechs Zellen eine gleichmäßig niedrige Säuredichte zeigen. Oft genügt nachladen. Ist aber eine Zeile deutlich stärker entladen und die Batterie schon 3–5 Jahre alt, muß wohl bald eine neue her.
□ **Verschraubungen:** Beide Polklemmen müssen fest angezogen sein. Spannungsspitzen durch Wackelkontakte können elektronische Bauteile beschädigen.
Die Batterie muß fest angeschraubt sein.

Fingerzeige: *In eine tief entladene Batterie erst nach dem Aufladen destilliertes Wasser nachfüllen! Beim Laden steigt der Säurestand nämlich an, und eine vorher befüllte Batterie könnte »überkochen«.*
In die Batterie darf nur destilliertes Wasser oder auch entsalztes (ionengetauschtes) Wasser gefüllt werden. Leitungswasser, Regenwasser und auch abgekochtes Wasser enthält leitfähige Salze und andere mineralische Stoffe, die der Batterie schaden.
Batteriesäure frißt Löcher in Kleidungsstücke. Ein bespritzes Kleidungsstück sofort waschen. Seifenlauge neutralisiert die Säure.

Batterie ausbauen

Hinten rechts im Motorraum, im sogenannten Aggregateraum, ist die Batterie auf ihre Konsole geschraubt.
Grundsätzlich muß an der Batterie zuerst das Minuskabel abgenommen werden, damit beim weiteren Hantieren kein Kurzschluß auftreten kann.

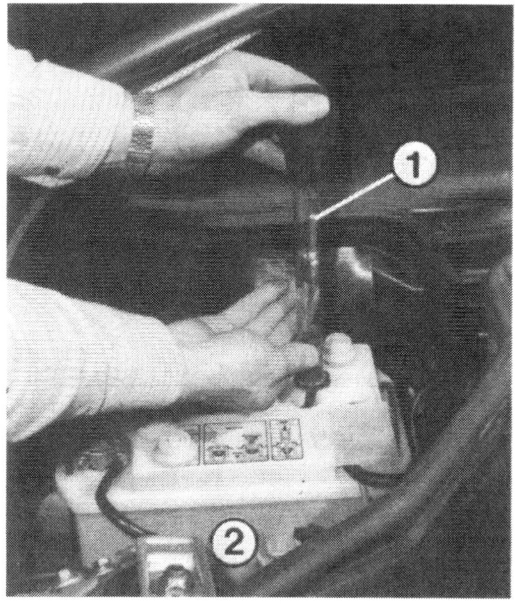

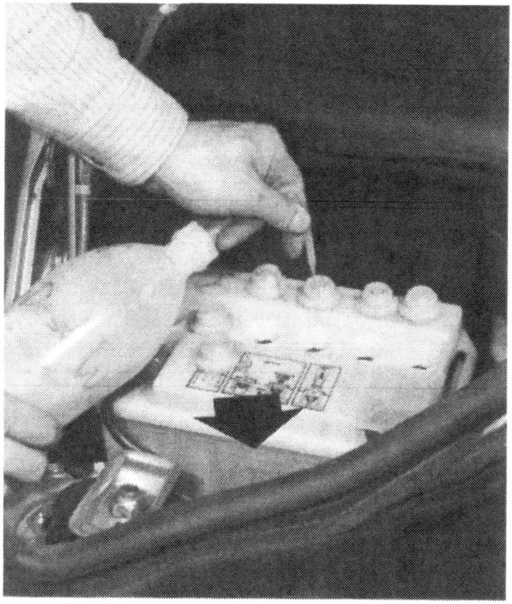

Links: Der Ladezustand der Batterie (2) wird mit einem Säuremesser (1) an jeder Zelle geprüft.

Rechts: Jede Zelle muß bis zu den Markierungen (Pfeil) gefüllt sein. Wenn nicht, destilliertes Wasser nachgießen.

- Mutter an der Klemme des Minuskabels lösen, Klemme vom Batteriepol abheben.
- Pluskabel-Klemme lösen und abnehmen.
- Schraube der Halteleiste am Batteriefuß losdrehen, Schraube und Leiste abnehmen.
- Batterie herausheben.
- Beim Einbau zuerst das Pluskabel anschließen, dann die Minusklemme.
- Ein Vertauschen der Kabelklemmen ist nur mit Gewalt möglich, denn der Pluspolkopf ist dicker als der Minuspolkopf.
- Pluspolabdeckung aufsetzen.

Batterie sauberhalten

- Ein verschmutzes Batteriegehäuse mit Kaltreiniger, Wasser und einer kräftigen Bürste abwaschen.
- Oxidkristalle an den Batterieklemmen mit warmem Sodawasser abwaschen oder mit »Neutralon« von Varta behandeln.
- An den Stopfen kontrollieren, ob ihre Ent lüftungsbohrungen frei sind, sonst säubern.
- Batteriepolköpfe und Kabelklemmen mit Säureschutzfett (Bosch »Ft 40 v 1«) einstreichen.
- Kein Fett erhalten die Polkopfseiten und die Innenseiten der Klemmen, sonst kann es Kontaktschwierigkeiten geben.

Batterie laden

Auch wenn die Batterie nichts zu leisten hat, will sie gelegentlich geladen werden. Sie hat nämlich die Untugend, sich mit der Zeit selbst zu entladen. Die Batterie darf mit einem Ladegerät nur dann geladen werden, wenn beide Polklemmen abgenommen sind (Schutz elektronischer Geräte).

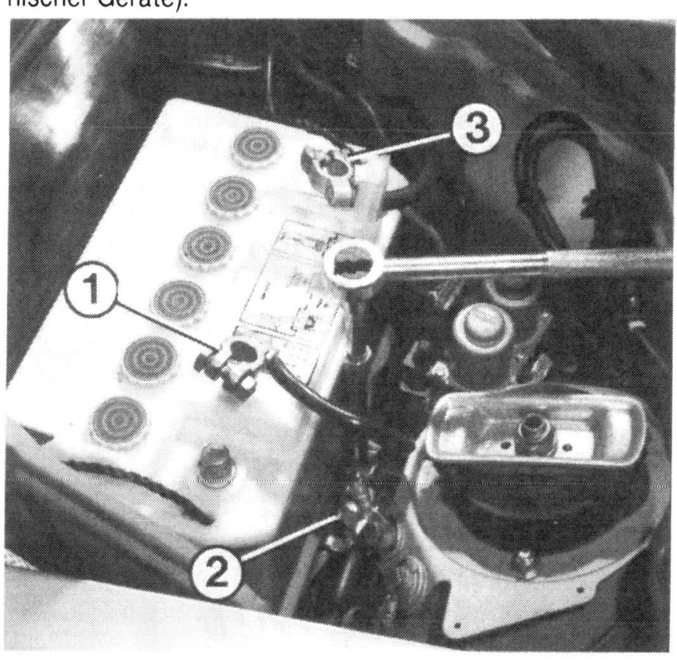

Zu vielen Reparaturen, besonders bei Arbeiten an der Kraftstoffanlage oder an der Fahrzeug-Elektrik (natürlich nicht zu Stromprüfungen) soll die Minuspolklemme (1) an der Batterie gelöst werden, um Kurzschluß- oder Brandschäden zu vermeiden. Auch bei noch angeschlossenem Pluskabel ist damit das Fahrzeug stromlos. Die Batterie wird am Fuß mit einem Haltewinkel (2) befestigt. Weiterhin: 3 – Pluspolklemme.

Ladegerät anschließen

- Beide Polklemmen abnehmen.
- Pluskabel an Batterie-Pluspol, Minuskabel an Minuspol anklemmen.
- Die Batteriestopfen können eingeschraubt bleiben. Das sich beim Laden bildende Gas kann durch die Entlüftungsbohrungen in den Stopfen entweichen.
- Der Ladestrom soll anfangs etwa 10% der Batteriekapazität nicht übersteigen. Bei starken Ladegeräten den Strombereich entsprechend einstellen.
- Die Batterie ist voll geladen, wenn ihre Säuredichte innerhalb von zwei Stunden nicht mehr ansteigt.
- Beim Batterieladen wird das destillierte Wasser teilweise zersetzt. Es bilden sich Gasblasen aus Wasserstoff und Sauerstoff – das hochexplosive Knallgas.
- Wenn mit hohem Strom geladen wird, für gute Durchlüftung des Raumes sorgen.
- Beim Laden der Batterie in deren Nähe nicht rauchen und kein offenes Feuer verwenden.
- Auch Funken beim Ab- oder Anklemmen des Laders bzw. der Batteriekabel können das Knallgas entzünden.

Schnelladung der Batterie

Wer es eilig hat, kann seine Batterie bei Tankstelle oder Werkstatt schnelladen lassen. Nach einer Stunde ist die Batterie wieder voll. Beachten Sie:

□ Einem älteren Akku kann die Schnelladung das Leben kosten, dann muß eine ohnehin bald fällige neue Batterie her.

□ Beide Batteriekabel müssen abgenommen werden. Durch den hohen Ladestrom können die empfindlichen elektronischen Bauteile im Auto Schaden nehmen.

□ Batterie-Verschlußstopfen herausdrehen und lose in die Öffnungen stecken, da der Akku bei der Schnelladung erheblich »gast«. Bei abgenommenen Stopfen sprüht durch die aufsteigenden und zerplatzenden Gasblasen ein feiner Säurenebel aus der Batterie, der sich rundum niederschlägt. Zum Schutz der Umgebung eine Plastikfolie oder Zeitung zum Abdekken verwenden. Am besten Batterie ausbauen.

Start mit leerer Batterie

Starthilfekabel

Am einfachsten geht der Start bei leerer Batterie mit einem Satz Starthilfekabel. Sie müssen aber einen genügend starken Querschnitt und kräftige Anschlußklemmen haben, um die notwendige Stromstärke für die Vorglühanlage und den Anlasser durchzulassen. Der Kabelquerschnitt sollte mindestens 16 mm^2 (ohne Isolierung) betragen. Außerdem werden zu dünne Kabel während des Startvorgangs so heiß, daß die Isolierung schmilzt und Sie sich beim Abnehmen der Klemmen die Hände verbrennen können.

- Hilfsfahrzeug (Batterie sollte mindestens 55 Ah haben) so dicht an Ihren Mercedes heranfahren lassen, daß die Batterien beider Wagen durch die Starthilfekabel miteinander verbunden werden können.
- Kontrollieren Sie, ob in Ihrem stromlosen Fahrzeug sämtliche Stromverbraucher abgeschaltet sind.
- Ein Kabel an beide Batterie-Pluspole anklemmen.
- Anderes Starthilfekabel am Minuspol der geladenen Fremdbatterie und Minuspol der leeren Batterie anklemmen.
- Motor des Hilfswagens mit erhöhter Drehzahl laufen lassen, damit die Lichtmaschine kräftig Spannung liefert.
- Erst vorglühen, dann Anlasser betätigen.
- Falls der Motor nicht gleich anspringt, zwischendurch eine kurze Pause einlegen. Hilfsmotor weiterlaufen lassen, wodurch die leere Batterie bereits etwas nachgeladen wird.
- Falls Ihr Anlasser trotz Starthilfe weiterhin nur lahm dreht, versuchen Sie die Anschlußklemmen der Starthilfekabel besser anzusetzen. Vielleicht ist auch die Batterie im Helferfahrzeug zu schwach bzw. zu alt, um dem 2,2-kW-Anlasser ausreichend Strom anbieten zu können.
- Beim Abklemmen der Starthilfekabel zuerst die Klemme vom Minuspol der geladenen Fremdbatterie abnehmen. Anschließend Minuskabel vollends abnehmen, dann Pluskabel entfernen.

Wagen anschleppen

Beim Anschleppen bei völlig leerer Batterie oder mit defekter Vorglühanlage muß der Motor durch fleißiges Drehen so viel Kompressionswärme sammeln, bis er von selbst anspringt. Ist noch etwas Batteriespannung vorhanden, sollten Sie wenigstens versuchen, den Motor vorzuglühen; damit wird die Anschleppstrecke kürzer. Je nach Außentemperatur und Motoralter (schlechte Kompression) kann sich die Schlepperei über 2 km hinziehen (nichts für Automatik-Fahrzeuge; Seite 121). Man darf also nicht zu schnell aufgeben und braucht eine Strecke, auf der man zügig schleppen kann.

Zum Anschleppen des Mercedes möglichst eine Abschleppstange verwenden. Suchen Sie sich zum Anschleppen einen schlepperfahrenen Helfer aus, damit nicht durch Ungeschick größerer Schaden entsteht. Und denken Sie daran: Bei stehendem Motor arbeiten weder der Bremskraftverstärker noch die Servolenkung!

■ »Zündung« einschalten.
■ 2. Gang einlegen. Bei großer Kälte oder bei glatter Fahrbahn erst den 3. Gang einlegen, bis der Motor durchdreht.
■ Der Zugwagen muß langsam anfahren!
■ Bei etwa 15 km/h die Kupplung langsam kommen lassen und Vollgas geben.
■ Ist der Motor angesprungen, Gang herausnehmen und Kupplung loslassen.
■ Schleppfahrer Hupsignal geben.
■ Gespann langsam abbremsen.
■ Motor nach dem Anspringen 1 Minute im Leerlauf drehen lassen. In dieser Zeit wird das Vorglühen auf jeden Fall automatisch beendet. Gibt man schon während des Vorglühens Gas, kann es zu Schäden an den Glühkerzen kommen.

Wagen anschieben oder anrollen lassen

Voraussetzung hierfür ist noch eine gewisse Batteriespannung, so daß Sie den Dieselmotor wenigstens vorglühen können. Unter Umständen genügt sogar kürzeres Glühen, als dies die Kontrolleuchte anzeigt. Mit Hilfe von zwei Leuten (ein Mann allein wird es kaum schaffen) könnte es gelingen, den Mercedes anzuschieben.

■ »Zündung« einschalten und gleich mit dem ersten Startversuch beginnen. Während das Fahrzeug in Bewegung gebracht wird, vorglühen.
■ Fahrzeug im Leerlauf und bei getretener Kupplung anschieben bzw. anrollen lassen.
■ Ist der Wagen in Schwung, 2. oder 3. Gang einlegen (Versuch) und sofort die Kupplung schnell (fast schlagartig) kommen lassen. Der Motor wird abrupt durchgedreht und kann anspringen.
■ Kupplung sofort wieder treten und Gas geben.

Fingerzeig: *Der Motor darf nur mit angeschlossener Batterie laufen. Ansonsten entstehen Spannungsspitzen, die den elektronischen Geräten schaden.*

Die Lebensdauer der Batterie

Wenn der Akku im Auto alt werden soll, muß er absolut fest eingebaut sein (Rütteln verursacht Schäden an den Bleiplatten), der Säurestand darf nicht so weit absinken, daß die Platten oben im Trockenen stehen, und die Batterie sollte immer voll geladen sein, aber nicht überladen werden.

Beim Entladen und Laden verändern vor allem die Plus-Bleiplatten ihr Volumen. Dabei wird jedesmal das Blei in den Plattengittern weiter gelockert, so daß irgendwann einmal dieses Blei ausbröckelt und sich unten im Akkugehäuse als Schlamm ablagert. Je weniger der Ladezustand schwankt, desto geringer fallen die Bleiplatten-Veränderungen aus. Eine überladene Batterie erkennen Sie am Gasen der Akkuflüssigkeit und am warmen Gehäuse nach einer längeren Fahrt. Da hierdurch die Plusplatten verstärkt korrodieren, muß umgehend die Ladespannung nachgemessen werden (siehe Seite 194).

Als Mittelwert gilt ein Batterieleben von 3 bis 5 Jahren. Wenn Sie das eben Gesagte beherzigen, kann die Leistungsbereitschaft aber noch verlängert werden.

Soll eine ausgebaute Batterie einige Zeit außerhalb des Fahrzeugs gelagert werden, muß man sie zuvor volladen, weil sonst die Bleiplatten schnell sulfatieren, was wiederum eine verkürzte Lebensdauer zur Folge hat. Entladene Batterien gefrieren bei rund –10° C; geladen sind sie bis –60° C frostfest.

Beim Neukauf der Batterie wird sich vielleicht mancher überlegen, ob er statt des teuren 72-Ah-Akkus nicht einen kleineren Stromspeicher montieren soll, der einige Mark billiger ist. Das wäre aber am falschen Ende gespart, die schwächere Batterie wird beim Dieselmotor mit seiner hohen Kompression und der Vorglühanlage überlastet und erreicht nicht die maximale Lebensdauer.

Stromfabrik

In der Autofahrersprache hat sich der Begriff Lichtmaschine für den Stromerzeuger fest eingebürgert, obwohl es schon sehr lange her ist, daß der erzeugte Strom ausschließlich zur Fahrzeugbeleuchtung diente: Heute wollen noch zahlreiche andere Stromverbraucher mit elektrischer Energie gespeist werden. Bei stehendem Motor besorgt dies die Batterie. Sobald der Motor läuft und sich die Lichtmaschine dreht, tritt sie als Stromquelle in Aktion.

Die Drehstrom-Lichtmaschine

Die wartungsfreie Drehstrom-Lichtmaschine erzeugt trotz ihrer relativ kleinen Baugröße recht viel Strom. Allerdings hat sie noch mehr Vorzüge. Bereits bei Leerlaufdrehzahl des Motors wird Strom geliefert, und bei 1200/min werden 70% der Maximalleistung abgegeben. Ferner halten die Schleifkohlen weit über 100 000 km. Die Lichtmaschine wird über einen Flachriemen (Seite 62) angetrieben.

Bei der Stromerzeugung wird die Lichtmaschine heiß und muß deshalb mit einem kalten Luftstrom gekühlt werden. Die kühle Luft kommt bei Ihrem Mercedes nicht aus dem schallgedämpften Motorraum, sondern wird über einen Ansaugstutzen mit Schlauch vom rechten Radlauf zur Rückseite der Lichtmaschine geführt.

Getreu ihres Namens kann die Lichtmaschine nur Drehstrom erzeugen. Diesen können wir jedoch im Fahrzeug nicht gebrauchen, denn die Batterie kann nur Gleichstrom speichern. In der Lichtmaschine sind deshalb mehrere Dioden eingebaut, die den Drehstrom in einen Gleichstrom umwandeln.

Diese Dioden sind empfindlich gegen Spannungsspitzen. Deshalb die auf Seite 188 angeführten Punkte beachten.

Welche Lichtmaschine ist eingebaut?

In den Mercedes werden Lichtmaschinen von Bosch mit einem Maximalstrom von 55 Ampere eingebaut. Bei einer Ladespannung von etwa 14 Volt ergibt dies eine Leistung von 770 Watt. Um schon bei möglichst tiefer Motordrehzahl darüber verfügen zu können, dreht die Lichtmaschine schneller als die Kurbelwelle. Man erreicht diese Drehzahlsteigerung, indem man die Flachriemenscheibe der Lichtmaschine kleiner wählt als die Kurbelwellen-Riemenscheibe. Der Spannungsregler ist an die Rückseite der Lichtmaschine geschraubt.

Lichtmaschine prüfen

Die Prüfungen werden bei eingebauter Lichtmaschine an der Schraubverbindung X 35 vor der Batterie durchgeführt. Dort sind alle Leitungen zur Lichtmaschine aufgeschaltet (siehe Schaltplan). Die Anschlüsse der weiß/roten Leitungen werden an der Lichtmaschine mit »B+« bezeichnet. Den Anschluß des dünnen weiß/blauen Kabels nennt man »D+«.

- Zuerst ein Voltmeter zwischen »D+« und Masse anschließen.
- Bei ausgeschalteter »Zündung« müssen Sie 0 Volt messen.
- Bei eingeschalteter »Zündung« muß die Spannung zwischen 1–3 Volt betragen. Wenn nicht, ist der Spannungsregler oder eine Lichtmaschinenwicklung defekt.
- Den Motor starten und mit 2000/min laufen lassen. Nun müssen Sie die Ladespannung von 13,7–14,5 Volt messen. Wird ein anderer Wert gemessen, kann es an einem defekten Spannungsregler oder abgeschliffenen Lichtmaschinenkohlen liegen.
- Werden um die 20 Volt gemessen, sind Lichtmaschinendioden schadhaft.
- Eine weitere Möglichkeit ist das Messen des Ladestromes. Hierzu ist ein Strommeßgerät mit einem Meßbereich bis ca. 50 Ampere erforderlich.
- An der Schraubverbindung die beiden parallel geschalteten weiß/roten Leitungen zur Lichtmaschine abschrauben. Strommeßgerät zwischenschalten.

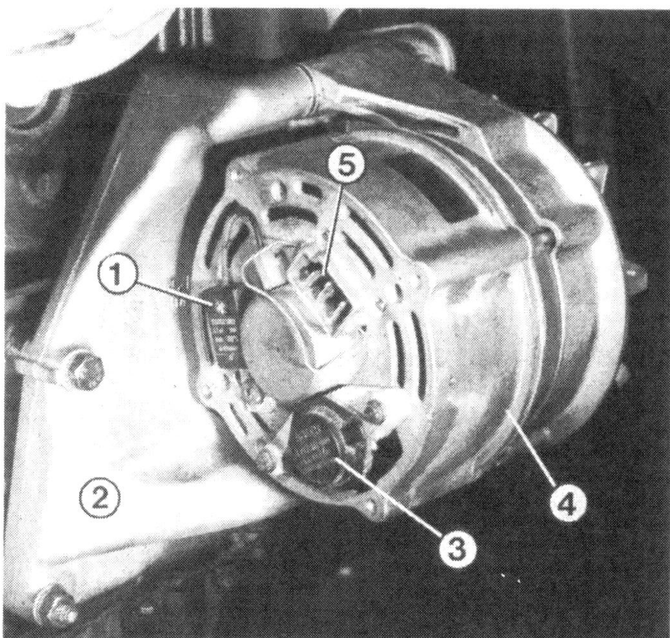

Hier gezeigt: 1 – Entstörkondensator; 2 – Lichtmaschinenhalter; 3 – Regler; 4 – Lichtmaschine; 5 – Steckanschlüsse.

■ Motor starten und mit rund 1200/min laufen lassen. Möglichst viele starke Stromverbraucher einschalten (Beleuchtung, Gebläse, Heckscheibenheizung usw.).

■ Es muß mindestens eine Stromstärke von 30 Ampere gemessen werden können. Defekte Dioden können die Leistung der Lichtmaschine begrenzen.

Neue Lichtmaschine

Ergibt die Prüfung, daß die Lichtmaschine defekt ist, können Sie sich Ersatz auf folgende Arten beschaffen:

□ Beim Mercedes-Händler eine neue bzw. eine Austausch-Lichtmaschine kaufen. Sicherlich die schnellste, doch wahrscheinlich auch die teuerste Methode.

□ Die defekte Lichtmaschine ausbauen und in eine Autoelektrik-Werkstatt (Bosch-Dienste) bringen. Prüfung und Reparaturen, wie das Ersetzen der Schleifkohlen oder den Einbau eines neuen Spannungsreglers, können Sie dort durchführen lassen. Ist der Schadensumfang zu groß, beispielsweise wenn Wicklungen unterbrochen sind, bekommen Sie in diesen Werkstätten gleichfalls eine Austausch-Lichtmaschine.

□ Unverdrossene Selbstpfleger holen sich eine Lichtmaschine vom Schrottplatz.

□ Wer schon Erfahrungen im Umgang mit Lichtmaschinen hat, kann versuchen, die Lichtmaschine selbst zu reparieren. Der Spannungsregler kann recht einfach getauscht werden – genauso die Schleifkohlen (nächste Seite).

Zum Zerlegen der ausgebauten Lichtmaschine die Durchgangsschrauben am Gehäuse herausdrehen. Die Diodenplatten, ja selbst der Läufer und die Wicklung können einzeln ersetzt werden.

Die Lichtmaschine (2) holte sich in den ersten Baujahren ihre Kühlluft über einen Schlauch (1) vom Radlauf. Wegen Korrosion der Lichtmaschine wurde später der Schlauch und der Schlauchstutzen an der Lichtmaschine nicht mehr eingebaut.

Lichtmaschine ausbauen

- Minuspolklemme der Batterie lösen.
- Flachriemen entspannen und von der Riemenscheibe auf der Lichtmaschine abnehmen (Seite 63).
- Luftführungsschlauch hinten an der Lichtmaschine ausstecken.
- Luftansaugstutzen abschrauben.
- Lichtmaschinenkabel ausstecken.
- 2 Schrauben am Lichtmaschinen-Halter herausdrehen.
- Lichtmaschine erst nach hinten, dann nach oben abnehmen.

Der Spannungsregler

Die Lichtmaschine kann man mit einem Fahrraddynamo vergleichen: Je schneller sie dreht, um so höher steigt die Spannung und somit auch der gelieferte Strom. Ein derartiges Auf und Ab würden die Stromverbraucher im Auto nicht lange ertragen, deshalb muß ein besonderer Regler die Lichtmaschinenspannung begrenzen und ein Überladen der Batterie verhindern. Dieser Regler – ein elektronischer Transistorregler – ist hinten an die Drehstrom-Lichtmaschine geschraubt.
Die Prüfung der Reglerspannung ist im Abschnitt »Lichtmaschine prüfen« beschrieben. Zu niedere Spannung kann von abgenutzten Kohlen kommen.

Schleifkohlen kontrollieren und erneuern

Über die Schleifkohlen des Drehstrom-Generators fließt, anders als bei der Gleichstrom-Lichtmaschine, nur ein geringer Strom, außerdem laufen die Kohlen auf glatten Schleifringen. Die Schleifkohlen sitzen mit einem Halter am Regler. Wenn sie kontrolliert werden sollen:

- Luftführungsschlauch abnehmen.
- Ansaugstutzen losschrauben.
- Regler am eingebauten Generator abschrauben (2 Querschlitzschrauben).
- Den gelösten Spannungsregler nicht einfach abziehen, sondern gewissermaßen herausklappen, damit die Kohlebürsten nicht hängenbleiben.
- Messen Sie nun die Länge der Kohlen: Sind sie kürzer als 5 mm, klappt die Stromerzeugung nicht mehr richtig.
- Zum Austausch benötigen Sie einen Lötkolben und neue Kohlen. Die verbrauchten auslöten, herausziehen und die neuen einlöten.
- Regler wieder festschrauben.

Fingerzeig: *Ist die Lichtmaschinenrückseite stark verschmutzt und hat dies zu Schäden geführt (Streusalzeinwirkung), den Luftführungsschlauch und den Ansaugstutzen nicht mehr einbauen. Über diese Teile gelangt Spritzwasser aus dem Radkasten zur Lichtmaschine.*

Die Ladekontrolle

Bei laufendem Motor darf die Ladekontrolle weder schwach noch hell leuchen. Das deutet auf einen Fehler hin, siehe den Störungsbeistand auf der nächsten Seite. Brennt das rote Licht nicht beim Einschalten der Zündung, ist vermutlich das Lämpchen durchgebrannt und muß ersetzt werden.
Die Kontrolleuchte im Armaturenbrett hat zwei Anschlüsse (siehe Schaltpläne). Einmal erhält sie bei eingeschalteter »Zündung« Strom über das rosa/rote Kabel, zum anderen führt das blaue Kabel zum »D+«-Anschluß (auch einheitlich als Klemme 61 bezeichnet) der Lichtmaschine. Bei stehender Lichtmaschine liegt an »D+« keine Spannung an. Der Strom durch das Lämpchen fließt von »D+« durch die Dioden und Wicklungen in der Lichtmaschine zur Masse – das Lämpchen leuchtet.
Wird der Motor gestartet und die Lichtmaschine liefert Strom, entsteht auch am »D+«-Anschluß eine positive Spannung. Die »Masse« für die Kontrolleuchte fehlt jetzt – sie verlöscht. Der Fahrer weiß nun, daß die Lichtmaschine Strom produziert. Ob die Batterie von der Lichtmaschine geladen wird, beweist das Verlöschen der Kontrollampe nicht, es besagt nur, daß zwischen Batterie und Lichtmaschine keine Spannungsdifferenz mehr besteht. Wenn im Motorleerlauf beispielsweise sämtliche Stromverbraucher eingeschaltet sind, leuchtet die Ladekontrolle nicht auf, obwohl mehr Strom der Batterie entnommen wird, als die Lichtmaschine liefert.
Im Zusammenhang mit der Ladekontrolle noch beachten:

□ Leuchtet die Ladekontrolle plötzlich während der Fahrt auf, und haben Sie etwas gegen das Blech schlagen hören, kann der Flachriemen gerissen sein. Sofort anhalten und nachsehen. Mit gerissenem Flachriemen dürfen Sie auf keinen Fall weiterfahren! Weil auch die Wasserpumpe steht, kommt es schnell zu einem Hitzeschaden am Motor.

□ Beim Einschalten der Zündung muß die brennende Ladekontrolle die Drehstrom-Lichtmaschine »vorerregen«. Nur so kann diese schon aus niedrigen Drehzahlen heraus Strom liefern. Allerdings ist die Vorerregung nur beim ersten Anlaufen des Generators erforderlich.

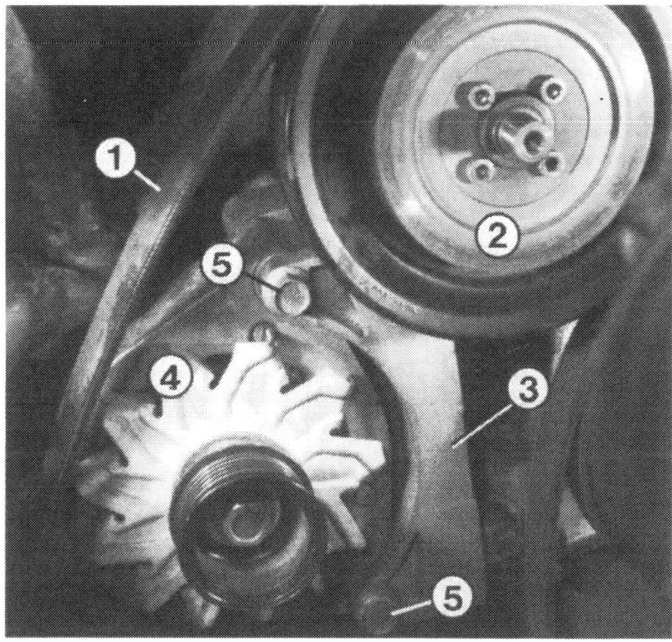

Einbauverhältnisse um die Lichtmaschine: 1 – Flachriemen; 2 – Riemenscheibe der Wasserpumpe; 3 – Lichtmaschinenhalter; 4 – Lüfterrad zur Lichtmaschinenkühlung; 5 – Befestigungsschrauben der Lichtmaschine.

□ Beim Einschalten der Zündung leuchten die Kontrollämpchen für Kraftstoffreserve, Bremsbelagverschleiß, Kühlmittelstand, Ölstand und den Waschwasserstand usw. dunkel auf (Selbstkontrolle), müssen aber bei laufendem Motor verlöschen. Die Lämpchen sind hierzu, wie die Ladekontrolle, mit »D+« der Lichtmaschine verbunden. Ein zwischengeschalteter Widerstand bewirkt das etwas dunklere Leuchten. Wie die Ladekontrolle verlöschen die Lämpchen, sobald an »D+« Spannung anliegt.

Fingerzeig: *Vielleicht haben Sie beobachtet, daß manchmal die Ladekontrolle brennen bleibt, wenn Sie den Motor starten und er in niedriger Leerlaufdrehzahl weiterläuft. Hierbei ist die Vorerregung der Drehstrom-Lichtmaschine zu schwach, sie liefert noch keinen Strom. Sobald Sie auf das Gaspedal tippen, verlöscht das rote Licht – alles ist wieder in Ordnung. Diese Erscheinung ist normal und deutet keinen Schaden an.*

Fahren mit defekter Lichtmaschine

Ohne Lichtmaschine kann man ohne weiteres fahren, sofern die Batterie ausreichend aufgeladen ist. Bei Tag ist das kein Problem, denn der einmal gestartete Dieselmotor verbraucht keinen Strom mehr, wohl aber Blinker, Bremsleuchten usw. Bei Dunkelheit oder Regen kommt es darauf an, wie gut die Batterie geladen ist, um Beleuchtung bzw. den Scheibenwischermotor zu versorgen. Es reicht in jedem Fall für ein paar hundert Kilometer.
Stromsparen heißt dennoch die Devise:
□ Die Fahrt nicht unnötig unterbrechen. Der Anlasser braucht zum Wiederstarten des Motors besonders viel Strom. Wenn möglich, den Wagen anrollen lassen.
□ Heizbare Heckscheibe, Gebläse und Radio sollten Sie nicht einschalten.
□ Nachts ohne Fernlicht und Nebelscheinwerfer fahren.
□ Unbedingt den Mehrfachstecker an der Lichtmaschine abziehen, damit sich die Batterie nicht über den defekten Generator oder den schadhaften Spannungsregler in kürzester Zeit entladen kann.

Störungsbeistand
Batterie und Lichtmaschine

Da die Drehstrom-Lichtmaschine und die Batterie eng zusammengehören, haben wir die Störungstabelle auch für beide Aggregate zusammengefaßt.

Die Störung	– ihre Ursache	– ihre Abhilfe
A Rote Ladekontrolle brennt nicht beim Einschalten der Zündung	1 Batterie leer	Mit Starthilfekabeln starten oder Wagen anschleppen
	2 Batteriekabel gebrochen, Kabelklemmen lose oder oxidiert	Batteriekabel und -klemmen kontrollieren
	3 Glühlampe defekt	Ersetzen

Die Störung	– ihre Ursache	– ihre Abhilfe
	4 Kabelweg zwischen Zündschloß, Kontrollampe und Lichtmaschine unterbrochen	Stromweg mit Prüflampe kontrollieren
	5 Massekabel zwischen Lichtmaschine und Motorblock gebrochen	Kabel kontrollieren
	6 Schleifkohlen abgenutzt	Schleifkohlen erneuern
	7 Spannungsregler defekt	Regler austauschen
	8 Lichtmaschine schadhaft	Lichtmaschine instand setzen lassen
	9 Nach zu heftiger Motorwäsche: Eingedrungene Feuchtigkeit hat einen isolierenden Schmierfilm zwischen den Schleifringen und Kohlen gebildet	Lichtmaschine mit Preßluft ausblasen oder Schleifringe und Kohlen sauberreiben
B Ladekontrolle brennt oder glimmt bei laufendem Motor	1 Riemenantrieb schadhaft	Flachriemenantrieb prüfen (Seite 62)
	2 Mangelnder Kontakt an Kabelanschlüssen oder unterbrochene Kabel	Kabelanschlüsse und Kabel prüfen
	3 Siehe A 6, 7 und 8	

Der Anlasser

Kraftpaket

So funktioniert der Anlasser

Der Anlasser, technisch nüchterner als Schub-Schraubtrieb-Starter bezeichnet, bekommt beim Durchdrehen des Zündschlüssels erst an Klemme »50« Strom (siehe Schaltplan). Zunächst wird also der Magnetschalter (auch als Einschaltrelais bezeichnet) aktiviert. Dessen Einrückhebel schiebt das Anlasserritzel in Richtung Zahnkranz auf der Schwungscheibe des Motors. Rutscht das Ritzel direkt in den Zahnkranz, schließt hinten im Magnetschalter eine Kontaktplatte den Stromkreis zum Anlassermotor – der Anlasser dreht kraftvoll los. Stoßen hingegen Zähne von Anlasserritzel und Zahnkranz aufeinander, sorgt ein steiles Gewinde dafür, daß sich daß Anlasserritzel etwas verdrehen kann, sich also in den Zahnkranz »hineinschraubt«. Erst anschließend läuft der Anlassermotor los. Diese Wirkungsweise führte zur beschriebenden Namensgebung.
Wenn der Fahrzeugmotor angesprungen ist und sich der Zahnkranz schneller dreht als das Anlasserritzel, sorgt ein Rollenfreilauf dafür, daß sich die Verbindung zwischen Ankerwelle und Anlasserritzel löst. Das Ritzel wird aus dem Zahnkranz ausgespurt, der Kontakt im Magnetschalter öffnet, und der Anlassermotor wird stromlos.

Anlasser schadhaft?

□ Schadhafte Anlasser zeigen oft folgendes Verhalten: In Startstellung »klickt« es aus Richtung Anlasser, der Startermotor dreht aber nur kurz mit rauhem Laufgeräusch oder gar nicht. Legen Sie den 1. Gang ein und halten Sie den Zündschlüssel in Startstellung, während ein Helfer etwas am Fahrzeug schiebt bzw. daran hin und her ruckelt. Dreht der Anlasser jetzt los, sind entweder seine Kohlen abgenutzt, die Ankerwicklung stellenweise durchgebrannt, oder der Kollektor ist stark eingelaufen.

□ Bisweilen kommt es auch vor, daß nach langer Fahrt der heiße Anlasser streikt. Dieser Ef-

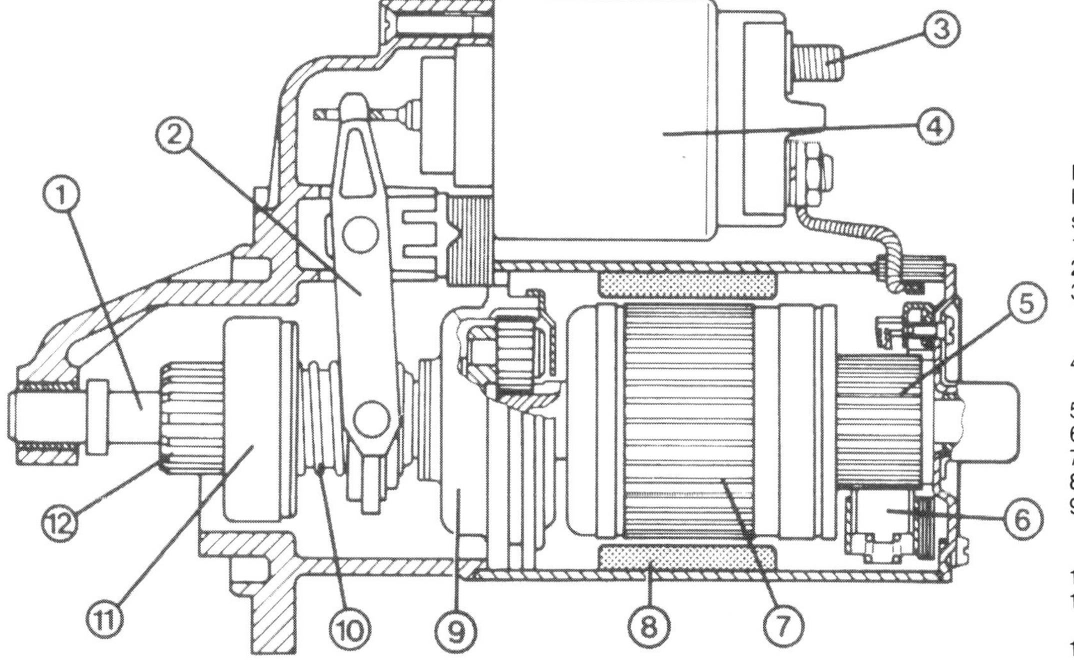

Der kräftige Anlasser im Querschnitt:
1 – Ankerwelle;
2 – Einrückhebel;
3 – Anschlußbolzen für das Pluskabel;
4 – Magnetschalter;
5 – Kollektor;
6 – Kohlebürste;
7 – Anker;
8 – Dauermagnet;
9 – Vorgelege-Planetengetriebe;
10 – Einrückfeder;
11 – Rollenfreilauf;
12 – Ritzel.

fekt ist auf ungünstige Maßpaarungen von Ankerwelle und Ritzel zurückzuführen. Bei starker Erwärmung klemmen dann diese Teile gegeneinander, das Ritzel kann nicht mehr verschoben werden, und folglich wird auch der Kontakt im Magnetschalter nicht mehr geschlossen. Manchmal hilft dann ein Hammerschlag auf die Seite des Anlassers, während ein Helfer gleichzeitig den Zündschlüssel in Startstellung hält.

Anlasser ausbauen

■ Untere Geräuschkapselung ausbauen (Seite 245).
■ Luftfiltergehäuse ausbauen.
■ Minuspolklemme der Batterie lösen.
■ Leitungen am Anlasser abschrauben.
■ Beide Verschraubungen am Anlasserflansch lösen.
■ Den Anlasser nach oben aus dem Motorraum nehmen.
■ Kann der Anlasser nicht an der linken Motorhalterung vorbeigeführt werden, den Halter von Motor und Motorlager losschrauben.
■ Damit der Motor dabei nicht zur Seite kippt und Schäden verursacht, zuvor einen passenden Holzkeil o. ä. zwischen Ölwanne und Vorderachsträger stecken. Oder den Motor an seinen Aufhängeösen einem Flaschenzug leicht anheben.

Motor mit dem Anlasser drehen

Für einige Arbeiten (z. B. Kompressionsdrucktest) muß der Motor durchgedreht werden. Für andere Arbeiten (z. B. Flachriemen prüfen) ist es erforderlich, den Motor schrittweise weiterzudrehen. Das Drehen des Motors überlassen Sie am einfachsten dem Anlasser. Beachten Sie genau die Hinweise, damit der Motor nicht anspringt.

■ Leerlauf einlegen und Feststellbremse betätigen.
■ »Zündung« ausgeschaltet lassen, damit die unterdruckgesteuerte Motorabstellung wirkt (Seite 101).
■ Sicherheitshalber zusätzlich den Stopphebel an der Einspritzpumpe nach unten gedrückt halten.
■ Steckverbindung X 27 neben dem Bremsflüssigkeitsbehälter auftrennen.
■ Beliebiges Hilfskabel geeignet mit dem mittleren Anschlußstift 2 der Steckverbindung (violett/weiße Leitung) verbinden.
■ Der Anlasser läuft los, sobald das andere Kabelende mit dem Pluspol der Batterie verbunden wird.

Fingerzeig: *Statt eines Hilfskabels können Sie auch einen sogenannten Motor-Start-Schalter aus dem Zubehörhandel verwenden. Mit einem Tastschalter mit kräftigen Kontakten, zwei Leitungen und den geeigneten Anschlußklemmen können Sie sich einen solchen Schalter leicht selbst anfertigen.*

Anlasser reparieren

Haben Sie nach dem Störungsbeistand auf der nächsten Seite einen schadhaften Anlasser entlarvt, gelten für die Ersatzbeschaffung die ähnlichen Überlegungen wie bei der Lichtmaschine (siehe Seite 195).

Nachfolgend wollen wir noch auf Reparaturmöglichkeiten am ausgebauten Anlasser hinweisen:

□ **Magnetschalter** ersetzen: Kabel zum Startermotor vom unteren Anschlußbolzen losschrauben. Den Magnetschalter vorne vom Anlassergehäuse abschrauben (Schlitzschrauben) und vom Einrückhebel aushängen. Neuen Magnetschalter in umgekehrter Arbeitsfolge einbauen.

□ **Kohlebürsten** ersetzen: Den hinteren Deckel mit dem Kollektorlager abschrauben. Die Bürstenfedern abheben und die Kohlebürsten losschrauben oder ablöten. Neue Kohlen vom Bosch-Dienst in umgekehrter Reihenfolge einbauen.

Fingerzeig: *Wenn der Anlasser schon einige Jahre auf dem Buckel hat, sollte man von Reparaturversuchen eher Abstand nehmen und besser gleich einen Tausch-Anlasser einbauen. Diesen können Sie auch beim Bosch-Dienst erhalten.*

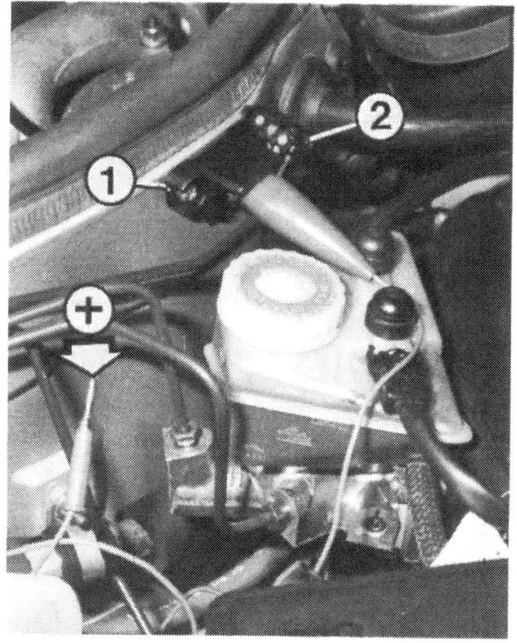

Links: Am Stopphebel (2) kann der Motor abgestellt werden. Will man den Hebel dauernd gedrückt halten, Werkzeug (1) zwischenklemmen.

Rechts: Zum Anlasserdrehen Leerlauf einlegen und Feststellbremse drücken. Dann Stecker (2) von Steckverbindung X 27 (1) abziehen und an mittleren Stift +12 V einspeisen.

Störungsbeistand Anlasser

Die Störung	– ihre Ursache	– ihre Abhilfe
A Beim Drehen des Zündschlüssels in Startstellung dreht der Anlasser langsam, gar nicht oder nur kurz	1 Kontrollampen brennen schwach oder verlöschen:	
	a) Batterie entladen	Starthilfe oder Anschieben
	b) Kabelanschlüsse lose oder oxidiert	Kabelanschlüsse kontrollieren
	c) Anlasser hat Masseschluß	Anlasser überholen lassen
	2 Kontrollampen brennen hell, Klicken aus Richtung Anlasser	Kurz auf den Magnetschalter klopfen. Dreht der Anlasser weiterhin nicht:
	a) Kohlebürsten abgenutzt bzw. deren Anschlüsse im Anlasser gelöst	Kohlebürsten überprüfen
	b) Kontakte im Magnetschalter verschmort	Magnetschalter ersetzen
	c) Anlasserwicklung schadhaft	Anlasser überholen lassen
	3 Kontrollampen brennen hell, keinerlei Geräusche	Leitungen überprüfen
B Anlasser läuft, ohne den Motor durchzudrehen	1 Magnetschalter defekt	Ersetzen
	2 Einrückvorrichtung klemmt	Anlasser überholen lassen
	3 Verzahnung des Ritzels oder des Motorschwungrads beschädigt	Wagen bei eingelegtem Gang ein Stück vorschieben. Erneut starten. Beschädigte Teile ersetzen lassen
C Anlasser läuft weiter, obwohl Zündschlüssel losgelassen wurde	1 Magnetschalter hängt und schaltet nicht ab	Zündung sofort abschalten, notfalls Batterie abklemmen, Magnetschalter ersetzen
	2 Zünd-/Anlaßschalter defekt	Zünd-/Anlaßschalter ersetzen
D Ritzel spurt nach Anspringen des Motors nicht aus	1 Rückstellfeder des Einrückhebels lahm oder gebrochen	Zündung sofort abschalten. Anlasser überholen lassen
	2 Zahnkranz beschädigt	Ersetzen lassen

Die Beleuchtung

Lichte Momente

Nacht und Nebel machen dem Fahrer das Leben schwer, da ist gutes Licht von höchster Wichtigkeit. Einerseits, damit Sie sehen, wohin Sie fahren und andererseits, damit andere Verkehrssteilnehmer rechtzeitig Ihren Mercedes erkennen. Das sichere Funktionieren der Außenbeleuchtung wird im Mercedes durch ein elektronisches Lampenkontrollgerät überwacht, welches sofort Alarm gibt, wenn eine Glühlampe der Außenbeleuchtung ausfällt.
Im Innenraum sorgen viele Lämpchen für gutes Zurechtfinden bei Nacht.

Beleuchtung überprüfen

Ständige Kontrolle

Der Gesetzgeber schreibt vor, daß Sie sich vor Antritt jeder Fahrt vergewissern müssen, ob auch alle Lampen am Auto brennen. So häufig wird wohl kaum jemand die Beleuchtung prüfen, aber einmal in der Woche ist andererseits auch nicht zu viel verlangt. Bei Dunkelheit geht die Kontrolle am einfachsten vor sich. In einer Kolonne reflektieren Vordermänner das Licht beider Abblendscheinwerfer oft durch die Stoßstange oder die Lackierung. Sie können natürlich auch vor eine helle Wand fahren oder in der Garage beobachten, ob zwei Lichtpunkte zu sehen sind. Ebenso prüft man die vorderen Blinker. Zur Kontrolle der hinteren Leuchten beobachten Sie deren Reflexionen in einem anderen Wagen oder wieder an der hellen Wand. Wenn Zusatzscheinwerfer an Ihrem Auto montiert sind, müssen die natürlich auch brennen.

Glühlampenkontrolle

Diese Aufgabe erfüllt ein elektronisches Schaltgerät (N 7 im Schaltplan). Es ist im Relaiskasten angeordnet. Die Leitungen der überwachten Glühlampen führen alle über das Schaltgerät. Fließt kein Strom zur Glühlampe, obwohl der jeweilige Schalter eingeschaltet ist, wird dies vom Steuergerät erkannt, und die Glühlampenausfalls-Kontrolle im Armaturenbrett leuchtet auf. Welche der Glühlampen durchgebrannt ist, müssen Sie selbst herausfinden. Folgende kommen in Betracht: Abblendlicht links oder rechts, Fernlicht links oder rechts, Standlicht, Nebellicht, Schlußlicht, Nebelschlußlicht, Rückfahrlicht, Bremslicht und Kennzeichenbeleuchtung.
Laut Gesetz muß die Außenbeleuchtung trotz Kontrolleinrichtung nach der oben beschriebenen Methode überprüft werden.
Noch folgendes beachten:

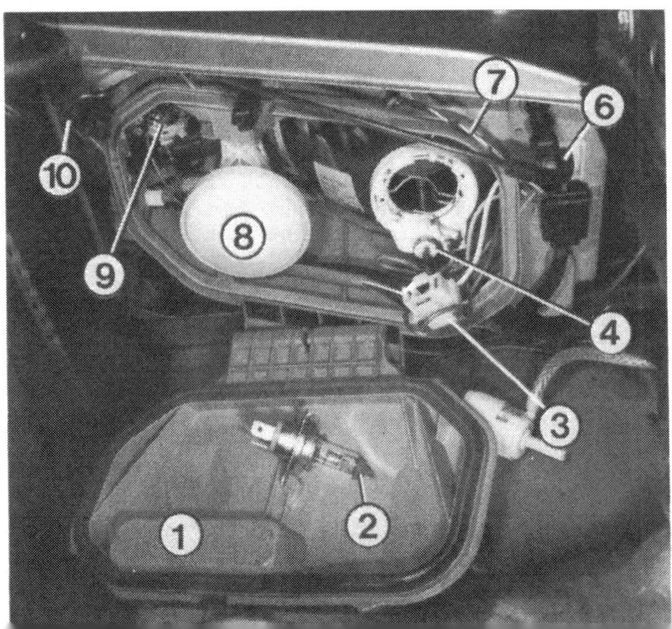

Der rechte Scheinwerfer von hinten: 1 – Abdeckung; 2 – H4-Scheinwerferlampe; 3 – Lampenstecker; 4 – Standlichtlampe; 6 – Unterdruckleitung für Leuchtweitenregulierung; 7 – Federbügel; 8 – Stellelement für Leuchtweitenregulierung; 9 – Nebelscheinwerferlampe; 10 – Federbügel.

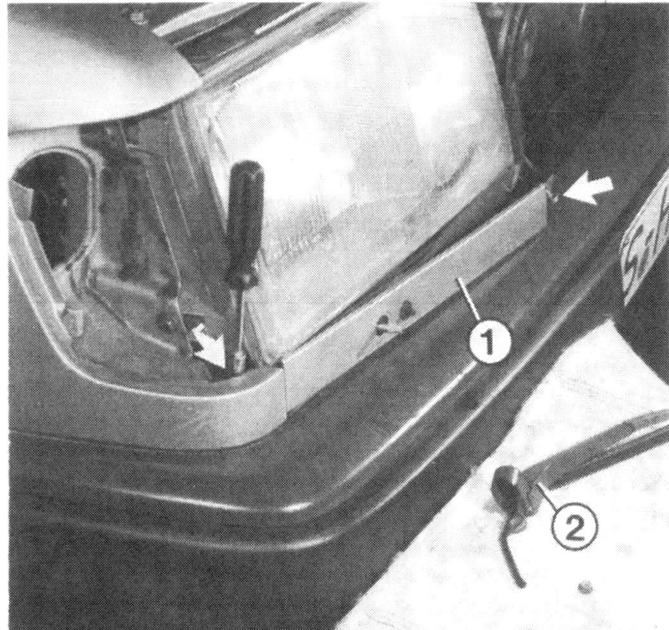

Zum Ausbau der Verkleidung an der Scheinwerferunterkante (1) die Blinkleuchte und den Wischerarm (2) ausbauen. Verkleidung an zwei Stellen (Pfeile) losschrauben.

□ Beim Einschalten der »Zündung« muß die Lampe im Armaturenbrett aufleuchten (Selbstkontrolle). Bei laufendem Motor verlöscht sie, wenn alle Lampen in Ordnung sind.
□ Leuchtet die Kontrollampe bei laufendem Motor, ist eine Glühlampe ausgefallen.
□ Die Kontrollampe leuchtet nur so lange auf, wie die jeweilige Lampe auch eingeschaltet ist.
□ Ist die Glühlampe im Bremslicht ausgefallen, leuchtet die Kontrollampe beim Bremsen auf und verlöscht erst wieder, wenn die »Zündung« ausgeschaltet wird.
□ Wird nachträglich eine Anhängersteckdose eingebaut, muß diese nach dem Schaltplan auf Seite 264 angeschlossen werden. Andernfalls kann das elektronische Schaltgerät zerstört werden.
□ Bei Ausfall des elektronischen Schaltgerätes funktioniert die Fahrzeugbeleuchtung weiter. Nur die Kontrollampe leuchtet nicht mehr richtig.

Ersatzlampen

Ein schlecht beleuchtetes Auto kann teuer werden. Dabei brauchen Sie noch nicht einmal gleich an das Schlimmste, einen Unfall, zu denken. Unzulängliche Beleuchtung allein kann den Fahrer schon ein Verwarnungs- oder Bußgeld kosten. Daher sollte immer ein entsprechend gefüllter Ersatzlampenkasten an Bord sein.
Als Ersatzlampen für Ihren Mercedes brauchen Sie:
□ Halogen-Zweifadenlampe H 4, 60/55 Watt, Sockel P 43t, DIN-Form H 4 (Fern- und Abblendlicht);
□ Halogen-Einfadenlampe H 3, 55 Watt, Sockel PK 22s, DIN-Form YC (Nebelscheinwerfer);

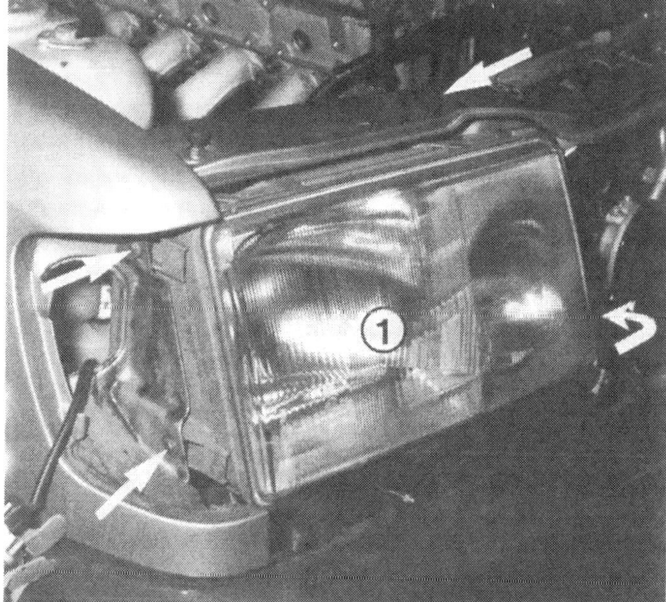

Der Scheinwerfer ist an vier Stellen (Pfeile) befestigt.

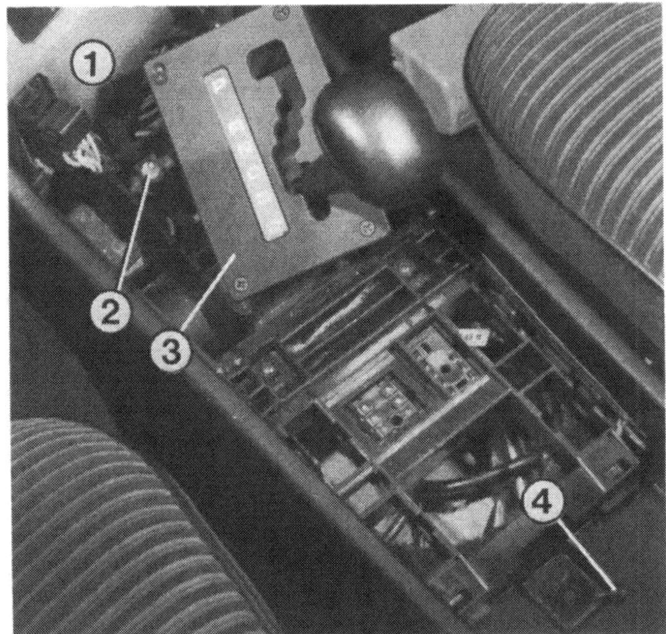

Links: 1 – Lichtschalter; 2 – Verkleidung; 3 – Regler für Leuchtweite; 4, 5 – Unterdruckleitungen (nicht vertauschen); 6 – Nebelschlußlichtkontrolle; 7 – Schalterbeleuchtung.

Rechts: Beleuchtung (2) der Schaltkulisse (3). Dazu Holzverkleidung (1) ausbauen (Seite 236).

□ Kugellampe, 21 Watt, Sockel BA 15s, DIN-Form RL (Blinkleuchten vorn und hinten, Rückfahrleuchten, Nebelschlußleuchte, Bremsleuchten – gelb eingefärbte Blinkerlampen seit 7/93)
□ Röhrenlampe, 4 Watt, Sockel BA 9s, DIN-Form HL (Standlichter)
□ Kugellampe, 10 Watt, Sockel BA 15s, DIN-Form G (Schlußleuchten)
□ Soffittenlampe, 5 Watt (Kennzeichenleuchten, Handschuhkastenleuchte, Sonnenblenden)
□ Soffittenlampe, 10 Watt (Kofferraumleuchte, Innenleuchten)

Scheinwerferlampen austauschen

Die Glühlampen in den Scheinwerfern werden vom Motorraum her ersetzt. Dazu muß die graue Kunststoffabdeckung hinten am Scheinwerfer abgenommen werden. Dies ist möglich, wenn die beiden Verschlußbügel an den oberen Ecken gelöst sind.

- **H4-Scheinwerferlampe:** Abdeckung auf Scheinwerferrückseite ausbauen.
- Dreipoligen Stecker mit hebelnden Bewegungen von der Lampe lösen.
- Federbügel etwas zusammendrücken und aushängen.
- Neue Lampe so einsetzen, daß ihre drei Stecker-Kontaktzungen ein nach unten offenes U bilden.
- Federbügel wieder einhängen.
- Stecker aufdrücken.
- Abdeckung einbauen.
- **H3-Nebelscheinwerfer-Lampe:** Abdeckung auf der Scheinwerferrückseite ausbauen.
- Steckkontakt des Lampenkabels auftrennen.
- Federbügel aushängen und die Lampe austauschen.
- **Standlichtlämpchen:** Abdeckung entfernen.
- Lampenhalter unter der H4-Scheinwerferlampe aus dem Reflektor ziehen.
- Lampe niederdrücken, verdrehen und herausziehen.

Weitere Glühlampen ersetzen

Hinweise zum Lampentausch

□ Nicht immer brennt eine ausgewechselte, neue Lampe. Besonders bei älteren Fahrzeugen blockiert gern Korrosion den Stromweg in der Steckfassung. Man merkt dies, wenn die Lampe öfters aufleuchtet, solange sie hin- und hergedrückt wird. In solchen Fällen alle Berührungspunkte zwischen Fassung und Lampe sauberkratzen. Sicherstellen, daß die Kontaktzunge die Lampe ausreichend stark in die Fassung drückt.
□ Mit einer Prüflampe können Sie leicht prüfen, ob überhaupt Strom zur Lampenfassung gelangt. Ggf. das Lämpchen im Schaltplan suchen und die Verschaltung schrittweise mit der Prüflampe kontrollieren.
□ Wenn Sie vor dem Einbau einer neuen Lampe deren Glaskolben mit bloßen Händen angefaßt haben, sollten Sie diesen unbedingt mit einem sauberen Taschentuch wieder abwischen, denn der unvermeidbar zurückgebliebene Handschweiß verdampft später vom heißen Glaskolben und macht den Reflektor blind.

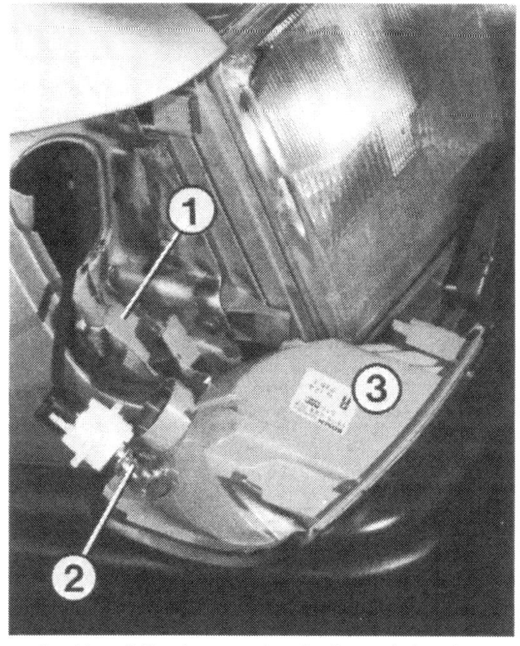

Zum Austausch der Lampe (2) den Haltebügel (1) ausrasten und Blinkleuchte (3) abnehmen. Beim Einbau auf richtigen Sitz der Zungen achten (Pfeile).

□ Im Kombiinstrument erhalten einige Lampen über »aufgedruckte« Kupferbahnen Strom. Wenn eine Bahn durch einen Riß unterbrochen ist, kann man diese Stelle durch Auflöten eines kurzen Kabelstückes überbrücken.

□ Die als kleine Lichtquelle oft verwendeten Glassockellämpchen werden zum Ausbau vorsichtig aus ihrer Steckfassung gezogen. Die Lämpchen haben teils verschiedene Leistungen und Baugrößen. Zum Einkauf am besten Muster mitbringen.

Blinkleuchten vorn

- Motorhaube öffnen.
- Zum Haltebügel der Blinkleuchte greifen und diesen ausrasten. Dazu den Kunststoffhebel etwas in Richtung Fahrzeugmitte drücken.
- Von außen Blinkleuchte nach vorn abnehmen.
- Lampenfassung aus der Blinkleuchte herausziehen.
- Glühlampe etwas gegen die Fassung drücken, nach links drehen, herausziehen und austauschen.
- Bei der Montage der Blinkleuchte darauf achten, daß die beiden Kunststoffzungen richtig in die Führungen am Scheinwerfergehäuse eingesteckt werden.
- Blinkleuchte nach hinten drücken, bis sie einrastet.

Heckleuchte

Alle Glühlampen sind auf dem Lampenträger montiert. Zum Austausch den Lampenträger vom Kofferraum/Laderaum aus abnehmen.

Heckleuchte beim Kombi links und bei Limousine rechts: 1 – Lampenträger; 2 – Schlußlicht (10 W); 3 – Bremslicht (21 W); 4 – Blinklicht (21 W); 5 – Rückfahrlicht (21 W); 6 – Nebelschlußlicht (21 W).

Links: Jede Kennzeichenleuchte (1) ist mit zwei Schrauben befestigt.

Rechts: Zum Austausch der Lampe (2) die Luftdüse (3) ausrasten (Pfeile).

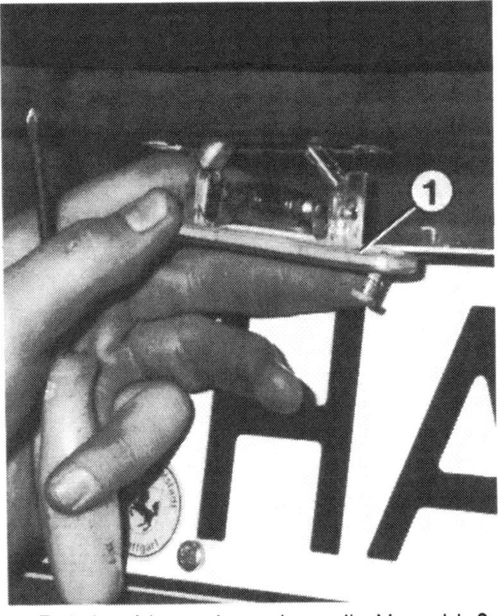

■ Bei den Limousinen dazu die Verschlußschraube in Stellung »AUF« drehen.
■ Beim Kombi auf der linken Seite erst die Reserveradverkleidung abnehmen. Rechts erst die Seitenverkleidung entfernen. Anschließend die Arretierung am Lampenträger nach oben drücken.
■ Die auszutauschende Glühlampe etwas gegen den Lampenträger drücken, nach links verdrehen und herausziehen.
■ Falls Sie keine Ersatzlampen an Bord haben, können Sie die Rückfahrscheinwerferlampe ausbauen und damit eine der wichtigen Blinkerlampen ersetzen.

Kennzeichenleuchten

Über dem Kennzeichen sind die beiden Leuchten angeordnet.
■ Die beiden Kreuzschlitzschrauben herausdrehen und die Leuchte abnehmen.
■ Soffittenlampe ersetzen.
■ Bei der Montage darauf achten, daß die Dichtung richtig in der Nut sitzt.

Innenleuchte vorn

Neben dem Temperaturfühler für den Innenraum, dem Schalter für das Schiebedach und einem Zeitglied sind noch fünf Glühlämpchen an der Innenleuchte montiert.
Die Soffittenlampe der Innenbeleuchtung muß bei geöffneten Vordertüren und entsprechender Schalterstellung brennen. Die Lampe erhält dauernd Strom. Nach dem Türenschließen bleibt die Innenleuchte noch einige Sekunden an. Die Dauer wird von einem Zeitglied bestimmt. Der Lesescheinwerfer für den Beifahrer ist mit einer 5-Watt-Halogenlampe ausgestattet. Das Symbol, welches Sie an die Anschnallpflicht erinnern soll, wird mit drei Glassockellämpchen beleuchtet.
■ Innenleuchte mit einem Schraubenzieher vorsichtig aus dem Dachausschnitt hebeln.
■ Das Reflektorenteil aufklappen, wenn die Soffittenlampe oder die Halogenlampe im Lesescheinwerfer ersetzt werden soll.
■ Zum Austausch der Glassockellämpchen erst das Kunststoffsymbol ausrasten.

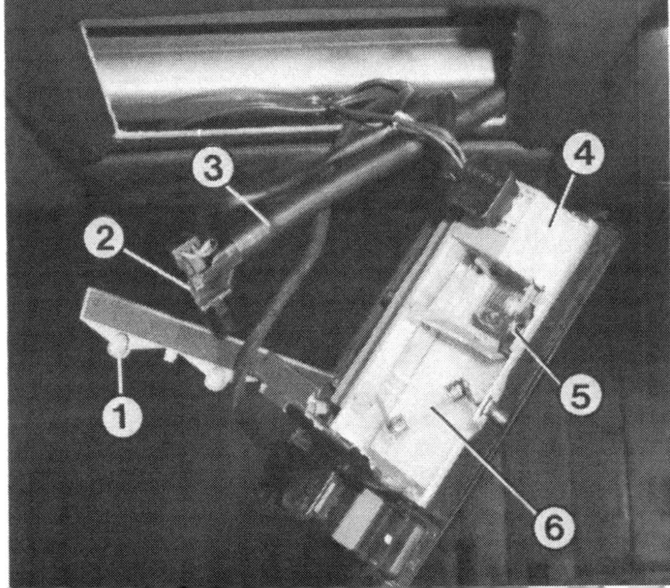

Teile der vorderen Innenleuchte: 1 – Anschnallsymbol mit Beleuchtung; 2 – Innenraum-Temperaturfühler; 3 – Luftabsaugschlauch von Temperaturfühler (siehe Seite 228); 4 – Zeitelektronik; 5 – Halogenlampe für Lesescheinwerfer; 6 – Soffittenlampe.

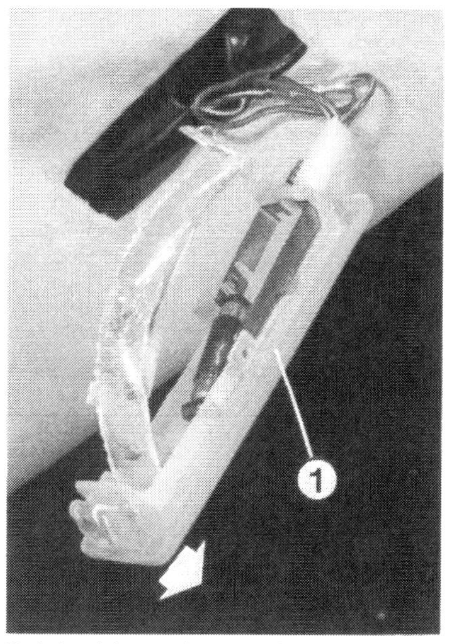

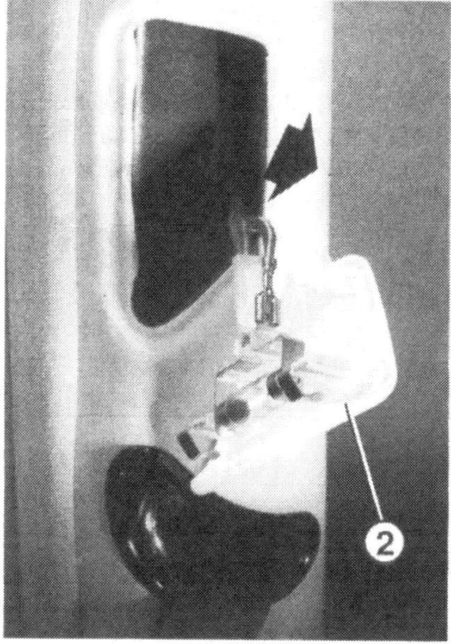

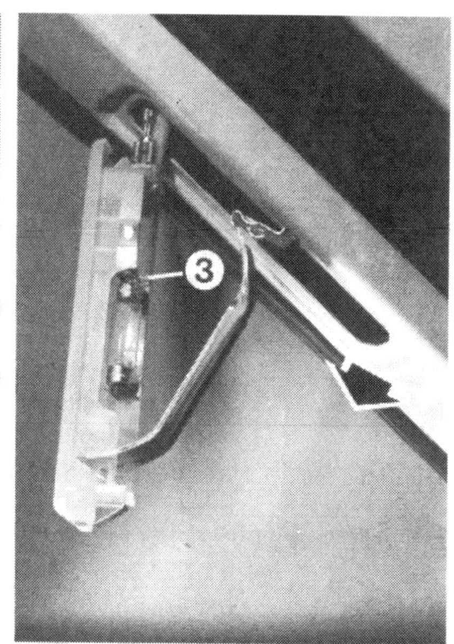

Innenleuchten hinten

1 – Innenleuchte hinten; 2 – Leuchte im Türpfosten (Kombi); 3 – Leuchte im hinteren Dachpfosten (Kombi). Zum Ausbau in Pfeilrichtung hebeln.

Bei der Limousine leuchtet die Innenleuchte über der hinteren Sitzbank, wenn eine Fondtür offen ist und bei entsprechender Stellung des Schalters im Armaturenbrett. Beim Kombi sind in den hinteren Dachpfosten insgesamt vier Leuchten eingebaut. Diese brennen, wenn eine hintere Tür oder die Heckklappe offen ist. Mit dem Schalter im Armaturenbrett können die Leuchten auch ganz ausgeschaltet oder ständig eingeschaltet werden.

■ Zum Ausbau einer Innenleuchte vorsichtig mit einem Schraubenzieher am Rand hebeln.

■ Beim Kombi die Innenleuchte im hintersten Dachpfosten an der Unterkante heraushebeln. Die Lampe hinter den Fondtüren an der Vorderkante loshebeln.

■ Zum Lampenaustausch erst den Reflektor wegklappen.

Fingerzeig: *Beim Kombi ist der Türkontaktschalter im Schloß der Heckklappe integriert. Über den Schalter wird neben den Innenleuchten auch die elektromotorische Schließhilfe für die Heckklappe geschaltet.*
Erst wenn die Klappe ganz zugezogen ist, verlöschen die Innenleuchten.

Leseleuchten hinten

Auf Wunsch können in den hinteren Dachpfosten Leseleuchten eingebaut sein. Die kleinen Scheinwerfer erhalten ständig Strom. Sie werden über einen Druckschalter ein- und ausgeschaltet. Achten Sie beim Verlassen des Fahrzeugs darauf, daß die Leuchten abgeschaltet sind, sonst können Sie die Batterie entleeren.

■ Zum Lampentausch die Leuchte an der Unterkante mit einem Schraubenzieher aus der Innenverkleidung des Dachpfostens heraushebeln.

■ Einen der beiden Leitungsstecker abziehen, um beim Lampentausch einen Kurzschluß zu vermeiden.

■ Reflektorteil hochklappen.

■ Glühlampe austauschen.

1 – Leseleuchten hinten; 2 – Kofferraumleuchte; 3 – Einstiegsleuchte.

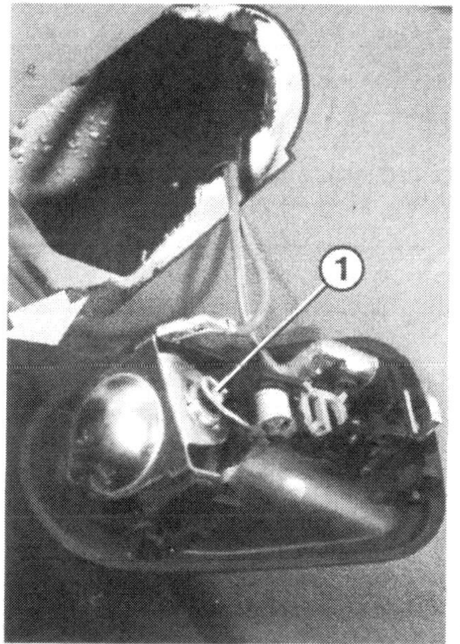

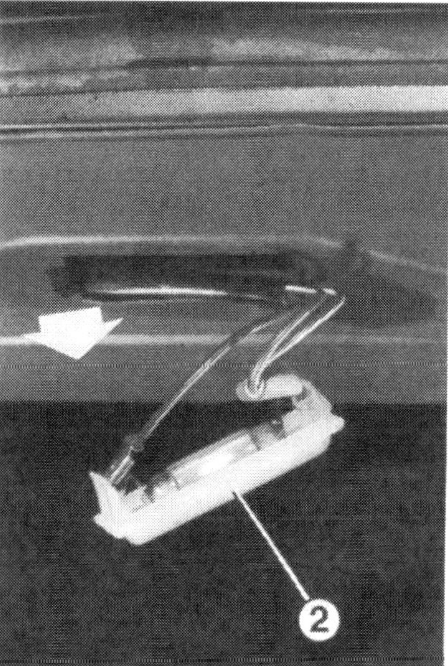

Kofferraumleuchte

Die Kofferraumleuchte erhält über Klemme 30 ständig Batteriestrom. Sie wird beim Öffnen des Kofferraumdeckels von einem Schalter am linken Deckelscharnier (bis 9/85) eingeschaltet. Mit einigen Verrenkungen und langen Fingern kann der Schalter erreicht werden. Später ist der Schalter neben dem Schloß im Kofferraumdeckel eingebaut.

- Zum Lampenaustausch das Massekabel der Batterie abnehmen.
- Leuchte aus dem Ausschnitt oben am Kofferraum hebeln.
- Soffittenlampe ersetzen.

Handschuhfachleuchte

Neben der Soffittenlampe befindet sich der Schalter direkt in der Leuchte. Die Spannungsversorgung erfolgt in Zündschlüsselstellung »1« (wie Radio).

- Zum Lampentausch Handschuhfach öffnen und Leuchte aus dem Ausschnitt ziehen.
- Schalterfunktion und Lampe prüfen.

Make-up-Spiegel

- Sonnenblende herunterklappen. Die beiden Leuchten neben dem Spiegel müssen aufleuchten.
- Zum Lampenaustausch und zur Prüfung der Schalterfunktion Make-up-Spiegel auseinanderbauen. Dazu einen Schraubenzieher an die beiden Aussparungen (Abb. rechts) ansetzen und vorsichtig hebeln.

Einstiegsleuchten

Bei geöffneter Tür muß die Leuchte in der Türunterseite aufleuchten.

- Zum Lampenaustausch Tür öffnen und die Leuchte seitlich auf dem Ausschnitt hebeln.
- Soffittenlampe ersetzen.
- Ggf. noch Spannungsversorgung und Türkontaktschalter prüfen.

Luftdüsenleuchten

Bei eingeschalteter Beleuchtung werden die Regler an den drei Luftdüsen mit Glassockellämpchen beleuchtet.

- Zum Austausch der Lämpchen die jeweilige Luftdüse ausbauen.
- Seitendüsen: Verrastungen an der Ober- und Unterkante zurückdrücken und gleichzeitig an der Düse ziehen.
- Hinter dem Regler ist die Fassung für das Glassockellämpchen eingesteckt.
- Mitteldüse: Seitliche Schrauben herausdrehen (Abb. Seite 209 und 229).

Ascherbeleuchtung

Ascher und Anzünder werden mit einem gemeinsamen Glassockellämpchen beleuchtet.

- Zum Austausch den Ascher aufklappen.
- Zwei Schrauben hinten im Aschergehäuse herausdrehen (Seite 238 oben).
- Aschergehäuse herausziehen und auf der Rückseite das Lämpchen ersetzen.

Beleuchtung der Drehschalter

Lichtschalter (Seite 204 links), Gebläseschalter und der Drehschalter für die Luftverteilung (Seite 236 unten) sind in der Mitte beleuchtet.

- Zum Austausch den entsprechenden Drehknopf mit einer Zange fassen und nach hinten abziehen. Um unschöne Kratzspuren zu vermeiden, die Zangenbacken mit einem Lappen umwickeln.
- Das durchgebrannte Lämpchen vorsichtig aus der Schalterachse ziehen.
- Neues Lämpchen einstecken.
- Das Lämpchen in der Schalterachse des Lichtschalters brennt, wenn das Nebelschlußlicht leuchtet. Die Symbole um den Lichtschalter werden mit einem anderen Lämpchen beleuchtet. Zum Austausch flache Mutter am Lichtschalter lösen und Verkleidung ausbauen (siehe Seite 231 und 236).

Heizungsbeleuchtung

Die beiden Temperaturwahlräder sowie die Symbole am Gebläseschalter und an der Luftverteilung werden bei eingeschalteter Beleuchtung von Glühlämpchen beleuchtet. Die Lämpchen sind auf der Rückseite des Steuer- und Bediengerätes der Heizungsautomatik eingebaut.

- Zum Austausch hölzerne Mittelverkleidung ausbauen (Seite 236).
- Bediengerät vom Halterahmen abschrauben (4 Schrauben).
- Auf der Rückseite das Lämpchen ersetzen.

Beleuchtung der Wippschalter

Je nach Ausstattung des Fahrzeugs sind oben in der Mittelverkleidung und um den Schalthebel eine Vielzahl von Wippschaltern eingebaut. Glassockellämpchen besorgen die Schalter-

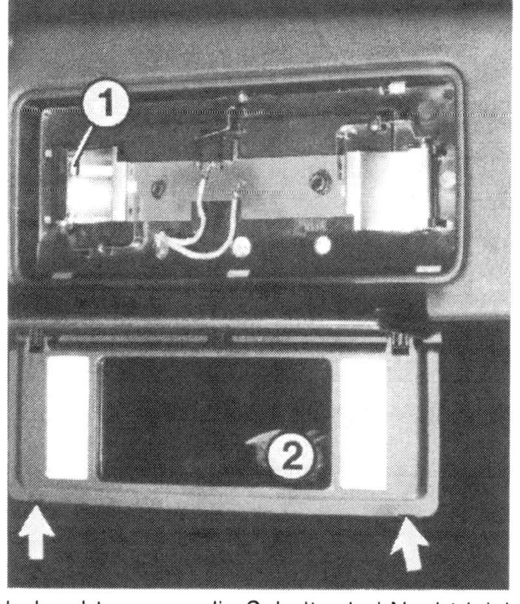

Links: Zum Ausbau der Lampen (1) den Spiegel (2) abhebeln (Pfeile).

Rechts: 4 – Handschuhfachleuchte einfach herausklappen (Pfeil); 3 – Schraube für mittlere Luftdüse (auch Seite 229).

beleuchtung, um die Schalter bei Nacht leicht zu finden oder um die jeweils eingeschaltete Funktion anzuzeigen.

■ Zum Austausch der Lämpchen die hölzerne Mittelverkleidung (Seite 236) bzw. die Verkleidung um den Schalthebel (Seite 237) ausbauen.

■ Schalter ausbauen. Hierzu den Schalter einfach herausziehen oder den Mehrfachstecker auf der Schalterrückseite abziehen.

■ Wipptaste seitlich links und rechts ausrasten und abnehmen. Bei anderen Schaltern Lämpchenfassung aus der Rückseite ausbauen.

■ Glassockellämpchen austauschen.

Beleuchtung Kombiinstrument

Die Glassockellämpchen zur Instrumentenbeleuchtung, aber auch die etwas kleineren Lämpchen der verschiedenen Kontrolleuchten sind auf der Rückseite des Kombiinstrumentes montiert. Zum Lampenaustausch das Kombiinstrument ausbauen (Seite 216).

Vordere Scheinwerfer ausbauen

■ Blinkleuchte ausbauen (Seite 205).

■ Ggf. Wischerarm der Scheinwerfer-Reinigungsanlage ausbauen (nächste Seite). Zuvor dessen Nullage mit einem Klebestreifen auf der Streuscheibe festhalten.

■ Verkleidung an der Scheinwerferunterkante losschrauben und abnehmen (Abbildung 203 oben).

■ Zum Ausbau des linken Scheinwerfers die Luftansaughutze ausbauen.

■ Schraube seitlich innen am Scheinwerfer herausdrehen.

■ 2 Schrauben seitlich außen herausdrehen.

■ Arretierungseinsatz oben am Scheinwerfer um 90° verdrehen und nach oben wegnehmen.

■ Leitungsanschlüsse lösen und den Unterdruckschlauch der Leuchtweiten-Regulierung abziehen.

■ Scheinwerfer abnehmen.

■ Nach dem Einbau in umgekehrter Richtung die Scheinwerfereinstellung prüfen.

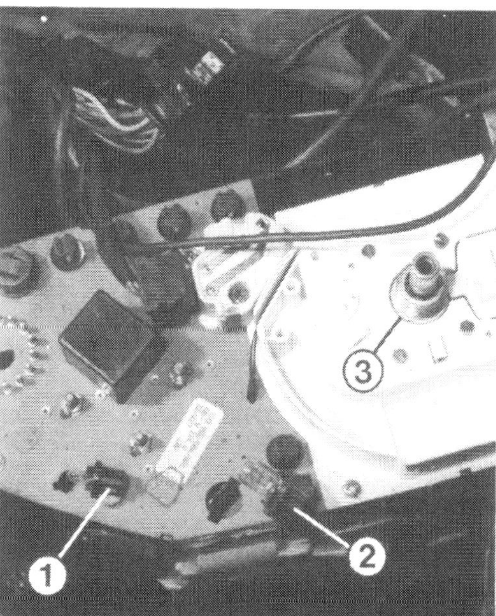

Links: Schalter aus Sockel (1) ziehen und Taste (3) ausrasten, um Lämpchen (2) für Beleuchtung bzw. Kontrolle austauschen zu können.

Rechts: 1 – Kontrollämpchen; 2 – Beleuchtung; 3 – Tachometer im Kombiinstrument.

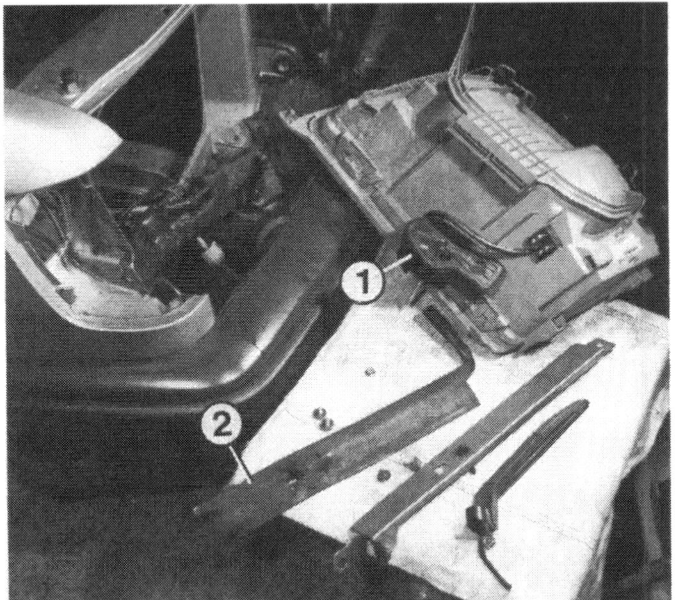

Hier ist der rechte Scheinwerfer ausgebaut. Es bedeuten: 1 – Wischermotor; 2 – Gummi zur Schallisolation (siehe Seite 244).

Scheinwerfer zerlegen

■ Die Streuscheibe ist mit Haltelaschen am Scheinwerfergehäuse befestigt. Zum Austausch der Streuscheibe die Haltelaschen vorsichtig loshebeln. Die Ersatz-Streuscheibe wird zusammen mit dem Halterrahmen geliefert. Auch die Gummidichtung ersetzen.

■ Die Scheinwerferreflektoren können einzeln ersetzt werden.

■ Unten an den Scheinwerfergehäusen können die Elektromotoren der Scheinwerfer-Reinigungsanlage festgeschraubt sein.

Scheinwerfer einstellen

Diese billige, bisweilen sogar kostenlose Einstellarbeit überläßt man der Werkstatt, einer Tankstelle oder dem mobilen Prüfstand eines Autoclubs. Behelfsmäßig gibt es verschiedene, unterschiedlich genaue Methoden. Dabei immer den Motor kurz starten und die Leuchtweiten-Regulierung auf »0« stellen.

□ Wagen möglichst im rechten Winkel in fünf Meter Abstand vor eine helle Wand stellen. Erneuerten Scheinwerfer in der Höhe dem unveränderten gleichstellen. Eine Seitenkorrektur ist so allerdings nicht möglich.

□ Nach einer genauen Einstellung mit dem Meßgerät die Abknickpunkte (in diesen Punkten steigt der Abblend-Lichtstrahl um 15° nach oben an) an der Garagenwand anzeichnen. Dazu den Mercedes am Garagentor abstellen. So läßt sich später bei gleicher Fahrzeugstellung auch die Lichtstrahl-Seitenrichtung überprüfen.

□ Genaue Hilfslinien anzeichnen an einer Wand mit ca. 10 m ebener Fläche davor. Die Linien sehen Sie in der Zeichnung unten. Sie können auch an den betreffenden Stellen auf der Wand z. B. Kreppband ankleben und darauf zeichnen.

Maße für die Scheinwerfer-Einstellung: d – Höhe der Scheinwerfer-Mittelpunkte; F – Einstellhöhe für Zusatz-Fernscheinwerfer; A – Einstellhöhe für die Hauptscheinwerfer; M – Fahrzeugmitte; a – Abstand der Scheinwerfer von der Fahrzeugmitte; f – Abstand von Zusatz-Fernscheinwerfern von der Fahrzeugmitte.

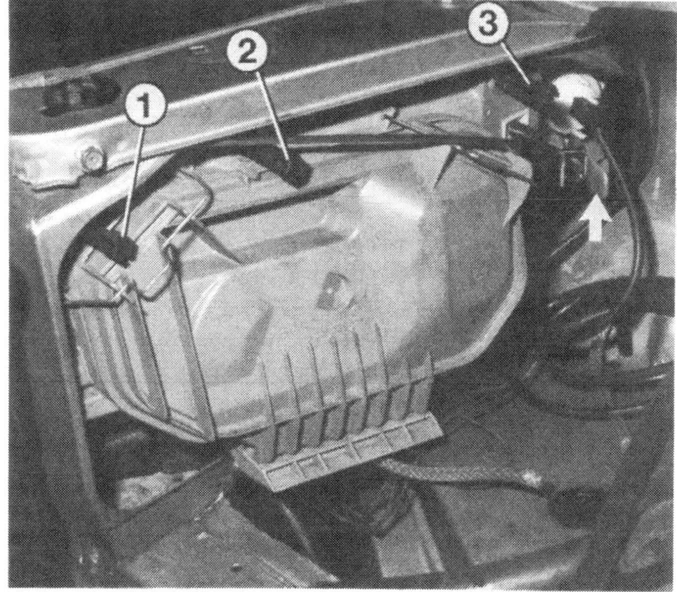

Einstellschrauben am Scheinwerfer: 1 – für Nebelscheinwerfer; 2 – für Scheinwerfer-Höhe; 3 – für Scheinwerfer-Seitenverstellung. Der Pfeil zeigt auf den Haltebügel der Blinkleuchte.

Hilfslinien zur Scheinwerfereinstellung

- Fahrzeug mit der Front parallel zur Einstellwand in exakt 5 m Abstand abstellen.
- Höhe der Scheinwerfermittelpunkte beidseitig ausmessen und an der Wand markieren (Maß »d«).
- 50 mm darunter eine Linie »A« an der Wand anzeichnen. Das ist die Neigung des Abblendlichts auf 5 m Entfernung.
- Durch das Heckfenster nach vorn peilen und von einem Helfer genau in Fahrzeugmitte die senkrechte Linie »M« einzeichnen lassen.
- Abstand Fahrzeugmitte bis Scheinwerfermittelpunkt abmessen, rechts und links von »M« markieren und dort je ein Einstellkreuz anzeichnen.
- Auf diese Kreuze müssen die Abknickpunkte des Abblendlichts justiert werden.

Leuchtweitenregulierung

Serienmäßig ist eine pneumatische Leuchtweiten-Regulierung eingebaut. Die Einstellung erfolgt je nach Belastungsgrad des Fahrzeuges von einem Stellrad neben dem Lichtschalter. Zur Betätigung wird Unterdruck eingesetzt. Damit bei jeder Drehzahl ein möglichst konstanter Unterdruck zur Verfügung steht, besitzt das Unterdrucksystem einen Vorratsbehälter. Der Behälter ist im vorderen linken Kotflügel hinter der Trennwand eingebaut. Damit der Unterdruck sich nicht abbaut, ist das System mit einem Rückschlagventil ausgestattet. Mit dem Stellrad im Armaturenbrett wird der Unterdruck zwischen 0,4 bar (Stellung »0«) und 0,05 bar (Stellung »3«) geregelt und gelangt dann zu den Stellelementen in den Leuchteinheiten. Diese Stellelemente haben einen Maximalhub von 3 mm.

Die Scheinwerfer-Reinigungsanlage

Fahrzeuge, die damit ausgestattet wurden, haben im Motorraum einen größeren Waschwasser-Behälter, der mit 2 Pumpen ausgestattet ist. Jeder der beiden kleinen Wischerarme hat seinen eigenen Motor. Nach dem Ausschalten laufen die Wischer von selbst in die Ausgangslage zurück. Der rechte Wischermotor besitzt einen Kontakt, welcher die Wischwasser-Pumpe während des Wischens nur ganz kurz einschaltet. Durch die beiden Spritzdüsen am Wischerarm sprüht so nur wenig Wasser im rechten Augenblick auf die Scheinwerfergläser. Dadurch wird verhindert, daß sich nachts bei Gegenlicht eine undurchsichtige »Sprühwasserwand« bildet. Außerdem wird Wasser gespart.
Die Scheinwerfer-Reinigungsanlage tritt in Aktion, wenn das Licht eingeschaltet ist und am Kombihebel der Schalter für die Scheibenwaschanlage betätigt wird.

Die Heckleuchte

Jede Heckleuchte besteht aus drei Teilen – dem Lampenträger, dem Reflektorenteil und der bunten äußeren Kunststoffabdeckung. Diese Abdeckung ist mit einer Gummidichtung von außen ans Karosserieblech angesetzt und von innen zusammen mit dem Reflektorenteil mittels Muttern verschraubt. Bei den Limousinen ist der Lampenträger mit einer Verschlußschraube an der Leuchte montiert. Beim Kombi hält eine Verrastung den Lampenträger.

Zeichensprache

Bei Autos gibt es keine Sprachverwirrungen – es geht einheitlich zu. Die Absicht zum Abbiegen oder Spurwechsel drücken die Blinker aus. Wenn abgebremst oder angehalten werden soll, zeigen dies rote Lichter an. Und will der Fahrer jemanden warnen, ertönen die Hupen, oder die Lichthupe leuchtet kurz auf.

Blink- und Warnblinkanlage

Ständige Kontrolle

Die Warnblinkanlage wird ständig mit Strom versorgt. Drücken Sie bei ausgeschalteter Zündung auf den roten Wippschalter. Alle 4 Blinkerlampen und der transparente Schalterknopf leuchten im gleichen Rhythmus auf.

Zur Kontrolle der Richtungsblinker muß die Zündung eingeschaltet, aber die Warnblinkanlage ausgeschaltet sein, denn die Warnblinker überlagern die Richtungsblinker. Bei gedrücktem Blinkerhebel müssen eine Blinkerseite und die entsprechende grüne Kontrolleuchte in regelmäßigen Abständen aufleuchten.

Die ganze Blinkerei ist etwas kompliziert, weil vorschriftsgemäß die Warnblinkanlage ständig funktionieren muß – der Warnblinkschalter bezieht den Strom durch ein rot-weißes Kabel über Sicherung Nr. 9 direkt von der Batterie. Die Richtungsblinker erhalten dagegen nur bei eingeschalteter Zündung Strom durch ein schwarz-rotes Kabel über Sicherung Nr.6 von Klemme 15.

Störungen

□ Wenn die Blinkerkontrolle in irgendeiner Weise »stolpert« oder nur rhythmisch kurz aufblitzt, ist meist eine Blinkerlampe defekt.

□ Bleibt die Blinkerei oder Warnblinkerei »stehen«, brennt also Dauerlicht statt Blinklicht, liegt der Fehler im Blinkrelais.

□ Leuchten die Blinker mal in langsamer Folge, mal schnell und sind alle Steckverbindungen einschließlich der Massekabel in Ordnung, muß das Relais erneuert werden.

Die Hupen sind an einer Strebe vor dem Kühler befestigt. Jede Hupe besitzt einen Masseanschluß und einen Anschluß für das stromzuführende Kabel.

□ Leuchten die Warnblinker auf, während die Richtungsblinker bei eingeschalteter Zündung dunkel bleiben, ist die Sicherung Nr. 6 defekt. Im umgekehrten Fall – kein Warnblinken, dafür aber Richtungsblinken – kommt die Sicherung Nr. 9 in Betracht. Es kann in beiden Fällen aber auch der betreffende Schalter defekt oder der Stromweg zum Schalter unterbrochen sein; Schalterausbau siehe Seite 218.

□ Wenn weder Warn- noch Richtungsblinken funktioniert, ist das Blinkrelais schuld. Neben den Blinkerkontrollen, die im Blinkerrhythmus mitblinken, werden Sie beim Mercedes durch ein akustisches Geräusch ans Blinken erinnert. Das Klacken stammt von einem Relais im Kombiinstrument. Bei Störungen Kombiinstrument ausbauen, Leitung und Relaisspule prüfen.

Fingerzeige *Im dichten Verkehr oder bei Dunkelheit ist das Weiterfahren mit ausgefallenem Blinkerrelais nicht ganz ungefährlich. Sie können sich aber so weiterhelfen: Das Kombirelais H herausziehen (Seite 187) und die Buchsen der Relaisanschlüsse 8 und 10 (entspricht Klemme 49 und 49 a) mit einem dünnen Drahtstück verbinden. Das Kombirelais wieder darüberstecken, denn es ist ja noch für die Heckscheibe und das Scheibenwischen zuständig. Bei gedrücktem Blinkerschalter leuchtet eine Blinkerseite jetzt dauernd, durch Ein- und Ausschalten mit dem Blinkerhebel erhält man einen Blinkerrhythmus.*

Bremsleuchten prüfen

Ständige Kontrolle

Die Bremslichter sollten Sie zu Ihrer eigenen Sicherheit so oft wie möglich kontrollieren.

- Die Garagenwand hinter dem Wagen muß hellrot aufleuchten, wenn Sie auf das Bremspedal treten.
- Oder in einer Kolonne prüfen Sie mit dem Rückspiegel, ob sich in den Scheinwerfer-Reflektoren oder in der Lackierung des Hintermannes beide Bremslichter spiegeln.
- Leuchtet beim Bremsen die Glühlampenausfall-Kontrolle im Armaturenbrett auf und bleibt an, Bremsleuchten sofort prüfen und instand setzen.

Der Bremslichtschalter

Beim Tritt auf das Bremspedal wandert der Druckstift des Bremslichtschalters oben am Pedalbock heraus und schließt die Schaltkontakte. Damit ist der Stromkreis zu den Bremsleuchten geschlossen. Der Bremslichtschalter stellt sich selbständig ein, deshalb beim Auswechseln die Montagehinweise beachten.

Der Bremslichtschalter ist zusätzlich für das ABS (Seite 167), das ASD (Seite 129) und die 4MATIC (Seite 133) wichtig.

Bremslichtschalter überprüfen

- Fußraumverkleidung ausbauen.
- Kabelstecker am Schalter abziehen.
- Mit einem Ohmmeter das Schalten kontrollieren.
- Bei Betätigen des Bremspedals muß der Stromkreis über die beiden Anschlußstifte geschlossen werden.
- Bei Fahrzeugen mit ASD und 4MATIC hat der Bremslichtschalter einen zusätzlichen Kontakt (Öffner). Die Anschlußstifte zum Kontakt sind kleiner (2,5 mm ø).
- Bei Betätigen des Bremspedals muß der Stromkreis über den Kontakt unterbrochen werden.

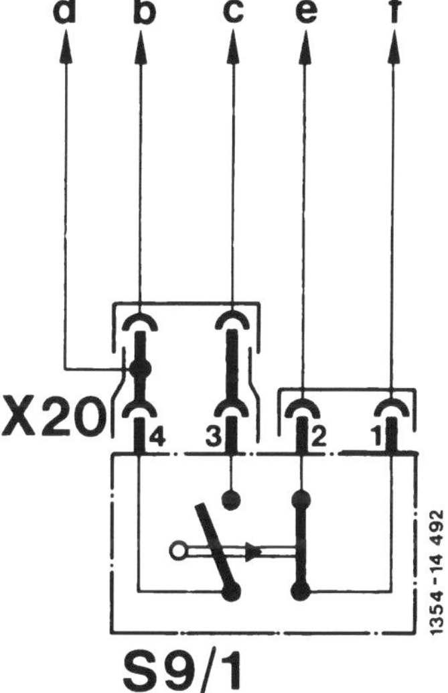

Bei ASD und 4MATIC hat der Bremslichtschalter (S 9/1) zwei Kontakte. Die Stifte in der Steckverbindung X 20 für das Bremslicht haben 4 mm Durchmesser. Im Zusatzkontakte beträgt der Durchmesser 2,5 mm. Über den Zusatzkontakt wird beim Bremsen die Spannungsversorgung für das Magnetventil der Hinterachssperre unterbrochen, so daß keinesfalls mit quergesperrter Hinterachse gebremst werden kann – Fahrzeug würde leicht ausbrechen.
b – zum Bremslicht
c – von Sicherung Nr. 5, Klemme 15
d – zum Steuergerät ABS, ASD und 4MATIC
e – Überspannungsschutz, Spannungsversorgung von Klemme 87
f – zum Magnetventil für Hinterachsdifferentialsperre

Die Zeichnung zeigt die Anordnung des Bremslichtschalters (4) am Bremspedal (1). Der Schalter stellt sich nach der Montage selbst ein. Es bedeuten:
4 b – Arretierung
4 a – Betätigungsstift
a – maximaler Weg des Betätigungsstiftes (vor dem Einbau den Stift kräftig soweit herausziehen)

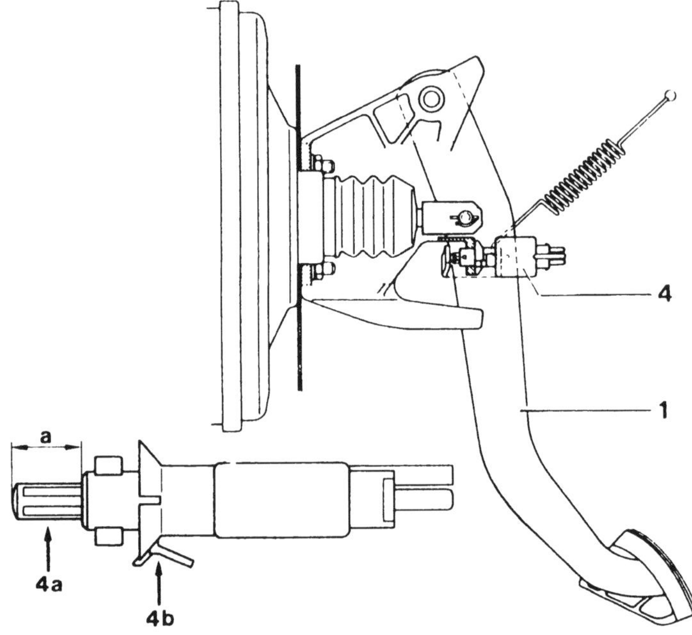

Bremslichtschalter auswechseln

■ Fußraumabdeckung ausbauen.
■ Kabelstecker abziehen.
■ Kunststoffarretierung des Bremslichtschalters mit einem Schraubenzieher zurückdrücken.
■ Bremslichtschalter drehen und herausziehen.
■ Vor dem Einbau den Druckstift am Bremslichtschalter kräftig (ca. 50 N) ganz herausziehen.
■ Bremspedal treten und Schalter einsetzen. Schalter so weit drehen, bis er einrastet.
■ Bremspedal loslassen. Dabei stellt sich der Betätigungsweg selbständig ein.

Hupe prüfen

Bei Ihrem Mercedes tönt es gleich aus zwei Hupen, wenn Sie in Zündschlüsselstellung 1 auf die Polsterplatte im Lenkrad drücken. Die Tonlage der beiden Hörner ist etwas verschieden, was bei der Ersatzteilbeschaffung berücksichtigt werden muß. Sogar der Gesetzgeber verlangt es so – es muß ein »harmonischer Akkord« ertönen.

Störungen

Zur Fehlerermittlung den Schaltplan ansehen. Mit einer Prüflampe und einem Hilfskabel den Fehler einkreisen:
□ Hupt es nicht, die Sicherung Nr. 6 prüfen. Läßt sich der Blinker einschalten? Dieser ist über die gleiche Sicherung gesichert.
□ Bei intakter Sicherung einen Helfer »hupen« lassen. Kommt durch das schwarz-rosa-rote Kabel Strom zu den Hupen? Wenn ja, ist wahrscheinlich die Masseversorgung der Hupen gestört. Mit dem Hilfskabel die braunen Kabelanschlüsse versuchsweise mit dem Minuspol der Batterie verbinden.
□ Kommt kein Strom, muß ein Defekt am Schalter im Lenkrad vermutet werden. Hupenkontakt im Lenkrad überbrücken, dazu die Polsterplatte abnehmen. Oder das Lenkrad ausbauen (Seite 148) und die Stromführung über die Schleifkohlen prüfen.

Lichthupe prüfen

In Zündschlüsselstellung 1 oder 2 leuchtet das Fernlicht und die Fernlichtkontrolle auf, wenn Sie den Hebel am Kombischalter zum Lenkrad ziehen. Das schwarz-violette Kabel liefert von Sicherung Nr. 2 den Strom. Über den s2-Kontakt im Kombischalter (S 4 in den Schaltplänen) wird er an die Fernlichtfäden weitergeleitet. Funktioniert die Lichthupe nicht, obwohl der Scheibenwischer (gleiche Sicherung) arbeitet, wird wohl meist der Kontakt im Schalter gestört sein (Schalterausbau Seite 218).

Hilfstruppen

Rund um Ihren Arbeitsplatz im Mercedes sind allerlei Anzeigeinstrumente, Warnlichter und Schalter versammelt, auf die wir im folgenden Kapitel eingehen wollen. Weiter kommen jene Einrichtungen zur Sprache, die das Autofahren einfacher, sicherer und komfortabler machen.

Kontrolleuchten und -instrumente prüfen

Wartung Nr. 15

Im täglichen Fahrbetrieb werden diese Einrichtungen wohl ganz automatisch geprüft. Wer die Prüfung bewußt durchführen will (z. B. beim Gebrauchtwagenkauf), achtet auf folgendes:

☐ **Kühlmittel-Temperatur:** Unter Ausnahmebedingungen (Seite 78) darf die Anzeigenadel bis zur roten Marke wandern. Bei höheren Temperaturen kocht das Kühlmittel auch im Überdruck-Kühlsystem.

☐ **Kühlmittelstands-Anzeige:** Bei laufendem Motor darf die Kontrollampe nicht brennen, ansonsten in den Ausgleichsbehälter Kühlmittel nachfüllen.

☐ **Kraftstoff-Anzeige:** Bei eingeschalteter Zündung wird entsprechend angezeigt. Die dreieckige Reserve-Warnlampe verlöscht erst bei laufendem Motor. Tut sie das nicht, ist der Tank bald leer (Seite 86).

☐ **Öldruck-Anzeige:** Die Angabe erfolgt in bar. Rührt sich der Zeiger bei laufendem Motor nicht, Motor sofort abstellen und die Ursache klären. Näheres Seite 60.

☐ **Ölstands-Anzeige:** Bei laufendem Motor und einer Öltemperatur über 60°C leuchtet die Kontrolle, wenn sich der Ölstand der »MIN«-Marke am Peilstab nähert.

☐ **Blinkkontrollen:** Die Pfeile müssen beim Richtungsblinken einzeln und beim Warnblinken zusammen aufleuchten.

☐ **Tachometer:** Schon kurz nach dem Anfahren muß sich die Anzeigenadel bewegen. Weiteres nächste Seite.

☐ **Kilometerzähler und Tages-Kilometerzähler** müssen sich mit der Fahrstrecke weiterdrehen. Funktioniert die Rückstellung des Tageskilometerzählers mit dem Knopfdruck?

☐ **Die quarzgesteuerte Uhr** läuft äußerst genau. Sie erhält ständig Strom.

☐ **Blinklichtkontrolle** bei Anhängerbetrieb: Wird mit Anhänger geblinkt, zeigt diese Kontrolle durch Mitblinken an, daß auch die Blinker im Hänger arbeiten.

☐ **RS-Kontrolleuchte:** Mit dem Einschalten der Zündung leuchtet sie für etwa 10 Sekunden. Verlöscht die RS-Leuchte (RS = Rückhaltesystem), sind Airbag und Gurtstrammer funktionsbereit. Näheres Seite 225.

☐ **ABS-Kontrolle:** Die Kontrolle für das Antiblockiersystem (Seite 166) leuchtet mit dem Einschalten der Zündung auf. Dreht der Motor oder spätestens, wenn schneller als 5 km/h gefahren wird, muß die Leuchte verlöschen.

☐ **Ladekontrolle:** Sie muß bei eingeschalteter Zündung aufleuchten und bei laufendem Motor verlöschen. Näheres Seite 196.

☐ **Bremskontrolle:** Leuchtet bei getretener Feststellbremse und bei fehlender Bremsflüssigkeit (siehe Fingerzeig Seite 162).

☐ **Bremsbelag-Verschleißanzeige:** Leuchtet beim Bremsen, wenn die Bremsklötze vorn bis auf 3,5 mm abgenutzt und reif zum Austausch sind.

☐ **Fernlichtkontrolle:** Beim Lichthupen und bei Fernlicht muß das blaue Licht aufleuchten.

☐ **ASD- bzw. 4MATIC-Kontrollen:** Siehe Seiten 129 und 133.

☐ **Glühlampenausfall-Kontrolle:** Durch Aufleuchten der Lampe wird angezeigt, daß eine der überwachten Lampen durchgebrannt ist (Seite 202).

☐ **Heckscheiben-Heizung:** Leuchtet bei eingeschalteter Heizung das Kontrollicht im Schalter?

□ **Nebelschlußlicht-Kontrolle:** Das Lämpchen sitzt in der Mitte des Lichtschalters und muß aufleuchten, wenn der Drehknopf um zwei Stufen herausgezogen wird.
□ **Vorglüh-Kontrolle:** Beim Einschalten der Zündung leuchtet die Lampe so lange auf, bis die Startbereitschaft erreicht ist. Leuchtet die Kontrolle nicht auf, liegt ein Fehler in der Vorglühanlage (Seite 107) vor.
□ **Warnblink-Kontrolle:** Der rote Wippschalter in der Mittelkonsole muß zusammen mit den Blinkerlampen aufleuchten.
□ **Waschwasser-Kontrolle:** Den Vorratsbehälter nachfüllen, wenn diese Lampe leuchtet.
□ **Sitzheizung:** Die Kontrolleuchten der Wippschalter müssen beim Einschalten aufleuchten. Bei voller Heizleistung beide Lämpchen und bei halber Leistung nur eines.

Fingerzeig: *Brennt eine Kontrollampe nicht, ist vielleicht das entsprechende Gerät gestört. Im jeweiligen Kapitel finden Sie weitere Hinweise zur Fehlereinkreisung. Ist eine Kontrollampe durchgebrannt, finden Sie auf Seite 209 Hinweise zum Lampentausch. Oft muß hierzu das Kombiinstrument ausgebaut werden.*

Kombiinstrument ausbauen

■ Am einfachsten geht der Ausbau bei ausgebautem Lenkrad (Seite 148) vonstatten.
■ Obere Verkleidung im Fahrerfußraum ausbauen (Seite 235).
■ Das Kombiinstrument ist nur in den Schacht im Armaturenbrett eingesteckt. Mit einem breiten Werkzeug das Instrument beidseitig vorsichtig etwas heraushebeln, dabei von hinten an der Tachowelle nachschieben. Kann man den Rand fassen, Instrument vollends herausziehen.
■ Tachowelle losschrauben.
■ Mehrfachsteckverbindung auf der Rückseite ausstecken.
■ Fassung der einzeln eingesteckten Kontrollämpchen ausstecken. Jeweilige Position merken.

Kombiinstrument zerlegen

Das Kombiinstrument ist eine Meisterleistung der Feinwerker. Was neben den mechanischen Teilen noch an Elektrik darin untergebracht ist, erkennt man im Schaltplan. Die meisten Einzelteile sind zusammengeschraubt und können einzeln ersetzt werden. Wer dies nicht selbst machen will, kann es in einer VDO-Werkstatt instand setzen lassen.
□ Die Fassungen der diversen Kontroll- und Beleuchtungslämpchen sind von hinten in das Instrument gesteckt. Zum Ausbau die Fassung verdrehen und abnehmen.
□ Der Regelwiderstand für die Instrumentenbeleuchtung ist angeschraubt und austauschbar.
□ Der laut schnarrende Lichtwarnsummer ist in die Leiterplatte eingelötet.
□ Ein kleines Relais erinnert Sie akustisch daran, daß der Blinker arbeitet.
□ Über eine elektronische Spannungsstabilisierung werden die Anzeigeinstrumente und manche Kontrollämpchen mit Spannung versorgt. So ist gewährleistet, daß sie trotz Spannungsschwankungen im Bordnetz genau arbeiten.
□ Der von der Tachowelle angetriebene Tachometer kann einzeln ersetzt werden.
□ Auch die Uhr ist als Einzelteil erhältlich.
□ Das linke Rundinstrument mit der Öldruck-, Kraftstoff- und Kühlmitteltemperaturanzeige muß komplett ersetzt werden.

Fingerzeig: *An der Rückseite des Kombiinstruments finden Sie auch den Warnsummer, der nervtötend losschwirrt, wenn Sie bei eingeschaltetem Licht aussteigen wollen. »Edel-Bastler« können versuchen, den Warnsummer auszubauen und den Lärm etwas zu dämpfen. Oder man verzichtet ganz auf die Warnung und sorgt durch den Einbau eines zusätzlichen Relais dafür, daß sich die Scheinwerfer ausschalten, sobald die Zündung ausgeschaltet wird.*

Tachometer

Dieser Geschwindigkeitsmesser zeigt die Fahrgeschwindigkeit gewissermaßen auf elektrischem Weg an, nämlich durch Erzeugung von Wirbelströmen, die eine Aluminiumtrommel rund um die Zeigerachse gegen den Widerstand einer Spiralfeder verdrehen.
Der Tachometer kann nicht die genaue Entfernung oder Geschwindigkeit messen, sondern er mißt die Umdrehungen des Tachowellenantriebs im Getriebe und setzt sie dann in Kilometerangaben um. Nach wieviel Tachowellenumdrehungen ein Kilometer auf der Straße zurückgelegt wurde, hängt von der Reifengröße und Achsübersetzung ab. Die entsprechende Tachometerantriebs-Anpassung wird mit der »Weg-Drehzahl« festgelegt.

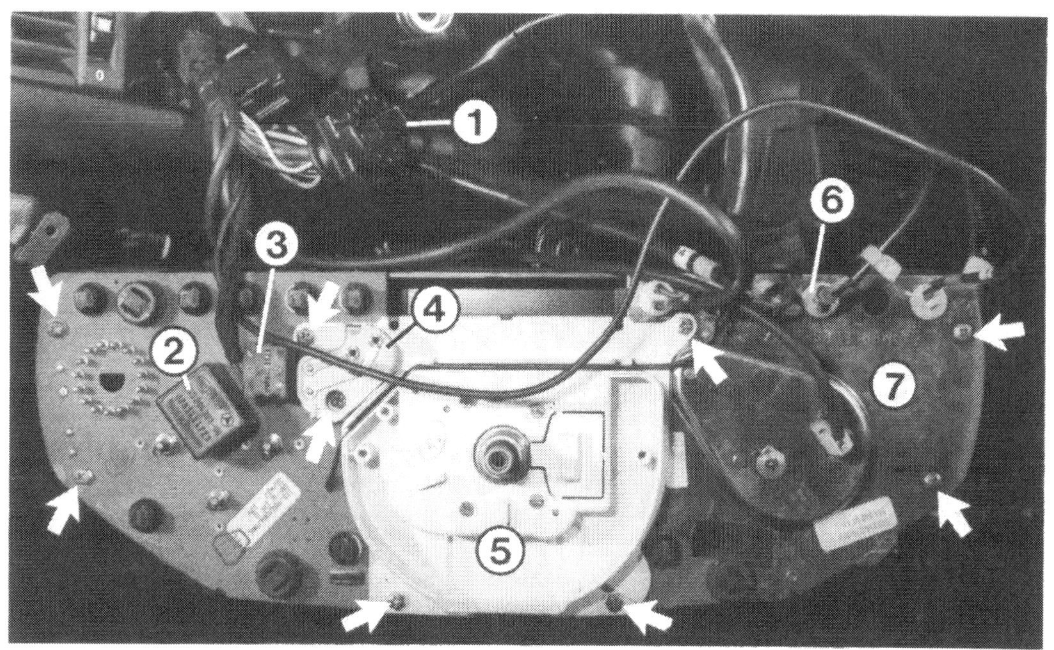

Die Rückseite des Kombiinstrumentes: 1 – 15poliger Rundstecker; 2 – Warnsummer; 3 – 4polige Steckkupplung; 4 – Spannungsstabilisierung; 5 – Tachometer; 6 – zusätzliche Kontrollleuchten (ausstattungsabhängig) z.B. Vorglühkontrolle, ABS, ASD, 4MATIC, Anhängerblinklicht; 7 – Rechtes Rundinstrument (Uhr, Drehzahlmesser); Pfeile – Schrauben (zum Zerlegen herausdrehen).

»Tachoeichung«

Sie brauchen dazu eine zufällig nur mäßig befahrene, ebene Autobahnstrecke, Beifahrer mit Stoppuhr oder Uhr mit Sekundenanzeige. Rechts am Autobahnrand stehen alle 500 m kleine Täfelchen mit Kilometerangaben. Die Tachoprüfung geht dann so: »Anlauf« nehmen, bis die Tachonadel ruhig und stetig auf die zu messende Geschwindigkeit zeigt. Beim Passieren der nächsten km-Tafel, die z. B. haargenau über einen Fenstersteg angepeilt wird, drückt der Beifahrer die Stoppuhr. Nach einem Kilometer Fahrt (die Tachonadel darf sich während der Messung nicht bewegen) bei gleicher Anpeilung der km-Tafel wieder die Stoppuhr drücken. Ergebnis notieren. Messung mindestens zweimal, besser dreimal wiederholen, da kleine Ungenauigkeiten bei der km-Tafel-Aufstellung oder Tachonadelschwankungen möglich sind. Durchschnittswert aus den Messungen ermitteln.
Die echte Geschwindigkeit in Kilometer pro Stunde (= 3600 Sekunden) ergibt sich, wenn Sie 3600 durch die gestoppte Zeit (in Sekunden) teilen. Beispiel: Tachonadel zeigte auf 130; 1 Kilometer wurde in 28,4 Sekunden zurückgelegt. 3600 : 28,4 = 126,76. Ergebnis: Bei Tachoanzeige 130 wurden knapp echte 127 km/h gefahren. Auf dieselbe Weise können Sie auch die tatsächliche Höchstgeschwindigkeit Ihres Wagens ermitteln. Doch je nach Luftfeuchtigkeit, Einfahrzustand und Reifen (Rollwiderstand) kann die Höchstgeschwindigkeit je nach Modell um 2 bis 5 km/h tolerieren.
Ebenfalls mit den Kilometerangaben entlang der Autobahn können Sie den Kilometerzähler überprüfen. Wird zu viel angezeigt, ergibt sich dadurch ein scheinbar geringerer Kraftstoffverbrauch.

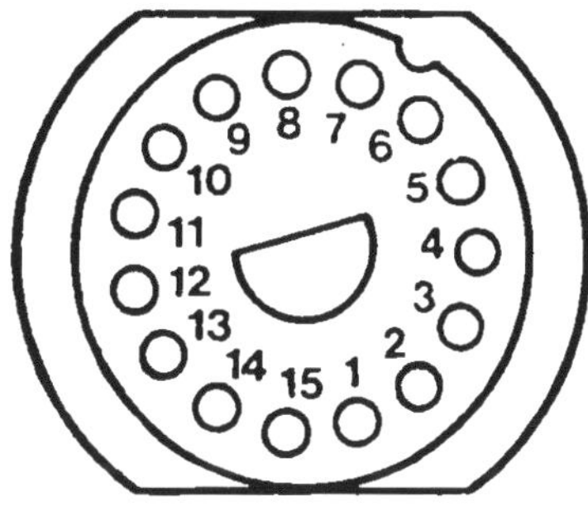

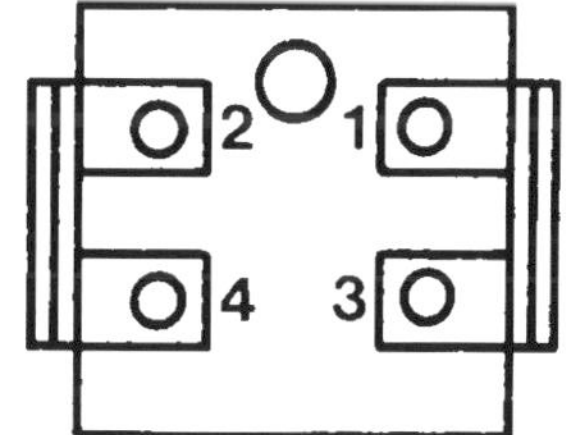

Belegung des 15poligen Rundsteckers:

1 Masse W 1
2 Temperaturfühler Kühlmittel
3 Tauchrohrgeber Kraftstoffanzeige
4 Tauchrohrgeber Kraftstoffreserveanzeige
5 Schalter Motorölstandsanzeige
6 Sicherung 5 Klemme 15
7 Fernlichtkontrolle
8 Klemme 15 ungesichert Sicherungsdose
9 Ladekontrolle Klemme 61
10 Kontaktfühler Bremsbelagverschleißanzeige links
10 Kontaktfühler Bremsbelagverschleißanzeige rechts
11 Schalter Bremsflüssigkeitskontrolle
12 Schalter Kühlmittelstandsanzeige
13 Lampenkontrollgerät Klemme K
Beleuchtung Aschenbecher
14 Blinkerkontrolle links
15 Blinkerkontrolle rechts

Belegung der 4poligen Kupplung

1 Behälter Scheibenwaschanlage
2 Leitungsverbinder Klemme 58 d
3 Warnsummerkontakt
4 Öldruckgeber

Tachowelle ausbauen

Stehen Kilometerzähler und Geschwindigkeitsmesser des Tachometers, ist meist die Welle abgedreht. Eine stark zitternde Tachonadel weist gewöhnlich darauf hin, daß die Welle einen Knick hat und bald ersetzt werden muß. Bei Fahrzeugen mit sehr hoher Laufleistung könnte auch einmal der Tachoantrieb im Getriebe verschlissen sein.

- Fahrzeug aufbocken und sichern.
- Untere Motorraumkapselung komplett ausbauen.
- Sechskantschraube rechts hinten am Getriebe herausdrehen und die Welle aus dem Getriebe ziehen.
- Im Innenraum die obere Fußraumabdekkung auf der Fahrerseite ausbauen.
- Kombiinstrument etwas vorziehen.
- Die Tachowelle vom Kombiinstrument losschrauben.
- Befestigungspunkte der Welle lösen und ausbauen.
- Neue Welle in umgekehrter Reihenfolge einbauen und auf wasserdichten Sitz der Gummitüllen achten. Welle beim Einbau keinesfalls knicken!

Drehzahlmesser nachrüsten

Für den Mercedes gab es bis Anfang 1987 ab Werk keinen Drehzahlmesser. Lange Zeit waren auch im Zubehörhandel keine Drehzahlmesser für Diesel-Fahrzeuge erhältlich, da mangels Zündanlage keine drehzahlabhängigen Impulse zur Ansteuerung zur Verfügung standen.

Mittlerweile sind elektronische Drehzahlmesser auf dem Markt, die an der impulsliefernden Klemme W der Lichtmaschine angeschlossen werden. Bei den Lichtmaschinen ist die Klemme W allerdings nicht vorhanden – sie muß zuerst »herausgeführt« werden. Am besten man baut die Lichtmaschine dazu aus und überläßt diese preisgünstige Arbeit einem Bosch-Dienst. Oder man kauft bei Bosch einen entsprechenden Umrüstsatz und macht es selbst. Nach dem Einbau muß der Drehzahlmesser geeicht werden, dabei ist ein Bosch-Dienst ebenfalls ein schneller, preisgünstiger Partner.

Der werksseitig eingebaute Drehzahlmesser wird von einem Drehzahlfühler (Seite 101) am Starterzahnkranz angesteuert. Ein nachträglicher Einbau des Drehzahlmessers ist wegen der hohen Kosten (anderes Kombiinstrument) nicht ratsam.

Die Schalter

Mit den Schaltern wird der Stromkreis zum jeweiligen Verbraucher geschlossen. Im Mercedes finden Sie links an der Lenksäule den Kombischalter und bei entsprechender Ausstattung noch den Bedienungsschalter für den Tempomat. Der Lichtdrehschalter sitzt ganz links im Armaturenbrett; oben in der Mittelkonsole bis zu 6 Wippschalter. Bei Klimaanlage kommen noch einige Druckschalter hinzu. Der Drehschalter für das Heizungsgebläse ist darunter eingebaut. In der Holzverkleidung um den Schalthebel befinden sich weitere Schalter. Auch hinter dem Zündschloß verbirgt sich ein Schalter.

Muß man im Rahmen einer Fehlersuche die Schalterfunktion überprüfen, zunächst den Schalter im Schaltplan suchen. Im Schaltplan sind die Schalter mit S bezeichnet. Zur Prüfung verwendet man entweder eine Prüflampe und prüft »unter Spannung«, oder man steckt die Leitungen aus und mißt mit einem Ohmmeter. Meist ist die erste Methode aufschlußreicher. Versuchen Sie, ob mit der Spitze der Prüflampe die zu prüfende Leitung in der Steckverbindung erreicht werden kann. Wenn nicht, stechen Sie mit der Prüfspitze in die Leitung. Was zur Beleuchtung der Schalter zu sagen ist, steht auf Seite 208.

Zum Erreichen der Wippschalter muß man die hölzerne Mittelverkleidung (Seite 236) oder die Holzverkleidung am Schalthebel (Seite 237) ausbauen. Die Schalter können dann aus dem Schalterträger ausgesteckt oder von der Verkleidung ausgerastet werden.

Der Kombischalter

Dieser Schalter (S 4 im Schaltplan) ist ein wahres Meisterwerk, denn nicht weniger als 12 Leitungen führen dorthin und werden auf die unterschiedlichste Weise miteinander verbunden. Solche Kombischalter gab es schon bei früheren Mercedes-Modellen. Dort hat sich mit den Jahren folgender Effekt eingestellt: Beim Blinken ist der Schalterhebel nicht mehr eingerastet. In diesem Fall müßte der Kombischalter ausgetauscht werden. Frühere Versuche, die Einrastung etwas nachzuarbeiten, haben oftmals nur kurzfristig Besserung gebracht.

Kombischalter ausbauen

- Fußraumverkleidung oben ausbauen.
- Lenkrad ausbauen (Seite 148).
- 3 Halteschrauben am Schalter herausdrehen.
- Stecker unter dem Armaturenbrett ausstecken.
- Kabel durch Lenksäulenverkleidung führen und Schalter abnehmen.

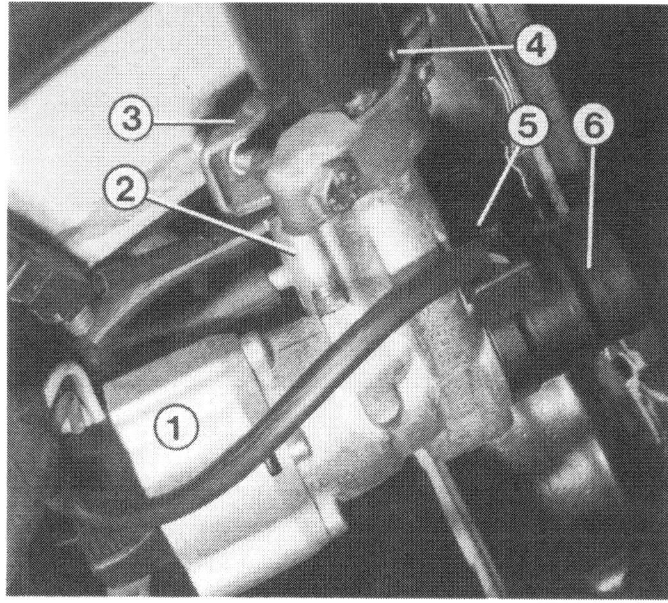

An das Zündschloß gelangt man, wenn das untere Armaturenbrett ausgebaut ist (Seite 235). Es bedeuten: 1 – Schalterteil; 2 – Unterdruckventil für Motorabstellung (Seite 101); 3 – Klemmschelle zur Lenksäule; 4 – Arretierungsstift; 5 – Kontakt S 8/2 für Zentralverriegelung (Seite 249); 6 – Schließzylinder.

Das Zündschloß

Der elektrische Schalter im Zündschloß (S 2 im Schaltplan) ist praktisch der Hauptschalter im Mercedes. Außerdem ist noch das Steuerventil für die Motorabstellung (Seite 102) daran montiert. Will man das elektrische Schalten überprüfen, macht man dies mit einer Prüflampe an den Leitungen auf der Rückseite des Zündschlosses. Um dorthin zu gelangen, die Verkleidung im Fahrerfußraum und die Verkleidung am Zündschloß ausbauen.

Zündschloß ausbauen

- Abdeckung oben im Fahrerfußraum ausbauen (Seite 235).
- Abdeckung am Zündschloß ausbauen (Seite 236).
- Unterteil des Armaturenbretts ausbauen (Seite 235).
- Batterie abklemmen.
- Zündschlüssel in Stellung »1« drehen.
- Klemmschelle an der Lenksäule losschrauben.
- Arretierungsstift etwas hineindrücken.
- Zündschloß herausziehen.
- Leitungen ausstecken.

Zündschloß zerlegen

□ Das Schalterteil ist hinten am Zündschloß mit 3 Schrauben befestigt. Hat eine elektrische Prüfung fehlerhaftes Schalten ergeben (z. B. Anlasser läuft nicht immer sofort los, wenn in Startstellung gedreht wird), das Schalterteil austauschen.

□ Das Steuerventil für die Motorabstellung ist seitlich am Zündschloß montiert. Auch dieses kann ersetzt werden.

□ Der Schließzylinder kann in Zündschlüsselstellung »1« ausgebaut werden. Hierzu in die beiden Bohrungen am Rande des Schließzylinders zwei angespitzte, 2 mm dicke und 10 cm lange Schweißdrähte bis zum Anschlag hineinstecken.

□ Schließzylinder mit dem Schlüssel herausziehen.

Links: Der Airbag in der Polsterplatte (2) wird über die Leitung (1) »gezündet« (Hinweise Seite 148 und 224 beachten).

Rechts: Ausbau des Kombischalters (3). 1 – Steckverbindung; 2 – Kontaktplatte für Airbag.

Heizbare Heckscheibe prüfen

Die Heizfäden erhalten über Sicherung Nr. 10 Strom, wenn das entsprechende Relais im Kombirelais (Seite 187) seinen Kontakt schließt. Dies geschieht dann, wenn der Schalter im Armaturenbrett betätigt wurde (Kontrollampe brennt) und wenn die Bordspannung über 11 Volt liegt. Dafür sorgt die Elektronik im Kombirelais. Wird bei eingeschalteter Heckscheibenheizung die Zündung ausgeschaltet, muß danach die Heizung erneut eingeschaltet werden. Falls die Heckscheibe kalt bleibt, so vorgehen:

- Sicherung Nr. 10 prüfen.
- Den festen Sitz der Stecker an der Heckscheibe prüfen. Liefert das schwarze Kabel Strom und die Heckscheibe bleibt kalt, fehlt es an Masse. Stecker und Leitung prüfen.
- Wippschalter aus dem Armaturenbrett ausbauen und mit einer Prüflampe feststellen, ob bei eingeschalteter Zündung Strom am schwarz/gelben Kabel ankommt. Gelangt beim Betätigen des Schalters Strom zum schwarzen Kabel?
- Schaltet das Relais den Strom von Klemme 30 nach Klemme 87? Zur Probe Relais abziehen und die Buchsen überbrücken.

Wenn die Scheibe jetzt warm wird, ist das Kombirelais gestört. Kombirelais entweder ersetzen oder durch ein zusätzliches separates Relais die Heckscheibenheizung einschalten.

- Wenn die Heizfäden von kantigen Gegenständen auf der Hutablage unterbrochen worden sind (Beweis: Scheibe heizt nur teilweise), hilft Leitsilberlack z. B. der Firma Doduco, Postfach 480, 7530 Pforzheim, welcher im Zubehörhandel erhältlich ist.

Scheibenwischer kontrollieren
Wartung Nr. 16

Drücken Sie auf den Knopf des Kombischalters links hinter dem Lenkrad, fördert die Wasserpumpe am Waschwasserbehälter, und die beheizbaren Spritzdüsen in der Motorhaube sprühen drei Wasserstrahlen auf die Frontscheibe. Verdrehen Sie den Knopf um eine Stufe in Stellung »1«, nimmt der Scheibenwischer den Intervallbetrieb auf. In Stellung »2« wird langsam gewischt, die Stellung »3« ist für schnelles Wischen. Lassen sich die letzten »Putzstreifen« einfach nicht entfernen, ist es Zeit, ein neues Wischerblatt zu montieren. Etwa halbjährlich sollte der Austausch erfolgen.

Scheibenwaschwasser nachfüllen
Ständige Kontrolle

Wenn die Kontrolleuchte im Armaturenbrett aufleuchtet, ist es Zeit nachzufüllen. Um der Schlierenbildung beim Wischvorgang entgegenzuwirken, sollten Sie stets Reinigungsmittel dem Wischwasser zugeben. Abgasrückstände, Öldunst und Silikon aus Lackpflegemitteln können sich so weniger hartnäckig auf die flach eingebaute Windschutzscheibe setzen.
Seit 7/85 gibt es von Mercedes ein besonderes Konzentrat gegen Schlierenbildung, Teilnummer 001 986 19 71 10 und 000 986 88 71. Zusätzlich ist noch zu beachten, daß hinter der Bezeichnung ein »S« oder »W« steht. Das Konzentrat darf nicht mit anderen Zusatzmitteln vermischt werden.
Spätestens beim Nachfüllen des Waschwassers sollten Sie die Windschutzscheibe gründlich reinigen (siehe folgenden Fingerzeig). Besser ist es jedoch, wenn Sie dies alle 2 Wochen tun. Damit sich Zusatzmittel und Wasser gut durchmischen, erst das Zusatzmittel, dann das Wasser in den Waschwasserbehälter einfüllen. In der kalten Jahreszeit Zusatzmittel mit Frostschutz verwenden bzw. dem Waschwasser 1/3 Brennspiritus zumischen.

Fingerzeig: *Wenn beim Wischen das Sichtfeld trotz Reinigungsmittel im Waschwasser schlierig bleibt, muß die Scheibe gründlich gereinigt werden. Dazu nach Großmutters Methode ein Scheibenreinigungsmittel auftragen und die Scheibe anschließend mit zusammengeknülltem Zeitungspapier recht kräftig abreiben. So wird der Schlierfilm regelrecht abgeschabt. Lappen oder Fensterleder sind hierfür zu weich. Versuche haben gezeigt, daß sich mit »Ajax Glasrein« der Schlierfilm am besten entfernen läßt.*

Wasserbehälter ausbauen

- Motorhaube öffnen.
- Geber für den Flüssigkeitsstand ausbauen.
- Kunststoff-Befestigungsschraube lösen.
- Schlauchleitungen und elektrische Anschlüsse zu den Wasserpumpen vorn am Behälter abziehen.
- Da jetzt Wasser herausläuft, den Behälter schnell aus dem Motorraum nehmen und schräg abstellen.

Die Wascherpumpe

Vorn unten am Waschwasserbehälter ist die Wascherpumpe eingesteckt. Fahrzeuge mit Scheinwerfer-Waschanlage haben dort zwei Pumpen eingebaut. Die Pumpe für die Schein-

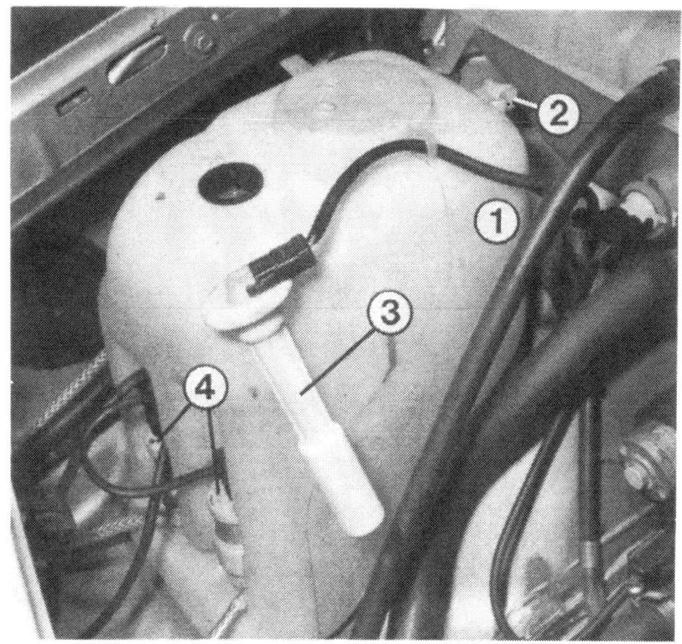

Einbauverhältnisse am Waschwasserbehälter (1). Es bedeuten:
2 – Befestigungsschraube
3 – Geber für Waschwasserstand
4 – Wascherpumpe

werferwascher erhält vom rechten Wischermotor Strom; die andere Pumpe von Sicherung Nr. 2, wenn der Kombischalter betätigt wird.
Drehen die Pumpen oft unbelastet, weil kein Wasser mehr vorhanden ist oder werden sie durch Eis blockiert, können die Pumpenwicklungen durchbrennen.

Die Spritzdüsen

Sobald die Zündung eingeschaltet wird, erhalten die dreistrahligen Spritzdüsen über Sicherung Nr. 7 Strom. Die Düsen sind einfach in die Motorhaube eingerastet. Zieht man etwas an den elektrischen Leitungen, findet man die Steckverbindungen zur Düsenbeheizung.
Dort kann deren Funktion nachgemessen werden: Eine Steckverbindung auftrennen und ein Amperemeter zwischenschalten. Wenn die Zündung eingeschaltet wird, müssen Sie rund 0,3 Ampere messen. Mit zunehmender Erwärmung der Düse nimmt der Stromfluß auf rund 0,1 Ampere ab. Dies liegt am Material der Heizwendel. Es besteht aus einem Kaltleiter-Material (läßt kalt mehr Strom fließen).
Eine verstopfte Düse reinigt man mit Druckluft. Meist genügt eine Ball- oder Fahrradpumpe, um den Fremdkörper aus der Düse zu blasen. Zuvor aber den Wasserschlauch an der Düse ausstecken. Verstopft die Düse immer wieder, ein Benzinfilter in die Leitung einbauen.

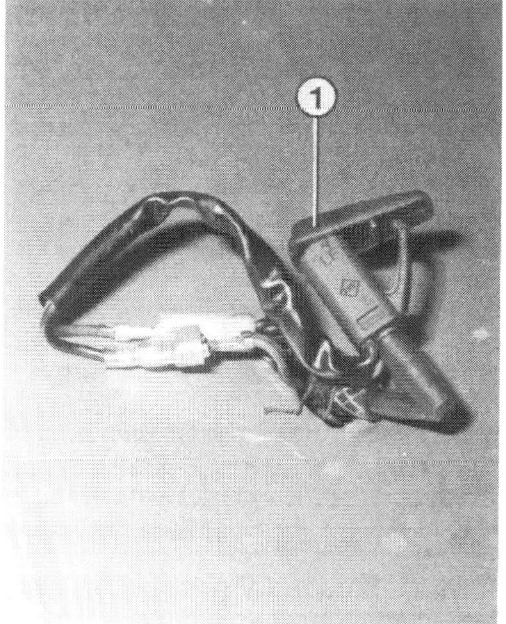

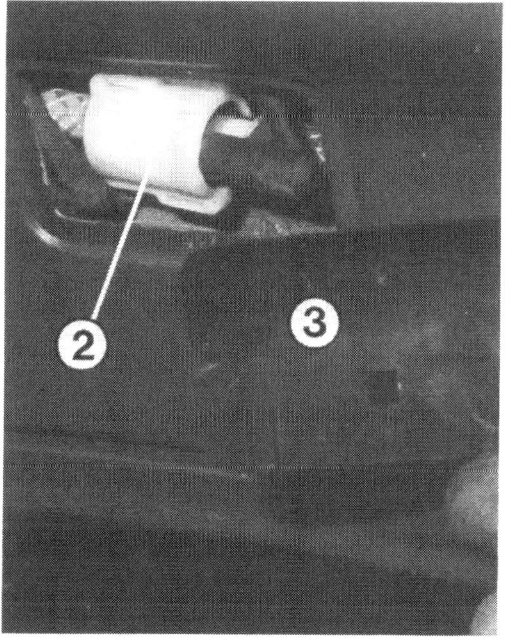

Die Spritzdüsen (1) in der Motorhaube sind beheizt. In der Schlauchleitung zu den Düsen sitzt unter einer Abdeckung (3) ein Rückschlagventil (2). Durch Blasen in Flußrichtung Durchgängigkeit prüfen.

Zum Ausbau des Wischerblattes (1) den Arretierungsknopf hinunterdrücken (Pfeil). Zum Ausbau des Wischerarmes (4) die Klappe (3) öffnen und Schraube herausdrehen. Wischerarm vom Getriebekopf (2) abziehen.

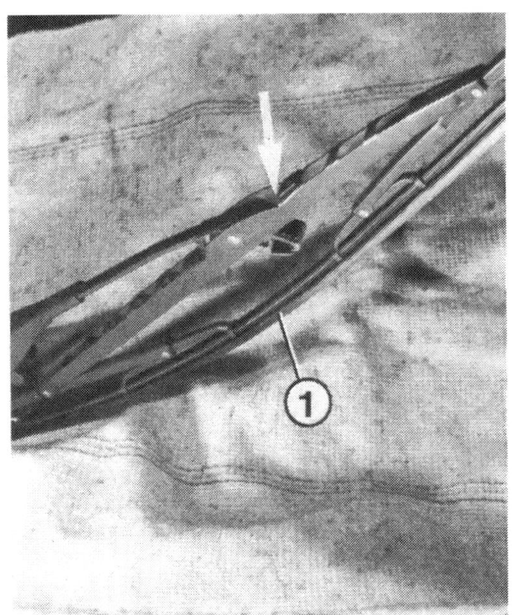

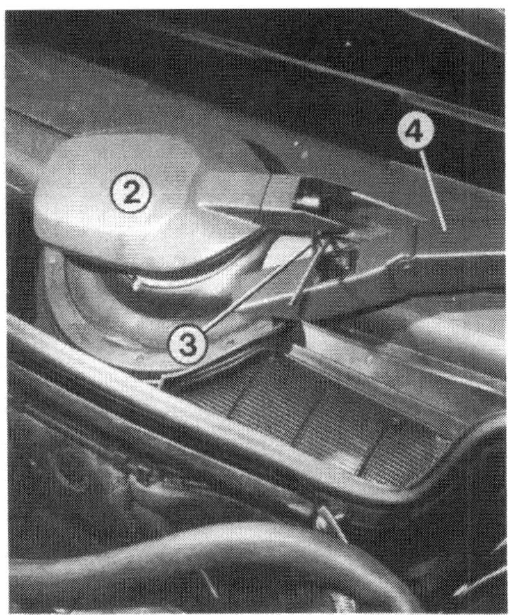

Scheibenwischer auswechseln

Nach etwa einem halben Jahr ist das Wischergummi so weit verschlissen, daß es besonders auf einer verregneten Nachtfahrt nicht mehr für einen verkehrssicheren »Durchblick« sorgen kann. Entscheiden Sie sich, ob Sie das komplette Wischerblatt oder nur den Wischergummi ersetzen wollen. Zuerst das Wischerblatt vom Wischerarm lösen:

- Wischerarm von der Frontscheibe abklappen.
- Geriffelten Kunststoff-Arretierungsknopf etwa 90° nach unten drücken.
- Wischerblatt vom Wischerarm aushaken.
- Neues Wischerblatt in umgekehrter Reihenfolge einbauen.

Wischergummi ersetzen

- Am ausgebauten Wischerblatt die Halteklammer etwas zurückbiegen.
- Altes Gummi herausziehen. Die beiden Metallstreifen wieder gleichartig am neuen Wischergummi montieren.
- Neues Gummi ins Wischerblatt einschieben und die Halteklammern zurückbiegen.

Wischerarm ausbauen

- Die Kunststoffklappe vor der Wischerachse hochklappen und die Schraube lösen.
- Den Wischerarm vom Getriebekopf abziehen.

Hub-Scheibenwischer

Der Scheibenwischer ist hubgesteuert. Durch einen zusätzlichen Kurbeltrieb am Scheibenwischer werden zwei Bewegungen, nämlich eine Dreh- und eine Hubbewegung überlagert, wodurch die oberen Ecken der Windschutzscheibe besser freigewischt werden als mit dem herkömmlichen Einarm-Scheibenwischer. Das Wischfeld ist symmetrisch und beträgt 86 % der Durchsichtfläche. Der Panorama-Scheibenwischer ist strömungsgünstig angeordnet, so daß ein Abheben auch bei höheren Geschwindigkeiten vermieden wird. In Ruhestellung ist der Scheibenwischer auf der Fahrerseite abgelegt. Das Wischen beginnt so immer beim Fahrer und sorgt für schnelle Reinigung und gute Sicht auf seiner Seite.

Der Wischermotor

Die Zuleitungen zum Wischermotor bewirken folgende Funktionen:

- □ Schwarz-gelb/grünes Kabel: Strom für die erste Wischergeschwindigkeit.
- □ Schwarz-gelb/weißes Kabel: Strom für schnelleres Wischen.
- □ Schwarz-gelbes Kabel: Strom für die Endabschaltung.
- □ Schwarz-gelb/braunes Kabel: Über diese Leitung wird der Wischermotor nach dem Abschalten abgebremst, damit der Wischerarm nicht über seine Parkstellung hinausläuft.
- □ Braunes Kabel: Motormasse.

Das Bestreben des Wischers, selbst nach dem Ausschalten noch seine Endstellung zu erreichen, erspart Ihnen zwar das Abschalten im richtigen Augenblick, doch hat dieser Komfort auch Nachteile: Wenn im Winter bei starkem Schneetreiben der Wischerarm nicht mehr bis in die Endstellung bewegt werden kann, steht der Motor weiter unter Spannung und dessen Wicklung kann durchbrennen. Deshalb bei steckengebliebenem Wischer anhalten, aussteigen und den Wischerarm von der Scheibe abheben, damit er in seine Endstellung laufen kann. Bleibt der Wischer dagegen beim Ausschalten der Zündung stehen, droht keine Gefahr.

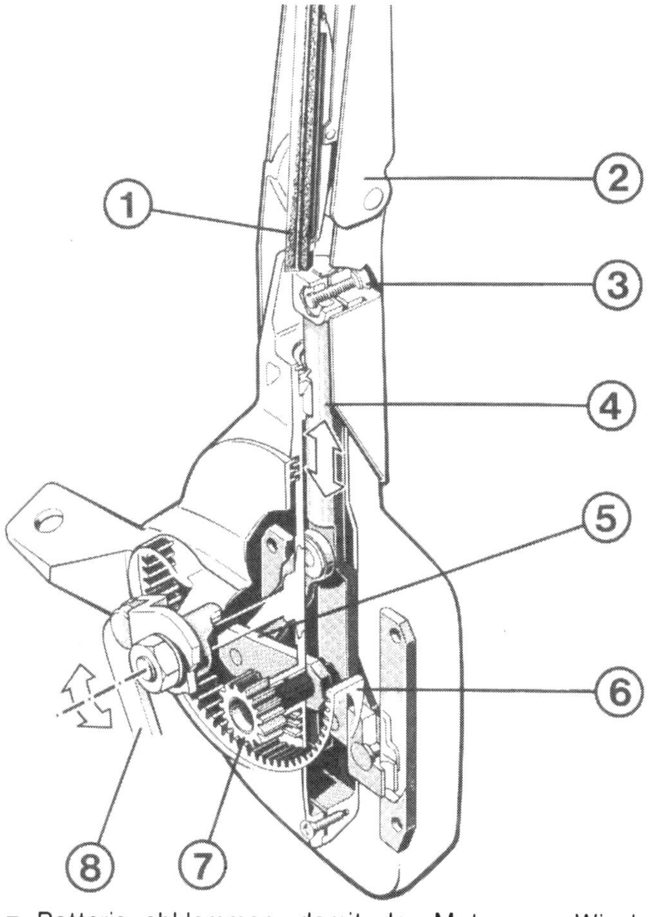

Die Zeichnung zeigt den Kurbelbetrieb des Panorama-Scheibenwischers. Der Drehbewegung ist noch eine Hubbewegung überlagert, so daß die oberen Ecken der Windschutzscheibe besser saubergewischt werden. Es bedeuten: 1 – Wischergummi; 2 – Wischerarm; 3 – Befestigungsschraube des Wischerarms (unter Abdeckung); 4 – Hubstange; 5 – Kurbeltrieb; 6 – Zahnsegment; 7 – Antriebsritzel; 8 – Wischergestänge vom Wischermotor.

Wischermotor ausbauen

- Batterie abklemmen, damit der Motor nicht plötzlich losläuft und so evtl. Handverletzungen entstehen.
- Wischerarm abmontieren.
- Abdeckgitter vor dem Lufteintritt ausbauen (nächster Abschnitt).
- 4 Befestigungspunkte der Wischeranlage losschrauben.
- Halteklammer lösen.
- Stecker abziehen.
- Wischeranlage herausnehmen.
- Kurbel von der Motorachse losschrauben und Kurbel abdrücken.
- Wischermotor von der Halterung abschrauben.
- Neuen Motor in die Endstellung laufen lassen. Dann die Kurbel mit dem Gestänge so an Motorachse festschrauben, daß sich 4 mm Abstand zwischen Bezugskante und Kurbel ergeben (Abb. nächste Seite oben).

Zum Ausbau der Wischeranlage erst das Gitter am Lufteintritt (1) ausbauen. Die Pfeile zeigen auf die 4 Befestigungsschrauben der Wischeranlage. Außerdem noch die Klammer vor Gebläsekasten entfernen. Weiter bedeuten: 2 – Temperaturfühler-Außenluft bei Klimaanlage; 3 – Wischergestänge; 4 – Gebläsekasten.

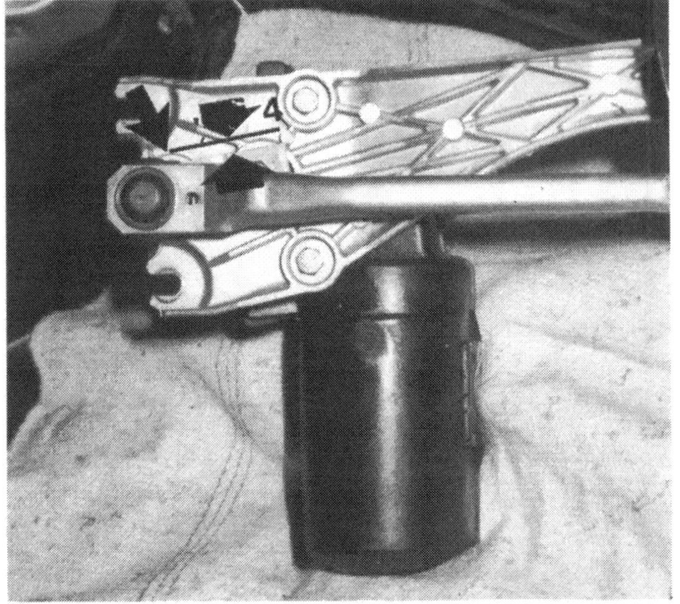
Die Kurbel am Wischermotor muß so montiert werden, daß sie 4 mm unter dem Bezugspunkt am Halter steht. Andernfalls erreicht der Wischerarm nicht die richtige »Parkstellung«.

Abdeckgitter am Lufteintritt ausbauen

Diese Arbeit ist zum Ausbau der Wischeranlage oder des Gebläsemotors erforderlich.

- Motorhaube senkrecht stellen.
- Minuspolklemme der Batterie lösen, damit der Wischer keinesfalls losläuft und evtl. Handverletzungen verursacht.
- Gummiprofildichtung von der Motorraum-Trennwand abziehen.
- Blechteil vor dem Lufteintritt ausbauen. Dazu seitlich 2 Blechschrauben lösen.
- Die 4 Kunststoffschrauben von der Abdeckung am Kabelkanal lösen.
- Kabel durch Ausschnitte führen und Abdeckung abnehmen.
- Abdeckgitter am Lufteintritt losschrauben. Dazu 4 Schrauben unter der Windschutzscheibendichtung, eine Schraube seitlich rechts und eine weitere etwa vorn in der Mitte herausdrehen. Weiterhin die halbkreisförmig angeordneten kleinen Blechschrauben um die Wischeranlage herausdrehen.
- Abdeckgitter von der hinteren Wasserrinne ausrasten und abnehmen.

Airbag und Gurtstraffer

Der »Airbag« ist ein in das Lenkrad eingebauter Luftsack, der sich nach einem Aufprall nach 1/30 Sekunde voll aufgeblasen hat. Bereits 1/10 Sekunde später beginnt sich der Luftsack wieder durch Abströmöffnungen zu leeren.

Die Gurtstraffer sitzen an den Aufrollvorrichtungen der vorderen Gurte. Ein Treibsatz drückt einen Kolben nach oben, der mittels Drahtseil mit der Aufrollachse des Gurtes verbunden ist. Dadurch legt sich der Gurt mit 1200 N stramm an den Körper an, und eine starke Vorverlagerung beim Aufprall wird verhindert.

Airbag und Gurtstraffer benötigen für ihre Arbeit eine bestimmte Gasmenge, die beim Mercedes aus einem Festtreibstoff gewonnen wird. Meldet das elektronische Auslösegerät vor dem Schalthebel eine Verzögerung, die einem Aufprall mit mehr als 15–18 km/h auf ein starres Hindernis entspricht, bekommen die Zündpillen in den Treibsätzen Strom, und schlagartig wird die Gasladung erzeugt.

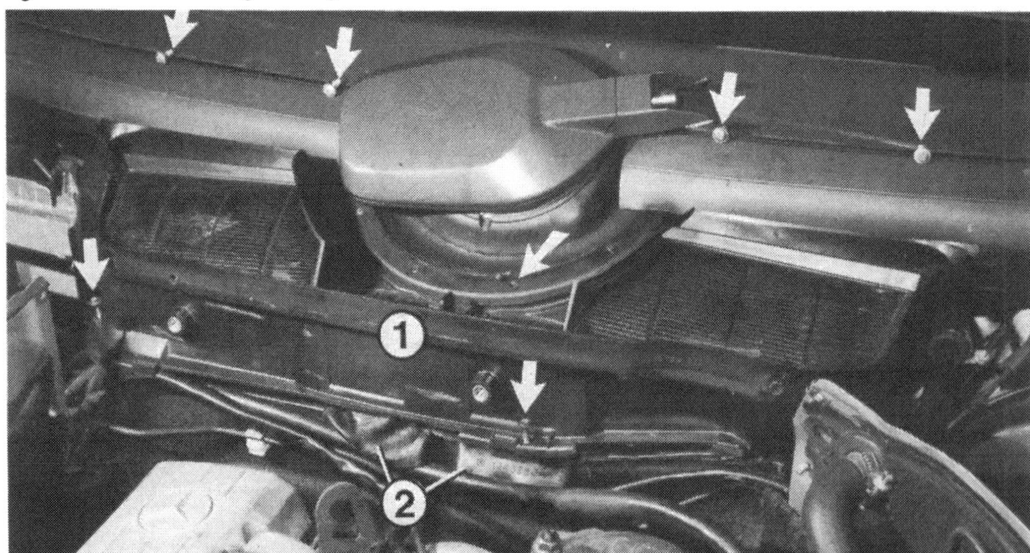

Das Abdeckgitter (1) am Lufteintritt ist ringsherum festgeschraubt (Pfeile). 2 – Wasserabläufe.

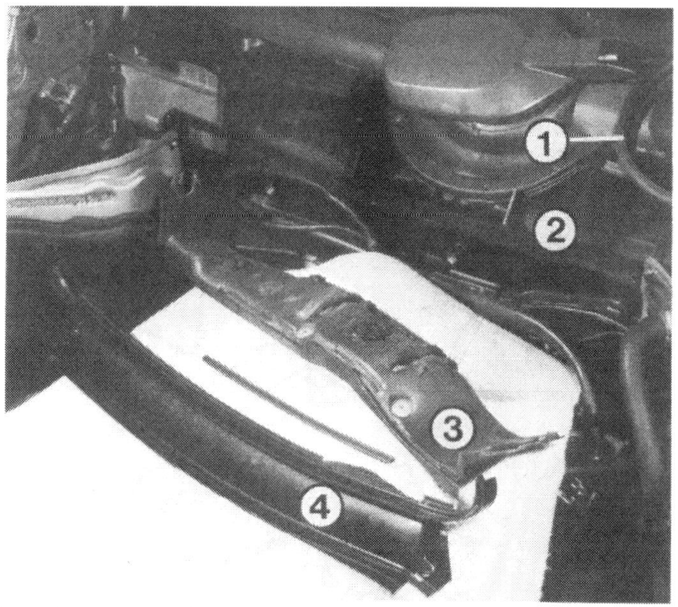

Zum Ausbau des Abdeckgitters (2) am Lufteintritt die Gummiprofildichtung (1) abziehen, die Abdeckung (3) am Kabelkanal ausbauen (Seite 57 oben) und noch das Blechteil (4) losschrauben.

Das System besitzt weiterhin einen Energiespeicher, welcher die Zündpillen der Gasgeneratoren selbst dann noch mit Strom versorgt, wenn die Batterie beim Aufprall herausgerissen wird.

»RS«-Kontrollleuchte

Die ständige Funktionsbereitschaft wird durch ein eigenes Kontrollsystem überwacht. Beim Einschalten der Zündung leuchtet die »RS«-Kontrolleuchte (von **R**ückhalte-**S**ystem) für etwa 10 Sekunden auf und muß dann verlöschen. Tut sie dies nicht oder leuchtet sie während der Fahrt auf, liegt eine Störung vor.

Sicherheitsvorschriften

Die Gasgeneratoren der Rückhaltesysteme sind pyrotechnische Teile und unterliegen deshalb den Bestimmungen des Sprengstoffgesetzes. Der Umgang damit ist nur geschulten Fachleuten gestattet, welche die jeweiligen Sicherheitsbestimmungen beim Ein- und Ausbau, bei der Beförderung, Lagerung und Verschrottung kennen. Nach einem Unfall ist das System zu überprüfen, und ggf. müssen der Airbag oder die vorderen Gurte erneuert werden.
Vor Montagearbeiten am System, Lenkradausbau (mit Airbag) und vor Schweißarbeiten am Fahrzeug immer:

- □ Zündschlüssel abziehen.
- □ Minuspolklemme der Batterie abnehmen.
- □ Die 10polige rote Steckverbindung zum Auslösegerät, hinter der Fußabstützung im Beifahrerfußraum, ausstecken (Abb. Seite 149).

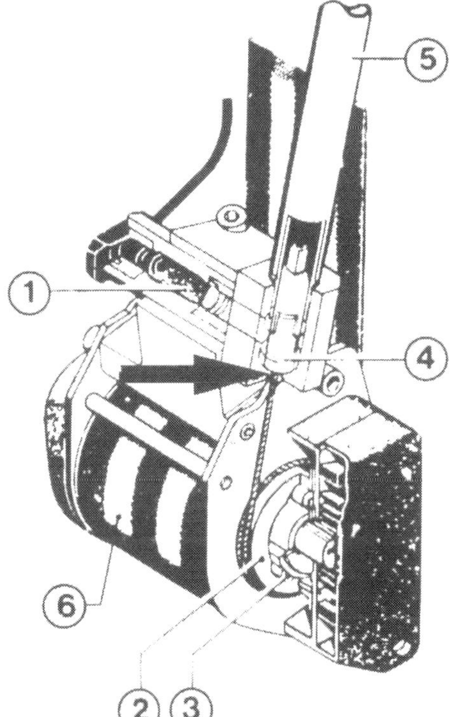

Die Zeichnung zeigt den Gurtstraffer an der Gurtaufrollvorrichtung. Wird der Gasgenerator (1) elektrisch gezündet, drückt das Gas den Kolben (4) im Rohr (5) nach oben. Die Kupplung (3) rastet ein und der Gurt (6) wird über die Seilwinde (2) gestrafft. Der Pfeil zeigt auf eine Farbmarkierung am Seil. Ist die Markierung verschwunden, steht der Kolben oben im Rohr. Der Gurtstraffer hat dann bereits einmal ausgelöst und muß ausgetauscht werden.

Hier ist die Anordnung der Rückhaltesysteme im Fahrzeug gezeigt: 1 – Luftsack (Airbag); 2 – Lenkrad mit Gasgenerator und Luftsack; 3 – RS-Kontrollampe; 4 – Energiespeicher; 5 – Auslösegerät; 6 – 10polige rote Steckverbindung; 7 – Gurtstraffer.

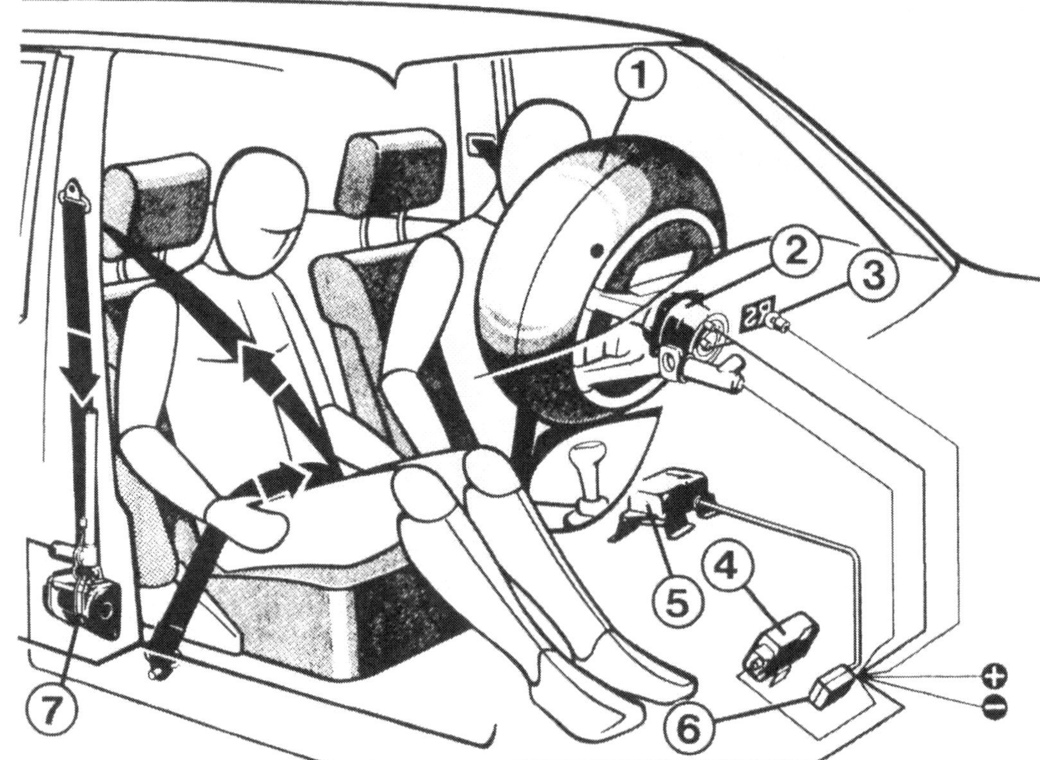

Tempomat

Auf Wunsch können alle Fahrzeuge mit Automatik-Getriebe damit ausgestattet sein. Bei geringer Verkehrsdichte können Sie eine bestimmte Fahrgeschwindigkeit fixieren und dann den Fuß vom Gaspedal nehmen. Wird das Bremspedal betätigt oder langsamer als 40 km/h gefahren, schaltet sich der Tempomat aus. Weiterhin können Sie eine Fahrgeschwindigkeit speichern, die nach einem Abbremsvorgang wieder erreicht wird. Mit dem Ausschalten der Zündung wird die gespeicherte Geschwindigkeit gelöscht.

□ **Stellmotor:** Er ist seitlich am Motor angeschraubt, und ein Hebel wirkt über eine Verbindungsstange auf das Gasgestänge im Motorraum.

□ **Geber:** Hinter dem Tachometer ist dieses Teil zu finden. Es erfaßt die augenblickliche Geschwindigkeit und meldet sie zum Steuergerät.

□ **Elektronisches Steuergerät:** Es ist oben im Fahrerfußraum untergebracht und vergleicht die augenblickliche Geschwindigkeit mit dem gewünschten Wert. Das Steuergerät befiehlt dann dem Stellmotor, mehr Gas zu geben (z. B. am Berg) oder im Gefälle etwas Gas wegzunehmen. Auch die Geschwindigkeitsspeicherung erfolgt im elektronischen Steuergerät.

□ **Hebelschalter:** Er ist links hinter dem Lenkrad zu finden. Hier wird der Tempomat ein- und ausgeschaltet und die gewünschte Arbeitsweise gewählt.

Schaltplan Tempomat

B 6 Hall-Geber Geschwindigkeit
M 6 Stellmotor Tempomat
N 4 Steuergerät Tempomat
S 9 Bremslichtschalter
S 40 Tastschalter Tempomat
 A Aus
 B = Beschleunigen
 SP = Speicher
 V = Verzögern
W Masse
X 20 Steckverbindung Bremslichtschalter
a An Sicherung 5 Klemme 15
b An Lampenkontrollgerät

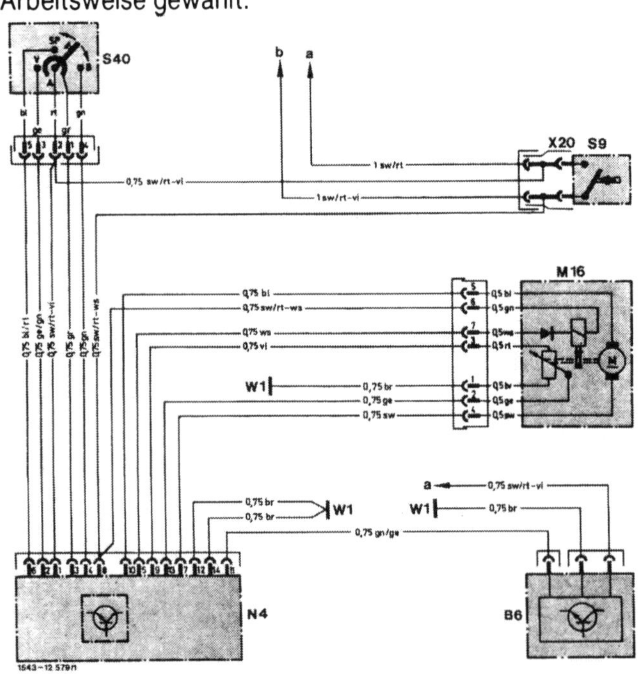

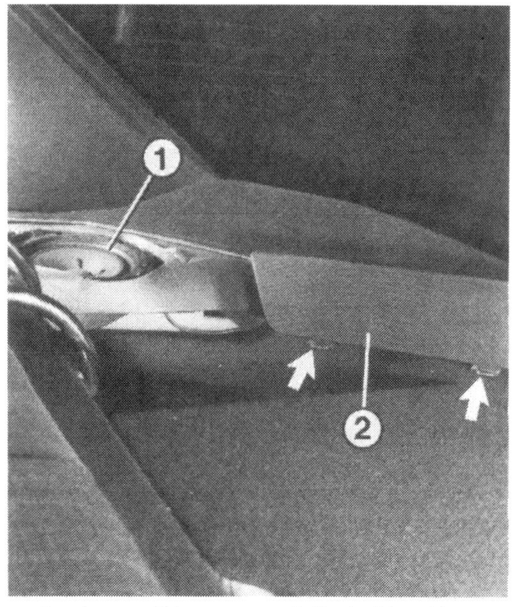

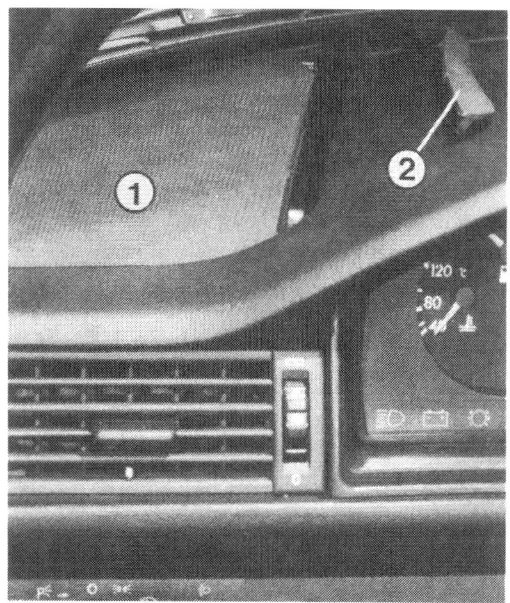

Links: 1 – Lautsprecher hinten; 2 – Abdeckung; Pfeile – Verrastung.

Rechts: 1 – Lautsprecher vorn; 2 – seitliche Abdeckschiene.

■ Ascher aufklappen und die beiden Kreuzschlitzschrauben vorn herausdrehen.
■ Ascher samt Gehäuse abnehmen.

Radio ausbauen

■ Radio an der Unterkante durch Drücken der beiden Arretierungen lösen und aus dem Ausschnitt ziehen (Seite 238 oben).

Fingerzeig: *Seit 9/85 sind die Leitungen für die vorderen Lautsprecher und zum Radio bei allen Fahrzeugen eingebaut. Die Anschlußteile passen für Geräte der Firma Becker. Der 4polige Stecker zum Radioanschluß ist wie folgt belegt: Buchse 1: Masse, Buchse 2: Plusspannung in Zündschlüsselstellung 1 (Klemme 15R), Buchse 3: Plusspannung bei eingeschalteter Beleuchtung (Klemme 58d), Buchse 4: Dauerplus für Senderspeicher (Klemme 30).*

Lautsprecher ausbauen

■ **Vorn:** Abdeckschiene seitlich innen an der Lautsprecherabdeckung mit einem breiteren Werkzeug etwas anheben und aushaken.
■ 2 Schrauben herausdrehen und Lautsprecherabdeckung abnehmen.
■ Der Lautsprecher wird mit 2 Federklammern im Ausschnitt festgeklemmt. Werkzeug seitlich ansetzen und Lautsprecher aus dem Ausschnitt hebeln.
■ Leitungen ausstecken.
■ **Hinten:** Die Abdeckung der Lautsprecher in der Hutablage an 3 Punkten aushaken.
■ Die Lautsprecher stecken in runden Konsolen. Haltelaschen nach außen drücken.

Antenne ausbauen

■ Im Kofferraum linke Seitenverkleidung ausbauen.
■ Antennenleitung von der Antenne abschrauben.
■ Antenne außen und an den Befestigungspunkten innen losschrauben.
■ Leitungen lösen.
■ Falls Masseverschraubungen gelöst wurden, diese wieder sorgfältig verschrauben, um Empfangsstörungen zu vermeiden.
■ Eine defekte Motorantenne kann teilweise zerlegt und instand gesetzt werden. Die erforderlichen Ersatzteile bei einer Hirschmann-Vertretung beziehen.

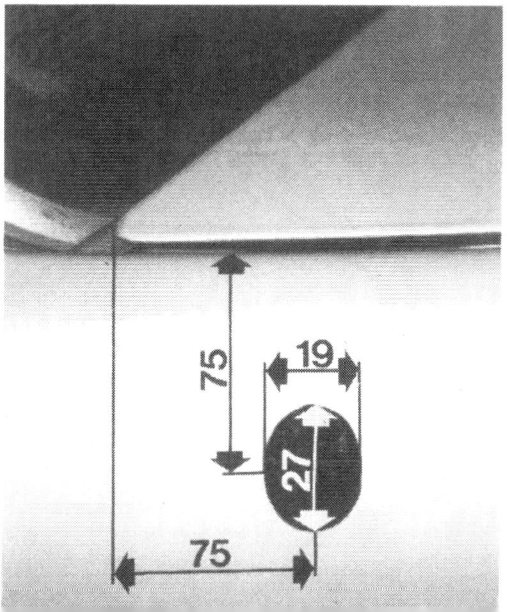

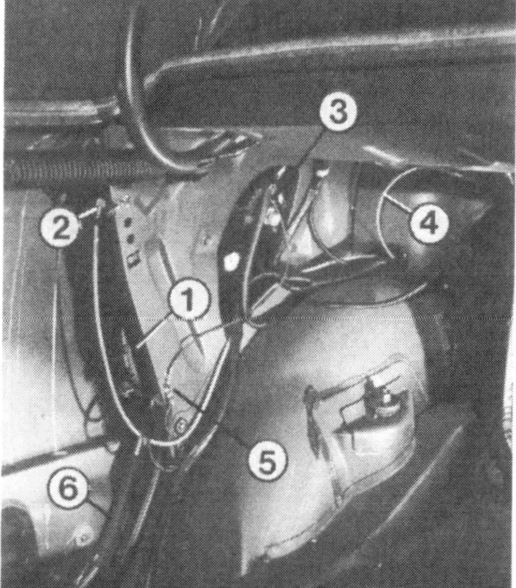

Links: Bohrung für Original-Antenne.

Rechts: 1 – Motorantenne; 2 – Schraubverbindung Antennenleitung; 3 – Schiebedachmotor; 4 – Unterdruckleitung für versenkbare Kopfstützen; 5 – Masse W 6; 6 – Führungsrohr für Antennenantrieb.

Klimazonen

Außenluft tritt an der Hinterkante der Motorhaube ein und wird vom Fahrtwind oder zusätzlich vom Gebläse in den Innenraum gedrückt. Bei eingeschalteter Heizung öffnet ein Ventil den Wasserzufluß zu den Wärmetauschern, welche wie kleine Kühler aussehen. Die Außenluft erwärmt sich an den Kühlerlamellen. An der Hinterkante der Hutablage verläßt die Luft das Fahrzeuginnere und strömt hinter den Seitenverkleidungen im Kofferraum weiter. Sie verläßt das Fahrzeug hinten durch die Lüftungsklappen (Abbildung Seite 246 oben) unter den Seitenteilen der Stoßstange.

Die Fahrzeugheizung

Jeder Autofahrer kennt die Unzulänglichkeiten vieler Fahrzeugheizungen und weiß, daß selbst durch ständige Nachregulierung von Hand noch unangenehme Temperaturschwankungen auftreten. Schuld daran sind unter anderem wechselnde Außentemperaturen und Fahrgeschwindigkeiten.
Damit die Raumtemperatur in Ihrem Mercedes weitgehend konstant bleibt, wurde eine aufwendige Heizungsautomatik eingebaut. Für Fahrer- und Beifahrer kann die Temperatur einzeln gewählt werden.
Die Anlage besteht aus den folgenden Teilen:

□ **Steuer- und Bediengerät:** Es ist in der Mitte des Armaturenbretts eingebaut und besteht aus den beiden Temperaturwahlrädern und der elektronischen Temperatursteuerung. Die eingestellten Temperaturen (Sollwert) werden mit den Werten von den Temperaturfühlern (Istwerte) verglichen. Entsprechend erfolgt die Ansteuerung des Duoventils. Die Öffnungsdauer ist von der Abweichung Soll/Istwert abhängig.

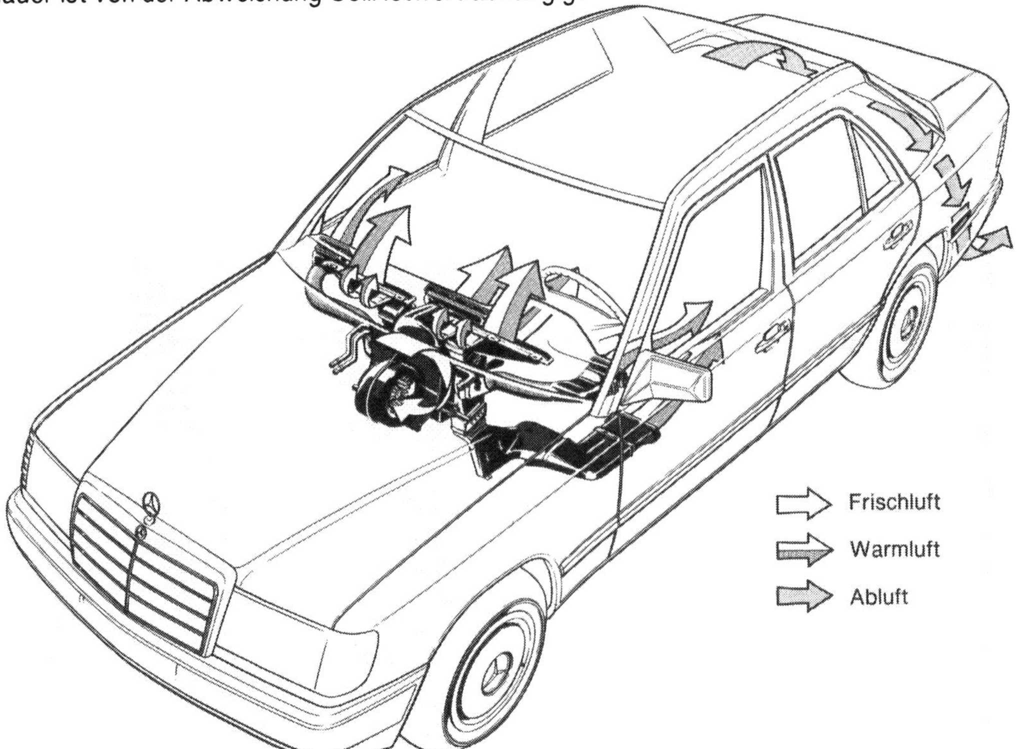

Das Heizungs- und Lüftungssystem im Mercedes.

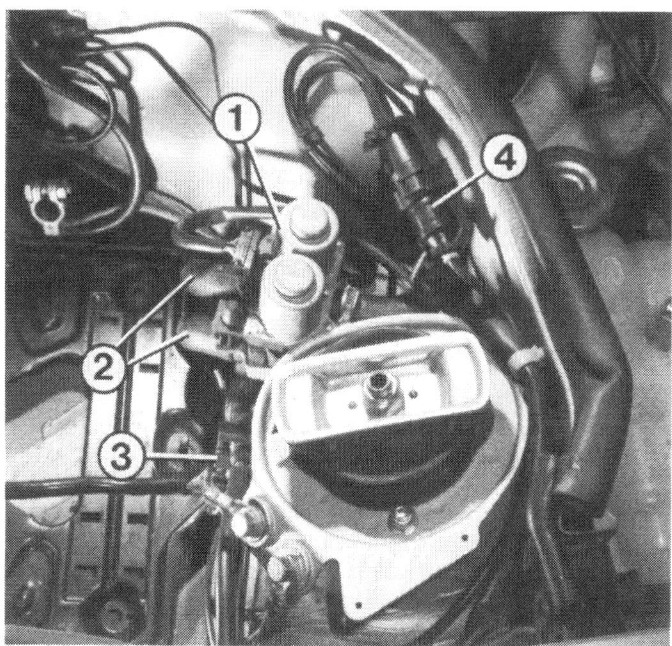

Hier ist die Batterie ausgebaut. Es bedeuten: 1 – Duoventil; 2 – Wasserleitungen vom jeweiligen Wärmetauscher (Fahrer/Beifahrerseite); 3 – Steckverbindung X 35; 4 – Steckverbindung für das Koaxialkabel vom Drehzahlfühler am rechten Vorderrad.

□ **Duoventil:** Es ist neben der Batterie zu finden. Das Duoventil besteht aus zwei voneinander unabhängigen elektromagnetischen Ventilen, die in einem Bauteil zusammengefaßt sind. Jedes Ventil ist im Kühlmittelkreislauf vor dem jeweiligen Wärmetauscher angeordnet. Das Duoventil steuert den Kühlmitteldurchfluß durch den Wärmetauscher. Wird z. B. zum Aufheizen die volle Heizleistung benötigt, hat das Ventil ständig geöffnet. Umgekehrt sind die Ventile bei ausgeschalteter Heizung geschlossen. Wird die Temperatur von der Heizungsautomatik geregelt, hört man bei eingeschalteter Zündung das Ventil öfters takten.
Über den elektrischen Anschluß erfolgt die Spannungsversorgung zu den beiden Magnetspulen. Im stromlosen Zustand hat das Ventil geöffnet. Bei Stromfluß wird der Spulenanker nach unten gedrückt und Dichtkegel verschließen den Kühlmitteldurchfluß.

□ **Umwälzpumpe:** Sie ist unterhalb des Ausgleichsbehälters seitlich rechts im Motorraum eingebaut. Bei eingeschalteter »Zündung« und bei Heizbetrieb pumpt sie das Kühlmittel durch die Wärmetauscher. Sie unterstützt dabei die Kühlmittelpumpe. Bei Motorstillstand hält die Umwälzpumpe den Kühlmittelkreislauf über die Wärmetauscher alleine aufrecht. So kann weitergeheizt werden, bis alle Motorwärme verbraucht ist.
Die Pumpe wird über Sicherung Nr. 7 mit Spannung versorgt. Der Masseanschluß ist über das Bedienungs- und Steuergerät der Heizungsautomatik geführt.

□ **Innenraum-Temperaturfühler:** Der Fühler ist an der vorderen Innenleuchte eingebaut (Seite 206 unten). Damit Temperaturschwankungen im Innenraum schnell erkannt werden, wird ständig Innenluft über den Fühler angesaugt. Hierzu führt ein Luftschlauch vom Fühler

Links: Die Frischluftklappe kann eingestellt werden (1). Die seitliche Schraube (Pfeil) wird erst erreicht, wenn das Kombiinstrument ausgebaut ist.

Rechts: 2 – Umwälzpumpe der Heizung; Pfeile – Flußrichtung des Kühlmittels.

zu einer Luftstrahldüse seitlich am Heizungsgehäuse. Die Düse erzeugt ähnlich wie eine Wasserstrahlpumpe einen Sog. An diesen Sog ist der Luftschlauch angeschlossen. Bei Fahrzeugen mit Schiebedach reicht bei offenem Schiebedach der schwache Sog nicht mehr aus. Ein kleines Lüftungsgebläse, an dessen Saugseite der Luftschlauch vom Fühler angeschlossen ist, sorgt hier für die erforderliche Luftströmung.
Zum Prüfen der Luftansaugung über den Temperaturfühler nimmt man ein ca. 1 cm² großes Papierstück und hält es an das Gitter vor dem Temperaturfühler – es muß hängenbleiben.

□ **Wärmetauscher-Temperaturfühler:** Am Heizungsgehäuse unter dem Armaturenbrett ist hinter jedem der beiden Wärmetauscher ein Temperaturfühler eingebaut. Sie erfassen die Lufttemperatur unmittelbar hinter den Wärmetauschern und geben sie an das Bedienungs- und Steuergerät weiter. Dieses bewertet die Temperaturinformationen vom Innenraum-Temperaturfühler und dem jeweiligen Wärmetauscher-Temperaturfühler in einem vorgegebenen Verhältnis und bestimmt so die momentane Innenraumtemperatur (Istwert). Zur Steuerung wird der Istwert mit dem am Temperaturwählrad eingestellten Sollwert verglichen.

Duoventil ausbauen

■ Batterie im Motorraum ausbauen.
■ Leitungsstecker am Duoventil ausstecken.
■ Schlauchschellen der Kühlmittelschläuche lösen und Schläuche abziehen.
■ Duoventil vom Halter lösen und erneuern.
■ Nach dem Einbau in umgekehrter Folge ggf. Kühlmittel ergänzen.

Umwälzpumpe ausbauen

Läuft die Umwälzpumpe trotz anliegender Spannung nicht, ist sie entweder blockiert oder die Wicklung durchgebrannt.
■ Elektrische Leitungen ausstecken.
■ Kühlmittelschlauch vom Motor zur Pumpe z. B. mit einer Schraubzwinge abklemmen.
■ Kühlmittelschläuche an der Pumpe lösen.
■ Pumpe aus Gummihalter drücken und ersetzen.

Steuer- und Bediengerät ausbauen

■ Drehknöpfe für Gebläse und Luftverteilung abziehen (Abb. S. 236 unten).
■ Über dem Ascher die beiden Kreuzschlitzschrauben aus der Holzverkleidung herausdrehen und Verkleidung abnehmen.
■ 4 Schrauben um das Steuer- und Bediengerät herausdrehen.
■ Leitungsstecker auf der Rückseite ausstecken.

Luftdüsen ausbauen

■ **Seitliche Luftdüsen:** Beide sind im Armaturenbrett eingerastet (Abb. S. 206 oben). Zum Ausbau vorsichtig am Umfang hebeln. Gleichzeitig mit einem Schraubenzieher durch die Lüftungsschlitze die Arretierungen an der Unterkante etwas anheben.
■ **Doppelte Mitteldüse:** Sie ist auf beiden Seiten mit einer Schraube festgeschraubt. Zum Erreichen der Schrauben Handschuhfach öffnen und Kombiinstrument aus dem Ausschnitt drücken.
■ Beim Einbau der Luftdüsen auf richtigen Sitz der Luftschläuche achten.
■ Wenn nötig, Verkleidungen unter dem Armaturenbrett ausbauen und die Schläuche von hinten aufschieben.

Temperaturfühler prüfen

Bei defekten Fühlern wird die jeweilige Temperatur nicht mehr erkannt, oder es werden falsche Werte zum Steuer- und Bediengerät gemeldet.
Die verschiedenen Temperaturfühler werden mit dem Ohmmeter am besten am Mehrfachstecker hinter dem Steuer- und Bediengerät überprüft (Teil N 18 im Schaltplan). Dabei gelten für alle Temperaturfühler folgende Widerstandswerte: Bei +10°C ca. 18–22 kΩ, bei +15°C ca. 15–17 kΩ, bei + 20°C ca. 11,5–13,5 kΩ und bei + 25°C ca. 9,5–10,5 kΩ.
■ Zur Prüfung Steuer- und Bediengerät ausbauen.
■ Mehrfachstecker auf der Rückseite ausstecken.
■ Temperaturfühler-Wärmetauscher links zwischen den Buchsen 11 und 7 messen.
■ Temperaturfühler-Wärmetauscher rechts zwischen den Buchsen 11 und 5 prüfen.
■ Temperaturfühler-Innenraum zwischen den Buchsen 11 und 3 prüfen.

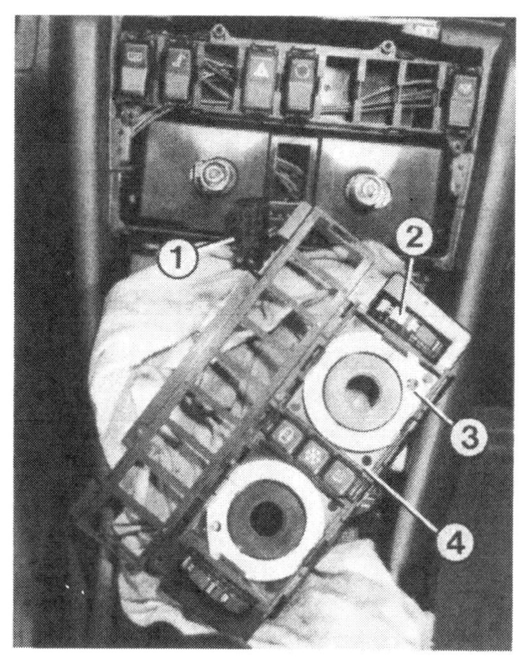

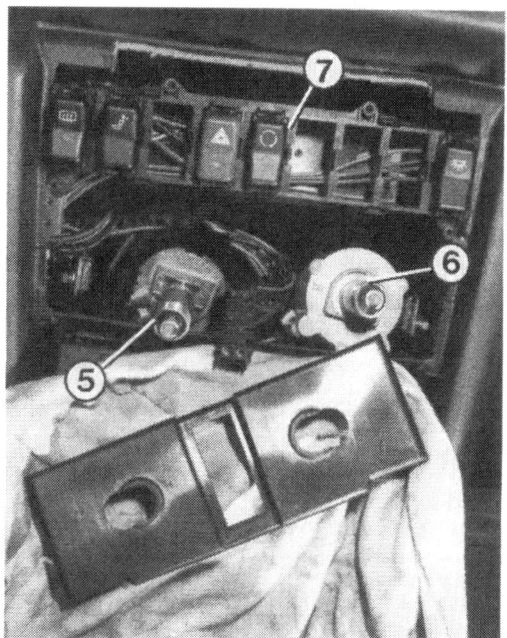

Links: Hier wurde das Steuer- und Bediengerät (4) ausgebaut. 1 – Steckverbindung; 2 – Temperaturwählrad; 3 – Beleuchtung.

Rechts: 5 – Gebläseschalter mit Zug zur Außenluftklappe; 6 – Luftverteilung; 7 – Schalterleiste.

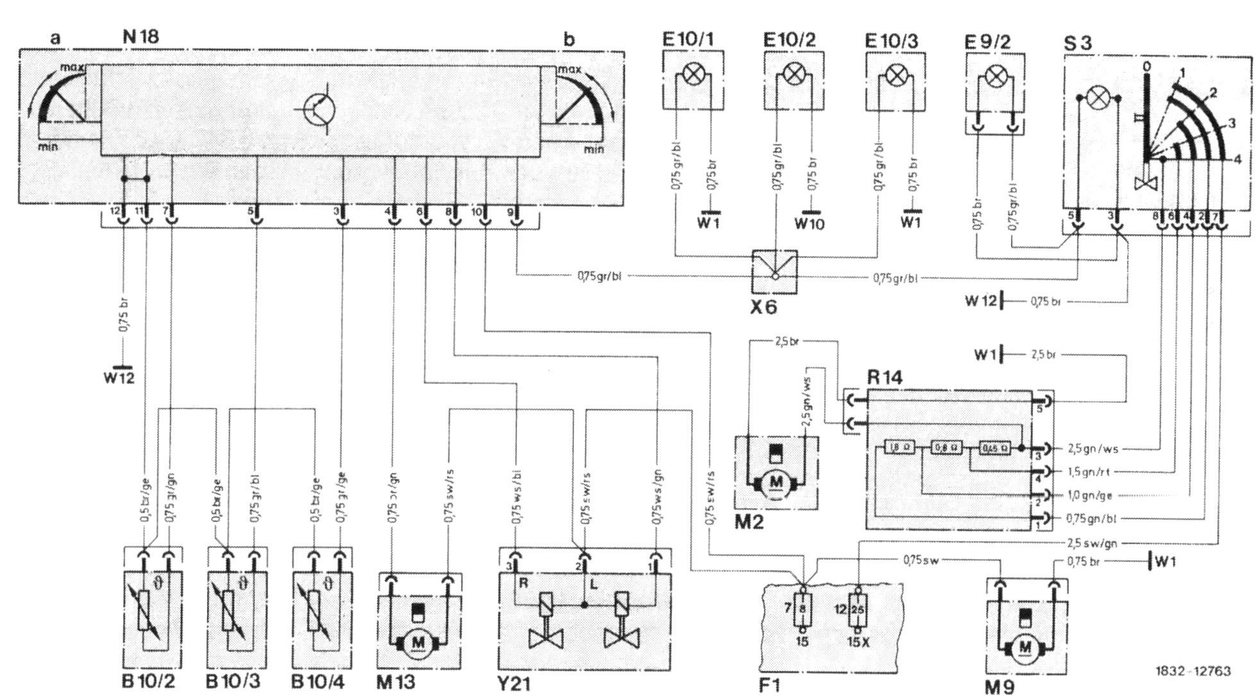

Schaltplan Heizungsautomatik

B 10/2 Temperaturfühler Wärmetauscher links
B 10/3 Temperaturfühler Wärmetauscher rechts
B 10/4 Innen-Temperaturfühler
E 9/2 Beleuchtung Luftverteilschalter
E 10/1 Beleuchtung Luftdüse, Mitte
E 10/2 Beleuchtung Luftdüse, links
E 10/3 Beleuchtung Luftdüse, rechts
F 1 Sicherungs- und Relaiskasten
M 2 Gebläsemotor
M 9 Belüftungsgebläse Innen-Temperaturfühler (nur bei Fahrzeugen mit Schiebedach)
M 13 Umwälzpumpe
N 18 Steuer- und Bediengerät Heizungsautomatik
a Temperaturwählrad links
b Temperaturwählrad rechts
R 14 Vorwiderstandsgruppe Gebläsemotor
S 3 Luftmengenschalter
W 1 Hauptmasse (hinter Kombi-Instrument)
W 10 Masse, Batterie
W 12 Masse, Mittelkonsole
X 6 Leitungsverbinder Klemme 58 d
Y 21 Duoventil

Störungsbeistand Heizung

Die Störung	– ihre Ursache	– ihre Abhilfe
A Heizleistung ungenügend	1 Kühlmittelverluste	Auffüllen
	2 Thermostat schließt nicht mehr, Kühlmittel bleibt zu lange kalt	Thermostat erneuern
	3 Duoventil verklemmt	Duoventil erneuern
	4 Werte der Temperaturfühler falsch	Widerstandsmessung, ggf. Fühler ersetzen
	5 Keine Luftabsaugung über Temperaturfühler-Innenraum	Gebläse (bei Schiebedach) bzw. Verlauf des Luftschlauches prüfen
	6 Steuer- und Bediengerät defekt	Ausbauen zur Überprüfung (Bosch-Dienst) oder austauschen
	7 Gebläse nicht mindestens in Stellung »I«	Einschalten
B Heizung läßt sich nicht abstellen	1 Keine Spannung am Duoventil, weil Steuer- und Bediengerät defekt	Steuer- und Bediengerät erneuern
	2 Siehe noch A 3 und A 4	
B Keine Heizung nach Abstellen des Motors	1 Umwälzpumpe läuft nicht	Bei eingeschalteter Heizung und Zündung Spannung an Pumpe messen. Pumpe ggf. ersetzen
D Luftverteilung nicht umschaltbar	1 Drehschalter läßt sich schwer oder widerstandslos drehen	Bowdenzüge ausgehängt oder Betätigungsteile am Heizungsgehäuse verklemmt
	2 Scheiben beschlagen innen, weil Umluftklappe nicht mehr öffnet	Bowdenzug und Betätigungsteile prüfen

Das Gebläse

Das Gebläse läuft in vier Geschwindigkeiten. Der Stromzufluß zum Gebläsemotor erfolgt von Klemme 15 X am Zündschloß über Sicherung Nr. 12 zum Gebläseschalter. Je nach Schalterstellung gelangt der Strom entweder über einen Vorwiderstand (1,5 Ω, 0,8 Ω, 0,45 Ω) oder in der 4. Stufe direkt zum Gebläsemotor. Die Vorwiderstandsgruppe ist im Motor hinter dem Bremskraftverstärker eingebaut.

Im Motorraum ist der Gebläsemotor unter dem Lufteintritt eingebaut. Bei einer Batteriespannung von 13 Volt beträgt seine Stromaufnahme 23 Ampere. Damit dieser hohe Strom die Batterie beim Anlassen des Motors nicht belastet, wird beim Anlassen die Spannungsversorgung unterbrochen (Klemme 15 X am Zündschloß).

Mit dem Gebläseschalter im Armaturenbrett wird außerdem über einen Bowdenzug die Hauptluftklappe betätigt. In Stellung »0« hat die Klappe geschlossen, und es gelangt über den Lufteintritt keine Außenluft mehr ins Fahrzeuginnere. In allen anderen Schalterstellungen hat die Klappe voll geöffnet.

Um stets ein gutes Arbeiten der Heizungsautomatik zu gewährleisten, ist ein gewisser Luftdurchsatz im Fahrzeug erforderlich. Deshalb das Gebläse stets mindestens in der ersten Stufe laufen lassen.

Gebläsemotor ausbauen

Bei Fahrzeugen mit oder ohne Klimaanlage geht man teilweise unterschiedlich vor.

- Abdeckgitter am Lufteintritt ausbauen (Seite 224).
- **Ohne Klimaanlage** ist der Gebläsemotor von seitlich rechts mit 3 Schrauben am Gebläsegehäuse montiert.
- **Mit Klimaanlage** Wischeranlage ausbauen (Seite 223). Dann die Federklemmen um das Gebläsegehäuse ausrasten und das Oberteil abnehmen.
- Motor vom Halter lösen und Leitungsverbindungen auftrennen.

Klimaanlage

Das gasförmige Kältemittel (ca. 1 kg) wird mit dem Kompressor verdichtet. Dessen Antrieb erfolgt über den Flachriemen von der Kurbelwelle aus. Beim Verdichten durch den Taumelscheiben-Kompressor verflüssigt sich das Kältemittel und strömt in den Verdampfer im Heizungsgehäuse unter dem Armaturenbrett. Dort verdampft das Kältemittel wieder, wobei Kälte entsteht. Die durch den Verdampfer strömende Luft kühlt sich an dessen Lamellen ab. Das Kältemittel strömt vom Verdampfer weiter zum Kondensatoı vor dem Kühler und von

Hier wurde der Gebläsemotor (1) eines Fahrzeuges mit Klimaanlage ausgebaut. 2 – Oberteil vom Gebläsegehäuse; 3 – Heizungsgehäuse; 4 – Temperaturfühler-Außenluft.

Störungsbeistand Gebläse

Die Störung	– ihre Ursache	– ihre Abhilfe
A Gebläse läuft in keiner Schalterstellung	1 Sicherung Nr. 12 durchgebrannt	Sicherung ersetzen
	2 Kontakt 15X im Zündschloß defekt	Zündschloß prüfen ggf. Schaltteil austauschen
	3 Gebläseschalter defekt oder Leitungen dorthin unterbrochen	Schalter ausbauen. Mit Prüflampe und Schaltplan das Schalten prüfen
	4 Unterbrechung an der Vorwiderstandsgruppe	Spannungen an den Steckverbindungen prüfen
	5 Motor durchgebrannt	Wenn Spannung direkt am Motor vorhanden, Motor austauschen
B Gebläse läuft in einer Schalterstellung nicht	1 Entsprechender Vorwiderstand durchgebrannt	Mit Ohmmeter prüfen und ggf. Vorwiderstandsgruppe erneuern
	2 Kontakt im Schalter defekt	Schalter ausbauen. Mit Prüflampe prüfen und ggf. austauschen
C Gebläsegeräusche	Gebläselüfter streift am Gehäuse	Losen Lüfter oder Motor befestigen. Abstand zum Gehäuse vergrößern

dort erneut zum Kompressor. Zur besseren Kondensierung ist vor dem Kondensator noch ein großer elektrischer Zusatzlüfter eingebaut. Die Kälteleistung der Klimaanlage wird elektronisch gesteuert. Sie hängt von der Außentemperatur, der augenblicklichen Innenraumtemperatur und der gewünschten Raumtemperatur ab.

Weiteres Wissenswertes zur Klimaanlage:

□ Der Zusatzlüfter läuft in zwei Stufen. Bei einem Kältemitteldruck von 20 bar schaltet ein Druckschalter. Ein Relais (K 8) zieht an, und der Zusatzlüfter erhält über einen Vorwiderstand Strom. Bei einer Motorkühlmitteltemperatur über 110°C überbrückt ein weiteres Relais (K 9) den Vorwiderstand. Der Zusatzlüfter läuft mit seiner Maximalleistung.

□ Alle Fahrzeuge mit Klimaanlage sind mit einer elektronischen Leerlaufdrehzahl-Regelung ausgestattet (Seite 99). Über einen induktiven Drehzahlgeber am Starterzahnkranz wird die Drehzahl erkannt. Beim Einschalten des Kompressors wird die Motordrehzahl sofort geregelt, damit der Motor nicht ausgeht. Der Kompressor benötigt ca. 9 kW.

□ Damit die Motoren thermisch nicht überlastet werden, erfolgt eine Abschaltung des Kompressors bei ca. 115°C Kühlmitteltemperatur.

□ Hinter der Batterie ist das Steuergerät für die Kompressorabschaltung eingebaut. Das Steuergerät erfaßt die Drehzahl des Kompressors mit einem induktiven Drehzahlgeber. Die Motordrehzahl bekommt es vom Steuergerät für die Leerlaufdrehzahl-Regelung. Liegt das

Verhältnis der beiden Drehzahlen nicht im festgelegten Bereich, ist der Kompressor zu schwergängig, und der Flachriemen rutscht auf den Riemenscheiben durch. Zum Schutz des Flachriemens wird jetzt der Kompressor abgeschaltet.

□ Bei Fahrzeugen mit Klimaanlage hat das Gebläse zwei Lüfter (Abb. Vorseite). Der Gebläsemotor ist leistungsstärker (bis zu 26 Ampere).

□ Zum Motorausbau darf der unter hohem Druck stehende Kältemittelkreislauf nicht ohne spezielle Auffanggefäße geöffnet werden. Auch das Ergänzen von Kältemittel ist nur in der Werkstatt möglich. Beim Motorausbau deshalb Kompressor, Kühlmittelleitungen und die Halter vom Motor losschrauben. Die Teile seitlich im Motorraum mit einem Draht befestigen.

Zusatzheizung

Seitlich rechts im Motorraum ist der Brenner der Zusatzheizung eingebaut. Die erzeugte Wärme wird an den Kühlmittelkreislauf des Motors abgegeben. Dadurch kann der Innenraum über die eingebaute Fahrzeugheizung geheizt werden. Gleichzeitig erwärmt sich noch der Motor. Dies ist für den Dieselmotor von besonderem Vorteil, denn es können weniger verschleißfördernde Kaltstarts (Seite 52) erfolgen. So kann sich durch eine Zusatzheizung die Lebensdauer des Motors verlängern.

Die Zusatzheizung wird von einer Schaltuhr in der Mittelkonsole aus betätigt. Dort kann man die gewünschte Betriebsart wählen und die Einschaltzeiten einstellen. Die Zusatzheizung bleibt höchstens eine Stunde in Betrieb.

Noch folgende Bauteile zählen zur Zusatzheizung.:

□ Eine kleine Elektropumpe vor der Hinterachse sorgt für die Kraftstoffversorgung des Brenners.

□ Die Brennerabgase werden über einen Schalldämpfer durch ein dünnes Auspuffrohr unter das Fahrzeug geleitet.

□ Ein elektronisches Steuergerät ist hinter der Batterie eingebaut. Die Sicherungen stecken in einem Zusatzhalter neben den anderen Fahrzeugsicherungen.

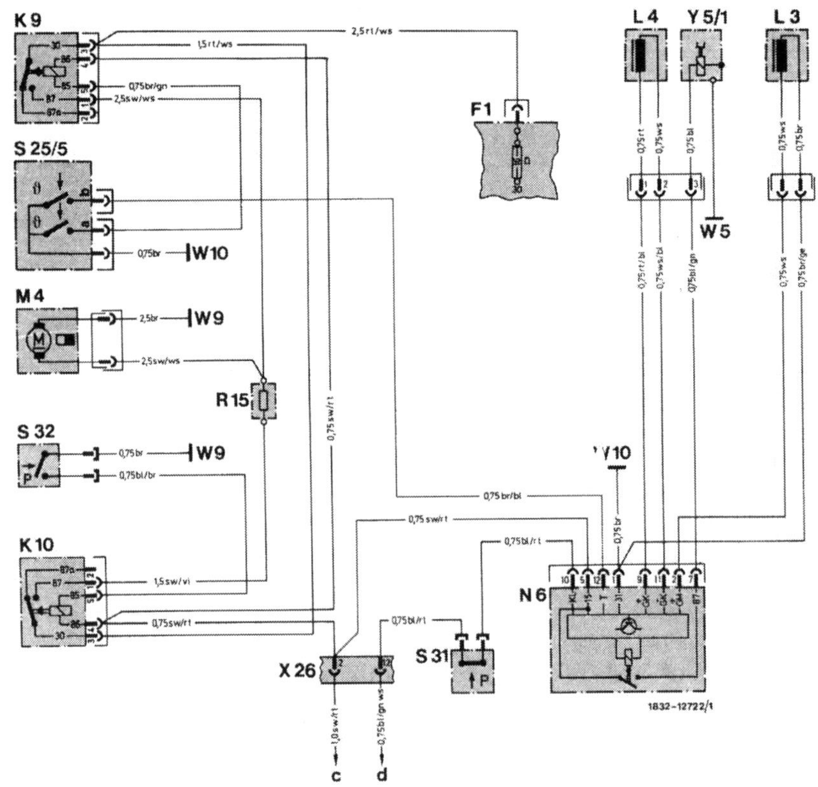

Schaltplan Klimaanlage 250D/300D

F1 Sicherungs- und Relaiskasten
K9 Relais Zusatzlüfter
K10 Relais Zusatzlüfter Vorwiderstand
L3 Drehzahlgeber Starterzahnkranz, entfällt bei Leerlauf-Regelung (Seite 99); Drehzahlsignal kommt dann von N8
L4 Drehzahlgeber Kältekompressor
M4 Zusatzlüfter
N6 Steuergerät Kompressorabschaltung
R15 Vorwiderstand Zusatzlüfter
S25/5 Temperaturschalter 105/115 °C
a 105 °C für Zusatzlüfter
b 115 °C für Kompressor (Notausschaltung)
S31 Druckschalter Kältekompressor
Aus 2,0 bar/Ein 2,6 bar
S32 Druckschalter Zusatzlüfter
Aus 15 bar/Ein 20 bar
W5 Masse, Motor
W9 Masse, vorn links (bei Leuchteinheit)
W10 Masse, Batterie
X26 Steckverbindung Motorleitungssatz, 12polig
Y5/1 elektromagnetische Kupplung Kältekompressor
c Zum Sicherungskasten Sicherung 7
d Zur 6fach Kupplung Steuergerät Temperaturautomatik Buchse 3

Gute Stube

Bequeme Sitze mit angenehmen Stoffen oder Leder bezogen und darauf abgestimmte Seiten-Verkleidungen sorgen im Mercedes dafür, daß Sie sich auch auf langer Fahrt wohl fühlen. Im folgenden Kapitel wird beschrieben, wie Verkleidungen auszubauen sind, wenn man an die darunter versteckte Technik gelangen will.

Verkleidungen

Obere Fußraumverkleidungen

■ Auf der Fahrerseite Teppichboden hinter den Pedalen lösen und etwas herunterklappen.
■ Kunststoffschraube vorn lösen.
■ 3 Kreuzschlitzschrauben zum unteren Teil des Armaturenbrettes lösen.

■ Auf der Beifahrerseite die Schrauben an der Unterseite des Handschuhfaches lösen.

Unteres Armaturenbrett

■ Auf der Fahrerseite obere Fußraumverkleidung ausbauen.
■ Verkleidung um das Zündschloß ausrasten.
■ Lichtschalter abziehen und flache Mutter dahinter abschrauben.
■ Verkleidung hinter Lichtschalter ausbauen. Dazu noch die Unterdruckleitungen zur Leuchtweiteneinstellung abziehen und das Lämpchen zur Schalterbeleuchtung ausstecken.
■ Roten Hebel zur Motorhaubenentriegelung ausbauen. Dazu Schraube durch mittige Öffnung herausdrehen und Zug aushängen.
■ Entriegelungsgriff der Feststellbremse ausbauen. Dazu 3 Schrauben bei gezogenem Griff herausdrehen und Zug aushängen.
■ Befestigungsschrauben neben Lichtschalter und Zündschloß herausdrehen und unteren Teil des Armaturenbrettes vollends abnehmen.

Verkleidungen am Fahrerplatz: 1 – Teppichboden; 2 – Obere Fußraumverkleidung; 3 – Unteres Armaturenbrett; 4 – Verkleidung am Lichtschalter; 5 – Verkleidung am Zündschloß.

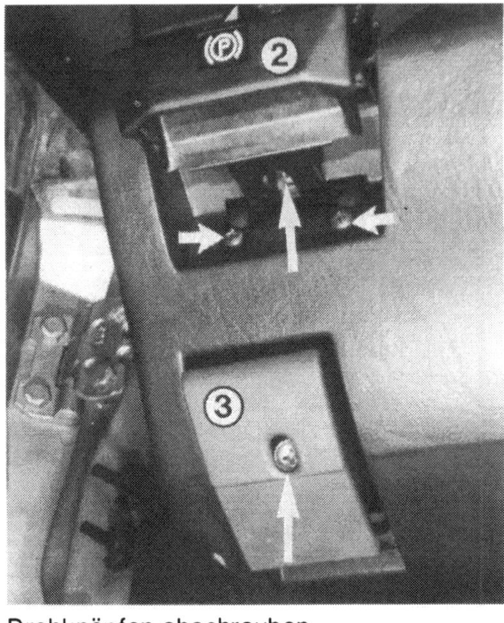

Links: Die Verkleidung am Zündschloß (1) ist nur eingerastet.

Rechts: Zum Ausbau des unteren Armaturenbrettes die Schrauben (Pfeile) an den Entriegelungsgriffen von Feststellbremse (2) und Motorhaube (3) herausdrehen.

Holzverkleidung an Heizungsregulierung

■ Drehknöpfe abziehen. Wenn dazu eine Zange erforderlich werden sollte, deren Backen mit einem Lappen umwickeln.

■ Die beiden flachen Muttern hinter den Drehknöpfen abschrauben.

■ Über dem Radio die beiden Kreuzschlitzschrauben herausdrehen.

■ Verkleidung abnehmen.

Holzverkleidung um Schalthebel

■ Ascher komplett ausbauen (Seite 238).

■ Stoffteil aus dem Ablagefach hinten in der Mittelkonsole herausnehmen.

■ Kreuzschlitzschraube hinten an der Holzverkleidung herausdrehen.

■ Ledermanschette am Schalthebel unten vom Rahmen aushängen.

■ Holzverkleidung anheben. Dabei lösen sich manche Schalter aus ihren Fassungen.

■ Die Leitungsstecker zu den Schaltern an der Vorderkante müssen einzeln gelöst werden.

Verkleidungen im Fußraum

■ Die schweren, schalldämmenden Fußmatten können einfach herausgenommen werden. Dies ist für den Ausbau weiterer Verkleidungen Voraussetzung. Im Kabelkanal unter den Matten befinden sich elektrische Leitungen, Schlauchleitungen der Zentralverriegelung und das Zeitrelais für die Sitzheizung.

■ Die Fußstütze im Beifahrerfußraum ist mit 2 Kunststoffschrauben befestigt. An ihrer Rückseite ist das Steuergerät und die 10polige Steckverbindung für die Rückhaltesysteme (Gurtstraffer und ggf. Airbag) zu finden (siehe Seite 149).

■ Die Seitenverkleidungen zur Fahrzeugaußenseite sind eingeclipst. Auf der Beifahrerseite ist dahinter der Energiespeicher für die Rückhaltesysteme eingebaut.

■ Die Stoffverkleidung zum Mitteltunnel ist mit einer Kreuzschlitzschraube befestigt.

Zum Ausbau der Verkleidung (1) an der Heizungsregulierung die Drehknöpfe (2) von den Schalterachsen (3) abziehen und die beiden Schrauben an der Unterkante (Pfeile) herausdrehen.

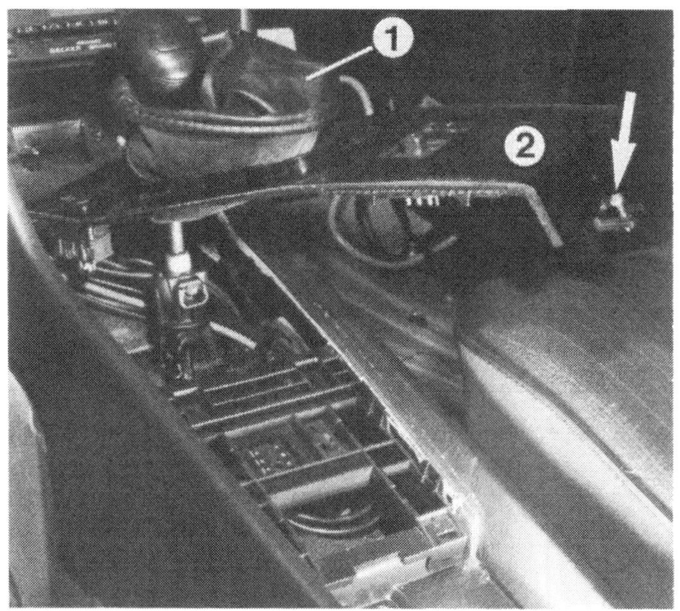

Hier ist der Ausbau der Holzverkleidung (2) um den Schalthebel gezeigt. Der Ascher muß komplett ausgebaut werden und die Schraube hinten (Pfeil) ist abzuschrauben. Außerdem muß man die Ledermanschette (1) am Schalthebel lösen.

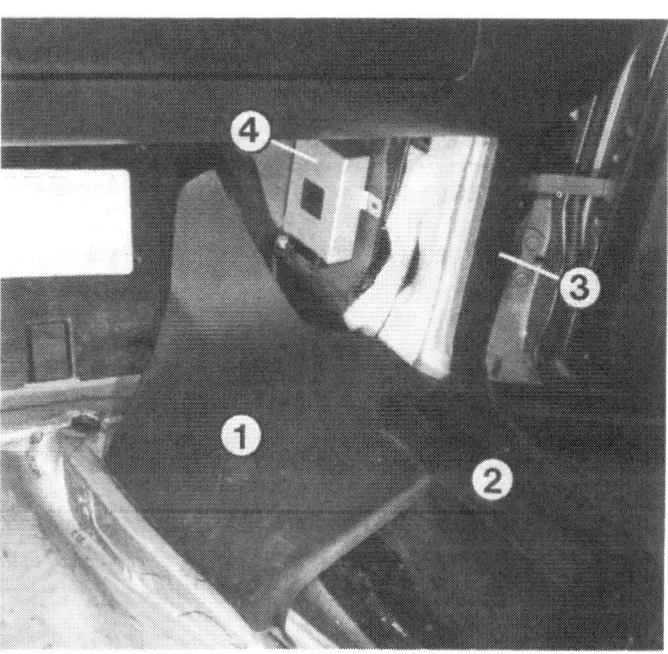

Die Seitenverkleidungen (1) im Fußraum sind nur eingeclipst. Zum Ausbau den Kantenschutz (3) und die Trittleiste (2) am Türausschnitt etwas lösen. 4 – Energiespeicher für Airbag/Gurtstraffer.

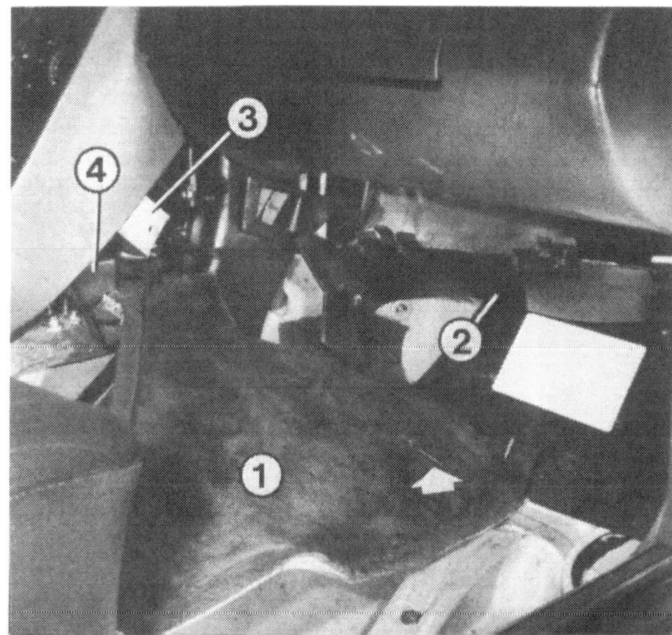

Die Stoffverkleidung (1) am Mitteltunnel hält eine Kreuzschlitzschraube (Pfeil). 2 – Obere Fußraumverkleidung auf Beifahrerseite; 3 – Radio; 4 – Auslösegerät für Airbag/Gurtstraffer.

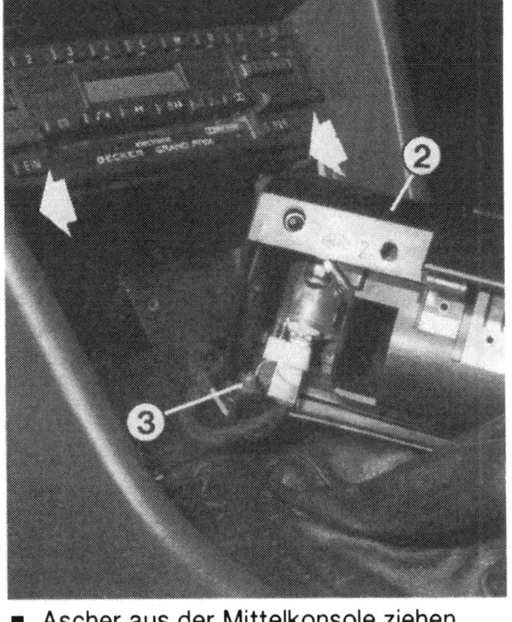

Links: 1 – Befestigungsschrauben (Aschereinsatz herausgenommen)

Rechts: Wenn der Ascher (2) komplett ausgebaut wird, findet man das Beleuchtungslämpchen (3). Pfeile – Verrastung des Radios.

Ascher ausbauen

- Aschereinsatz herausnehmen.
- 2 Kreuzschlitzschrauben im Ausschnitt herausdrehen.
- Ascher aus der Mittelkonsole ziehen.
- Auf der Rückseite Leitungsverbindung und Lämpchen ausstecken.

Verkleidung der Mittelsäule

- Beide Türen öffnen und den Kantenschutz an den Türausschnitten im Bereich der Mittelsäule abziehen.
- Sitz ganz nach vorn schieben und die beiden Kreuzschlitzschrauben am unteren Verkleidungsteil herausdrehen.
- Gurt zur Seite ziehen und die Verkleidung abnehmen (Abb. rechts oben).

Sitze ausbauen

- Vordersitze: Jeweiligen Sitz ganz nach unten und nach hinten verschieben.
- Die vorderen Schrauben herausdrehen.
- Sitz vorschieben und die hinteren Schrauben herausdrehen.
- Sitz nach vorn aus der seitlichen Gleitschiene für das Gurtschloß ziehen und herausnehmen.
- Hintere Sitzbank: Die beiden roten Arretierungen unten an der Vorderkante drükken.
- Sitzkissen herausnehmen.
- Rückenlehne: Nach dem Ausbau des Sitzkissens unten an der Lehne die Verschraubungen lösen.
- Lehne nach oben aus den Haltelaschen drücken.

Fingerzeig: *Läßt sich ein Vordersitz nur noch klemmend verschieben, kann dies an einer verbogenen Gleitschiene für das Gurtschloß liegen. Neue Gleitschiene einbauen.*

Die Sitzheizung

Die Sitzheizung wird von einem Wipptaster neben dem Schalthebel gesteuert. Der Strom (von Sicherung A) zu den Heizdrähten wird durch ein Relais zugeschaltet. Das Relais ist im vorderen Fußraum unter der Bodenmatte zu finden.

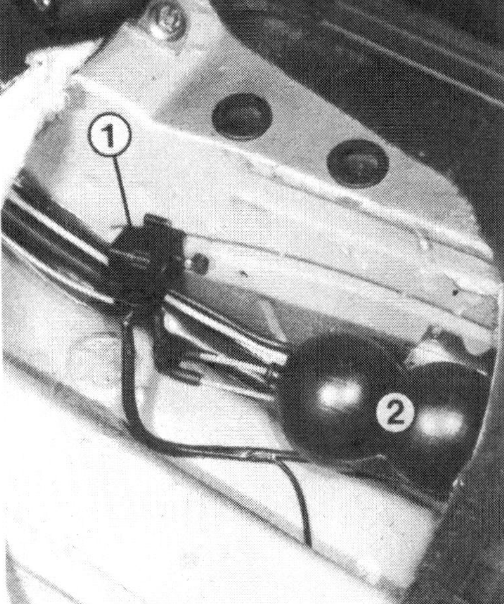

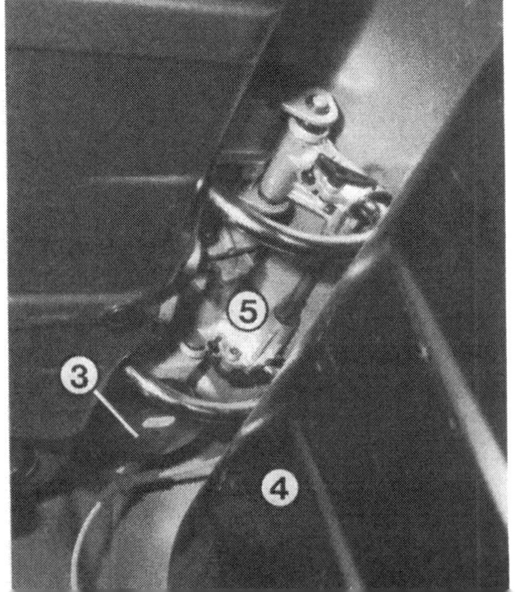

Teile der versenkbaren Kopfstützen unter dem hinteren Sitzkissen und über dem Tank (4). 1 – Elektrisches Schaltventil für Unterdruckzuschaltung; 2 – Unterdruckspeicher; 3 – Unterdruckdose zum Entriegeln; 5 – Gelenkteil.

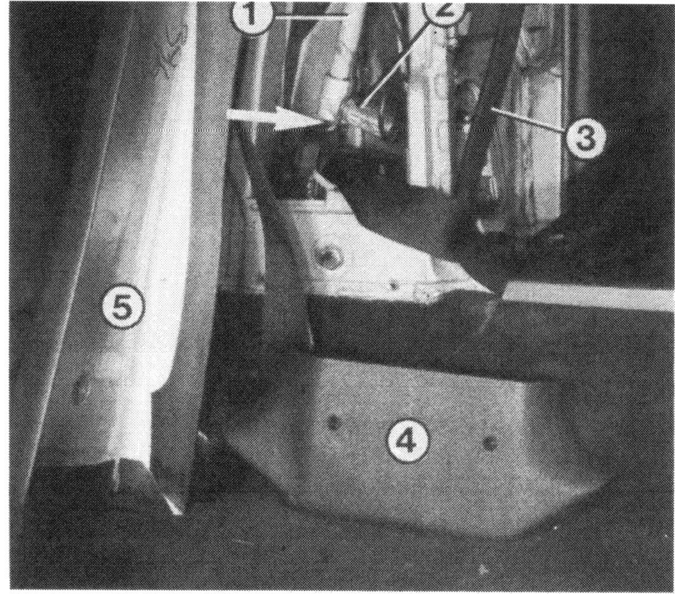

Hier wurde die Verkleidung (5) der Mittelsäule ausgebaut. Dazu muß das untere Verkleidungsstück (4) losgeschraubt und der Kantenschutz (3) an den Türausschnitten teilweise abgezogen werden. Ferner zu sehen: 1 – Rohr für Kolben des Gurtstraffers (siehe Seite 225 unten); 2 – Gasgenerator (»Sprengladung«); Pfeil – Farbmarkierung.

In der 1. Heizstufe leuchtet eine Kontrolleuchte, und die Heizleistung beträgt 15 Watt. Leuchten beide Kontrolleuchten am Schalter, ist die starke Heizstufe (60 Watt) eingeschaltet. Die Einschaltzeit der Sitzheizung wird durch das Relais begrenzt. Nach etwa 5 Minuten wird von der 2. Stufe in die 1. Stufe umgeschaltet. Nach weiteren 25 Minuten schaltet sich die Sitzheizung selbständig vollends aus. Wird die Zündung zwischendurch ausgeschaltet, muß die Sitzheizung erneut eingeschaltet werden.

Sicherheitsgurte kontrollieren

Wartung Nr. 14

Wenn die Gurte bei einem Unfall stark beansprucht wurden, wenn das Gurtband ausgefranste Kanten hat oder wenn die Aufrollautomatik nicht mehr funktioniert, müssen neue Sicherheitsgurte eingebaut werden. Ein hinter der Verkleidung verschränkter Gurt kann ebenfalls die Ursache für schlechtes Aufrollen sein. Verschmutzte Gurtbänder reinigt man mit Seife und lauwarmem Wasser.

Haben die vorderen Gurtstraffer nach einem Unfall bereits einmal ausgelöst, müssen neue Sicherheitsgurte eingebaut werden. Zur Kontrolle Verkleidung an der Mittelsäule ausbauen und nachsehen, ob die Farbmarkierung am Drahtseil noch sichtbar ist. Bei bereits gezündeten Gurtstraffern hat die Gasladung den Kolben nach oben gedrückt, und das Drahtseil hat seine Lage geändert (Abb. Seite 225). Zum Gurtausbau vorn Verkleidung der Mittelsäule ausbauen. Hinten Sitzkissen, -lehne und Hecksäulenverkleidung ausbauen.

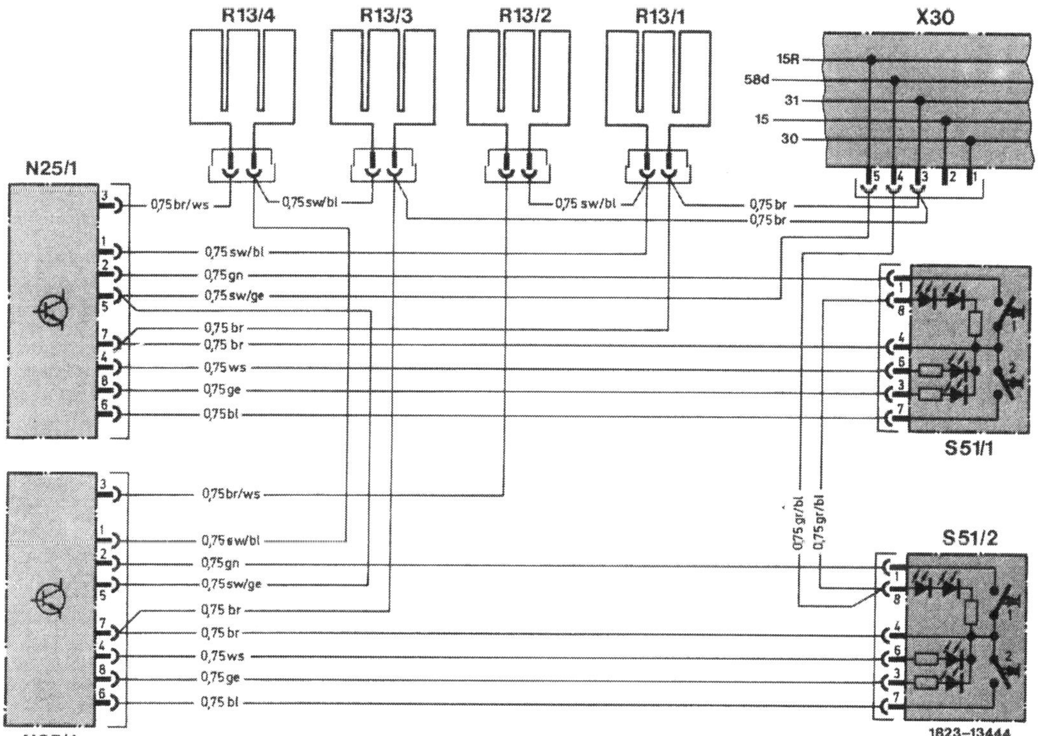

Schaltplan Sitzheizung

N25/1 Relais Sitzheizung vorn links
N25/2 Relais Sitzheizung vorn rechts
R13/1 Heizkissen Sitz vorn links
R13/2 Heizkissen Rückenlehne vorn links
R13/3 Heizkissen Sitz vorn rechts
R13/4 Heizkissen Rückenlehne vorn rechts
S51/1 Schalter Sitzheizung vorn links
S51/2 Schalter Sitzheizung vorn rechts
X30 Steckverbindung SA-Leiste.
Schalterstellung
1 schwach
2 stark

Die Karosserieteile

Blechkunst

Durch einen wohlüberlegten Karosserieaufbau können nicht nur der Luftwiderstand und die Fahrstabilität verbessert werden. Wichtiger ist, daß auch Unfallfolgen für die Fahrzeuginsassen und die anderen Verkehrsteilnehmer gemildert werden können.
Dazu ist die selbsttragende Karosserie so gestaltet worden, daß sich vorn und hinten möglichst lange Deformationswege ergeben. Verschieden starke Bleche, zum Teil hochfeste Stahlbleche, sorgen dafür, daß sich bei einem Aufprall die Fahrgastzelle möglichst wenig verformt. Verdickungen am Rahmenboden, am Mitteltunnel und in den Türensäulen erhöhen die Festigkeit. Dem gleichen Zweck dienen formstabile Bauelemente, wie Längsschweller, Dachrahmen, Türsäulen und Querträger am Rahmenboden.
Die Vordertüren sind durch Blecheinlagen verstärkt. Außerdem sind die Türen an der Mittelsäule so geformt, daß ein Verklemmen als Unfallfolge kaum möglich sein dürfte. Das liegende Reserverad schützt die Fahrgastzelle und die Hinterachse bei einem Heckaufprall. Durch die elastisch geschäumten Stoßstangenblenden wird ein Aufprall bis zu 4 km/h spurlos weggesteckt. Außerdem werden Beinverletzungen von Fußgängern gemildert. Zum Schutz der Fußgänger ist auch die obere Kante der Vorderkotflügel »weich« gestaltet. Hierfür sind die vielen Durchbrüche an den Befestigungsschrauben seitlich im Motorraum verantwortlich.

Demontierbare Teile

Mit einiger Geschicklichkeit kann man die Stoßstangen und die vorderen Kotflügel allein ausbauen. Wollen Sie aber Motorhaube oder Türen demontieren, brauchen Sie unbedingt einen Helfer, der diese großen und schweren Teile hält, während Sie schrauben, sonst wird schnell irgendwo der Lack zerkratzt.

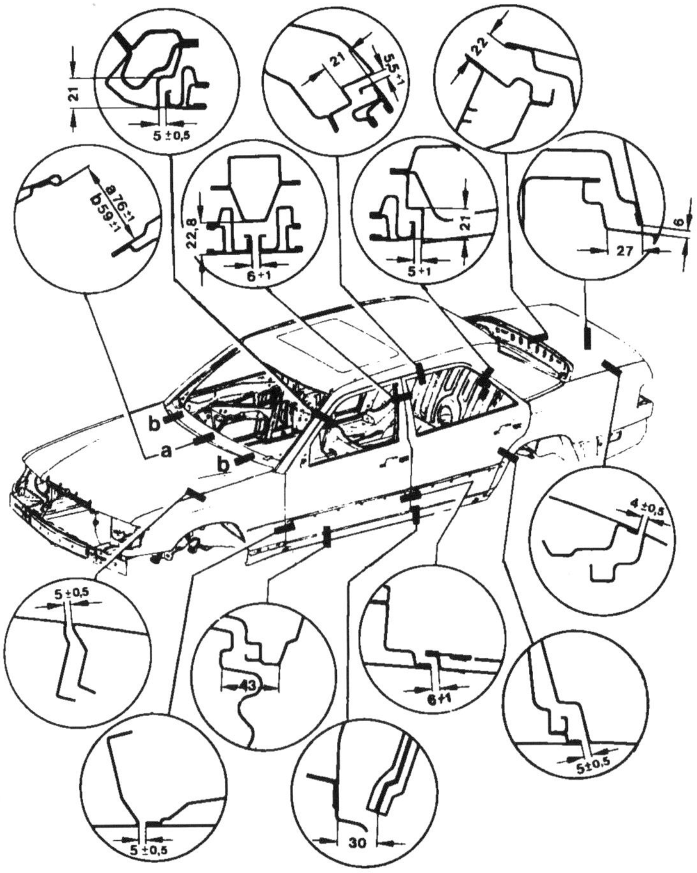

Die Zeichnung zeigt die Abstände wie sie zwischen den einzelnen Karosserieteilen bestehen sollen. Man nennt diese Abstände noch Luftspaltmaße.

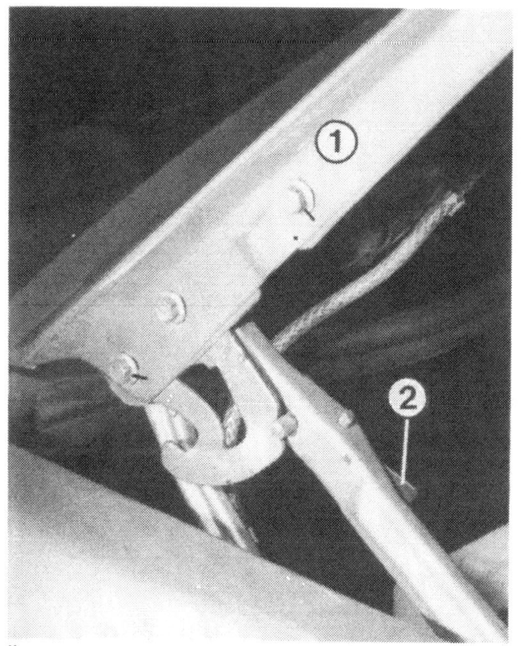

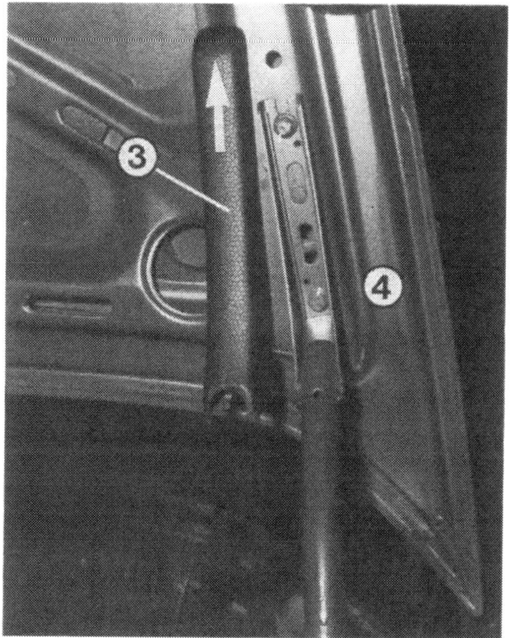

Links: Die Motorhaube (1) ist auf jeder Seite 3fach verschraubt. Vor Ausbau die Schraubenlage kennzeichnen. 2 – Entriegelung für Montagestellung.

Rechts: Verkleidung (3) am Kofferraumdeckel (4) nach oben abdrücken, um die Schrauben zu erreichen.

Übrigens: Eine neue Motorhaube, Heckklappe, Tür oder einen neuen Kotflügel können Sie bereits vor der Montage lackieren lassen, dann sparen Sie sich das umständliche Abdecken der umliegenden Karosserieteile.

Luftspaltmaße

Die Zeichnung auf der linken Seite zeigt, wie neu eingebaute Karosserieteile zu den benachbarten Teilen einzustellen sind. Die Luftspalte sollen parallel verlaufen. Eine Abweichung von ± 0,5 mm ist zulässig. Nach einem Unfall können die Luftspalte darüber Auskunft geben, ob die Karosserie verzogen ist. Beispiel: Beträgt der Spalt zwischen dem vorderen Kotflügel und der Fahrertür statt 5 mm nur 2 mm und ist er an der Beifahrertür vergrößert, ist der Vorderbau nach links verzogen.

Fingerzeig: *Wenn Sie Dachständer anbringen, müssen Sie die Lagemarkierungen oben an den Türausschnitten beachten, sonst kann es zu sehr lauten Windgeräuschen kommen.*

Die Motorhaube Ausbau

- Haube innen entriegeln.
- Nach Herausziehen des Griffes am Kühlergrill die Haube öffnen.
- Um den Wiedereinbau zu erleichtern, die Lage der Haube an den Scharnieren kennzeichnen.
- Spritzwasserschlauch und Kabel zur Düsenbeheizung ausstecken. Schnur am Kabel befestigen und aus der Motorhaube ziehen (Schnur dient als Einbauhilfe).
- Während zwei Helfer die Haube seitlich links und rechts halten, je 3 Schrauben am Scharnier herausdrehen.

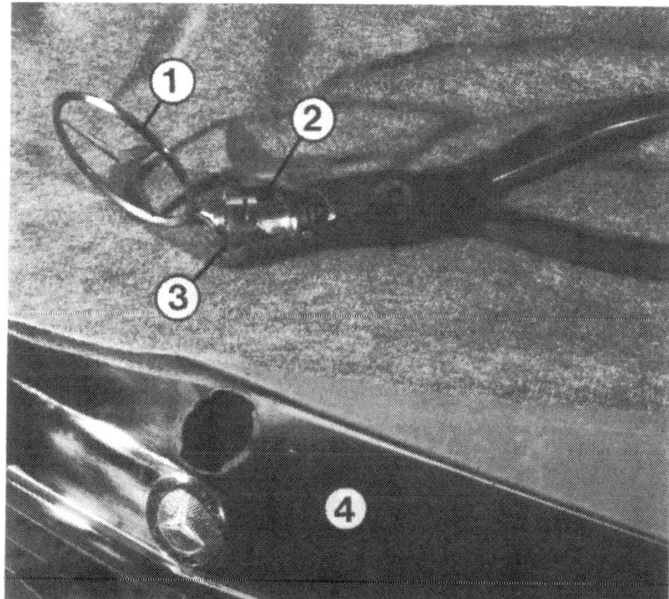

Zum Ausbau des Mercedes-Sterns den Haltebügel (2) verdrehen und auf die Nuten am Fußteil (3) absetzen. Dann kann man den Mercedes-Stern (1) vom Kühlergrill (4) abnehmen.

Links: Befestigung des Kotflügels unten an Konsole vor dem Vorderrad.

Rechts: Kotflügelschrauben an der Unterkante (hinter Verkleidung).

Montagestellung

■ Um die Motorhaube in die senkrechte Montagestellung zu bringen, diese etwa halb öffnen.

■ Dann den Sperrhebel am rechten Scharnier drücken und Motorhaube weiter nach oben drücken, damit der Sperrhebel nicht mehr einrastet.

■ Anschließend den Sperrhebel am linken Scharnier drücken und Haube senkrecht stellen.

■ Um die Motorhaube wieder in ihre Normalstellung bringen zu können, den Sperrhebel am linken Scharnier drücken.

Kühlergrill ausbauen

■ Motorhaube öffnen und die Schrauben zum Kühlergrill von innen herausdrehen.

■ Das Kunststoffgitter kann vom Rahmen abmontiert werden: Hierzu die Klammern abdrücken.

■ Beim Einbau des Kühlergrills darauf achten, daß die Unterlage an der Motorhaube klebt.

Mercedes-Stern ausbauen

■ Der Mercedes-Stern wird bei geöffneter Motorhaube mit seinem Fußteil ausgebaut.

■ Mit größerer Zange den Haltebügel fassen, nach unten ziehen und um 90° verdrehen. Die Enden des Bügels auf die vorgesehenen Nuten absetzen.

■ Mercedes-Stern außen abnehmen.

■ Zum Einbau den Haltebügel wieder zurückdrehen.

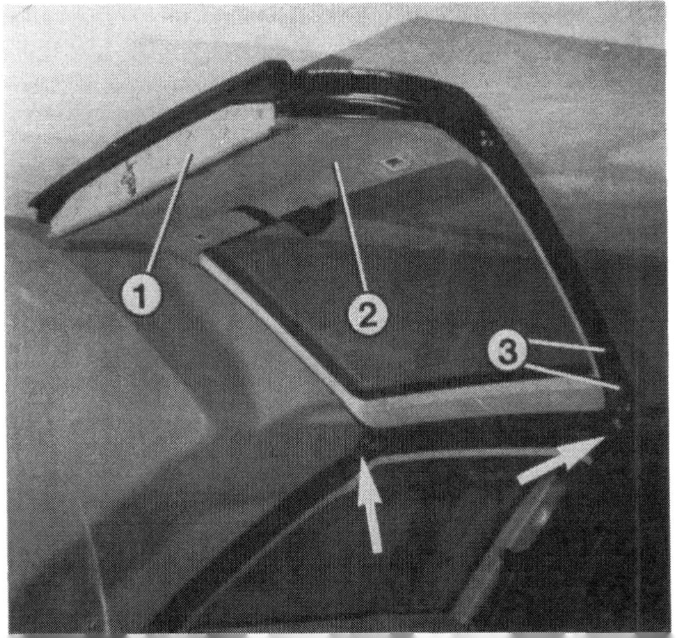

Die Heckklappe beim T-Modell: 1 – Verkleidung an der Unterkante; 2 – Innenverkleidung; 3 – Befestigungsschrauben am Scharnier; Pfeile – Leitungen bzw. Waschwasserschlauch zur Heckklappe.

Die Kotflügel

Lediglich die vorderen Kotflügel sind verschraubt. Bei eingebauter Stoßstange, Schottwand und montiertem Scheinwerfer ist der Ausbau möglich. Die hinteren Seitenteile sind mit der restlichen Karosserie verschweißt.

Kotflügel ausbauen

- Blinkleuchte ausbauen (Seite 205).
- Verkleidung an der Unterkante des Kotflügels ausbauen (Abb. links oben).
- Befestigungsschrauben seitlich oben im Motorraum herausdrehen.
- Schrauben im Blinkleuchtenausschnitt herausdrehen.
- Schraube an der Unterkante des Kotflügels und von der Konsole lösen (Abb. links).
- Bei geöffneter Vordertür Schrauben an der Türsäule lösen.
- Bevor der Kotflügel beim Einbau festgeschraubt wird, muß er ausgerichtet werden. Dazu Motorhaube schließen, und Kotflügel in der Höhe verschieben. Neues Dichtungsband verwenden. Auf guten Sitz der Schottwand achten.

Fingerzeit: *Wenn erforderlich, Befestigungskanten an Kotflügel und Karosserie gründlich entrosten. Mit Zinkstaubfarbe oder Kunstharz-Bleimennige vorstreichen und nach dem Trocknen überlackieren.*

Kofferraumdeckel bzw. Heckklappe ausbauen

- Leitungen an den Kennzeichenleuchten ausstecken und Leitungen vom Deckel lösen.
- Kunststoffverkleidungen am Deckelscharnier abnehmen. Dazu die Verkleidungen bei offenem Deckel nach oben drücken und ausrasten.
- Untere Schraube auf jeder Seite des Deckels herausdrehen.
- Obere Schraube im Langloch leicht lösen.
- Deckel halb schließen, nach hinten ziehen und abnehmen (nur mit Helfer).
- Beim T-Modell die Innenverkleidung ausclipsen und die Verkleidung an der Unterkante der Heckklappe abschrauben.
- Elektrische Leitungen und Waschwasserschlauch von Heckklappe lösen. Beim Ausbau gleich einen Einziehdraht/schnur zum leichteren Einbau in die Ausschnitte ziehen. Den Mehrfachstecker auseinanderclipsen und Steckergehäuse abnehmen, damit die Leitungen durchgezogen werden können (Belegungsskizze anfertigen).
- Während zwei Helfer die Heckklappe halten, seitlich je zwei Schrauben am Scharnier herausdrehen.
- Beim Einbau von Kofferraumdeckel bzw. Heckklappe die Schrauben zunächst nur leicht festdrehen. Nach dem Ausrichten im Ausschnitt vollends anziehen.

Fingerzeig: *Dringt ständig Staub und Feuchtigkeit in den Koffer- bzw. Gepäckraum ein, müssen Sie die Gummidichtung unter die Lupe nehmen. Der Gummi kann mit den Jahren spröde geworden sein und schließt nicht mehr elastisch. Oder die Gummiumrandung ist eingerissen, weil im Winter der zugefrorene Kofferraumdeckel mit Gewalt aufgezerrt weren mußte.*
Vorbeugend hilft hier regelmäßiges Einreiben mit Glyzerin oder einem Spezialpflegemittel. Die schadhafte Gummiumrandung austauschen.

Die Heckklappe bei ausgebauter Innenverkleidung: 1 – Wischermotor; 2 – Elektromotorische Schließhilfe; 3 – Schaltelement der Zentralverriegelung; 4 – Intervallrelais für Wischer.

Teile der Motorraumkapselung: 1 – Seitenteil, teilweise mit thermostatgesteuerter Klappe; 2 – Geräuschkapsel vorn; 3 – Geräuschkapsel hinten; 4 – Abdichtung der Scheinwerfer; 5 – Kotflügel- und Trennwandabdichtung; 6 – Mitteltunnel- und Trennwanddämmung; 7 – Motorhaubendämmung; 8 – Abdichtprofile.
Ist der Schaumstoff mancher Dämmungsteile angekratzt, hatten Sie Marder im Motorraum. Die Tiere halten sich gerne im warmen, abgeschlossenen Motorraum auf.

Die Motorraumkapselung

Der Mercedes-Diesel ist mit einer Motorraumkapselung ausgerüstet. Damit wird das Außengeräusch selbst nach dem Kaltstart, aber auch während der Fahrt deutlich verringert.
Mit der Kapselung wird der Fahrzeugboden in den Bereichen Kühler, Motor und Getriebe mit Ausnahme weniger Öffnungen vollständig abgeschlossen. Motorhaube und Getriebetunnel sind mit Dämpfungsmatten ausgelegt. Gummiprofile dichten die Motorhaube und die Scheinwerferausschnitte zusätzlich ab.
Die tragenden Teile der Kapselung – die unteren Teile vorn und hinten sowie die beiden Seitenteile – bestehen aus stoßfestem, elastischem Kunststoff. Innen sind sie mit porösem, schalldämpfendem Schaumstoff ausgekleidet. Ein Hautfilm auf dessen Oberfläche schützt ihn gegen Wasser, Kaltreiniger und Schmutzaufnahme.
Damit die Motorraumtemperatur nicht übermäßig ansteigt, hat das linke Seitenteil eine thermostatgesteuerte Luftklappe. Bei Klimaanlage sind beide Seitenklappen damit ausgestattet. Die Klappe beginnt sich bei einer Motorraumtemperatur von 50°C zu öffnen. Bei 60°C ist sie

In der linksseitigen Geräuschkapsel (3) des Motorraums ist eine thermostatgesteuerte Klappe (2) untergebracht. Bei etwa +60 °C am Thermostat soll die Klappe etwa 8 mm geöffnet haben, bei 120 °C etwa 16 mm (voll geöffnet). Zur Einstellung ist der Thermostat in Langlöchern befestigt. Weiterhin zu sehen: 1 – Exenterbolzen zur Vorderradeinstellung; bei Verdrehen ändert sich überwiegend der Radsturz.

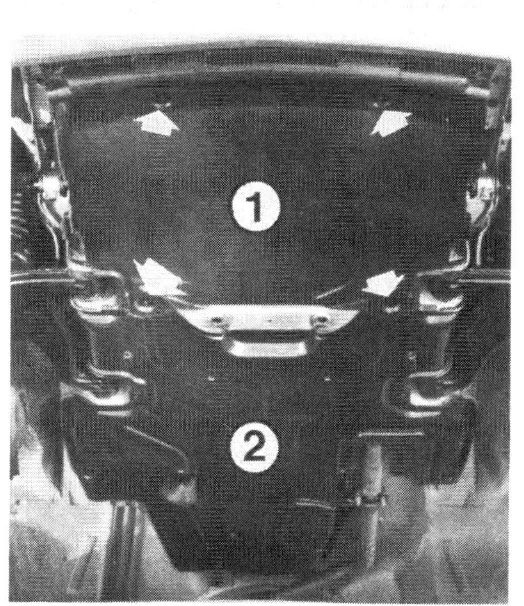

Links: Die vordere Geräuschkapsel (1) ist mit 4 Schrauben (Pfeile) befestigt.

Rechts: Beim Einbau der vorderen Geräuschkapsel (2) unter dem Motorraum darauf achten, daß die Kante in der Aussparung steckt (Pfeile). Außerdem muß die Unterkante des Seitenteils (1) um die Kante des unteren Teils greifen.

halb (ca. 8 mm) und bei 120°C ganz (ca. 16 mm) geöffnet. Der Thermostat zur Klappensteuerung ist in Langlöchern befestigt und kann entsprechend verschoben werden, falls die Klappe nicht ganz schließt.

Geräuschkapsel ausbauen

Zu Arbeiten an der Unterseite von Motor oder Getriebe müssen die unteren Kapselteile ausgebaut werden. Dabei sorgfältig darauf achten, daß der Hautfilm auf dem Schaumstoff nicht beschädigt wird.

- Häufiger ist der Ausbau des vorderen Teils nötig; es ist mit 4 Schrauben befestigt.
- Nach dessen Ausbau kann das hintere Teil (7 Befestigungspunkte) ebenfalls abgenommen werden.
- Jedes Seitenteil ist mit zwei Schrauben am Längsträger und mit einer Schraube am Querlenkerlager festgeschraubt.
- Beim Einbau des vorderen Kapselteiles darauf achten, daß die Ausschnitte an der Vorderkante in den Steg einrasten.
- Seitlich müssen die Kanten der Seitenteile über das untere Teil greifen (Abbildung oben rechts).

Befestigungspunkte der vorderen Stoßstange unter dem rechten Kotflügel.

Hier ist die Befestigung der hinteren Stoßstange beim Kombi gezeigt. Bei der Limousine befinden sich die Schrauben an den gleichen Stellen und sind durch Klappen in den Seitenverkleidungen erreichbar. Es zeigen: 1 – Befestigungspunkte der Stoßstangenseitenteile; 2 – Stoßstangenbefestigung; 3 – Abluftklappe (Seite 228); 4 – Abstandhalter für Seitenverkleidung (die Verkleidungen dürfen nicht am Blech anliegen, sonst ist die Entlüftung des Innenraumes unterbrochen).

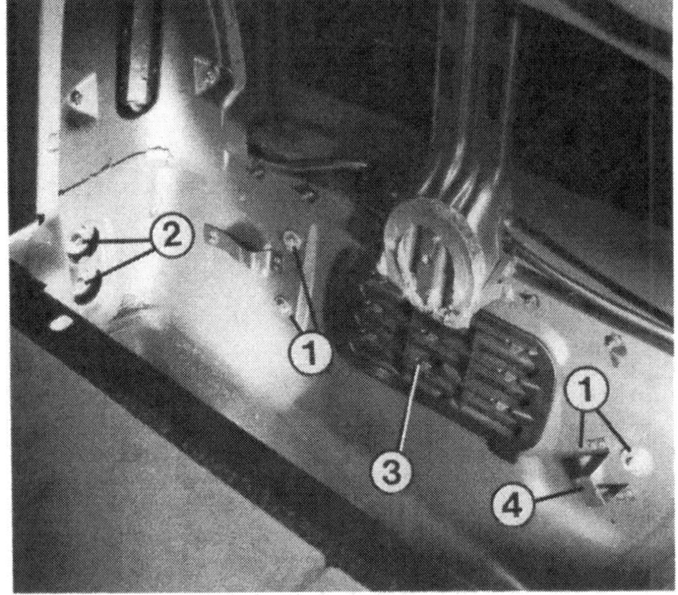

Vordere Stoßstange ausbauen

- Mutter in der Mitte vor dem Kühlergrill herausdrehen.
- Von unten her beidseitig die Verschraubung der Stoßstangenseitenteile losschrauben.
- Ebenfalls von unten her beidseitig die beiden Muttern an der Querversteifung lösen.
- Stoßstange nach vorn abnehmen.

Hintere Stoßstange ausbauen

- Kofferraumdeckel öffnen. Klappen in den seitlichen Kofferraumverkleidungen vor den Schrauben aufklappen.
- Schraubverbindungen der Seitenteile und des Stoßstangenhalters lösen.
- Stoßstange abnehmen.

Fingerzeig: *Die Stoßstangen sind aus mehreren Teilen zusammengebaut. Halter, Stoßstange oder Kunststoffteile können einzeln erneuert werden.*

Türen ausbauen

- Bei Fahrzeugen mit elektrischen Fensterhebern, Zentralverriegelung oder elektrisch verstellbarem Außenspiegel zuerst die Türverkleidung ausbauen. Die Anschlüsse lösen und vorn aus der Tür herausziehen.
- Die Lage der Türscharniere z. B. mit einem Lacktupfer kennzeichnen.
- Gummiabdeckung an der Türsäule abziehen und den Bolzen am Türfeststeller ausbauen.
- Die beiden Schrauben an jedem Türscharnier herausdrehen. Die Schrauben der hinteren Türen werden bei geöffneter Vordertüre erreicht.
- Vor dem Einbau einer neuen Tür müssen sämtliche Einzelteile umgebaut werden.
- Die Tür vorher lackieren lassen und den Innenraum konservieren. Neue Entdröhnmatten einkleben.

Fingerzeig: *Eine neu eingebaute Tür muß sorgfältig im Türausschnitt ausgerichtet wer-*

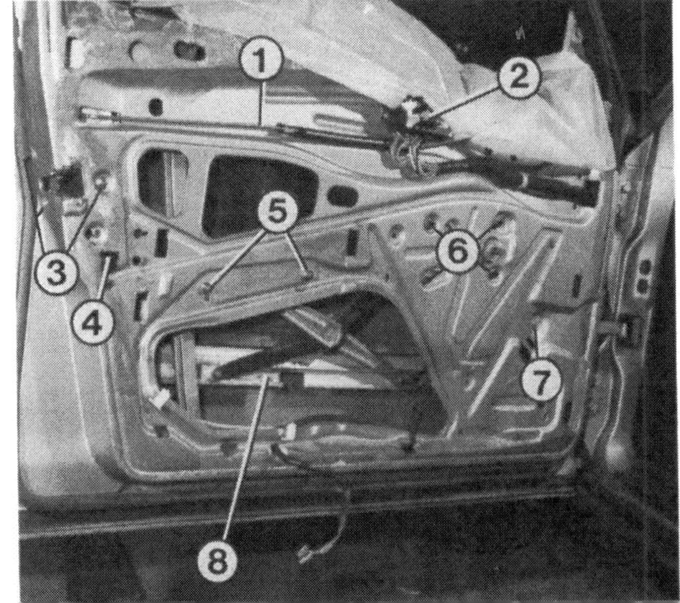

Fahrertür mit ausgebauter Verkleidung: 1 – Gestänge zum inneren Türöffner; 2 – Schaltergruppe für Sitzverstellung; 3 – Türschloßbefestigung; 4 – Schalterelement der Zentralverriegelung; 5 – Befestigung für Fensterheber (Scheibeneinstellung); 6 – Befestigung für Fensterheberantrieb; 7 – Befestigung Fensterführungsschiene vorn; 8 – Fensterheber.

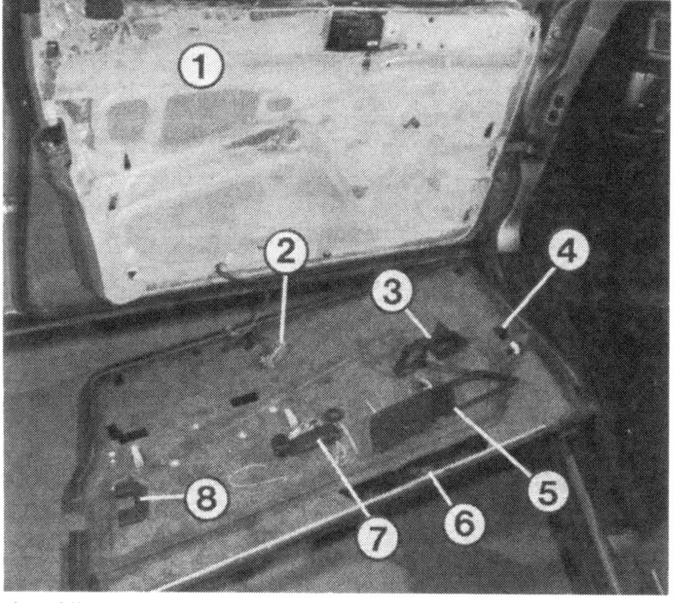

1 – Geklebte Kunststoff-Folie; 2 – Einstiegsleuchte; 3 – Abdeckung am inneren Türöffner; 4 – Befestigungshaken für Verkleidung; 5 – Verkleidung; 6 – Befestigungsschraube für inneren Türgriff; 7 – Fensterkurbel; 8 – Kunststoffrahmen am Türschloß.

den. Hierzu am besten mit der noch eingebauten Tür vergleichen. Sitzt die Tür gut, kann aber nur äußerst schwer geschlossen werden, das Schließteil an der Türsäule etwas lösen und entsprechend verschieben. Wird das Teil aber zu weit nach außen versetzt, verursacht die Tür Windgeräusche.

Türverkleidung ausbauen

- Verkleidung der Außenspiegelbefestigung abhebeln. Dazu auf der Fahrerseite zuerst den Verstellhebel ausbauen (Abb. Seite 248 oben).
- Schwarzen Kunststoffrahmen am Türschloß abschrauben (1 Kreuzschlitzschraube).
- Fensterkurbel ausbauen.
- Abdeckung am inneren Türöffnerhebel mit einem Schraubenzieher abhebeln.
- Obere Befestigungsschraube des inneren Türgriffes herausdrehen.
- Gesamte Türverkleidung nach oben drücken und so vom Türinnenblech ausrasten.
- Gestänge vom inneren Türöffnerhebel abdrücken.

Fingerzeig: *Wenn die Kunststoff-Folie hinter der Türverkleidung beschädigt ist, muß sie ersetzt werden. Ansonsten wird die Türverkleidung feucht und weicht auf.*

Äußeren Türgriff ausbauen

- Durch die Bohrung an der Stirnseite der Tür die Innensechskantschraube (SW 3) vom Türgriff herausdrehen.
- An der Fahrertür den Schlüssel einstecken und um 60° nach rechts verdrehen.
- Dann den Schließzylinder mit dem Druckknopf nach hinten drücken und herausziehen. An der Beifahrertür gleich vorgehen. An den hinteren Türen den Druckknopf lediglich nach hinten drücken.
- Anschließend den äußeren Türgriff etwas nach hinten drücken und erst aus dem Ausschnitt am Druckknopf, dann aus dem vorderen Ausschnitt herausschwenken.
- Soll zusätzlich der Lagerrahmen des Türgriffes ausgebaut werden, 3 Schrauben von

Links: 1 – Türschloß; 2 – Einstellschraube für äußeren Türgriff; 3 – Befestigungsschraube für Türgriff.

Rechts: Versorgungspumpe der Zentralverriegelung unter hinterem Sitzkissen.

Links: Mit einem breiten Werkzeug kann der Spiegel (1) vom Stellmotor (2) abgehebelt und ersetzt werden.

Rechts: 3,4 – Verkleidungen; 5 – Verstellhebel, zum Ausbau das geriffelte Teil vorn Richtung Spiegel drücken und abnehmen; 6 – Dämmung; Pfeile – Spiegelbefestigung.

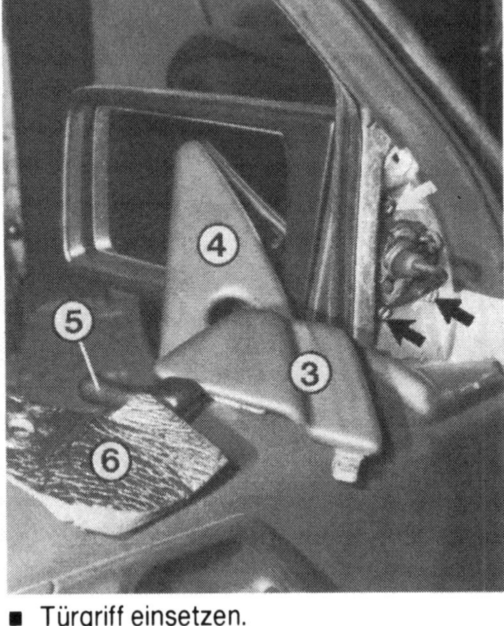

außen abschrauben, Türverkleidung innen ausbauen und den Lagerrahmen abnehmen.

- Vor dem Wiedereinbau des Türgriffes den Betätigungshebel zum Türschloß möglichst weit nach außen verstellen. Dazu die Einstellschraube hinter der Abdeckung an der Türstirnseite (Abb. Vorseite unten) entsprechend verdrehen.
- Türgriff einsetzen.
- Druckknopf so einsetzen, daß der Druckstift richtig im weißen Kunststoffteil am Türschloß sitzt.
- Druckknopf mit der Innensechskantschraube festklemmen.
- Türgriff mit der Einstellschraube flächenglatt zum Druckknopf einstellen.

Türschloß ausbauen

- Türverkleidung ausbauen.
- Kunststoff-Folie im Bereich des Türschlosses abziehen.
- Betätigungselement der Zentralverriegelung ausbauen.
- Verbindungsgestänge zum Türschloß lösen.
- 3 Kreuzschlitzschrauben zur Befestigung des Türschlosses lösen.

Elektrische Fensterheber

Bei dieser Zusatzausstattung ist in jeder Tür ein kräftiger Elektromotor samt Getriebe eingebaut. Die vorderen Fenster werden über einen Hebel betätigt. Der Antrieb der hinteren Scheiben erfolgt mittels Seilzug.

Bewegen sich die Scheiben bei Knopfdruck nicht, zunächst die Sicherungen G und H im Sicherungskasten prüfen. Für jede Fahrzeugseite ist eine 16-Ampere-Sicherung zuständig. Läßt sich ein Fehler unterwegs nicht beseitigen, notfalls so vorgehen:

- Türverkleidung ausbauen.
- Kunststoff-Folie abziehen.
- Scheibe an der Unterkante vom jeweiligen Betätigungselement losschrauben.
- Scheibe von Hand hochdrücken und oben mit einem geeigneten Keil an der Austrittsöffnung festklemmen.

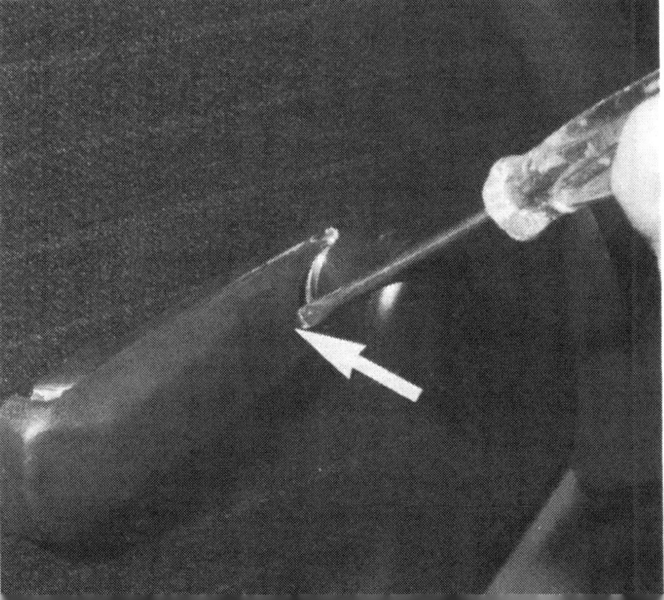

Zum Ausbau der Fensterkurbel mit einem dünneren Schraubenzieher die Verrastung (Pfeil) zurückdrücken und Verkleidung herunterschieben. Verkleidung ersetzen, wenn die Kurbelsicherung an der Achse bereits verdrückt ist, sonst rutscht die Fensterkurbel von ihrer Welle.

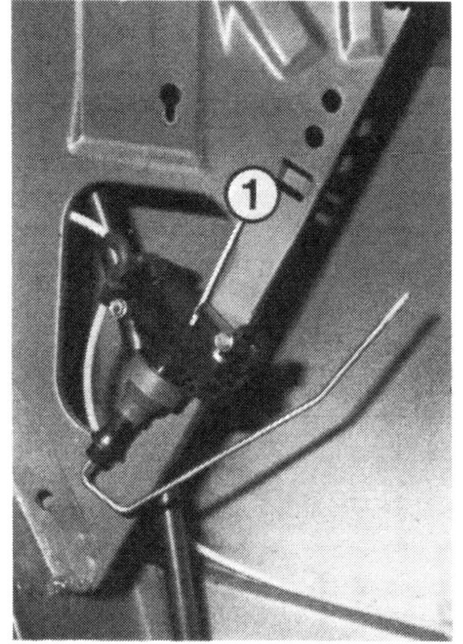

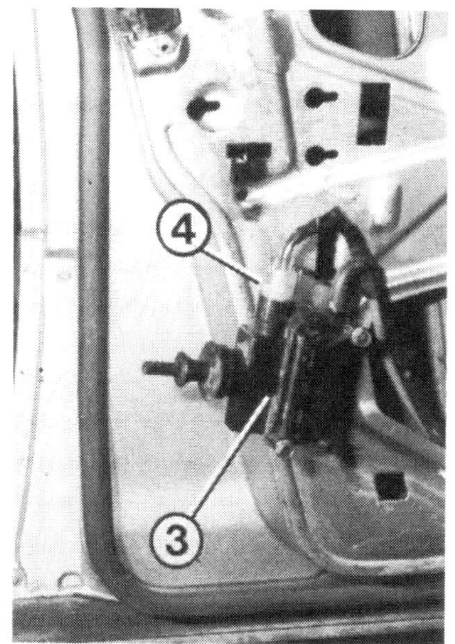

Die Zentralverriegelung

1 – Element Tankklappe (Limousine); 2 – Element Tankklappe (Kombi); 3 – Schalt- und Betätigungselement an Fahrertür mit Leitungsanschluß (4).

Die Zeichnung unten zeigt das Funktionsschema. Von elektrischen Schalterteilen wird die Anlage angesteuert. Je nach Drehrichtung des Schlüssels läuft der Motor der Versorgungspumpe unter der hinteren Sitzbank links- oder rechtsherum. Dabei wird entweder Unter- oder Überdruck erzeugt. Der Druck gelangt über dünne Schlauchleitungen zu den Türschloß-Betätigungselementen in den Türen, im Kofferraumdeckel und an der Tankklappe.

In jedem Betätigungselement befindet sich eine Gummimembran, welche sich entsprechend wölbt und so die Betätigungsstange zum Türschloß vordrückt oder zurückzieht. Ist im System ein bestimmter Über- oder Unterdruck erreicht, schaltet sich die Versorgungspumpe wieder selbständig ab. Eine Zeitschaltung sorgt dafür, daß die Pumpe selbst dann nach 25 Sekunden abschalten würde, wenn das System irgendwo undicht wäre.

Fehlersuche an der Zentralverriegelung

- Zuerst klären, ob die elektrische oder die pneumatische Seite der Anlage gestört ist. Dazu das hintere Sitzkissen ausbauen (Seite 238) und hören, ob die Pumpe bei Schlüsseldrehung losläuft.
- Läuft die Pumpe nicht, Spannungsversorgung prüfen. Vielleicht läuft die Pumpe doch, wenn Sie das Verriegeln von einem anderen Schalterteil aus versuchen. Evtl. ist ein Schalterteil defekt oder die entsprechenden Zuleitungen ausgesteckt.
- Läuft die Pumpe und es wird nirgends verriegelt, so ist die Anlage undicht. Vielleicht ist irgendwo eine Schlauchleitung ausgesteckt oder eine Membran in einem der Betätigungselemente gerissen.
- Zur einfachen Bestimmung der undichten Stelle alle Fußmatten aus dem Innenraum herausnehmen und nacheinander die Schlauchleitungen zu den verschiedenen Betätigungselementen ausstecken. Dabei den Schlauchanschluß Richtung Pumpe abdichten.
- Funktioniert das Verriegeln plötzlich wieder, die undichte Stelle im gerade abgeschlossenen Bereich weiter suchen.
- Wird nur an einer Stelle nicht verriegelt, Schloßbetätigung auf Leichtgängigkeit untersuchen. An der Tankklappe prüfen, ob der Verriegelungsbolzen leicht in seiner Führungshülse läuft.

1, 2, 3 – Unterdruckelemente in Türen/Tankklappe
S 47, 48, 49 – Schalter- und Unterdruckelement
S 8/2 – Warnsummerkontakt
M 14/1 – Versorgungspumpe
X 30 – SA Leiste (Seite 180)
X 86 – Steckverbindung

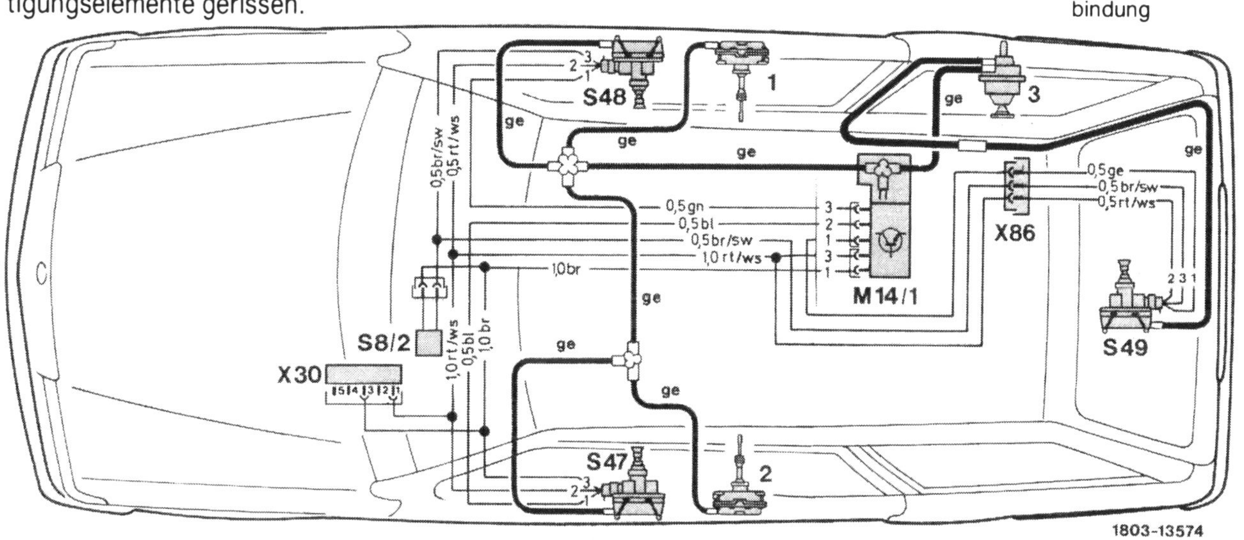

Links: Die Verkleidung des Schiebedachs (1) ist vorn eingeclipst (Pfeile). 2 – Betätigungszug.

Rechts: Schiebedach-Notbetätigung seitlich links im Kofferraum.

Das Schiebedach

Abgesehen vom Schmieren der Gleitschienen (Seite 35) ist das Schiebedach wartungsfrei. Bei auftretenden Windgeräuschen oder bei Verkanten kann das Einstellen der Führungsschienen erforderlich werden. Hierbei ist allerdings eine umfangreiche Einstellanleitung zu beachten. Das Schiebedach muß nicht nur zu den Seiten hin gut im Ausschnitt sitzen, sondern auch einen bestimmten Winkel zur Dachschräge aufweisen. Gegenüber der gekonnten Einstellung durch den geübten Fachmann können Laien hier nur Zufallserfolge erzielen.

Funktioniert das elektrisch betätigte Schiebedach bei Knopfdruck in den einzelnen Schalterstellungen nicht, folgendes prüfen:

- Die 16-Ampere-Sicherung A prüfen.
- Spannungen am Motor messen. Dieser ist im Gepäckraum hinter der linken Verkleidung eingebaut. Steckverbindung am Motor ausstecken und die Spannungen bei der entsprechenden Schalterstellung prüfen.
- Läßt sich kein Fehler finden oder ist der Motor durchgebrannt, kann das Schiebedach auch von einer Notbetätigung aus bewegt werden. Hierzu hat der Motor außen einen Sechskant, an dem ein Rohrsteckschlüssel angesetzt wird. Dabei die Abdekkung in der Seitenverkleidung anheben (Abb. oben rechts).

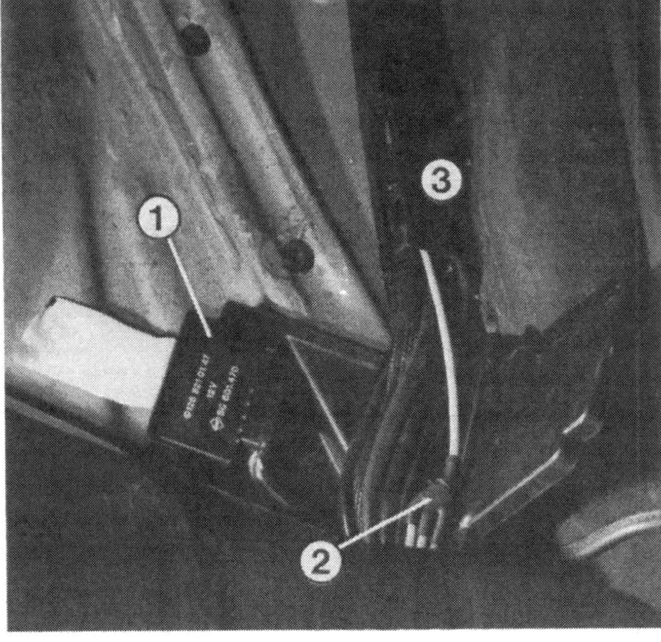

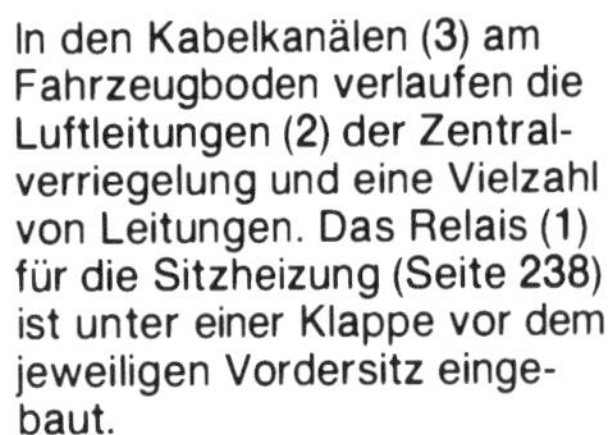

In den Kabelkanälen (3) am Fahrzeugboden verlaufen die Luftleitungen (2) der Zentralverriegelung und eine Vielzahl von Leitungen. Das Relais (1) für die Sitzheizung (Seite 238) ist unter einer Klappe vor dem jeweiligen Vordersitz eingebaut.

Unfallschäden

Bei einem selbst verschuldeten Blechschaden können Sie bei der Reparatur kräftig sparen, wenn Sie möglichst viele Arbeiten selbst durchführen und sonst eng mit einem Karosseriebetrieb zusammenarbeiten. Am Beispiel eines Frontschadens wollen wir dies verdeutlichen. Angenommen, folgende Teile sind beschädigt: Stoßstange, Scheinwerfer, Blinkleuchte, Kotflügel, Motorhaube und Kühler. Bauen Sie alle beschädigten Teile aus und schaffen Sie das Fahrzeug zur Karosseriewerkstatt. Diese soll das Ausbeulen und Ausrichten verbogener Bleche, das Einschweißen neuer Bleche und letztlich die Lackierarbeiten übernehmen. Den Zusammenbau machen Sie wieder selbst. Übrigens können Sie manche Karosserieteile günstig im Autoteile-Handel erwerben.

Neue Blechteile konservieren

Werden Vorderkotflügel, Türen, Motorhaube und Heckklappe ausgetauscht, darf es nicht am erforderlichen Rostschutz fehlen. Hohlräume werden nach dem Lackieren mit Sprühwachs geschützt. Zum Abdichten von Schweißnähten und kleineren Fugen verwendet man ein klebstoffähnliches Universaldichtmittel aus der Tube. Man kann auch mehrmals hintereinander Unterbodenschutz in die Fugen schmieren.

Dauerrenner

Soll Ihr Mercedes noch nach einigen Jahren einen guten Eindruck machen, was beispielsweise für einen guten Verkaufspreis wichtige Voraussetzung ist, müssen Sie sich regelmäßig um den Korrosionsschutz kümmern.

Werksseitiger Rostschutz

Für die Karosserie werden in großem Umfang elektrolytisch verzinkte Stahlbleche verarbeitet, die bereits im Walzwerk beschichtet worden sind. Dies gewährt eine sehr gute Verbindung zwischen dem Zinkfilm und dem Stahlblech. Die gesamte Karosserie erhält eine Phosphatierung und eine Elektrotauchlackierung. Hierbei wird die kathodische Methode angewandt, und es kommen besonders beständige Harze zur Verwendung.
Als Unterbodenschutz wird Material auf PVC-Basis verwendet, welches sehr leicht und schlagfest ist. Besonders gefährdete Stellen sind zusätzlich durch Kunststoffschalen vor Steinschlag geschützt.
Nach der Phosphatierung und Tauchlackierung werden ein Steinschlagschutz, eine Spritzgrundierung, dann der Vor- und Decklack aufgetragen. Bei der Hohlraumkonservierung wird sehr kriechfähiges Wachs in die Hohlräume gesprüht. Eine Nachbehandlung dieses Schutzes ist nach Werksmeinung nicht erforderlich.

Der Unterbodenschutz

Haben Sie eine Beschädigung des werksseitigen Unterbodenschutzes bemerkt, sollte die Stelle möglichst schnell ausgebessert werden. Das Werk empfiehlt zum Ausbessern einen Dauerunterbodenschutz auf Kautschuk-Basis, weil sich dieser besonders gut mit dem werksseitigen Material auf PVC-Basis verträgt.

- Beschädigten Bereich reinigen.
- Angerostete Stellen blank schleifen.
- Anschließend grundieren und den Unterbodenschutz auftragen.

Der Saison-Unterbodenschutz

Dies ist ein Wachs-Unterbodenschutz mit begrenzter Abriebfestigkeit. Er hält nur über einen Winter und muß dann erneuert werden. Für angerostete Bereiche ist dieses Material gut geeignet, denn es ist sehr haftfähig. Allerdings kann diese Methode eher zum Überbrücken empfohlen werden, etwa wenn im Winter schnell Rostschutz erforderlich wird.

Wasserabläufe reinigen
Wartung Nr. 33

Einmal jährlich sollten Sie prüfen, ob die Wasserabläufe an der Karosserieunterseite und in den Türböden verstopft sind. Kann salzhaltiges Wasser nicht aus den Hohlräumen abfließen, kommt es bald zu den ersten Durchrostungen.

Wagenunterseite regelmäßig waschen

Das Abspritzen des Fahrzeugbodens mit einem scharfen Wasserstrahl ist ein ganz guter Rostschutz, denn es wird der Bildung von »Drecknestern« in den Radläufen und am Fahrzeugboden entgegengewirkt. Derartige Dreckstellen trocknen selbst im Sommer nicht und bilden mit ihrer ständigen, evtl. sogar salzhaltigen Feuchtigkeit den besten Nährboden für Rost.

Die Hohlraumkonservierung

Ihr Mercedes ist werksseitig mit einer so guten Hohlraumkonservierung versehen worden, daß offensichtlich keine Nachbehandlung mehr nötig wird. Wir würden hier etwas Mißtrauen haben und die Hohlräume des Mercedes nach etwa 6 Jahren alle 2 Jahre in der Mercedes-Werkstatt oder in einem Karosseriebetrieb nachsehen lassen. Die Werkstätten benützen hierfür eine spezielle Betrachtungssonde, die in die Hohlräume geschoben wird. Nach solcher Voruntersuchung kann genau entschieden werden, was getan werden muß.

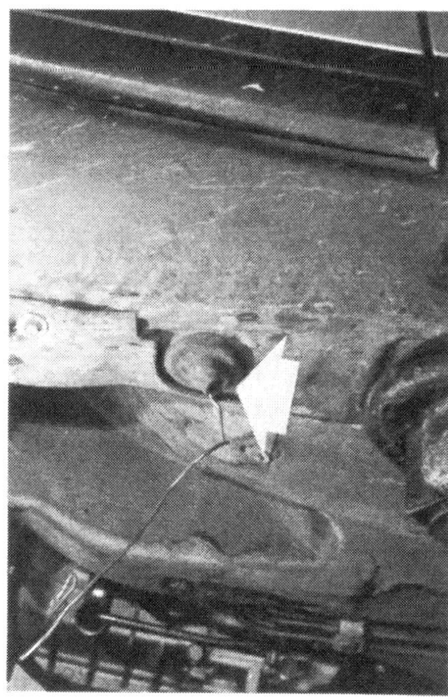
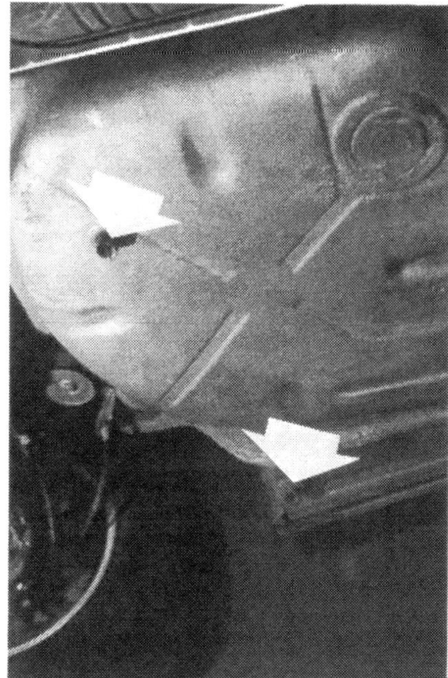
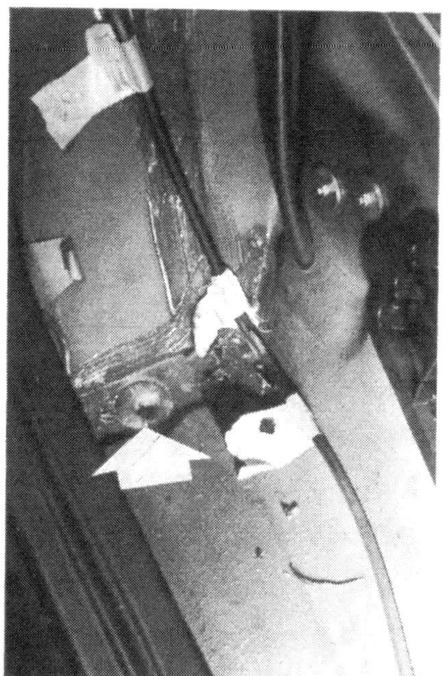

Wasserabläufe vorn am Schweller (links), in der Reserveradmulde (Mitte) und in den seitlichen Kofferraummulden (rechts). Weiterhin gibt es Wasserabläufe unter dem Tankdeckel, vorn am Schiebedach und am Lufteintritt.

Bei Wagen, an denen der Rost schon sehr kräftig zugebissen hat, lohnt sich eine Nachbehandlung nicht mehr. Das Weiterrosten können Sie aber etwas hinauszögern, indem Sie die Wasserablauflöcher in den Schwellern, Traversen und Türen mit einem feinen Schraubenzieher aufstochern oder die Gummi-Verschlußkappen abnehmen und anschließend die Hohlräume mit klarem Wasser aus dem Schlauch kräftig durchspülen, bis aller Rostschlamm herausgeschwemmt ist. Das klare Wasser ist weniger rostgefährdend als der nie trocken werdende Rostschlamm in den Hohlräumen!

Wer soll die Hohlraumbehandlung durchführen?

Die Hohlraumkonservierung kann man als Heimwerker auf gar keinen Fall selbst machen – alle derartigen Behauptungen verschiedener Spraydosen-Anbieter sind Unfug. Das kann nur die Fachwerkstatt mit entsprechend langen Sprühsonden und dem notwendigen hohen Arbeitsdruck. Dazu haben gut ausgestattete Fachbetriebe – wie schon gesagt – auch noch eine besondere Leucht- und Beobachtungssonde, mit der man in den Hohlräumen des Autos Roststellen auffinden kann.
Nach unseren Erfahrungen ist es ziemlich belanglos, welches Fabrikat zur Behandlung der Hohlräume verwendet wird – alle Markenfabrikate sind von guter Qualität. Entscheidend ist die Ausführung der Arbeit. Wer in Ihrer Gegend gut und preiswert arbeitet, müssen Sie allerdings selbst herausfinden.

TÜV, DEKRA und Hauptuntersuchung

Prüfungsangst

Die bekanntesten Sachverständigen-Organisationen, die »Hauptuntersuchungen nach § 29 der Straßenverkehrs-Zulassungsordnung« vornehmen dürfen, sind TÜV und DEKRA. Wem Sie den Vorzug geben, ist allein Ihnen überlassen. Sachlich bestehen keine Unterschiede in der Art der Prüfung und der Dauer der Plakettengültigkeit.
Wer seinen Mercedes ohnehin in der Werkstatt warten läßt, kann die Möglichkeit nutzen, daß an seinem Wagen beim nächsten Werkstattbesuch gleich die Hauptuntersuchung durchgeführt wird. TÜV oder DEKRA kommen in größere Werkstätten und prüfen die Fahrzeuge dort.

Fingerzeig: *Vor der Abnahme in der Werkstatt nimmt diese meist noch eine kostenpflichtige Durchsicht vor. Das kann bei einem älteren Fahrzeug möglicherweise umfangreiche Reparaturen nach sich ziehen. Daher sollten Sie bei einem betagteren Prüfkandidaten erst einmal selbst eine gründliche Bestandsaufnahme durchführen.*

Voranmeldung

Die TÜV-Stellen sind je nach Jahreszeit unterschiedlich ausgelastet. Besonders starker Andrang herrscht im Frühjahr und Frühsommer sowie vor Feiertagen und Schulferien. Dann müssen Sie ohne Voranmeldung stundenlange Wartezeiten in Kauf nehmen. Die telefonische Anmeldung lohnt sich, denn meist ist man nach 10 bis 20 Minuten fertig.

Prüfungen vor der Untersuchung

□ Brennen alle Glühlampen? Scheinwerferreflektoren angerostet?
□ Hupt es? Scheibenwischer und -wascher okay? Scheinwerfergläser, Heckleuchten-Abdeckung oder Rückspiegelgläser gesprungen?
□ Reifenprofil rundum am besten mindestens 2 mm? Stimmen Reifen- und Felgengröße mit den Angaben im Kfz-Schein überein?
□ Warndreieck und Verbandskasten vorhanden?
□ Fahrgestellnummer, Reifenbezeichnung und ABE-Prüfzeichen auf Anbauteilen gut lesbar?
□ Durchrostungen an Karosserie und Auspuffanlage?
□ Lenkung leichtgängig und nahezu spielfrei (max. zwei Fingerbreit Leerweg)?
□ Rütteln Sie an den Rädern. Spiel an Radlagern oder Traggelenken?
□ Starker Ölaustritt an Motor, Getriebe, Achsantrieb, Stoßdämpfern oder Dämpferbeinen?
□ Gummimanschette an den Antriebswellen oder an den Kugelgelenken der Querlenker schadhaft?
□ Bremsleitungen sauber und rostfrei? Genug Bremsflüssigkeit eingefüllt? Bremspedalweg normal lang? Bremsentest okay? Bremsbeläge ausreichend stark?
□ Wurden seit der letzten Hauptuntersuchung bauliche Veränderungen (z. B. Spoiler, breitere Reifen, Anhängerkupplung, Glasdach usw.) ohne ABE vorgenommen? Vorher beim TÜV anrufen, ggf. werden besondere Unterlagen, wie Mustergutachten oder Werks-Unbedenklichkeitsbescheinigung, erforderlich.
□ Alle Unterlagen dabei? Sie brauchen den Fahrzeugschein und bei einer Nachuntersuchung noch den ersten Prüfbericht. Wird das Fahrzeug mit einer roten Nummer vorgeführt, den Fahrzeugbrief und den Fahrzeugschein der roten Nummer mitnehmen.

Ölspuren entfernen

Mit einem Dampfstrahlgerät (oft gibt es sie zur Selbstbedienung an größeren Tankstellen) ist diese Arbeit schnell gemacht. Motor- und Fahrgestellnummer kommen bei dieser Gelegenheit auch unter der Dreckkruste zu Tage.

Wenn der Wagen vorbereitet wurde, braucht man bei der Prüfstelle nichts zu fürchten. Hat man zudem noch telefonisch einen Termin vereinbart, entfällt auch die lästige Warterei.

Der Prüfbericht

Nach vollendeter Überprüfung Ihres Wagens händigt Ihnen der Prüfer einen Bericht aus. War alles in Ordnung oder waren nur geringfügige Mängel zu verzeichnen, bekommen Sie auch eine neue Plakette auf das hintere Kennzeichen geklebt, und Sie haben dann für zwei Jahre Ruhe.

Ist dagegen eine Nachprüfung nötig, so muß diese innerhalb von zwei Monaten erfolgen, sonst verfällt der Prüfbericht. War auch die erste Nachprüfung erfolglos, so verlängert sich dadurch die Nachprüfungsfrist nicht, sondern es gelten nach wie vor zwei Monate Gesamtdauer. Sie gewinnen nichts, wenn Sie die Nachprüfung auf den letzten Tag legen; die Plakette trägt in jedem Fall den Monat der Erstuntersuchung.

Verschiedene Gutachten

Parallel zu den normalen Prüfungen bei TÜV und DEKRA gibt es noch weitere Gutachten für Sonderfälle – das Teilgutachten und das Vollgutachten. Hierbei gilt: In den alten Bundesländern ist diesbezüglich der TÜV zuständig, in den neuen Bundesländern der DEKRA. Auf jeden Fall telefonisch anmelden!

Teilgutachten

Umrüstungen am Fahrzeug sind in den meisten Fällen genehmigungspflichtig. Davon ausgenommen ist der Austausch des Motors, sofern Hubraum und Leistung der neuen Maschine gleich sind. Im Rahmen eines Teilgutachtens sind z. B. eine Anhängekupplung oder breitere Reifen abnahmepflichtig.

Vollgutachen

War das Fahrzeug länger als ein Jahr abgemeldet (mit Fristverlängerung 1½ Jahre) oder wenn es zum Verschrotten abgemeldet wurde, verfällt der Kfz-Brief. Zur Wiederzulassung muß ein Vollgutachten (nach § 21 StVZO) erstellt und anschließend ein neuer Brief ausgefertigt werden. Die Prüfung ist etwa doppelt so teuer wie die normale Hauptuntersuchung, aber nur geringfügig umfangreicher. Das Gutachten hat dann ein Jahr lang Gültigkeit. In dieser Zeit müssen Sie den Wagen zulassen, sonst verfällt die Prüfung. Auch beim Vollgutachten muß ein Ingenieur prüfen, deshalb auch hier voranmelden.

Termin überziehen?

Davon ist abzuraten, denn der Gesetzgeber verlangt, daß die Untersuchung in dem Monat zu erfolgen hat, den die Plakette senkrecht oben ausweist. Das früher übliche Überziehen um 2 Monate ist nicht mehr erlaubt. Bei einer Polizeikontrolle müssen Sie mit einem Verwarnungsgeld rechnen.

Teuer kann die Sache werden, wenn Sie mehr als 2 Monate überziehen: Dies kostet ein saftiges Bußgeld, der Versicherungsschutz erlischt und das Fahrzeug kann zwangsstillgelegt werden.

Den Prüfbericht einer erfolglosen Erstuntersuchung im Wagen mitführen, wenn Sie wegen der Nachuntersuchung den Termin überschreiten.

Störungsdienst

Bei unserer Fehlersuche gehen wir davon aus, daß der Motor mechanisch gesund ist. Es geht nur darum, den Grund zu finden, wenn der Motor nicht anspringt oder unvermittelt stehenbleibt. Systematisch müssen Sie nachfolgende drei Grundfragen der Reihe nach beantworten:

Reihenfolge der Fehlersuche

Dreht der Anlasser den Motor durch?
Tut er's nicht oder nur unwillig, lesen Sie bitte auf der folgenden Seite weiter unter »Fehlerquelle Elektrik«. Wird der Motor dagegen flott durchgedreht, müssen zur weiteren Eingrenzung die folgenden beiden Fragen der Reihe nach beantwortet werden.

Wird vorgeglüht?
Beim Einschalten der Zündung muß die Vorglühkontrolle aufleuchten und nach etwa 4–25 Sekunden wieder verlöschen.
Arbeitet die Kontrolle nicht so, liegt ein Fehler in der Vorglühanlage vor. Auf der rechten Seite unter »Fehlerquelle Vorglühanlage« weiterlesen.

Wird Kraftstoff gefördert?
Eine der Einspritzleitungen an ihrer Einspritzdüse etwas lösen. Während der Anlasser dreht, muß Kraftstoff kommen. Kommt kein Kraftstoff, rechts unter »Fehlerquelle Kraftstoffversorgung« weiterlesen.

Fehlerquelle Elektrik

Dreht der Anlasser nicht, richten wir unser Augenmerk auf die Kontrolleuchten am Armaturenbrett. Die verraten uns einiges über den möglichen Defekt.
□ Kontrollampen verlöschen beim Schlüsseldreh in Startstellung: Die Batterie ist entladen oder altersschwach (Seite 190), Anlasser- oder Batteriekabel lose, Anlasser hat möglicherweise Kurzschluß.
□ Kontrollampen bleiben in Startstellung hell: Violett/weißes Kabel am Magnetschalter abgefallen, bei Automatik-Getriebe Startsperrschalter defekt oder Wählhebel nicht in Stellung P oder N (Seite 123), Magnetschalter defekt, Anlasser defekt oder Kohlebürsten abgenutzt (Seite 200), oder aber der Start-Kontakt im Zündschloß ist defekt (Seite 219).
□ Kontrollampen brennen gar nicht: Batterie völlig leer, Hauptkabel am Anlasser oder an Batterieklemmen lose.

Fehlerquelle Vorglühanlage

Folgende Ursachen kommen in Betracht:
□ 80-Ampere-Sicherung (Seite 109) im Vorglühzeitrelais durchgebrannt.
□ Eine oder mehrere Glühkerzen defekt (Seite 110): Zündung ca. 30 Sekunden einschalten, dann den Anlasser drehen lassen. Bei nur einer defekten Glühkerze wird der Motor trotzdem anspringen.
□ Vorglühzeitrelais defekt oder dessen Spannungsversorgung unterbrochen: Mit einer Prüflampe prüfen (Seite 109).
□ Vorglüh-Kontrollämpchen durchgebrannt: Zündung für 30 Sekunden einschalten, dann starten.
□ Totalausfall der Vorglühanlage: Fahrzeug anschleppen lassen (Seite 192). Dann den Motor auf der Weiterfahrt nicht mehr oder nur noch kurz abstellen.

Fehlerquelle Kraftstoffversorgung

Im einzelnen folgende Sachverhalte überdenken:
□ Kraftstoff im Tank?
□ Im Winter: Noch »Sommerdiesel« im Tank oder deutlich kälter als –15 °C (Seite 79)? Kraftstoffvorwärmung gestört (Seite 89)?
□ Kraftstoffilter verstopft (Seite 87, 88)?
□ Unterdruckgesteuerte Motorabstellung gestört (Seite 102)?
□ Einspritzanlage defekt (Seite 105)?
□ Keine Kraftstoffentzündung wegen mangelhafter Kompression (Seite 55)?
□ Kommt an den Einspritzdüsen kein Kraftstoff an, obwohl an der Kraftstoffrücklaufleitung Kraftstoff vorhanden ist (Abb. S. 88), kann die Einspritzpumpe bzw. ihr Regler schuld sein.

Verzeichnis der Störungsbeistände

Schleppen und Abschleppen

Zugzwang

Beim Abschleppen, beim Geschlepptwerden und beim Fahren mit Anhänger sollten Sie einige Dinge beachten.

Schleppstange

Zum Abschleppen ist eine Schleppstange die sicherste Lösung. Denn wenn der Motor nicht läuft, arbeitet auch die Servounterstützung der Bremse nicht. Sie müssen dann sehr stark auf das Bremspedal treten, um die übliche Bremsverzögerung zu erreichen. Falls Sie beim Abschleppen mit Seil zu schwach oder einen Sekundenbruchteil zu spät auf das Bremspedal treten, kann der Abstand zum Schleppwagen schon gefährlich kurz sein. Mit der Schleppstange ist es unproblematisch, da muß allenfalls der Vorausfahrende Ihren Wagen zusätzlich mitbremsen. Achten Sie jedoch darauf, daß die Schleppstange nicht zur Seite wegknickt.

Fingerzeige: *Obwohl viele Schleppstangen auf den ersten Blick fast gleich aussehen, gibt es bezüglich der Brauchbarkeit Unterschiede. Mit der Schleppstange »Nr. Sicher« (Vertrieb über den Autozubehörhandel) haben wir sehr gute Erfahrungen gemacht. Ihre Haken lassen sich so einstellen, daß es beim Gaswechsel keinerlei Rucke in den Schleppösen gibt. Außerdem paßt sie an die Anhängerkupplung. Vorn den Haken der Schleppstange immer von der Fahrzeugmitte aus in die Öse einhängen. So hat die Schleppstange mehr Spielraum, und die Bugschürze wird nicht beschädigt.*
Fahrzeuge mit Automatik-Getriebe dürfen nicht unbesorgt abgeschleppt werden (Seite 121).

Das Abschleppseil

Perlonseile dehnen sich beim Abschleppen und verhüten so am besten, daß beim Anrucken an den beiden Fahrzeugen etwas verbogen wird. Dafür sind Perlonseile hitze- und scheuerempfindlich; wenn sie an den heißen Auspuff kommen oder an einer Karosserie- oder Stoßstangenkante schaben, sind sie schnell hin. Ein Perlonseil braucht deshalb unbedingt verschiebbare Manschetten zum Schutz vor Auspuffwärme und Kanten. Hanfseile sind besonders preiswert, aber dick und unelastisch. Stahlseile sind bei der Handhabung ziemlich störrisch und wenig nachgiebig. Wollen Sie ein derartiges Seil kaufen, dann nur mit »Ruckdämpfer« (ein Gummistück oder eine Stahlfeder bildet aus der Seilmitte eine dehnfähige Schlinge).

Im Schlepptau

Beim Abschleppen mit einem Seil besteht der wichtigste Punkt darin, daß das Schleppseil möglichst immer straff gespannt bleibt. Abrupte Reaktionen unbedingt vermeiden; dann bleibt auch das Rucken aus, das beim Anfahren oder Schalten die Gefahr bringt, daß das Seil reißt. Der Fahrer des Abschleppwagens muß viel mit der Kupplung arbeiten, um die Übergänge beim Anfahren und Schalten weich zu gestalten. Im geschleppten Wagen bleibt die Fußspitze des Fahrers stets in geringem Abstand über – nicht auf – dem Bremspedal. Er muß die Verkehrssituation vor seinem Zugwagen beobachten und beinahe vorausahnen, denn er muß eher bremsen als sein Helfer vorn, ihn also praktisch mitbremsen, damit das Seil immer straff bleibt. Vereinbaren Sie vor der Schleppfahrt einige Zeichen der Verständigung untereinander und vergessen Sie nicht, die Warnblinkanlage einzuschalten, denn das ist laut StVO Vorschrift. Zündung einschalten, damit die Bremslichter funktionieren.

Abschleppen nach Gesetz

Werfen wir kurz einen Blick auf die rechtliche Seite der Schlepperei. Nach den Gesetzen ist das Abschleppen eine Notmaßnahme. Es darf nur dazu dienen, den aus eigener Kraft nicht fahrfähigen Wagen in die nächste zumutbare Werkstatt oder an seinen nahegelegenen Heimatort zu bringen. Die Autobahn ist an der nächsten Ausfahrt zu verlassen. Für den Fahrer

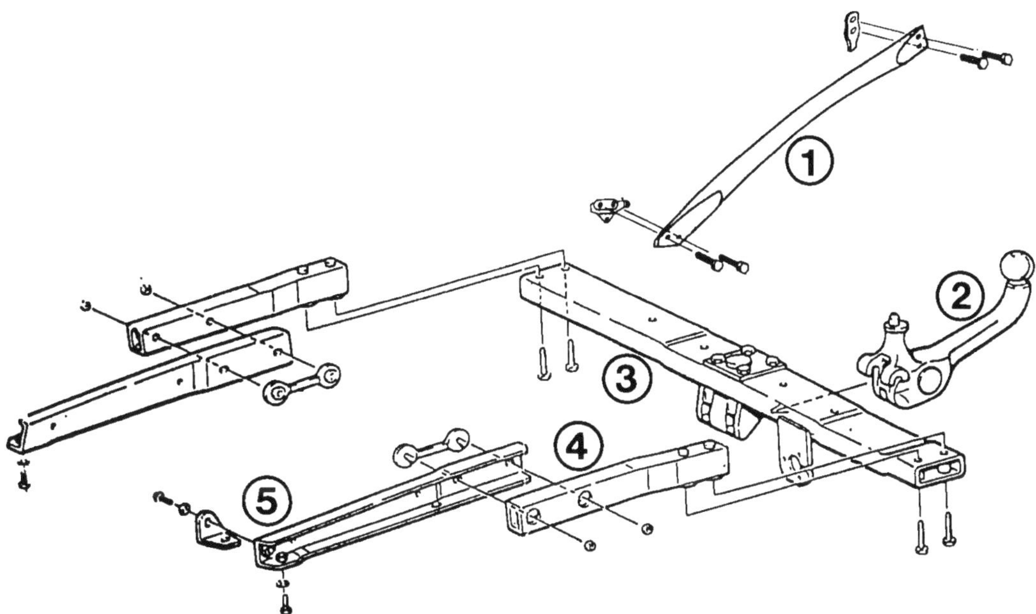

Eine umfangreiche Arbeit ist das Nachrüsten einer Anhängerkupplung, da diese aus mehreren Teilen besteht und sämtliche Schraubenlöcher gebohrt werden müssen. Es bedeuten: 1 – Kofferraumabstützung; 2 – abnehmbarer oder starrer Kugelhals; 3 – Querträger; 4 – Versteifungsträger; 5 – Versteifungswinkel.

des abschleppenden Wagens genügt der Führerschein Klasse 3, und vom Lenker im gezogenen Auto wird gar kein Führerschein verlangt (er muß aber lenken und bremsen können). Wird allerdings ein Wagen mit leerer Batterie angeschleppt, braucht dessen Lenker den Führerschein. Die Versicherung des Abschleppenden kommt für Schäden auf, die während der Schleppfahrt entstehen, sofern dem Lenker des abgeschleppten Autos nicht schuldhaftes Verhalten nachgewiesen werden kann. Das Anhängsel muß daher noch in verkehrssicherem Zustand sein und sein Fahrer damit umgehen können. Soll ein Fahrzeug weiter als bis zur nächsten Werkstatt geschleppt werden, muß man sich bei der Zulassungsstelle eine Schleppgenehmigung erteilen lassen, wozu man einige Auflagen erfüllen muß.

Die Anhängerkupplung

Das Nachrüsten einer Anhängerkupplung ist eine ungewöhnlich umfangreiche Arbeit, denn werksseitig ist für den Einbau nichts vorbereitet. So müssen verschiedene Löcher gebohrt und zusätzliche Versteifungen eingeschraubt werden.
Besondere Aufmerksamkeit verlangt die Fahrzeugelektrik. Man darf die elektrischen Anschlüsse nicht mehr an einem Rücklicht anschließen, weil dadurch das Glühlampenkontrollgerät überlastet und zerstört wird. Die Anschlüsse müssen vor dem Kontrollgerät aus dem Motorraum hergeleitet werden. Außerdem ist für das Anhängerblinklicht ein zusätzliches Relais erforderlich. Bei der Bewältigung der elektrischen Probleme hilft ein vorbereiteter Elektrosatz ganz wesentlich, und trotz des beachtlichen Preises ist seine Anschaffung unbedingt anzuraten. Wir meinen, daß der nachträgliche Einbau einer Anhängerkupplung nur vom fortgeschrittenen Heimwerker bewerkstelligt werden kann. Eine ausführliche Einbauanweisung, wie sie z. B. die Fa. ORIS mitliefert, hilft hierbei. Nach dem Einbau ist die Einbauanweisung den Fahrzeugpapieren beizulegen.

Abnahme und Eintrag

Bevor die Zulassungsstelle die Anhängerkupplung in die Fahrzeugpapiere einträgt, muß der Anbau vom TÜV oder DEKRA überprüft werden. Die Einbauanweisung der Anhängerkupplung muß zur Überprüfung mitgebracht werden. Überprüft wird der feste Sitz aller Schrauben, der normgerechte Anschluß der Steckdose und ob das Schild für die zulässige Stützlast angebracht ist. Das Typenschild der Anhängerkupplung muß lesbar sein.
Wer eine gebrauchte Anhängerkupplung einbauen will, an der Typenschild oder Einbauanweisung fehlen bzw. unleserlich sind, muß sich beim Hersteller darum bemühen. Hier einige Adressen: Fa. ORIS, Im Bornrain 2, 71696 Möglingen (Werkslieferant); Fa. PEKA, Rheinstraße 116, 76185 Karlsruhe; Fa. Westfalia Werke KG, 33378 Rheda-Wiedenbrück.

Fingerzeige: *Oftmals sind Anhängerkupplungen für eine größere Anhängelast geprüft, als die jeweiligen Fahrzeugpapiere erlauben. Hier ist das als Höchstgrenze verbindlich, was in den Fahrzeugpapieren steht. Sie haben jedoch die Möglichkeit, beim Kundendienst von Daimler-Benz anzufragen, ob bei Ihrem Modell eine Erhöhung der Anhängelast möglich ist* *und eine entsprechende Bescheinigung ausgestellt werden kann. Dann bekommt man bei der Zulassungsstelle die erhöhte Anhängelast in die Papiere eingetragen, nachdem der TÜV den Anbau begutachtet hat.*

Fahren mit Anhänger

Wegen des vorteilhaften Heckantriebs und den sparsamen Motoren wird der Mercedes als Zugfahrzeug sehr geschätzt, zumal wenn zusätzlich ABS, ASD oder gar die 4MATIC eingebaut sind. Um das gefährliche Schlingern des Gespannes zu vermeiden, folgende Punkte beachten:

□ Anhänger so beladen, daß der Schwerpunkt möglichst tief und nahe der Anhängerachse liegt.

□ Je schwerer der Anhänger und je höher die Geschwindigkeit, um so größer ist die Neigung zum Schlingern.

□ Beim Beladen des Anhängers die maximale Stützlast von 75 kg anstreben (mit Personenwaage prüfen). Auch den Kofferraum etwas beladen (z. B. 40 kg), selbst wenn sich dabei das Fahrzeugheck ungewohnt tief absenkt. Leuchtweite der Scheinwerfer einstellen.

□ Das Schlingern des Gespannes kann sehr plötzlich z. B. durch einen Windstoß, eine Unebenheit oder eine ungünstige Lenkbewegung ausgelöst werden. Beim Schlingern sofort den Fuß vom Gaspedal nehmen und nicht Gegenlenken. Beruhigt sich das Gespann nicht, beherzt auf die Bremse treten.

□ Fahren Sie viel mit schwerem Anhänger, sollte ein Stabilisierungsgerät (z. B. Orismat 2000) eingebaut werden. Solche Stabilisierungsgeräte bringen erhebliche Sicherheitsreserven.

□ Auch ein aerodynamisch günstiger Anhänger mit hoher Seitenwindstabilität und mit langer Deichsel wirkt dem Schlingern entgegen.

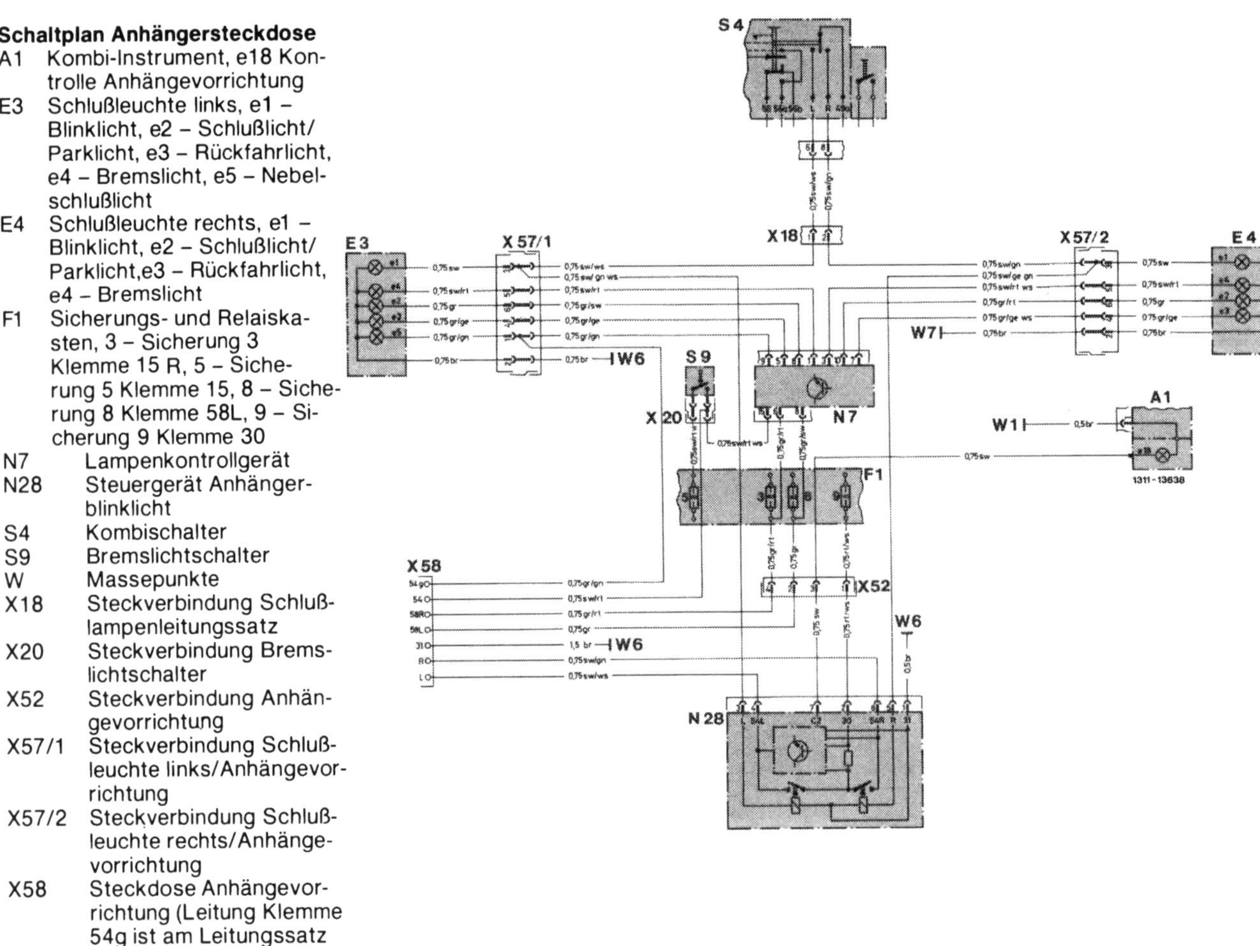

Schaltplan Anhängersteckdose

A1 Kombi-Instrument, e18 Kontrolle Anhängevorrichtung
E3 Schlußleuchte links, e1 – Blinklicht, e2 – Schlußlicht/Parklicht, e3 – Rückfahrlicht, e4 – Bremslicht, e5 – Nebelschlußlicht
E4 Schlußleuchte rechts, e1 – Blinklicht, e2 – Schlußlicht/Parklicht, e3 – Rückfahrlicht, e4 – Bremslicht
F1 Sicherungs- und Relaiskasten, 3 – Sicherung 3 Klemme 15 R, 5 – Sicherung 5 Klemme 15, 8 – Sicherung 8 Klemme 58L, 9 – Sicherung 9 Klemme 30
N7 Lampenkontrollgerät
N28 Steuergerät Anhängerblinklicht
S4 Kombischalter
S9 Bremslichtschalter
W Massepunkte
X18 Steckverbindung Schlußlampenleitungssatz
X20 Steckverbindung Bremslichtschalter
X52 Steckverbindung Anhängevorrichtung
X57/1 Steckverbindung Schlußleuchte links/Anhängevorrichtung
X57/2 Steckverbindung Schlußleuchte rechts/Anhängevorrichtung
X58 Steckdose Anhängevorrichtung (Leitung Klemme 54g ist am Leitungssatz zurückgebunden)

Der Tag X

Mercedes-Benz hat schon immer nicht nur Maßstäbe in Komfort und Technik gesetzt, sondern vor allem auch in der Sicherheit. Vielleicht war dies auch bei Ihnen der besondere Anreiz sich für den Kauf eines Mercedes zu entscheiden.

Grundlage

Hintergrund dieser Unfallsicherheit bei Mercedes sind die hauseigenen Ansprüche, denen jeder Fahrzeugtyp entsprechen muß. Der Sicherheits-Maßstab ist im Gegensatz zu üblichen Prüfverfahren das reale Unfallgeschehen, das seit vielen Jahren systematisch untersucht wird. Daraus ergab sich, daß die mit Abstand häufigste Unfallart der versetzte Frontalaufprall (»Offset-Crash«) mit nur teilweiser Überdeckung (30 – 50 Prozent) der Fahrzeugfronten ist. Ein Unfalltyp, wie er im Gegenverkehr in der Regel vorkommt und ganz extreme Belastungen der Fahrzeugstruktur mit sich bringt. Er wird aber von keiner gesetzlichen Norm erfaßt, ist also nicht Bestandteil der normalen Crash-Tests. Dazu sollte man wissen, daß die 55 km/h auf ein starres Hindernis, mit denen die härtesten Tests gefahren werden, bei einem Straßenverkehrsunfall mit gleich schweren Fahrzeugen einer relativen Aufprallgeschwindigkeit von 120 – 140 km/h von zwei Unfallfahrzeugen entsprechen.

Der Überlebensraum

Aus diesen Untersuchungen ergab sich für die Fahrzeugstruktur u.a. das Prinzip der Kraftverteilung, damit bei Verformungen auch Teile des Wagens Energie aufnehmen, die nicht direkt vom Aufprall betroffen sind. Vor allem aber muß die Fahrgastzelle besonders gestaltfest sein, da ohne Sicherung des Überlebensraumes andere Sicherheitseinrichtungen (Rückhaltesysteme etc.) nicht viel ausrichten können.
Aus den zahllosen aufeinander abgestimmten Details, die letztlich das hohe Sicherheits-Niveau ausmachen, lassen sich einige bestimmende herausgreifen:

- Der *zugfeste und biegesteife vordere Querträger* legt sich beim Offset-Crash an den Motor an. Dadurch entsteht eine Zugverbindung zum Längsträger auf der stoßabgewandten Seite, die damit Energie aufnimmt. Ebenso trägt der Motor durch Verschiebung zur Energieaufnahme bei.
- Die *längsversickten vorderen Längsträger aus höherfestem Blech* bieten trotz geringeren Gewichts höhere Festigkeit und Energieaufnahme.
- Das *Gabelträgerkonzept* verbindet die vorderen Längsträger mit den besonders belastbaren Teilen der Fahrgastzelle und dem sehr formstabilen Kardantunnel.
- Der *Querträger unter der Windschutzscheibe und der Armaturenanlage* stabilisiert die Fahrgastzelle, verhindert das Eindringen von Aggregaten und bietet eine sichere Befestigung für das Mantelrohr der Lenkung, die auch bei schweren Unfällen nur wenig in den Innenraum eindringt.
- Der *gestaltfeste Seitenwandverband* sichert den Überlebensraum und gewährleistet zusammen mit den *drucksteifen Türen* und den außerordentlich *zugfesten Keilzapfentürschlössern* das nach einem schweren Unfall u. U. lebenswichtige problemlose Öffnen der Türen.
- Heizungs- und Gebläsegehäuse sind in Dünnwandtechnik hergestellt und mit Sollbruchstellen versehen. Im Fall einer Motorrückverschiebung durch eine schwere Frontalkollision sorgt ein stabiles Querrohr, das zwischen Heizungskasten und Fahrgastraum angeordnet ist, für den zur Deformation der Gehäuse erforderlichen Widerstand. Ein Eindringen des Heizungsgehäuses in den Fahrgastraum wird damit verhindert.
- Die zweiteilig aufgebaute Armaturenanlage ist im Bereich Knie/Unterschenkel gepolstert und energieabsorbierend ausgeführt. Die Oberschenkelkräfte, insbesondere aber Knieverletzungen, werden bei schweren Frontalkollisionen reduziert.

□ Im Fußraum des Fahrers senkt ein Hartschaumelement die Stoßbelastung der unteren Extremitäten im Fall schwerer Frontalkollisionen.
□ Im Hinblick auf Seitenkollisionen ist insbesondere für die Entschärfung der Türarmlehne gesorgt. Ihr Kunststoffträger ist weich umschäumt und über nachgiebige Deformationselemente (Pralltopf) ebenfalls aus Kunststoff am Türinnenblech abgestützt.

Kein »Cockpit«

Beim Insassenschutz spielt selbstverständlich auch die energieabsorbierende Gestaltung des Innenraums eine Rolle, wobei dem Verzicht auf jegliche Art von scharfen Kanten oder exponierten Stellen eine wichtige Rolle zukommt. Aus diesem Grund verzichtet Daimler beispielsweise auf eine optisch fahrerorientierte Instrumententafel mit »Cockpit-Charakter«. Wie beispielhafte Modellrechnungen und Computer-Simulationen zeigen, kann der Beifahrer bei einem schweren, linksseitigen Frontalaufprall durch Kopfkontakt mit der vorspringenden Kante der gebräuchlichen »Cockpits« schwerste Verletzungen davontragen. Selbst mit weiterer Optimierung der Gurtgeometrie und den Gurtstraffern läßt sich diese Sicherheit für den Beifahrer ausschließlich mit der konventionellen Kontur der Instrumententafel erreichen. Im Mercedes ist die Kontur des rechten Bereichs der Instrumententafel noch zusätzlich vom Beifahrer weggezogen.

Gurtstraffer und Airbag

Der Mercedes ist weltweit der einzige Wagen, der serienmäßig über Gurtstraffer verfügt. Sie beseitigen die »Gurtlose«, die durch nachlässiges Anlegen des Gurtes oder dickere Bekleidung entsteht, durch automatisches Straffen bei einem Frontalaufprall. Dadurch setzt die Rückhaltewirkung der Gurte früher ein. Die Insassen werden bereits frühzeitig mit der Verformung der Knautschzone des Fahrzeugs verzögert und sind somit wesentlich niedrigeren Belastungen ausgesetzt. Die sichere und schnelle Funktion (im Millisekundenbereich) der Gurtstraffer gewährleistet das elektronische Auslösegerät und die pyrotechnische Aktivierung. Sie sind mechanischen Lösungen eindeutig überlegen.
Der auf Wunsch zusätzlich zu den Gurtstraffern erhältliche Lenkrad-Airbag für den Fahrer hat sich als probates Mittel zur weiteren Minderung des Risikos von Kopf- und Brustverletzungen bei frontalen Zusammenstößen längst bewährt. Das ergaben zahlreiche Unfälle, die von der Daimler-Benz-Unfallforschung analysiert wurden. Der Fahrer-Airbag wurde weltweit bis Ende 1988 mehr als 400 000 Mal verkauft.

Lenkung

Um bei einem Frontalaufprall ein Verschieben des Lenkrades zum Fahrer hin weitgehend zu vermeiden, ist
□ das Lenkgetriebe hinter der Radmitte am steifen Rahmenlängsträger angeordnet
□ die Sicherheitslenksäule im unteren Teil als Wellrohr ausgebildet und in weiten Grenzen verformbar
□ das Lenkrad schüsselförmig ausgebildet und mit einem Pralltopf und einem zusätzlichen Prallgitter versehen.
□ Außerdem begrenzen die Befestigungen des Mantelrohres – hinter der Stirnwand eine Abstützung, im Fahrgastraum ein Querträger, der mit den vorderen Türsäulen verbunden ist – eine Rückverschiebung und ein Aufrichten des Lenkrades bei einem Unfall.

Fußhebelwerk

Die Pedale des Fußhebelwerkes sind hängend angeordnet. Leichtmetall wird für den Lagerbock verwendet. Kupplungs- und Bremspedal sind in einem deformationsfähigen Lagertopf befestigt, der bei größerer Vorbaudeformation eine Schwenkbewegung der Pedale nach vorn zur Stirnwand bewirkt. Dadurch wird bei einem Unfall die Gefahr von Beinverletzungen verringert.

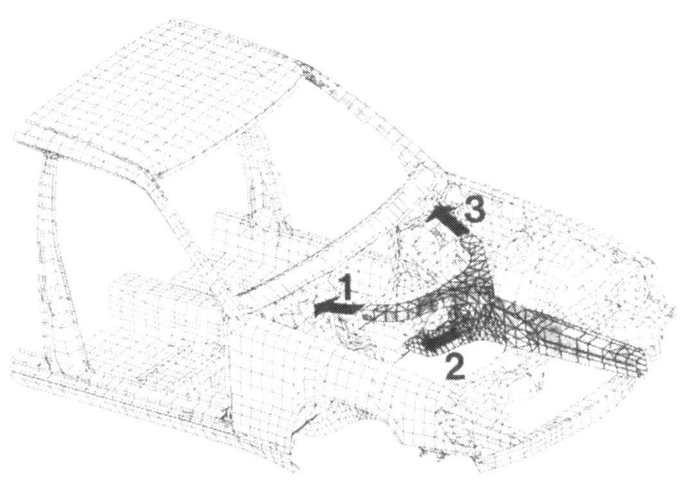

Ein wesentliches Prinzip der definierten Kraftverteilung sind die **Gabelträger.** Sie verteilen die einseitig eingeleitete Aufprallenergie gleichzeitig auf die in Längsrichtung tragenden Komponenten der Fahrgastzelle, nämlich Tunnel (1), Boden (2) und Seitenwand (3). Darüber hinaus wird auch die stoßabgewandte Seite durch zugfeste Querverbindungen zur Energieaufnahme herangezogen.

Ein Gegenverkehrsunfall bei 55 km/h mit zum Fahrer versetztem Aufprall. Beim Mercedes bleibt der Überlebensraum erhalten und die Türen lassen sich leicht öffnen.

Der gleiche Gegenverkehrsunfall bei 55 km/h mit einem Fahrzeug mit schlechter »Vorbereitung«: Der Überlebensraum ist stark deformiert, die Pedale sind am Vordersitz.

Motoren mit Vierventil-Technik ab Juli '93

Weltpremiere

Erstmals werden Motoren mit Vierventil-Technik in Diesel-Fahrzeuge eingebaut. Die Motorraumbilder auf diesen Seiten (oben: E 250 Diesel, gegenüberliegende Seite: E 300 Diesel) nennen nur die Teile, welche von der Motorraum-Abbildung auf Seite 26 abweichen.
Es bedeuten: 1 – Prüfkupplung für Diagnose; 2 – wartungsfreie Batterie; 3 – Luftquerrohr;

4 – Saugrohr; 5 – Zylinderkopfhaube mit Abdeckung; 6 – beheizter Scheibenwaschwasserbehälter; 7 – Kraftstoffilter mit Stopschraube; 8 – Vorfilter; 9 – Gestänge; 10 – Unterdruckdose für Drucksteuerklappe; 11 – Abgasrückführventil; 12 – Klappengehäuse; 13 – Luftschlauch; 14 – Luftfiltergehäuse.

Die Vorteile des Vierventiler-Prinzips liegen auf der Hand: Im kreisrunden Zylinder lassen sich zwei Ventilkreise nicht beliebig vergrößern. Bald stoßen sie aneinander, während rechts und links ungenutzter Raum bleibt. Vier kleine Kreise kann man dagegen vergleichsweise elegant unterbringen und erreicht dadurch einen insgesamt größeren Öffnungsquerschnitt. In der Mitte zwischen den Ventilen ist noch genügend Platz für die Neun-Loch-Vorkammer.

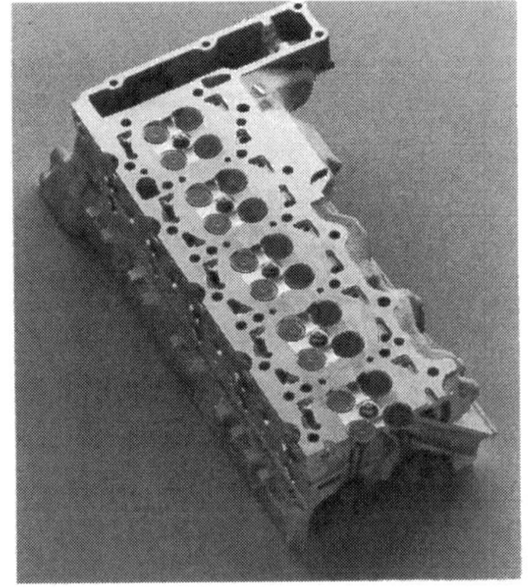

Vierventil-Technik im Dieselmotor

Mit einer neuen Dieselmotoren-Generation führt Mercedes-Benz als erster Automobilhersteller die Vierventil-Technik bei Diesel-Personenwagen ein. Die neue Technik verknüpft eine Reihe von Vorteilen miteinander: bis zu 30 Prozent weniger Partikelausstoß und bis zu acht Prozent geringerer Vollastverbrauch bei einem gleichzeitig um bis zu 20 Prozent verbesserten Leistungs- und Drehmomentangebot in allen Drehzahlbereichen. Dazu kommt ein deutlich erweitertes nutzbares Drehzahlband. Erkennbar sind die neuen Vierventiler E 250 Diesel und E 300 Diesel an den »Kiemen« im rechten Kotflügel, die bisher den Turbodieseln vorbehalten waren. Alle Diesel sind serienmäßig mit Abgasrückführung und Oxidations-Katalysator ausgerüstet (Beschreibung siehe Kapitel »Typ-Entwicklung«) und unterbieten deutlich den äußerst strengen Partikelgrenzwert von 0,08 g/km.

Weshalb 4 Ventile?

Die Vorzüge der Vierventil-Technik liegen grundsätzlich in der besseren »Beatmung« des Motors. Durch den vergrößerten Einlaßquerschnitt gelangt bei jedem Ansaugtakt mehr Luft in den Brennraum, und auch der Abtransport der Verbrennungsgase geschieht zügiger. Infolge des um 41 Prozent vergrößerten gemeinsamen Öffnungsquerschnitts steigt der Gasdurchsatz – so der Fachausdruck für beide Vorgänge – um bis zu zehn Prozent. Folge: Die Verbrennung wird gründlicher, sprich sauberer bei gleichzeitig gesteigertem Drehmoment.

Zu diesem prinzipiellen Vierventil-Vorteil, der für Otto- und Dieselmotoren gleichermaßen gilt, kommt bei den neuen Mercedes-Dieseln ein weiterer hinzu: Das Mercedes-Benz Vorkammerverfahren und die Vierventil-Technik ergänzen sich auf ideale Weise. Durch die Kombination beider Techniken ist eine zentrale Position der neuen »Neun-Loch-Vorkammer« im Brennraum möglich. Durch diese Symmetrie im Brennraum ergeben sich erhebliche Vorteile beim Verbrennungsablauf, was im Ergebnis Schadstoffemission, Verbrauch und Drehmoment nachhaltig verbessert. Die zur Senkung der Partikelemissionen eingeführte Schrägeinspritzung (»D '89«) wurde auf die neuen Vierventiler adaptiert.

In Verbindung mit der bereits 1988 eingeführten Abgasrückführung und dem Oxidations-Katalysator konnte ein wesentliches Ziel bei der Entwicklung der Mercedes-Vierventil-Diesel

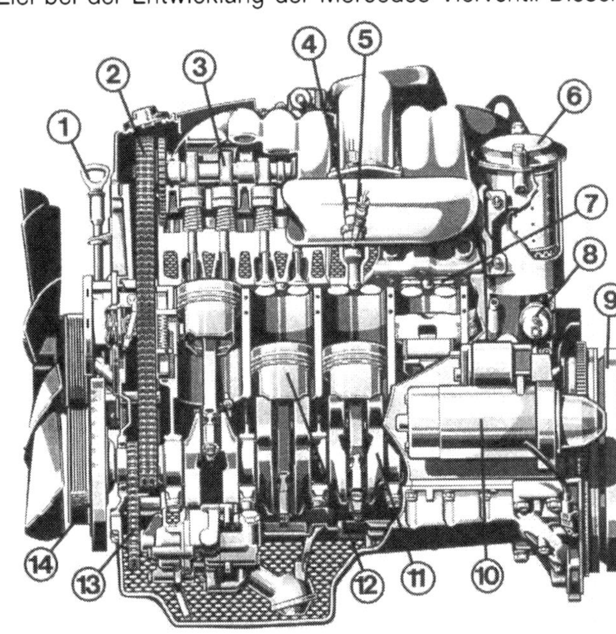

Der Fünfzylindermotor mit Vierventil-Technik im Seitenschnitt: 1 – Ölmeßstab; 2 – Steuerkette; 3 – Nockenwelle; 4 – Einspritzdüse; 5 – Glühkerze; 6 – Ölfilter; 7 – Brennraum mit vier Ventilen; 8 – Öldruckgeber; 9 – Schwungscheibe; 10 – Anlasser; 11 – Kurbelwelle; 12 – Kolben; 13 – Antriebskette der Ölpumpe; 14 – Kurbelwellenriemenscheibe.

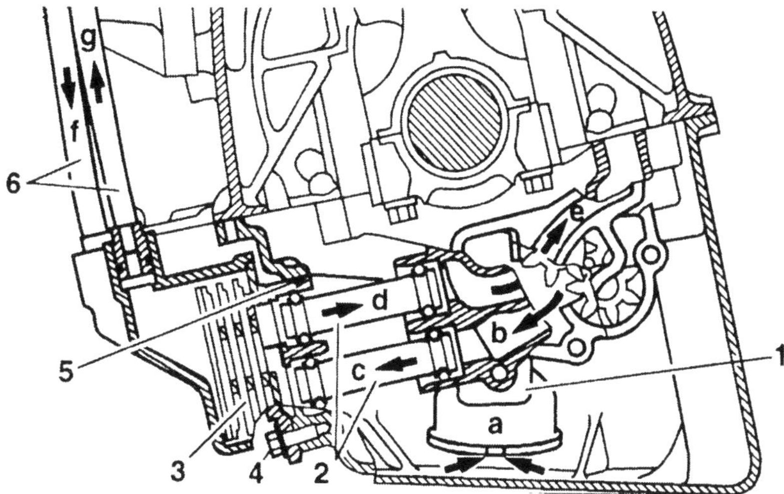

Schnitt durch die Ölwanne mit Ölkühler: 1 – Ölpumpe; 2 – Verbindungsrohre mit O-Ringen; 3 – Öl/Kühlmittel-Wärmetauscher; 4 – Schraube; 5 – O-Ring; 6 – Verbindungsrohre. Die Pfeile bedeuten: a – von der Ölwanne zur Ölpumpe; b – von der Ölpumpe; c – zum Öl/Kühlmittel-Wärmetauscher; d – zurück zur Ölpumpe; e – zum Ölfilter; f – Kühlmittel von der Wasserpumpe; g – Kühlmittel vom Öl/Kühlmittel-Wärmetauscher.

erreicht werden: noch einmal bis zu 30 Prozent weniger Partikel, die gasförmigen Schadstoffe im Abgas liegen um bis zu 20 Prozent unter den bisherigen Bestwerten.

Aufbau des Motors

Gegenüber den bisherigen Motoren mit zwei Ventilen pro Zylinder sind an den Triebwerken mit Vierventil-Technik folgende Teile verändert: Zylinderblock, Ölwanne, Zylinderkopf, Zylinderkopfhaube/Motorentlüftung, Kurbelwelle, Zweimassen-Schwungscheibe, Pleuel, Kolben, Steuerkettenantrieb, Ventilsteuerung, Ventile, Nockenwellengehäuse, Nockenwellen, Ölversorgung der Motorsteuerungsteile im Zylinderkopf, Ölkreislauf, Kühlmittelkreislauf, Lüfter, Visko-Lüfterkupplung, Wasserpumpe und Motorlager.

□ Zylinderblock: Die Kühlschlitze zwischen den Zylindern sind entfallen. Sie wurden durch

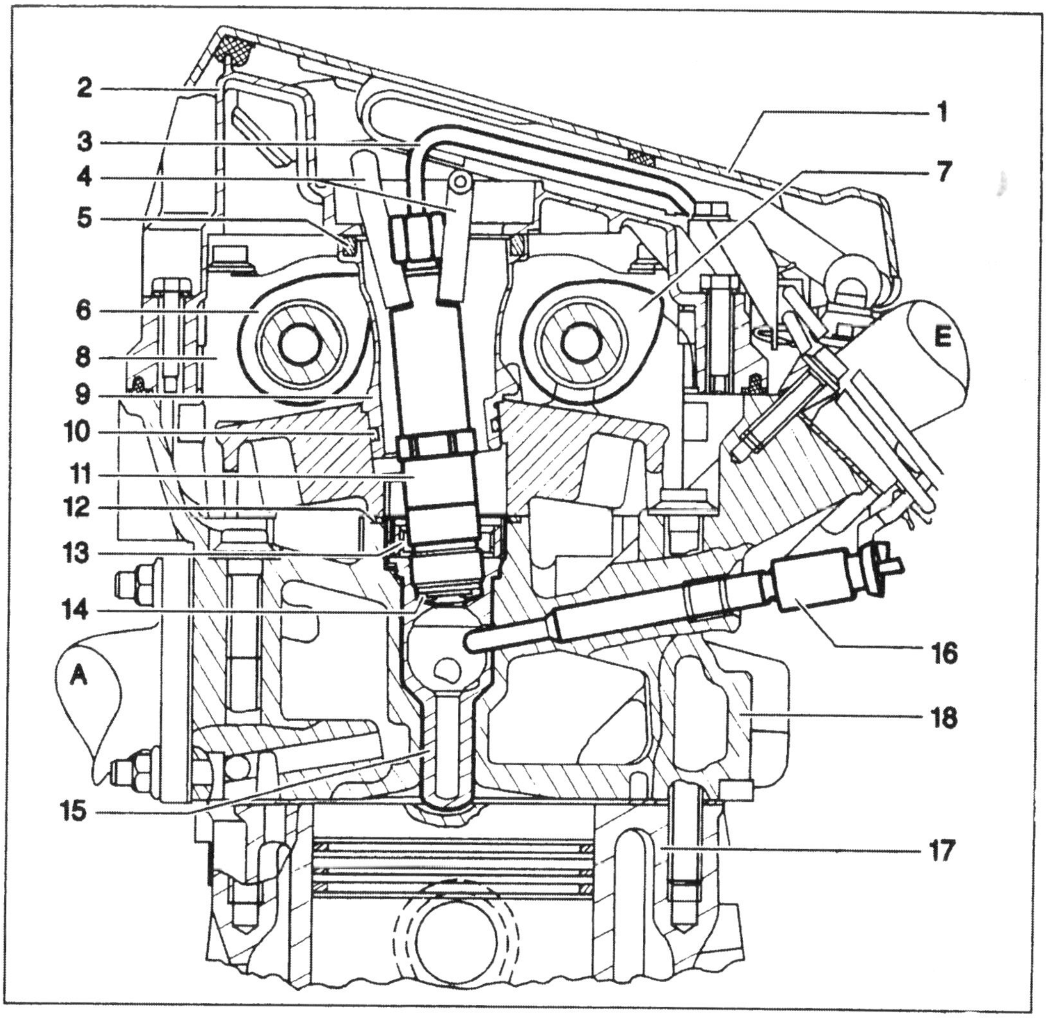

In dieser Schnittzeichnung am Zylinderkopf sind gezeigt: 1 – Abdeckung der Zylinderkopfhaube; 2 – Zylinderkopfhaube; 3 – Einspritzleitung; 4 – Lecköl-leitungen; 5 – O-Ring; 6 – Auslaß-Nockenwelle; 7 – Einlaß-Nockenwelle; 8 – Nockenwellengehäuse mit Lagerdeckel; 9 – Buchse der Schachtabdeckung; 10 – O-Ring; 11 – Düsenhalter; 12 – O-Ring der Nockenwellengehäuse-Abdichtung; 13 – Gewindering; 14 – Düsenplättchen; 15 – Vorkammer; 16 – Stabglühkerze; 17 – Motorblock; 18 – Zylinderkopf; A – Auslaßkanal; E – Einlaßkanal.

Die Zeichnung zeigt die Grundeinstellung der beiden Nockenwellen. 1. Zylinder in Zünd-OT stellen und Einlaß-Nockenwelle mit Fixierstift (A) durch die Kontrollbohrung (B = 6,75 mm) im Nockenwellenlagerdeckel und Nockenwellenflansch fixieren. Die Bohrungen (C) in den Nockenwellenrädern müssen sich gegenüber stehen. Weiter bedeuten: 3 – Nockenwellenlagerdeckel; 5 – Zahnrad der Auslaß-Nockenwelle; 6 – Zahnrad der Einlaß-Nockenwelle; 7 – Nockenwellenrad für Steuerkette; 8 – Zylinderstift ∅ 5 mm; 9 – Innen-TORX-Schraube T 40.

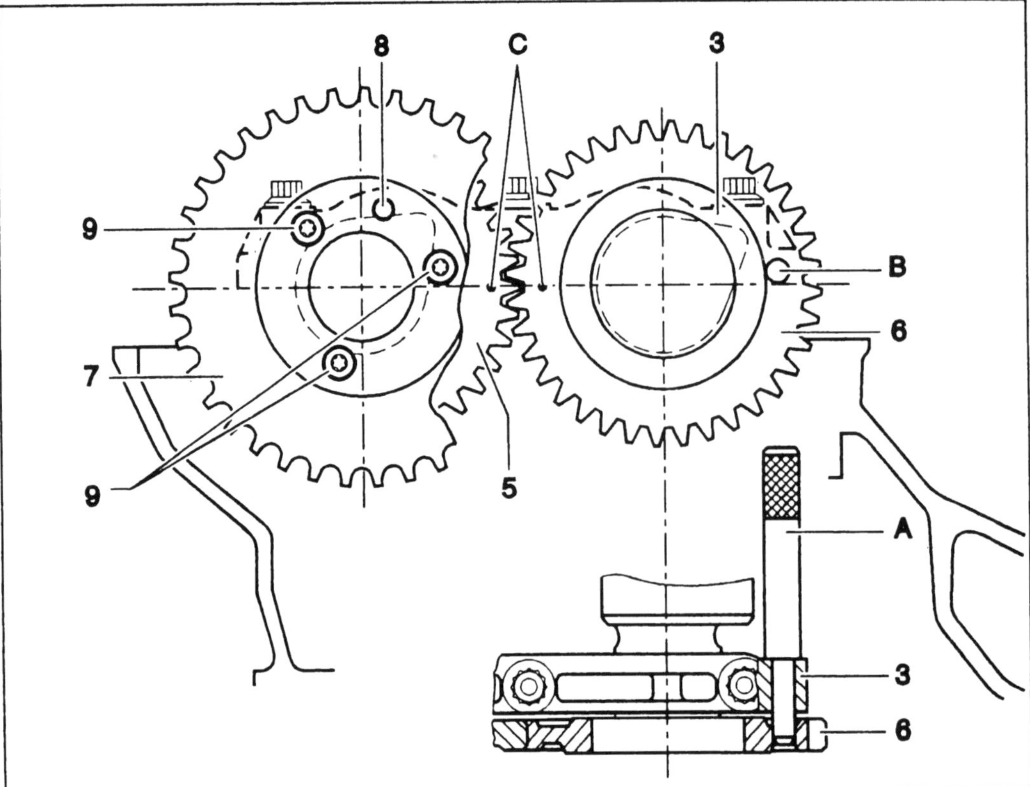

Bohrungen für das Kühlmittel ersetzt. Unterhalb der Zylinderbohrungen sind Ölspritzdüsen eingebaut, wie beim Turbomotor (siehe Seite 64).

□ Ölwanne: An sie ist seitlich ein Ölkühler angebaut, der zur Abkühlung des Schmieröls vom Kühlmittel durchströmt wird.

□ Zylinderkopf: Querstromkopf mit einem oben angeschraubten Nockenwellengehäuse und mit hochgezogenen Außenwänden. Entsprechend der Vierventil-Technik sind je Zylinder zwei Einlaß- und zwei Auslaßventile angeordnet. Der Ventilwinkel beträgt auslaßseitig 10°, einlaßseitig 9,2°. Die Ventilfedern sind kegelig und progressiv (unten weicher), damit erreicht man weniger bewegte Masse.

Die Vorkammern sind in der Zylindermitte angeordnet, was die Lufterfassung im Hauptbrennraum verbessert und die genaue Kraftstoffmengen-Bestimmung erleichtert. Dadurch wird –

In der Schnittzeichnung des Ventiltriebs sind bezeichnet: 1 – Auslaß-Nockenwelle; 2 – Einlaß-Nockenwelle; 3 – Tassenstößel mit hydraulischen Ventilspiel-Ausgleichselementen; 4 – oberer Ventilfederteller; 5 – Ventilkeil dreirillig; 6 – Ventilfeder; 7 – Ventilschaftabdichtung; 8 – unterer Ventilfederteller; 9 – Ventilführung; 10 – Auslaßventil; 11 – Einlaßventil; 12 – Ventilsitzring auslaßseitig; 13 – Ventilsitzring einlaßseitig; A – Auslaßkanal; E – Einlaßkanal.

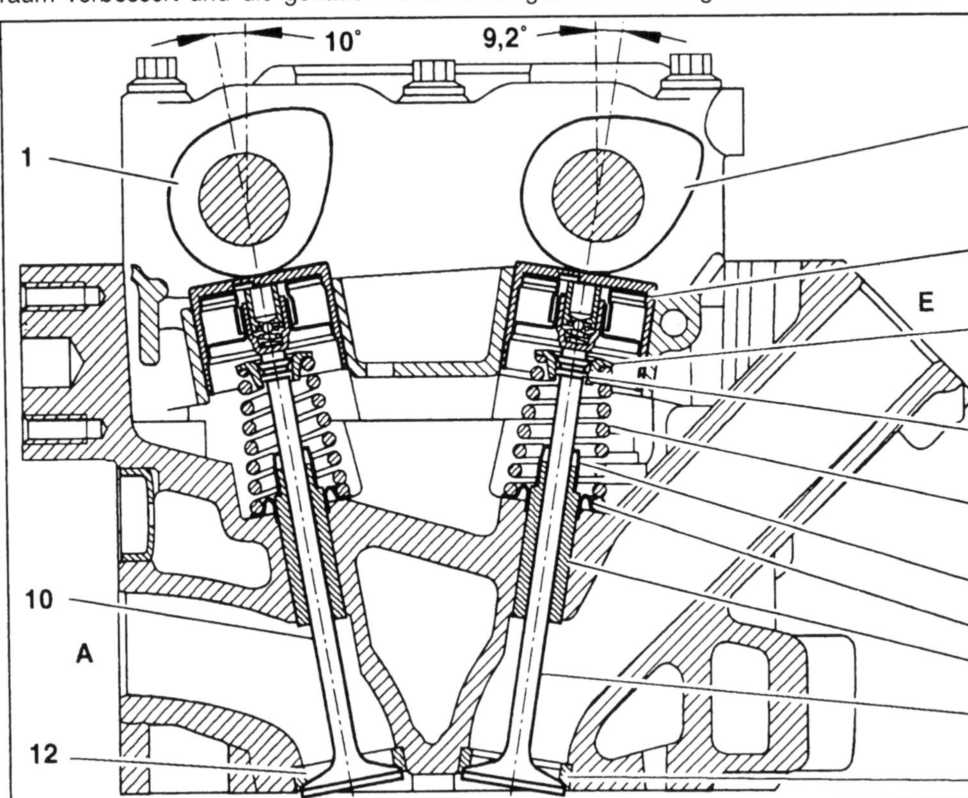

wie schon angesprochen – die Partikelemission weiter abgesenkt und der Kraftstoffverbrauch im oberen Lastbereich reduziert.

□ Zylinderkopfhaube: Die Motordurchblasegase und Kurbelgehäusedämpfe strömen durch die Zylinderkopfhaube zum Saugrohr zurück. Von dort werden die Entlüftungsgase abgesaugt und gelangen mit der Ansaugluft in die Brennräume. Die Zylinderkopfhaube besitzt große Entlüftungsräume, die das Öl wirkungsvoll abscheiden.

Eine Abdeckung aus Kunststoff, die über Schaumelemente abgekoppelt auf der Zylinderkopfhaube montiert ist, sorgt für eine Verringerung der Schallabstrahlung insbesondere im Bereich der Düsenhalterschächte und vermeidet Verschmutzung.

□ Nockenwellen: Sie sind hohl gegossen und aus Schalenhartguß. Vorn und hinten sind sie mit einem Blechdeckel verschlossen. Am mittleren Lager ist ein Sechskant für SW 27 zum Gegenhalten angebracht. Der Antrieb der Auslaß-Nockenwelle erfolgt über eine Zweifachrollenkette. Die Einlaß-Nockenwelle wird von der Auslaß-Nockenwelle über eine Zahnradverbindung angetrieben. Die Nockenwellen betätigen die Ventile über Tassenstößel mit hydraulischen Ventilspiel-Ausgleichselementen.

□ Ölkreislauf: Das Motoröl strömt von der Ölpumpe zum Ölkühler (in der Ölwanne), zurück zur Ölpumpe und von dort zum Ölfilter und zu den Lagerstellen. Die Kolben werden über Spritzdüsen mit Motoröl gekühlt.

□ Kühlmittelkreislauf: Im Kühlmittelausgleichsbehälter ist ein Silikatvorrat untergebracht. Dieses Salz der Kieselsäure verhindert Korrosion an den Aluminiumteilen des Motors.

Einspritzanlage

Die Motoren des E 250 Diesel und des E 300 Diesel sind mit einer mechanisch geregelten Reiheneinspritzpumpe ausgestattet, die im Prinzip ab Seite 91 beschrieben ist. Besonders hervorzuheben sind folgende Punkte:

□ Elektronische Leerlaufdrehzahlregelung (ELR), die auf Seite 99 beschrieben ist, und die Antiruckelaufschaltung (ARA) – sie ist im Kapitel »Typ-Entwicklung« behandelt.

□ Kraftstoffilter mit Absteller: Im Oberteil des Kraftstoffilters ist der Kraftstoffvorfilter und der Absteller eingebaut. Der Absteller ersetzt den bisherigen Notstophebel an der Einspritzpumpe. Durch Drehen des Abstellerknopfes wird die Kraftstoffzufuhr unterbrochen.

□ Kraftstoffvorwärmung: Diese erfolgt über einen neuen Wärmetauscher mit eingebauten Thermostat am Zylinderkopf.

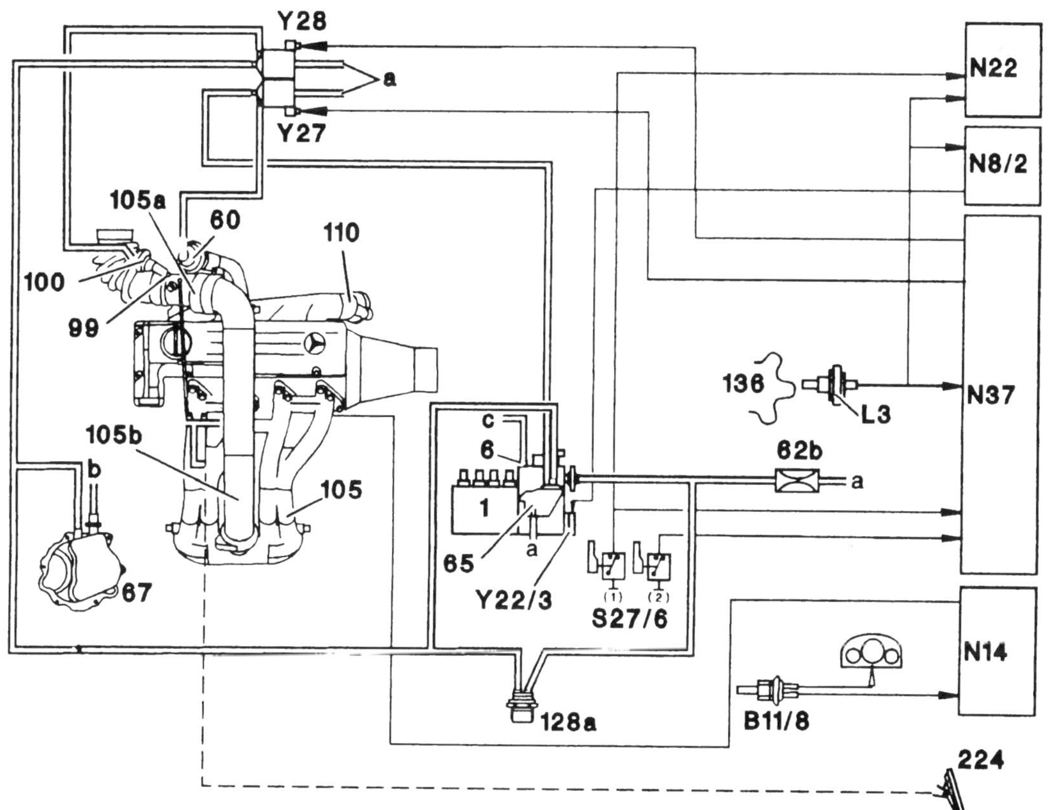

Funktionsschema der Einspritzanlage: 1 – Einspritzpumpe; 6 – Unterdruckdose Stop; 60 – Abgasrückführventil; 62b – Drossel mit Filter; 65 – Unterdrucksteuerventil; 67 – Unterdruckpumpe; 99 – Drucksteuerklappe; 100 – Unterdruckdose für Drucksteuerklappe; 105 – Saugrohr; 105a – Drucksteuerklappengehäuse; 105b – Ansaugluftverbindungsleitung; 110 – Auspuffkrümmer; 128a – Thermoventil 30° schließt; 136 – Schwungscheibe; 224 – Fahrpedal; B11/8 – Temperaturfühler Kühlmittel, Nachglühen; L3 – Drehzahlgeber Starterzahnkranz; N8/2 – Steuergerät Antiruckelaufschaltung; N14 – Vorglühzeitrelais; N22 – Steuergerät Kältekompressorabschaltung; N37 – Steuergerät ARF; S27/6 – Mikroschalter Kompressorabschaltung/ARF; Y27 – Umschaltventil ARF; Y28 – Umschaltventil Drucksteuerklappe; a – Belüftung; b – Nebenverbraucher; c – Schlüsselabstellung.

Links: Am Oberteil des Kraftstofffilters (42) sind hier gezeigt: 43 – Kraftstoffvorfilter; 89 – Absteller. **Rechts:** 60 – Abgasrückführventil; 100 – Unterdruckdose Drucksteuerklappe; 105a – Drucksteuerklappengehäuse.

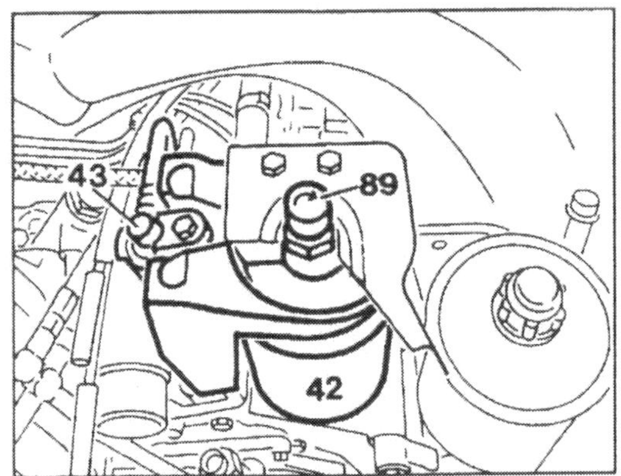

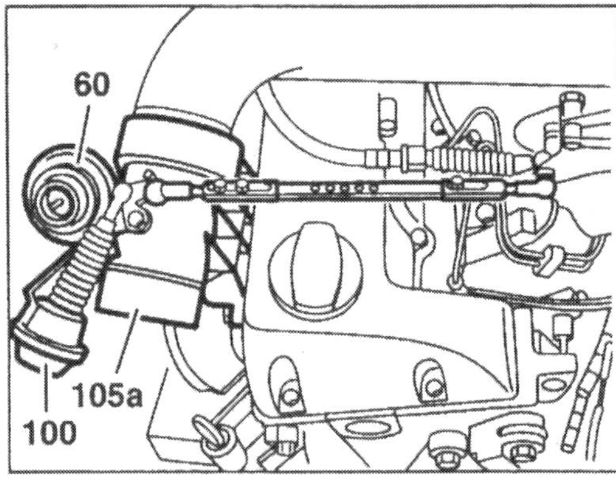

□ Überarbeitet wurden die Einspritzdüsen, der Spritzversteller und die Vorkammern.
□ Das Luftfilter ist hinter dem rechten Scheinwerfer eingebaut.
□ Abgasrückführung (ARF): Sie erfolgt etwa zwei Minuten nach dem Start bei Motordrehzahlen zwischen 1000 und 3200/min.
□ Drucksteuerklappe zwischen Luftfilter und Luftleitung. Am Drucksteuerklappengehäuse ist das ARF-Ventil und die Unterdruckdose für die Drucksteuerklappe angeordnet.

Ansaugsystem

Besondere Aufmerksamkeit widmeten die Mercedes-Ingenieure den Ansaugsystemen der beiden Vierventil-Motoren, durch deren Anpassung nochmals Fortschritte in der Leistungsentfaltung erzielt wurden.
Die Ansaugleitung des E 250 Diesel erhielt ein zusätzliches Resonanzvolumen. Damit wird der Füllungsverlauf des Motors so angepaßt, daß mit der mechanisch geregelten Einspritzpumpe das gleiche Drehmoment wie beim elektronisch geregelten C 250 Diesel unter Beibehaltung der guten Rauchwerte erzielt wurde. Unter Ausnutzung aller mechanischen Möglichkeiten gelang es so, praktisch mit den Qualitäten des elektronisch geregelten Dieselmotors gleichzuziehen.

Register-Ansaugsystem

Beim Sechszylindermotor des E 300 Diesel verhilft eine aktive Lösung dem an sich schon drehmomentstarken Dreiliter zu besonders viel Kraft: Mit Hilfe zweier beweglicher Klappen kann im Saugrohr die Eigenfrequenz der angesaugten Luftsäulen variiert werden, was sich direkt auf die Drehmomentabgabe des Triebwerks auswirkt.
Durch die beiden Klappen können bei diesem System drei verschiedene Saugrohrlängen entstehen. Die Klappen werden pneumatisch über Unterdruckdosen betätigt. Der Unterdruck gelangt über Elektroventile zur jeweiligen Unterdruckdose, wobei die Elektroventile über ein besonderes Steuergerät angesteuert werden.

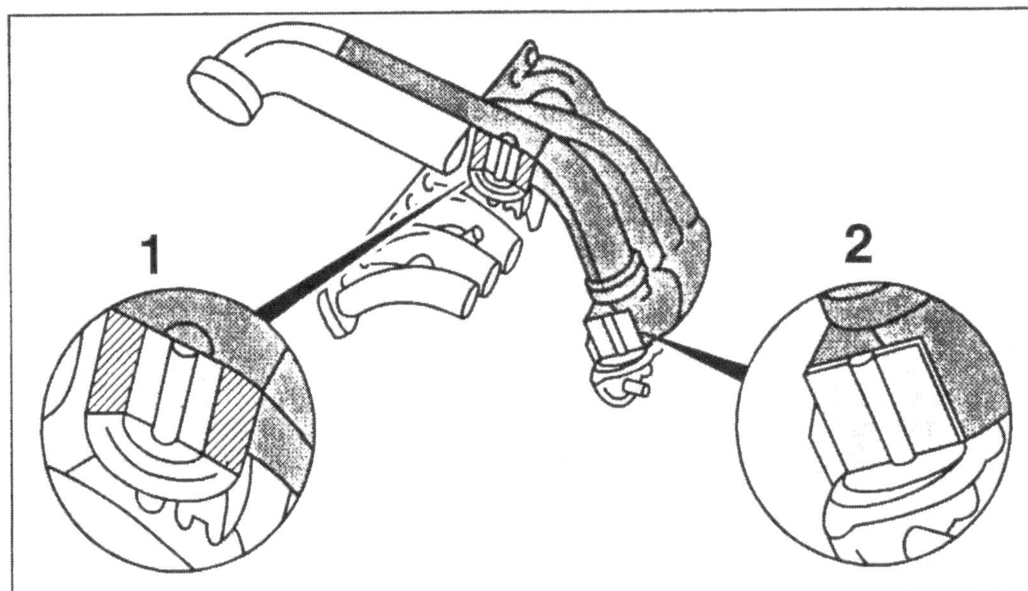

Das Register-Ansaugsystem des E 300 Diesel: Klappe »1« sitzt in der Saugleitung, Klappe »2« im Saugrohr.

Die Kolben erzeugen beim Ansaugen der Verbrennungsluft einen kräftigen Unterdruck, der bei offenen Einlaßventilen den Luftinhalt im Ansaugsystem in Bewegung setzt. Schließen die Einlaßventile plötzlich, »federt« die Luft zurück – im Saugrohr entsteht eine Schwingung. Deren Frequenz ist von Saugrohrlänge, Motordrehzahl und Motorsteuerzeiten abhängig. Befindet sich diese Schwingung in Resonanz, wird für den Motor ein gewisser Ladeeffekt erzielt. Durch die Klappen können die Resonanzbedingungen über einen größeren Drehzahlbereich aufrecht erhalten werden. Bis 2550/min sinbd beide Klappen geschlossen, die Luftsäule im Ansaugsystem kann bis zur Drucksteuerklappe auf der rechten Seite des Motors schwingen. Zwischen 2550 und 3350/min wird die Klappe »1« geöffnet, die Schwingung endet jetzt an Klappe »1«. Bei Drehzahlen über 3350/min werden die Klappen »1« und »2« geöffnet, die Schwingung reicht nur bis zum Ausgang der Zylinderschwingrohre.
Diese Schaltpunkte gelten jedoch nur bei Vollastbetrieb. Um bei Teillast niedrige Verbräuche und saubere Verbrennung zu erreichen, sind andere Kombinationen zwischen Luftsäulen-Frequenz und Drehzahl notwendig. Deshalb aktiviert eine elektronische Steuerung zu den errechneten Zeitpunkten sowohl die Steuerklappen als auch die Abgasrückführung.

Vorglüh-anlage

Die Stabglühkerzen werden durch einen Mikroprozessor im Vorglühzeitrelais einzeln gesteuert. Zusätzlich werden die Glühkerzen während der Fahrt mit einem geringen Prüfstrom überwacht. Der Ausfall einer oder mehrerer Glühkerzen wird bei laufendem Motor durch das Aufleuchten der Vorglühkontrolleuchte für etwa eine Minute angezeigt.
Ist der Motor angesprungen, beginnt die Nachglühzeit – es wird bis zu 180 Sekunden weitergeglüht, sofern die Kühlmitteltemperatur nicht schon über 40°C gestiegen ist. Sinn des Nachglühens ist es, das harte Verbrennungsgeräusch der noch kalten Maschine zu mildern und die Abgaswerte in der Kaltlaufphase zu verbessern. Falls der Temperaturfühler hinten am Zylinderkopf defekt ist, wird grundsätzlich 30 Sekunden lang nachgeglüht.
Die neuen Glühkerzen haben eine Gesamtlänge von 12 mm und einen runden Steckanschluß für die Stromleitung.

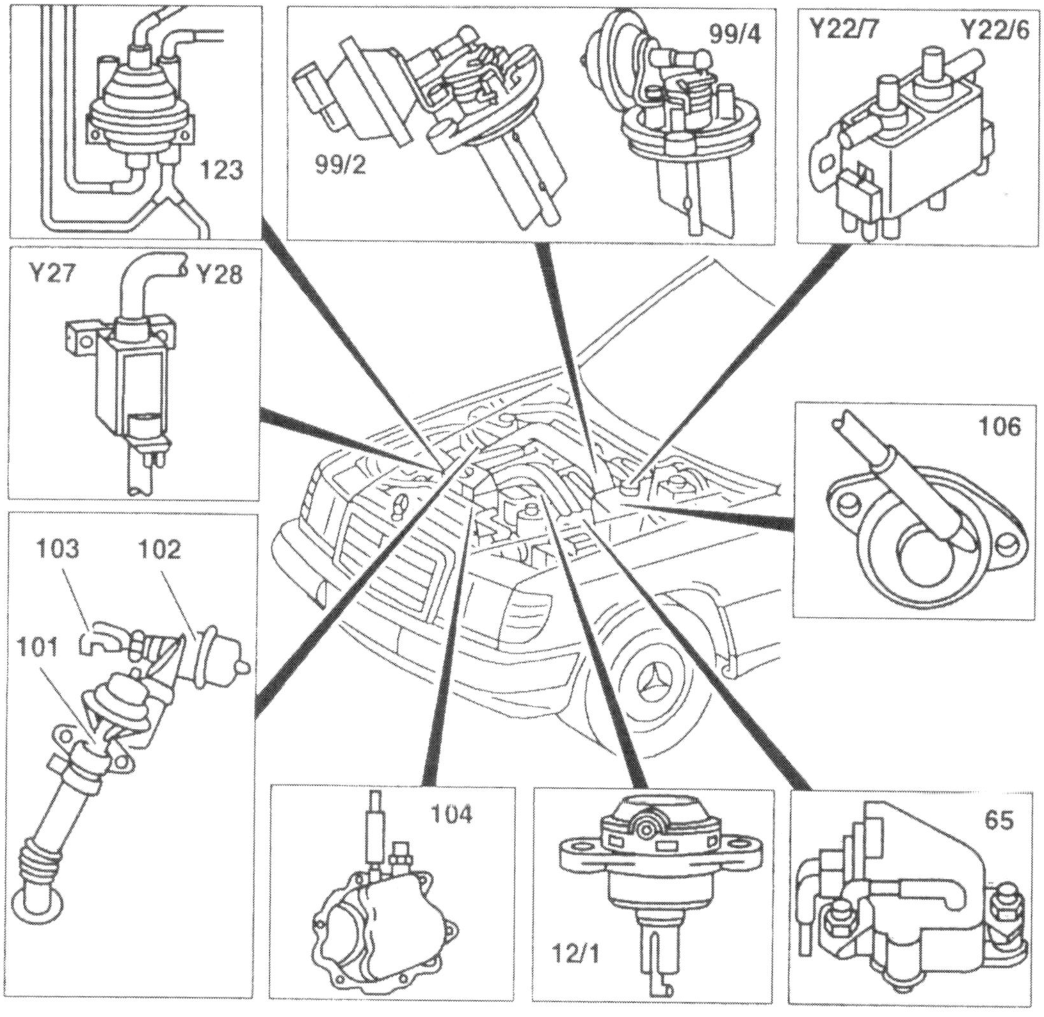

Die pneumatischen Teile der Einspritzanlage sind hier bezeichnet: 12/1 – Unterdruckdose Stop; 65 – Unterdrucksteuerventil; 99/2 – Resonanzklappe Saugleitung (Motor 606); 99/4 – Resonanzklappe Saugrohr (Motor 606); 101 – ARF-Ventil; 102 – Unterdruckdose Drucksteuerklappe; 103 – Drucksteuerklappe am Mischgehäuse; 104 – Unterdruckpumpe; 106 – Unterdruckdose Modulierdruck (Automatik); 123 – Druckumsetzer (Automatik); Y22/6 – Umschaltventil Resonanzsaugrohr (Motor 606); Y22/7 – Umschaltventil Resonanzsaugleitung (Motor 606); Y27 – Umschaltventil ARF; Y28 – Umschaltventil Drucksteuerklappe.

Die Leistung in kW und das Drehmoment in Nm sind hier für den E 250 Diesel (links) und den E 300 Diesel (rechts) über der Drehzahl in einem Diagramm aufgezeichnet.

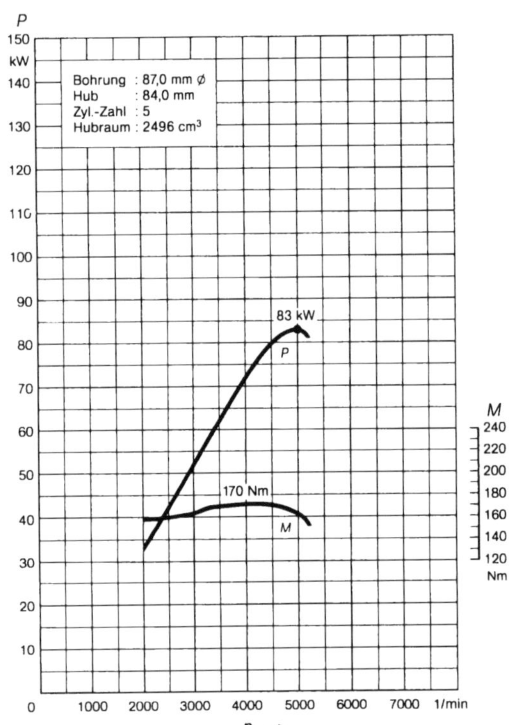

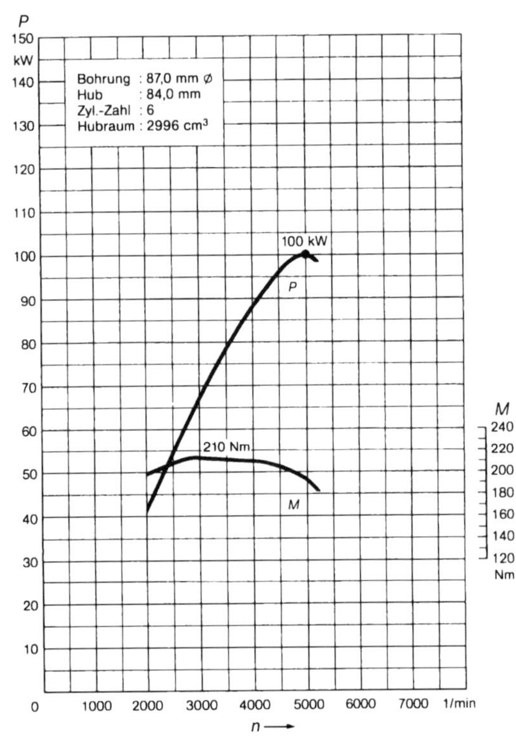

Technische Daten Motor

Typ	Motor	Verdichtung	Hubraum cm³	Hub/Bohrung mm	Leistung kW (PS) bei 1/min
E 250 Diesel	605.911	22:1	2497	84/87	83 (113)/5000
E 300 Diesel	606.910	22:1	2996	84/87	100 (136)/5000

Einspritzanlage

Motor		605.911	606.910
Einspritzpumpen-Typ		PES 5 M 55 C 320 RS 201	PES 6 M 55 C 320 RS 203
Bosch-Kombinationsnummer		0 400 075 926 0 400 075 925 (Automatik)	0 400 076 955 0 400 076 954 (Automatik)
Kraftstoffpumpe	Bosch-Bezeichnung	FP/KG 24 M 152	FP/KG 24 M 152
Einspritzdüse	Bosch-Bezeichnung Lucas-Bezeichnung	DN 0 SD 310 NB 001 R	DN 0 SD 310 NB 001 R
Einspritzdüse	MB Teile-Nr. Bosch Lucas	002 017 18 12 002 017 46 12	002 017 18 12 002 017 46 12
Düsenhalter	Bosch-Bezeichnung Lucas-Bezeichnung	KCE 27 S 3 LDC–001 R 02	KCE 27 S 3 LDC–001 R 02
Düsenhalterkombination	MB Teile-Nr. Bosch Lucas	002 017 40 21 000 010 11 51	002 017 40 21 000 010 11 51

Typ-Entwicklung

Weiterbildung

Jedes Auto macht im Laufe seiner Produktionsjahre viele Änderungen durch, teils weil Neuentwicklungen ins Fahrzeug eingebaut werden, teils werden manche Teile auf Grund von Praxis-Erfahrungen abgeändert. Nicht zuletzt sollen weitere Modell-Varianten und kleine Änderungen am Äußeren (»Facelifting«) dem Fahrzeug wieder bessere Verkaufschancen verschaffen.

Dezember: Die Modellreihe W 124 löst das Modellpro- **1984**
gramm W 123 ab. Zunächst werden drei Diesel-Limousinen und vier Varianten mit Ottomotor vorgestellt (Fahrzeuge mit Ottomotor behandelt der Band 124 dieser Buchreihe). Die neue Baureihe stellt eine komplette Neuentwicklung dar. Herausragende Merkmale sind die spürbaren Fortschritte bezüglich Verbrauch und Fahrqualitäten. Die guten Fahrleistungen werden durch Gewichtsreduzierung und durch den guten Luftwiderstandsbeiwert (c_w-Wert von bis zu 0,29) erreicht. Ausgehend von dem bereits bekannten Vierzylinder-Dieselmotor im Typ 190 D (W 201) wird in der Baureihe W 124 eine komplette Motorengeneration vorgestellt. Sie umfaßt neben dem genannten Vierzylinder einen neuen Fünfzylinder-Diesel mit 66 kW Leistung im 250 D sowie einen Sechszylinder-Diesel mit 80 kW im 300 D. Sämtliche Dieselaggregate zeichnen sich durch mehr Laufkultur, hohe Leistungsausbeute, geringen Verbrauch, niedriges Gewicht und einen stark reduzierten Schadstoffausstoß aus. Selbstverständlich profitieren jetzt alle Dieselmodelle von den Vorteilen der beim 190 D erstmals verwendeten Geräuschkapselung.

Dezember: Die unter der Bezeichnung T-Modell laufen- **1985**
den Kombi-Modelle ergänzen das Limousinen-Angebot. Gegenüber dem Vorgänger wurde der Laderaum deutlich vergrößert. Eine interessante Detaillösung ist die Heckklappe mit elektromotorischer Schließhilfe. Die Technik von Limousine und Kombi ist einschließlich des Motorangebots identisch. Lediglich im T-Modell wird der 3-Liter-Motor mit Turbolader angeboten, der es auf eine Leistung von 105 kW bringt. Dieses Triebwerk ist nur in Verbindung mit automatischem Getriebe lieferbar.

September: Fahrzeuge mit Sechszylindermotor werden serienmäßig mit Antiblockiersystem **1986**
(ABS) ausgestattet. Als Sonderausstattung ist für die Dieseltriebwerke jetzt auch ein Drehzahlmesser lieferbar.

Januar: Auslieferungsbeginn der Fahrzeuge mit automatischem Sperrdifferential (ASD). Bei **1987**
dieser Sonderausstattung wird das Sperren des Hinterachsdifferentials von einer Elektronik bedarfsgerecht gesteuert.
Mai: Die ersten 4MATIC-Fahrzeuge gelangen in Kundenhand. Dieser automatisch schaltende Vierradantrieb ist nur für den 300 D mit Saugmotor und den 300 D Turbo lieferbar. Für das richtige Zuschalten des Vierradantriebs, der Zentraldifferentialsperre und der Hinterachsdifferentialsperre sorgt eine Elektronik und eine aufwendige Hydraulik.

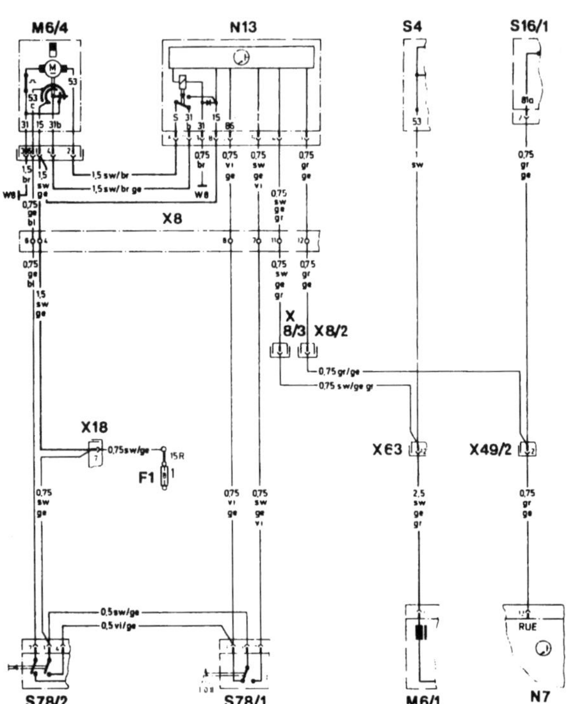

Schaltplan Heckscheibenwischer für T-Modell ab 9/87
F1 – Sicherungs- und Relaiskasten, Sicherung 1, Klemme 15 R
M 6/1 – Frontwischermotor
M 6/4 – Heckwischermotor
N7 – Lampenkontrollgerät
N13 – Intervall-Nachwischelektronik Heckwischer
S4 – Kombischalter
S16/1 – Startsperr-/Rückfahrlichtschalter
S78/1 – Schalter Heckscheibenwischer
S78/2 – Schalter Heckscheibenwascher
W8 – Masse Heckklappe (8fach, Leitungsverbinder 1)
X8 – Leitungsverbinder Heckklappe
X8/2 – Steckverbindung Rückfahrlicht/Heckwischer
X8/3 – Steckverbindung Kombischalter/Heckwischer
X 18 – Steckverbindung Schlußlampen-Leitungssatz
X49/2 – Steckverbindung Startsperr-/Rückfahrlichtschalter
X63 – Steckverbindung Lenkungs-Leitungssatz

Das Kombi-Instrument erhält eine eigene Absicherung. Die Sicherung ist anstelle einer Glühlampenfassung (rot eingefärbt) rechts neben dem Tachometer eingebaut.
Die neu vorgestellte Coupé-Version der Modellreihe W 124 ist ausschließlich mit Ottomotoren lieferbar.
September: Die Außentemperaturanzeige erhält eine neue Elektronik mit Geschwindigkeitssignal. Der Fühler ist hinter dem vorderen Kennzeichen eingebaut. Geänderter Frontwischerarm mit neuer Abdeckung und Wischerblattbefestigung. Zum Ausbau des Wischerarms den Hubwischer maximal ausfahren lassen, Zündschlüssel abziehen und Abdeckung am Getriebekopf nach unten ziehen. Der Heckscheibenwischer beim T-Modell läuft automatisch an, wenn bei eingeschaltetem Frontwischer der Rückwärtsgang eingelegt wird. Für die Beheizung der Vordersitze ist nur noch ein Steuergerät (links unter dem Rücksitz) zuständig. Die Heizanlage erhält neue Temperaturreglerfunktionen.
Für den Airbag setzt ein neues Steuergerät ein mit Energiespeicher und Spannungswandler. Fehleranzeige über Diagnose-Prüfkupplung. Die Gurtschlösser erhalten Kontaktschalter.

1988 **September:** Ein Schritt zur weiteren Minimierung der Partikelemission gelang Mercedes-Benz mit dem »Diesel '89«. Durch Verbesserungen im Verbrennungsablauf konnte der Partikelausstoß der Dieselmotoren im Mittel nochmals um 40 Prozent verringert werden, ohne daß in den sonstigen Eigenschaften Kompromisse eingegangen werden mußten.
Konstruktiv wurde dieses Ergebnis durch eine neue Vorkammer (Position 1 im Bild) mit Schrägeinspritzung erreicht. Neben der Einspritzrichtung spielen Anordnung und Form des Kugelstiftes (2) in der Vorkammer eine wichtige Rolle für die bessere Verbrennung. Daraus resultiert auch eine geringe Leistungssteigerung auf 55 kW beim 200 D, 69 kW beim 250 D, 83 kW beim 300 D und 108 kW beim 300 D Turbo. Durch Schrägstellung dieses besonders geformten Stiftes bekommt die Luft, die beim Komprimieren aus dem Zylinder in die Vorkammer strömt, einen genau definierten Drall. In die Strömungsrichtung wird in einem Winkel von 5° der Kraftstoff eingespritzt. Daran angepaßt wurde auch die Anordnung der Glühkerze (3), die im Abwind des Luftstromes sitzt und so den Verbrennungsablauf nicht stört. Zusätzlich ins Verkaufsprogramm kommt der 250 D Turbo, der es auf eine Leistung von 93 kW bringt.

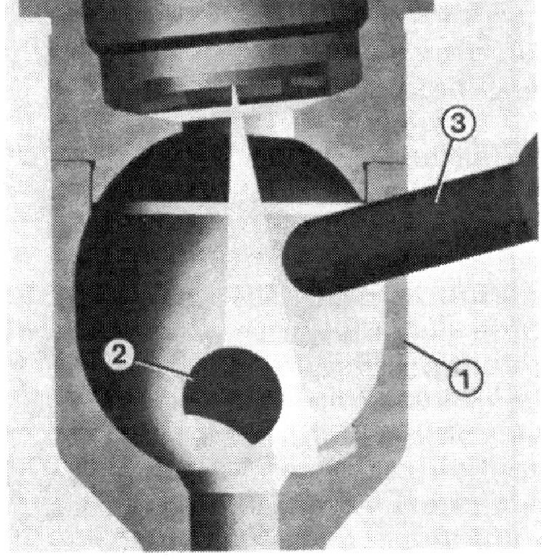

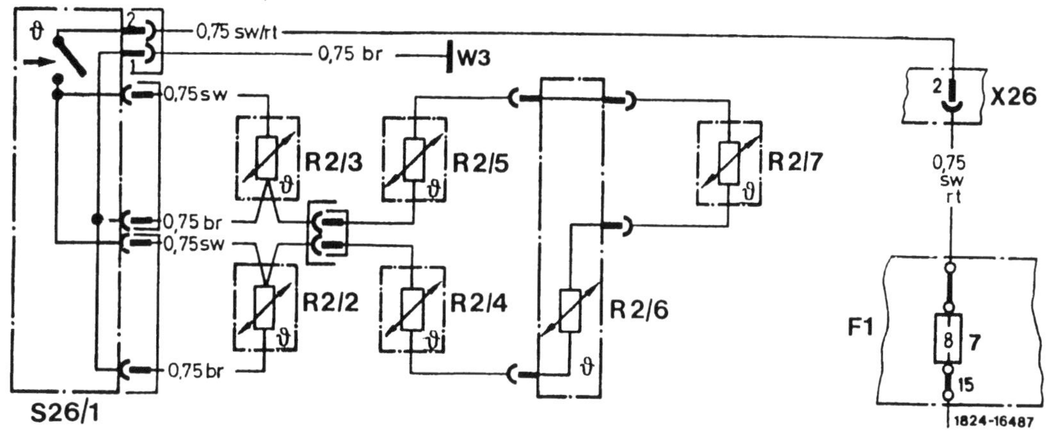

Schaltplan beheizte Scheibenwaschanlage
F1 – Sicherungs- und Relaiskasten, Sicherung 7, Klemme 15
R2/2 – Düsenbeheizung links
R2/3 – Düsenbeheizung rechts
R2/4 – Düsenschlauchbeheizung links
R2/5 – Düsenschlauchbeheizung rechts
R2/6 – Rückschlagventilbeheizung
R2/7 – Thermoschalter Düsenbeheizung
W3 – Masse Radlauf links
X26 – Steckverbindung Innenraum/Motor-Leitungssatz

Die schon vom 300 D Turbo bekannte Einspritzpumpe mit automatischer Höhenkorrektur (ADA-Dose, siehe Schema auf Seite 99 unten) setzt auch bei den Saugmotoren ein. Mit abnehmender Luftdichte wird dabei die Vollast-Einspritzmenge verringert, was den »Höhenrauch« des Diesels unterbindet.
Das Antiblockiersystem wird nun auch für die Modelle mit Vier- und Fünfzylindermotor serienmäßig geliefert.
Der rechte Außenspiegel gehört zum Serienumfang. Die Zentralverriegelung erhält eine verstärkte Versorgungspumpe. Die Scheibenwaschanlage ist komplett beheizt: Der Waschwasserbehälter wird mit Kühlmittel beheizt, die Schläuche und Düsen elektrisch. Ein Thermoventil sorgt für gleichbleibende Wassertemperatur von 20–30°C. Unter +5°C schaltet die elektrische Beheizung ein (Stromaufnahme ca. 5 Ampere).
Auf der Beifahrerseite ist ein Airbag anstelle des Handschuhfaches erhältlich. An beiden Vordersitzen sind Gurtstraffer montiert.

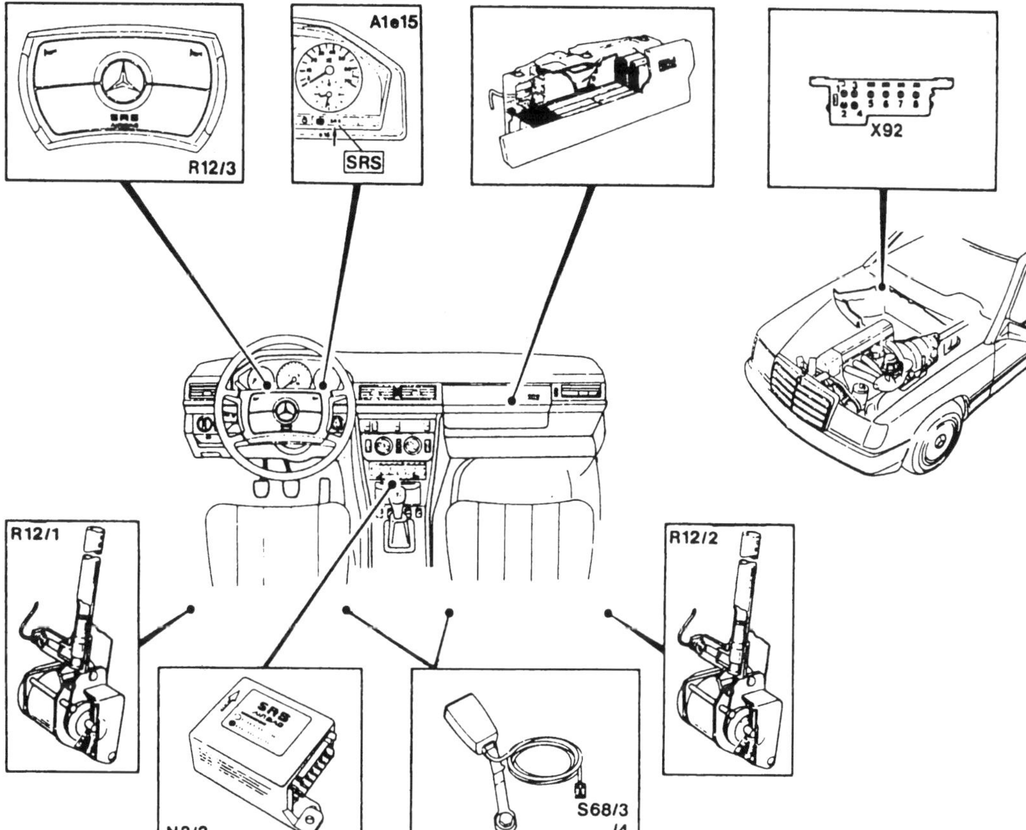

Die Bauteile des Fahrer- und Beifahrerairbags: A1e15 – Kontrollleuchte; N2/2 – Steuergerät für Gurtstraffer und Airbag; R12/1 – Zündpille Gurtstraffer links; R12/2 – Zündpille Gurtstraffer rechts; R12/3 – Zündpille Fahrerairbag; R12/4 – Zündpille Beifahrerairbag; S 68/3 und 4 – Kontaktschalter am Gurtschloß; X92 – Prüfkupplung für Diagnose.

1989 **September:** An der Karosserie decken Seitenverkleidungen aus glasfaserverstärktem Polyurethan-Kunststoff die untere Hälfte der Türen bzw. Karosserie zwischen den beiden Radausschnitten ab. Die Verkleidungen sind wie die Stoßfänger passend zur Wagenfarbe lackiert. Oben an den Seitenverkleidungen sitzen schmale Edelstahl-Zierleisten.

Der 250 D ist auf Wunsch und gegen erheblichen Mehrpreis in verlängerter Ausführung mit sechs Türen lieferbar.

Die Sitze wurden komplett überarbeitet. Sitzkissen und Rückenlehne der Vordersitze sind noch schalenförmiger ausgebildet. Durch die Integration von neuen Stabilisierungs- und Dämpfungselementen aus PUR-Schaum in den Stahlfederkern sind Schwingungskomfort und Seitenhalt wesentlich verbessert. Ebenso unterstützt ein zusätzlicher Bügel im verstärkten Lehnenrahmen die Seitenstabilität. Die Vordersitze erhielten zusätzlich eine Gurthöhenverstellung. Der Kern des hinteren Sitzkissens wurde auf Vollschaum umgestellt.

In Kombination mit elektrischen Fensterhebern oder Schiebedach wird die Zentralverriegelung durch die Komfortschließung ergänzt. Sie wird aktiviert, wenn der Schlüssel in einem der drei Außenschlösser ganz in Schließrichtung gedreht und mehr als eine halbe Sekunde lang festgehalten wird. Alle offenen Scheiben sowie das Schiebedach fahren dann zu.

An den Motoren entfallen die Zylinderlaufbuchsen. Ausgehend vom Standarddurchmesser ist nur noch eine Reparaturstufe (+ 0,7 mm) möglich. In der Zylinderkopfhaube ist wegen des höheren Saugrohrunterdrucks ein anderes Regelventil eingebaut. Kolben und Pleuel werden geringfügig geändert (andere Ringe und Schmierung). Die Ventilschaftabdichtungen erhalten eine geänderte Dichtkante.

Abgasrückführung: Bei den hohen Brennraumtemperaturen im Dieselmotor steigt unweigerlich der Anteil der Stickoxide im Abgas. Eine Möglichkeit zum Absenken der Temperaturen in den Brennräumen ist die Einleitung von Abgasen. Aus dem Abgasstrom des Motors wird durch ein ventilgeregeltes System ein Teil abgezweigt. Die Menge wird je nach Motorbelastung dosiert und ins Saugrohr zurückgeleitet. Da das Abgas kaum noch verbrennungsfähige Anteile enthält, kann es nicht nochmals verbrannt werden. Es verringert aber den Zustrom frischer Verbrennungsluft und bewirkt so eine Absenkung der Temperaturen im Verbrennungsraum und damit eine Verringerung des Stickoxidanteils.

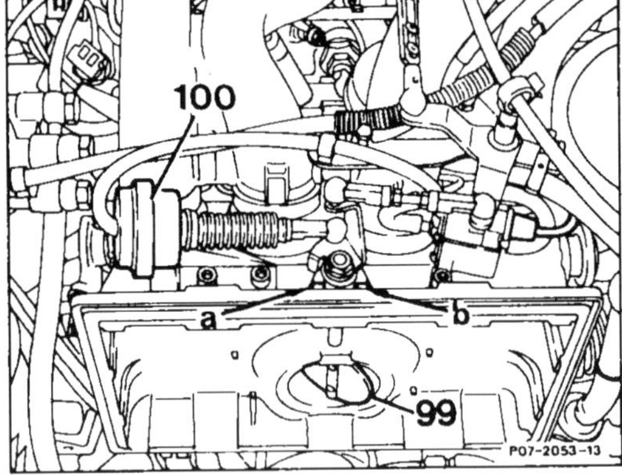

200 D und 250 D mit Schaltgetriebe erhalten eine Drucksteuerklappe oben am Luftfiltergehäuse und eine Abgasrückführung mit Abgasrückführventil oben am Auspuffkrümmer. Dadurch ist eine umfangreiche Verlegung der Unterdruckleitungen erforderlich, und das Einstellen des Gasgestänges wird wesentlich erschwert.

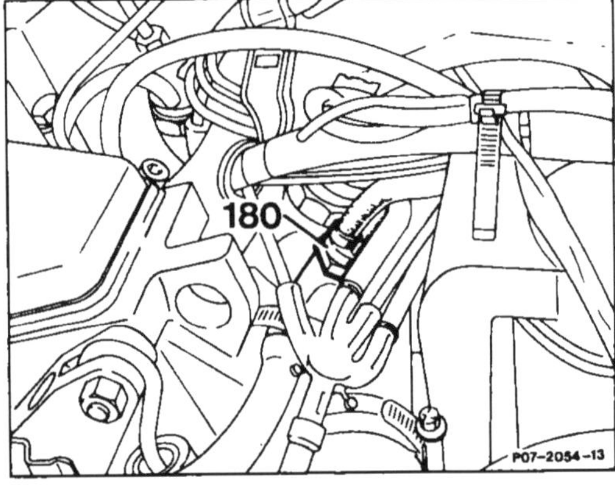

Funktion der Drucksteuerklappe: Durch mechanische Betätigung der Drucksteuerklappe (Position 99 in der Zeichnung rechts oben) wird die Abgasrückführung optimiert und die Abgasrückführungsrate verbessert. Die Drucksteuerklappe ist in Grundstellung (bei Leerlaufdrehzahl) immer ca. 35° geöffnet.

Bei Kühlmitteltemperaturen über 40°C und Drehzahlen zwischen 1000 ± 50/min und 2500 ± 50/min ist die Drucksteuerklappe über das Thermoventil (Position 180 im Bild oben) am Zylinderkopf pneumatisch geschlossen. Geöffnet wird sie mechanisch über das Fahrpedal entsprechend dem Lastzustand. Bei Vollast ist die Drucksteuerklappe geöffnet.

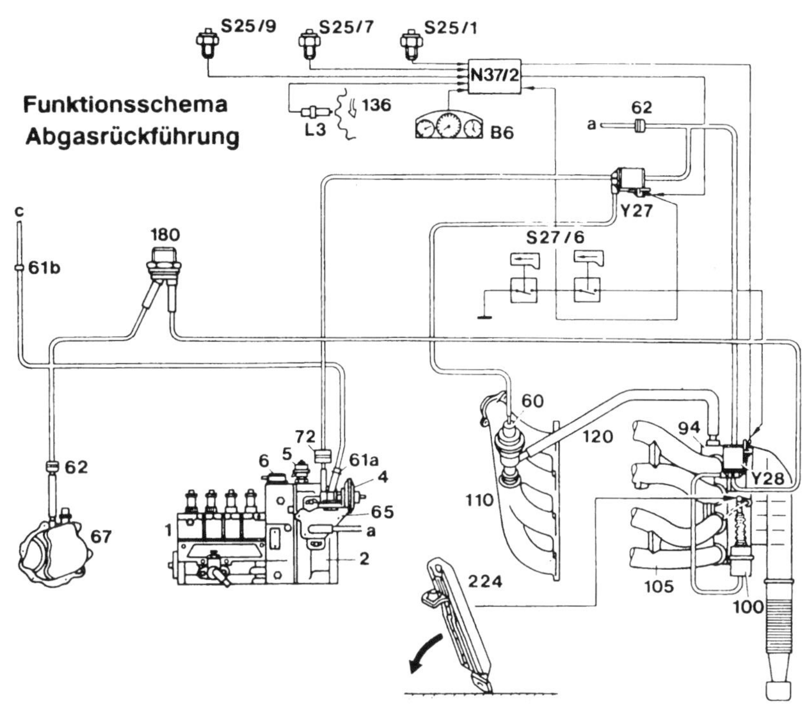

Folgende Bauteile sind hier beziffert: 1 – Einspritzpumpe; 2 – Regler; 4 – PLA-Dose; 5 – ADA-Dose; 6 – Unterdruckdose Stop; 60 – ARF-Ventil; 61a – Drossel blau; 61b – Drossel orange; 62 – Filter; 65 – Unterdrucksteuerventil; 67 – Unterdruckpumpe; 72 – Dämpfer; 94 – Luftführungsgehäuse; 100 – Unterdruckdose; 105 – Saugrohr; 110 – Auspuffkrümmer; 120 – Abgasrückführleitung; 136 – Starterzahnkranz; 180 – Thermoventil 40°C (schwarz); 224 – Fahrpedal; B6 – Hallgeber Geschwindigkeit; L3 – Drehzahlgeber Starterzahnkranz; N37/2 – Steuergerät ARF; S25/1 – Temperaturschalter 100°C (200 D); S25/7 Temperaturschalter 25°C ARF; S25/9 – Temperaturschalter 97°C (250 D); S27/6 – Mikroschalter Kompressorabschaltung/ARF; Y27 – Umschaltventil ARF; Y28 – Umschaltventil Drucksteuerklappe; a – Belüftung zum Fahrzeuginnenraum; b – übrige Verbraucher.

Als Sonderausstattung wird ein Oxidations-Katalysator angeboten, der jedoch nicht nachgerüstet werden kann. Der Oxi-Kat ist beim 200 D zusätzlich, beim 250 D und 300 D dagegen anstelle des Vorschalldämpfers eingebaut. Katalysatorgehäuse und Rohrabgänge sind aus

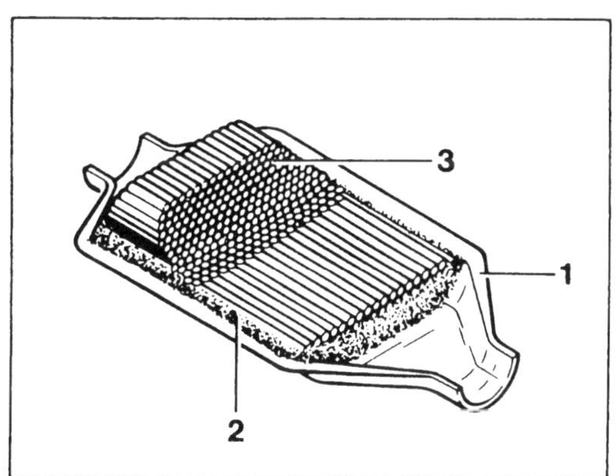

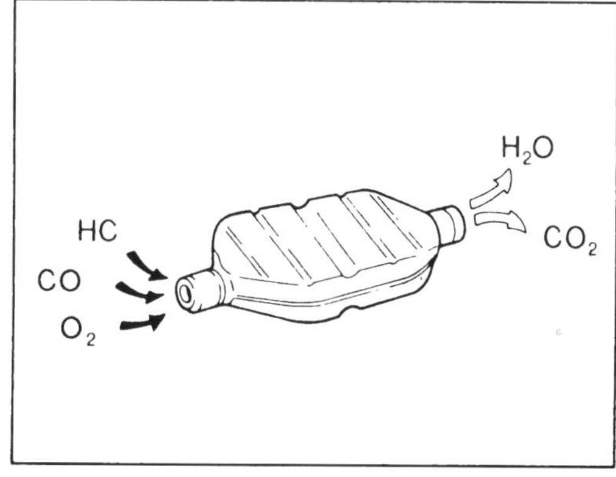

Links: Das Innere des Oxidations-Katalysators: 1 – Gehäuse; 2 – Drahtgeflecht; 3 – Monolith.
Rechts: Das Umsetzen der Schadstoffe im Oxidations-Katalysator.

Edelstahl gefertigt. Die Edelmetallbeschichtung des Katalysators aktiviert im Abgas eine Nachoxidation, wobei Kohlenwasserstoffe (HC) und Kohlenmonoxid (CO) zu Kohlendioxid (CO_2) und Wasser (H_2O) umgewandelt werden. Durch diesen Vorgang wird auch der Partikel-

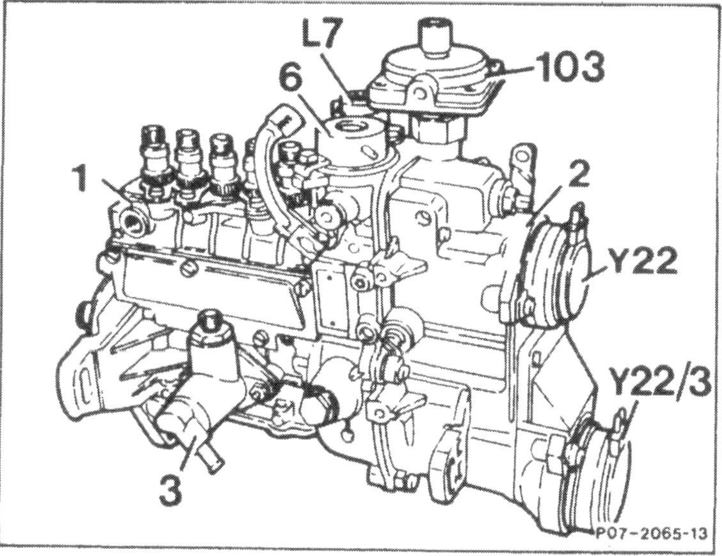

Die Einspritzpumpe mit elektronischer Leerlaufdrehzahlregelung (ELR) und Antiruckelaufschaltung (ARA): 1 – Einspritzpumpe; 2 – Regler; 3 – Kraftstoffpumpe; 6 – Unterdruckdose Stop; 103 – Druckdose ALDA; L7 – Regelweggeber (nur Österreich); Y22 – Stellmagnet ELR; Y22/3 – Stellmagnet ARA.

Hier sind die Unterschiede zwischen dem ARA- und dem ELR-Stellmagnet gezeigt: A – ELR-Stellmagnet (rot) mit fester Hubstange (Pfeil); B – ARA-Stellmagnet (schwarz bzw. grau) mit loser Hubstange (Pfeil).
Hinweis: Beim Erneuern der ARA-Stellmagnets muß die alte Hubstange in den neuen Stellmagnet eingebaut werden. Damit ist sichergestellt, daß das »innere« Spiel stimmt.

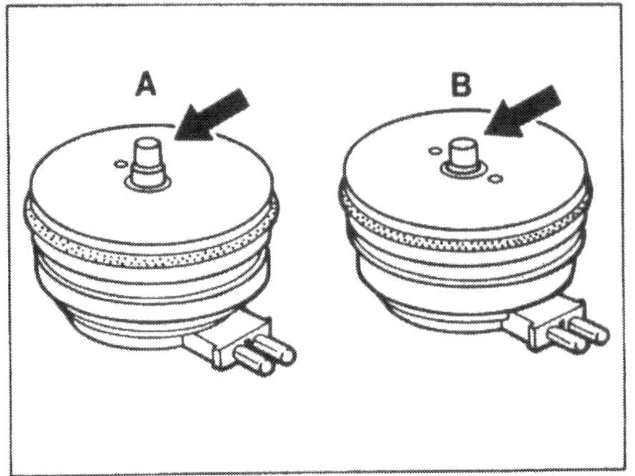

ausstoß verringert: Die Rußpartikel können sich nicht mehr an Kohlenwasserstoffverbindungen anlagern und so ins Freie gelangen.
Der 250 D Turbo mit Schaltgetriebe erhält eine Antiruckelaufschaltung (ARA). Ein Stellmagnet an der Einspritzpumpe verringert im richtigen Augenblick die Einspritzmenge und wirkt so der Ruckelneigung entgegen. Der Stellmagnet wird von einem elektronischen Steuergerät angesteuert. Dieses erkennt über einen Drehzahlfühler am Anlasserzahnkranz Drehzahlschwankungen bzw. Ungleichförmigkeiten bei jeder einzelnen Motorumdrehung. Treten im elektrischen System Fehler auf, werden diese vom Steuergrät erkannt und für die Werkstattdiagnose gespeichert. Weiterhin kann das System in der Mercedes-Benz-Werkstatt über verschiedene Abgleichstecker optimiert werden. So kann gegen schlechte Beschleunigung und gegen Motorruckeln gezielt vorgegangen werden.

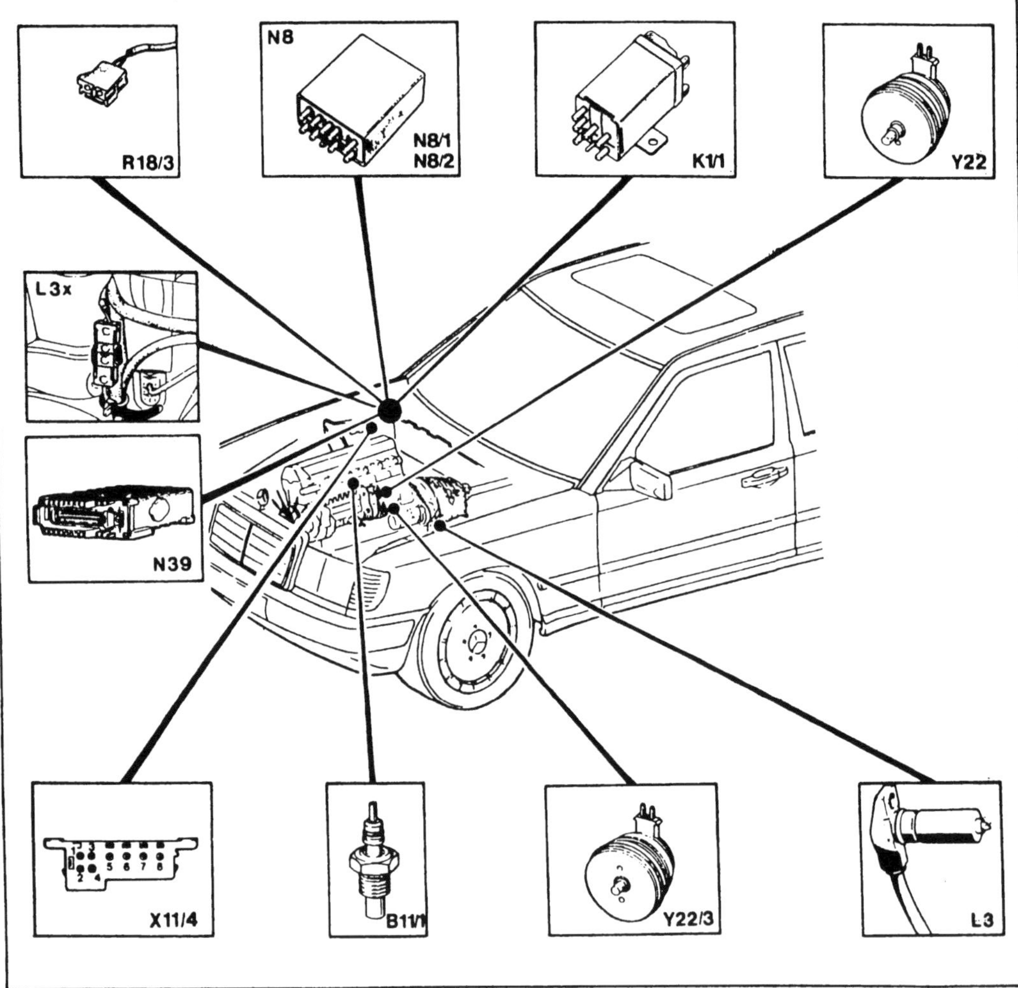

Die Bauteile der Antiruckelaufschaltung (ARA) beim 250 D Turbo: B1/1 – Temperaturfühler Kühlmittel ELR; K1/1 – Relais Überspannungsschutz 87E; L3 – Drehzahlgeber Starterzahnkranz; L3x – Steckverbindung Drehzahlgeber; N8 – Steuergerät ELR; N8/1 – Steuergerät ELR/ARA; N8/2 – Steuergerät ARA; N39 – Steuergerät Elektronisches Diesel-System (nur Österreich); R18/3 – Einzelabgleichstecker ARA; X11/4 – Prüfkupplung für Diagnose; Y22 – Stellmagnet ELR; Y22/3 – Stellmagnet ARA.

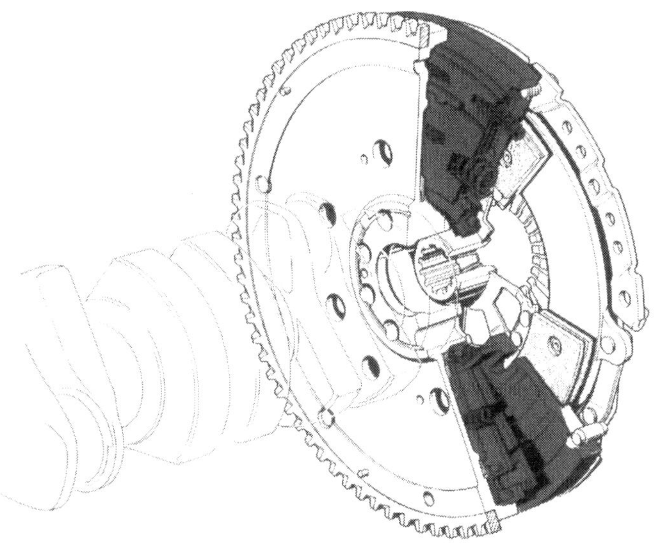

Die Zweimassen-Schwungscheibe ist hier als Schnittbild zu sehen. Sie besteht aus dem vorderen Teil (links im Bild) und dem Drehschwingungsdämpfer (rot dargestellt). Dahinter ist die Kupplungs-Mitnehmerscheibe und die an der Zweimassen-Schwungscheibe festgeschraubte Kupplungs-Druckplatte zu sehen.

Auf Wunsch ist ein Tank mit 90 Liter Fassungsvermögen lieferbar. Geber für die Tankanzeige, Anschlüsse und Befestigung sind gleich wie bei der 70-Liter-Ausführung.
250 D und 300 D mit Schaltgetriebe werden mit einer Zweimassen-Schwungscheibe ausgerüstet. Sinn dieser Einrichtung ist es, die Drehschwingungen der Kurbelwelle beim Motorlauf – sie entstehen durch die nacheinander zündenden Zylinder – nicht an den Antrieb weiterzugeben. So werden die von den Schwingungen erzeugten Geräusche vermieden. Der Aufbau der Zweimassen-Schwungscheibe sieht folgendermaßen aus: Fest mit der Kurbelwelle ist das vordere Teil der Schwungscheibe verschraubt. Darauf ist ein Drehschwingungsdämpfer montiert, der aus einem ausgeklügelten Feder-/Dämpfersystem besteht. Das hintere Teil der Schwungscheibe ist an diesem Schwingungsdämpfer befestigt, hat also keinerlei starre Verbindung zum Vorderteil und damit zur Kurbelwelle. Schon die hier montierte Kupplung ist also schwingungsmäßig vom Motor getrennt.
Der Wählhebel der Getriebeautomatik ist mit einer Parksperrenverriegelung ausgestattet. Aus der P-Stellung kann der Wählhebel nur bewegt werden, wenn der Zündschlüssel in Stellung »1« steht und das Bremspedal getreten ist. Zum Abziehen des Zündschlüssels muß die P-Stellung eingelegt sein.

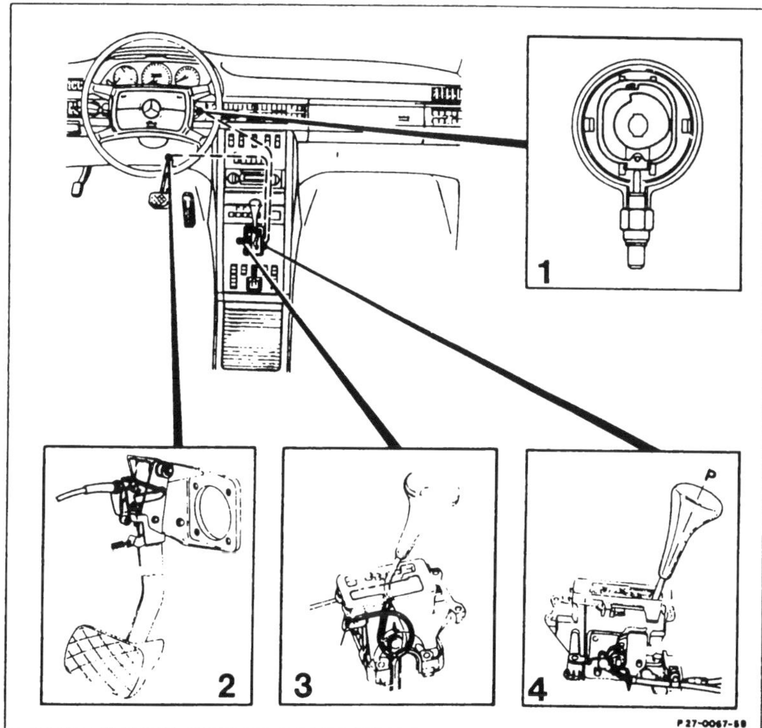

Am automatischen Getriebe ab 9/89 mit Parksperrenverriegelung sind gezeigt: 1 – Zündschloß mit Kurvenscheibe für Seilzugbetätigung; 2 – Bremspedal mit Seilzug; 3 – Wählhebel mit Ganganzeige über Lichtfaser; 4 – Wählhebel mit seilzugbetätigter Verriegelung.

Fahrwerk: An der Vorderachse wurde der Querlenker im Bereich des Traggelenks geändert. Das Traggelenk kann nicht mehr einzeln ausgetauscht werden. An der Hinterachse werden neue Stoßdämpfer und Federbeine eingebaut. Diese Stoßdämpfer/Federbeine lassen sich auch in ältere Fahrzeuge nachrüsten. Bei verschiedenen Typen wurde aus Geräuschgründen und um die Fahrleistungen zu verbessern die Hinterachsübersetzung neu ausgelegt (5. Gang kürzer übersetzt).

1991

Juni: Die Modelle 200 TD und 300 D 4MATIC werden nicht mehr geliefert. Alle Dieselmotoren erhalten den Oxidations-Katalysator serienmäßig, Fahrzeuge mit automatischem Getriebe werden nun ebenfalls mit der mechanischen Drucksteuerklappe ausgerüstet.
Die Turbomotoren mit Kat werden mit einem sogenannten elektronischen Dieselsystem (EDS) ausgestattet. Dieses System ist so umfangreich, daß der Dieselmotor damit jeden Anspruch auf einfachen Aufbau verliert. Wir haben auch hier im Buch auf eine Beschreibung verzichtet. Das System umfaßt Leerlaufregelung, Abgasrückführung, Ladedruckregelung und eine Systemeigendiagnose.
Alle Modelle erhalten ein neu gestaltetes Lenkrad mit 400 mm Durchmesser, das bislang schon in der S-Klasse verbaut wurde.
Als Mehrausstattung sind Leichtmetallfelgen im 8-Loch-Design lieferbar.

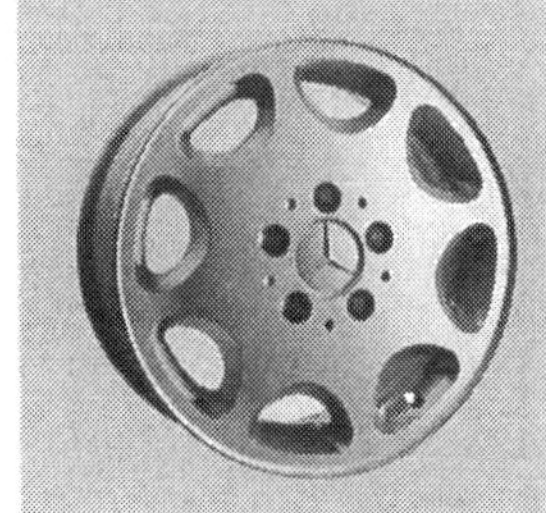

1992

Oktober: Die vom 250 D Turbo her bekannte Antiruckelaufschaltung (ARA) setzt auch im 200 D ein.

1993

Juli: Die Namensgebung der Modellreihe wird geändert. Alle Mercedes-Fahrzeuge vom Typ 124 heißen jetzt E-Klasse. Die Modelle mit Dieselmotor tragen rechts am Kofferraumdeckel den Schriftzug »DIESEL«.
Wesentlichste Neuerung sind die Motoren mit Vierventil-Technik für den E 250 Diesel und den E 300 Diesel. Die Änderungen sind so umfangreich, daß wir hierfür ein eigenes Kapitel ab Seite 264 eingefügt haben.
An der Karosserie ist der schmalere Chromrahmen der Kühlermaske in die Fläche der Motorhaube eingebettet, die zwischen Scheinwerfern und Kühlermaske schmal ausläuft. Der Mercedes-Stern rückt weiter in Richtung Frontscheibe und steht auf der Motorhaube.
Am Kofferraumdeckel sind die beiden längsgerichteten Knickkanten abgerundet. Bei der Limousine wurde die dunkel lackierte Griffleiste über dem Kennzeichen durch einen verchromten Mittelgriff ersetzt.
Schutzleiste und Verkleidung der Stoßfänger sind gleichfarbig und in Farbe der Anbauteile lackiert. Die Narbung der Schutzleisten entfällt. Die bisher gelben Blinkergläser vorn machen ungefärbten Gläsern Platz, hinter denen sich gelbe Glühlampen verstecken. Die in der oberen Hälfte der Heckleuchten angeordneten Lichtfenster für Blink- und Rückfahrlicht sind bei den Limousinen weißgrau gefärbt. Für die hinteren Blinker werden ebenfalls Glühlampen mit gelben Glaskolben verwendet.

Links: Erkennungsmerkmal für die Fahrzeuge mit Vierventil-Dieselmotoren sind die fünf Lüftungsschlitze im rechten Kotflügel. Ebenfalls zu sehen: die hellen Blinkergläser, die neue Frontmaske und der nach hinten gerückte Mercedesstern.
Rechts: Die E-Klasse von hinten mit neuen Schriftzügen, Heckleuchten und der verchromten Griffleiste.

Im Innenraum wird ein Bezugsstoff mit neuem Stoffdessin verwendet. Als Mehrausstattung ist eine Multikonturlehne für die Vordersitze lieferbar, die für Viel- und Langstreckenfahrer durch ihre orthopädische Wirkung spürbare Vorteile bietet. Vier Luftkammern im Lendenbereich und eine jeweils an den Randwülsten ermöglichen, Lordosenabstützung und Seitenführung individuell einzustellen.
Der ebenfalls auf Wunsch lieferbare elektrochrome Innenspiegel (EC-Spiegel) blendet automatisch ab. Das Geheimnis der selbsttätigen Änderung des Reflexionsgrades steckt in einem gelartigen, elektrisch beeinflußten Elektrolyt, das nahezu unsichtbar zwischen Reflektor und Spiegel-Deckglas aufgebracht ist. Die erforderliche Regelung übernimmt ein elektronisches Steuergerät, das über zwei Sensoren Umgebungshelligkeit und Lichteinfall auf der Spiegeloberfläche mißt. Trifft störendes Scheinwerferlicht auf den EC-Spiegel, blendet die Automatik stufenlos ab.
Airbag und Gurtstraffer wurden überarbeitet. Durch geänderte Einbauanordnung wurde auf der Beifahrerseite Platz für ein kleines Ablagefach geschaffen. Auslöselogik, Steckverbindungen usw. sind neu. Das System ist über eine Schnittstelle diagnosefähig. Dazu benutzt die Mercedes-Werkstatt einen sogenannten HHT-Tester.
Für alle seit Juli 1993 gebauten Diesel-Modelle gelten neue Wartungsanweisungen. Der Pflegedienst wird auf 15 000-km-Intervalle verlängert, der Wartungsdienst wird jetzt erst nach 30 000 km fällig.

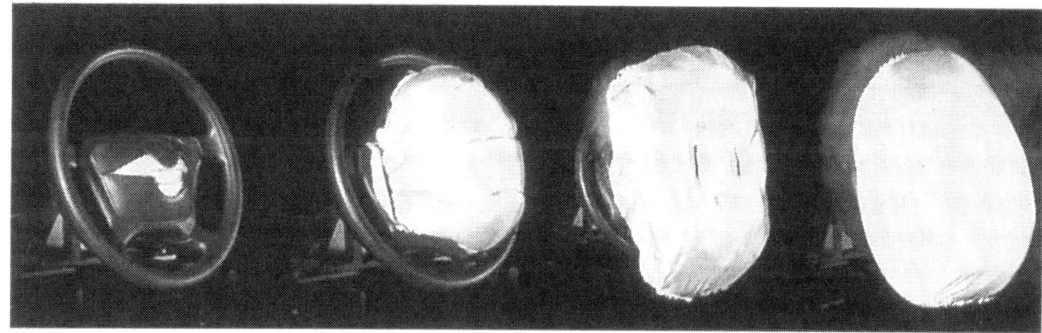

Der Airbag in Aktion gezeigt.

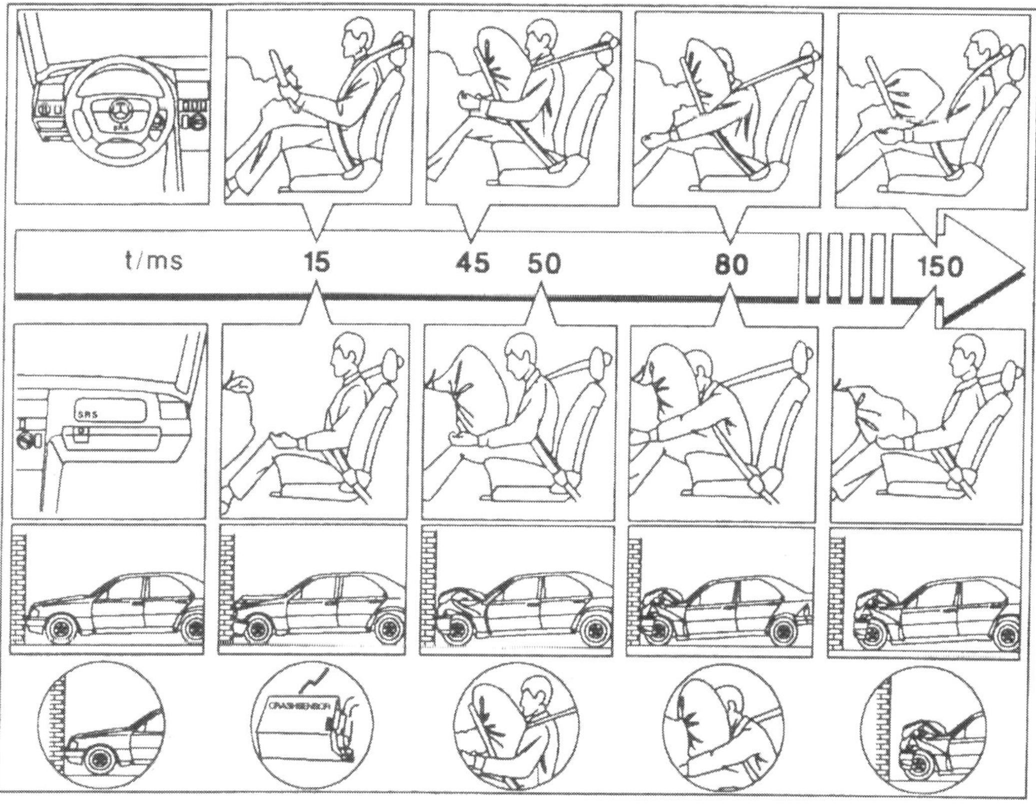

Die Grafik stellt den Funktionsablauf und die Auslösezeiten von Airbag und Gurtstraffer dar.

Zahlenberg

Beinahe alle Angaben über ein Auto lassen sich in irgendeiner Form in Zahlen wiedergeben. Man nennt das »Technische Daten«. Dazu gehören auch die Kurzbeschreibung des Motors, der Elektrik und des Fahrwerks. Nachdem ein Fahrzeug die sogenannte Typprüfung bestanden hat (dabei wird geprüft, ehe der erste Wagen verkauft werden darf, ob das Modell den Zulassungsbestimmungen entspricht), werden die meisten dieser Angaben in der »Allgemeinen Betriebserlaubnis« (kurz ABE) behördlich registriert. Änderungen an Motor, Fahrwerk oder Karosserie sind dann nur mit amtlichem Segen zulässig.

Modell	200 D	200 TD	250 D	250 D lang[1])	250 D Turbo	250 TD	
Werksbezeichnung	124.120	124.180	124.125	124.127	124.128	124.125	
Motor	601.912	601.912	602.912[2])	602.912[2])	602.962	602.912[2])	

Modell	300 D	300 D Turbo	300 D 4MATIC	300 D Turbo 4MATIC	300 TD	300 TD Turbo	300 TD Turbo 4MATIC
Werksbezeichnung	124.130	124.133	124.330	124.333	124.190	124.193	124.393
Motor	603.912[2])	603.960	603.913	603.963	603.912[2])	603.960	603.963

[1]) Radstand um 65 cm verlängert [2]) ab 7/93 Motor mit Vierventil-Technik, siehe ab Seite 264

Motor

Motorbauart	wassergekühlter Diesel-Reihenmotor, 15° geneigt eingebaut
Arbeitsverfahren	Viertakt-Diesel, MB-Vorkammerverfahren, bis 8/88 Senkrechteinspritzung, ab 9/88 Schrägeinspritzung ca. 5°
Bohrung, Hub, Leistung	siehe Tabelle Seite 36
Verdichtungsverhältnis	22:1
Kompressionsdruck normal bar	26 – 32
Mindest-Kompressionsdruck bar	18
Höchstdrehzahl 1/min	5150 ± 150
Ventilsteuerung	durch obenliegende Nockenwelle über Tassenstößel auf senkrecht im Zylinderkopf hängende Ventile. Der Nockenwellenantrieb erfolgt mit einer Duplexkette. Die Tassenstößel sind mit hydraulischem Ventilspielausgleich ausgestattet.

Steuerzeiten

Motor	Kennzahl hinten in Nockenwelle	Einlaßventil öffnet nach OT	schließt nach UT	Auslaßventil öffnet vor UT	schließt vor OT
601	05 10[1])	11° (12°)	17°	28°	15°
602; 603	07 11[1])				

[1]) ab 11/88

Schmiersystem	Druckumlaufschmierung durch Zahnradölpumpe, Druckbegrenzung auf max. 5,3 bar, kombiniertes Haupt- und Nebenstromölfilter, Turbo mit Luftölkühler
Motorölverbrauch l/1000 km	max. 1,5
Mindest-Öldruck	
im Leerlauf bar	0,3
bei 3000/min bar	3
Kühlsystem	Wasserumlaufkühlung mit Flügelradpumpe, Thermostatregelbereich von 85 °C bis 100 °C
Lüfter Motor 601:	Elektromagnetische Lüfterkupplung schaltet bei 100 °C
andere:	Visko-Lüfterkupplung
Ventilteller-Durchmesser	Einlaß 38 mm, Auslaß 35 mm
Ventilschaft-Durchmesser	Einlaß 7,97 mm, Auslaß 8,96 mm
Ventilsitz-Breite	Einlaß 2,5 mm, Auslaß 3,5 mm
Ventilsitz-Winkel	45°

Kraftstoffanlage

Motor	Einspritzpumpe Bosch-Bezeichnung	Boschnummer	Zündfolge
601.91	PES 4 M 55 C 320 RS 152-3	0 400 074 936[1]) 0 400 074 930[2])	1 – 3 – 4 – 2
602.91	PES 5 M 55 C 320 RS 153	0 400 075 986[1]) 0 400 075 982[2]) 0 400 075 961[1])[4])	1 – 2 – 4 – 5 – 3
602.96	PES 5 M 55 C 320 RS 158-1	0 400 075 958[2])	
603.91	PES 6 M 55 C 320 RS 156	0 400 076 994[2]) 0 400 076 975[2])[4])	1 – 5 – 3 – 6 – 2 – 4
603.96	PES 6 M 55 C 320 RS 175-1	0 400 076 986[2])	

je nach Ausführung/Baujahr mit folgender Ausrüstung:
[1]) PLA = Pneumatische Leerlaufanhebung
[2]) ELR = Elektronische Leerlaufdrehzahlregelung
[3]) ADA = Atmosphärendruckabhängiger Vollastanschlag
[4]) ARA = Anti-Ruckel-Aufschaltung

Motor	601.91	602.91, 603.91	603.96, 602.96
Einspritzdüse Bosch	DN 0 SD 261	DN 0 SD 265	DN 0 SD 265
Einspritzdüsen Senkrechteinpritzung bis 8/88			
Düsenhalter Kombination	002 017 22 21	002 017 26 21	002 017 28 21
Düsenhalter Bosch	KCA 30 S 44	KCA 30 S 44	KCA 30 S 44
Einspritzdüsen Schrägeinspritzung ab 9/88			
Düsenhalter Kombination	002 017 37 21	002 017 34 21	002 017 40 21
Düsenhalter Bosch	KCA 27 S 65	KCA 27 S 65	KCA 27 S 65

Einspritzdruck	neu: 115–125 bar; mindestens 100 bar (Turbo: 135–145 bar; mind. 120 bar) Der Unterschied des Abspritzdruckes der Einspritzdüsen innerhalb eines Motors darf nicht mehr als 5 bar Überdruck betragen, sonst unrunder Lauf.
Kraftstoffpumpe	Bosch FP/KG 24 M 150, Fördermenge mindestens 150 cm^3 in 30 Sekunden bei Starterdrehzahl (gemessen in Rücklaufleitung und Zündung ausgeschaltet).
Kraftstoff	Diesel nach DIN 51 601
Kraftstoffverbrauch	Seite 81

Kraftübertragung

Kupplung	Hydraulisch betätigte Einscheiben-Trockenkupplung
Belagdicke neu	200 D/TD; 250 D: 3,6–3,8 mm 300 D: 3,8–4,0 mm
max. Verschleiß	2 mm
Dicke neu, ungepreßt	200 D/TD; 250 D: 9,5–10,5 mm 300 D: 10,0–10,9 mm

Übersetzungsverhältnisse

4-Gang-Schaltgetriebe	4,23 – 2,36 – 1,49 – 1; Rückwärtsgang 4,1
Automatikgetriebe	4,25 – 2,41 – 1,49 – 1; Rückwärtsgang 5,67

5-Gang-Getriebe-Übersetzungen

Modell	Getriebe-bezeichnung	1. Gang	2. Gang	3. Gang	4. Gang	5. Gang	R. Gang
200; 250 D/TD	GL 68/20-5	3,91	2,17	1,37	1,0	0,81	4,27
300 D/TD 300 D 4MATIC	GL 76/27-5	3,86	2,18	1,38	1,0	0,80	4,22
250 D Turbo	GL 76/27H-5	3,86	2,18	1,38	1,0	0,75	4,22

Hinterachsübersetzungen

Modell	200 TD	250 TD	300 TD	300 D/TD Turbo oder/und 4MATIC	200 D	250 D	250 D Turbo	300 D	300 D 4MATIC
i =	3,91 3,64 [1])	3,91 3,23 [1])	3,67 3,07 [1])	2,65 [1])	3,42 [2]) 3,46 3,91 [3])	3,42 [2]) 3,64 3,07 [1])	3,46 2,65 [1])	3,46 2,87 [1])	3,67 2,87 [1])

[1]) mit Automatik-Getriebe [2]) bis 4/89 [3]) mit 5-Gang-Getriebe

Fahrwerk

Vorderachse	Dämpferbein-Vorderachse mit Bremsmomentabstützung, Schraubenfedern auf Dreiecksquerlenker, Gasdruckstoßdämpfer, Drehstabilisator
Hinterachse	Raumlenker-Hinterachse mit Anfahr- und Bremsmomentabstützung, Schraubenfedern, Gasdruckstoßdämpfer, Drehstabstabilisator, Niveauregulierung bei Kombi serienmäßig
Bremsanlage	Hydraulische Zweikreis-Anlage mit Bremskraftverstärker, Faustsattel-Scheibenbremsen vorn, Festsattel-Scheibenbremsen hinten, Feststellbremse auf Backenbremse in der hinteren Bremsscheibe wirkend, auf Wunsch Antiblockiersystem
Servolenkung	Servolenkung mit veränderlicher Übersetzung und Unterstützung in Abhängigkeit vom Lenkwinkel, Lenkungsdämpfer

Elektrische Anlage

Batterie	12 Volt/72 Ah
Lichtmaschine	Bosch 14 V/55 A (770 Watt) bei Klimaanlage 70 A (980 Watt)
Anlasser	Bosch EV 2,2 kW

Maße und Gewichte

Radstand	mm	2800 alle Modelle (250 D lang: 3600)
Spurweite vorn/hinten	mm	1497/1488 bei Limousinen; 1497/1491 beim Kombi
Länge	mm	4790 Limousine; 4765 Kombi
Wendekreis	m	11,2
Dachlast	kg	100
Kofferraum-Zuladung	kg	100
Anhängelast gebremst	kg	1500

Modell	200 TD	250 TD	300 TD	300 D/TD Turbo 4MATIC	200 D	250 D	250 D Turbo	300 D	300 D 4MATIC
Leergewicht kg [1])	1410	1460	1500	1590/1690	1310	1370	1430	1410	1510
Gesamtgewicht kg [1])	2020	2080	2120	2110/2295	1830	1890	1950	1930	2030
V_{max} km/h [2])	150	165	180	198/188	160	175	195	185	178
Beschleunigung in s (0–100 km/h) [3])	21,7	17,6	14,6	11,8/12,8	18,5	16,5	12,3	13,7	15,0

[1]) Gewichte ohne Sonderausstattungen, sonst Leergewicht höher und Zuladung weniger.
[2]) Angaben für Schaltgetriebe, bei Automatik ca. 5 km/h langsamer.
[3]) Beschleunigung mit 2 Personen und Schaltgetriebe, bei Automatik ca. 1–2 Sekunden mehr.

Füllmengen

Tank/davon Reserve	ca. l	70/9
Motorenöl bei Öl- und Filterwechsel		siehe Seite 32
Differenz zwischen den Ölpeilstabmarkierungen	ca. l	2,0
Kühlsystem mit Heizung	ca. l	8,0–10,0
Bremsanlage mit Kupplungsbetätigung (DOT 4)	ca. l	0,35
Mechanisches Getriebe (ATF)	ca. l	1,3 (4-Gang); 1,5 (5-Gang); 0,6 (4 MATIC-Verteilergetriebe)
Automatisches Getriebe nach Ölwechsel (ATF)	ca. l	5,5–6,0
Niveauregulierung (Hydrauliköl)	ca. l	2,0
Hinterachsgetriebe (Hypoidgetriebeöl SAE 90)	ca. l	200 D/250 D/300 D: 0,7 andere und bei ASD: 1,1
Servolenkung (ATF)	ca. l	0,6

Stichwortverzeichnis

Register

Zeitfracht Medien GmbH
Ferdinand-Jühlke-Straße 7
99095 Erfurt, Deutschland
produktsicherheit@kolibri360.de